国家科技支撑计划项目（2012BAD29B01）
国家科技基础性工作专项（2015FY111200）

中国市售茶叶农药残留报告
2019

（西北卷）

庞国芳　范春林　主编

科 学 出 版 社
北　京

内 容 简 介

《中国市售茶叶农药残留报告》共分8卷：华北卷(北京市、天津市、石家庄市、太原市、呼和浩特市)，东北卷-电商平台卷(沈阳市、长春市、哈尔滨市和电商平台)，华东卷一(上海市、南京市、杭州市、合肥市)，华东卷二(福州市、南昌市、济南市)，华中卷(郑州市、武汉市、长沙市)，华南卷(广州市、南宁市、海口市)，西南卷(重庆市、成都市、贵阳市、昆明市、拉萨市及林芝地区)和西北卷(西安市、兰州市、西宁市、银川市、乌鲁木齐市)。

每卷包括2019年市售7种茶叶农药残留侦测报告和膳食暴露风险与预警风险评估报告。分别介绍了市售茶叶样品采集情况，液相色谱-四极杆飞行时间质谱(LC-Q-TOF/MS)和气相色谱-四极杆飞行时间质谱(GC-Q-TOF/MS)农药残留检测结果，农药残留分布情况，农药残留检出水平与最大残留限量(MRL)标准对比分析，以及农药残留膳食暴露风险评估与预警风险评估结果。

本书对从事农产品安全生产、农药科学管理与施用、食品安全研究与管理的相关人员具有重要参考价值，同时可供高等院校食品安全与质量检测等相关专业的师生参考，广大消费者也可从中获取健康饮食的裨益。

图书在版编目（CIP）数据

中国市售茶叶农药残留报告. 2019. 西北卷 / 庞国芳，范春林主编. —北京：科学出版社，2020.2

ISBN 978-7-03-063875-5

Ⅰ. ①中… Ⅱ. ①庞… ②范… Ⅲ. ①茶叶－农药残留物－研究报告－西北地区－2019 Ⅳ. ①S481

中国版本图书馆CIP数据核字（2019）第288159号

责任编辑：杨 震 刘 冉 杨新改/责任校对：彭珍珍

责任印制：肖 兴/封面设计：北京图阅盛世

科学出版社出版

北京东黄城根北街16号

邮政编码：100717

http：//www.sciencep.com

北京九天鸿程印刷有限责任公司印刷

科学出版社发行 各地新华书店经销

*

2020年2月第 一 版 开本：787×1092 1/16

2020年2月第一次印刷 印张：26 1/4

字数：620 000

定价：198.00元

（如有印装质量问题，我社负责调换）

中国市售茶叶农药残留报告
2019
（西北卷）

编　委　会

序

据世界卫生组织统计，全世界每年至少发生 50 万例农药中毒事件，死亡 11.5 万人，数十种疾病与农药残留有关。为此，世界各国均制定了严格的食品标准，对不同农产品设置了农药最大残留限量（MRL）标准。我国将于 2020 年 2 月实施《食品安全国家标准　食品中农药最大残留限量》（GB 2763—2019），规定食品中 483 种农药的 7107 项最大残留限量标准；欧盟、美国和日本等发达国家和地区分别制定了 162248 项、39147 项和 51600 项农药最大残留限量标准。作为农业大国，我国是世界上农药生产和使用最多的国家。据中国统计年鉴数据统计，2000~2015 年我国化学农药原药产量从 60 万吨/年增加到 374 万吨/年，农药化学污染物已经是当前食品安全源头污染的主要来源之一。

因此，深受广大消费者及政府相关部门关注的各种问题也随之而来：我国市售茶叶农药残留污染状况和风险水平到底如何？我国农产品农药残留水平是否影响我国农产品走向国际市场？这些看似简单实则难度相当大的问题，涉及农药的科学管理与施用，食品农产品的安全监管，农药残留检测技术标准以及资源保障等多方面因素。

可喜的是，此次由庞国芳院士科研团队承担完成的国家科技支撑计划项目（2012BAD29B01）和国家科技基础性工作专项（2015FY111200）研究成果之一《中国市售茶叶农药残留报告》（以下简称《报告》），对上述问题给出了全面、深入、直观的答案，为形成我国农药残留监控体系提供了海量的科学数据支撑。

该《报告》包括茶叶农药残留侦测报告和茶叶农药残留膳食暴露风险与预警风险评估报告两大重点内容。其中，"茶叶农药残留侦测报告"是庞国芳院士科研团队利用他们所取得的具有国际领先水平的多元融合技术，包括高通量非靶向农药残留侦测技术、农药残留侦测数据智能分析及残留侦测结果可视化等研究成果，对我国 32 个城市 363 个采样点的 4944 例 7 种市售茶叶进行非靶向农药残留侦测的结果汇总；同时，解决了数据维度多、数据关系复杂、数据分析要求高等技术难题，运用自主研发的海量数据智能分析软件，深入比较分析了农药残留侦测数据结果，初步普查了我国主要城市茶叶农药残留的"家底"。而"茶叶农药残留膳食暴露风险与预警风险评估报告"是在上述农药残留侦测数据的基础上，利用食品安全指数模型和风险系数模型，结合农药残留水平、特性、致害效应，进行系统的农药残留风险评价，最终给出了我国主要城市市售茶叶农药残留的膳食暴露风险和预警风险结论。

该《报告》包含了海量的农药残留侦测结果和相关信息，数据准确、真实可靠，具有以下几个特点：

一、样品采集具有代表性。侦测地域范围覆盖全国除港澳台以外省级行政区的 32 个城市（包括 4 个直辖市，27 个省会城市，1 个地级市）的 363 个采样点。随机从超市、茶叶专营店或电商平台采集样品 4944 批。样品采集地覆盖全国 25%人口的生活区域，具有代表性。

二、检测过程遵循统一性和科学性原则。所有侦测数据来源于 10 个网络联盟实验室，按“五统一”规范操作（统一采样标准、统一制样技术、统一检测方法、统一格式数据上传、统一模式统计分析报告）全封闭运行，保障数据的准确性、统一性、完整性、安全性和可靠性。

三、农残数据分析与评价的自动化。充分运用互联网的智能化技术，实现从农产品、农药残留、地域、农药残留最高限量标准等多维度的自动统计和综合评价与预警。

总之，该《报告》数据庞大，信息丰富，内容翔实，图文并茂，直观易懂。它的出版，将有助于广大读者全面了解我国主要城市市售茶叶农药残留的现状、动态变化及风险水平。这对于全面认识我国茶叶食用安全水平、掌握各种农药残留对人体健康的影响，具有十分重要的理论价值和实用意义。

该书适合政府监管部门、食品安全专家、茶叶生产和经营者以及广大消费者等各类人员阅读参考，其受众之广、影响之大是该领域内前所未有的，值得大家高度关注。

2019 年 12 月

前　言

食品是人类生存和发展的基本物质基础，食品安全是全球的重大民生问题，也是世界各国目前所面临的共同难题，而食品中农药残留问题是引发食品安全事件的重要因素，尤其受到关注。目前，世界上常用的农药种类超过1000种，而且不断地有新的农药被研发和应用，在关注农药残留对人类身体健康和生存环境造成新的潜在危害的同时，也对农药残留的检测技术、监控手段和风险评估能力提出了更高的要求和全新的挑战。

为解决上述难题，作者团队此前一直围绕世界常用的1200多种农药和化学污染物展开多学科合作研究，例如，采用高分辨质谱技术开展无需实物标准品作参比的高通量非靶向农药残留检测技术研究；运用互联网技术与数据科学理论对海量农药残留检测数据的自动采集和智能分析研究；引入网络地理信息系统（Web-GIS）技术用于农药残留检测结果的空间可视化研究等等。与此同时，对这些前沿及主流技术进行多元融合研究，在农药残留检测技术、农药残留数据智能分析及结果可视化等多个方面取得了原创性突破，实现了农药残留检测技术信息化、检测结果大数据处理智能化、风险溯源可视化。这些创新研究成果已整理成《食用农产品农药残留监测与风险评估溯源技术研究》一书另行出版。

《中国市售茶叶农药残留报告》（以下简称《报告》）是上述多项研究成果综合应用于我国农产品农药残留检测与风险评估的科学报告。为了真实反映我国市售茶叶中农药残留污染状况以及残留农药的相关风险，2019年作者团队采用液相色谱-四极杆飞行时间质谱（LC-Q-TOF/MS）及气相色谱-四极杆飞行时间质谱（GC-Q-TOF/MS）两种高分辨质谱技术，从全国32个城市（包括27个省会、4个直辖市、1个地级市）363个采样点（包括超市、茶叶专营店、电商平台等）随机采集了7种市售茶叶4944例样品进行了非靶向农药残留筛查，初步摸清了这些城市市售茶叶农药残留的“家底”，形成了2019年全国重点城市市售茶叶农药残留检测报告。在这基础上，运用食品安全指数模型和风险系数模型，开发了风险评价应用程序，对上述茶叶农药残留分别开展膳食暴露风险评估和预警风险评估，形成了2019年全国重点城市市售茶叶农药残留膳食暴露风险与预警风险评估报告。现将这两大报告整理成书，以飨读者。

为了便于查阅，本次出版的《报告》按我国自然地理区域共分为八卷：华北卷（北京市、天津市、石家庄市、太原市、呼和浩特市），东北卷-电商平台卷（沈阳市、长春市、哈尔滨市和电商平台），华东卷一（上海市、南京市、杭州市、合肥市），华东卷二（福州市、南昌市、济南市），华中卷（郑州市、武汉市、长沙市），华南卷（广州市、南宁市、海口市），西南卷（重庆市、成都市、贵阳市、昆明市、拉萨市及林芝地区）和西北卷（西安市、兰州市、西宁市、银川市、乌鲁木齐市）。

《报告》的每一卷内容均采用统一的结构和方式进行叙述，对每个城市的市售茶叶农药残留状况和风险评估结果均按照LC-Q-TOF/MS及GC-Q-TOF/MS两种技术分别阐述。主要包括以下几方面内容：①每个城市的样品采集情况与农药残留检测结果；②每个城市的农药残留检出水平与最大残留限量（MRL）标准对比分析；③每个城市的茶叶中农药残留分布情况；④每个城市茶叶农药残留报告的初步结论；⑤农药残留风险评估方法及风险评价应用程序的开发；⑥每个城市的茶叶农药残留膳食暴露风险评估；⑦每个城市的茶叶农药残留预警风险评估；⑧每个城市茶叶农药残留风险评估结论与建议。

本《报告》是我国“十二五”国家科技支撑计划项目（2012BAD29B01）和“十三五”国家科技基础性工作专项（2015FY111200）的研究成果之一。该项研究成果紧扣国家“十三五”规划纲要“增强农产品安全保障能力”和“推进健康中国建设”的主题，可在这些领域的发展中，发挥重要的技术支撑作用。本《报告》的出版得到河北大学高层次人才科研启动经费项目（521000981273）的支持。

由于作者水平有限，书中不妥之处在所难免，恳请广大读者批评指正。

2019 年 11 月

缩略语表

ADI	allowable daily intake	每日允许最大摄入量
CAC	Codex Alimentarius Commission	国际食品法典委员会
CCPR	Codex Committee on Pesticide Residues	农药残留法典委员会
FAO	Food and Agriculture Organization	联合国粮食及农业组织
GAP	Good Agricultural Practices	农业良好管理规范
GC-Q-TOF/MS	gas chromatograph/quadrupole time-of-flight mass spectrometry	气相色谱-四极杆飞行时间质谱
GEMS	Global Environmental Monitoring System	全球环境监测系统
IFS	index of food safety	食品安全指数
JECFA	Joint FAO/WHO Expert Committee on Food and Additives	FAO、WHO 食品添加剂联合专家委员会
JMPR	Joint FAO/WHO Meeting on Pesticide Residues	FAO、WHO 农药残留联合会议
LC-Q-TOF/MS	liquid chromatograph/quadrupole time-of-flight mass spectrometry	液相色谱-四极杆飞行时间质谱
MRL	maximum residue limit	最大残留限量
R	risk index	风险系数
WHO	World Health Organization	世界卫生组织

凡　例

- 采样城市包括 31 个直辖市及省会城市(未含台北市、香港特别行政区和澳门特别行政区)、1 个地级市及电商平台，分成华北卷(北京市、天津市、石家庄市、太原市、呼和浩特市)、东北卷-电商平台卷(沈阳市、长春市、哈尔滨市、电商平台)、华东卷一(上海市、南京市、杭州市、合肥市)、华东卷二(福州市、南昌市、济南市)、华中卷(郑州市、武汉市、长沙市)、华南卷(广州市、南宁市、海口市)、西南卷(重庆市、成都市、贵阳市、昆明市、拉萨市及林芝地区)、西北卷(西安市、兰州市、西宁市、银川市、乌鲁木齐市)共 8 卷。
- 表中标注*表示剧毒农药；标注◊表示高毒农药；标注▲表示禁用农药；标注 a 表示超标。
- 书中提及的附表(侦测原始数据)，请扫描封底二维码，按对应城市获取。

目　录

西 安 市

兰 州 市

西　宁　市

银 川 市

乌鲁木齐市

西 安 市

第 1 章　LC-Q-TOF/MS 侦测西安市 170 例市售茶叶样品农药残留报告

从西安市所属 4 个区，随机采集了 170 例茶叶样品，使用液相色谱-四极杆飞行时间质谱(LC-Q-TOF/MS)对 825 种农药化学污染物进行示范侦测(7 种负离子模式 ESI^- 未涉及)。

1.1　样品种类、数量与来源

1.1.1　样品采集与检测

为了真实反映百姓日常饮用的茶叶中农药残留污染状况，本次所有检测样品均由检验人员于 2019 年 3 月期间，从西安市所属 9 个采样点，包括 5 个茶叶专营店 4 个超市，以随机购买方式采集，总计 9 批 170 例样品，从中检出农药 36 种，217 频次。采样及监测概况见图 1-1 及表 1-1，样品及采样点明细见表 1-2 及表 1-3(侦测原始数据见附表 1)。

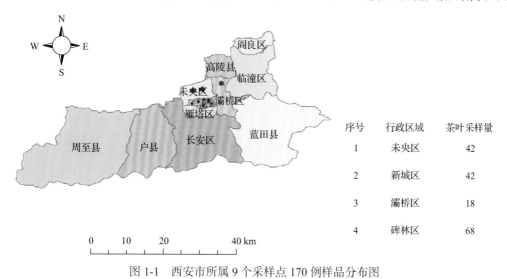

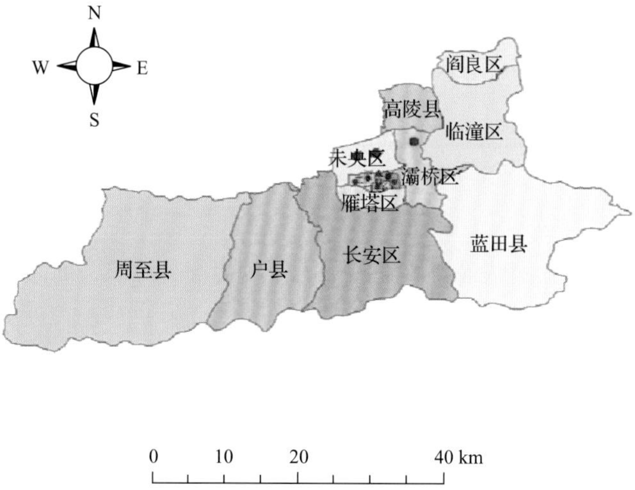

序号	行政区域	茶叶采样量
1	未央区	42
2	新城区	42
3	灞桥区	18
4	碑林区	68

图 1-1　西安市所属 9 个采样点 170 例样品分布图

表 1-1　农药残留监测总体概况

采样行政区域	西安市所属 4 个区
采样点(茶叶专营店+超市)	9
样本总数	170
检出农药品种/频次	36/217
各采样点样本农药残留检出率范围	29.4%~88.9%

表 1-2　样品分类及数量

样品分类	样品名称（数量）	数量小计
1. 茶叶		170
1）发酵类茶叶	黑茶（20），红茶（20），乌龙茶（32）	72
2）未发酵类茶叶	绿茶（98）	98
合计	1.茶叶 4 种	170

表 1-3　西安市采样点信息

采样点序号	行政区域	采样点
茶叶专营店（5）		
1	碑林区	***茶叶店
2	未央区	***茶叶店
3	新城区	***茶叶店
4	新城区	***茶叶店
5	灞桥区	***茶庄
超市（4）		
1	碑林区	***超市（南大街店）
2	碑林区	***超市
3	碑林区	***超市（南关正街店）
4	未央区	***超市（渭滨路店）

1.1.2　检测结果

这次使用的检测方法是庞国芳院士团队最新研发的不需使用标准品对照，而以高分辨精确质量数（0.0001 *m/z*）为基准的 LC-Q-TOF/MS 检测技术，对于 170 例样品，每个样品均侦测了 825 种农药化学污染物的残留现状。通过本次侦测，在 170 例样品中共计检出农药化学污染物 36 种，检出 217 频次。

1.1.2.1　各采样点样品检出情况

统计分析发现 9 个采样点中，被测样品的农药检出率范围为 29.4%~88.9%。其中，***超市（南关正街店）的检出率最高，为 88.9%，***茶叶店的检出率最低，为 29.4%，见图 1-2。

1.1.2.2　检出农药的品种总数与频次

统计分析发现，对于 170 例样品中 825 种农药化学污染物的侦测，共检出农药 217 频次，涉及农药 36 种，结果如图 1-3 所示。其中唑虫酰胺检出频次最高，共检出 47 次。检出频次排名前 10 的农药如下：①唑虫酰胺（47），②啶虫脒（33），③噻嗪酮（30），④哒螨灵（29），⑤吡虫啉（9），⑥甲氰磷（7），⑦久效威（7），⑧灭蝇胺（5），⑨丁咪酰胺（4），⑩环庚草醚（4）。

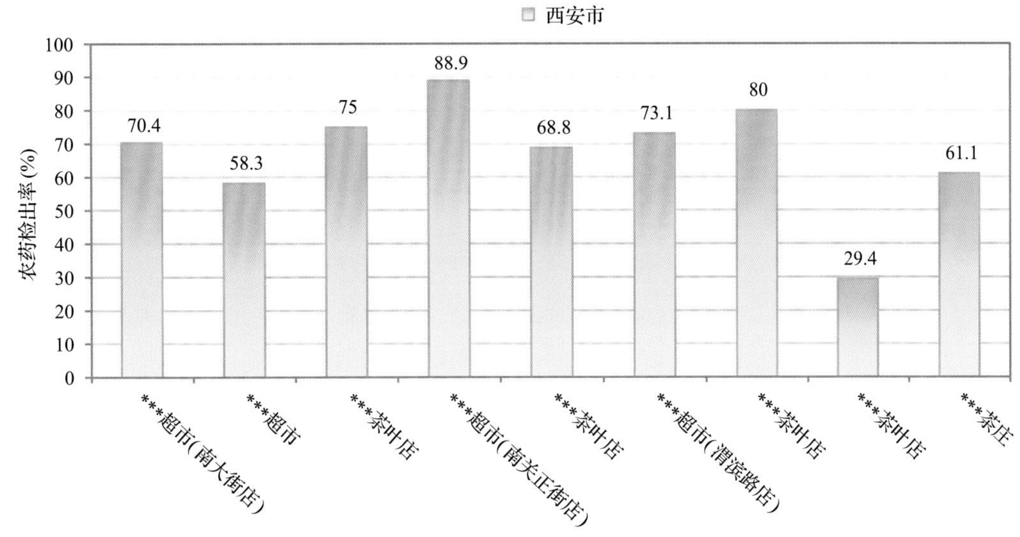

图 1-2　各采样点样品中的农药检出率

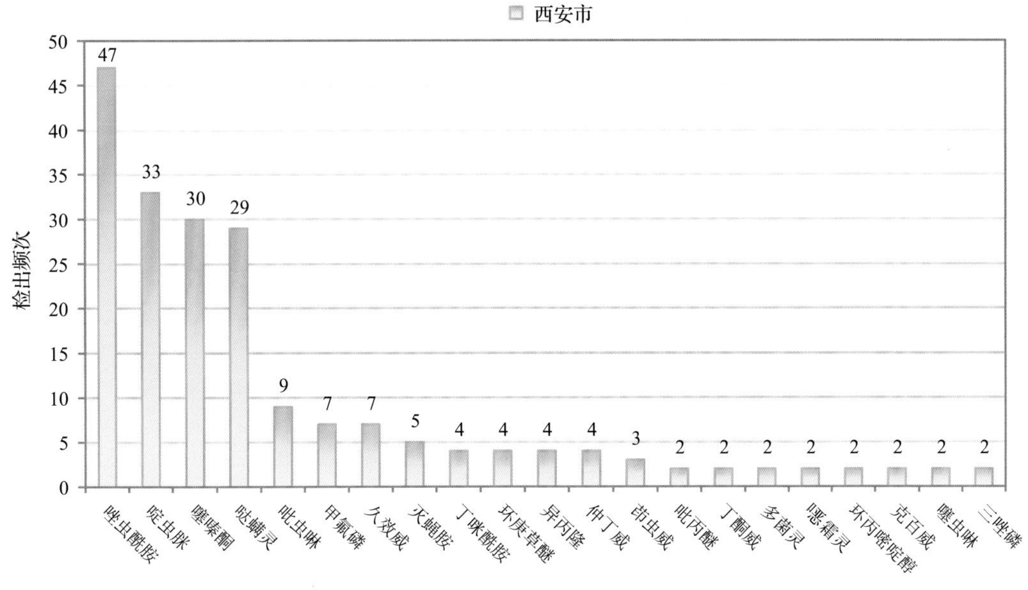

图 1-3　检出农药品种及频次(仅列出 2 频次及以上的数据)

由图 1-4 可见，乌龙茶、黑茶和绿茶这 3 种茶叶样品中检出的农药品种数较高，均超过 15 种，其中，乌龙茶检出农药品种最多，为 20 种。由图 1-5 可见，绿茶、乌龙茶和黑茶这 3 种茶叶样品中的农药检出频次较高，均超过 20 次，其中，绿茶检出农药频次最高，为 113 次。

1.1.2.3　单例样品农药检出种类与占比

对单例样品检出农药种类和频次进行统计发现，未检出农药的样品占总样品数的 33.5%，检出 1 种农药的样品占总样品数的 30.6%，检出 2~5 种农药的样品占总样品数的 35.9%。每例样品中平均检出农药为 1.3 种，数据见表 1-4 及图 1-6。

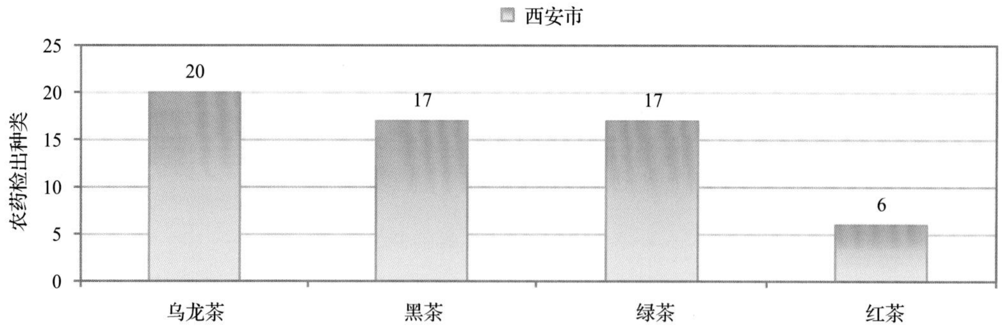

图 1-4　单种茶叶检出农药的种类数

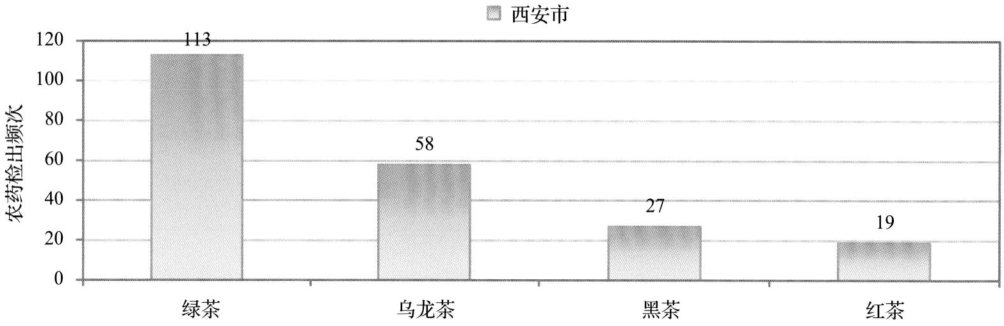

图 1-5　单种茶叶检出农药频次

表 1-4　单例样品检出农药品种占比

检出农药品种数	样品数量/占比（%）
未检出	57/33.5
1 种	52/30.6
2~5 种	61/35.9
单例样品平均检出农药品种	1.3 种

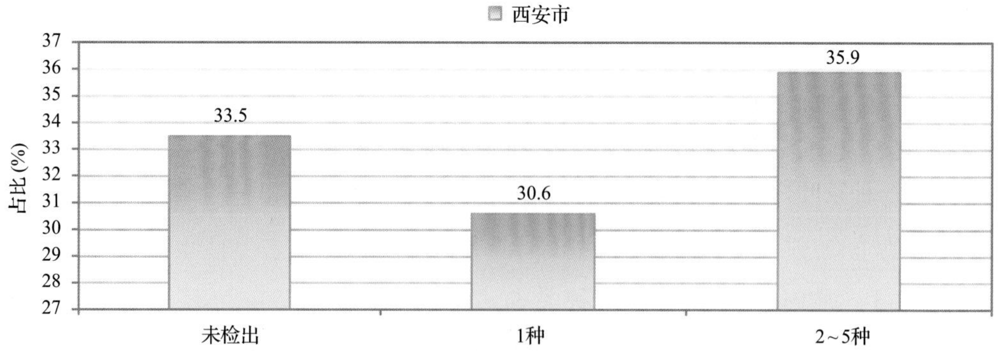

图 1-6　单例样品平均检出农药品种及占比

1.1.2.4　检出农药类别与占比

所有检出农药按功能分类，包括杀虫剂、除草剂、杀菌剂、杀螨剂、植物生长调节剂共 5 类。其中杀虫剂与除草剂为主要检出的农药类别，分别占总数的 52.8%和 22.2%，见表 1-5 及图 1-7。

表 1-5　检出农药所属类别/占比

农药类别	数量/占比(%)
杀虫剂	19/52.8
除草剂	8/22.2
杀菌剂	6/16.7
杀螨剂	2/5.6
植物生长调节剂	1/2.8

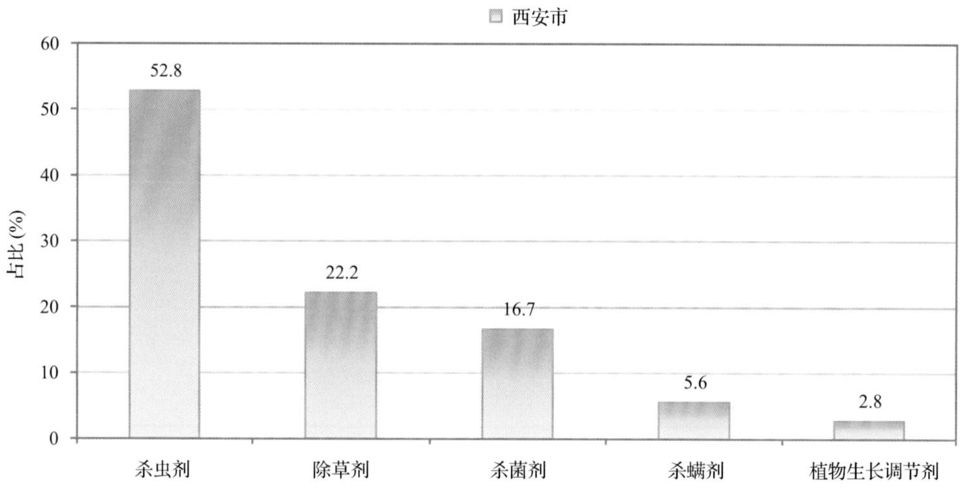

图 1-7　检出农药所属类别和占比

1.1.2.5　检出农药的残留水平

按检出农药残留水平进行统计，残留水平在 1~5 μg/kg(含)的农药占总数的 21.7%，在 5~10 μg/kg(含)的农药占总数的 15.7%，在 10~100 μg/kg(含)的农药占总数的 59.4%，在 100~1000 μg/kg 的农药占总数的 3.2%。

由此可见，这次检测的 9 批 170 例茶叶样品中农药多数处于中高残留水平。结果见表 1-6 及图 1-8，数据见附表 2。

表 1-6　农药残留水平/占比

残留水平(μg/kg)	检出频次数/占比(%)
1~5(含)	47/21.7
5~10(含)	34/15.7
10~100(含)	129/59.4
100~1000	7/3.2

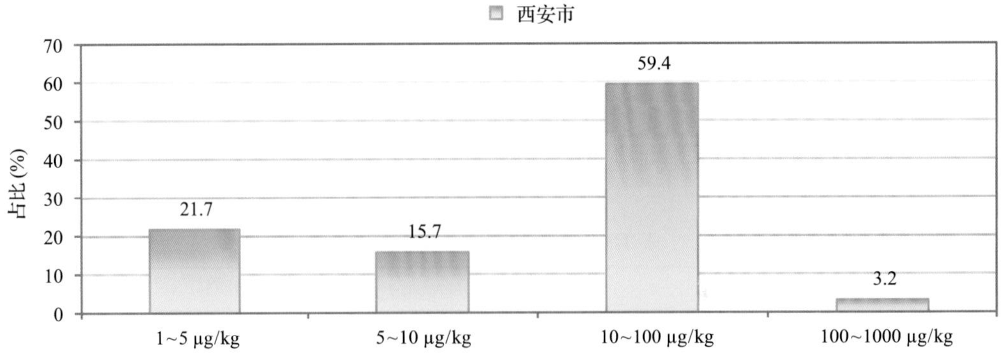

图 1-8　检出农药残留水平及占比

1.1.2.6　检出农药的毒性类别、检出频次和超标频次及占比

对这次检出的 36 种 217 频次的农药，按剧毒、高毒、中毒、低毒和微毒这五个毒性类别进行分类，从中可以看出，西安市目前普遍使用的农药为中低微毒农药，品种占 77.8%，频次占 89.4%。结果见表 1-7 及图 1-9。

表 1-7　检出农药毒性类别/占比

毒性分类	农药品种/占比(%)	检出频次/占比(%)	超标频次/超标率(%)
剧毒农药	1/2.8	7/3.2	0/0.0
高毒农药	7/19.4	16/7.4	0/0.0
中毒农药	13/36.1	137/63.1	0/0.0
低毒农药	10/27.8	50/23.0	0/0.0
微毒农药	5/13.9	7/3.2	0/0.0

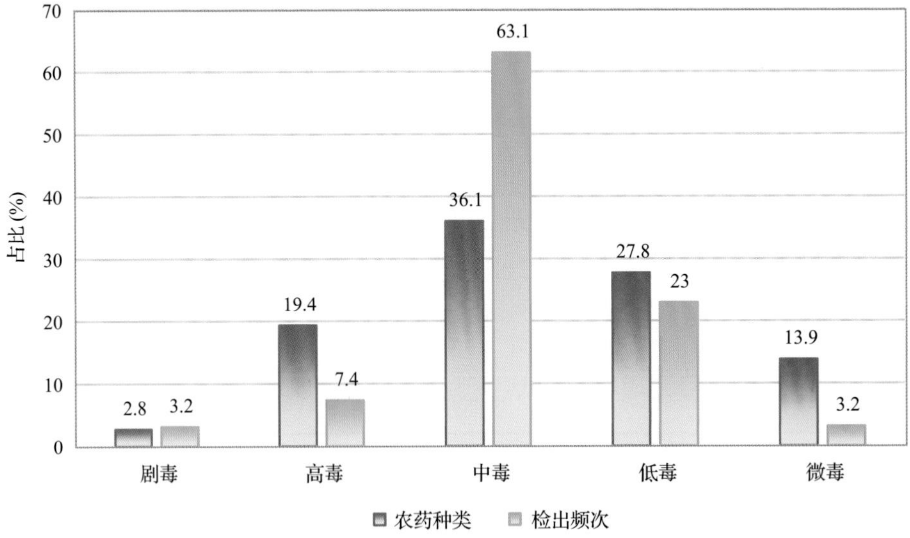

图 1-9　检出农药的毒性分类和占比

1.1.2.7　检出剧毒/高毒类农药的品种和频次

值得特别关注的是，在此次侦测的 170 例样品中有 3 种茶叶的 22 例样品检出了 8 种 23 频次的剧毒和高毒农药，占样品总量的 12.9%，详见图 1-10、表 1-8 及表 1-9。

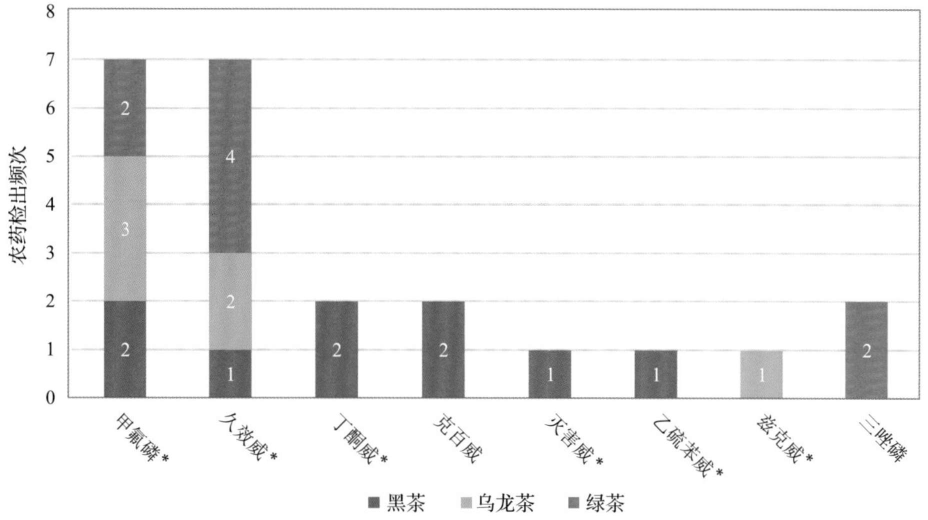

图 1-10　检出剧毒/高毒农药的样品情况

*表示允许在茶叶上使用的农药

表 1-8　剧毒农药检出情况

序号	农药名称	检出频次	超标频次	超标率
从 3 种茶叶中检出 1 种剧毒农药，共计检出 7 次				
1	甲氟磷*	7	0	0.0%
	合计	7	0	超标率：0.0%

表 1-9　高毒农药检出情况

序号	农药名称	检出频次	超标频次	超标率
从 3 种茶叶中检出 7 种高毒农药，共计检出 16 次				
1	久效威	7	0	0.0%
2	丁酮威	2	0	0.0%
3	克百威	2	0	0.0%
4	三唑磷	2	0	0.0%
5	灭害威	1	0	0.0%
6	乙硫苯威	1	0	0.0%
7	兹克威	1	0	0.0%
	合计	16	0	超标率：0.0%

在检出的剧毒和高毒农药中，有 2 种是我国早已禁止在茶叶上使用的，分别是：克百威和三唑磷。禁用农药的检出情况见表 1-10。

表 1-10　禁用农药检出情况

序号	农药名称	检出频次	超标频次	超标率
从 2 种茶叶中检出 2 种禁用农药，共计检出 4 次				
1	克百威	2	0	0.0%
2	三唑磷	2	0	0.0%
合计		4	0	超标率：0.0%

注：超标结果参考 MRL 中国国家标准计算

此次抽检的茶叶样品中，有 3 种茶叶检出了剧毒农药，分别是：黑茶中检出甲氟磷 2 次；绿茶中检出甲氟磷 2 次；乌龙茶中检出甲氟磷 3 次。

样品中检出剧毒和高毒农药残留水平没有超过 MRL 中国国家标准,但本次检出结果仍表明，高毒、剧毒农药的使用现象依旧存在。详见表 1-11。

表 1-11　各样本中检出剧毒/高毒农药情况

样品名称	农药名称	检出频次	超标频次	检出浓度(μg/kg)
茶叶 3 种				
黑茶	甲氟磷*	2	0	20.8, 17.5
黑茶	丁酮威	2	0	54.9, 23.9
黑茶	克百威▲	2	0	23.2, 16.4
黑茶	久效威	1	0	140.0
黑茶	灭害威	1	0	6.0
黑茶	乙硫苯威	1	0	7.7
绿茶	甲氟磷*	2	0	6.1, 7.6
绿茶	久效威	4	0	5.0, 11.4, 7.4, 6.6
绿茶	三唑磷▲	2	0	35.4, 4.3
乌龙茶	甲氟磷*	3	0	74.7, 45.8, 13.3
乌龙茶	久效威	2	0	12.1, 14.6
乌龙茶	兹克威	1	0	15.1
合计		23	0	超标率：0.0%

1.2　农药残留检出水平与最大残留限量标准对比分析

我国于 2016 年 12 月 18 日正式颁布并于 2017 年 6 月 18 日正式实施食品农药残留限量国家标准《食品中农药最大残留限量》(GB 2763—2016)。该标准包括 417 个农药条目，涉及最大残留限量(MRL)标准 4140 项。将 217 频次检出农药的浓度水平与 4140

项 MRL 中国国家标准进行核对，其中只有 109 频次的结果找到了对应的 MRL 标准，占 50.2%，还有 108 频次的结果则无相关 MRL 标准供参考，占 49.8%。

将此次侦测结果与国际上现行 MRL 标准对比发现，在 217 频次的检出结果中有 217 频次的结果找到了对应的 MRL 欧盟标准，占 100.0%，其中，133 频次的结果有明确对应的 MRL 标准，占 61.3%，其余 84 频次按照欧盟一律标准判定，占 38.7%；有 217 频次的结果找到了对应的 MRL 日本标准，占 100.0%，其中，160 频次的结果有明确对应的 MRL 标准，占 73.7%，其余 57 频次按照日本一律标准判定，占 26.3%；有 72 频次的结果找到了对应的 MRL 中国香港标准，占 33.2%；有 114 频次的结果找到了对应的 MRL 美国标准，占 52.5%；有 59 频次的结果找到了对应的 MRL CAC 标准，占 27.2%(见图 1-11 和图 1-12，数据见附表 3 至附表 8)。

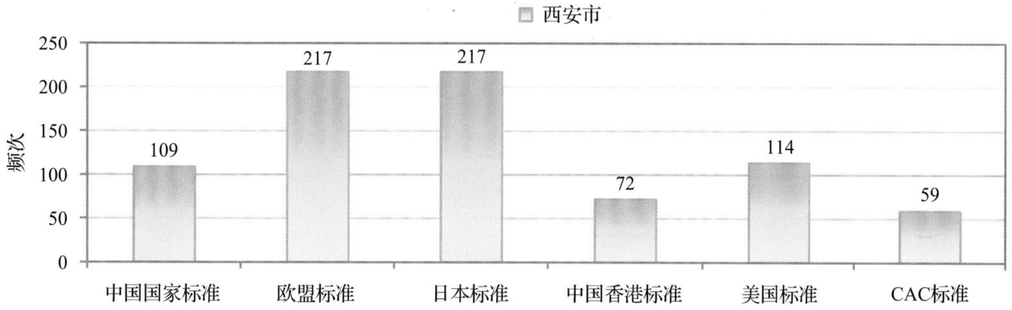

图 1-11　217 频次检出农药可用 MRL 中国国家标准、欧盟标准、日本标准、中国香港标准、美国标准、CAC 标准判定衡量的数量

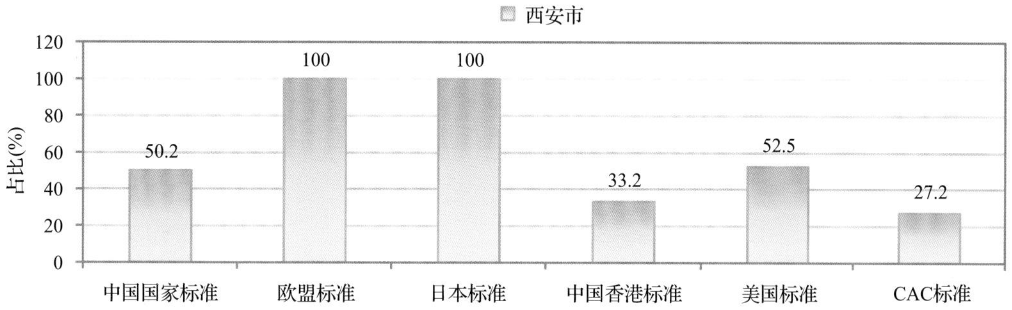

图 1-12　217 频次检出农药可用 MRL 中国国家标准、欧盟标准、日本标准、中国香港标准、美国标准、CAC 标准衡量的占比

1.2.1　超标农药样品分析

本次侦测的 170 例样品中，57 例样品未检出任何残留农药，占样品总量的 33.5%，113 例样品检出不同水平、不同种类的残留农药，占样品总量的 66.5%。在此，我们将本次侦测的农残检出情况与 MRL 中国国家标准、欧盟标准、日本标准、中国香港标准、美国标准和 CAC 标准这 6 大国际主流标准进行对比分析，样品农残检出与超标情况见表 1-12、图 1-13 和图 1-14，详细数据见附表 9 至附表 14。

表 1-12　各 MRL 标准下样本农残检出与超标数量及占比

	中国国家标准 数量/占比(%)	欧盟标准 数量/占比(%)	日本标准 数量/占比(%)	中国香港标准 数量/占比(%)	美国标准 数量/占比(%)	CAC 标准 数量/占比(%)
未检出	57/33.5	57/33.5	57/33.5	57/33.5	57/33.5	57/33.5
检出未超标	113/66.5	51/30.0	78/45.9	113/66.5	113/66.5	113/66.5
检出超标	0/0.0	62/36.5	35/20.6	0/0.0	0/0.0	0/0.0

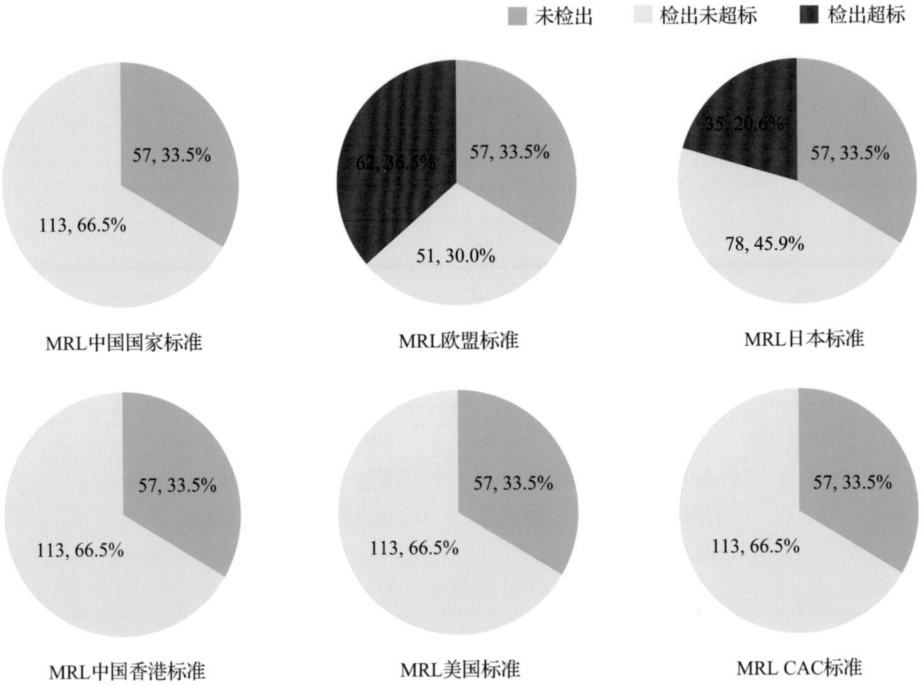

图 1-13　检出和超标样品比例情况

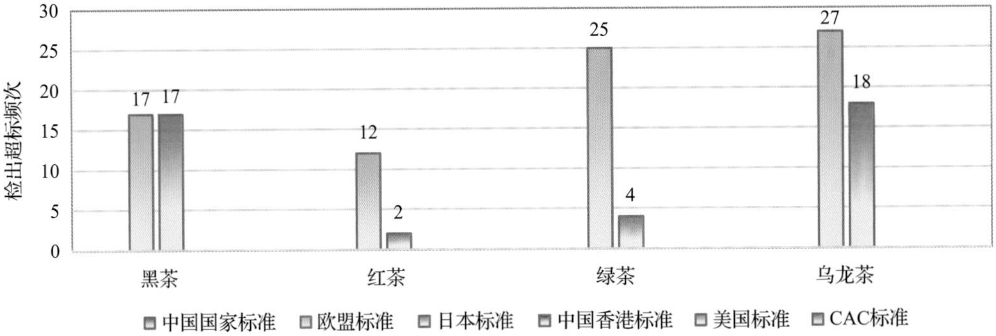

图 1-14　超过 MRL 中国国家标准、欧盟标准、日本标准、中国香港标准、美国标准和 CAC 标准结果在茶叶中的分布

1.2.2　超标农药种类分析

按照 MRL 中国国家标准、欧盟标准、日本标准、中国香港标准、美国标准和

CAC 标准这 6 大国际主流标准衡量，本次侦测检出的农药超标品种及频次情况见表 1-13。

表 1-13　各 MRL 标准下超标农药品种及频次

	中国国家标准	欧盟标准	日本标准	中国香港标准	美国标准	CAC 标准
超标农药品种	0	20	19	0	0	0
超标农药频次	0	81	41	0	0	0

1.2.2.1　按 MRL 中国国家标准衡量

按 MRL 中国国家标准衡量，无样品检出超标农药残留。

1.2.2.2　按 MRL 欧盟标准衡量

按 MRL 欧盟标准衡量，共有 20 种农药超标，检出 81 频次，分别为剧毒农药甲氟磷，高毒农药三唑磷、丁酮威、兹克威和久效威，中毒农药吡虫啉、噁霜灵、啶虫脒、仲丁威、唑虫酰胺和哒螨灵，低毒农药环丙嘧啶醇、噻嗪酮、氟甲喹、草达津、甲咪唑烟酸、西玛通、丁咪酰胺和环庚草醚，微毒农药咪草酸。

按超标程度比较，乌龙茶中环庚草醚超标 19.0 倍，黑茶中久效威超标 13.0 倍，绿茶中唑虫酰胺超标 8.7 倍，乌龙茶中甲氟磷超标 6.5 倍，黑茶中环丙嘧啶醇超标 5.5 倍。检测结果见图 1-15 和附表 16。

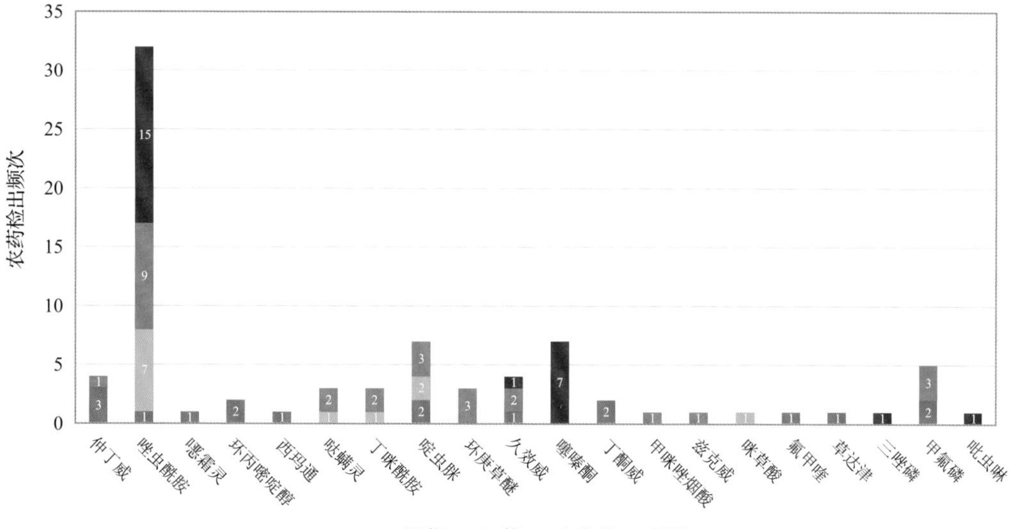

图 1-15　超过 MRL 欧盟标准农药品种及频次

1.2.2.3　按 MRL 日本标准衡量

按 MRL 日本标准衡量，共有 19 种农药超标，检出 41 频次，分别为剧毒农药甲氟磷，高毒农药三唑磷、丁酮威、兹克威和久效威，中毒农药异丙隆、噁霜灵、仲丁威和茚虫威，低毒农药环丙嘧啶醇、灭蝇胺、氟甲喹、草达津、西玛通、丁咪酰胺、甲咪唑烟酸和环庚草醚，微毒农药咪草酸和双酰草胺。

按超标程度比较，乌龙茶中环庚草醚超标 19.0 倍，黑茶中久效威超标 13.0 倍，乌龙茶中甲氟磷超标 6.5 倍，黑茶中环丙嘧啶醇超标 5.5 倍，黑茶中丁酮威超标 4.5 倍。检测结果见图 1-16 和附表 17。

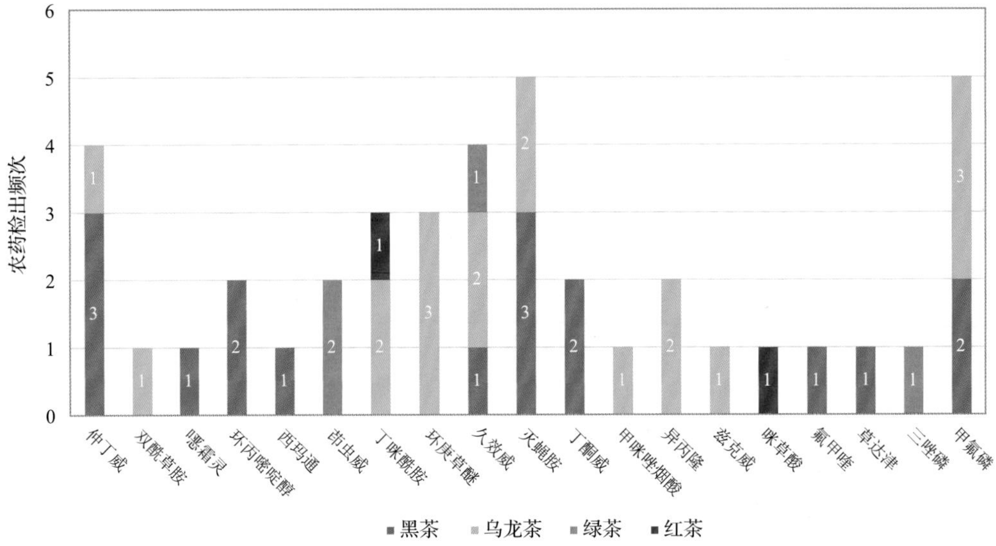

图 1-16　超过 MRL 日本标准农药品种及频次

1.2.2.4　按 MRL 中国香港标准衡量

按 MRL 中国香港标准衡量，无样品检出超标农药残留。

1.2.2.5　按 MRL 美国标准衡量

按 MRL 美国标准衡量，无样品检出超标农药残留。

1.2.2.6　按 MRL CAC 标准衡量

按 MRL CAC 标准衡量，无样品检出超标农药残留。

1.2.3　9 个采样点超标情况分析

1.2.3.1　按 MRL 中国国家标准衡量

按 MRL 中国国家标准衡量，所有采样点的样品均未检出超标农药残留。

1.2.3.2　按 MRL 欧盟标准衡量

按 MRL 欧盟标准衡量，有 8 个采样点的样品存在不同程度的超标农药检出，其中***超市（南关正街店）的超标率最高，为 77.8%，如表 1-14 和图 1-17 所示。

表 1-14　超过 MRL 欧盟标准茶叶在不同采样点分布

序号	采样点	样品总数	超标数量	超标率(%)	行政区域
1	***超市(南大街店)	27	8	29.6	碑林区
2	***超市(渭滨路店)	26	12	46.2	未央区
3	***茶叶店	25	14	56.0	新城区
4	***超市	24	7	29.2	碑林区
5	***茶庄	18	4	22.2	灞桥区
6	***茶叶店	16	8	50.0	未央区
7	***超市(南关正街店)	9	7	77.8	碑林区
8	***茶叶店	8	2	25.0	碑林区

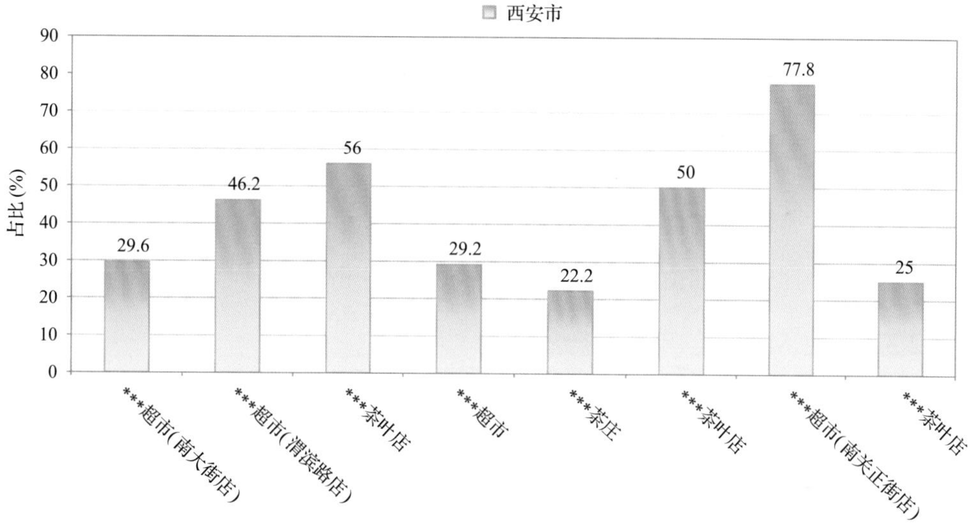

图 1-17　超过 MRL 欧盟标准茶叶在不同采样点分布

1.2.3.3　按 MRL 日本标准衡量

按 MRL 日本标准衡量，有 7 个采样点的样品存在不同程度的超标农药检出，其中***超市(南关正街店)的超标率最高，为 66.7%，如表 1-15 和图 1-18 所示。

表 1-15　超过 MRL 日本标准茶叶在不同采样点分布

序号	采样点	样品总数	超标数量	超标率(%)	行政区域
1	***超市(南大街店)	27	6	22.2	碑林区
2	***超市(渭滨路店)	26	5	19.2	未央区
3	***茶叶店	25	5	20.0	新城区
4	***超市	24	7	29.2	碑林区
5	***茶庄	18	3	16.7	灞桥区
6	***茶叶店	16	3	18.8	未央区
7	***超市(南关正街店)	9	6	66.7	碑林区

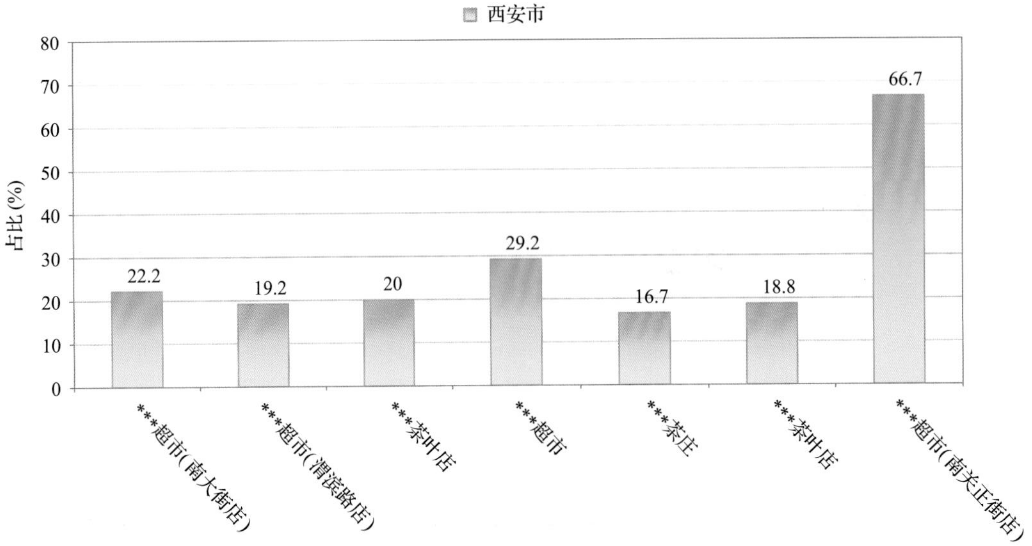

图 1-18 超过 MRL 日本标准茶叶在不同采样点分布

1.2.3.4 按 MRL 中国香港标准衡量

按 MRL 中国香港标准衡量，所有采样点的样品均未检出超标农药残留。

1.2.3.5 按 MRL 美国标准衡量

按 MRL 美国标准衡量，所有采样点的样品均未检出超标农药残留。

1.2.3.6 按 MRL CAC 标准衡量

按 MRL CAC 标准衡量，所有采样点的样品均未检出超标农药残留。

1.3 茶叶中农药残留分布

1.3.1 茶叶按检出农药品种和频次排名

本次残留侦测的茶叶共 4 种，包括黑茶、红茶、乌龙茶和绿茶。

根据检出农药品种及频次进行排名，将茶叶样品检出情况列表说明，详见表 1-16。

表 1-16 茶叶按检出农药品种和频次排名

按检出农药品种排名(品种)	①乌龙茶(20),②黑茶(17),③绿茶(17),④红茶(6)
按检出农药频次排名(频次)	①绿茶(113),②乌龙茶(58),③黑茶(27),④红茶(19)
按检出禁用、高毒及剧毒农药品种排名(品种)	①黑茶(6),②绿茶(3),③乌龙茶(3)
按检出禁用、高毒及剧毒农药频次排名(频次)	①黑茶(9),②绿茶(8),③乌龙茶(6)

1.3.2　茶叶按超标农药品种和频次排名

鉴于欧盟和日本的 MRL 标准制定比较全面且覆盖率较高，我们参照 MRL 中国国家标准、欧盟标准和日本标准衡量茶叶样品中农残检出情况，将茶叶按超标农药品种及频次排名列表说明，详见表 1-17。

表 1-17　茶叶按超标农药品种和频次排名

按超标农药品种排名（农药品种数）	MRL 中国国家标准	
	MRL 欧盟标准	①黑茶（11），②乌龙茶（10），③红茶（5），④绿茶（5）
	MRL 日本标准	①黑茶（10），②乌龙茶（10），③绿茶（3），④红茶（2）
按超标农药频次排名（农药频次数）	MRL 中国国家标准	
	MRL 欧盟标准	①乌龙茶（27），②绿茶（25），③黑茶（17），④红茶（12）
	MRL 日本标准	①乌龙茶（18），②黑茶（17），③绿茶（4），④红茶（2）

通过对各品种茶叶样本总数及检出率进行综合分析发现，乌龙茶、绿茶和黑茶的残留污染最为严重，在此，我们参照 MRL 中国国家标准、欧盟标准和日本标准对这 3 种茶叶的农残检出情况进行进一步分析。

1.3.3　农药残留检出率较高的茶叶样品分析

1.3.3.1　乌龙茶

这次共检测 32 例乌龙茶样品，28 例样品中检出了农药残留，检出率为 87.5%，检出农药共计 20 种。其中唑虫酰胺、啶虫脒、噻嗪酮、哒螨灵和异丙隆检出频次较高，分别检出了 14、8、6、4 和 4 次。乌龙茶中农药检出品种和频次见图 1-19，超标农药见图 1-20 和表 1-18。

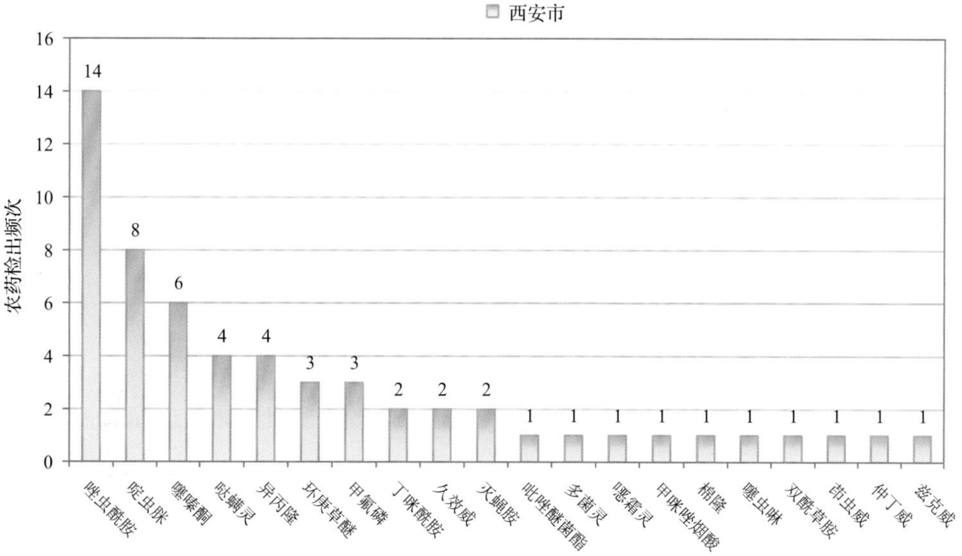

图 1-19　乌龙茶样品检出农药品种和频次分析

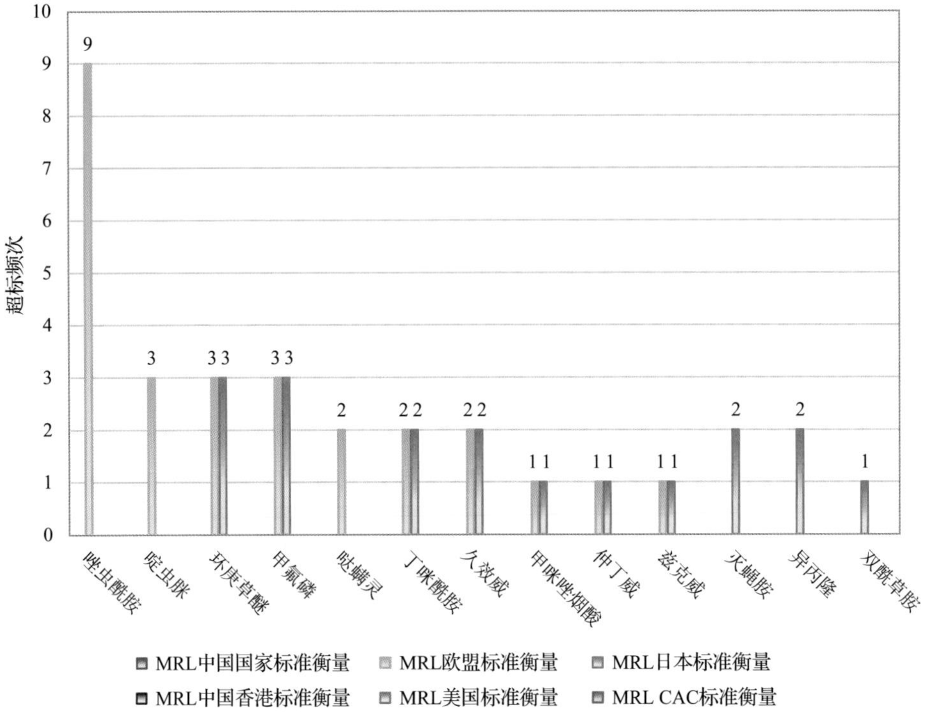

图 1-20　乌龙茶样品中超标农药分析

表 1-18　乌龙茶中农药残留超标情况明细表

样品总数		检出农药样品数	样品检出率(%)	检出农药品种总数
32		28	87.5	20
	超标农药品种	超标农药频次	按照 MRL 中国国家标准、欧盟标准和日本标准衡量超标农药名称及频次	
中国国家标准	0	0		
欧盟标准	10	27	唑虫酰胺(9),啶虫脒(3),环庚草醚(3),甲氰磷(3),哒螨灵(2),丁咪酰胺(2),久效威(2),甲咪唑烟酸(1),仲丁威(1),兹克威(1)	
日本标准	10	18	环庚草醚(3),甲氰磷(3),丁咪酰胺(2),久效威(2),灭蝇胺(2),异丙隆(2),甲咪唑烟酸(1),双酰草胺(1),仲丁威(1),兹克威(1)	

1.3.3.2　绿茶

这次共检测 98 例绿茶样品，59 例样品中检出了农药残留，检出率为 60.2%，检出农药共计 17 种。其中唑虫酰胺、哒螨灵、啶虫脒、噻嗪酮和吡虫啉检出频次较高，分别检出了 25、22、19、19 和 9 次。绿茶中农药检出品种和频次见图 1-21，超标农药见图 1-22 和表 1-19。

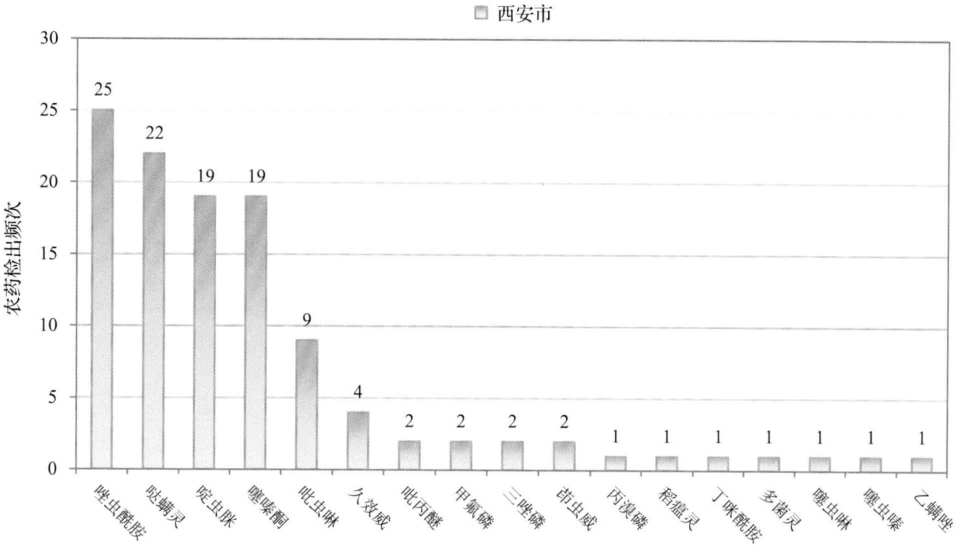

图 1-21　绿茶样品检出农药品种和频次分析

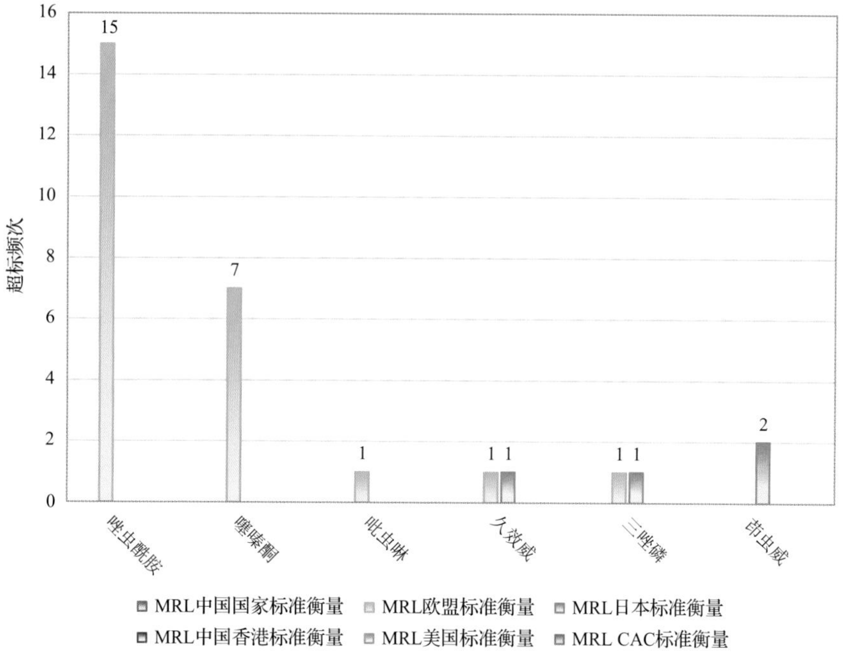

图 1-22　绿茶样品中超标农药分析

表 1-19　绿茶中农药残留超标情况明细表

样品总数 98			检出农药样品数 59	样品检出率(%) 60.2	检出农药品种总数 17
	超标农药品种	超标农药频次	按照 MRL 中国国家标准、欧盟标准和日本标准衡量超标农药名称及频次		
中国国家标准	0	0			
欧盟标准	5	25	唑虫酰胺(15),噻嗪酮(7),吡虫啉(1),久效威(1),三唑磷(1)		
日本标准	3	4	茚虫威(2),久效威(1),三唑磷(1)		

1.3.3.3　黑茶

这次共检测 20 例黑茶样品，14 例样品中检出了农药残留，检出率为 70.0%，检出农药共计 17 种。其中啶虫脒、灭蝇胺、仲丁威、丁酮威和环丙嘧啶醇检出频次较高，分别检出了 3、3、3、2 和 2 次。黑茶中农药检出品种和频次见图 1-23，超标农药见图 1-24 和表 1-20。

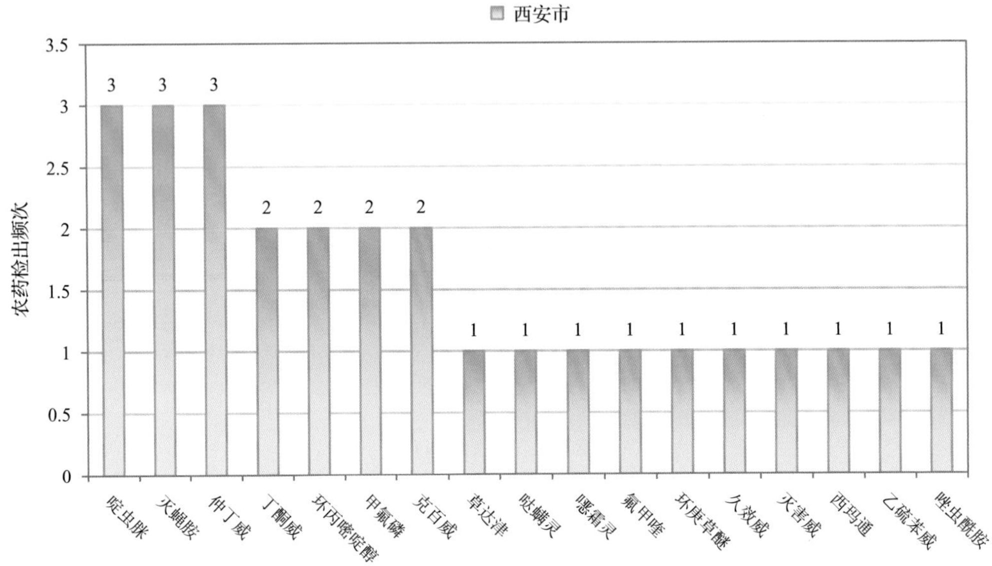

图 1-23　黑茶样品检出农药品种和频次分析

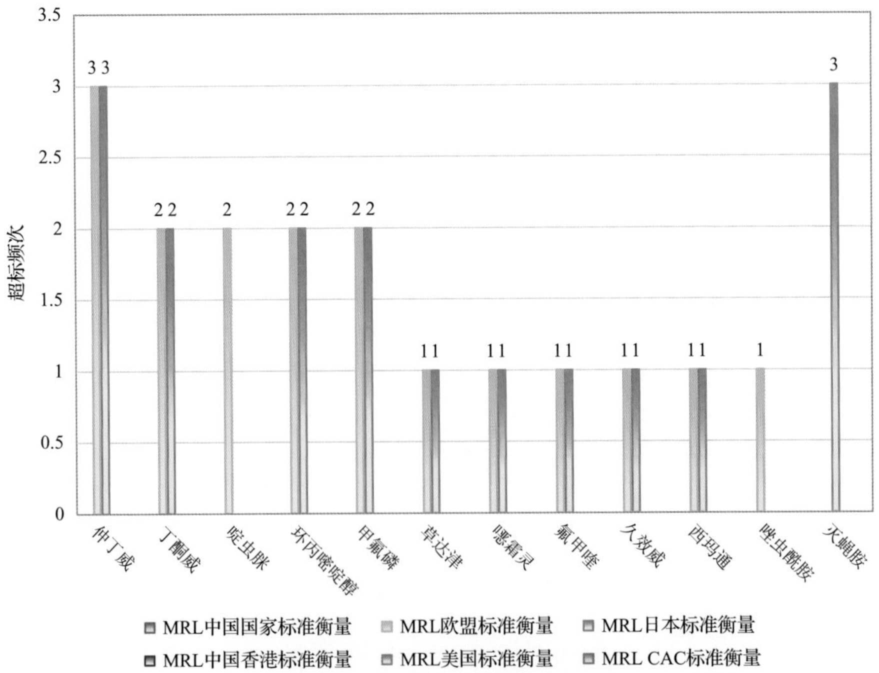

图 1-24　黑茶样品中超标农药分析

表 1-20　黑茶中农药残留超标情况明细表

样品总数		检出农药样品数	样品检出率(%)	检出农药品种总数
20		14	70	17
	超标农药品种	超标农药频次	按照 MRL 中国国家标准、欧盟标准和日本标准衡量超标农药名称及频次	
中国国家标准	0	0		
欧盟标准	11	17	仲丁威(3),丁酮威(2),啶虫脒(2),环丙嘧啶醇(2),甲氟磷(2),草达津(1),噁霜灵(1),氟甲喹(1),久效威(1),西玛通(1),唑虫酰胺(1)	
日本标准	10	17	灭蝇胺(3),仲丁威(3),丁酮威(2),环丙嘧啶醇(2),甲氟磷(2),草达津(1),噁霜灵(1),氟甲喹(1),久效威(1),西玛通(1)	

1.4　初 步 结 论

1.4.1　西安市市售茶叶按 MRL 中国国家标准和国际主要 MRL 标准衡量的合格率

本次侦测的 170 例样品中，57 例样品未检出任何残留农药，占样品总量的 33.5%，113 例样品检出不同水平、不同种类的残留农药，占样品总量的 66.5%。在这 113 例检出农药残留的样品中：

按照 MRL 中国国家标准衡量，有 113 例样品检出残留农药但含量没有超标，占样品总数的 66.5%，无检出残留农药超标的样品。

按照 MRL 欧盟标准衡量，有 51 例样品检出残留农药但含量没有超标，占样品总数的 30.0%，有 62 例样品检出了超标农药，占样品总数的 36.5%。

按照 MRL 日本标准衡量，有 78 例样品检出残留农药但含量没有超标，占样品总数的 45.9%，有 35 例样品检出了超标农药，占样品总数的 20.6%。

按照 MRL 中国香港标准衡量，有 113 例样品检出残留农药但含量没有超标，占样品总数的 66.5%，无检出残留农药超标的样品。

按照 MRL 美国标准衡量，有 113 例样品检出残留农药但含量没有超标，占样品总数的 66.5%，无检出残留农药超标的样品。

按照 MRL CAC 标准衡量，有 113 例样品检出残留农药但含量没有超标，占样品总数的 66.5%，无检出残留农药超标的样品。

1.4.2　西安市市售茶叶中检出农药以中低微毒农药为主，占市场主体的 77.8%

这次侦测的 170 例茶叶样品共检出了 36 种农药，检出农药的毒性以中低微毒为主，详见表 1-21。

表 1-21 市场主体农药毒性分布

毒性	检出品种	占比	检出频次	占比
剧毒农药	1	2.8%	7	3.2%
高毒农药	7	19.4%	16	7.4%
中毒农药	13	36.1%	137	63.1%
低毒农药	10	27.8%	50	23.0%
微毒农药	5	13.9%	7	3.2%
中低微毒农药，品种占比 77.8%，频次占比 89.4%				

1.4.3 检出剧毒、高毒和禁用农药现象应该警醒

在此次侦测的 170 例样品中有 3 种茶叶的 22 例样品检出了 8 种 23 频次的剧毒和高毒或禁用农药，占样品总量的 12.9%。其中剧毒农药甲氟磷以及高毒农药久效威、丁酮威和克百威检出频次较高。

按 MRL 中国国家标准衡量，剧毒农药和高毒农药按超标程度比较均未超标。

剧毒、高毒或禁用农药的检出情况及按照 MRL 中国国家标准衡量的超标情况见表 1-22。

表 1-22 剧毒、高毒或禁用农药的检出及超标明细

序号	农药名称	样品名称	检出频次	超标频次	最大超标倍数	超标率
1.1	甲氟磷*	乌龙茶	3	0	0	0.0%
1.2	甲氟磷*	黑茶	2	0	0	0.0%
1.3	甲氟磷*	绿茶	2	0	0	0.0%
2.1	丁酮威◊	黑茶	2	0	0	0.0%
3.1	久效威◊	绿茶	4	0	0	0.0%
3.2	久效威◊	乌龙茶	2	0	0	0.0%
3.3	久效威◊	黑茶	1	0	0	0.0%
4.1	克百威◊▲	黑茶	2	0	0	0.0%
5.1	灭害威◊	黑茶	1	0	0	0.0%
6.1	三唑磷◊▲	绿茶	2	0	0	0.0%
7.1	乙硫苯威◊	黑茶	1	0	0	0.0%
8.1	兹克威◊	乌龙茶	1	0	0	0.0%
合计			23	0		0.0%

这些剧毒和高毒农药都是中国政府早有规定禁止在茶叶中使用的，为什么还屡次被检出，应该引起警惕。

1.4.4　残留限量标准与先进国家或地区标准差距较大

217 频次的检出结果与我国公布的《食品中农药最大残留限量》(GB 2763—2016)对比，有 109 频次能找到对应的 MRL 中国国家标准，占 50.2%；还有 108 频次的侦测数据无相关 MRL 标准供参考，占 49.8%。

与国际上现行 MRL 标准对比发现：

有 217 频次能找到对应的 MRL 欧盟标准，占 100.0%；

有 217 频次能找到对应的 MRL 日本标准，占 100.0%；

有 72 频次能找到对应的 MRL 中国香港标准，占 33.2%；

有 114 频次能找到对应的 MRL 美国标准，占 52.5%；

有 59 频次能找到对应的 MRL CAC 标准，占 27.2%。

由上可见，MRL 中国国家标准与先进国家或地区标准还有很大差距，我们无标准，境外有标准，这就会导致我们在国际贸易中，处于受制于人的被动地位。

1.4.5　茶叶单种样品检出 17~20 种农药残留，拷问农药使用的科学性

通过此次监测发现，乌龙茶、黑茶和绿茶是检出农药品种最多的 3 种茶叶，从中检出农药品种及频次详见表 1-23。

表 1-23　单种样品检出农药品种及频次

样品名称	样品总数	检出农药样品数	检出率	检出农药品种数	检出农药(频次)
乌龙茶	32	28	87.5%	20	唑虫酰胺(14),啶虫脒(8),噻嗪酮(6),哒螨灵(4),异丙隆(4),环庚草醚(3),甲氟磷(3),丁咪酰胺(2),久效威(2),灭蝇胺(2),吡唑醚菌酯(1),多菌灵(1),噁霜灵(1),甲咪唑烟酸(1),棉隆(1),噻虫啉(1),双酰草胺(1),茚虫威(1),仲丁威(1),兹克威(1)
黑茶	20	14	70.0%	17	啶虫脒(3),灭蝇胺(3),仲丁威(3),丁酮威(2),环丙嘧啶醇(2),甲氟磷(2),克百威(2),草达津(1),哒螨灵(1),噁霜灵(1),氟甲喹(1),环庚草醚(1),久效威(1),灭害威(1),西玛通(1),乙硫苯威(1),唑虫酰胺(1)
绿茶	98	59	60.2%	17	唑虫酰胺(25),哒螨灵(22),啶虫脒(19),噻嗪酮(19),吡虫啉(9),久效威(4),吡丙醚(2),甲氟磷(2),三唑磷(2),茚虫威(2),丙溴磷(1),稻瘟灵(1),丁咪酰胺(1),多菌灵(1),噻虫啉(1),噻虫嗪(1),乙螨唑(1)

上述 3 种茶叶，检出农药 17~20 种，是多种农药综合防治，还是未严格实施农业良好管理规范(GAP)，抑或根本就是乱施药，值得我们思考。

第 2 章　LC-Q-TOF/MS 侦测西安市市售茶叶农药残留膳食暴露风险与预警风险评估

2.1　农药残留风险评估方法

2.1.1　西安市农药残留侦测数据分析与统计

庞国芳院士科研团队建立的农药残留高通量侦测技术以高分辨精确质量数(0.0001 *m/z* 为基准)为识别标准，采用 LC-Q-TOF/MS 技术对 825 种农药化学污染物进行侦测。

科研团队于 2019 年 3 月期间在西安市 9 个采样点，随机采集了 170 例茶叶样品，具体位置如图 2-1 所示。

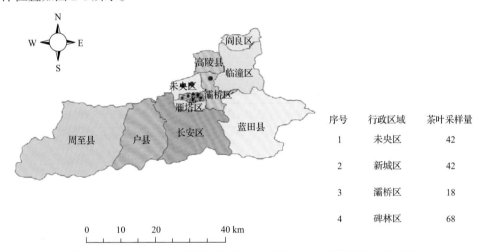

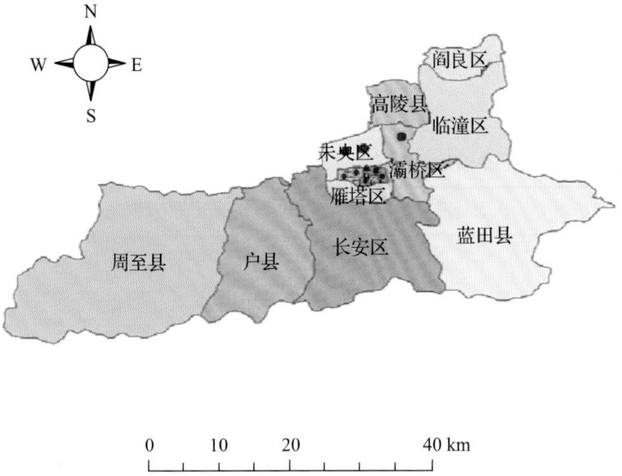

序号	行政区域	茶叶采样量
1	未央区	42
2	新城区	42
3	灞桥区	18
4	碑林区	68

图 2-1　LC-Q-TOF/MS 侦测西安市 9 个采样点 170 例样品分布示意图

利用 LC-Q-TOF/MS 技术对 170 例样品中的农药进行侦测，侦测出残留农药 36 种，217 频次。侦测出农药残留水平如表 2-1 和图 2-2 所示。检出频次最高的前 10 种农药如表 2-2 所示。从检测结果中可以看出，在茶叶中农药残留普遍存在，且有些茶叶存在高浓度的农药残留，这些可能存在膳食暴露风险，对人体健康产生危害，因此，为了定量地评价茶叶中农药残留的风险程度，有必要对其进行风险评价。

表 2-1　侦测出农药的不同残留水平及其所占比例列表

残留水平(μg/kg)	检出频次	占比(%)
1~5(含)	47	21.7
5~10(含)	34	15.7
10~100(含)	129	59.4
100~1000(含)	7	3.2
合计	217	100

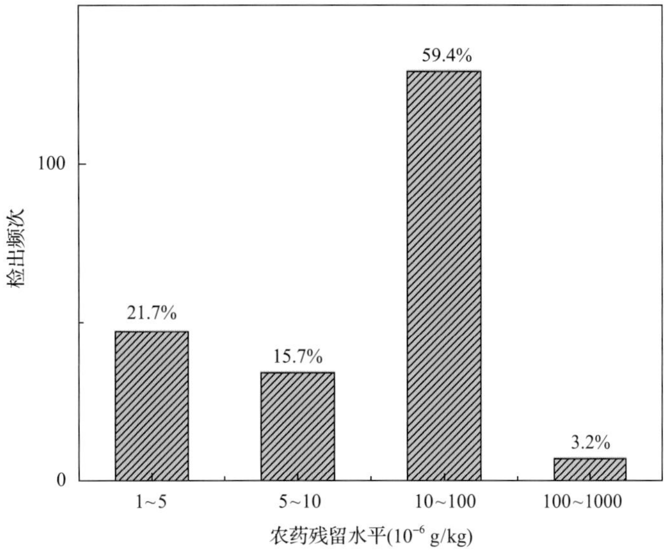

图 2-2　残留农药检出浓度频数分布图

表 2-2　检出频次最高的前 10 种农药列表

序号	农药	检出频次
1	唑虫酰胺	47
2	啶虫脒	33
3	噻嗪酮	30
4	哒螨灵	29
5	吡虫啉	9
6	甲氰磷	7
7	久效威	7
8	灭蝇胺	5
9	丁咪酰胺	4
10	环庚草醚	4

2.1.2　农药残留风险评价模型

对西安市茶叶中农药残留分别开展暴露风险评估和预警风险评估。膳食暴露风险评估利用食品安全指数模型对茶叶中的残留农药对人体可能产生的危害程度进行评价，该模型结合残留监测和膳食暴露评估评价化学污染物的危害；预警风险评价模型运用风险系数(risk index，*R*)，风险系数综合考虑了危害物的超标率、施检频率及其本身敏感性的影响，能直观而全面地反映出危害物在一段时间内的风险程度。

2.1.2.1　食品安全指数模型

为了加强食品安全管理，《中华人民共和国食品安全法》第二章第十七条规定“国家建立食品安全风险评估制度，运用科学方法，根据食品安全风险监测信息、科学数据以及有关信息，对食品、食品添加剂、食品相关产品中生物性、化学性和物理性危害因素进行风险评估”[1]，膳食暴露评估是食品危险度评估的重要组成部分，也是膳食安全性的衡量标准[2]。国际上最早研究膳食暴露风险评估的机构主要是 JMPR（FAO、WHO 农药残留联合会议），该组织自 1995 年就已制定了急性毒性物质的风险评估急性毒性农药残留摄入量的预测。1960 年美国规定食品中不得加入致癌物质进而提出零阈值理论，渐渐零阈值理论发展成在一定概率条件下可接受风险的概念[3]，后衍变为食品中每日允许最大摄入量（ADI），而国际食品农药残留法典委员会（CCPR）认为 ADI 不是独立风险评估的唯一标准[4]，1995 年 JMPR 开始研究农药急性膳食暴露风险评估，并对食品国际短期摄入量的计算方法进行了修正，亦对膳食暴露评估准则及评估方法进行了修正[5]，2002 年，在对世界上现行的食品安全评价方法，尤其是国际公认的 CAC 评价方法、全球环境监测系统/食品污染监测和评估规划（WHO GEMS/Food）及 FAO、WHO 食品添加剂联合专家委员会（JECFA）和 JMPR 对食品安全风险评估工作研究的基础之上，检验检疫食品安全管理的研究人员提出了结合残留监控和膳食暴露评估，以食品安全指数 IFS 计算食品中各种化学污染物对消费者的健康危害程度[6]。IFS 是表示食品安全状态的新方法，可有效地评价某种农药的安全性，进而评价食品中各种农药化学污染物对消费者健康的整体危害程度[7, 8]。从理论上分析，IFS_c 可指出食品中的污染物 c 对消费者健康是否存在危害及危害的程度[9]。其优点在于操作简单且结果容易被接受和理解，不需要大量的数据来对结果进行验证，使用默认的标准假设或者模型即可[10, 11]。

1）IFS_c 的计算

IFS_c 计算公式如下：

$$IFS_c = \frac{EDI_c \times f}{SI_c \times bw} \tag{2-1}$$

式中，c 为所研究的农药；EDI_c 为农药 c 的实际日摄入量估算值，等于 $\sum(R_i \times F_i \times E_i \times P_i)$（$i$ 为食品种类；R_i 为食品 i 中农药 c 的残留水平，mg/kg；F_i 为食品 i 的估计日消费量，g/（人・天）；E_i 为食品 i 的可食用部分因子；P_i 为食品 i 的加工处理因子）；SI_c 为安全摄入量，可采用每日允许最大摄入量 ADI；bw 为人平均体重，kg；f 为校正因子，如果安全摄入量采用 ADI，则 f 取 1。

$IFS_c \ll 1$，农药 c 对食品安全没有影响；$IFS_c \leqslant 1$，农药 c 对食品安全的影响可以接受；$IFS_c > 1$，农药 c 对食品安全的影响不可接受。

本次评价中：

$IFS_c \leqslant 0.1$，农药 c 对茶叶安全没有影响；

$0.1 < IFS_c \leqslant 1$，农药 c 对茶叶安全的影响可以接受；

$IFS_c > 1$，农药 c 对茶叶安全的影响不可接受。

本次评价中残留水平 R_i 取值为中国检验检疫科学研究院庞国芳院士课题组利用以高分辨精确质量数（0.0001 m/z）为基准的 LC-Q-TOF/MS 侦测技术于 2019 年 3 月期间对西安市茶叶农药残留的侦测结果，估计日消费量 F_i 取值 0.0047 kg/（人·天），E_i=1，P_i=1，

f=1，SI_c采用《食品安全国家标准　食品中农药最大残留限量》(GB 2763—2016)中 ADI 值(具体数值见表 2-3)，人平均体重(bw)取值 60 kg。

表 2-3　西安市茶叶中侦测出农药的 ADI 值

序号	农药	ADI	序号	农药	ADI	序号	农药	ADI
1	唑虫酰胺	0.006	13	灭蝇胺	0.06	25	乙硫苯威	—
2	噻嗪酮	0.009	14	仲丁威	0.06	26	兹克威	—
3	哒螨灵	0.01	15	丙溴磷	0.03	27	双酰草胺	—
4	三唑磷	0.001	16	吡唑醚菌酯	0.03	28	咪草酸	—
5	克百威	0.001	17	稻瘟灵	0.016	29	棉隆	—
6	啶虫脒	0.07	18	吡丙醚	0.1	30	氟甲喹	—
7	茚虫威	0.01	19	乙螨唑	0.05	31	灭害威	—
8	吡虫啉	0.06	20	噻虫嗪	0.08	32	环丙嘧啶醇	—
9	异丙隆	0.015	21	甲咪唑烟酸	0.7	33	环庚草醚	—
10	噻虫啉	0.01	22	丁咪酰胺	—	34	甲氟磷	—
11	噁霜灵	0.01	23	丁酮威	—	35	草达津	—
12	多菌灵	0.03	24	久效威	—	36	西玛通	—

注："—"表示为国家标准中无 ADI 值规定；ADI 值单位为 mg/kg bw

2) 计算 IFS_c 的平均值 $\overline{IFS}$，评价农药对食品安全的影响程度

以 $\overline{IFS}$ 评价各种农药对人体健康危害的总程度，评价模型见公式(2-2)。

$$\overline{IFS}=\frac{\sum_{i=1}^{n} IFS_c}{n} \tag{2-2}$$

$\overline{IFS}\ll 1$，所研究消费者人群的食品安全状态很好；$\overline{IFS}\leqslant 1$，所研究消费者人群的食品安全状态可以接受；$\overline{IFS}>1$，所研究消费者人群的食品安全状态不可接受。

本次评价中：

$\overline{IFS}\leqslant 0.1$，所研究消费者人群的茶叶安全状态很好；

$0.1<\overline{IFS}\leqslant 1$，所研究消费者人群的茶叶安全状态可以接受；

$\overline{IFS}>1$，所研究消费者人群的茶叶安全状态不可接受。

2.1.2.2　预警风险评估模型

2003 年，我国检验检疫食品安全管理的研究人员根据 WTO 的有关原则和我国的具体规定，结合危害物本身的敏感性、风险程度及其相应的施检频率，首次提出了食品中危害物风险系数 R 的概念[12]。R 是衡量一个危害物的风险程度大小最直观的参数，即在一定时期内其超标率或阳性检出率的高低,但受其施检频率的高低及其本身的敏感性(受关注程度)影响。该模型综合考察了农药在茶叶中的超标率、施检频率及其本身敏感性，

能直观而全面地反映出农药在一段时间内的风险程度[13]。

1）R 计算方法

危害物的风险系数综合考虑了危害物的超标率或阳性检出率、施检频率和其本身的敏感性影响，并能直观而全面地反映出危害物在一段时间内的风险程度。风险系数 R 的计算公式如式（2-3）：

$$R = aP + \frac{b}{F} + S \tag{2-3}$$

式中，P 为该种危害物的超标率；F 为危害物的施检频率；S 为危害物的敏感因子；a, b 分别为相应的权重系数。

本次评价中 F=1；S=1；a =100；b =0.1，对参数 P 进行计算，计算时首先判断是否为禁用农药，如果为非禁用农药，P=超标的样品数（侦测出的含量高于食品最大残留限量标准值，即 MRL）除以总样品数（包括超标、不超标、未侦测出）；如果为禁用农药，则侦测出即为超标，P=能侦测出的样品数除以总样品数。判断西安市茶叶农药残留是否超标的标准限值 MRL 分别以 MRL 中国国家标准[14]和 MRL 欧盟标准作为对照，具体值列于本报告附表一中。

2）评价风险程度

$R \leqslant 1.5$，受检农药处于低度风险；

$1.5 < R \leqslant 2.5$，受检农药处于中度风险；

$R > 2.5$，受检农药处于高度风险。

2.1.2.3　食品膳食暴露风险和预警风险评估应用程序的开发

1）应用程序开发的步骤

为成功开发膳食暴露风险和预警风险评估应用程序，与软件工程师多次沟通讨论，逐步提出并描述清楚计算需求，开发了初步应用程序。为明确出不同茶叶、不同农药、不同地域和不同季节的风险水平，向软件工程师提出不同的计算需求，软件工程师对计算需求进行逐一地分析，经过反复的细节沟通，需求分析得到明确后，开始进行解决方案的设计，在保证需求的完整性、一致性的前提下，编写出程序代码，最后设计出满足需求的风险评估专用计算软件，并通过一系列的软件测试和改进，完成专用程序的开发。软件开发基本步骤见图 2-3。

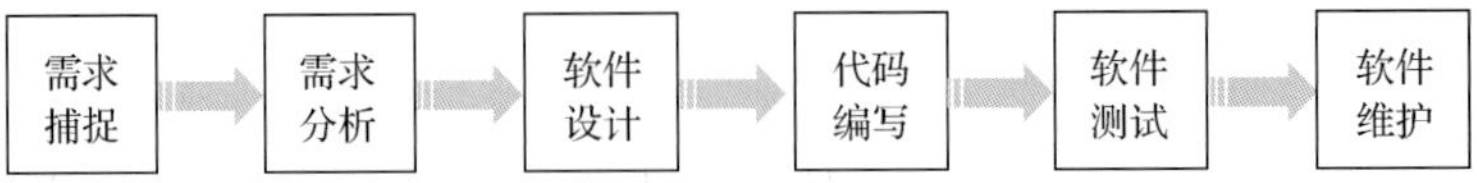

图 2-3　专用程序开发总体步骤

2）膳食暴露风险评估专业程序开发的基本要求

首先直接利用公式（2-1），分别计算 LC-Q-TOF/MS 和 GC-Q-TOF/MS 仪器侦测出的各茶叶样品中每种农药 IFS_c，将结果列出。为考察超标农药和禁用农药的使用安全性，分别以我国《食品安全国家标准　食品中农药最大残留限量》(GB 2763—2016)和欧盟食品中农药最大残留限量(以下简称 MRL 中国国家标准和 MRL 欧盟标准)为标准，对侦测出的禁用农药和超标的非禁用农药 IFS_c 单独进行评价；按 IFS_c 大小列表，并找出 IFS_c 值排名前 20 的样本重点关注。

对不同茶叶 i 中每一种侦测出的农药 c 的安全指数进行计算，多个样品时求平均值。按农药种类，计算整个监测时间段内每种农药的 IFS_c，不区分茶叶。

3) 预警风险评估专业程序开发的基本要求

分别以 MRL 中国国家标准和 MRL 欧盟标准，按公式(2-3)逐个计算不同茶叶、不同农药的风险系数，禁用农药和非禁用农药分别列表。

为清楚了解各种农药的预警风险，不分时间，不分茶叶，按禁用农药和非禁用农药分类，分别计算各种侦测出农药全部检测时段内风险系数。由于有 MRL 中国国家标准的农药种类太少，无法计算超标数，非禁用农药的风险系数只以 MRL 欧盟标准为标准，进行计算。若检测数据为多个月的，则按月计算每个月、每个季度内每种禁用农药残留的风险系数和以 MRL 欧盟标准为标准的非禁用农药残留的风险系数。

4) 风险程度评价专业应用程序的开发方法

采用 Python 计算机程序设计语言，Python 是一个高层次地结合了解释性、编译性、互动性和面向对象的脚本语言。风险评价专用程序主要功能包括：分别读入每例样品 LC-Q-TOF/MS 和 GC-Q-TOF/MS 农药残留检测数据，根据风险评价工作要求，依次对不同农药、不同食品、不同时间、不同采样点的 IFS_c 值和 R 值分别进行数据计算，筛选出禁用农药、超标农药(分别与 MRL 中国国家标准、MRL 欧盟标准限值进行对比)单独重点分析，再分别对各农药、各茶叶种类分类处理，设计出计算和排序程序，编写计算机代码，最后将生成的膳食暴露风险评估和超标风险评估定量计算结果列入设计好的各个表格中，并定性判断风险对目标的影响程度，直接用文字描述风险发生的高低，如“不可接受”、“可以接受”、“没有影响”、“高度风险”、“中度风险”、“低度风险”。

2.2　LC-Q-TOF/MS 侦测西安市市售茶叶农药残留膳食暴露风险评估

2.2.1　每例茶叶样品中农药残留安全指数分析

基于 2019 年 3 月的农药残留侦测数据，发现在 170 例样品中侦测出农药 217 频次，计算样品中每种残留农药的安全指数 IFS_c，并分析农药对样品安全的影响程度，结果详见附表二，农药残留对茶叶样品安全的影响程度频次分布情况如图 2-4 所示。

由图 2-4 可以看出，农药残留对样品安全的没有影响的频次为 182，占 83.87%。

部分样品侦测出禁用农药 2 种 4 频次，为了明确残留的禁用农药对样品安全的影响，分析侦测出禁用农药残留的样品安全指数，禁用农药残留对茶叶样品安全的影响程度频次分布情况如图 2-5 所示，农药残留对样品安全没有影响的频次为 4，占 100%。

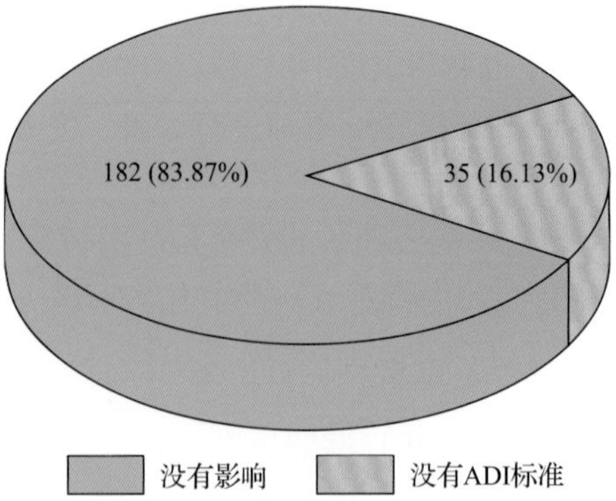

图 2-4　农药残留对茶叶样品安全的影响程度频次分布图

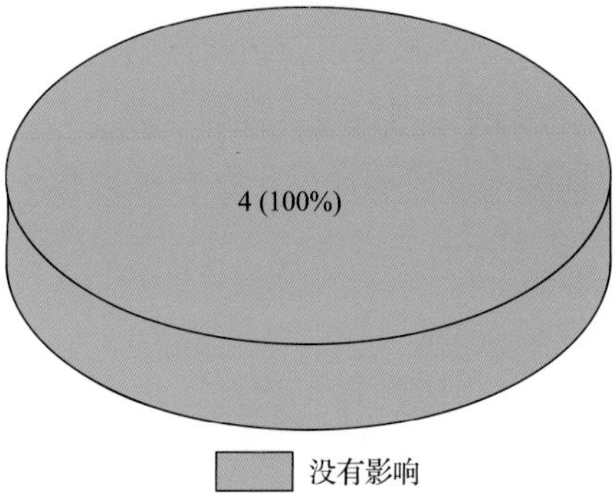

图 2-5　禁用农药对茶叶样品安全影响程度的频次分布图

此外，本次侦测发现部分样品中非禁用农药残留量超过了 MRL 欧盟标准，为了明确超标的非禁用农药对样品安全的影响，分析了非禁用农药残留超标的样品安全指数。

残留量超过 MRL 欧盟标准的非禁用农药对茶叶样品安全的影响程度频次分布情况如图 2-6 所示。可以看出超过 MRL 欧盟标准的非禁用农药共 80 频次，其中农药没有 ADI 标准的频次为 24，占 30%；农药残留对样品安全没有影响的频次为 56，占 70%。表 2-4 为茶叶样品中安全指数排名前 10 的残留超标非禁用农药列表。

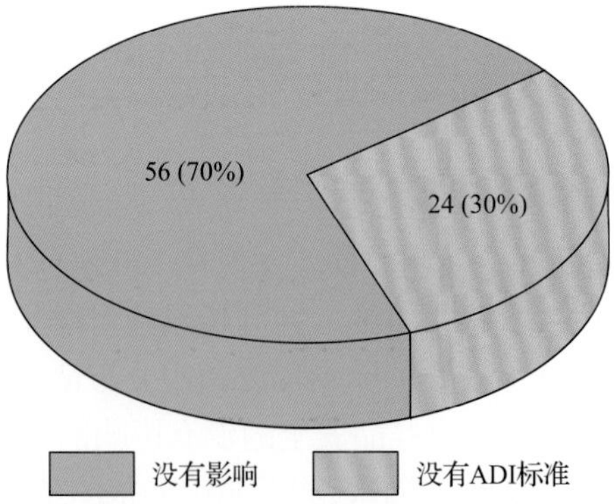

图 2-6　残留超标的非禁用农药对茶叶样品安全的影响程度频次分布图（MRL 欧盟标准）

表 2-4　茶叶样品中安全指数排名前 10 的残留超标非禁用农药列表(MRL 欧盟标准)

序号	样品编号	采样点	基质	农药	含量(mg/kg)	欧盟标准	IFS_c	影响程度
1	20190314-610100-AHCIQ-GT-02F	***茶叶店	绿茶	噻嗪酮	0.3	0.05	0.0026	没有影响
2	20190321-610100-AHCIQ-OT-07B	***超市(南大街店)	乌龙茶	哒螨灵	0.2	0.05	0.0016	没有影响
3	20190314-610100-AHCIQ-GT-01A	***超市(渭滨路店)	绿茶	唑虫酰胺	0.0972	0.01	0.0013	没有影响
4	20190315-610100-AHCIQ-GT-04O	***茶庄	绿茶	唑虫酰胺	0.0908	0.01	0.0012	没有影响
5	20190314-610100-AHCIQ-GT-01I	***超市(渭滨路店)	绿茶	噻嗪酮	0.12	0.05	0.0010	没有影响
6	20190315-610100-AHCIQ-GT-03B	***茶叶店	绿茶	唑虫酰胺	0.0751	0.01	0.0010	没有影响
7	20190315-610100-AHCIQ-GT-03J	***茶叶店	绿茶	唑虫酰胺	0.0736	0.01	0.0010	没有影响
8	20190315-610100-AHCIQ-GT-03F	***茶叶店	绿茶	唑虫酰胺	0.0669	0.01	0.0009	没有影响
9	20190321-610100-AHCIQ-OT-06F	***超市(南关正街店)	乌龙茶	唑虫酰胺	0.0637	0.01	0.0008	没有影响
10	20190314-610100-AHCIQ-GT-02D	***茶叶店	绿茶	唑虫酰胺	0.0598	0.01	0.0008	没有影响

2.2.2　单种茶叶中农药残留安全指数分析

本次 4 种茶叶侦测 36 种农药，检出频次为 217 次，其中 15 种农药没有 ADI 标准，21 种农药存在 ADI 标准。4 种茶叶按不同种类分别计算侦测出的具有 ADI 标准的各种农药的 IFS_c 值，农药残留对茶叶的安全指数分布图如图 2-7 所示。

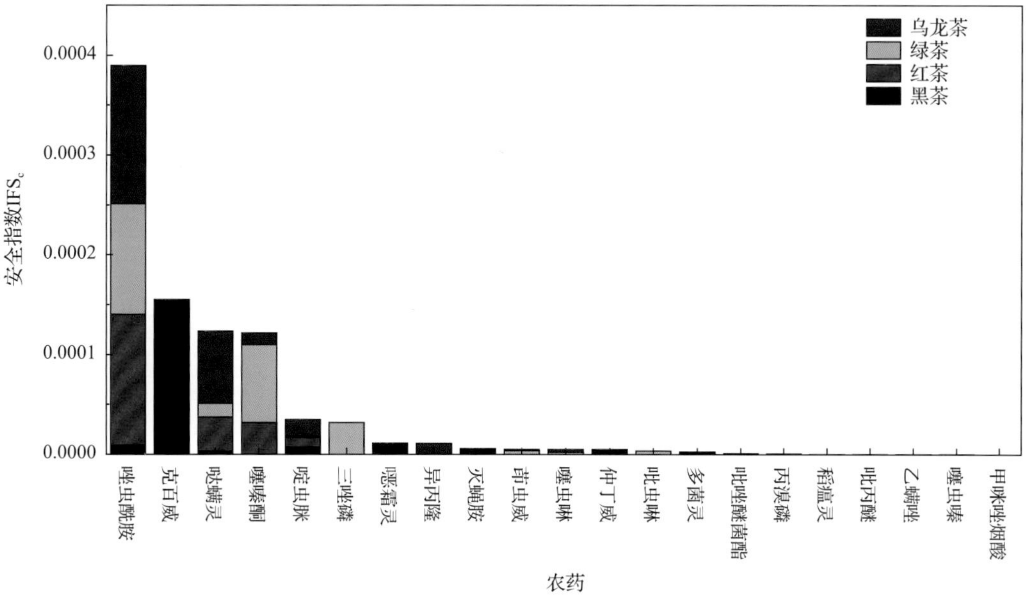

图 2-7　4 种茶叶中 21 种残留农药的安全指数分布图

本次侦测中，4 种茶叶和 36 种残留农药(包括没有 ADI 标准)共涉及 60 个分析样本，农药对单种茶叶安全的影响程度分布情况如图 2-8 所示。可以看出，63.33%的样本中农药对茶叶安全没有影响。

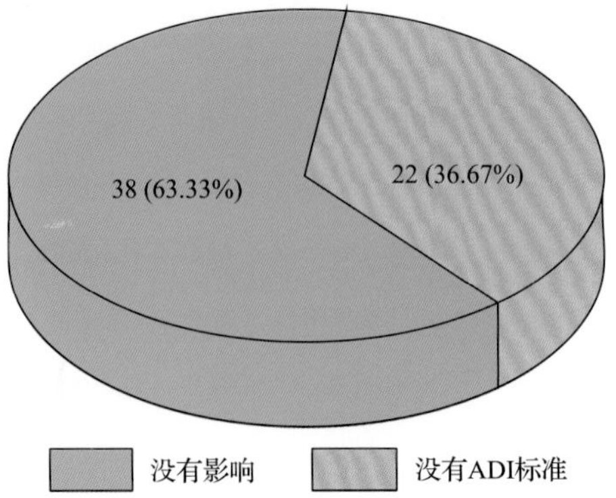

图 2-8 60 个分析样本的影响程度频次分布图

2.2.3 所有茶叶中农药残留安全指数分析

计算所有茶叶中 21 种农药的 IFS_c 值，结果如图 2-9 及表 2-5 所示。

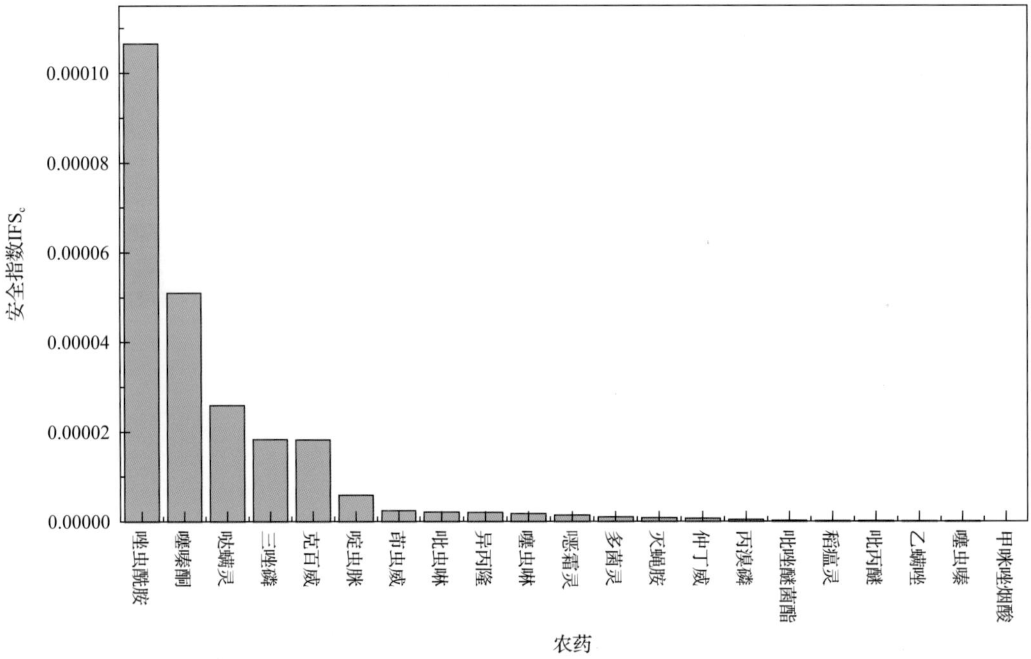

图 2-9 21 种残留农药对茶叶的安全影响程度统计图

分析发现，所有的农药对茶叶安全的影响程度均为没有影响，说明茶叶中残留的农药不会对茶叶安全造成影响。

表 2-5　茶叶中 21 种农药残留的安全指数表

序号	农药	检出频次	检出率(%)	IFS_c	影响程度	序号	农药	检出频次	检出率(%)	IFS_c	影响程度
1	唑虫酰胺	47	27.65	1.06×10^{-4}	没有影响	12	多菌灵	2	1.18	1.02×10^{-6}	没有影响
2	噻嗪酮	30	17.65	5.10×10^{-5}	没有影响	13	灭蝇胺	5	2.94	8.08×10^{-6}	没有影响
3	哒螨灵	29	17.06	2.59×10^{-5}	没有影响	14	仲丁威	4	2.35	6.70×10^{-7}	没有影响
4	三唑磷	2	1.18	1.83×10^{-5}	没有影响	15	丙溴磷	1	0.59	4.21×10^{-7}	没有影响
5	克百威	2	1.18	1.82×10^{-5}	没有影响	16	吡唑醚菌酯	1	0.59	1.98×10^{-7}	没有影响
6	啶虫脒	33	19.41	5.86×10^{-6}	没有影响	17	稻瘟灵	1	0.59	1.61×10^{-7}	没有影响
7	茚虫威	3	1.76	2.41×10^{-6}	没有影响	18	吡丙醚	2	1.18	1.33×10^{-7}	没有影响
8	吡虫啉	9	5.29	2.07×10^{-6}	没有影响	19	乙螨唑	1	0.59	7.37×10^{-8}	没有影响
9	异丙隆	4	2.35	2.04×10^{-6}	没有影响	20	噻虫嗪	1	0.59	6.85×10^{-8}	没有影响
10	噻虫啉	2	1.18	1.77×10^{-6}	没有影响	21	甲咪唑烟酸	1	0.59	8.62×10^{-9}	没有影响
11	噁霜灵	2	1.18	1.39×10^{-6}	没有影响						

2.3　LC-Q-TOF/MS 侦测西安市市售茶叶农药残留预警风险评估

基于西安市茶叶样品中农药残留 LC-Q-TOF/MS 侦测数据，分析禁用农药的检出率，同时参照中华人民共和国国家标准 GB 2763—2016 和欧盟农药最大残留限量(MRL)标准分析非禁用农药残留的超标率，并计算农药残留风险系数。分析单种茶叶中农药残留以及所有茶叶中农药残留的风险程度。

2.3.1　单种茶叶中农药残留风险系数分析

2.3.1.1　单种茶叶中禁用农药残留风险系数分析

侦测出的 36 种残留农药中有 2 种为禁用农药，且它们分布在 2 种茶叶中，计算 2 种茶叶中禁用农药的超标率，根据超标率计算风险系数 R，进而分析茶叶中禁用农药的风险程度，结果如图 2-10 与表 2-6 所示。分析发现 2 种禁用农药在 2 种茶叶中的残留处均于高度风险。

表 2-6　2 种茶叶中 2 种禁用农药残留的风险系数

序号	基质	农药	检出频次	检出率(%)	风险系数 R	风险程度
1	绿茶	三唑磷	2	0.02	3.14	高度风险
2	黑茶	克百威	2	0.10	11.10	高度风险

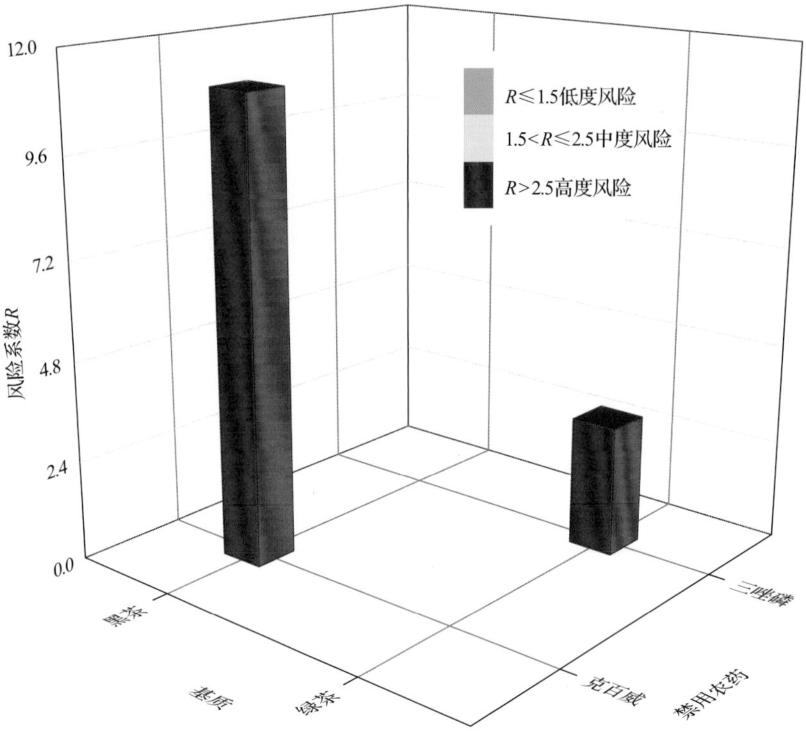

图 2-10　2 种茶叶中 2 种禁用农药残留的风险系数

2.3.1.2　基于 MRL 中国国家标准的单种茶叶中非禁用农药残留风险系数分析

参照中华人民共和国国家标准 GB 2763—2016 中农药残留限量计算每种茶叶中每种非禁用农药的超标率，进而计算其风险系数，根据风险系数大小判断残留农药的预警风险程度，茶叶中非禁用农药残留风险程度分布情况如图 2-11 所示。

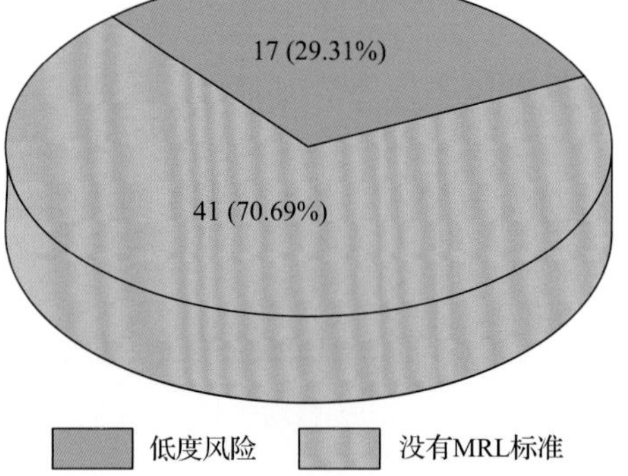

图 2-11　茶叶中非禁用农药风险程度的频次分布图（MRL 中国国家标准）

本次分析中，发现在 4 种茶叶检出 34 种残留非禁用农药，涉及样本 58 个，在 58 个样本中，29.31%处于低度风险，此外发现有 41 个样本没有 MRL 中国国家标准值，无法判断其风险程度，有 MRL 中国国家标准值的 18 个样本涉及 4 种茶叶中的 7 种非禁用农药，其风险系数 R 值如图 2-12 所示。

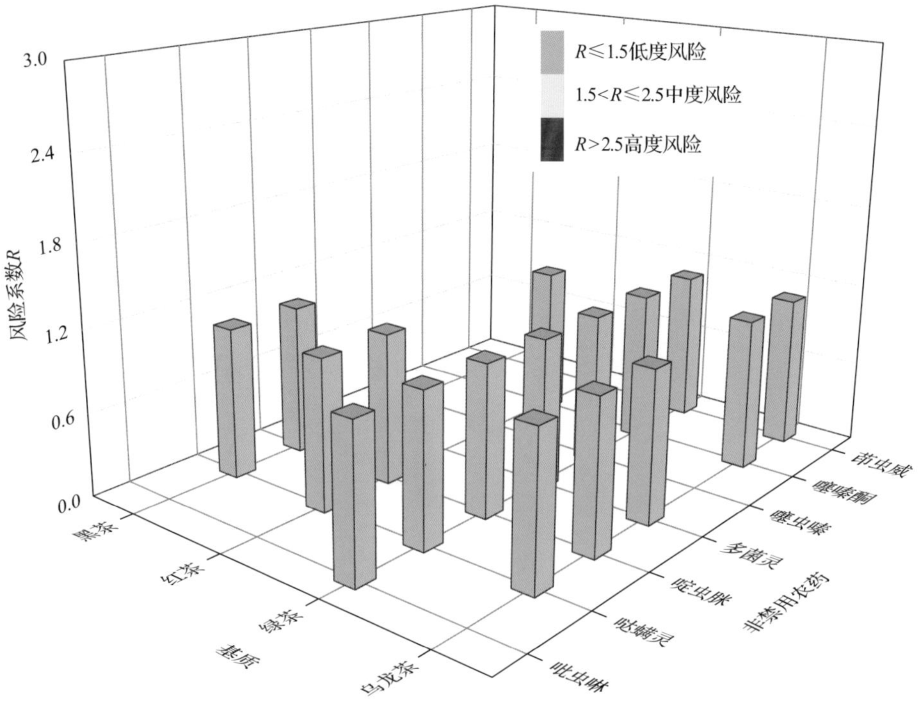

图 2-12 4 种茶叶中 7 种非禁用农药残留的风险系数(MRL 中国国家标准)

2.3.1.3 基于 MRL 欧盟标准的单种茶叶中非禁用农药残留风险系数分析

参照 MRL 欧盟标准计算每种茶叶中每种非禁用农药的超标率，进而计算其风险系数，根据风险系数大小判断农药残留的预警风险程度，茶叶中非禁用农药残留风险程度分布情况如图 2-13 所示。

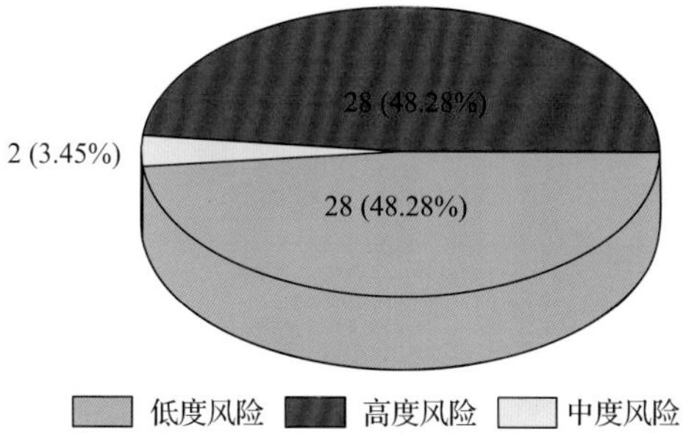

图 2-13 茶叶中非禁用农药的风险程度的频次分布图(MRL 欧盟标准)

本次分析中，发现在 4 种茶叶中共侦测出 34 种非禁用农药，涉及样本 58 个，其中，48.28%处于高度风险，涉及 4 种茶叶和 18 种农药；3.45%处于中度风险，涉及 1 种茶叶和 2 种农药；48.28%处于低度风险，涉及 4 种茶叶和 22 种农药。单种茶叶中的非禁用农药风险系数分布图如图 2-14 所示。单种茶叶中处于高度风险的非禁用农药风险系数如

图 2-15 和表 2-7 所示。

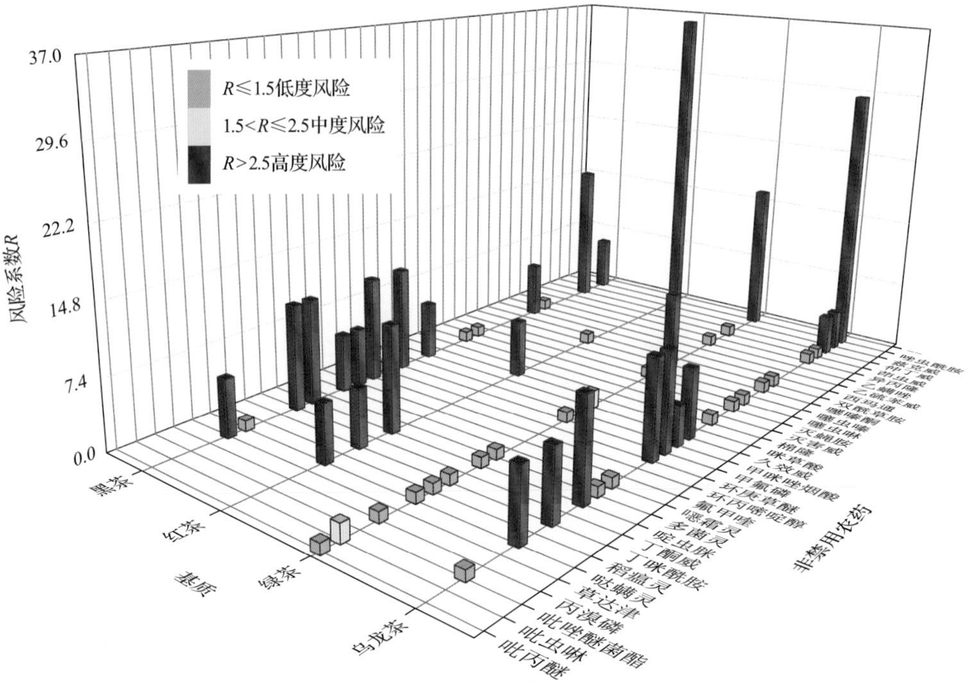

图 2-14　4 种茶叶中 34 种非禁用农药的风险系数分布图（MRL 欧盟标准）

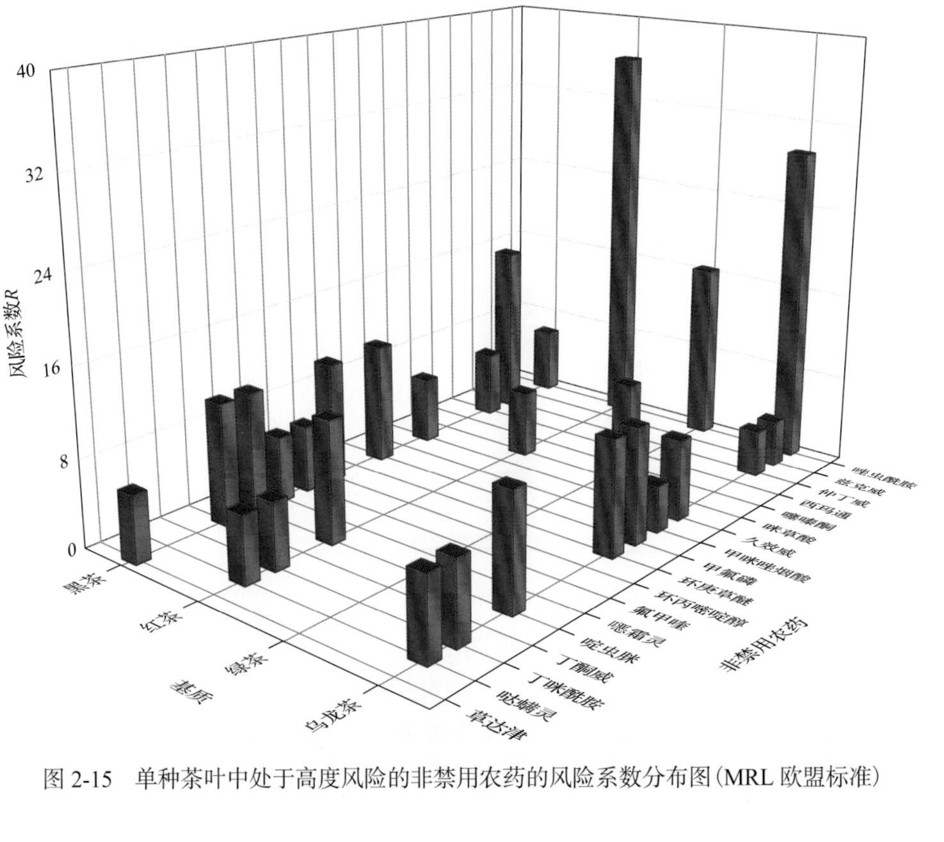

图 2-15　单种茶叶中处于高度风险的非禁用农药的风险系数分布图（MRL 欧盟标准）

表2-7 单种茶叶中处于高度风险的非禁用农药的风险系数表(MRL欧盟标准)

序号	基质	农药	超标频次	超标率 P(%)	风险系数 R
1	红茶	唑虫酰胺	7	0.35	36.10
2	乌龙茶	唑虫酰胺	9	0.28	29.23
3	绿茶	唑虫酰胺	15	0.15	16.41
4	黑茶	仲丁威	3	0.15	16.10
5	红茶	啶虫脒	2	0.10	11.10
6	黑茶	丁酮威	2	0.10	11.10
7	黑茶	啶虫脒	2	0.10	11.10
8	黑茶	环丙嘧啶醇	2	0.10	11.10
9	黑茶	甲氟磷	2	0.10	11.10
10	乌龙茶	啶虫脒	3	0.09	10.48
11	乌龙茶	环庚草醚	3	0.09	10.48
12	乌龙茶	甲氟磷	3	0.09	10.48
13	绿茶	噻嗪酮	7	0.07	8.24
14	乌龙茶	丁咪酰胺	2	0.06	7.35
15	乌龙茶	久效威	2	0.06	7.35
16	乌龙茶	哒螨灵	2	0.06	7.35
17	红茶	丁咪酰胺	1	0.05	6.10
18	红茶	咪草酸	1	0.05	6.10
19	红茶	哒螨灵	1	0.05	6.10
20	黑茶	久效威	1	0.05	6.10
21	黑茶	唑虫酰胺	1	0.05	6.10
22	黑茶	噁霜灵	1	0.05	6.10
23	黑茶	氟甲喹	1	0.05	6.10
24	黑茶	草达津	1	0.05	6.10
25	黑茶	西玛通	1	0.05	6.10
26	乌龙茶	仲丁威	1	0.03	4.23
27	乌龙茶	兹克威	1	0.03	4.23
28	乌龙茶	甲咪唑烟酸	1	0.03	4.23

2.3.2 所有茶叶中农药残留风险系数分析

2.3.2.1 所有茶叶中禁用农药残留风险系数分析

在侦测出的36种农药中有2种为禁用农药，计算所有茶叶中禁用农药的风险系数，结果如表2-8所示。三唑磷和克百威禁用农药处于中度风险。

表 2-8　茶叶中 2 种禁用农药的风险系数表

序号	农药	检出频次	检出率(%)	风险系数 R	风险程度
1	三唑磷	2	0.01	2.28	中度风险
2	克百威	2	0.01	2.28	中度风险

2.3.2.2　所有茶叶中非禁用农药残留风险系数分析

参照 MRL 欧盟标准计算所有茶叶中每种非禁用农药残留的风险系数，如图 2-16 与表 2-9 所示。在侦测出的 34 种非禁用农药中，9 种农药(26.47%)残留处于高度风险，10 种农药(29.41%)残留处于中度风险，15 种农药(44.12%)残留处于低度风险。

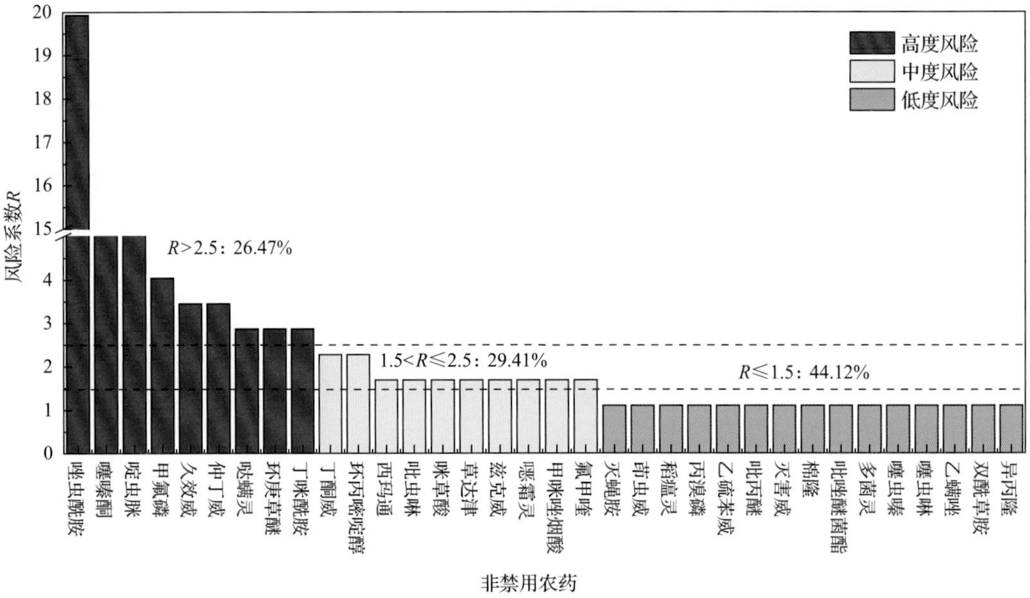

图 2-16　茶叶中 34 种非禁用农药的风险程度统计图

表 2-9　茶叶中 34 种非禁用农药的风险系数表

序号	农药	超标频次	超标率 P(%)	风险系数 R	风险程度
1	唑虫酰胺	32	0.19	19.92	高度风险
2	噻嗪酮	7	0.04	5.22	高度风险
3	啶虫脒	7	0.04	5.22	高度风险
4	甲氰磷	5	0.03	4.04	高度风险
5	久效威	4	0.02	3.45	高度风险
6	仲丁威	4	0.02	3.45	高度风险
7	哒螨灵	3	0.02	2.86	高度风险
8	环庚草醚	3	0.02	2.86	高度风险
9	丁咪酰胺	3	0.02	2.86	高度风险

续表

序号	农药	超标频次	超标率 P(%)	风险系数 R	风险程度
10	丁酮威	2	0.01	2.28	中度风险
11	环丙嘧啶醇	2	0.01	2.28	中度风险
12	西玛通	1	0.01	1.69	中度风险
13	吡虫啉	1	0.01	1.69	中度风险
14	咪草酸	1	0.01	1.69	中度风险
15	草达津	1	0.01	1.69	中度风险
16	兹克威	1	0.01	1.69	中度风险
17	噁霜灵	1	0.01	1.69	中度风险
18	甲咪唑烟酸	1	0.01	1.69	中度风险
19	氟甲喹	1	0.01	1.69	中度风险
20	灭蝇胺	0	0.00	1.10	低度风险
21	茚虫威	0	0.00	1.10	低度风险
22	稻瘟灵	0	0.00	1.10	低度风险
23	丙溴磷	0	0.00	1.10	低度风险
24	乙硫苯威	0	0.00	1.10	低度风险
25	吡丙醚	0	0.00	1.10	低度风险
26	灭害威	0	0.00	1.10	低度风险
27	棉隆	0	0.00	1.10	低度风险
28	吡唑醚菌酯	0	0.00	1.10	低度风险
29	多菌灵	0	0.00	1.10	低度风险
30	噻虫嗪	0	0.00	1.10	低度风险
31	噻虫啉	0	0.00	1.10	低度风险
32	乙螨唑	0	0.00	1.10	低度风险
33	双酰草胺	0	0.00	1.10	低度风险
34	异丙隆	0	0.00	1.10	低度风险

2.4 LC-Q-TOF/MS 侦测西安市市售茶叶农药残留风险评估结论与建议

农药残留是影响茶叶安全和质量的主要因素，也是我国食品安全领域备受关注的敏感话题和亟待解决的重大问题之一[15,16]。各种茶叶均存在不同程度的农药残留现象，本研究主要针对西安市各类茶叶存在的农药残留问题，基于 2019 年 3 月对西安市 170 例茶叶样品中农药残留侦测得出的 217 个侦测结果，分别采用食品安全指数模型和风险系数模型，开展茶叶中农药残留的膳食暴露风险和预警风险评估。茶叶样品取自超市和茶叶专营店，符合大众的膳食来源，风险评价时更具有代表性和可信度。

本研究力求通用简单地反映食品安全中的主要问题，且为管理部门和大众容易接受，为政府及相关管理机构建立科学的食品安全信息发布和预警体系提供科学的规律与方法，加强对农药残留的预警和食品安全重大事件的预防，控制食品风险。

2.4.1　西安市茶叶中农药残留膳食暴露风险评价结论

1）茶叶样品中农药残留安全状态评价结论

采用食品安全指数模型，对 2019 年 3 月期间西安市茶叶农药残留膳食暴露风险进行评价，根据 IFS_c 的计算结果发现，茶叶中农药的 $\overline{IFS}$ 为 1.1×10^{-5}，说明西安市茶叶总体处于良好的安全状态，但部分禁用农药、高残留农药在茶叶中仍有侦测出，导致膳食暴露风险的存在，成为不安全因素。

2）禁用农药膳食暴露风险评价

本次检测发现部分茶叶样品中有禁用农药侦测出，侦测出禁用农药 2 种，侦测出频次为 2，没有影响的频次为 4，占 100%。

2.4.2　西安市茶叶中农药残留预警风险评价结论

1）单种茶叶中禁用农药残留的预警风险评价结论

本次检测过程中，在 2 种茶叶中检测出 2 种禁用农药，禁用农药为：克百威、三唑磷，茶叶为：绿茶、黑茶，茶叶中禁用农药的风险系数分析结果显示，2 种禁用农药在 2 种茶叶中的残留均处于高度风险，说明在单种茶叶中禁用农药的残留会导致较高的预警风险。

2）单种茶叶中非禁用农药残留的预警风险评价结论

以 MRL 中国国家标准为标准，计算茶叶中非禁用农药风险系数情况下，58 个样本中，17 个处于低度风险（29.31%），41 个样本没有 MRL 中国国家标准（70.69%）。以 MRL 欧盟标准为标准，计算茶叶中非禁用农药风险系数情况下，发现有 28 个处于高度风险（48.28%），2 个处于中度风险（3.45%），28 个处于低度风险（48.28%）。基于两种 MRL 标准，评价的结果差异显著，可以看出 MRL 欧盟标准比中国国家标准更加严格和完善，过于宽松的 MRL 中国国家标准值能否有效保障人体的健康有待研究。

2.4.3　加强西安市茶叶食品安全建议

我国食品安全风险评价体系仍不够健全，相关制度不够完善，多年来，由于农药用药次数多、用药量大或用药间隔时间短，产品残留量大，农药残留所造成的食品安全问题日益严峻，给人体健康带来了直接或间接的危害。据估计，美国与农药有关的癌症患者数约占全国癌症患者总数的 50%，中国更高。同样，农药对其他生物也会形成直接杀伤和慢性危害，植物中的农药可经过食物链逐级传递并不断蓄积，对人和动物构成潜在威胁，并影响生态系统。

基于本次农药残留侦测数据的风险评价结果，提出以下几点建议：

1) 加快食品安全标准制定步伐

我国食品标准中对农药每日允许最大摄入量 ADI 的数据严重缺乏，在本次评价所涉及的 36 种农药中，仅有 58.3%的农药具有 ADI 值，而 41.7%的农药中国尚未规定相应的 ADI 值，亟待完善。

我国食品中农药最大残留限量值的规定严重缺乏，对评估涉及的不同茶叶中不同农药 60 个 MRL 限值进行统计来看，我国仅制定出 42 个标准，我国标准完整率仅为 70%，欧盟的完整率达到 100%(表 2-10)。因此，中国更应加快 MRL 标准的制定步伐。

表 2-10　我国国家食品标准农药的 ADI、MRL 值与欧盟标准的数量差异

分类		中国 ADI	MRL 中国国家标准	MRL 欧盟标准
标准限值(个)	有	21	42	60
	无	15	18	0
总数(个)		36	60	60
无标准限值比例(%)		41.7	30	0

此外，MRL 中国国家标准限值普遍高于欧盟标准限值，这些标准中共有 14 个高于欧盟。过高的 MRL 值难以保障人体健康，建议继续加强对限值基准和标准的科学研究，将农产品中的危险性减少到尽可能低的水平。

2) 加强农药的源头控制和分类监管

在西安市某些茶叶中仍有禁用农药残留，利用 LC-Q-TOF/MS 技术侦测出 2 种禁用农药，检出频次为 4 次，残留禁用农药均存在较大的膳食暴露风险和预警风险。早已列入黑名单的禁用农药在我国并未真正退出，有些药物由于价格便宜、工艺简单，此类高毒农药一直生产和使用。建议在我国采取严格有效的控制措施，从源头控制禁用农药。

对于非禁用农药，在我国作为“田间地头”最典型单位的县级茶叶产地中，农药残留的检测几乎缺失。建议根据农药的毒性，对高毒、剧毒、中毒农药实现分类管理，减少使用高毒和剧毒高残留农药，进行分类监管。

3) 加强农药生物基准和降解技术研究

市售茶叶中残留农药的品种多、频次高、禁用农药多次检出这一现状，说明了我国的田间土壤和水体因农药长期、频繁、不合理的使用而遭到严重污染。为此，建议中国相关部门出台相关政策，鼓励高校及科研院所积极开展分子生物学、酶学等研究，加强土壤、水体中残留农药的生物修复及降解新技术研究，切实加大农药监管力度，以控制农药的面源污染问题。

综上所述，在本工作基础上，根据茶叶残留危害，可进一步针对其成因提出和采取严格管理、大力推广无公害茶叶种植与生产、健全食品安全控制技术体系、加强茶叶质量检测体系建设和积极推行茶叶质量追溯制度等相应对策。建立和完善食品安全综合评价指数与风险监测预警系统，对食品安全进行实时、全面的监控与分析，为我国的食品安全科学监管与决策提供新的技术支持，可实现各类检验数据的信息化系统管理，降低食品安全事故的发生。

第3章　GC-Q-TOF/MS 侦测西安市 170 例市售茶叶样品农药残留报告

从西安市所属 4 个区，随机采集了 170 例茶叶样品，使用气相色谱-四极杆飞行时间质谱（GC-Q-TOF/MS）对 684 种农药化学污染物进行示范侦测。

3.1　样品种类、数量与来源

3.1.1　样品采集与检测

为了真实反映百姓日常饮用的茶叶中农药残留污染状况，本次所有检测样品均由检验人员于 2019 年 3 月期间，从西安市所属 9 个采样点，包括 5 个茶叶专营店 4 个超市，以随机购买方式采集，总计 9 批 170 例样品，从中检出农药 43 种，447 频次。采样及监测概况见图 3-1 及表 3-1，样品及采样点明细见表 3-2 及表 3-3（侦测原始数据见附表 1）。

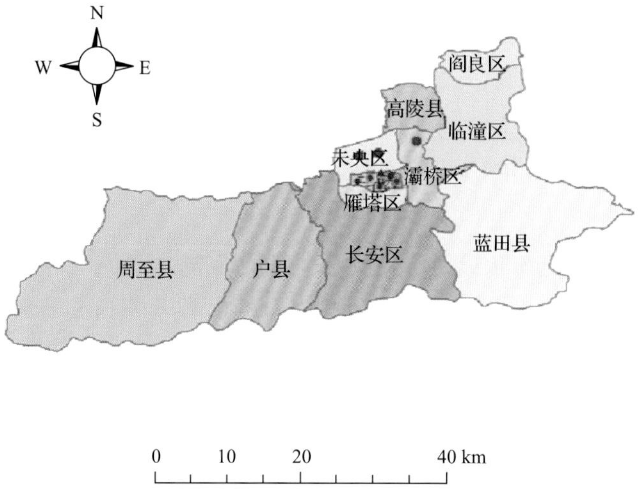

序号	行政区域	茶叶采样量
1	未央区	42
2	新城区	42
3	灞桥区	18
4	碑林区	68

图 3-1　西安市所属 9 个采样点 170 例样品分布图

表 3-1　农药残留监测总体概况

采样行政区域	西安市所属 4 个区
采样点（茶叶专营店+超市）	9
样本总数	170
检出农药品种/频次	43/447
各采样点样本农药残留检出率范围	66.7%~92.0%

表 3-2　样品分类及数量

样品分类	样品名称（数量）	数量小计
1. 茶叶		170
1）发酵类茶叶	黑茶（20），红茶（20），乌龙茶（32）	72
2）未发酵类茶叶	绿茶（98）	98
合计	1.茶叶 4 种	170

表 3-3　西安市采样点信息

采样点序号	行政区域	采样点
茶叶专营店（5）		
1	碑林区	***茶叶店
2	未央区	***茶叶店
3	新城区	***茶叶店
4	新城区	***茶叶店
5	灞桥区	***茶叶店
超市（4）		
1	碑林区	***超市（南大街店）
2	碑林区	***超市
3	碑林区	***超市（南关正街店）
4	未央区	***超市（渭滨路店）

3.1.2　检测结果

这次使用的检测方法是庞国芳院士团队最新研发的不需使用标准品对照，而以高分辨精确质量数（0.0001 *m/z*）为基准的 GC-Q-TOF/MS 检测技术，对于 170 例样品，每个样品均侦测了 684 种农药化学污染物的残留现状。通过本次侦测，在 170 例样品中共计检出农药化学污染物 43 种，检出 447 频次。

3.1.2.1　各采样点样品检出情况

统计分析发现 9 个采样点中，被测样品的农药检出率范围为 66.7%~92.0%。其中，***茶叶店的检出率最高，为 92.0%，***超市（南关正街店）的检出率最低，为 66.7%，见图 3-2。

3.1.2.2　检出农药的品种总数与频次

统计分析发现，对于 170 例样品中 684 种农药化学污染物的侦测，共检出农药 447 频次，涉及农药 43 种，结果如图 3-3 所示。其中烯虫炔酯检出频次最高，共检出 69 次。检出频次排名前 10 的农药如下：①烯虫炔酯（69），②速灭威（52），③异丙威（51），④戊草丹（30），⑤烯虫酯（28），⑥呋草黄（22），⑦甲醚菊酯（20），⑧甲氧苄氟菊酯（17），⑨猛杀威（16），⑩联苯菊酯（15）。

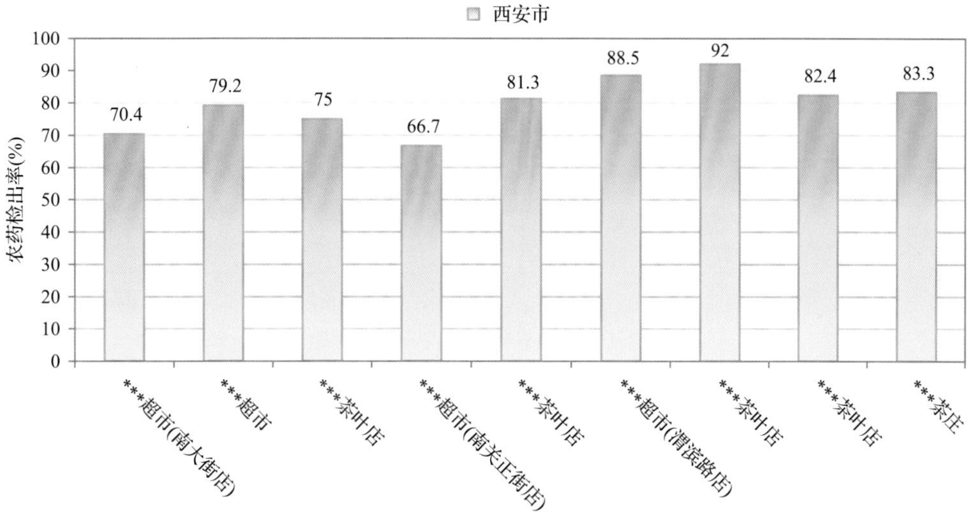

图 3-2　各采样点样品中的农药检出率

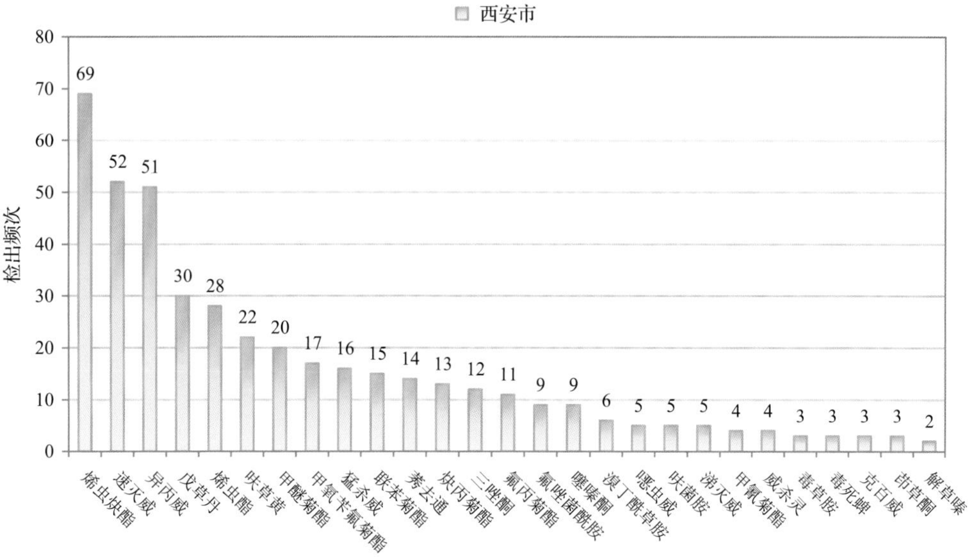

图 3-3　检出农药品种及频次(仅列出 2 频次及以上的数据)

由图 3-4 可见，绿茶、乌龙茶和红茶这 3 种茶叶样品中检出的农药品种数较高，均超过 20 种，其中，绿茶检出农药品种最多，为 28 种。由图 3-5 可见，绿茶、红茶和乌龙茶这 3 种茶叶样品中的农药检出频次较高，均超过 60 次，其中，绿茶检出农药频次最高，为 245 次。

3.1.2.3　单例样品农药检出种类与占比

对单例样品检出农药种类和频次进行统计发现，未检出农药的样品占总样品数的 18.8%，检出 1 种农药的样品占总样品数的 21.8%，检出 2~5 种农药的样品占总样品数的 45.3%，检出 6~10 种农药的样品占总样品数的 11.8%，检出大于 10 种农药的样品占总样品数的 2.4%。每例样品中平均检出农药为 2.6 种，数据见表 3-4 及图 3-6。

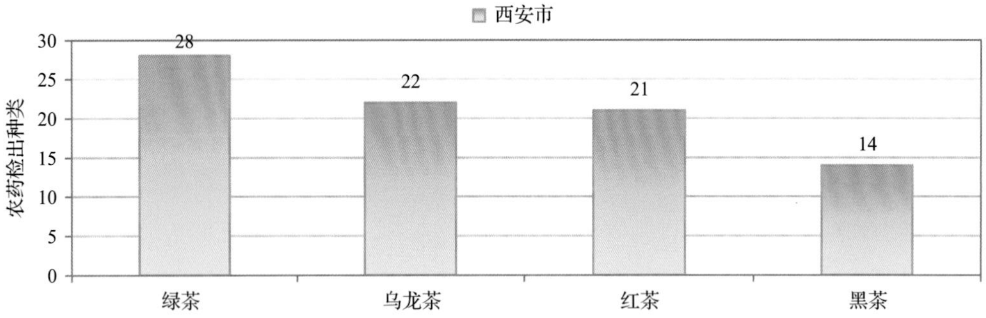

图 3-4 单种茶叶检出农药的种类数

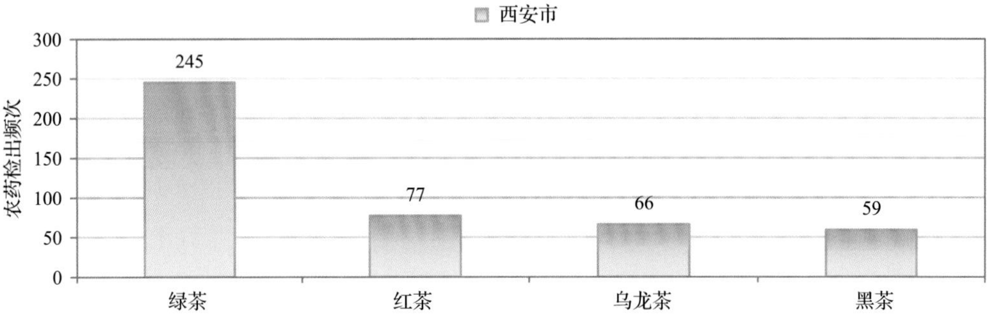

图 3-5 单种茶叶检出农药频次

表 3-4 单例样品检出农药品种占比

检出农药品种数	样品数量/占比(%)
未检出	32/18.8
1 种	37/21.8
2~5 种	77/45.3
6~10 种	20/11.8
大于 10 种	4/2.4
单例样品平均检出农药品种	2.6 种

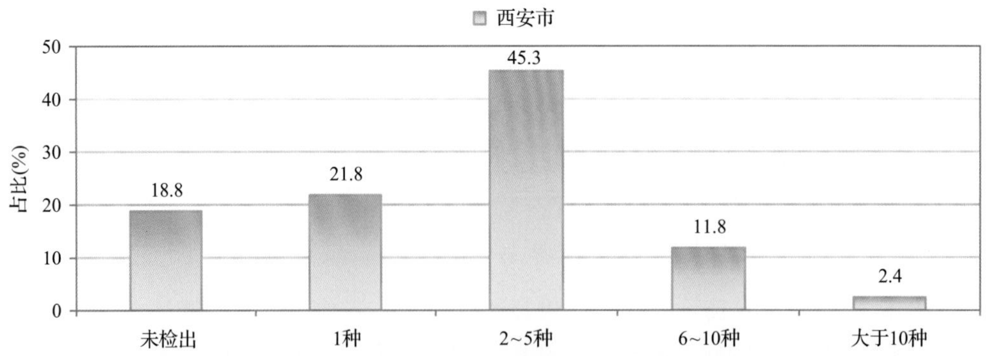

图 3-6 单例样品平均检出农药品种及占比

3.1.2.4 检出农药类别与占比

所有检出农药按功能分类，包括杀虫剂、除草剂、杀菌剂、杀螨剂、植物生长调节剂和其他共 6 类。其中杀虫剂与除草剂为主要检出的农药类别，分别占总数的 37.2%和 34.9%，见表 3-5 及图 3-7。

表 3-5 检出农药所属类别/占比

农药类别	数量/占比(%)
杀虫剂	16/37.2
除草剂	15/34.9
杀菌剂	7/16.3
杀螨剂	2/4.7
植物生长调节剂	1/2.3
其他	2/4.7

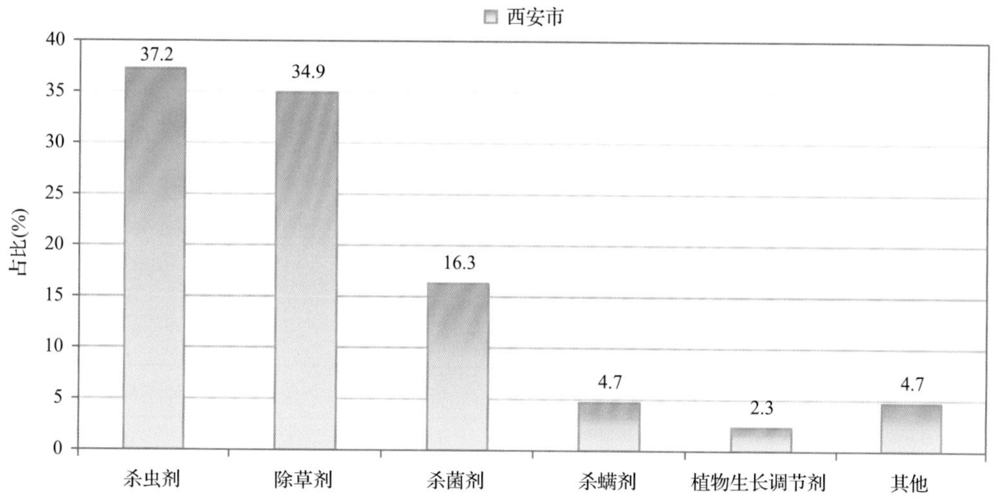

图 3-7 检出农药所属类别和占比

3.1.2.5 检出农药的残留水平

按检出农药残留水平进行统计，残留水平在 1~5 μg/kg(含)的农药占总数的 23.3%，在 5~10 μg/kg(含)的农药占总数的 13.2%，在 10~100 μg/kg(含)的农药占总数的 61.1%，在 100~1000 μg/kg 的农药占总数的 2.5%。

由此可见，这次检测的 9 批 170 例茶叶样品中农药多数处于中高残留水平。结果见表 3-6 及图 3-8，数据见附表 2。

表 3-6　农药残留水平/占比

残留水平（μg/kg）	检出频次数/占比（%）
1~5（含）	104/23.3
5~10（含）	59/13.2
10~100（含）	273/61.1
100~1000	11/2.5

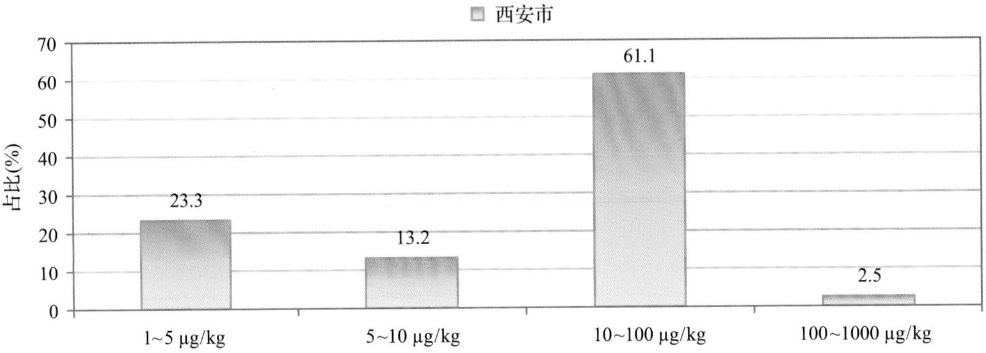

图 3-8　检出农药残留水平及占比

3.1.2.6　检出农药的毒性类别、检出频次和超标频次及占比

对这次检出的 43 种 447 频次的农药，按剧毒、高毒、中毒、低毒和微毒这五个毒性类别进行分类，从中可以看出，西安市目前普遍使用的农药为中低微毒农药，品种占 95.3%，频次占 98.2%。结果见表 3-7 及图 3-9。

表 3-7　检出农药毒性类别/占比

毒性分类	农药品种/占比（%）	检出频次/占比（%）	超标频次/超标率（%）
剧毒农药	1/2.3	5/1.1	0/0.0
高毒农药	1/2.3	3/0.7	0/0.0
中毒农药	15/34.9	164/36.7	0/0.0
低毒农药	16/37.2	154/34.5	0/0.0
微毒农药	10/23.3	121/27.1	0/0.0

3.1.2.7　检出剧毒/高毒类农药的品种和频次

值得特别关注的是，在此次侦测的 170 例样品中有 3 种茶叶的 8 例样品检出了 2 种 8 频次的剧毒和高毒农药，占样品总量的 4.7%，详见图 3-10、表 3-8 及表 3-9。

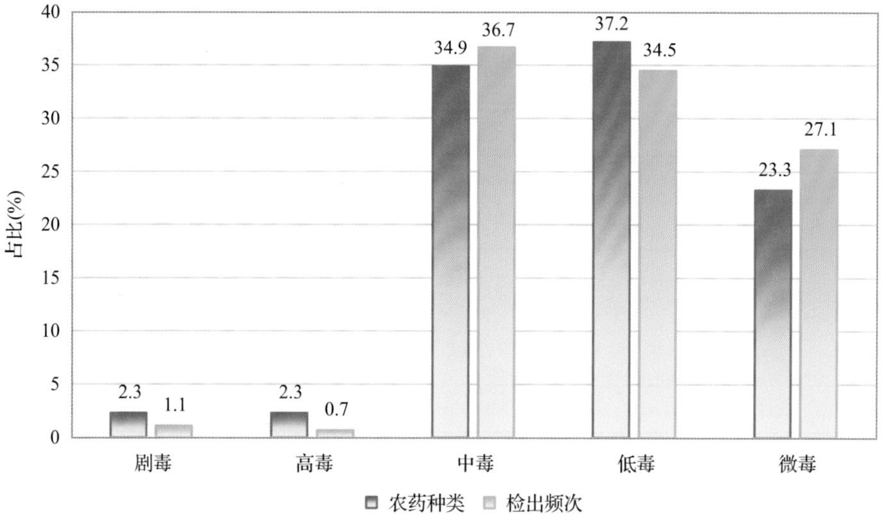

图 3-9　检出农药的毒性分类和占比

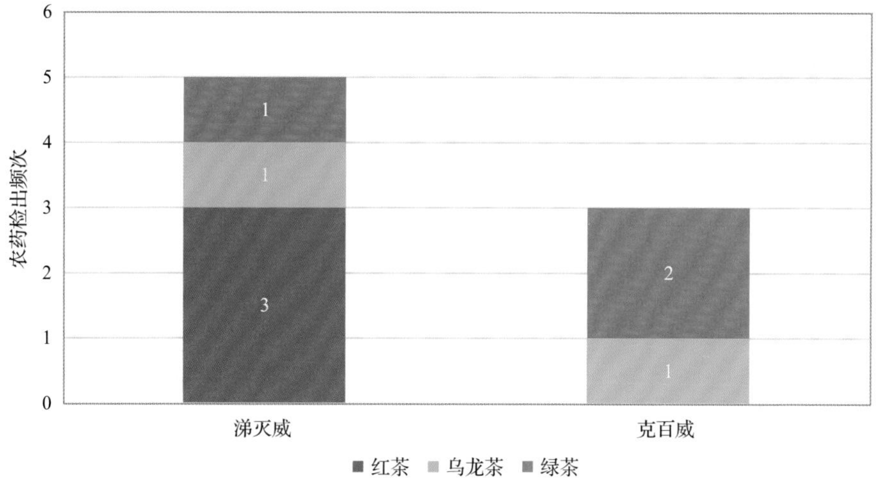

图 3-10　检出剧毒/高毒农药的样品情况

表 3-8　剧毒农药检出情况

序号	农药名称	检出频次	超标频次	超标率
从 3 种茶叶中检出 1 种剧毒农药，共计检出 5 次				
1	涕灭威*	5	0	0.0%
合计		5	0	超标率：0.0%

表 3-9　高毒农药检出情况

序号	农药名称	检出频次	超标频次	超标率
从 2 种茶叶中检出 1 种高毒农药，共计检出 3 次				
1	克百威	3	0	0.0%
合计		3	0	超标率：0.0%

在检出的剧毒和高毒农药中，有 2 种是我国早已禁止在茶叶上使用的，分别是：克百威和涕灭威。禁用农药的检出情况见表 3-10。

表 3-10 禁用农药检出情况

序号	农药名称	检出频次	超标频次	超标率
从 3 种茶叶中检出 3 种禁用农药，共计检出 11 次				
1	涕灭威*	5	0	0.0%
2	毒死蜱	3	0	0.0%
3	克百威	3	0	0.0%
合计		11	0	超标率：0.0%

注：超标结果参考 MRL 中国国家标准计算

此次抽检的茶叶样品中，有 3 种茶叶检出了剧毒农药，分别是：红茶中检出涕灭威 3 次；绿茶中检出涕灭威 1 次；乌龙茶中检出涕灭威 1 次。

样品中检出剧毒和高毒农药残留水平没有超过 MRL 中国国家标准,但本次检出结果仍表明，高毒、剧毒农药的使用现象依旧存在。详见表 3-11。

表 3-11 各样本中检出剧毒/高毒农药情况

样品名称	农药名称	检出频次	超标频次	检出浓度(μg/kg)
茶叶 3 种				
红茶	涕灭威*▲	3	0	3.2, 12.0, 6.2
绿茶	涕灭威*▲	1	0	16.8
绿茶	克百威▲	2	0	4.9, 16.3
乌龙茶	涕灭威*▲	1	0	43.3
乌龙茶	克百威▲	1	0	13.4
合计		8	0	超标率：0.0%

3.2 农药残留检出水平与最大残留限量标准对比分析

我国于 2016 年 12 月 18 日正式颁布并于 2017 年 6 月 18 日正式实施食品农药残留限量国家标准《食品中农药最大残留限量》(GB 2763—2016)。该标准包括 417 个农药条目，涉及最大残留限量(MRL)标准 4140 项。将 447 频次检出农药的浓度水平与 4140 项 MRL 中国国家标准进行核对，其中只有 33 频次的结果找到了对应的 MRL 标准，占 7.4%，还有 414 频次的结果则无相关 MRL 标准供参考，占 92.6%。

将此次侦测结果与国际上现行 MRL 标准对比发现,在 447 频次的检出结果中有 447 频次的结果找到了对应的 MRL 欧盟标准，占 100.0%，其中，112 频次的结果有明确对应的 MRL 标准，占 25.1%，其余 335 频次按照欧盟一律标准判定，占 74.9%；有 447 频次的结果找到了对应的 MRL 日本标准，占 100.0%，其中，60 频次的结果有明确对应的 MRL 标准，占 13.4%，其余 387 频次按照日本一律标准判定，占 86.6%；有 31 频次的结果找到了对应的 MRL 中国香港标准，占 6.9%；有 29 频次的结果找到了对应的 MRL 美国标准，占 6.5%；有 28 频次的结果找到了对应的 MRL CAC 标准，占 6.3%(见图 3-11 和图 3-12，数据见附表 3 至附表 8)。

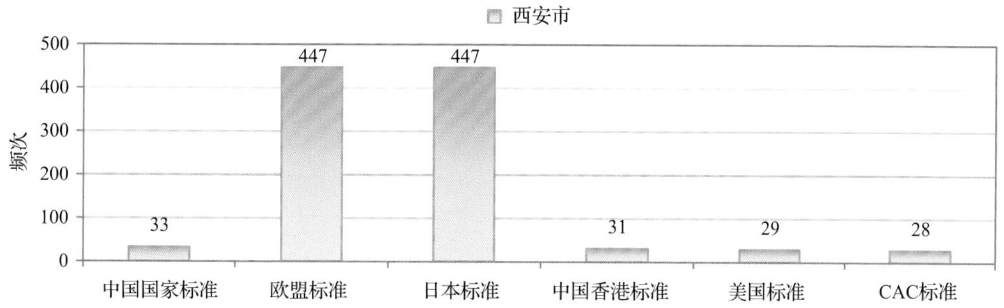

图 3-11 447 频次检出农药可用 MRL 中国国家标准、欧盟标准、日本标准、中国香港标准、美国标准、CAC 标准判定衡量的数量

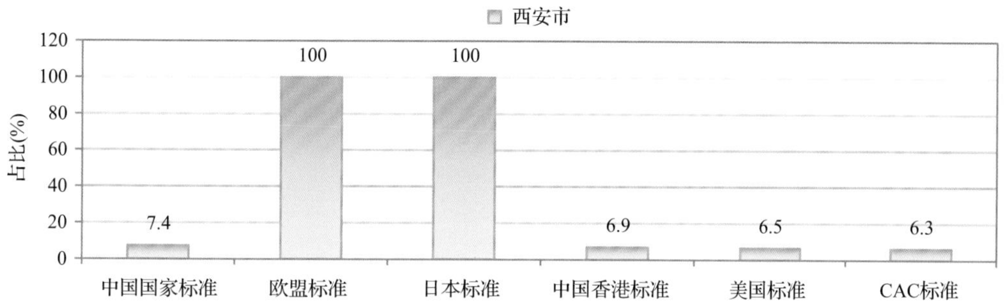

图 3-12 447 频次检出农药可用 MRL 中国国家标准、欧盟标准、日本标准、中国香港标准、美国标准、CAC 标准衡量的占比

3.2.1 超标农药样品分析

本次侦测的 170 例样品中，32 例样品未检出任何残留农药，占样品总量的 18.8%，138 例样品检出不同水平、不同种类的残留农药，占样品总量的 81.2%。在此，我们将本次侦测的农残检出情况与 MRL 中国国家标准、欧盟标准、日本标准、中国香港标准、美国标准和 CAC 标准这 6 大国际主流标准进行对比分析，样品农残检出与超标情况见表 3-12、图 3-13 和图 3-14，详细数据见附表 9 至附表 14。

表 3-12 各 MRL 标准下样本农残检出与超标数量及占比

	中国国家标准 数量/占比(%)	欧盟标准 数量/占比(%)	日本标准 数量/占比(%)	中国香港标准 数量/占比(%)	美国标准 数量/占比(%)	CAC 标准 数量/占比(%)
未检出	32/18.8	32/18.8	32/18.8	32/18.8	32/18.8	32/18.8
检出未超标	138/81.2	33/19.4	27/15.9	138/81.2	138/81.2	138/81.2
检出超标	0/0.0	105/61.8	111/65.3	0/0.0	0/0.0	0/0.0

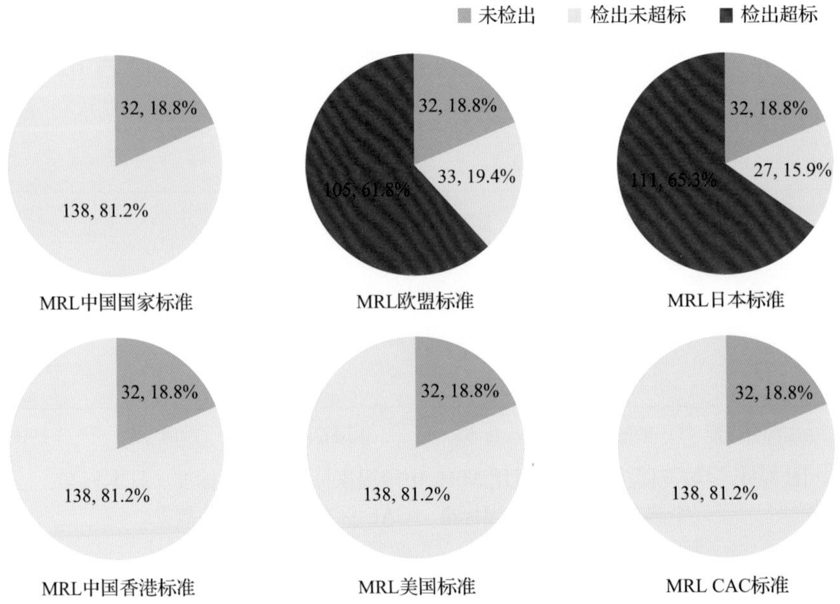

图 3-13　检出和超标样品比例情况

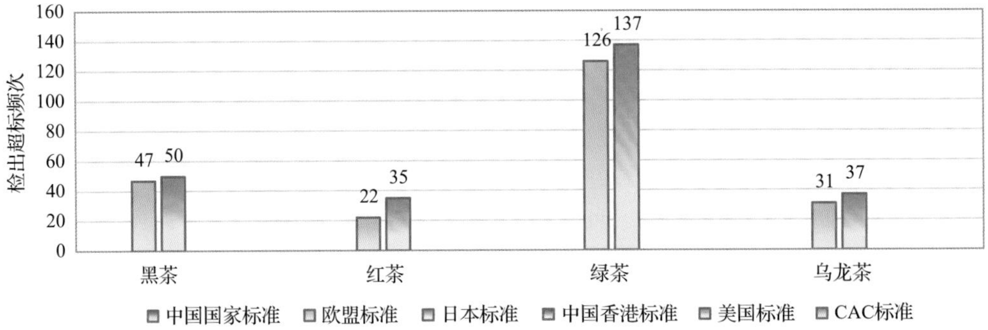

图 3-14　超过 MRL 中国国家标准、欧盟标准、日本标准、中国香港标准、美国标准和 CAC 标准结果在茶叶中的分布

3.2.2　超标农药种类分析

按照 MRL 中国国家标准、欧盟标准、日本标准、中国香港标准、美国标准和 CAC 标准这 6 大国际主流标准衡量，本次侦测检出的农药超标品种及频次情况见表 3-13。

表 3-13　各 MRL 标准下超标农药品种及频次

	中国国家标准	欧盟标准	日本标准	中国香港标准	美国标准	CAC 标准
超标农药品种	0	23	27	0	0	0
超标农药频次	0	226	259	0	0	0

3.2.2.1　按 MRL 中国国家标准衡量

按 MRL 中国国家标准衡量，无样品检出超标农药残留。

3.2.2.2　按 MRL 欧盟标准衡量

按 MRL 欧盟标准衡量，共有 23 种农药超标，检出 226 频次，分别为中毒农药速灭威、氯氟氰菊酯、异丙威、三唑酮和噁虫威，低毒农药氟唑菌酰胺、乙草胺、茚草酮、呋草黄、莠去通、猛杀威、呋菌胺、甲醚菊酯、坪草丹、威杀灵、二苯胺、戊草丹和甲氧苄氟菊酯，微毒农药烯虫炔酯、稗草丹、解草嗪、溴丁酰草胺和解草腈。

按超标程度比较，红茶中莠去通超标 15.3 倍，绿茶中异丙威超标 14.4 倍，绿茶中溴丁酰草胺超标 12.6 倍，绿茶中呋草黄超标 10.3 倍，绿茶中速灭威超标 10.1 倍。检测结果见图 3-15 和附表 16。

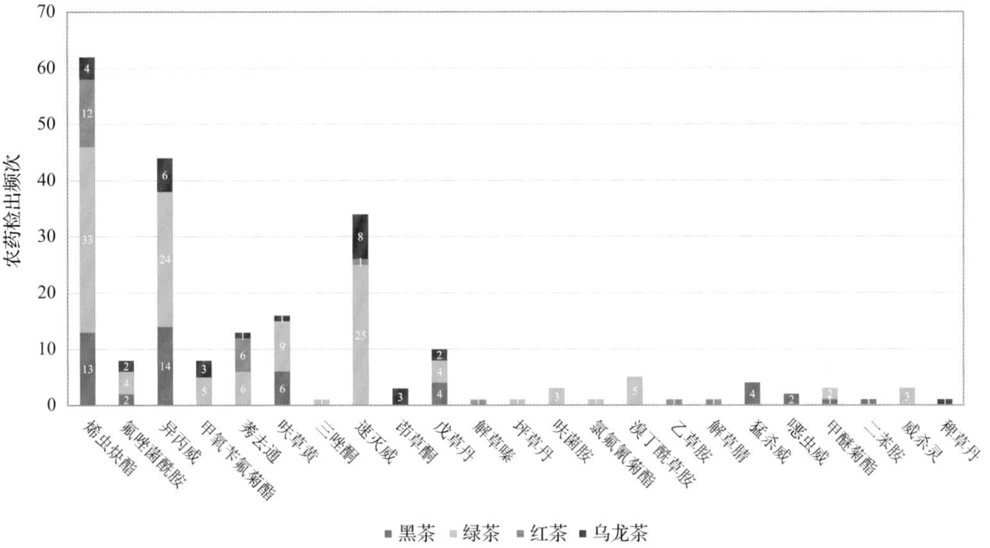

图 3-15　超过 MRL 欧盟标准农药品种及频次

3.2.2.3　按 MRL 日本标准衡量

按 MRL 日本标准衡量，共有 27 种农药超标，检出 259 频次，分别为剧毒农药涕灭威，中毒农药速灭威、异丙威、毒草胺、甲草胺和噁虫威，低毒农药氟唑菌酰胺、乙草胺、茚草酮、呋草黄、莠去通、猛杀威、呋菌胺、甲醚菊酯、坪草丹、威杀灵、二苯胺、戊草丹和甲氧苄氟菊酯，微毒农药烯虫酯、烯虫炔酯、氟丁酰草胺、缬霉威、稗草丹、解草嗪、溴丁酰草胺和解草腈。

按超标程度比较，红茶中莠去通超标 15.3 倍，绿茶中异丙威超标 14.4 倍，绿茶中溴丁酰草胺超标 12.6 倍，绿茶中呋草黄超标 10.3 倍，绿茶中速灭威超标 10.1 倍。检测结果见图 3-16 和附表 17。

3.2.2.4　按 MRL 中国香港标准衡量

按 MRL 中国香港标准衡量，无样品检出超标农药残留。

3.2.2.5　按 MRL 美国标准衡量

按 MRL 美国标准衡量，无样品检出超标农药残留。

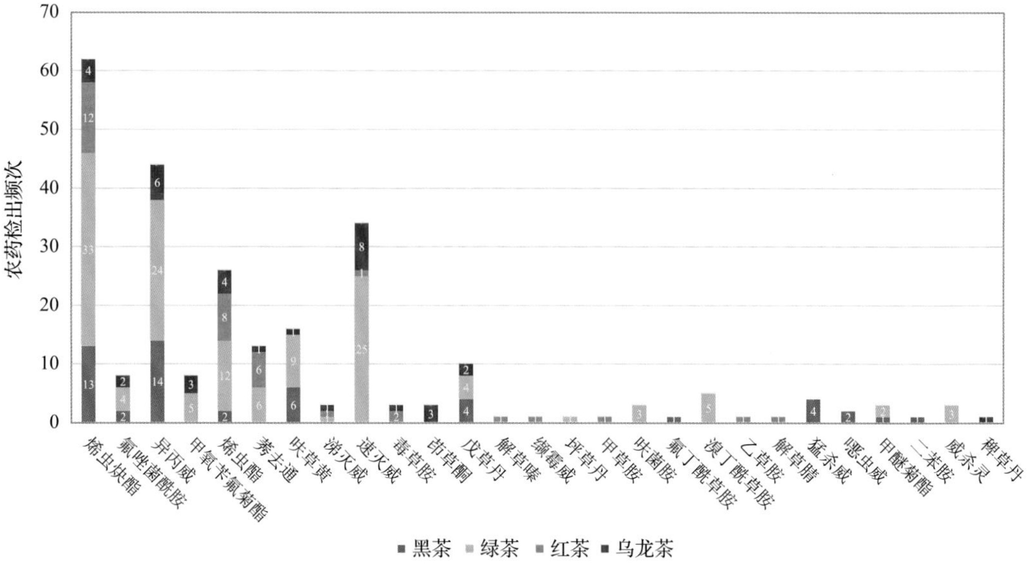

图 3-16　超过 MRL 日本标准农药品种及频次

3.2.2.6　按 MRL CAC 标准衡量

按 MRL CAC 标准衡量，无样品检出超标农药残留。

3.2.3　9 个采样点超标情况分析

3.2.3.1　按 MRL 中国国家标准衡量

按 MRL 中国国家标准衡量，所有采样点的样品均未检出超标农药残留。

3.2.3.2　按 MRL 欧盟标准衡量

按 MRL 欧盟标准衡量，所有采样点的样品均存在不同程度的超标农药检出，其中***茶叶店的超标率最高，为 76.5%，如表 3-14 和图 3-17 所示。

表 3-14　超过 MRL 欧盟标准茶叶在不同采样点分布

序号	采样点	样品总数	超标数量	超标率(%)	行政区域
1	***超市(南大街店)	27	14	51.9	碑林区
2	***超市(渭滨路店)	26	17	65.4	未央区
3	***茶叶店	25	19	76.0	新城区
4	***超市	24	11	45.8	碑林区
5	***茶叶店	18	12	66.7	灞桥区
6	***茶叶店	17	13	76.5	新城区
7	***茶叶店	16	9	56.2	未央区
8	***超市(南关正街店)	9	4	44.4	碑林区
9	***茶叶店	8	6	75.0	碑林区

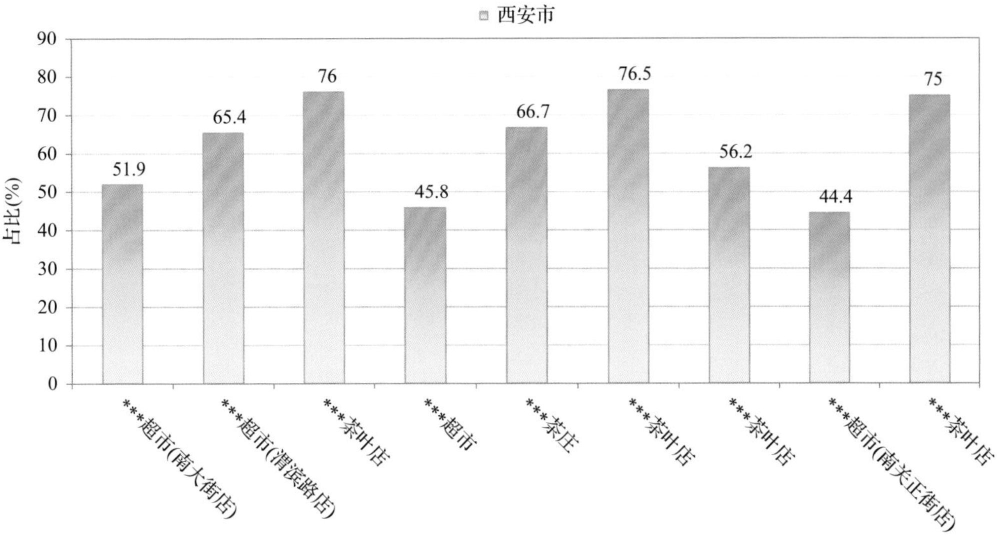

图 3-17 超过 MRL 欧盟标准茶叶在不同采样点分布

3.2.3.3 按 MRL 日本标准衡量

按 MRL 日本标准衡量，所有采样点的样品均存在不同程度的超标农药检出，其中***茶叶店的超标率最高，为 84.0%，如表 3-15 和图 3-18 所示。

表 3-15 超过 MRL 日本标准茶叶在不同采样点分布

序号	采样点	样品总数	超标数量	超标率(%)	行政区域
1	***超市(南大街店)	27	14	51.9	碑林区
2	***超市(渭滨路店)	26	19	73.1	未央区
3	***茶叶店	25	21	84.0	新城区
4	***超市	24	12	50.0	碑林区
5	***茶叶店	18	13	72.2	灞桥区
6	***茶叶店	17	13	76.5	新城区
7	***茶叶店	16	9	56.2	未央区
8	***超市(南关正街店)	9	4	44.4	碑林区
9	***茶叶店	8	6	75.0	碑林区

3.2.3.4 按 MRL 中国香港标准衡量

按 MRL 中国香港标准衡量，所有采样点的样品均未检出超标农药残留。

3.2.3.5 按 MRL 美国标准衡量

按 MRL 美国标准衡量，所有采样点的样品均未检出超标农药残留。

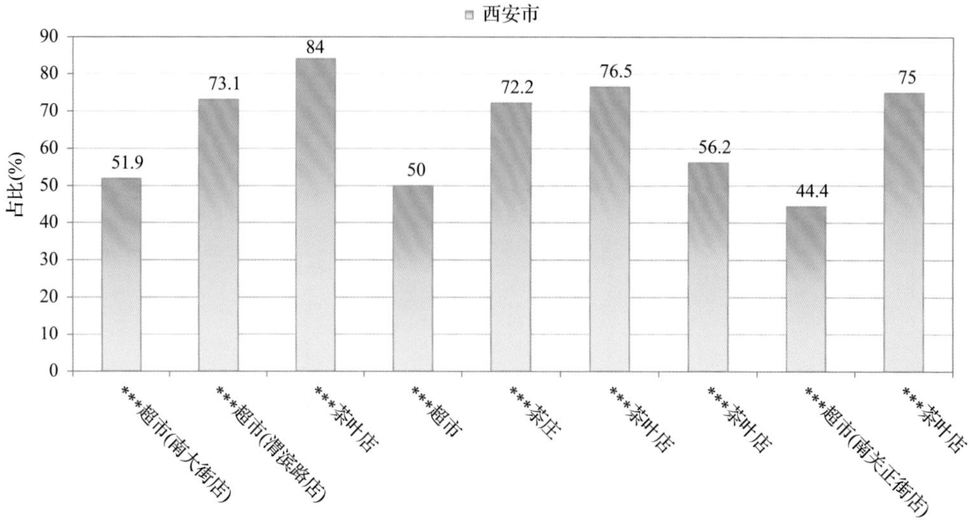

图 3-18　超过 MRL 日本标准茶叶在不同采样点分布

3.2.3.6　按 MRL CAC 标准衡量

按 MRL CAC 标准衡量，所有采样点的样品均未检出超标农药残留。

3.3　茶叶中农药残留分布

3.3.1　茶叶按检出农药品种和频次排名

本次残留侦测的茶叶共 4 种，包括黑茶、红茶、乌龙茶和绿茶。

根据检出农药品种及频次进行排名，将茶叶样品检出情况列表说明，详见表 3-16。

表 3-16　茶叶按检出农药品种和频次排名

按检出农药品种排名(品种)	①绿茶(28),②乌龙茶(22),③红茶(21),④黑茶(14)
按检出农药频次排名(频次)	①绿茶(245),②红茶(77),③乌龙茶(66),④黑茶(59)
按检出禁用、高毒及剧毒农药品种排名(品种)	①绿茶(3),②乌龙茶(2),③红茶(1)
按检出禁用、高毒及剧毒农药频次排名(频次)	①绿茶(6),②红茶(3),③乌龙茶(2)

3.3.2　茶叶按超标农药品种和频次排名

鉴于 MRL 欧盟标准和日本标准制定比较全面且覆盖率较高，我们参照 MRL 中国国家标准、欧盟标准和日本标准衡量茶叶样品中农残检出情况，将茶叶按超标农药品种及频次排名列表说明，详见表 3-17。

通过对各品种茶叶样本总数及检出率进行综合分析发现，绿茶、乌龙茶和红茶的残留污染最为严重，在此，我们参照 MRL 中国国家标准、欧盟标准和日本标准对这 3 种茶叶的农残检出情况进行进一步分析。

表 3-17　茶叶按超标农药品种和频次排名

按超标农药品种排名（农药品种数）	MRL 中国国家标准	
	MRL 欧盟标准	①绿茶(15),②乌龙茶(10),③黑茶(9),④红茶(6)
	MRL 日本标准	①绿茶(15),②乌龙茶(13),③黑茶(11),④红茶(11)
按超标农药频次排名（农药频次数）	MRL 中国国家标准	
	MRL 欧盟标准	①绿茶(126),②黑茶(47),③乌龙茶(31),④红茶(22)
	MRL 日本标准	①绿茶(137),②黑茶(50),③乌龙茶(37),④红茶(35)

3.3.3　农药残留检出率较高的茶叶样品分析

3.3.3.1　绿茶

这次共检测 98 例绿茶样品，77 例样品中检出了农药残留，检出率为 78.6%，检出农药共计 28 种。其中速灭威、烯虫炔酯、异丙威、甲醚菊酯和戊草丹检出频次较高，分别检出了 43、34、24、16 和 15 次。绿茶中农药检出品种和频次见图 3-19，超标农药见图 3-20 和表 3-18。

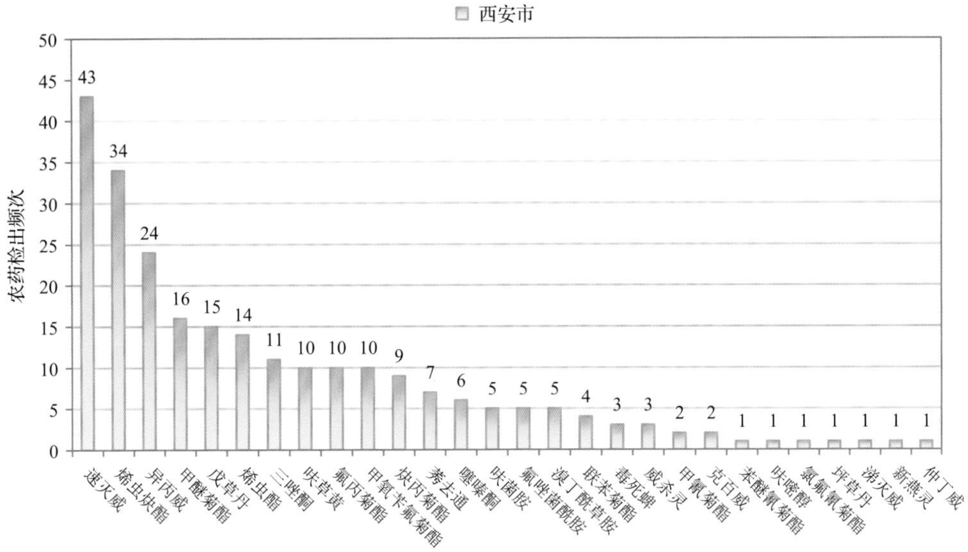

图 3-19　绿茶样品检出农药品种和频次分析

表 3-18　绿茶中农药残留超标情况明细表

样品总数		检出农药样品数	样品检出率(%)	检出农药品种总数
98		77	78.6	28

	超标农药品种	超标农药频次	按照 MRL 中国国家标准、欧盟标准和日本标准衡量超标农药名称及频次
中国国家标准	0	0	
欧盟标准	15	126	烯虫炔酯(33),速灭威(25),异丙威(24),呋草黄(9),莠去通(6),甲氧苄氟菊酯(5),溴丁酰草胺(5),氟唑菌酰胺(4),戊草丹(4),呋菌胺(3),威杀灵(3),甲醚菊酯(2),氯氟氰菊酯(1),坪草丹(1),三唑酮(1)
日本标准	15	137	烯虫炔酯(33),速灭威(25),异丙威(24),烯虫酯(12),呋草黄(9),莠去通(6),甲氧苄氟菊酯(5),溴丁酰草胺(5),氟唑菌酰胺(4),戊草丹(4),呋菌胺(3),威杀灵(3),甲醚菊酯(2),坪草丹(1),涕灭威(1)

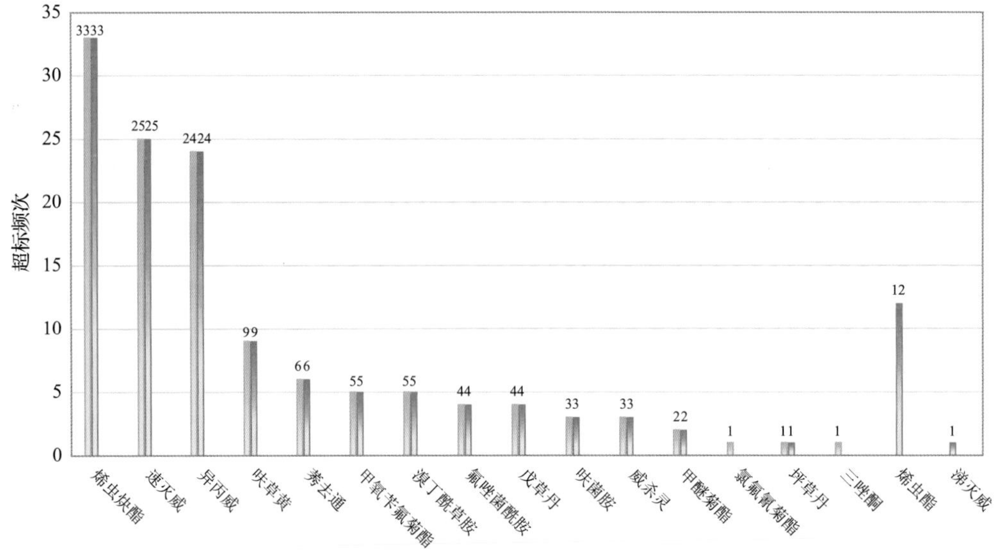

图 3-20　绿茶样品中超标农药分析

3.3.3.2　乌龙茶

这次共检测 32 例乌龙茶样品，23 例样品中检出了农药残留，检出率为 71.9%，检出农药共计 22 种。其中猛杀威、速灭威、异丙威、甲氧苄氟菊酯和烯虫炔酯检出频次较高，分别检出了 12、8、7、6 和 6 次。乌龙茶中农药检出品种和频次见图 3-21，超标农药见图 3-22 和表 3-19。

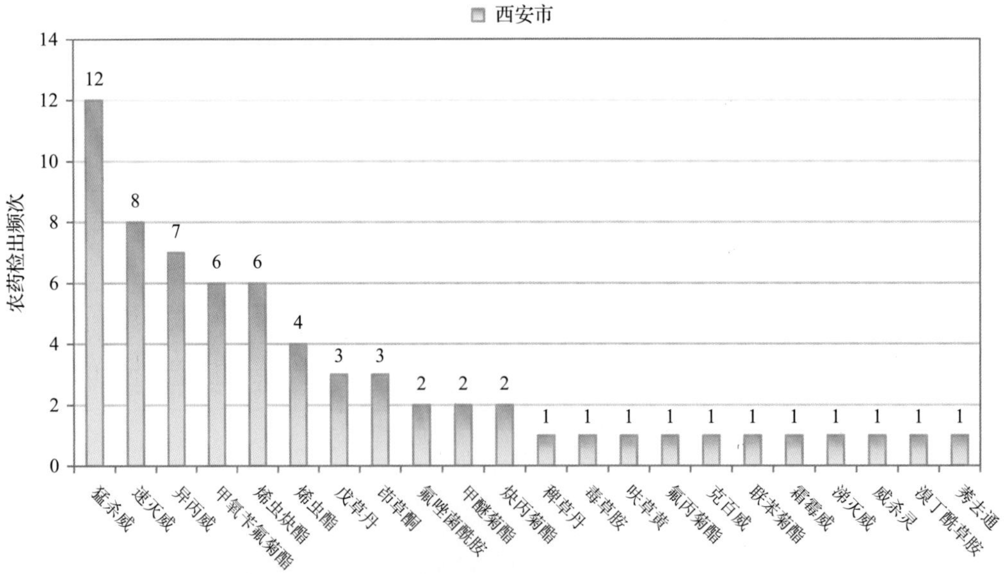

图 3-21　乌龙茶样品检出农药品种和频次分析

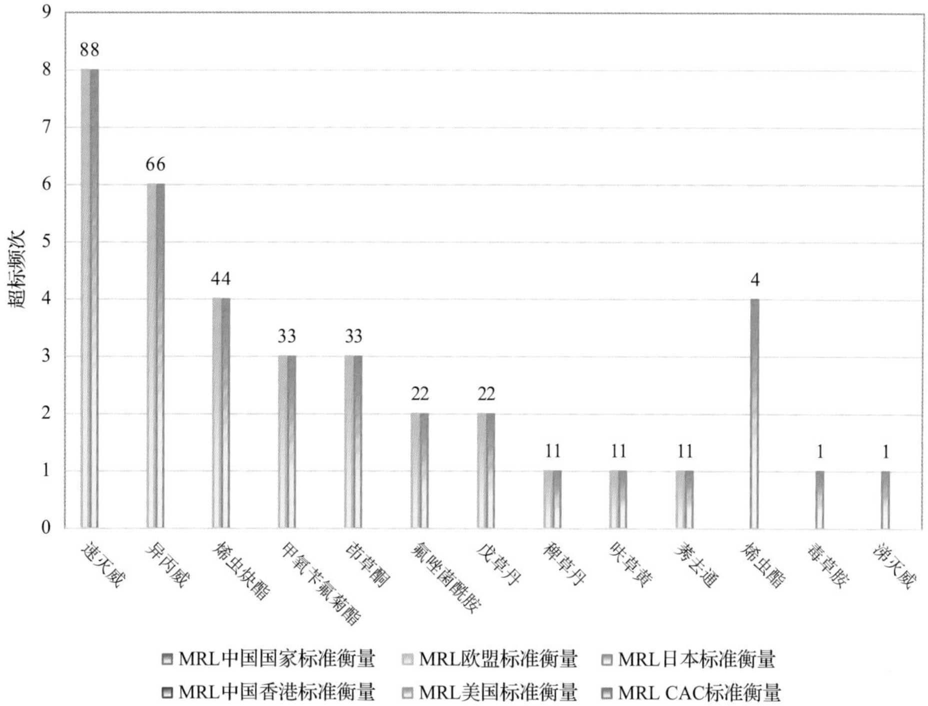

图 3-22　乌龙茶样品中超标农药分析

表 3-19　乌龙茶中农药残留超标情况明细表

样品总数 32		检出农药样品数 23	样品检出率(%) 71.9	检出农药品种总数 22
	超标农药品种	超标农药频次	按照 MRL 中国国家标准、欧盟标准和日本标准衡量超标农药名称及频次	
中国国家标准	0	0		
欧盟标准	10	31	速灭威(8),异丙威(6),烯虫炔酯(4),甲氧苄氟菊酯(3),茚草酮(3),氟唑菌酰胺(2),戊草丹(2),稗草丹(1),呋草黄(1),莠去通(1)	
日本标准	13	37	速灭威(8),异丙威(6),烯虫炔酯(4),烯虫酯(4),甲氧苄氟菊酯(3),茚草酮(3),氟唑菌酰胺(2),戊草丹(2),稗草丹(1),毒草胺(1),呋草黄(1),涕灭威(1),莠去通(1)	

3.3.3.3　红茶

这次共检测 20 例红茶样品，全部检出了农药残留，检出率为 100.0%，检出农药共计 21 种。其中烯虫炔酯、戊草丹、烯虫酯、联苯菊酯和异丙威检出频次较高，分别检出了 16、8、8、7 和 6 次。红茶中农药检出品种和频次见图 3-23，超标农药见图 3-24 和表 3-20。

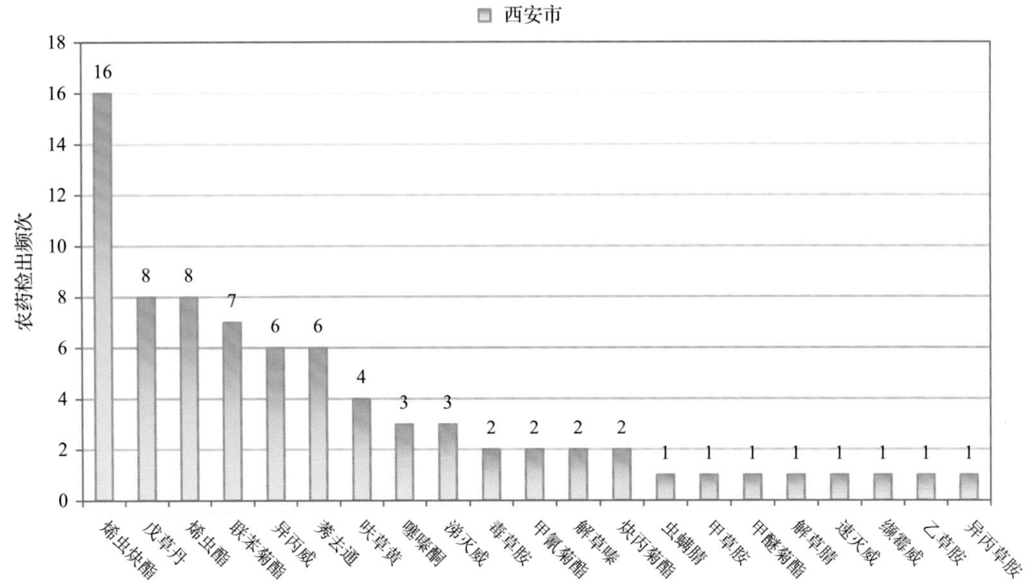

图 3-23　红茶样品检出农药品种和频次分析

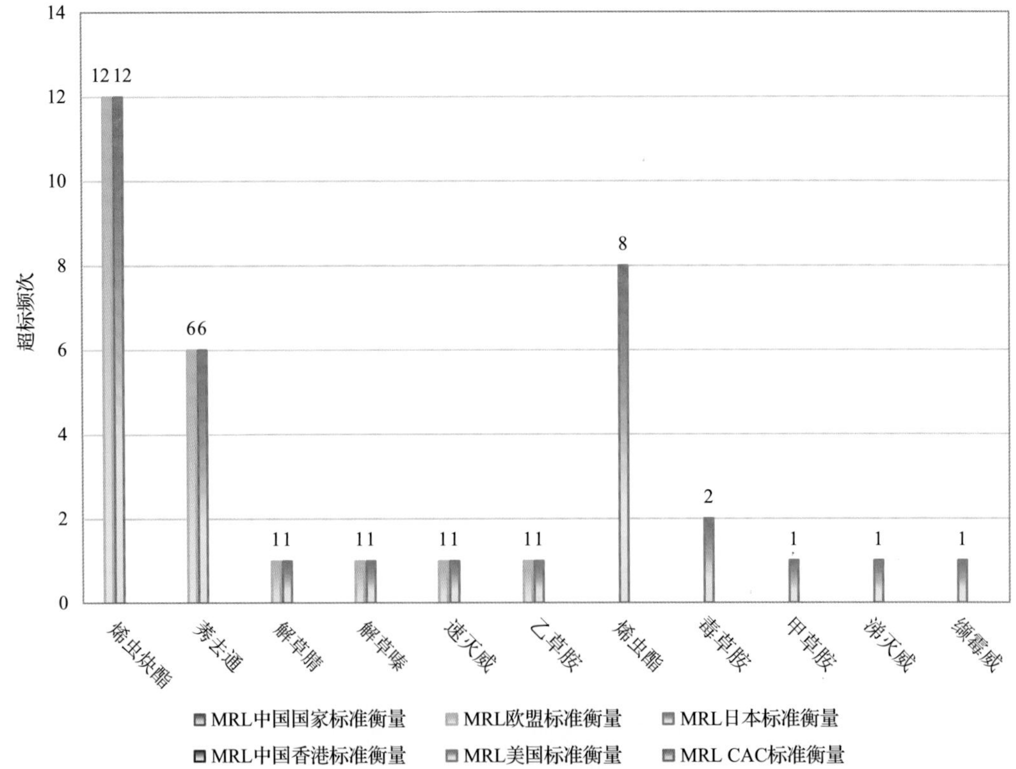

图 3-24　红茶样品中超标农药分析

表 3-20 红茶中农药残留超标情况明细表

样品总数		检出农药样品数	样品检出率(%)	检出农药品种总数
20		20	100	21

	超标农药品种	超标农药频次	按照 MRL 中国国家标准、欧盟标准和日本标准衡量超标农药名称及频次
中国国家标准	0	0	
欧盟标准	6	22	烯虫炔酯(12),莠去通(6),解草腈(1),解草嗪(1),速灭威(1),乙草胺(1)
日本标准	11	35	烯虫炔酯(12),烯虫酯(8),莠去通(6),毒草胺(2),甲草胺(1),解草腈(1),解草嗪(1),速灭威(1),涕灭威(1),缬霉威(1),乙草胺(1)

3.4 初步结论

3.4.1 西安市市售茶叶按 MRL 中国国家标准和国际主要 MRL 标准衡量的合格率

本次侦测的 170 例样品中，32 例样品未检出任何残留农药，占样品总量的 18.8%，138 例样品检出不同水平、不同种类的残留农药，占样品总量的 81.2%。在这 138 例检出农药残留的样品中：

按照 MRL 中国国家标准衡量，有 138 例样品检出残留农药但含量没有超标，占样品总数的 81.2%，无检出残留农药超标的样品。

按照 MRL 欧盟标准衡量，有 33 例样品检出残留农药但含量没有超标，占样品总数的 19.4%，有 105 例样品检出了超标农药，占样品总数的 61.8%。

按照 MRL 日本标准衡量，有 27 例样品检出残留农药但含量没有超标，占样品总数的 15.9%，有 111 例样品检出了超标农药，占样品总数的 65.3%。

按照 MRL 中国香港标准衡量，有 138 例样品检出残留农药但含量没有超标，占样品总数的 81.2%，无检出残留农药超标的样品。

按照 MRL 美国标准衡量，有 138 例样品检出残留农药但含量没有超标，占样品总数的 81.2%，无检出残留农药超标的样品。

按照 MRL CAC 标准衡量，有 138 例样品检出残留农药但含量没有超标，占样品总数的 81.2%，无检出残留农药超标的样品。

3.4.2 西安市市售茶叶中检出农药以中低微毒农药为主，占市场主体的 95.3%

这次侦测的 170 例茶叶样品共检出了 43 种农药，检出农药的毒性以中低微毒为主，详见表 3-21。

表 3-21　市场主体农药毒性分布

毒性	检出品种	占比	检出频次	占比
剧毒农药	1	2.3%	5	1.1%
高毒农药	1	2.3%	3	0.7%
中毒农药	15	34.9%	164	36.7%
低毒农药	16	37.2%	154	34.5%
微毒农药	10	23.3%	121	27.1%
中低微毒农药，品种占比 95.3%，频次占比 98.2%				

3.4.3　检出剧毒、高毒和禁用农药现象应该警醒

在此次侦测的 170 例样品中有 3 种茶叶的 11 例样品检出了 3 种 11 频次的剧毒和高毒或禁用农药，占样品总量的 6.5%。其中剧毒农药涕灭威以及高毒农药克百威检出频次较高。

按 MRL 中国国家标准衡量，剧毒农药和高毒农药按超标程度比较均未超标。

剧毒、高毒或禁用农药的检出情况及按照 MRL 中国国家标准衡量的超标情况见表 3-22。

表 3-22　剧毒、高毒或禁用农药的检出及超标明细

序号	农药名称	样品名称	检出频次	超标频次	最大超标倍数	超标率
1.1	涕灭威*▲	红茶	3	0	0	0.0%
1.2	涕灭威*▲	绿茶	1	0	0	0.0%
1.3	涕灭威*▲	乌龙茶	1	0	0	0.0%
2.1	克百威◊▲	绿茶	2	0	0	0.0%
2.2	克百威◊▲	乌龙茶	1	0	0	0.0%
3.1	毒死蜱▲	绿茶	3	0	0	0.0%
合计			11	0		0.0%

这些剧毒和高毒农药都是中国政府早有规定禁止在茶叶中使用的，为什么还屡次被检出，应该引起警惕。

3.4.4　残留限量标准与先进国家或地区标准差距较大

447 频次的检出结果与我国公布的《食品中农药最大残留限量》（GB 2763—2016）对比，有 33 频次能找到对应的 MRL 中国国家标准，占 7.4%；还有 414 频次的侦测数据无相关 MRL 标准供参考，占 92.6%。

与国际上现行 MRL 标准对比发现：

有 447 频次能找到对应的 MRL 欧盟标准，占 100.0%；

有 447 频次能找到对应的 MRL 日本标准，占 100.0%；

有 31 频次能找到对应的 MRL 中国香港标准，占 6.9%；

有 29 频次能找到对应的 MRL 美国标准，占 6.5%；

有 28 频次能找到对应的 MRL CAC 标准，占 6.3%。

由上可见，MRL 中国国家标准与先进国家或地区标准还有很大差距，我们无标准，境外有标准，这就会导致我们在国际贸易中，处于受制于人的被动地位。

3.4.5　茶叶单种样品检出 21~28 种农药残留，拷问农药使用的科学性

通过此次监测发现，绿茶、乌龙茶和红茶是检出农药品种最多的 3 种茶叶，从中检出农药品种及频次详见表 2-23。

表 3-23　单种样品检出农药品种及频次

样品名称	样品总数	检出农药样品数	检出率	检出农药品种数	检出农药(频次)
绿茶	98	77	78.6%	28	速灭威(43),烯虫炔酯(34),异丙威(24),甲醚菊酯(16),戊草丹(15),烯虫酯(14),三唑酮(11),呋草黄(10),氟丙菊酯(10),甲氧苄氟菊酯(10),炔丙菊酯(9),莠去通(7),噻嗪酮(6),呋菌胺(5),氟唑菌酰胺(5),溴丁酰草胺(5),联苯菊酯(4),毒死蜱(3),威杀灵(3),甲氰菊酯(2),克百威(2),苯醚氰菊酯(1),呋嘧醇(1),氯氟氰菊酯(1),坪草丹(1),涕灭威(1),新燕灵(1),仲丁威(1)
乌龙茶	32	23	71.9%	22	猛杀威(12),速灭威(8),异丙威(7),甲氧苄氟菊酯(6),烯虫炔酯(6),烯虫酯(4),戊草丹(3),茚草酮(3),氟唑菌酰胺(2),甲醚菊酯(2),炔丙菊酯(2),稗草丹(1),毒草胺(1),呋草黄(1),氟丙菊酯(1),克百威(1),联苯菊酯(1),霜霉威(1),涕灭威(1),威杀灵(1),溴丁酰草胺(1),莠去通(1)
红茶	20	20	100.0%	21	烯虫炔酯(16),戊草丹(8),烯虫酯(8),联苯菊酯(7),异丙威(6),莠去通(6),呋草黄(4),噻嗪酮(3),涕灭威(3),毒草胺(2),甲氰菊酯(2),解草嗪(2),炔丙菊酯(2),虫螨腈(1),甲草胺(1),甲醚菊酯(1),解草腈(1),速灭威(1),缬霉威(1),乙草胺(1),异丙草胺(1)

上述 3 种茶叶，检出农药 21~28 种，是多种农药综合防治，还是未严格实施农业良好管理规范(GAP)，抑或根本就是乱施药，值得我们思考。

第 4 章　GC-Q-TOF/MS 侦测西安市市售茶叶农药残留膳食暴露风险与预警风险评估

4.1　农药残留风险评估方法

4.1.1　西安市农药残留侦测数据分析与统计

庞国芳院士科研团队建立的农药残留高通量侦测技术以高分辨精确质量数（0.0001 *m/z* 为基准）为识别标准，采用 GC-Q-TOF/MS 技术对 684 种农药化学污染物进行侦测。

科研团队于 2019 年 3 月期间在西安市 9 个采样点，随机采集了 170 例茶叶样品，具体位置如图 4-1 所示。

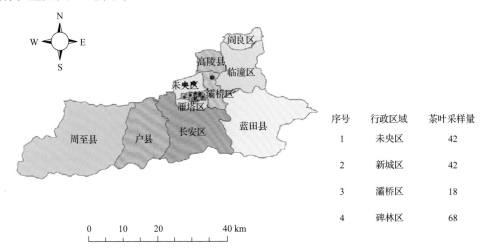

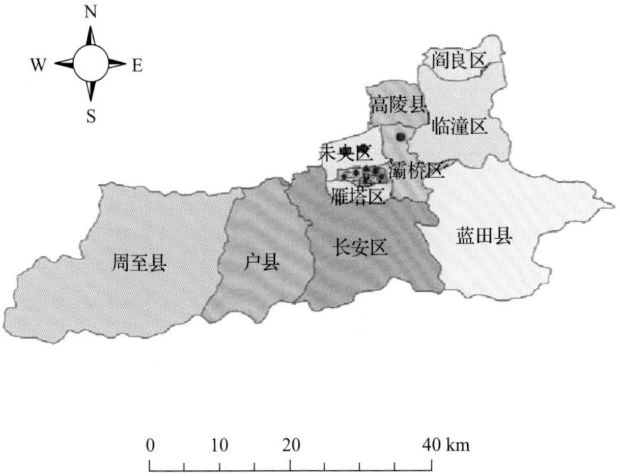

序号	行政区域	茶叶采样量
1	未央区	42
2	新城区	42
3	灞桥区	18
4	碑林区	68

图 4-1　GC-Q-TOF/MS 侦测西安市 9 个采样点 170 例样品分布示意图

利用 GC-Q-TOF/MS 技术对 170 例样品中的农药进行侦测，侦测出残留农药 43 种，447 频次。侦测出农药残留水平如表 4-1 和图 4-2 所示。检出频次最高的前 10 种农药如表 4-2 所示。从检测结果中可以看出，在茶叶中农药残留普遍存在，且有些茶叶存在高浓度的农药残留，这些可能存在膳食暴露风险，对人体健康产生危害，因此，为了定量地评价茶叶中农药残留的风险程度，有必要对其进行风险评价。

表 4-1　侦测出农药的不同残留水平及其所占比例列表

残留水平（μg/kg）	检出频次	占比（%）
1~5（含）	104	23.3
5~10（含）	59	13.2
10~100（含）	273	61.1
100~1000（含）	11	2.5
合计	447	100

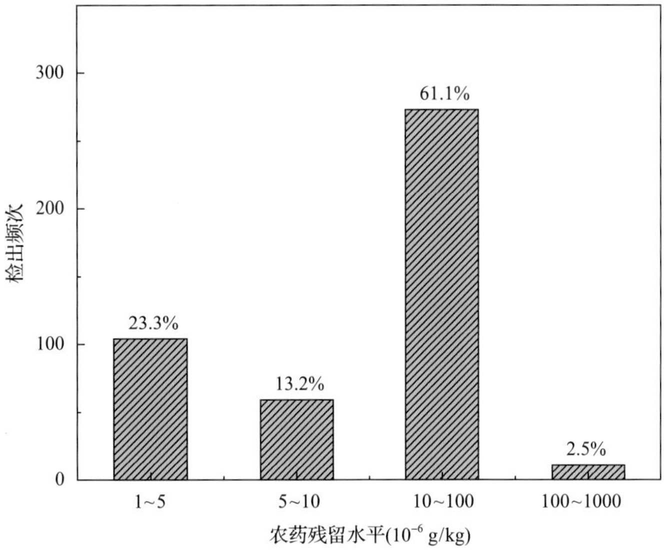

图 4-2　残留农药检出浓度频数分布图

表 4-2　检出频次最高的前 10 种农药列表

序号	农药	检出频次
1	烯虫炔酯	69
2	速灭威	52
3	异丙威	51
4	戊草丹	30
5	烯虫酯	28
6	呋草黄	22
7	甲醚菊酯	20
8	甲氧苄氟菊酯	17
9	猛杀威	16
10	联苯菊酯	15

4.1.2　农药残留风险评价模型

对西安市茶叶中农药残留分别开展暴露风险评估和预警风险评估。膳食暴露风险评估利用食品安全指数模型对茶叶中的残留农药对人体可能产生的危害程度进行评价，该模型结合残留监测和膳食暴露评估评价化学污染物的危害；预警风险评价模型运用风险系数(risk index，*R*)，风险系数综合考虑了危害物的超标率、施检频率及其本身敏感性的影响，能直观而全面地反映出危害物在一段时间内的风险程度。

4.1.2.1　食品安全指数模型

为了加强食品安全管理，《中华人民共和国食品安全法》第二章第十七条规定“国家建立食品安全风险评估制度，运用科学方法，根据食品安全风险监测信息、科学数据以及有关信息，对食品、食品添加剂、食品相关产品中生物性、化学性和物理性危害因素进行风险评估”[1]，膳食暴露评估是食品危险度评估的重要组成部分，也是膳食安全性的衡量标准[2]。国际上最早研究膳食暴露风险评估的机构主要是 JMPR（FAO、WHO 农药残留联合会议），该组织自 1995 年就已制定了急性毒性物质的风险评估急性毒性农药残留摄入量的预测。1960 年美国规定食品中不得加入致癌物质进而提出零阈值理论，渐渐零阈值理论发展成在一定概率条件下可接受风险的概念[3]，后衍变为食品中每日允许最大摄入量（ADI），而国际食品农药残留法典委员会（CCPR）认为 ADI 不是独立风险评估的唯一标准[4]，1995 年 JMPR 开始研究农药急性膳食暴露风险评估，并对食品国际短期摄入量的计算方法进行了修正，亦对膳食暴露评估准则及评估方法进行了修正[5]，2002 年，在对世界上现行的食品安全评价方法，尤其是国际公认的 CAC 评价方法、全球环境监测系统/食品污染监测和评估规划（WHO GEMS/Food）及 FAO、WHO 食品添加剂联合专家委员会（JECFA）和 JMPR 对食品安全风险评估工作研究的基础之上，检验检疫食品安全管理的研究人员提出了结合残留监控和膳食暴露评估，以食品安全指数 IFS 计算食品中各种化学污染物对消费者的健康危害程度[6]。IFS 是表示食品安全状态的新方法，可有效地评价某种农药的安全性，进而评价食品中各种农药化学污染物对消费者健康的整体危害程度[7, 8]。从理论上分析，IFS_c 可指出食品中的污染物 c 对消费者健康是否存在危害及危害的程度[9]。其优点在于操作简单且结果容易被接受和理解，不需要大量的数据来对结果进行验证，使用默认的标准假设或者模型即可[10, 11]。

1）IFS_c 的计算

IFS_c 计算公式如下：

$$IFS_c = \frac{EDI_c \times f}{SI_c \times bw} \tag{4-1}$$

式中，c 为所研究的农药；EDI_c 为农药 c 的实际日摄入量估算值，等于 $\sum(R_i \times F_i \times E_i \times P_i)$（$i$ 为食品种类；R_i 为食品 i 中农药 c 的残留水平，mg/kg；F_i 为食品 i 的估计日消费量，g/（人・天）；E_i 为食品 i 的可食用部分因子；P_i 为食品 i 的加工处理因子）；SI_c 为安全摄入量，可采用每日允许最大摄入量 ADI；bw 为人平均体重，kg；f 为校正因子，如果安全摄入量采用 ADI，则 f 取 1。

$IFS_c \ll 1$，农药 c 对食品安全没有影响；$IFS_c \leqslant 1$，农药 c 对食品安全的影响可以接受；$IFS_c > 1$，农药 c 对食品安全的影响不可接受。

本次评价中：

$IFS_c \leqslant 0.1$，农药 c 对茶叶安全没有影响；

$0.1 < IFS_c \leqslant 1$，农药 c 对茶叶安全的影响可以接受；

$IFS_c > 1$，农药 c 对茶叶安全的影响不可接受。

本次评价中残留水平 R_i 取值为中国检验检疫科学研究院庞国芳院士课题组利用以高分辨精确质量数（0.0001 m/z）为基准的 GC-Q-TOF/MS 侦测技术于 2019 年 3 月期间对西安市茶叶农药残留的侦测结果，估计日消费量 F_i 取值 0.0047 kg/（人·天），E_i=1，P_i=1，

f=1，SI_c 采用《食品安全国家标准　食品中农药最大残留限量》(GB 2763—2016) 中 ADI 值(具体数值见表 4-3)，人平均体重(bw)取值 60 kg。

表 4-3　西安市茶叶中侦测出农药的 ADI 值

序号	农药	ADI	序号	农药	ADI	序号	农药	ADI
1	异丙威	0.002	16	仲丁威	0.06	31	烯虫炔酯	—
2	克百威	0.001	17	霜霉威	0.4	32	烯虫酯	—
3	涕灭威	0.003	18	呋嘧醇	—	33	猛杀威	—
4	噻嗪酮	0.009	19	呋草黄	—	34	甲氧苄氟菊酯	—
5	联苯菊酯	0.01	20	呋菌胺	—	35	甲醚菊酯	—
6	乙草胺	0.02	21	噁虫威	—	36	稗草丹	—
7	三唑酮	0.03	22	坪草丹	—	37	缬霉威	—
8	甲氰菊酯	0.03	23	威杀灵	—	38	苯醚氰菊酯	—
9	甲草胺	0.01	24	戊草丹	—	39	茚草酮	—
10	毒死蜱	0.01	25	新燕灵	—	40	莠去通	—
11	氯氟氰菊酯	0.02	26	氟丁酰草胺	—	41	解草嗪	—
12	二苯胺	0.08	27	氟丙菊酯	—	42	解草腈	—
13	虫螨腈	0.03	28	氟唑菌酰胺	—	43	速灭威	—
14	异丙草胺	0.013	29	溴丁酰草胺	—			
15	毒草胺	0.54	30	炔丙菊酯	—			

注："—"表示为国家标准中无 ADI 值规定；ADI 值单位为 mg/kg bw

2) 计算 IFS_c 的平均值 $\overline{IFS}$，评价农药对食品安全的影响程度

以 $\overline{IFS}$ 评价各种农药对人体健康危害的总程度，评价模型见公式(4-2)。

$$\overline{IFS}=\frac{\sum_{i=1}^{n}IFS_c}{n} \tag{4-2}$$

$\overline{IFS}\ll 1$，所研究消费者人群的食品安全状态很好；$\overline{IFS}\leq 1$，所研究消费者人群的食品安全状态可以接受；$\overline{IFS}>1$，所研究消费者人群的食品安全状态不可接受。

本次评价中：

$\overline{IFS}\leqslant 0.1$，所研究消费者人群的茶叶安全状态很好；

$0.1<\overline{IFS}\leqslant 1$，所研究消费者人群的茶叶安全状态可以接受；

$\overline{IFS}>1$，所研究消费者人群的茶叶安全状态不可接受。

4.1.2.2　预警风险评估模型

2003 年，我国检验检疫食品安全管理的研究人员根据 WTO 的有关原则和我国的具体规定，结合危害物本身的敏感性、风险程度及其相应的施检频率，首次提出了食品中

危害物风险系数 R 的概念[12]。R 是衡量一个危害物的风险程度大小最直观的参数，即在一定时期内其超标率或阳性检出率的高低，但受其施检频率的高低及其本身的敏感性（受关注程度）影响。该模型综合考察了农药在茶叶中的超标率、施检频率及其本身敏感性，能直观而全面地反映出农药在一段时间内的风险程度[13]。

1）R 计算方法

危害物的风险系数综合考虑了危害物的超标率或阳性检出率、施检频率和其本身的敏感性影响，并能直观而全面地反映出危害物在一段时间内的风险程度。风险系数 R 的计算公式如式（4-3）：

$$R = aP + \frac{b}{F} + S \tag{4-3}$$

式中，P 为该种危害物的超标率；F 为危害物的施检频率；S 为危害物的敏感因子；a, b 分别为相应的权重系数。

本次评价中 F=1；S=1；a =100；b =0.1，对参数 P 进行计算，计算时首先判断是否为禁用农药，如果为非禁用农药，P=超标的样品数（侦测出的含量高于食品最大残留限量标准值，即 MRL）除以总样品数（包括超标、不超标、未侦测出）；如果为禁用农药，则侦测出即为超标，P=能侦测出的样品数除以总样品数。判断西安市茶叶农药残留是否超标的标准限值 MRL 分别以 MRL 中国国家标准[14]和 MRL 欧盟标准作为对照，具体值列于本报告附表一中。

2）评价风险程度

$R \leqslant 1.5$，受检农药处于低度风险；

$1.5 < R \leqslant 2.5$，受检农药处于中度风险；

$R > 2.5$，受检农药处于高度风险。

4.1.2.3 食品膳食暴露风险和预警风险评估应用程序的开发

1）应用程序开发的步骤

为成功开发膳食暴露风险和预警风险评估应用程序，与软件工程师多次沟通讨论，逐步提出并描述清楚计算需求，开发了初步应用程序。为明确出不同茶叶、不同农药、不同地域和不同季节的风险水平，向软件工程师提出不同的计算需求，软件工程师对计算需求进行逐一地分析，经过反复的细节沟通，需求分析得到明确后，开始进行解决方案的设计，在保证需求的完整性、一致性的前提下，编写出程序代码，最后设计出满足需求的风险评估专用计算软件，并通过一系列的软件测试和改进，完成专用程序的开发。软件开发基本步骤见图 4-3。

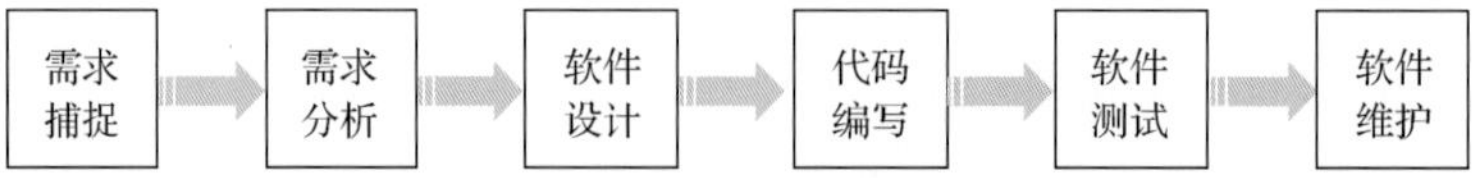

图 4-3 专用程序开发总体步骤

2) 膳食暴露风险评估专业程序开发的基本要求

首先直接利用公式(4-1)，分别计算 GC-Q-TOF/MS 和 LC-Q-TOF/MS 仪器侦测出的各茶叶样品中每种农药 IFS_c，将结果列出。为考察超标农药和禁用农药的使用安全性，分别以我国《食品安全国家标准　食品中农药最大残留限量》(GB 2763—2016) 和欧盟食品中农药最大残留限量(以下简称 MRL 中国国家标准和 MRL 欧盟标准)为标准，对侦测出的禁用农药和超标的非禁用农药 IFS_c 单独进行评价；按 IFS_c 大小列表，并找出 IFS_c 值排名前 20 的样本重点关注。

对不同茶叶 i 中每一种侦测出的农药 c 的安全指数进行计算，多个样品时求平均值。

按农药种类，计算整个监测时间段内每种农药的 IFS_c，不区分茶叶种类。

3) 预警风险评估专业程序开发的基本要求

分别以 MRL 中国国家标准和 MRL 欧盟标准，按公式(4-3)逐个计算不同茶叶、不同农药的风险系数，禁用农药和非禁用农药分别列表。

为清楚了解各种农药的预警风险，不分时间，不分茶叶，按禁用农药和非禁用农药分类，分别计算各种侦测出农药全部检测时段内风险系数。由于有 MRL 中国国家标准的农药种类太少，无法计算超标数，非禁用农药的风险系数只以 MRL 欧盟标准为标准，进行计算。若检测数据为多个月的，则按月计算每个月、每个季度内每种禁用农药残留的风险系数和以 MRL 欧盟标准为标准的非禁用农药残留的风险系数。

4) 风险程度评价专业应用程序的开发方法

采用 Python 计算机程序设计语言，Python 是一个高层次地结合了解释性、编译性、互动性和面向对象的脚本语言。风险评价专用程序主要功能包括：分别读入每例样品 GC-Q-TOF/MS 和 LC-Q-TOF/MS 农药残留检测数据，根据风险评价工作要求，依次对不同农药、不同食品、不同时间、不同采样点的 IFS_c 值和 R 值分别进行数据计算，筛选出禁用农药、超标农药(分别与 MRL 中国国家标准、MRL 欧盟标准限值进行对比)单独重点分析，再分别对各农药、各茶叶种类分类处理，设计出计算和排序程序，编写计算机代码，最后将生成的膳食暴露风险评估和超标风险评估定量计算结果列入设计好的各个表格中，并定性判断风险对目标的影响程度，直接用文字描述风险发生的高低，如“不可接受”、“可以接受”、“没有影响”、“高度风险”、“中度风险”、“低度风险”。

4.2 GC-Q-TOF/MS 侦测西安市市售茶叶农药残留膳食暴露风险评估

4.2.1 每例茶叶样品中农药残留安全指数分析

基于 2019 年 3 月的农药残留侦测数据，发现在 170 例样品中侦测出农药 447 频次，计算样品中每种残留农药的安全指数 IFS_c，并分析农药对样品安全的影响程度，结果详见附表二，农药残留对茶叶样品安全的影响程度频次分布情况如图 4-4 所示。

由图 4-4 可以看出，农药残留对样品安全的没有影响的频次为 113，占 25.28%。

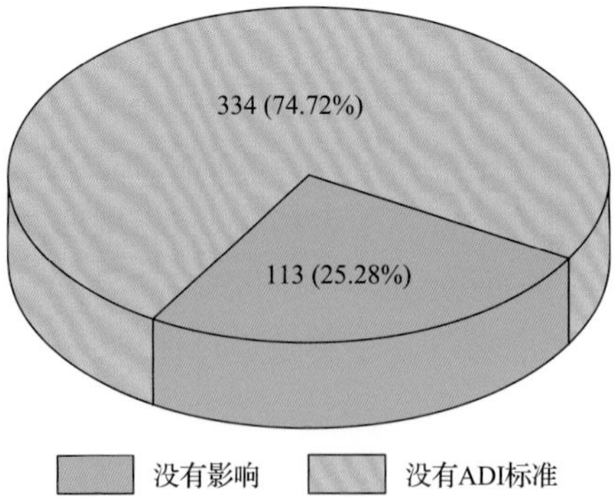

图 4-4　农药残留对茶叶样品安全的影响程度频次分布图

部分样品侦测出禁用农药 3 种 11 频次，为了明确残留的禁用农药对样品安全的影响，分析侦测出禁用农药残留的样品安全指数，禁用农药残留对茶叶样品安全的影响程度频次分布情况如图 4-5 所示，农药残留对样品安全没有影响的频次为 11，占 100%。

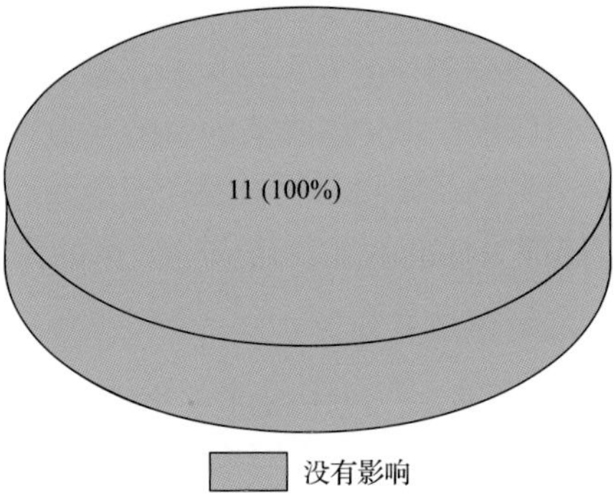

图 4-5　禁用农药对茶叶样品安全影响程度的频次分布图

此外，本次侦测发现部分样品中非禁用农药残留量超过了 MRL 欧盟标准，为了明确超标的非禁用农药对样品安全的影响，分析了非禁用农药残留超标的样品安全指数。

残留量超过 MRL 欧盟标准的非禁用农药对茶叶样品安全的影响程度频次分布情况如图 4-6 所示。可以看出超过 MRL 欧盟标准的非禁用农药共 226 频次，其中农药没有 ADI 标准的频次为 178，占 78.76%；农药残留对样品安全没有影响的频次为 48，占 21.24%。表 4-4 为茶叶样品中安全指数排名前 10 的残留超标非禁用农药列表。

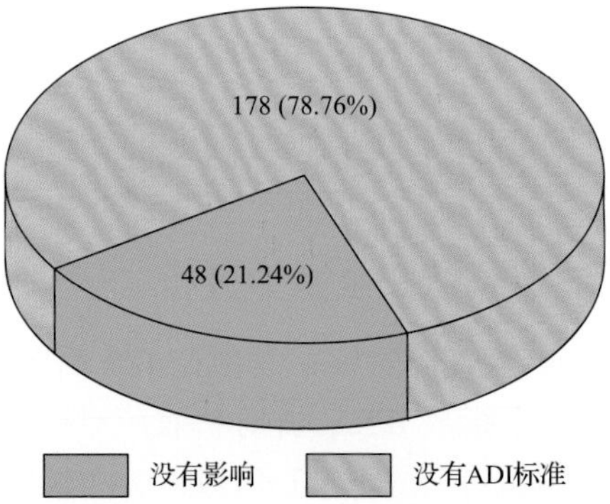

图 4-6　残留超标的非禁用农药对茶叶样品安全的影响程度频次分布图（MRL 欧盟标准）

表 4-4 茶叶样品中安全指数排名前 10 的残留超标非禁用农药列表(MRL 欧盟标准)

序号	样品编号	采样点	基质	农药	含量(mg/kg)	欧盟标准	IFS_c	影响程度
1	20190321-610100-AHCIQ-GT-07E	***超市(南大街店)	绿茶	异丙威	0.1543	0.01	0.006043417	没有影响
2	20190322-610100-AHCIQ-GT-08B	***茶叶店	绿茶	异丙威	0.0862	0.01	0.003376167	没有影响
3	20190314-610100-AHCIQ-GT-01B	***超市(渭滨路店)	绿茶	异丙威	0.0512	0.01	0.002005333	没有影响
4	20190315-610100-AHCIQ-GT-03F	***茶叶店	绿茶	异丙威	0.0511	0.01	0.002001417	没有影响
5	20190315-610100-AHCIQ-GT-04P	***茶庄	绿茶	异丙威	0.0506	0.01	0.001981833	没有影响
6	20190315-610100-AHCIQ-GT-03J	***茶叶店	绿茶	异丙威	0.0498	0.01	0.0019505	没有影响
7	20190321-610100-AHCIQ-GT-05C	***超市	绿茶	异丙威	0.047	0.01	0.001840833	没有影响
8	20190322-610100-AHCIQ-GT-08P	***茶叶店	绿茶	异丙威	0.0464	0.01	0.001817333	没有影响
9	20190315-610100-AHCIQ-GT-04L	***茶庄	绿茶	异丙威	0.0448	0.01	0.001754667	没有影响
10	20170420-320100-USI-OR-39A	***超市(河西中央公园店)	橘	异丙威	0.0443	0.01	0.001735083	没有影响

4.2.2 单种茶叶中农药残留安全指数分析

本次 4 种茶叶侦测 43 种农药,检出频次为 447 次,其中 26 种农药没有 ADI 标准,17 种农药存在 ADI 标准。4 种茶叶按不同种类分别计算侦测出的具有 ADI 标准的各种农药的 IFS_c 值,农药残留对茶叶的安全指数分布图如图 4-7 所示。

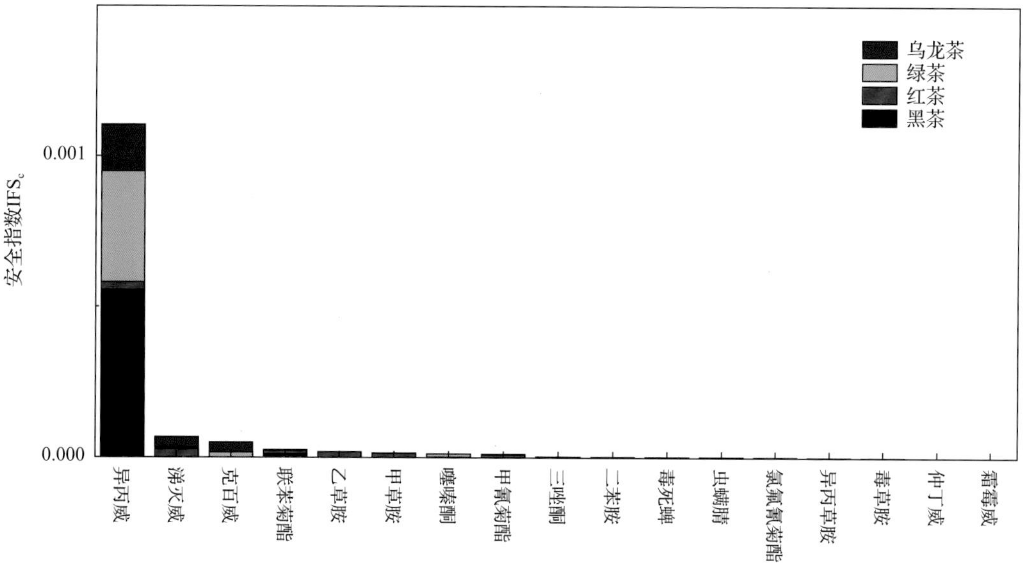

图 4-7 4 种茶叶中 17 种残留农药的安全指数分布图

本次侦测中,4 种茶叶和 43 种残留农药(包括没有 ADI 标准)共涉及 85 个分析样本,农药对单种茶叶安全的影响程度分布情况如图 4-8 所示。可以看出，35.29%的样本中农药对茶叶安全没有影响。

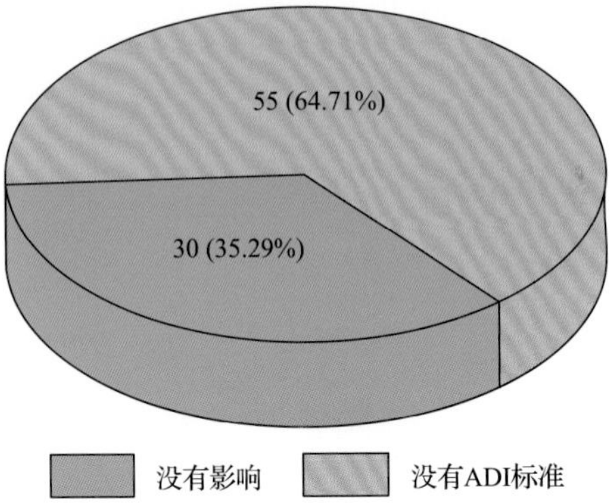

图 4-8　85 个分析样本的影响程度频次分布图

4.2.3　所有茶叶中农药残留安全指数分析

计算所有茶叶中 17 种农药的 IFS_c 值，结果如图 4-9 及表 4-5 所示。

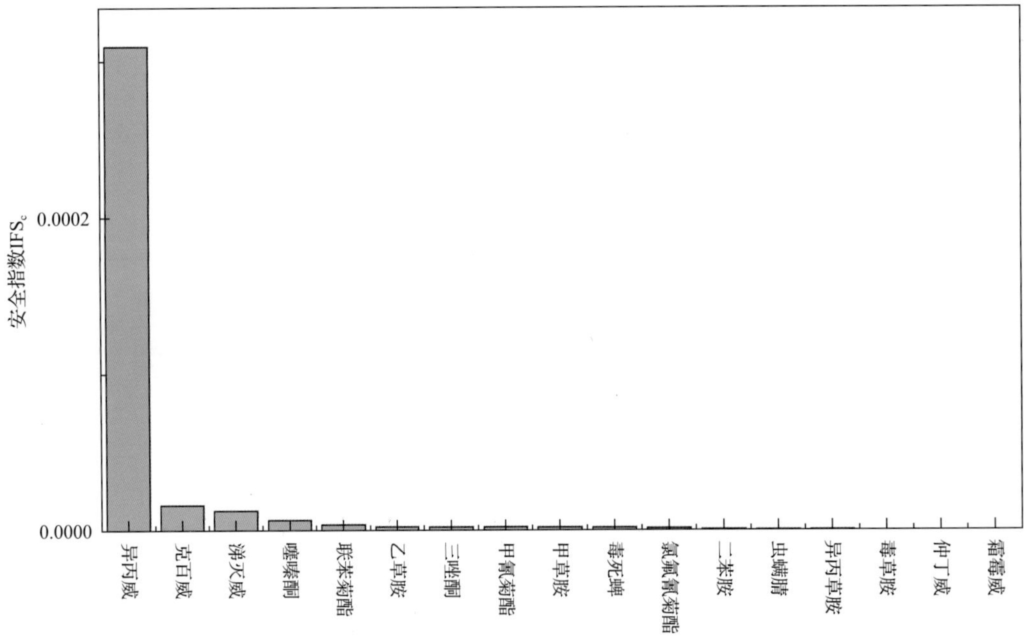

图 4-9　17 种残留农药对茶叶的安全影响程度统计图

分析发现，所有的农药对茶叶安全的影响程度均为没有影响，说明茶叶中残留的农药不会对茶叶安全造成影响。

表 4-5 茶叶中 18 种农药残留的安全指数表

序号	农药	检出频次	检出率(%)	IFS_c	影响程度	序号	农药	检出频次	检出率(%)	IFS_c	影响程度
1	异丙威	51	0.30	0.0003	没有影响	10	毒死蜱	3	0.02	2×10^{-6}	没有影响
2	克百威	3	0.02	0.0000	没有影响	11	氯氟氰菊酯	1	0.01	1×10^{-6}	没有影响
3	涕灭威	5	0.03	0.0000	没有影响	12	二苯胺	1	0.01	4×10^{-7}	没有影响
4	噻嗪酮	9	0.05	0.0000	没有影响	13	虫螨腈	1	0.01	3×10^{-7}	没有影响
5	联苯菊酯	15	0.09	0.0000	没有影响	14	异丙草胺	1	0.01	1×10^{-7}	没有影响
6	乙草胺	1	0.01	0.0000	没有影响	15	毒草胺	3	0.02	8×10^{-8}	没有影响
7	三唑酮	12	0.07	0.0000	没有影响	16	仲丁威	1	0.01	4×10^{-8}	没有影响
8	甲氰菊酯	4	0.02	0.0000	没有影响	17	霜霉威	1	0.01	7×10^{-9}	没有影响
9	甲草胺	1	0.01	0.0000	没有影响						

4.3 GC-Q-TOF/MS 侦测西安市市售茶叶农药残留预警风险评估

基于西安市茶叶样品中农药残留 GC-Q-TOF/MS 侦测数据，分析禁用农药的检出率，同时参照中华人民共和国国家标准 GB 2763—2016 和欧盟农药最大残留限量(MRL)标准分析非禁用农药残留的超标率，并计算农药残留风险系数。分析单种茶叶中农药残留以及所有茶叶中农药残留的风险程度。

4.3.1 单种茶叶中农药残留风险系数分析

4.3.1.1 单种茶叶中禁用农药残留风险系数分析

侦测出的 43 种残留农药中有 3 种为禁用农药，且它们分布在 3 种茶叶中，计算 3 种茶叶中禁用农药的检出率，根据检出率计算风险系数 R，进而分析茶叶中禁用农药的风险程度，结果如表 4-6 与图 4-10 所示。分析发现 3 种禁用农药在 3 种茶叶中的残留处均于高度风险。

表 4-6 3 种茶叶中 3 种禁用农药残留的风险系数

序号	基质	农药	检出频次	检出率(%)	风险系数 R	风险程度
1	乌龙茶	克百威	1	0.03	4.2	高度风险
2	乌龙茶	涕灭威	1	0.03	4.2	高度风险
3	红茶	涕灭威	3	0.15	16.1	高度风险
4	绿茶	克百威	2	0.02	3.1	高度风险
5	绿茶	毒死蜱	3	0.03	4.2	高度风险
6	绿茶	涕灭威	1	0.01	2.1	中度风险

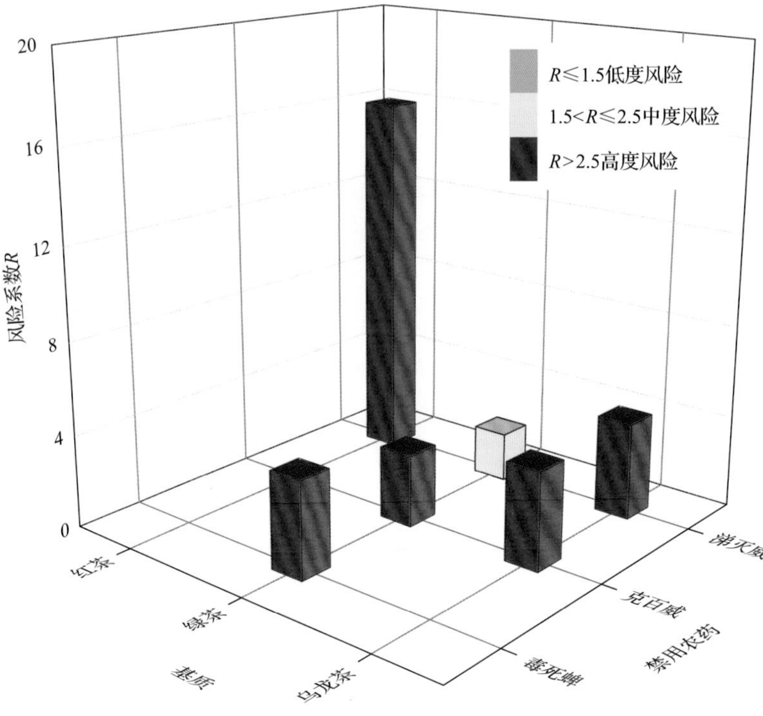

图 4-10 3 种茶叶中 3 种禁用农药残留的风险系数

4.3.1.2 基于 MRL 中国国家标准的单种茶叶中非禁用农药残留风险系数分析

参照中华人民共和国国家标准 GB 2763—2016 中农药残留限量计算每种茶叶中每种非禁用农药的超标率，进而计算其风险系数，根据风险系数大小判断残留农药的预警风险程度，茶叶中非禁用农药残留风险程度分布情况如图 4-11 所示。

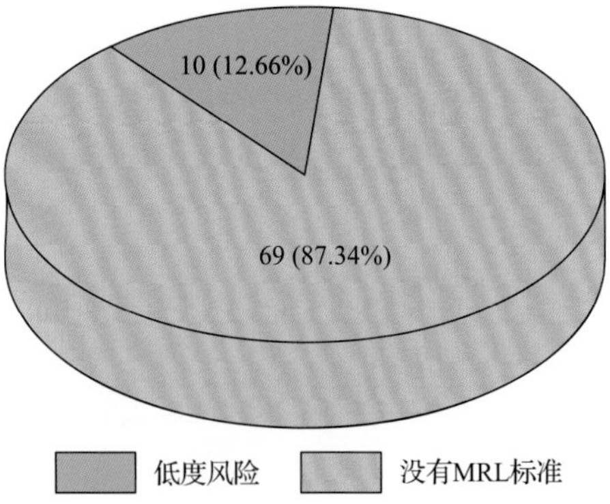

图 4-11 茶叶中非禁用农药风险程度的频次分布图（MRL 中国国家标准）

本次分析中，发现在 4 种茶叶检出 40 种残留非禁用农药，涉及样本 79 个，在 79 个样本中，12.66%处于低度风险，此外发现有 69 个样本没有 MRL 中国国家标准值，无法判断其风险程度，有 MRL 中国国家标准值的 10 个样本涉及 4 种茶叶中的 5 种非禁用农药，其风险系数 *R* 值如图 4-12 所示。

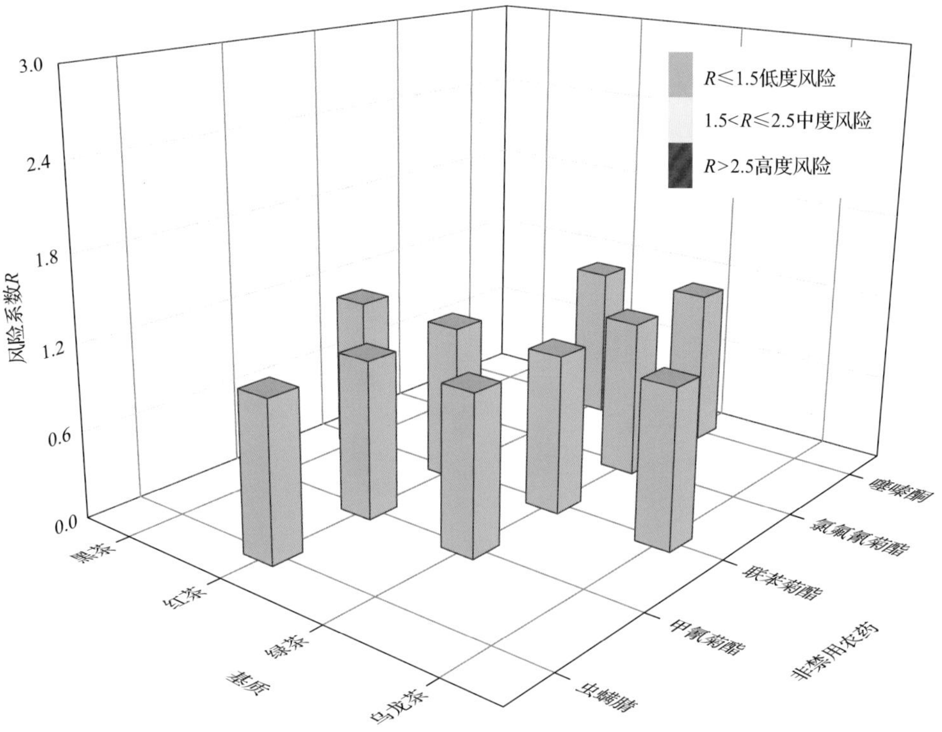

图 4-12　4 种茶叶中 5 种非禁用农药残留的风险系数(MRL 中国国家标准)

4.3.1.3　基于 MRL 欧盟标准的单种茶叶中非禁用农药残留风险系数分析

参照 MRL 欧盟标准计算每种茶叶中每种非禁用农药的超标率，进而计算其风险系数，根据风险系数大小判断农药残留的预警风险程度，茶叶中非禁用农药残留风险程度分布情况如图 4-13 所示。

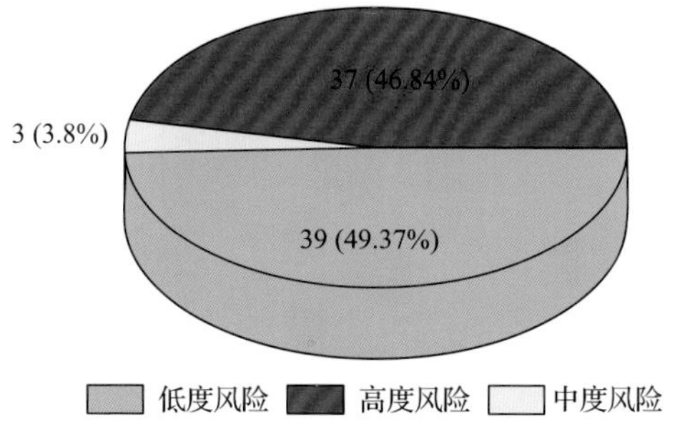

图 4-13　茶叶中非禁用农药的风险程度的频次分布图(MRL 欧盟标准)

本次分析中，发现在 4 种茶叶中共侦测出 40 种非禁用农药，涉及样本 79 个，其中，46.84%处于高度风险，涉及 4 种茶叶和 20 种农药；49.37%处于低度风险，涉及 4 种茶叶和 26 种农药。单种茶叶中的非禁用农药风险系数分布图如图 4-14 所示。单种茶叶中处于高度风险的非禁用农药风险系数如图 4-15 和表 4-7 所示。

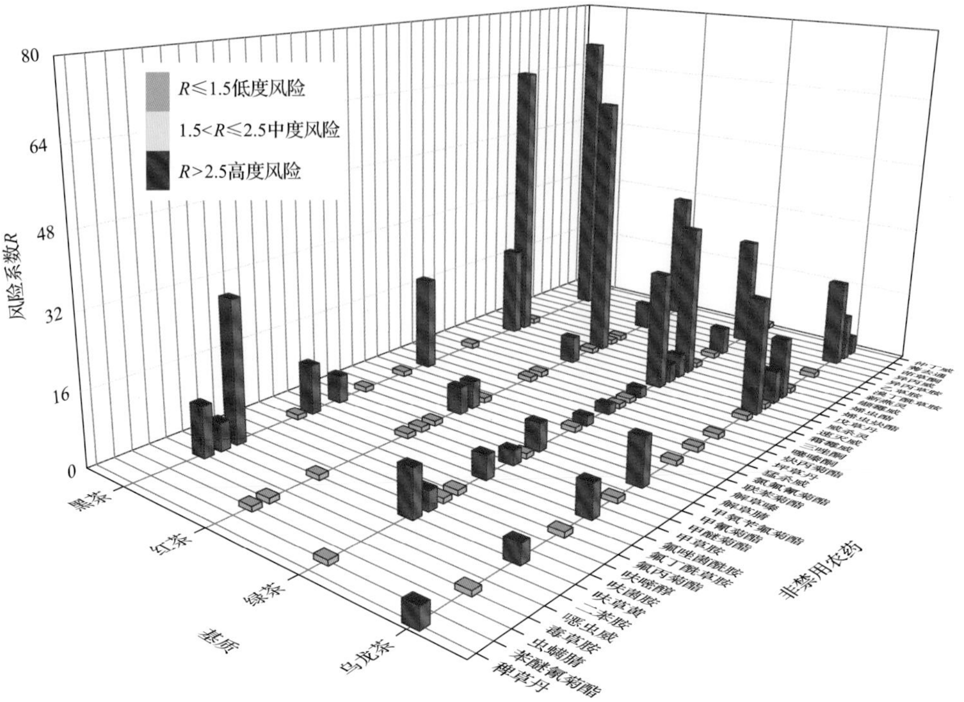

图 4-14　4 种茶叶中 40 种非禁用农药残留的风险系数（MRL 欧盟标准）

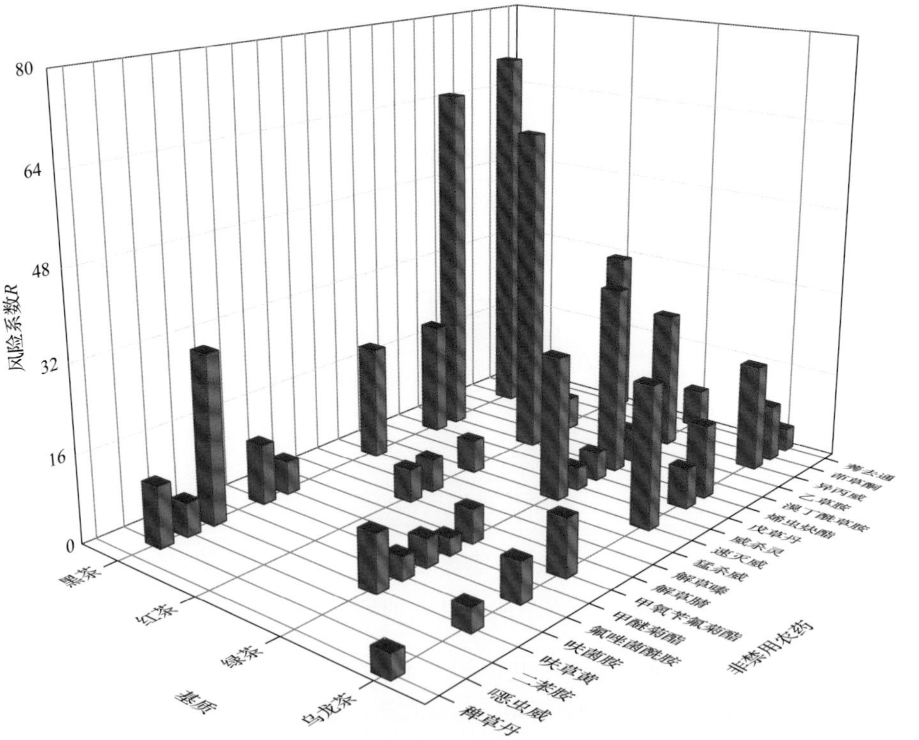

图 4-15　单种茶叶中处于高度风险的非禁用农药的风险系数分布图（MRL 欧盟标准）

表 4-7　单种茶叶中处于高度风险的非禁用农药的风险系数表(MRL 欧盟标准)

序号	基质	农药	超标频次	超标率 *P*(%)	风险系数 *R*
1	黑茶	异丙威	14	0.70	71.1
2	黑茶	烯虫炔酯	13	0.65	66.1
3	红茶	烯虫炔酯	12	0.60	61.1
4	绿茶	烯虫炔酯	33	0.34	34.8
5	红茶	莠去通	6	0.30	31.1
6	黑茶	呋草黄	6	0.30	31.1
7	绿茶	速灭威	25	0.26	26.6
8	乌龙茶	速灭威	8	0.25	26.1
9	绿茶	异丙威	24	0.24	25.6
10	黑茶	戊草丹	4	0.20	21.1
11	黑茶	猛杀威	4	0.20	21.1
12	乌龙茶	异丙威	6	0.19	19.9
13	乌龙茶	烯虫炔酯	4	0.13	13.6
14	黑茶	噁虫威	2	0.10	11.1
15	黑茶	氟唑菌酰胺	2	0.10	11.1
16	乌龙茶	甲氧苄氟菊酯	3	0.09	10.5
17	乌龙茶	茚草酮	3	0.09	10.5
18	绿茶	呋草黄	9	0.09	10.3
19	乌龙茶	戊草丹	2	0.06	7.4
20	乌龙茶	氟唑菌酰胺	2	0.06	7.4
21	绿茶	莠去通	6	0.06	7.2
22	绿茶	溴丁酰草胺	5	0.05	6.2
23	绿茶	甲氧苄氟菊酯	5	0.05	6.2
24	红茶	乙草胺	1	0.05	6.1
25	红茶	解草嗪	1	0.05	6.1
26	红茶	解草腈	1	0.05	6.1
27	红茶	速灭威	1	0.05	6.1
28	黑茶	二苯胺	1	0.05	6.1
29	黑茶	甲醚菊酯	1	0.05	6.1
30	绿茶	戊草丹	4	0.04	5.2
31	绿茶	氟唑菌酰胺	4	0.04	5.2
32	乌龙茶	呋草黄	1	0.03	4.2
33	乌龙茶	稗草丹	1	0.03	4.2
34	乌龙茶	莠去通	1	0.03	4.2
35	绿茶	呋菌胺	3	0.03	4.2
36	绿茶	威杀灵	3	0.03	4.2
37	绿茶	甲醚菊酯	2	0.02	3.1

4.3.2　所有茶叶中农药残留风险系数分析

4.3.2.1　所有茶叶中禁用农药残留风险系数分析

在侦测出的 43 种农药中有 3 种为禁用农药，计算所有茶叶中禁用农药的风险系数，结果如表 4-8 所示。禁用农药克百威、涕灭威和毒死蜱处于高度风险。

表 4-8　茶叶中 3 种禁用农药的风险系数表

序号	农药	检出频次	检出率(%)	风险系数 *R*	风险程度
1	涕灭威	5	0.03	4.04	高度风险
2	克百威	3	0.02	2.86	高度风险
3	毒死蜱	3	0.02	2.86	高度风险

4.3.2.2　所有茶叶中非禁用农药残留风险系数分析

参照 MRL 欧盟标准计算所有茶叶中每种非禁用农药残留的风险系数，如图 4-16 与表 4-9 所示。在侦测出的 40 种非禁用农药中，14 种农药(35%)残留处于高度风险，9 种农药(22.5%)残留处于中度风险，17 种农药(42.5%)残留处于低度风险。

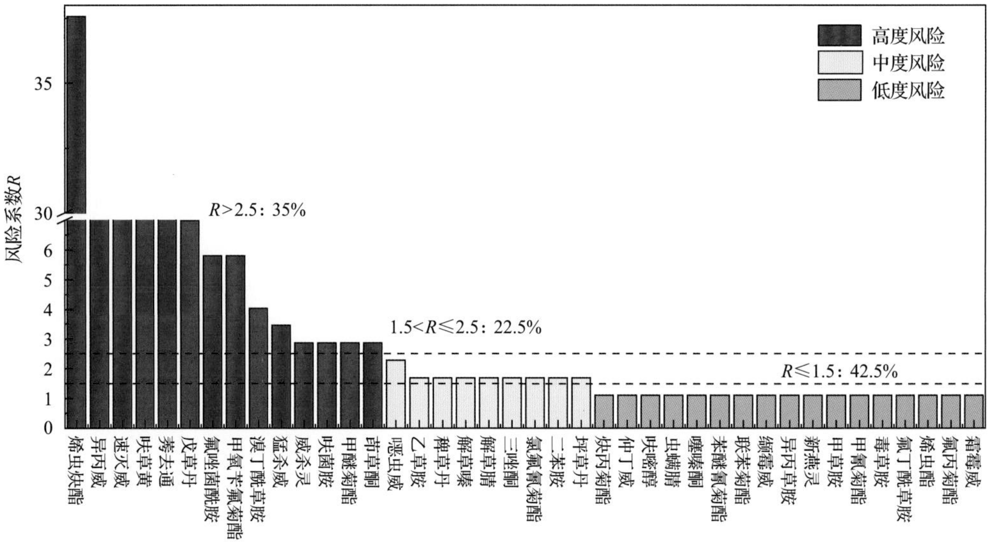

图 4-16　茶叶中 40 种非禁用农药的风险程度统计图

表 4-9　茶叶中 40 种非禁用农药的风险系数表

序号	农药	超标频次	超标率 *P*(%)	风险系数 *R*	风险程度
1	烯虫炔酯	62	0.36	37.57	高度风险
2	异丙威	44	0.26	26.98	高度风险
3	速灭威	34	0.20	21.10	高度风险
4	呋草黄	16	0.09	10.51	高度风险

续表

序号	农药	超标频次	超标率 P(%)	风险系数 R	风险程度
5	莠去通	13	0.08	8.75	高度风险
6	戊草丹	10	0.06	6.98	高度风险
7	氟唑菌酰胺	8	0.05	5.81	高度风险
8	甲氧苄氟菊酯	8	0.05	5.81	高度风险
9	溴丁酰草胺	5	0.03	4.04	高度风险
10	猛杀威	4	0.02	3.45	高度风险
11	威杀灵	3	0.02	2.86	高度风险
12	呋菌胺	3	0.02	2.86	高度风险
13	甲醚菊酯	3	0.02	2.86	高度风险
14	茚草酮	3	0.02	2.86	高度风险
15	噁虫威	2	0.01	2.28	中度风险
16	乙草胺	1	0.01	1.69	中度风险
17	稗草丹	1	0.01	1.69	中度风险
18	解草嗪	1	0.01	1.69	中度风险
19	解草腈	1	0.01	1.69	中度风险
20	三唑酮	1	0.01	1.69	中度风险
21	氯氟氰菊酯	1	0.01	1.69	中度风险
22	二苯胺	1	0.01	1.69	中度风险
23	坪草丹	1	0.01	1.69	中度风险
24	炔丙菊酯	0	0	1.1	低度风险
25	仲丁威	0	0	1.1	低度风险
26	呋嘧醇	0	0	1.1	低度风险
27	虫螨腈	0	0	1.1	低度风险
28	噻嗪酮	0	0	1.1	低度风险
29	苯醚氰菊酯	0	0	1.1	低度风险
30	联苯菊酯	0	0	1.1	低度风险
31	缬霉威	0	0	1.1	低度风险
32	异丙草胺	0	0	1.1	低度风险
33	新燕灵	0	0	1.1	低度风险
34	甲草胺	0	0	1.1	低度风险
35	甲氰菊酯	0	0	1.1	低度风险
36	毒草胺	0	0	1.1	低度风险
37	氟丁酰草胺	0	0	1.1	低度风险
38	烯虫酯	0	0	1.1	低度风险
39	氟丙菊酯	0	0	1.1	低度风险
40	霜霉威	0	0	1.1	低度风险

4.4　GC-Q-TOF/MS 侦测西安市市售茶叶农药残留风险评估结论与建议

农药残留是影响茶叶安全和质量的主要因素，也是我国食品安全领域备受关注的敏感话题和亟待解决的重大问题之一[15,16]。各种茶叶均存在不同程度的农药残留现象，本研究主要针对西安市各类茶叶存在的农药残留问题，基于 2019 年 3 月对西安市 170 例茶叶样品中农药残留侦测得出的 447 个侦测结果，分别采用食品安全指数模型和风险系数模型，开展茶叶中农药残留的膳食暴露风险和预警风险评估。茶叶样品取自超市和茶叶专营店，符合大众的膳食来源，风险评价时更具有代表性和可信度。

本研究力求通用简单地反映食品安全中的主要问题，且为管理部门和大众容易接受，为政府及相关管理机构建立科学的食品安全信息发布和预警体系提供科学的规律与方法，加强对农药残留的预警和食品安全重大事件的预防，控制食品风险。

4.4.1　茶叶中农药残留膳食暴露风险评价结论

1) 茶叶样品中农药残留安全状态评价结论

采用食品安全指数模型，对 2019 年 3 月期间西安市茶叶食品农药残留膳食暴露风险进行评价，根据 IFS_c 的计算结果发现，茶叶中农药的 $\overline{IFS}$ 为 2.1×10^{-5}，说明西安市茶叶总体处于很好的安全状态，但部分禁用农药、高残留农药在茶叶中仍有侦测出，导致膳食暴露风险的存在，成为不安全因素。

2) 禁用农药膳食暴露风险评价

本次检测发现部分茶叶样品中有禁用农药侦测出，侦测出禁用农药 3 种，出频次为 11，茶叶样品中的禁用农药 IFS_c 计算结果表明，没有影响的频次为 11，占 100%。

4.4.2　西安市茶叶中农药残留预警风险评价结论

1) 单种茶叶中禁用农药残留的预警风险评价结论

本次检测过程中，在 3 种茶叶中检测出 3 种禁用农药，禁用农药为：克百威、涕灭威、毒死蜱，茶叶为：乌龙茶、红茶、绿茶，茶叶中禁用农药的风险系数分析结果显示，3 种禁用农药在 3 种茶叶中的残留，仅有绿茶中的涕灭威处于中度风险，其余均处于高度风险，说明在单种茶叶中禁用农药的残留会导致较高的预警风险。

2) 单种茶叶中非禁用农药残留的预警风险评价结论

以 MRL 中国国家标准为标准，计算茶叶中非禁用农药风险系数情况下，79 个样本中，10 个处于低度风险（12.66%），69 个样本没有 MRL 中国国家标准（87.34%）。以 MRL 欧盟标准为标准，计算茶叶中非禁用农药风险系数情况下，发现有 37 个处于高度风险（46.84%），3 个处于中度风险（3.8%），39 个处于低度风险（49.37%）。基于两种 MRL 标准，评价的结果差异显著，可以看出 MRL 欧盟标准比中国国家标准更加严格和完善，过于宽松的 MRL 中国国家标准值能否有效保障人体的健康有待研究。

4.4.3　加强西安市茶叶食品安全建议

我国食品安全风险评价体系仍不够健全，相关制度不够完善，多年来，由于农药用药次数多、用药量大或用药间隔时间短，产品残留量大，农药残留所造成的食品安全问题日益严峻，给人体健康带来了直接或间接的危害。据估计，美国与农药有关的癌症患者数约占全国癌症患者总数的 50%，中国更高。同样，农药对其他生物也会形成直接杀伤和慢性危害，植物中的农药可经过食物链逐级传递并不断蓄积，对人和动物构成潜在威胁，并影响生态系统。

基于本次农药残留侦测数据的风险评价结果，提出以下几点建议：

1) 加快食品安全标准制定步伐

我国食品标准中对农药每日允许最大摄入量 ADI 的数据严重缺乏，在本次评价所涉及的 43 种农药中，仅有 39.5%的农药具有 ADI 值，而 60.5%的农药中国尚未规定相应的 ADI 值，亟待完善。

我国食品中农药最大残留限量值的规定严重缺乏，对评估涉及的不同茶叶中不同农药 85 个 MRL 限值进行统计来看，我国仅制定出 73 个标准，我国标准完整率仅为 85.9%，欧盟的完整率达到 100%（表 4-10）。因此，中国更应加快 MRL 标准的制定步伐。

表 4-10　我国国家食品标准农药的 ADI、MRL 值与欧盟标准的数量差异

分类		中国 ADI	MRL 中国国家标准	MRL 欧盟标准
标准限值（个）	有	17	73	85
	无	26	12	0
总数（个）		43	85	85
无标准限值比例（%）		60.5	14.1	0

此外，MRL 中国国家标准限值普遍高于欧盟标准限值，这些标准中共有 5 个高于欧盟。过高的 MRL 值难以保障人体健康，建议继续加强对限值基准和标准的科学研究，将农产品中的危险性减少到尽可能低的水平。

2) 加强农药的源头控制和分类监管

在西安市某些茶叶中仍有禁用农药残留，利用 GC-Q-TOF/MS 技术侦测出 3 种禁用农药，检出频次为 11 次，残留禁用农药均存在较大的膳食暴露风险和预警风险。早已列入黑名单的禁用农药在我国并未真正退出，有些药物由于价格便宜、工艺简单，此类高毒农药一直生产和使用。建议在我国采取严格有效的控制措施，从源头控制禁用农药。

对于非禁用农药，在我国作为“田间地头”最典型单位的县级茶叶产地中，农药残留的检测几乎缺失。建议根据农药的毒性，对高毒、剧毒、中毒农药实现分类管理，减少使用高毒和剧毒高残留农药，进行分类监管。

3) 加强农药生物基准和降解技术研究

市售茶叶中残留农药的品种多、频次高、禁用农药多次检出这一现状，说明了我国的田间土壤和水体因农药长期、频繁、不合理的使用而遭到严重污染。为此，建议中国相关部门出台相关政策，鼓励高校及科研院所积极开展分子生物学、酶学等研究，加强土壤、水体中残留农药的生物修复及降解新技术研究，切实加大农药监管力度，以控制农药的面源污染问题。

综上所述，在本工作基础上，根据茶叶残留危害，可进一步针对其成因提出和采取严格管理、大力推广无公害茶叶种植与生产、健全食品安全控制技术体系、加强茶叶质量检测体系建设和积极推行茶叶质量追溯制度等相应对策。建立和完善食品安全综合评价指数与风险监测预警系统，对食品安全进行实时、全面的监控与分析，为我国的食品安全科学监管与决策提供新的技术支持，可实现各类检验数据的信息化系统管理，降低食品安全事故的发生。

兰 州 市

第 5 章　LC-Q-TOF/MS 侦测兰州市 30 例市售茶叶样品农药残留报告

从兰州市所属 3 个区，随机采集了 30 例茶叶样品，使用液相色谱-四极杆飞行时间质谱(LC-Q-TOF/MS)对 825 种农药化学污染物进行示范侦测(7 种负离子模式 ESI^- 未涉及)。

5.1　样品种类、数量与来源

5.1.1　样品采集与检测

为了真实反映百姓日常饮用的茶叶中农药残留污染状况，本次所有检测样品均由检验人员于 2019 年 3 月期间，从兰州市所属 8 个采样点，包括 8 个超市，以随机购买方式采集，总计 8 批 30 例样品，从中检出农药 28 种，199 频次。采样及监测概况见表 5-1 及图 5-1，样品及采样点明细见表 5-2 及表 5-3(侦测原始数据见附表 1)。

表 5-1　农药残留监测总体概况

采样行政区域	兰州市所属 3 个区
采样点(超市)	8
样本总数	30
检出农药品种/频次	28/199
各采样点样本农药残留检出率范围	100.0%

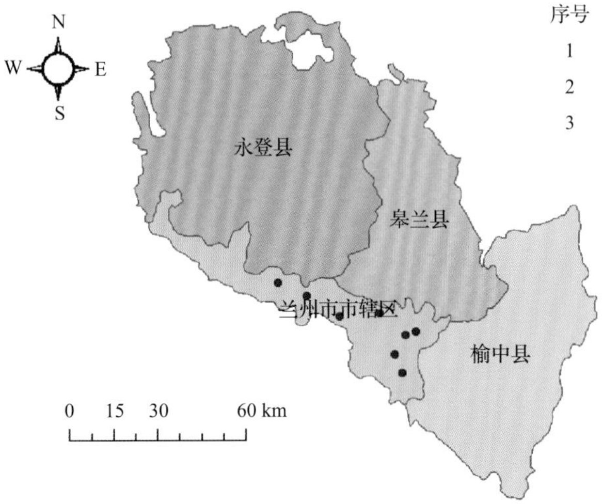

序号	行政区域	茶叶采样量
1	七里河区	13
2	城关区	8
3	安宁区	9

图 5-1　兰州市所属 8 个采样点 30 例样品分布图

表 5-2　样品分类及数量

样品分类	样品名称(数量)	数量小计
1. 茶叶		30
1)发酵类茶叶	乌龙茶(8)	8
2)未发酵类茶叶	花茶(1),绿茶(21)	22
合计	1. 茶叶 3 种	30

表 5-3　兰州市采样点信息

采样点序号	行政区域	采样点
超市(8)		
1	安宁区	***超市(安宁店)
2	安宁区	***超市(宝迪店)
3	安宁区	***超市(银滩店)
4	城关区	***超市(红星店)
5	城关区	***超市(兰州店)
6	七里河区	***超市(万辉店)
7	七里河区	***超市(海鸿店)
8	七里河区	***超市(解放门店)

5.1.2　检测结果

这次使用的检测方法是庞国芳院士团队最新研发的不需使用标准品对照，而以高分辨精确质量数(0.0001 *m/z*)为基准的 LC-Q-TOF/MS 检测技术，对于 30 例样品，每个样品均侦测了 825 种农药化学污染物的残留现状。通过本次侦测，在 30 例样品中共计检出农药化学污染物 28 种，检出 199 频次。

5.1.2.1　各采样点样品检出情况

统计分析发现 8 个采样点中，被测样品的农药检出率均为 100.0%，见图 5-2。

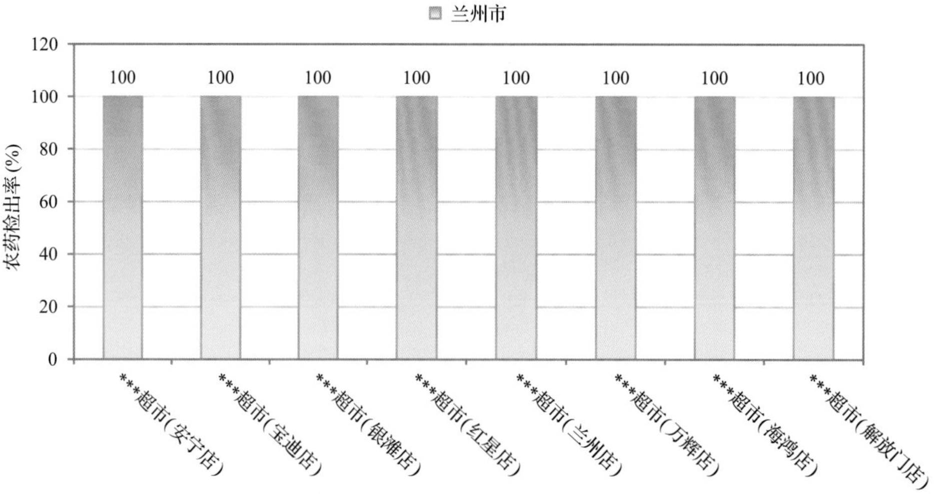

图 5-2　各采样点样品中的农药检出率

5.1.2.2　检出农药的品种总数与频次

统计分析发现，对于 30 例样品中 825 种农药化学污染物的侦测，共检出农药 199 频次，涉及农药 28 种，结果如图 5-3 所示。其中唑虫酰胺检出频次最高，共检出 26 次。检出频次排名前 10 的农药如下：①唑虫酰胺(26)，②啶虫脒(24)，③噻嗪酮(18)，④哒螨灵(17)，⑤苯醚甲环唑(15)，⑥三唑磷(13)，⑦噻虫嗪(12)，⑧吡虫啉(10)，⑨吡唑醚菌酯(8)，⑩茚虫威(8)。

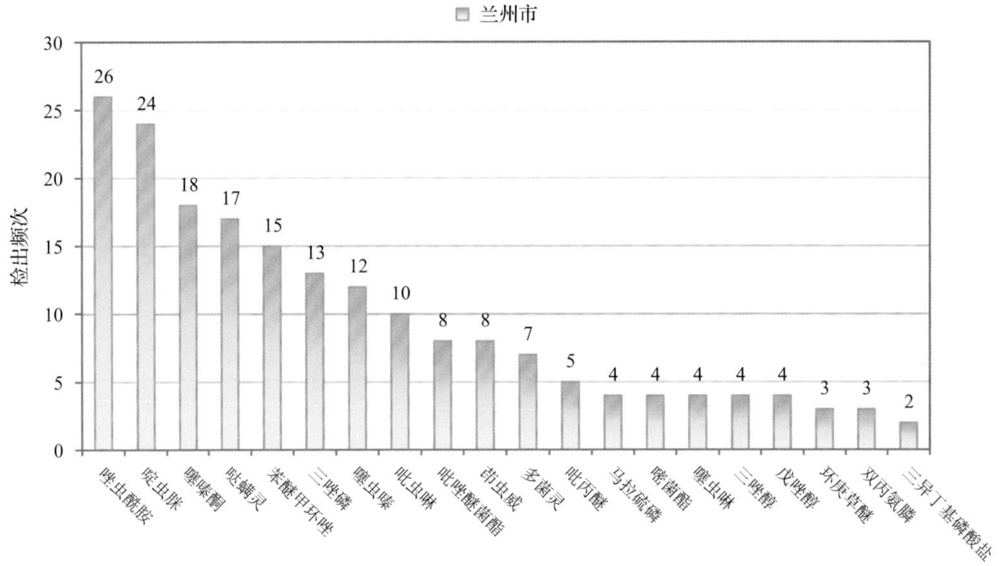

图 5-3　检出农药品种及频次(仅列出检出农药 2 频次及以上的数据)

由图 5-4 可见，绿茶、乌龙茶和花茶这 3 种茶叶样品中检出的农药品种数较高，均超过 5 种，其中，绿茶检出农药品种最多，为 26 种。由图 5-5 可见，绿茶、乌龙茶和花茶这 3 种茶叶样品中的农药检出频次较高，均超过 8 次，其中，绿茶检出农药频次最高，为 155 次。

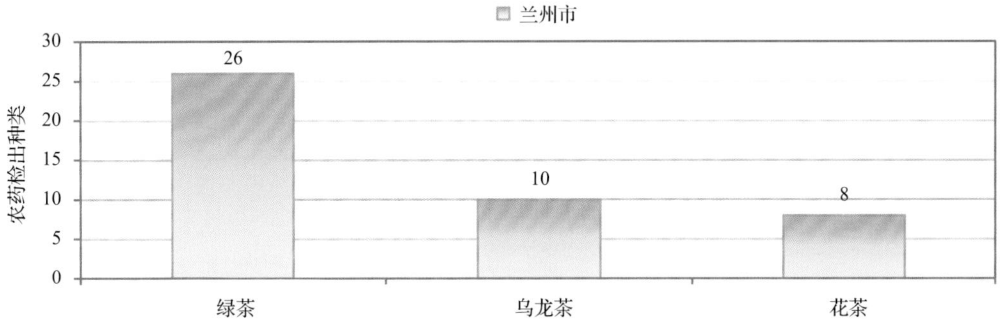

图 5-4　单种茶叶检出农药的种类数(仅列出检出农药 8 种及以上的数据)

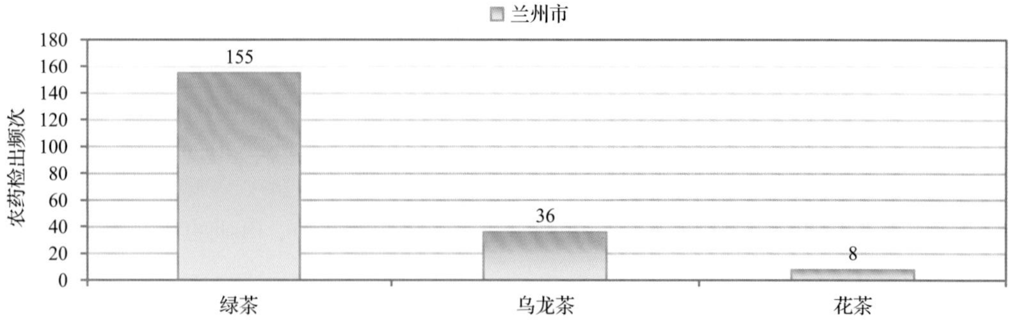

图 5-5　单种茶叶检出农药频次（仅列出检出农药 8 频次及以上的数据）

5.1.2.3　单例样品农药检出种类与占比

对单例样品检出农药种类和频次进行统计发现，检出 1 种农药的样品占总样品数的 3.3%，检出 2~5 种农药的样品占总样品数的 26.7%，检出 6~10 种农药的样品占总样品数的 56.7%，检出大于 10 种农药的样品占总样品数的 13.3%。每例样品中平均检出农药为 6.6 种，数据见表 5-4 及图 5-6。

表 5-4　单例样品检出农药品种占比

检出农药品种数	样品数量/占比（%）
1 种	1/3.3
2~5 种	8/26.7
6~10 种	17/56.7
大于 10 种	4/13.3
单例样品平均检出农药品种	6.6 种

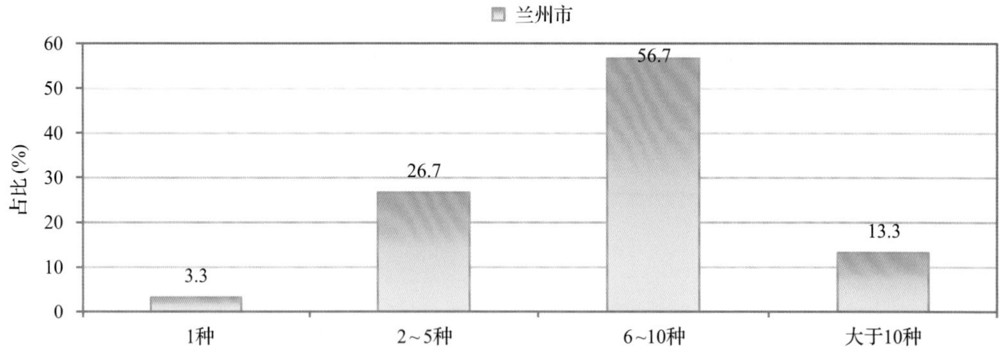

图 5-6　单例样品平均检出农药品种及占比

5.1.2.4　检出农药类别与占比

所有检出农药按功能分类，包括杀虫剂、杀菌剂、杀螨剂、除草剂和植物生长调节剂共 5 类。其中杀虫剂与杀菌剂为主要检出的农药类别，分别占总数的 46.4%和 25.0%，见表 5-5 及图 5-7。

表 5-5　检出农药所属类别/占比

农药类别	数量/占比(%)
杀虫剂	13/46.4
杀菌剂	7/25.0
杀螨剂	4/14.3
除草剂	2/7.1
植物生长调节剂	2/7.1

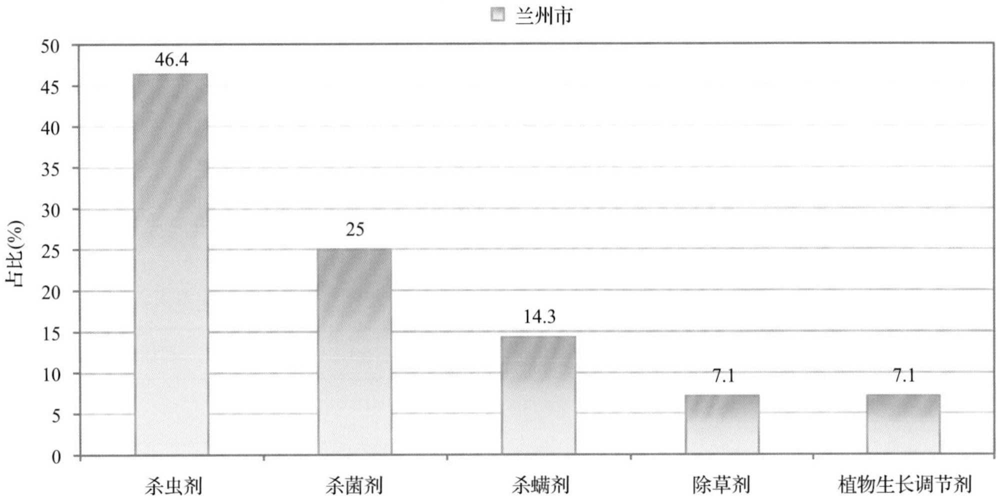

图 5-7　检出农药所属类别和占比

5.1.2.5　检出农药的残留水平

按检出农药残留水平进行统计，残留水平在 1~5 μg/kg(含)的农药占总数的 14.6%，在 5~10 μg/kg(含)的农药占总数的 20.1%，在 10~100 μg/kg(含)的农药占总数的 52.3%，在 100~1000 μg/kg(含)的农药占总数的 8.5%，在>1000 μg/kg 的农药占总数的 4.5%。

由此可见，这次检测的 8 批 30 例茶叶样品中农药多数处于中高残留水平。结果见表 5-6 及图 5-8，数据见附表 2。

表 5-6　农药残留水平/占比

残留水平(μg/kg)	检出频次数/占比(%)
1~5(含)	29/14.6
5~10(含)	40/20.1
10~100(含)	104/52.3
100~1000(含)	17/8.5
>1000	9/4.5

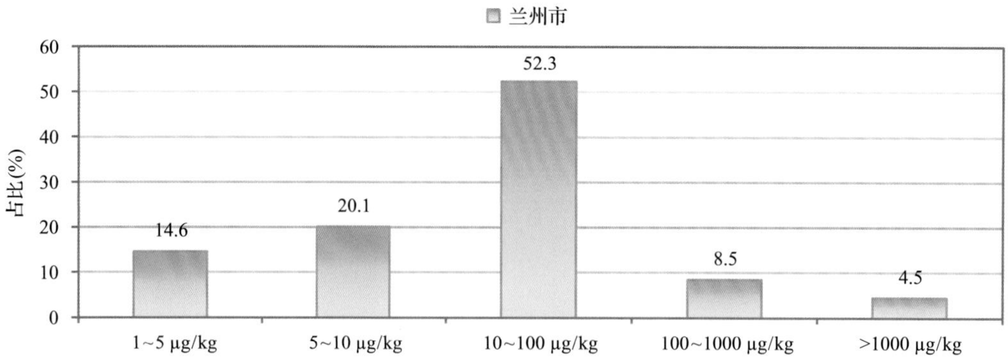

图 5-8 检出农药残留水平及占比

5.1.2.6 检出农药的毒性类别、检出频次和超标频次及占比

对这次检出的 28 种 199 频次的农药，按剧毒、高毒、中毒、低毒和微毒这五个毒性类别进行分类，从中可以看出，兰州市目前普遍使用的农药为中低微毒农药，品种占 92.9%，频次占 93.0%。结果见表 5-7 及图 5-9。

表 5-7 检出农药毒性类别/占比

毒性分类	农药品种/占比(%)	检出频次/占比(%)	超标频次/超标率(%)
剧毒农药	0/0	0/0.0	0/0.0
高毒农药	2/7.1	14/7.0	0/0.0
中毒农药	16/57.1	128/64.3	0/0.0
低毒农药	6/21.4	40/20.1	0/0.0
微毒农药	4/14.3	17/8.5	0/0.0

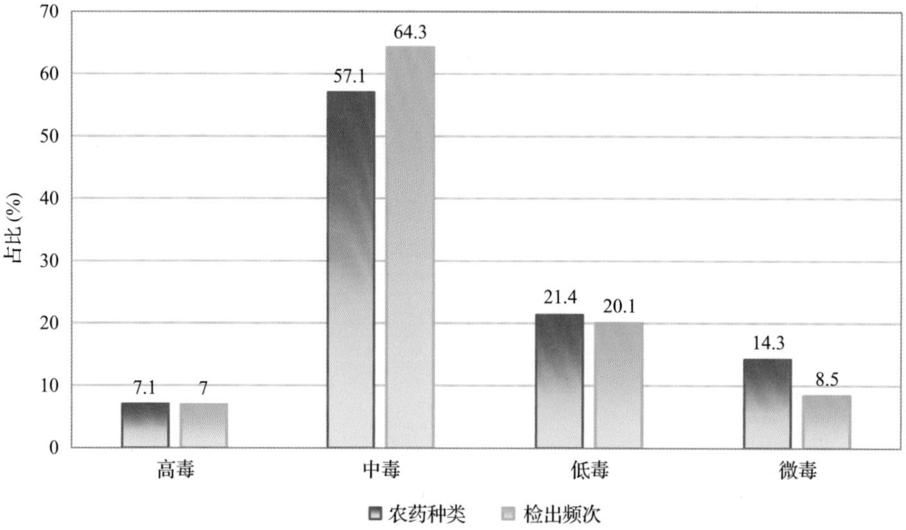

图 5-9 检出农药的毒性分类和占比

5.1.2.7　检出剧毒/高毒类农药的品种和频次

值得特别关注的是，在此次侦测的 30 例样品中有 3 种茶叶的 14 例样品检出了 2 种 14 频次的剧毒和高毒农药，占样品总量的 46.7%，详见图 5-10、表 5-8 及表 5-9。

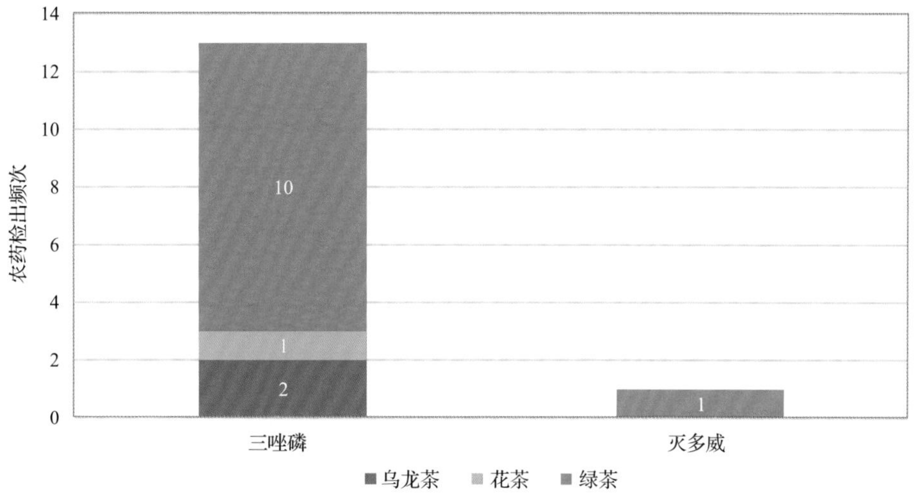

图 5-10　检出剧毒/高毒农药的样品情况

表 5-8　剧毒农药检出情况

序号	农药名称	检出频次	超标频次	超标率
茶叶中未检出剧毒农药				
	合计	0	0	超标率：0.0%

表 5-9　高毒农药检出情况

序号	农药名称	检出频次	超标频次	超标率
从 3 种茶叶中检出 2 种高毒农药，共计检出 14 次				
1	三唑磷	13	0	0.0%
2	灭多威	1	0	0.0%
	合计	14	0	超标率：0.0%

在检出的剧毒和高毒农药中，有 2 种是我国早已禁止在茶叶上使用的，分别是：灭多威和三唑磷。禁用农药的检出情况见表 5-10。

表 5-10　禁用农药检出情况

序号	农药名称	检出频次	超标频次	超标率
从 3 种茶叶中检出 2 种禁用农药，共计检出 14 次				
1	三唑磷	13	0	0.0%
2	灭多威	1	0	0.0%
	合计	14	0	超标率：0.0%

此次抽检的茶叶样品中，没有检出剧毒农药。

样品中检出剧毒和高毒农药残留水平没有超过 MRL 中国国家标准，但本次检出结果仍表明，高毒、剧毒农药的使用现象依旧存在，详见表 5-11。

表 5-11　各样本中检出剧毒/高毒农药情况

样品名称	农药名称	检出频次	超标频次	检出浓度（μg/kg）
茶叶 3 种				
花茶	三唑磷▲	1	0	5.9
绿茶	三唑磷▲	10	0	6.7, 58.9, 22.4, 5.7, 37.1, 22.6, 9.2, 60.5, 9.7, 5.2
绿茶	灭多威▲	1	0	9.6
乌龙茶	三唑磷▲	2	0	3.8, 8.5
合计		14	0	超标率：0.0%

5.2　农药残留检出水平与最大残留限量标准对比分析

我国于 2016 年 12 月 18 日正式颁布并于 2017 年 6 月 18 日正式实施食品农药残留限量国家标准《食品中农药最大残留限量》（GB 2763—2016）。该标准包括 417 个农药条目，涉及最大残留限量（MRL）标准 4140 项。将 199 频次检出农药的浓度水平与 4140 项 MRL 中国国家标准进行核对，其中只有 112 频次的结果找到了对应的 MRL 标准，占 56.3%，还有 87 频次的结果则无相关 MRL 标准供参考，占 43.7%。

将此次侦测结果与国际上现行 MRL 标准对比发现，在 199 频次的检出结果中有 199 频次的结果找到了对应的 MRL 欧盟标准，占 100.0%，其中，164 频次的结果有明确对应的 MRL 标准，占 82.4%，其余 35 频次按照欧盟一律标准判定，占 17.6%，有 199 频次的结果找到了对应的 MRL 日本标准，占 100.0%，其中，165 频次的结果有明确对应的 MRL 标准，占 82.9%，其余 34 频次按照日本一律标准判定，占 17.1%；有 95 频次的结果找到了对应的 MRL 中国香港标准，占 47.7%；有 91 频次的结果找到了对应的 MRL 美国标准，占 45.7%；有 64 频次的结果找到了对应的 MRL CAC 标准，占 32.2%（见图 5-11 和图 5-12，数据见附表 3 至附表 8）。

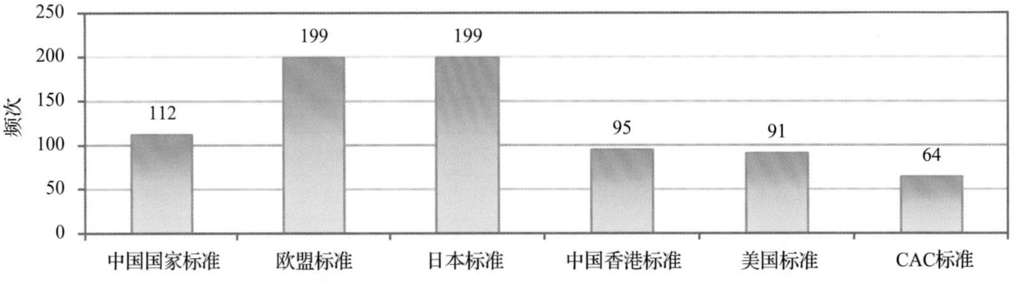

图 5-11　199 频次检出农药可用 MRL 中国国家标准、欧盟标准、日本标准、中国香港标准、美国标准、CAC 标准判定衡量的数量

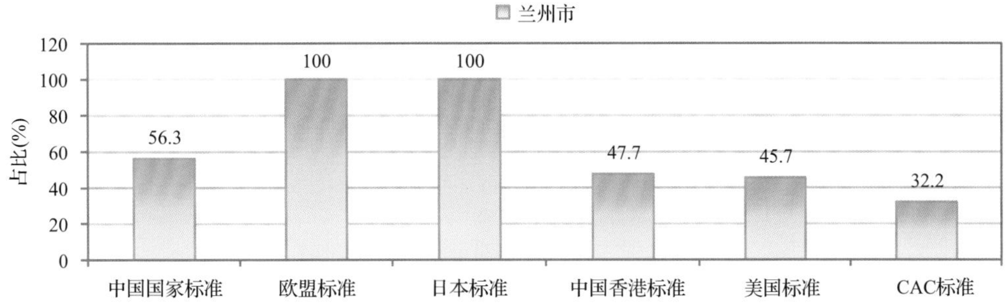

图 5-12　199 频次检出农药可用 MRL 中国国家标准、欧盟标准、日本标准、中国香港标准、美国标准、CAC 标准衡量的占比

5.2.1　超标农药样品分析

本次侦测的 30 例样品中，均检出不同水平、不同种类的残留农药，占样品总量的 100.0%。在此，我们将本次侦测的农残检出情况与 MRL 中国国家标准、欧盟标准、日本标准、中国香港标准、美国标准和 CAC 标准这 6 大国际主流标准进行对比分析，样品农残检出与超标情况见表 5-12、图 5-13 和图 5-14，详细数据见附表 9 至附表 14。

表 5-12　各 MRL 标准下样本农残检出与超标数量及占比

	中国国家标准 数量/占比(%)	欧盟标准 数量/占比(%)	日本标准 数量/占比(%)	中国香港标准 数量/占比(%)	美国标准 数量/占比(%)	CAC 标准 数量/占比(%)
未检出	0/0.0	0/0.0	0/0.0	0/0.0	0/0.0	0/0.0
检出未超标	30/100.0	3/10.0	14/46.7	30/100.0	30/100.0	30/100.0
检出超标	0/0.0	27/90.0	16/53.3	0/0.0	0/0.0	0/0.0

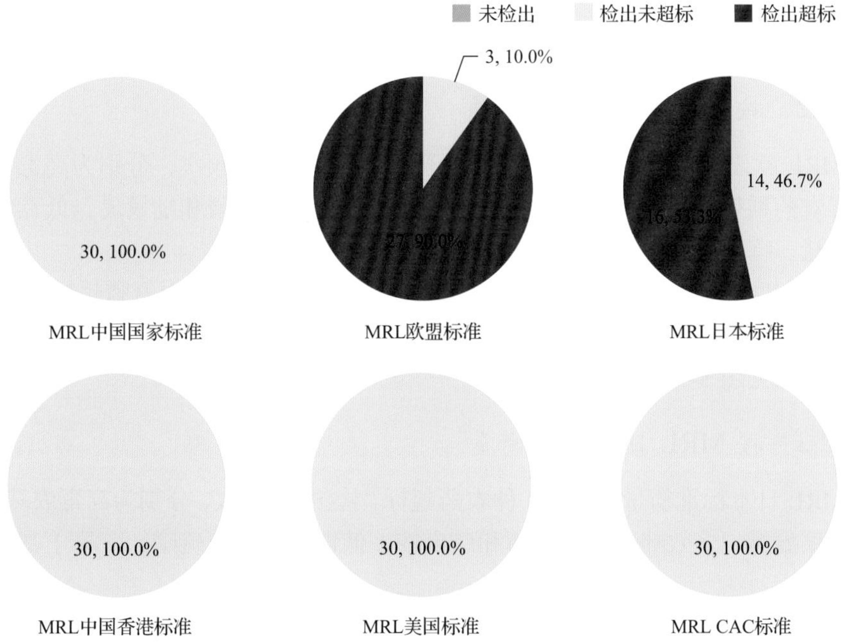

图 5-13　检出和超标样品比例情况

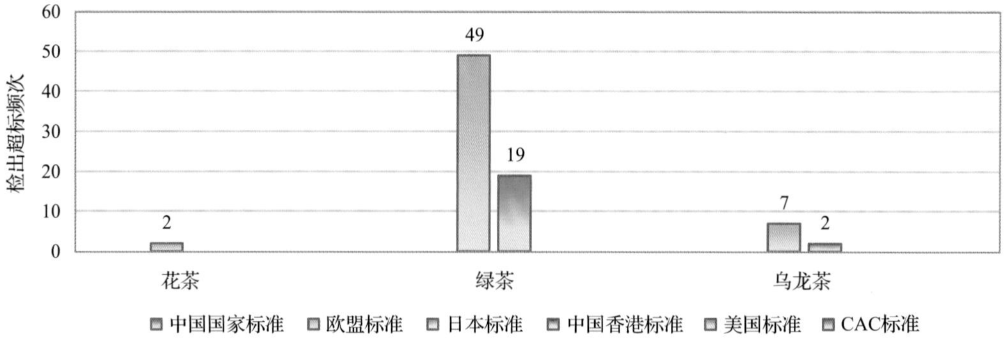

图 5-14　超过 MRL 中国国家标准、欧盟标准、日本标准、中国香港标准、美国标准、CAC 标准结果在茶叶中的分布

5.2.2　超标农药种类分析

按照 MRL 中国国家标准、欧盟标准、日本标准、中国香港标准、美国标准和 CAC 标准这 6 大国际主流标准衡量，本次侦测检出的农药超标品种及频次情况见表 5-13。

表 5-13　各 MRL 标准下超标农药品种及频次

	中国国家标准	欧盟标准	日本标准	中国香港标准	美国标准	CAC 标准
超标农药品种	0	10	8	0	0	0
超标农药频次	0	58	21	0	0	0

5.2.2.1　按 MRL 中国国家标准衡量

按 MRL 中国国家标准衡量，无样品检出超标农药残留。

5.2.2.2　按 MRL 欧盟标准衡量

按 MRL 欧盟标准衡量，共有 10 种农药超标，检出 58 频次，分别为高毒农药三唑磷，中毒农药稻瘟灵、啶虫脒、三唑醇、唑虫酰胺、双丙氨膦和哒螨灵，低毒农药三异丁基磷酸盐、噻嗪酮和环庚草醚。

按超标程度比较，绿茶中唑虫酰胺超标 422.6 倍，绿茶中双丙氨膦超标 26.9 倍，乌龙茶中唑虫酰胺超标 16.2 倍，乌龙茶中哒螨灵超标 15.4 倍，花茶中唑虫酰胺超标 10.9 倍。检测结果见图 5-15 和附表 16。

5.2.2.3　按 MRL 日本标准衡量

按 MRL 日本标准衡量，共有 8 种农药超标，检出 21 频次，分别为高毒农药三唑磷，中毒农药稻瘟灵、多效唑、双丙氨膦和茚虫威，低毒农药马拉硫磷、三异丁基磷酸盐和环庚草醚。

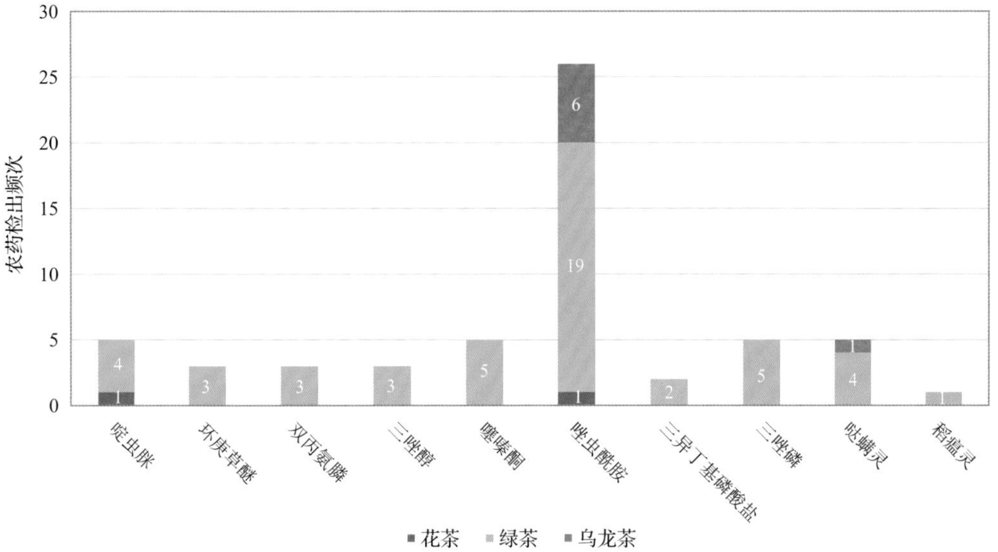

图 5-15 超过 MRL 欧盟标准农药品种及频次

按超标程度比较，绿茶中双丙氨膦超标 68.7 倍，绿茶中三唑磷超标 5.0 倍，绿茶中环庚草醚超标 4.4 倍，乌龙茶中茚虫威超标 2.7 倍，绿茶中茚虫威超标 1.3 倍。检测结果见图 5-16 和附表 17。

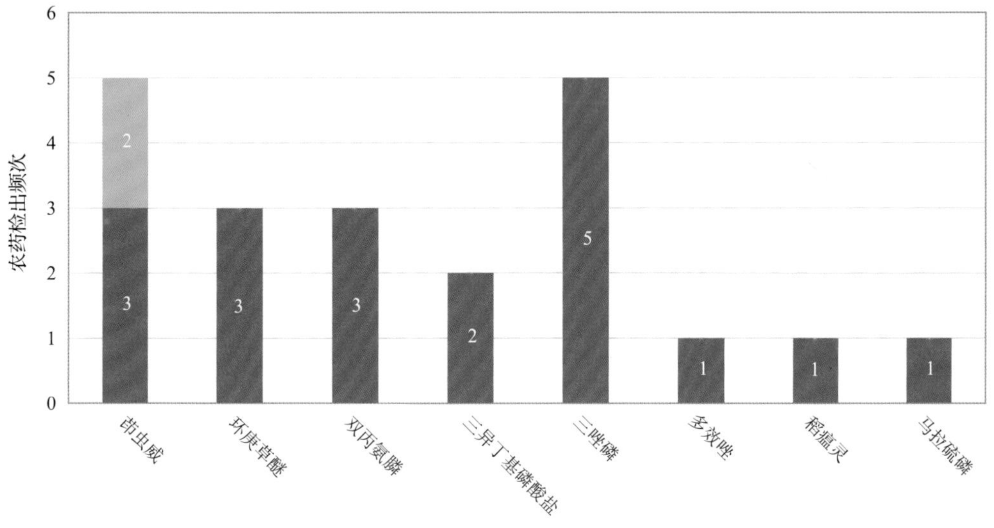

图 5-16 超过 MRL 日本标准农药品种及频次

5.2.2.4 按 MRL 中国香港标准衡量

按 MRL 中国香港标准衡量，无样品检出超标农药残留。

5.2.2.5 按 MRL 美国标准衡量

按 MRL 美国标准衡量，无样品检出超标农药残留。

5.2.2.6　按 MRL CAC 标准衡量

按 MRL CAC 标准衡量，无样品检出超标农药残留。

5.2.3　8 个采样点超标情况分析

5.2.3.1　按 MRL 中国国家标准衡量

按 MRL 中国国家标准衡量，所有采样点的样品均未检出超标农药残留。

5.2.3.2　按 MRL 欧盟标准衡量

按 MRL 欧盟标准衡量，所有采样点的样品均存在不同程度的超标农药检出，其中***超市(海鸿店)、***超市(兰州店)、***超市(红星店)、***超市(解放门店)和***超市(安宁店)的超标率最高，为 100.0%，如表 5-14 和图 5-17 所示。

表 5-14　超过 MRL 欧盟标准茶叶在不同采样点分布

序号	采样点	样品总数	超标数量	超标率(%)	行政区域
1	***超市(万辉店)	5	4	80.0	七里河区
2	***超市(海鸿店)	5	5	100.0	七里河区
3	***超市(兰州店)	4	4	100.0	城关区
4	***超市(宝迪店)	4	3	75.0	安宁区
5	***超市(红星店)	4	4	100.0	城关区
6	***超市(银滩店)	3	2	66.7	安宁区
7	***超市(解放门店)	3	3	100.0	七里河区
8	***超市(安宁店)	2	2	100.0	安宁区

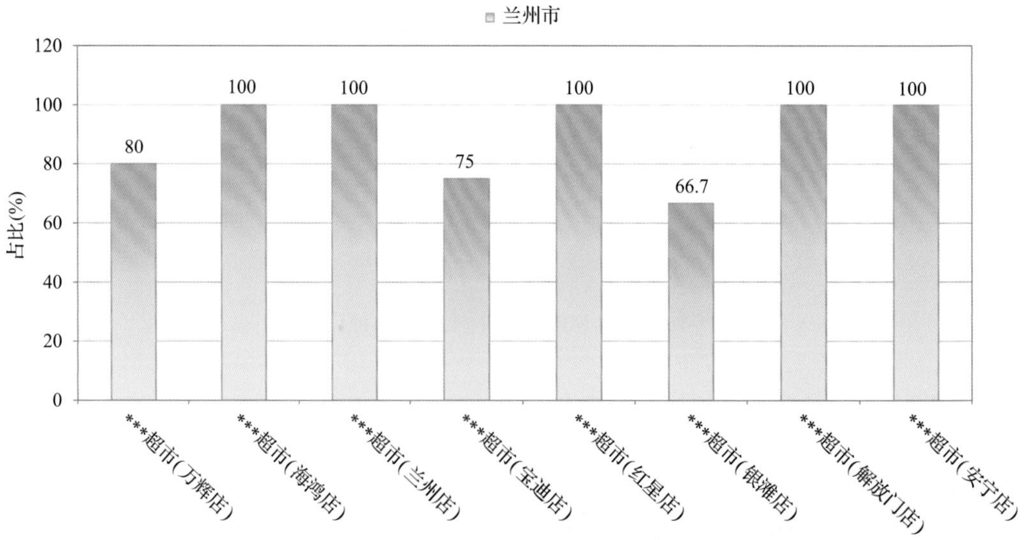

图 5-17　超过 MRL 欧盟标准茶叶在不同采样点分布

5.2.3.3　按 MRL 日本标准衡量

按 MRL 日本标准衡量，有 7 个采样点的样品存在不同程度的超标农药检出，其中***超市(万辉店)的超标率最高，为 80.0%，如表 5-15 和图 5-18 所示。

表 5-15　超过 MRL 日本标准茶叶在不同采样点分布

序号	采样点	样品总数	超标数量	超标率(%)	行政区域
1	***超市(万辉店)	5	4	80.0	七里河区
2	***超市(海鸿店)	5	2	40.0	七里河区
3	***超市(兰州店)	4	2	50.0	城关区
4	***超市(宝迪店)	4	2	50.0	安宁区
5	***超市(红星店)	4	2	50.0	城关区
6	***超市(银滩店)	3	2	66.7	安宁区
7	***超市(解放门店)	3	2	66.7	七里河区

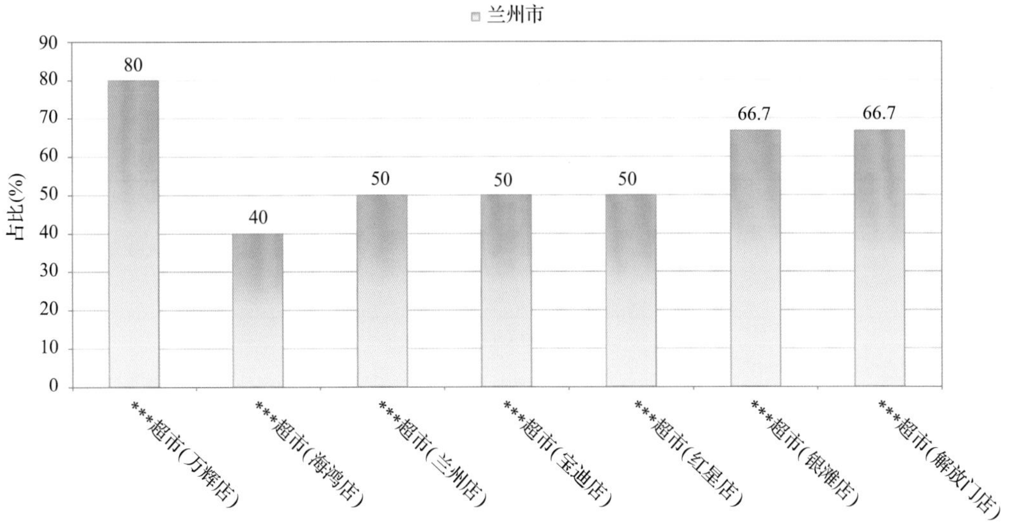

图 5-18　超过 MRL 日本标准茶叶在不同采样点分布

5.2.3.4　按 MRL 中国香港标准衡量

按 MRL 中国香港标准衡量，所有采样点的样品均未检出超标农药残留。

5.2.3.5　按 MRL 美国标准衡量

按 MRL 美国标准衡量，所有采样点的样品均未检出超标农药残留。

5.2.3.6　按 MRL CAC 标准衡量

按 MRL CAC 标准衡量，所有采样点的样品均未检出超标农药残留。

5.3　茶叶中农药残留分布

5.3.1　茶叶按检出农药品种和频次排名

本次残留侦测的茶叶共 3 种，包括乌龙茶、花茶和绿茶。

根据检出农药品种及频次进行排名，将茶叶样品检出情况列表说明，详见表 5-16。

表 5-16　茶叶按检出农药品种和频次排名

按检出农药品种排名（品种）	①绿茶（26），②乌龙茶（10），③花茶（8）
按检出农药频次排名（频次）	①绿茶（155），②乌龙茶（36），③花茶（8）
按检出禁用、高毒及剧毒农药品种排名（品种）	①绿茶（2），②花茶（1），③乌龙茶（1）
按检出禁用、高毒及剧毒农药频次排名（频次）	①绿茶（11），②乌龙茶（2），③花茶（1）

5.3.2　超标农药品种和频次排前 10 的茶叶

鉴于 MRL 欧盟标准和日本标准制定比较全面且覆盖率较高，我们参照 MRL 中国国家标准、欧盟标准和日本标准衡量茶叶样品中农残检出情况，将茶叶按超标农药品种及频次排名列表说明，详见表 5-17。

表 5-17　茶叶按超标农药品种和频次排名

按超标农药品种排名（农药品种数）	MRL 中国国家标准	
	MRL 欧盟标准	①绿茶（10），②花茶（2），③乌龙茶（2）
	MRL 日本标准	①绿茶（8），②乌龙茶（1）
按超标农药频次排名（农药频次数）	MRL 中国国家标准	
	MRL 欧盟标准	①绿茶（49），②乌龙茶（7），③花茶（2）
	MRL 日本标准	①绿茶（19），②乌龙茶（2）

通过对各品种茶叶样本总数及检出率进行综合分析发现，绿茶、乌龙茶的残留污染最为严重，在此，我们参照 MRL 中国国家标准、欧盟标准和日本标准对这 3 种茶叶的农残检出情况进行进一步分析。

5.3.3　农药残留检出率较高的茶叶样品分析

5.3.3.1　绿茶

这次共检测 21 例绿茶样品，全部检出了农药残留，检出率为 100.0%，检出农药共计 26 种。其中唑虫酰胺、啶虫脒、噻嗪酮、哒螨灵和噻虫嗪检出频次较高，分别检出了 19、18、13、11 和 11 次。绿茶中农药检出品种和频次见图 5-19，超标农药见图 5-20 和表 5-18。

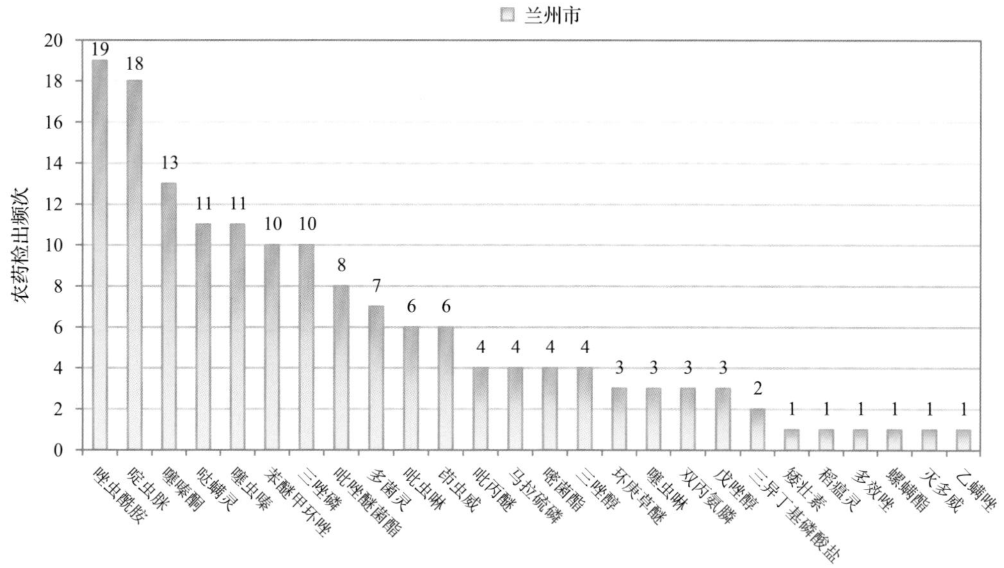

图 5-19　绿茶样品检出农药品种和频次分析

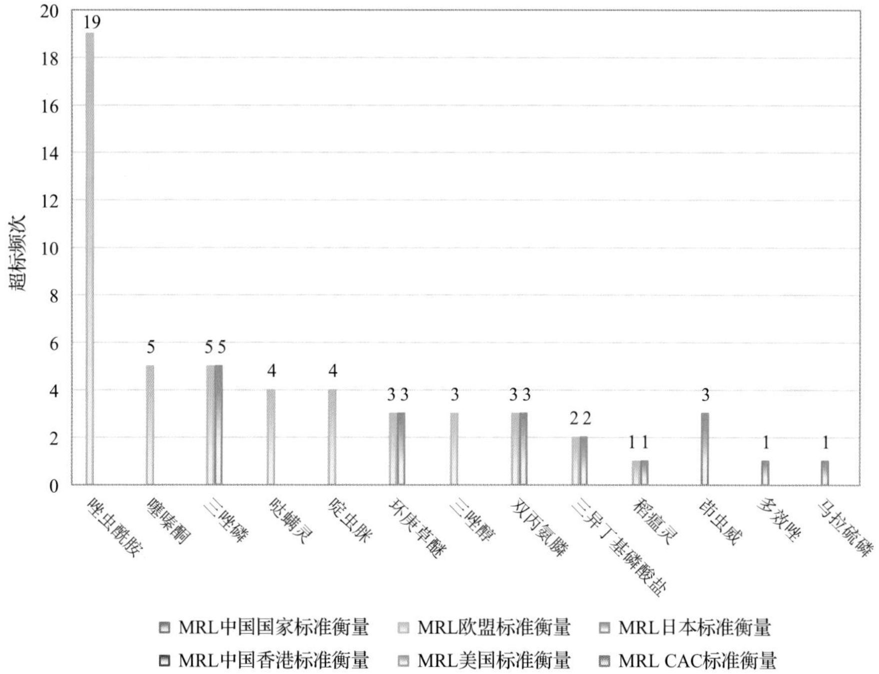

图 5-20　绿茶样品中超标农药分析

5.3.3.2　乌龙茶

这次共检测 8 例乌龙茶样品，全部检出了农药残留，检出率为 100.0%，检出农药共计 10 种。其中哒螨灵、唑虫酰胺、苯醚甲环唑、啶虫脒和吡虫啉检出频次较高，分别检出了 6、6、5、5 和 4 次。乌龙茶中农药检出品种和频次见图 5-21，超标农药见图 5-22 和表 5-19。

表 5-18　绿茶中农药残留超标情况明细表

<table>
<tr><td colspan="3">样品总数</td><td>检出农药样品数</td><td>样品检出率(%)</td><td>检出农药品种总数</td></tr>
<tr><td colspan="3">21</td><td>21</td><td>100</td><td>26</td></tr>
<tr><td></td><td>超标农药品种</td><td>超标农药频次</td><td colspan="3">按照 MRL 中国国家标准、欧盟标准和日本标准衡量超标农药名称及频次</td></tr>
<tr><td>中国国家标准</td><td>0</td><td>0</td><td colspan="3"></td></tr>
<tr><td>欧盟标准</td><td>10</td><td>49</td><td colspan="3">唑虫酰胺(19),噻嗪酮(5),三唑磷(5),哒螨灵(4),啶虫脒(4),环庚草醚(3),三唑醇(3),双丙氨膦(3),三异丁基磷酸盐(2),稻瘟灵(1)</td></tr>
<tr><td>日本标准</td><td>8</td><td>19</td><td colspan="3">三唑磷(5),环庚草醚(3),双丙氨膦(3),茚虫威(3),三异丁基磷酸盐(2),稻瘟灵(1),多效唑(1),马拉硫磷(1)</td></tr>
</table>

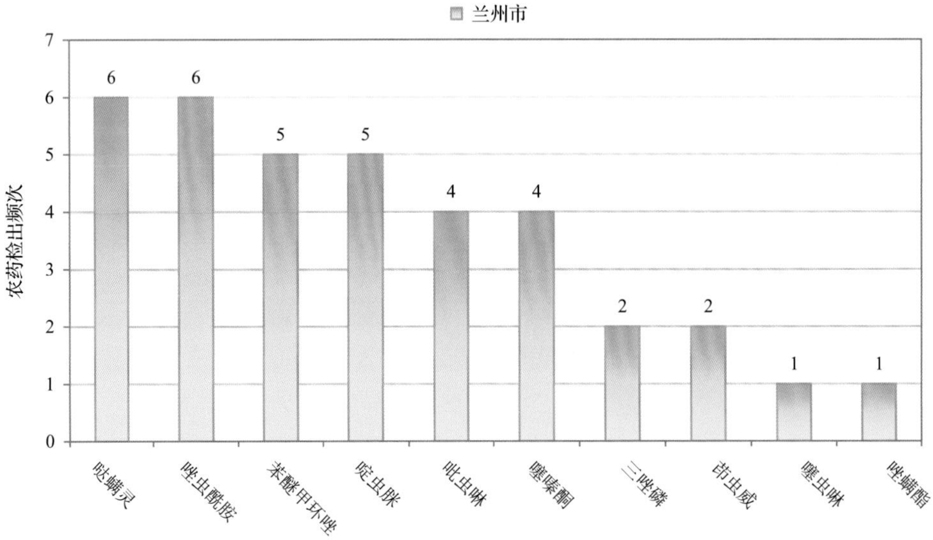

图 5-21　乌龙茶样品检出农药品种和频次分析

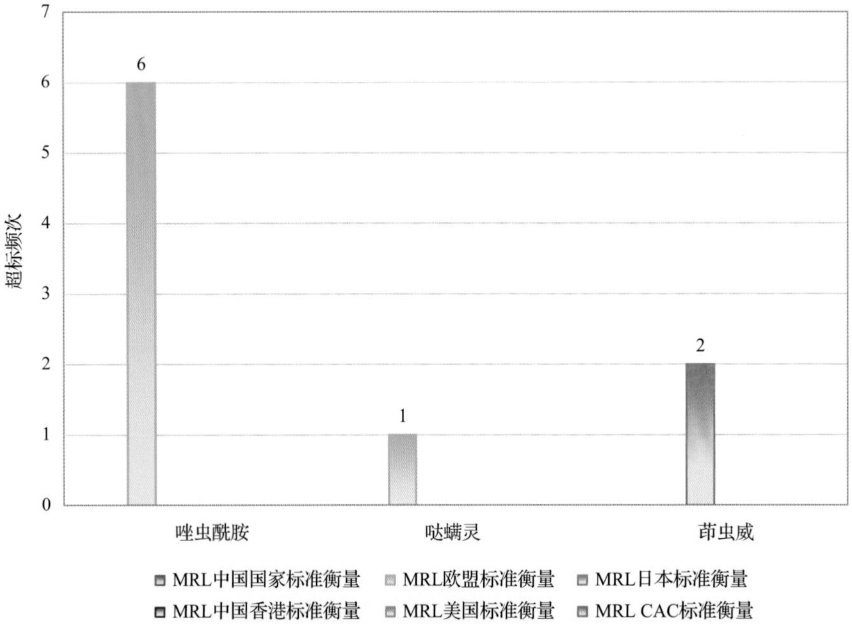

图 5-22　乌龙茶样品中超标农药分析

表 5-19　乌龙茶中农药残留超标情况明细表

样品总数			检出农药样品数	样品检出率(%)	检出农药品种总数
8			8	100	10
	超标农药品种	超标农药频次	按照 MRL 中国国家标准、欧盟标准和日本标准衡量超标农药名称及频次		
中国国家标准	0	0			
欧盟标准	2	7	唑虫酰胺(6),哒螨灵(1)		
日本标准	1	2	茚虫威(2)		

5.4　初 步 结 论

5.4.1　兰州市市售茶叶按 MRL 中国国家标准和国际主要 MRL 标准衡量的合格率

本次侦测的 30 例样品中，均检出不同水平、不同种类的残留农药，占样品总量的 100.0%。在这 30 例检出农药残留的样品中：

按照 MRL 中国国家标准衡量，有 30 例样品检出残留农药但含量没有超标，占样品总数的 100.0%，无检出残留农药超标的样品。

按照 MRL 欧盟标准衡量，有 3 例样品检出残留农药但含量没有超标，占样品总数的 10.0%，有 27 例样品检出了超标农药，占样品总数的 90.0%。

按照 MRL 日本标准衡量，有 14 例样品检出残留农药但含量没有超标，占样品总数的 46.7%，有 16 例样品检出了超标农药，占样品总数的 53.3%。

按照 MRL 中国香港标准衡量，有 30 例样品检出残留农药但含量没有超标，占样品总数的 100.0%，无检出残留农药超标的样品。

按照 MR 美国标准衡量，有 30 例样品检出残留农药但含量没有超标，占样品总数的 100.0%，无检出残留农药超标的样品。

按照 MRL CAC 标准衡量，有 30 例样品检出残留农药但含量没有超标，占样品总数的 100.0%，无检出残留农药超标的样品。

5.4.2　兰州市市售茶叶中检出农药以中低微毒农药为主，占市场主体的 92.9%

这次侦测的 30 例茶叶样品共检出了 28 种农药，检出农药的毒性以中低微毒为主，详见表 5-20。

表 5-20　市场主体农药毒性分布

毒性	检出品种	占比	检出频次	占比
高毒农药	2	7.1%	14	7.0%
中毒农药	16	57.1%	128	64.3%
低毒农药	6	21.4%	40	20.1%
微毒农药	4	14.3%	17	8.5%
中低微毒农药，品种占比 92.9%，频次占比 93.0%				

5.4.3 检出剧毒、高毒和禁用农药现象应该警醒

在此次侦测的 30 例样品中有 3 种茶叶的 14 例样品检出了 2 种 14 频次的剧毒和高毒或禁用农药，占样品总量的 46.7%。其中高毒农药三唑磷和灭多威检出频次较高。

按 MRL 中国国家标准衡量，检出高毒农药按超标程度比较均未超标。

剧毒、高毒或禁用农药的检出情况及按照 MRL 中国国家标准衡量的超标情况见表 5-21。

表 5-21 剧毒、高毒或禁用农药的检出及超标明细

序号	农药名称	样品名称	检出频次	超标频次	最大超标倍数	超标率
1.1	灭多威◊▲	绿茶	1	0	0	0.0%
2.1	三唑磷◊▲	绿茶	10	0	0	0.0%
2.2	三唑磷◊▲	乌龙茶	2	0	0	0.0%
2.3	三唑磷◊▲	花茶	1	0	0	0.0%
合计			14	0		0.0%

这些剧毒和高毒农药都是中国政府早有规定禁止在茶叶中使用的，为什么还屡次被检出，应该引起警惕。

5.4.4 残留限量标准与先进国家或地区标准差距较大

199 频次的检出结果与我国公布的《食品中农药最大残留限量》(GB 2763—2016) 对比，有 112 频次能找到对应的 MRL 中国国家标准，占 56.3%；还有 87 频次的侦测数据无相关 MRL 标准供参考，占 43.7%。

与国际上现行 MRL 标准对比发现：

有 199 频次能找到对应的 MRL 欧盟标准，占 100.0%；

有 199 频次能找到对应的 MRL 日本标准，占 100.0%；

有 95 频次能找到对应的 MRL 中国香港标准，占 47.7%；

有 91 频次能找到对应的 MRL 美国标准，占 45.7%；

有 64 频次能找到对应的 MRL CAC 标准，占 32.2%。

由上可见，MRL 中国国家标准与先进国家或地区标准还有很大差距，我们无标准，境外有标准，这就会导致我们在国际贸易中，处于受制于人的被动地位。

5.4.5 茶叶单种样品检出 8~26 种农药残留，拷问农药使用的科学性

通过此次监测发现，绿茶、乌龙茶和花茶是检出农药品种最多的 3 种茶叶，从中检出农药品种及频次详见表 5-22。

表 5-22　单种样品检出农药品种及频次

样品名称	样品总数	检出农药样品数	检出率	检出农药品种数	检出农药(频次)
绿茶	21	21	100.0%	26	唑虫酰胺(19),啶虫脒(18),噻嗪酮(13),哒螨灵(11),噻虫嗪(11),苯醚甲环唑(10),三唑磷(10),吡唑醚菌酯(8),多菌灵(7),吡虫啉(6),茚虫威(6),吡丙醚(4),马拉硫磷(4),嘧菌酯(4),三唑醇(4),环庚草醚(3),噻虫啉(3),双丙氨膦(3),戊唑醇(3),三异丁基磷酸盐(2),矮壮素(1),稻瘟灵(1),多效唑(1),螺螨酯(1),灭多威(1),乙螨唑(1)
乌龙茶	8	8	100.0%	10	哒螨灵(6),唑虫酰胺(6),苯醚甲环唑(5),啶虫脒(5),吡虫啉(4),噻嗪酮(4),三唑磷(2),茚虫威(2),噻虫啉(1),唑螨酯(1)
花茶	1	1	100.0%	8	N-去甲基啶虫脒(1),吡丙醚(1),啶虫脒(1),噻虫嗪(1),噻嗪酮(1),三唑磷(1),戊唑醇(1),唑虫酰胺(1)

上述 3 种茶叶，检出农药 8~26 种，是多种农药综合防治，还是未严格实施农业良好管理规范(GAP)，抑或根本就是乱施药，值得我们思考。

第 6 章　LC-Q-TOF/MS 侦测兰州市市售茶叶农药残留膳食暴露风险与预警风险评估

6.1　农药残留风险评估方法

6.1.1　兰州市农药残留侦测数据分析与统计

庞国芳院士科研团队建立的农药残留高通量侦测技术以高分辨精确质量数（0.0001 *m/z* 为基准）为识别标准，采用 LC-Q-TOF/MS 技术对 825 种农药化学污染物进行侦测。

科研团队于 2019 年 3 月期间在兰州市 8 个采样点，随机采集了 30 例茶叶样品，具体位置如图 6-1 所示。

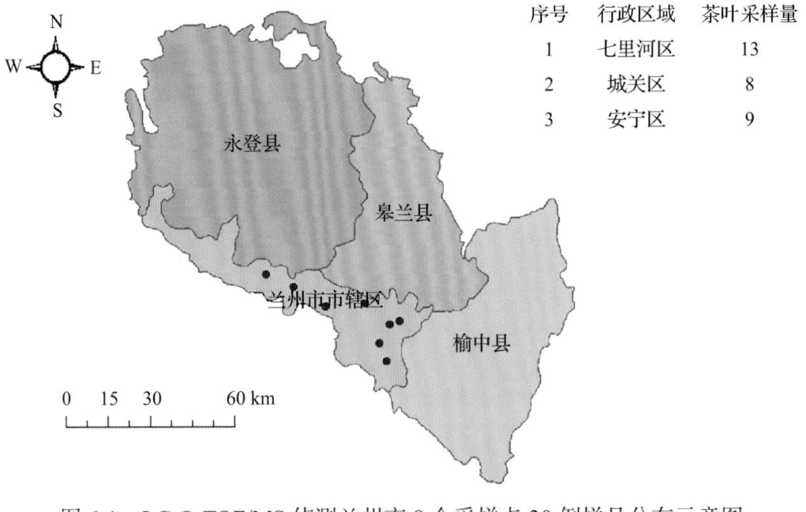

图 6-1　LC-Q-TOF/MS 侦测兰州市 8 个采样点 30 例样品分布示意图

利用 LC-Q-TOF/MS 技术对 30 例样品中的农药进行侦测，侦测出残留农药 28 种，199 频次。侦测出农药残留水平如表 6-1 和图 6-2 所示。检出频次最高的前 10 种农药如

表 6-1　侦测出农药的不同残留水平及其所占比例列表

残留水平（μg/kg）	检出频次	占比（%）
1~5（含）	29	14.6
5~10（含）	40	20.1
10~100（含）	104	52.3
100~1000（含）	17	8.5
>1000	9	4.5
合计	199	100

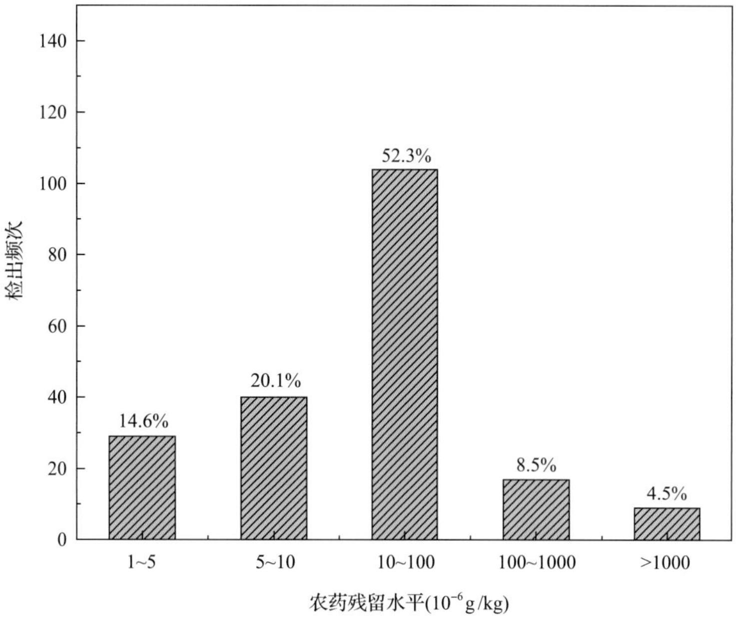

图 6-2　残留农药检出浓度频数分布图

表 6-2 所示。从检测结果中可以看出，在茶叶中农药残留普遍存在，且有些茶叶存在高浓度的农药残留，这些可能存在膳食暴露风险，对人体健康产生危害，因此，为了定量地评价茶叶中农药残留的风险程度，有必要对其进行风险评价。

表 6-2　检出频次最高的前 10 种农药列表

序号	农药	检出频次
1	唑虫酰胺	26
2	啶虫脒	24
3	噻嗪酮	18
4	哒螨灵	17
5	苯醚甲环唑	15
6	三唑磷	13
7	噻虫嗪	12
8	吡虫啉	10
9	吡唑醚菌酯	8
10	茚虫威	8

6.1.2　农药残留风险评价模型

对兰州市茶叶中农药残留分别开展暴露风险评估和预警风险评估。膳食暴露风险评估利用食品安全指数模型对茶叶中的残留农药对人体可能产生的危害程度进行评价，该模型结合残留监测和膳食暴露评估评价化学污染物的危害；预警风险评价模型运用风险系数（risk index，*R*），风险系数综合考虑了危害物的超标率、施检频率及其本身敏感性的影响，能直观而全面地反映出危害物在一段时间内的风险程度。

6.1.2.1 食品安全指数模型

为了加强食品安全管理，《中华人民共和国食品安全法》第二章第十七条规定“国家建立食品安全风险评估制度，运用科学方法，根据食品安全风险监测信息、科学数据以及有关信息，对食品、食品添加剂、食品相关产品中生物性、化学性和物理性危害因素进行风险评估”[1]，膳食暴露评估是食品危险度评估的重要组成部分，也是膳食安全性的衡量标准[2]。国际上最早研究膳食暴露风险评估的机构主要是 JMPR（FAO、WHO 农药残留联合会议），该组织自 1995 年就已制定了急性毒性物质的风险评估急性毒性农药残留摄入量的预测。1960 年美国规定食品中不得加入致癌物质进而提出零阈值理论，渐渐零阈值理论发展成在一定概率条件下可接受风险的概念[3]，后衍变为食品中每日允许最大摄入量（ADI），而国际食品农药残留法典委员会（CCPR）认为 ADI 不是独立风险评估的唯一标准[4]，1995 年 JMPR 开始研究农药急性膳食暴露风险评估，并对食品国际短期摄入量的计算方法进行了修正，亦对膳食暴露评估准则及评估方法进行了修正[5]，2002 年，在对世界上现行的食品安全评价方法，尤其是国际公认的 CAC 评价方法、全球环境监测系统/食品污染监测和评估规划（WHO GEMS/Food）及 FAO、WHO 食品添加剂联合专家委员会（JECFA）和 JMPR 对食品安全风险评估工作研究的基础之上，检验检疫食品安全管理的研究人员提出了结合残留监控和膳食暴露评估，以食品安全指数 IFS 计算食品中各种化学污染物对消费者的健康危害程度[6]。IFS 是表示食品安全状态的新方法，可有效地评价某种农药的安全性，进而评价食品中各种农药化学污染物对消费者健康的整体危害程度[7, 8]。从理论上分析，IFS_c 可指出食品中的污染物 c 对消费者健康是否存在危害及危害的程度[9]。其优点在于操作简单且结果容易被接受和理解，不需要大量的数据来对结果进行验证，使用默认的标准假设或者模型即可[10, 11]。

1）IFS_c 的计算

IFS_c 计算公式如下：

$$IFS_c = \frac{EDI_c \times f}{SI_c \times bw} \tag{6-1}$$

式中，c 为所研究的农药；EDI_c 为农药 c 的实际日摄入量估算值，等于 $\sum(R_i \times F_i \times E_i \times P_i)$（$i$ 为食品种类；R_i 为食品 i 中农药 c 的残留水平，mg/kg；F_i 为食品 i 的估计日消费量，g/（人·天）；E_i 为食品 i 的可食用部分因子；P_i 为食品 i 的加工处理因子）；SI_c 为安全摄入量，可采用每日允许最大摄入量 ADI；bw 为人平均体重，kg；f 为校正因子，如果安全摄入量采用 ADI，则 f 取 1。

$IFS_c \ll 1$，农药 c 对食品安全没有影响；$IFS_c \leqslant 1$，农药 c 对食品安全的影响可以接受；$IFS_c > 1$，农药 c 对食品安全的影响不可接受。

本次评价中：

$IFS_c \leqslant 0.1$，农药 c 对茶叶安全没有影响；

$0.1<IFS_c\leqslant 1$，农药 c 对茶叶安全的影响可以接受；

$IFS_c>1$，农药 c 对茶叶安全的影响不可接受。

本次评价中残留水平 R_i 取值为中国检验检疫科学研究院庞国芳院士课题组利用以高分辨精确质量数(0.0001 *m/z*)为基准的 LC-Q-TOF/MS 侦测技术于 2019 年 3 月期间对兰州市茶叶农药残留的侦测结果，估计日消费量 F_i 取值 0.0047 kg/(人·天)，E_i=1，P_i=1，f=1，SI_c 采用《食品安全国家标准　食品中农药最大残留限量》(GB 2763—2016)中 ADI 值(具体数值见表 6-3)，人平均体重(bw)取值 60 kg。

表 6-3　兰州市茶叶中侦测出农药的 ADI 值

序号	农药	ADI	序号	农药	ADI	序号	农药	ADI
1	唑虫酰胺	0.006	11	戊唑醇	0.03	21	多效唑	0.1
2	三唑磷	0.001	12	噻虫啉	0.01	22	马拉硫磷	0.3
3	哒螨灵	0.01	13	噻虫嗪	0.08	23	乙螨唑	0.05
4	噻嗪酮	0.009	14	吡虫啉	0.06	24	矮壮素	0.05
5	三唑醇	0.03	15	稻瘟灵	0.016	25	*N*-去甲基啶虫脒	—
6	苯醚甲环唑	0.01	16	螺螨酯	0.01	26	三异丁基磷酸盐	—
7	茚虫威	0.01	17	灭多威	0.02	27	双丙氨膦	—
8	啶虫脒	0.07	18	唑螨酯	0.01	28	环庚草醚	—
9	多菌灵	0.03	19	嘧菌酯	0.2			
10	吡唑醚菌酯	0.03	20	吡丙醚	0.1			

注："—"表示为国家标准中无 ADI 值规定；ADI 值单位为 mg/kg bw

2) 计算 IFS_c 的平均值 $\overline{IFS}$，评价农药对食品安全的影响程度

以 $\overline{IFS}$ 评价各种农药对人体健康危害的总程度，评价模型见公式(6-2)。

$$\overline{IFS}=\frac{\sum_{i=1}^{n}IFS_c}{n} \tag{6-2}$$

$\overline{IFS}\ll 1$，所研究消费者人群的食品安全状态很好；$\overline{IFS}\leqslant 1$，所研究消费者人群的食品安全状态可以接受；$\overline{IFS}>1$，所研究消费者人群的食品安全状态不可接受。

本次评价中：

$\overline{IFS}\leqslant 0.1$，所研究消费者人群的茶叶安全状态很好；

$0.1<\overline{IFS}\leqslant 1$，所研究消费者人群的茶叶安全状态可以接受；

$\overline{IFS}>1$，所研究消费者人群的茶叶安全状态不可接受。

6.1.2.2　预警风险评估模型

2003 年，我国检验检疫食品安全管理的研究人员根据 WTO 的有关原则和我国的具体规定，结合危害物本身的敏感性、风险程度及其相应的施检频率，首次提出了食品中

危害物风险系数 R 的概念[12]。R 是衡量一个危害物的风险程度大小最直观的参数，即在一定时期内其超标率或阳性检出率的高低，但受其施检频率的高低及其本身的敏感性（受关注程度）影响。该模型综合考察了农药在茶叶中的超标率、施检频率及其本身敏感性，能直观而全面地反映出农药在一段时间内的风险程度[13]。

1）R 计算方法

危害物的风险系数综合考虑了危害物的超标率或阳性检出率、施检频率和其本身的敏感性影响，并能直观而全面地反映出危害物在一段时间内的风险程度。风险系数 R 的计算公式如式（6-3）：

$$R = aP + \frac{b}{F} + S \tag{6-3}$$

式中，P 为该种危害物的超标率；F 为危害物的施检频率；S 为危害物的敏感因子；a, b 分别为相应的权重系数。

本次评价中 F=1；S=1；a =100；b =0.1，对参数 P 进行计算，计算时首先判断是否为禁用农药，如果为非禁用农药，P=超标的样品数（侦测出的含量高于食品最大残留限量标准值，即 MRL）除以总样品数（包括超标、不超标、未侦测出）；如果为禁用农药，则侦测出即为超标，P=能侦测出的样品数除以总样品数。判断兰州市茶叶农药残留是否超标的标准限值 MRL 分别以 MRL 中国国家标准[14]和 MRL 欧盟标准作为对照，具体值列于本报告附表一中。

2）评价风险程度

$R \leqslant 1.5$，受检农药处于低度风险；

$1.5 < R \leqslant 2.5$，受检农药处于中度风险；

$R > 2.5$，受检农药处于高度风险。

6.1.2.3　食品膳食暴露风险和预警风险评估应用程序的开发

1）应用程序开发的步骤

为成功开发膳食暴露风险和预警风险评估应用程序，与软件工程师多次沟通讨论，逐步提出并描述清楚计算需求，开发了初步应用程序。为明确出不同茶叶、不同农药、不同地域和不同季节的风险水平，向软件工程师提出不同的计算需求，软件工程师对计算需求进行逐一地分析，经过反复的细节沟通，需求分析得到明确后，开始进行解决方案的设计，在保证需求的完整性、一致性的前提下，编写出程序代码，最后设计出满足需求的风险评估专用计算软件，并通过一系列的软件测试和改进，完成专用程序的开发。软件开发基本步骤见图 6-3。

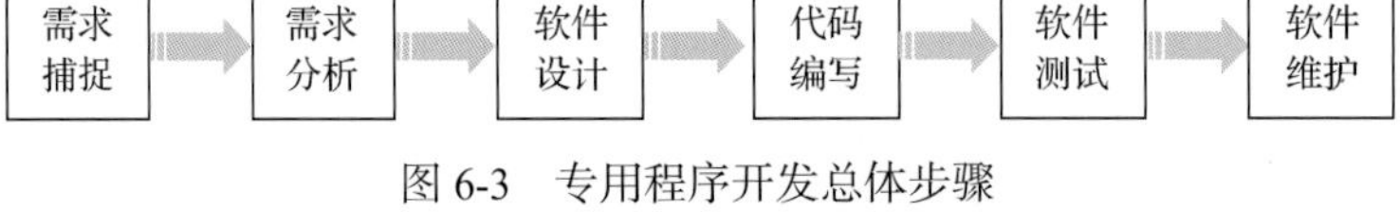

图 6-3　专用程序开发总体步骤

2) 膳食暴露风险评估专业程序开发的基本要求

首先直接利用公式(6-1)，分别计算 LC-Q-TOF/MS 和 GC-Q-TOF/MS 仪器侦测出的各茶叶样品中每种农药 IFS_c，将结果列出。为考察超标农药和禁用农药的使用安全性，分别以我国《食品安全国家标准　食品中农药最大残留限量》(GB 2763—2016) 和欧盟食品中农药最大残留限量(以下简称 MRL 中国国家标准和 MRL 欧盟标准)为标准，对侦测出的禁用农药和超标的非禁用农药 IFS_c 单独进行评价；按 IFS_c 大小列表，并找出 IFS_c 值排名前 20 的样本重点关注。

对不同茶叶 i 中每一种侦测出的农药 c 的安全指数进行计算，多个样品时求平均值。按农药种类，计算整个监测时间段内每种农药的 IFS_c，不区分茶叶。

3) 预警风险评估专业程序开发的基本要求

分别以 MRL 中国国家标准和 MRL 欧盟标准，按公式(6-3)逐个计算不同茶叶、不同农药的风险系数，禁用农药和非禁用农药分别列表。

为清楚了解各种农药的预警风险，不分时间，不分茶叶，按禁用农药和非禁用农药分类，分别计算各种侦测出农药全部检测时段内风险系数。由于有 MRL 中国国家标准的农药种类太少，无法计算超标数，非禁用农药的风险系数只以 MRL 欧盟标准为标准，进行计算。若检测数据为多个月的，则按月计算每个月、每个季度内每种禁用农药残留的风险系数和以 MRL 欧盟标准为标准的非禁用农药残留的风险系数。

4) 风险程度评价专业应用程序的开发方法

采用 Python 计算机程序设计语言，Python 是一个高层次地结合了解释性、编译性、互动性和面向对象的脚本语言。风险评价专用程序主要功能包括：分别读入每例样品 LC-Q-TOF/MS 和 GC-Q-TOF/MS 农药残留检测数据，根据风险评价工作要求，依次对不同农药、不同食品、不同时间、不同采样点的 IFS_c 值和 R 值分别进行数据计算，筛选出禁用农药、超标农药(分别与 MRL 中国国家标准、MRL 欧盟标准限值进行对比)单独重点分析，再分别对各农药、各茶叶种类分类处理，设计出计算和排序程序，编写计算机代码，最后将生成的膳食暴露风险评估和超标风险评估定量计算结果列入设计好的各个表格中，并定性判断风险对目标的影响程度，直接用文字描述风险发生的高低，如“不可接受”、“可以接受”、“没有影响”、“高度风险”、“中度风险”、“低度风险”。

6.2　LC-Q-TOF/MS 侦测兰州市市售茶叶农药残留膳食暴露风险评估

6.2.1　每例茶叶样品中农药残留安全指数分析

基于 2019 年 3 月的农药残留侦测数据，发现在 30 例样品中侦测出农药 199 频次，计算样品中每种残留农药的安全指数 IFS_c，并分析农药对样品安全的影响程度，结果详见附表二，农药残留对茶叶样品安全的影响程度频次分布情况如图 6-4 所示。

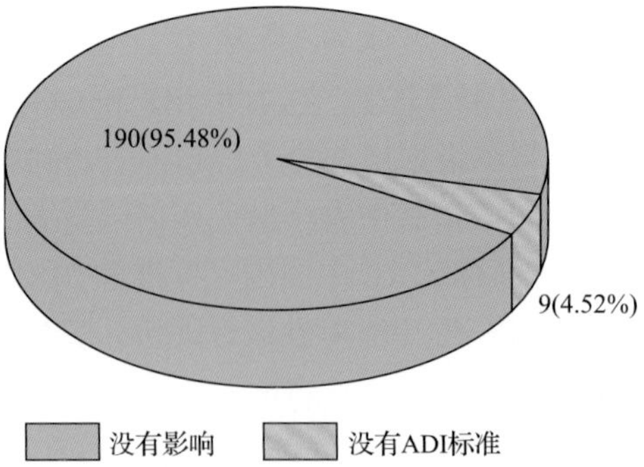

图 6-4　农药残留对茶叶样品安全的影响程度频次分布图

由图 6-4 可以看出，农药残留对样品安全的没有影响的频次为 190，占 95.48%。

部分样品侦测出禁用农药 2 种 14 频次，为了明确残留的禁用农药对样品安全的影响，分析侦测出禁用农药残留的样品安全指数，禁用农药残留对茶叶样品安全的影响程度频次分布情况如图 6-5 所示，农药残留对样品安全没有影响的频次为 14，占 100%。

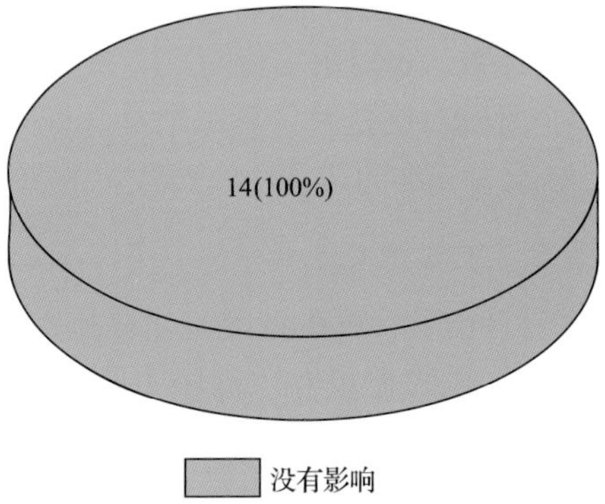

图 6-5　禁用农药对茶叶样品安全影响程度的频次分布图

此外，本次侦测发现部分样品中非禁用农药残留量超过了 MRL 欧盟标准，为了明确超标的非禁用农药对样品安全的影响，分析了非禁用农药残留超标的样品安全指数。

残留量超过 MRL 欧盟标准的非禁用农药对茶叶样品安全的影响程度频次分布情况如图 6-6 所示。可以看出超过 MRL 欧盟标准的非禁用农药共 58 频次，其中农药没有 ADI

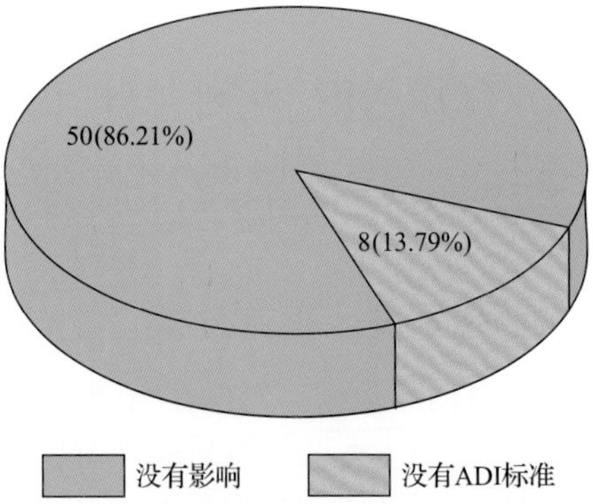

图 6-6　残留量超标的非禁用农药对茶叶样品安全的影响程度频次分布图（MRL 欧盟标准）

标准的频次为 8，占 13.79%；农药残留对样品安全没有影响的频次为 50，占 86.21%。表 6-4 为茶叶样品中安全指数排名前 10 的残留超标非禁用农药列表。

表 6-4　茶叶样品中安全指数排名前 10 的残留超标非禁用农药列表（MRL 欧盟标准）

序号	样品编号	采样点	基质	农药	含量 (mg/kg)	欧盟标准	IFS_c	影响程度
1	20190304-620100-USI-GT-08A	***超市（解放门店）	绿茶	唑虫酰胺	4.2365	0.01	0.0553	没有影响
2	20190304-620100-USI-GT-05B	***超市（海鸿店）	绿茶	唑虫酰胺	3.72	0.01	0.0485	没有影响
3	20190304-620100-USI-GT-05A	***超市（海鸿店）	绿茶	唑虫酰胺	3.1855	0.01	0.0415	没有影响
4	20190304-620100-USI-GT-01C	***超市（万辉店）	绿茶	唑虫酰胺	3.0475	0.01	0.0397	没有影响
5	20190304-620100-USI-GT-03A	***超市（兰州店）	绿茶	唑虫酰胺	2.6385	0.01	0.0344	没有影响
6	20190304-620100-USI-GT-06B	***超市（宝迪店）	绿茶	唑虫酰胺	2.449	0.01	0.0319	没有影响
7	20190304-620100-USI-GT-02B	***超市（红星店）	绿茶	唑虫酰胺	2.3636	0.01	0.0308	没有影响
8	20190304-620100-USI-GT-01B	***超市（万辉店）	绿茶	唑虫酰胺	1.4563	0.01	0.0190	没有影响
9	20190304-620100-USI-GT-08B	***超市（解放门店）	绿茶	唑虫酰胺	1.2918	0.01	0.0168	没有影响
10	20190304-620100-USI-GT-05C	***超市（海鸿店）	绿茶	唑虫酰胺	0.5717	0.01	0.0074	没有影响

6.2.2　单种茶叶中农药残留安全指数分析

本次 3 种茶叶侦测 28 种农药，检出频次为 199 次，其中 4 种农药没有 ADI 标准，24 种农药存在 ADI 标准。3 种茶叶按不同种类分别计算侦测出的具有 ADI 标准的各种农药的 IFS_c 值，农药残留对茶叶的安全指数分布图如图 6-7 所示。

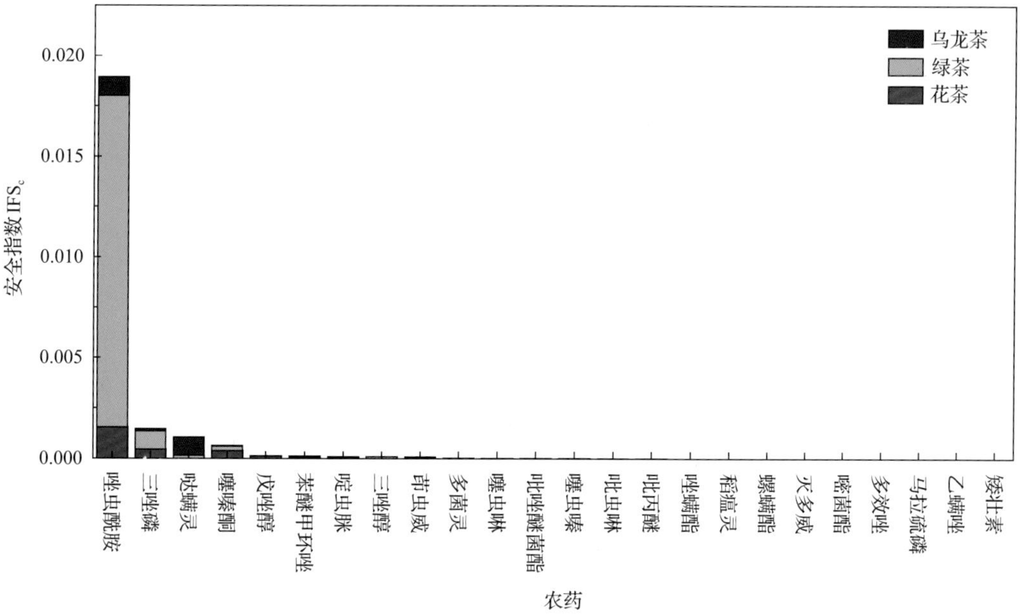

图 6-7　3 种茶叶中 24 种残留农药的安全指数分布图

本次侦测中，3 种茶叶和 28 种残留农药（包括没有 ADI 标准）共涉及 44 个分析样本，农药对单种茶叶安全的影响程度分布情况如图 6-8 所示。可以看出，90.91%的样本中农药对茶叶安全没有影响。

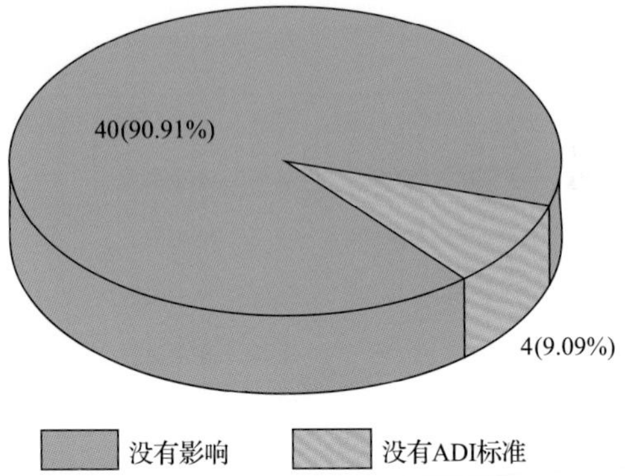

图 6-8　44 个分析样本的影响程度频次分布图

6.2.3　所有茶叶中农药残留安全指数分析

计算所有茶叶中 24 种农药的 IFS_c 值，结果如图 6-9 及表 6-5 所示。

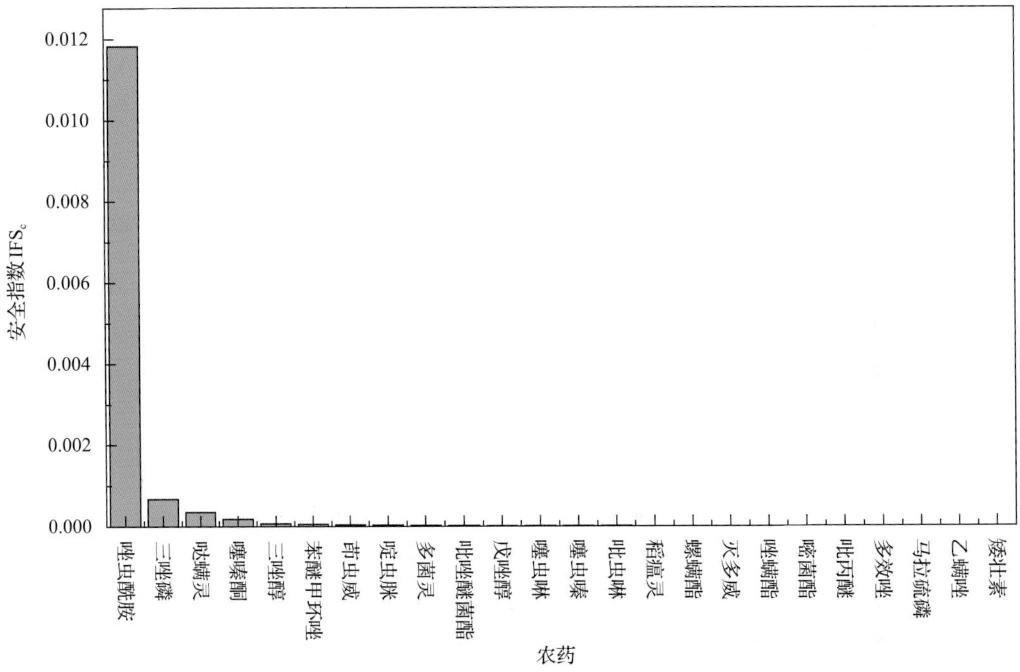

图 6-9　24 种残留农药对茶叶的安全影响程度统计图

分析发现，所有的农药对茶叶安全的影响程度均为没有影响，说明茶叶中残留的农药不会对茶叶安全造成影响。

表 6-5　茶叶中 24 种农药残留的安全指数表

序号	农药	检出频次	检出率(%)	IFS_c	影响程度	序号	农药	检出频次	检出率(%)	IFS_c	影响程度
1	唑虫酰胺	26	86.67	1.18×10^{-2}	没有影响	13	噻虫嗪	12	40.00	4.84×10^{-6}	没有影响
2	三唑磷	13	43.33	6.69×10^{-4}	没有影响	14	吡虫啉	10	33.33	4.15×10^{-6}	没有影响
3	哒螨灵	17	56.67	3.48×10^{-4}	没有影响	15	稻瘟灵	1	3.33	2.17×10^{-6}	没有影响
4	噻嗪酮	18	60.00	1.77×10^{-4}	没有影响	16	螺螨酯	1	3.33	1.57×10^{-6}	没有影响
5	三唑醇	4	13.33	6.48×10^{-5}	没有影响	17	灭多威	1	3.33	1.25×10^{-6}	没有影响
6	苯醚甲环唑	15	50.00	5.40×10^{-5}	没有影响	18	唑螨酯	1	3.33	8.36×10^{-7}	没有影响
7	茚虫威	8	26.67	3.62×10^{-5}	没有影响	19	嘧菌酯	4	13.33	5.29×10^{-7}	没有影响
8	啶虫脒	24	80.00	2.64×10^{-5}	没有影响	20	吡丙醚	5	16.67	4.62×10^{-7}	没有影响
9	多菌灵	7	23.33	2.03×10^{-5}	没有影响	21	多效唑	1	3.33	3.53×10^{-7}	没有影响
10	吡唑醚菌酯	8	26.67	1.45×10^{-5}	没有影响	22	马拉硫磷	4	13.33	2.52×10^{-7}	没有影响
11	戊唑醇	4	13.33	9.39×10^{-5}	没有影响	23	乙螨唑	1	3.33	1.93×10^{-7}	没有影响
12	噻虫啉	4	13.33	9.22×10^{-6}	没有影响	24	矮壮素	1	3.33	8.88×10^{-8}	没有影响

6.3　LC-Q-TOF/MS 侦测兰州市市售茶叶农药残留预警风险评估

基于兰州市茶叶样品中农药残留 LC-Q-TOF/MS 侦测数据，分析禁用农药的检出率，同时参照中华人民共和国国家标准 GB 2763—2016 和欧盟农药最大残留限量(MRL)标准分析非禁用农药残留的超标率，并计算农药残留风险系数。分析单种茶叶中农药残留以及所有茶叶中农药残留的风险程度。

6.3.1　单种茶叶中农药残留风险系数分析

6.3.1.1　单种茶叶中禁用农药残留风险系数分析

侦测出的 28 种残留农药中有 2 种为禁用农药，且它们分布在 3 种茶叶中，计算 3 种茶叶中禁用农药的超标率，根据超标率计算风险系数 R，进而分析茶叶中禁用农药的风险程度，结果如图 6-10 与表 6-6 所示。分析发现 2 种禁用农药在 3 种茶叶中的残留处均于高度风险。

6.3.1.2　基于 MRL 中国国家标准的单种茶叶中非禁用农药残留风险系数分析

参照中华人民共和国国家标准 GB 2763—2016 中农药残留限量计算每种茶叶中每种

非禁用农药的超标率，进而计算其风险系数，根据风险系数大小判断残留农药的预警风险程度，茶叶中非禁用农药残留风险程度分布情况如图 6-11 所示。

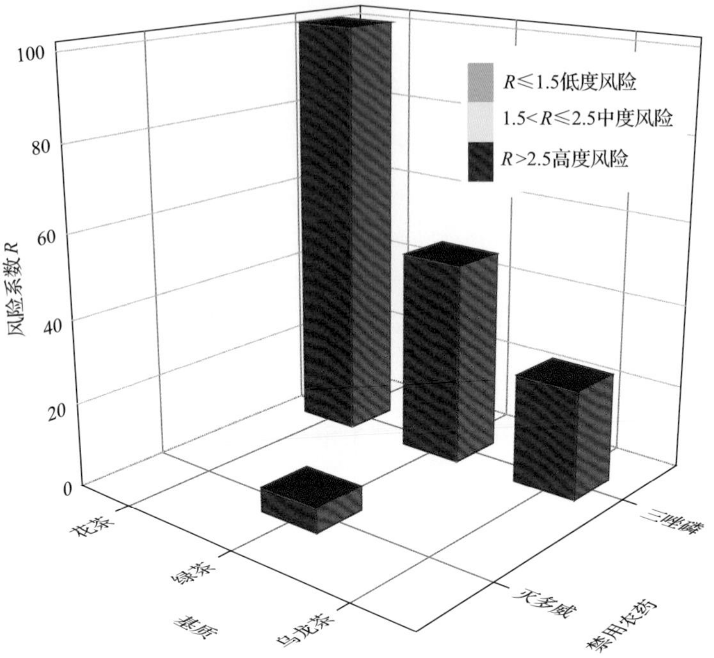

图 6-10　3 种茶叶中 2 种禁用农药的风险系数分布图

表 6-6　3 种茶叶中 2 种禁用农药的风险系数列表

序号	基质	农药	检出频次	检出率(%)	风险系数 R	风险程度
1	乌龙茶	三唑磷	2	0.25	26.1	高度风险
2	绿茶	三唑磷	10	0.48	48.7	高度风险
3	绿茶	灭多威	1	0.05	5.9	高度风险
4	花茶	三唑磷	1	1	101.1	高度风险

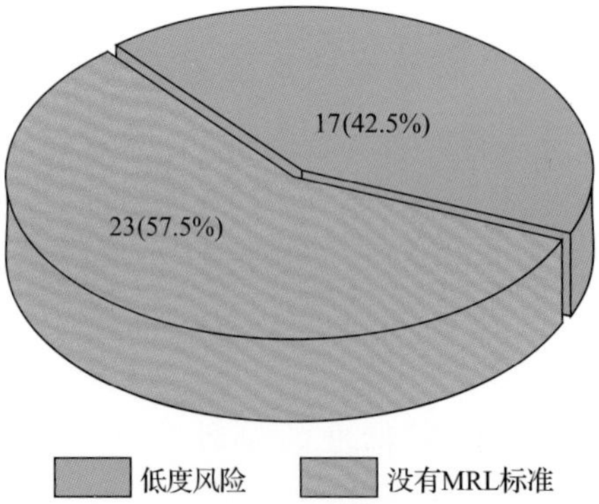

图 6-11　茶叶中非禁用农药风险程度的频次分布图（MRL 中国国家标准）

本次分析中，发现在 3 种茶叶检出 26 种残留非禁用农药，涉及样本 40 个，在 40

个样本中，42.5%处于低度风险，此外发现有 23 个样本没有 MRL 中国国家标准值，无法判断其风险程度，有 MRL 中国国家标准值的 17 个样本涉及 3 种茶叶中的 8 种非禁用农药，其风险系数 R 值如图 6-12 所示。

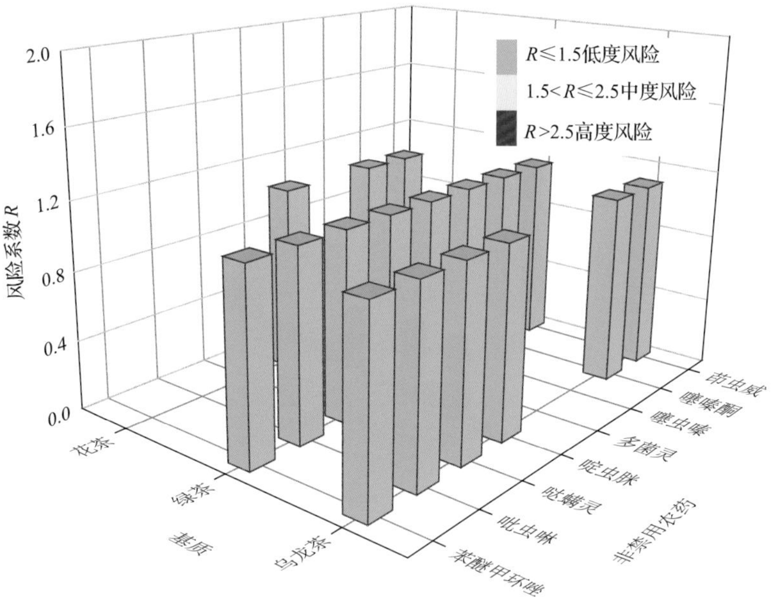

图 6-12　3 种茶叶中 8 种非禁用农药的风险系数分布图(MRL 中国国家标准)

6.3.1.3　基于 MRL 欧盟标准的单种茶叶中非禁用农药残留风险系数分析

参照 MRL 欧盟标准计算每种茶叶中每种非禁用农药的超标率，进而计算其风险系数，根据风险系数大小判断农药残留的预警风险程度，茶叶中非禁用农药残留风险程度分布情况如图 6-13 所示。

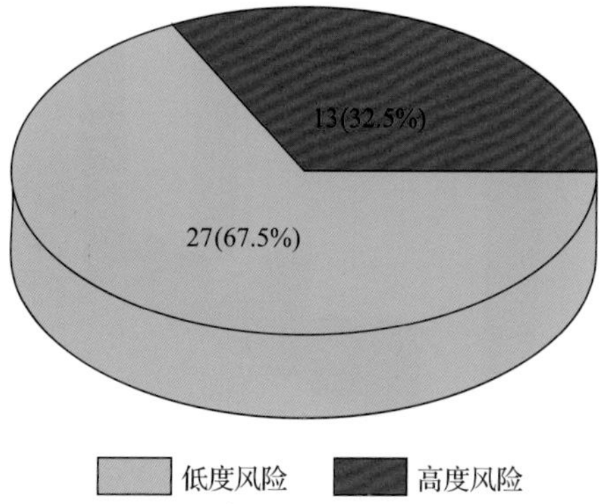

图 6-13　茶叶中非禁用农药的风险程度的频次分布图(MRL 欧盟标准)

本次分析中，发现在 3 种茶叶中共侦测出 26 种非禁用农药，涉及样本 40 个，其中，32.5%处于高度风险，涉及 3 种茶叶和 9 种农药；67.5%处于低度风险，涉及 3 种茶叶和 19 种农药。单种茶叶中的非禁用农药风险系数分布图如图 6-14 所示。单种茶叶中处于高度风险的非禁用农药风险系数如图 6-15 和表 6-7 所示。

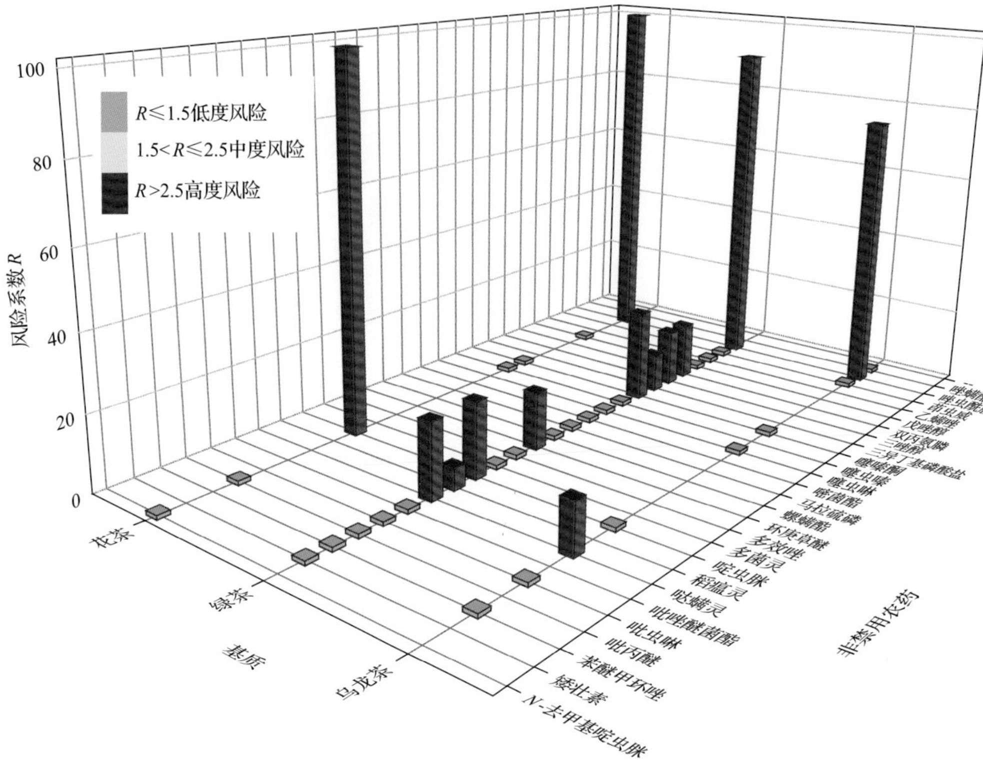

图 6-14　3 种茶叶中 26 种非禁用农药的风险系数分布图（MRL 欧盟标准）

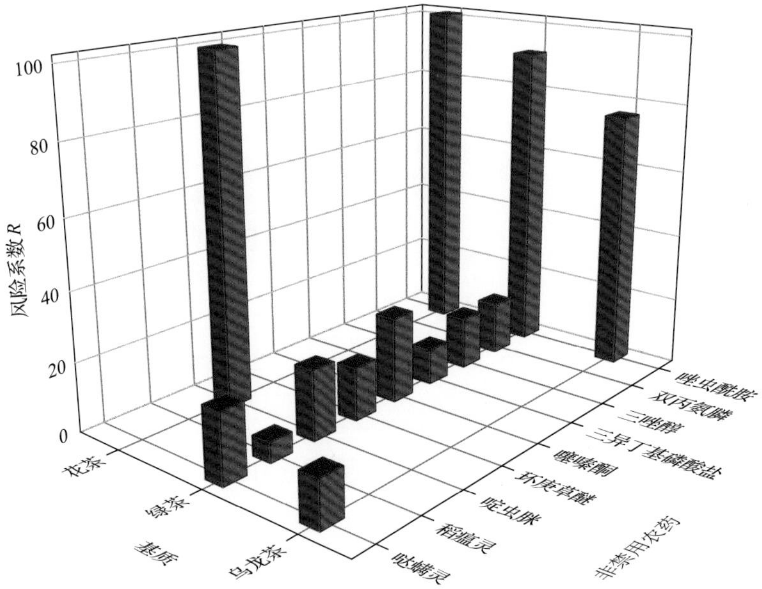

图 6-15　单种茶叶中处于高度风险的非禁用农药的风险系数分布图（MRL 欧盟标准）

表 6-7　单种茶叶中处于高度风险的非禁用农药的风险系数表(MRL 欧盟标准)

序号	基质	农药	超标频次	超标率 *P*(%)	风险系数 *R*
1	花茶	唑虫酰胺	1	100.00	101.10
2	花茶	啶虫脒	1	100.00	101.10
3	绿茶	唑虫酰胺	19	90.48	91.58
4	乌龙茶	唑虫酰胺	6	75.00	76.10
5	绿茶	噻嗪酮	5	23.81	24.91
6	绿茶	哒螨灵	4	19.05	20.15
7	绿茶	啶虫脒	4	19.05	20.15
8	绿茶	三唑醇	3	14.29	15.39
9	绿茶	双丙氨膦	3	14.29	15.39
10	绿茶	环庚草醚	3	14.29	15.39
11	乌龙茶	哒螨灵	1	12.50	13.60
12	绿茶	三异丁基磷酸盐	2	9.52	10.62
13	绿茶	稻瘟灵	1	4.76	5.86

6.3.2　所有茶叶中农药残留风险系数分析

6.3.2.1　所有茶叶中禁用农药残留风险系数分析

在侦测出的 28 种农药中有 2 种为禁用农药，计算所有茶叶中禁用农药的风险系数，结果如表 6-8 所示。禁用农药三唑磷和灭多威处于高度风险。

表 6-8　茶叶中 2 种禁用农药的风险系数表

序号	农药	检出频次	检出率(%)	风险系数 *R*	风险程度
1	三唑磷	13	0.43	44.4	高度风险
2	灭多威	1	0.03	4.4	高度风险

6.3.2.2　所有茶叶中非禁用农药残留风险系数分析

参照 MRL 欧盟标准计算所有茶叶中每种非禁用农药残留的风险系数，如图 6-16 与表 6-9 所示。在侦测出的 26 种非禁用农药中，9 种农药(34.61%)残留处于高度风险，17 种农药(65.39%)残留处于低度风险。

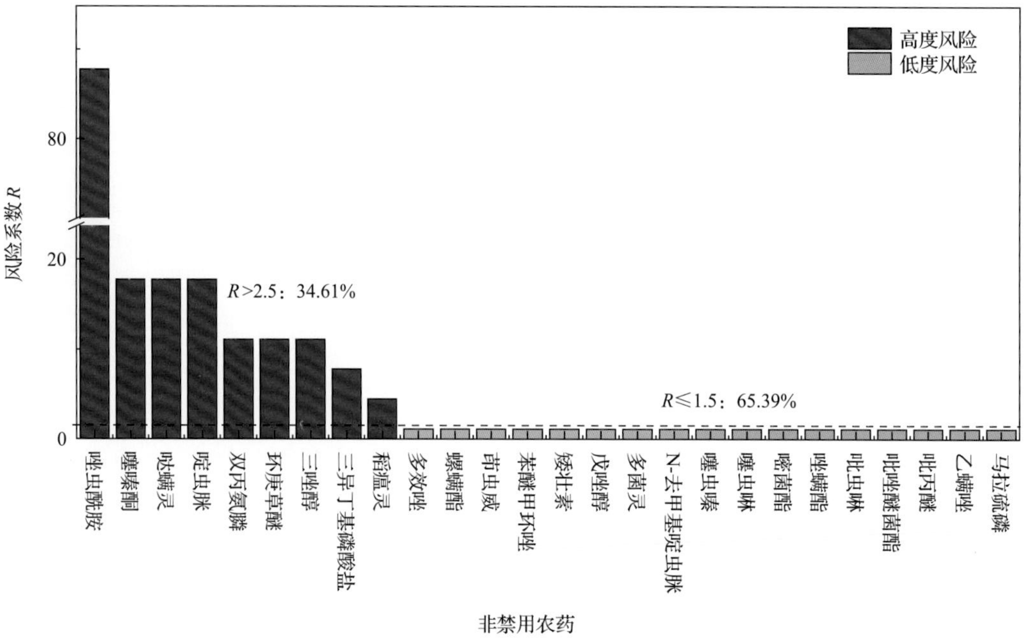

图 6-16　茶叶中 26 种非禁用农药的风险程度统计图

表 6-9　茶叶中 26 种非禁用农药的风险系数表

序号	农药	超标频次	超标率 P(%)	风险系数 R	风险程度
1	唑虫酰胺	26	0.87	87.77	高度风险
2	噻嗪酮	5	0.17	17.77	高度风险
3	哒螨灵	5	0.17	17.77	高度风险
4	啶虫脒	5	0.17	17.77	高度风险
5	双丙氨膦	3	0.10	11.10	高度风险
6	环庚草醚	3	0.10	11.10	高度风险
7	三唑醇	3	0.10	11.10	高度风险
8	三异丁基磷酸盐	2	0.07	7.77	高度风险
9	稻瘟灵	1	0.03	4.43	高度风险
10	多效唑	0	0.00	1.10	低度风险
11	螺螨酯	0	0.00	1.10	低度风险
12	茚虫威	0	0.00	1.10	低度风险
13	苯醚甲环唑	0	0.00	1.10	低度风险
14	矮壮素	0	0.00	1.10	低度风险
15	戊唑醇	0	0.00	1.10	低度风险
16	多菌灵	0	0.00	1.10	低度风险
17	*N*-去甲基啶虫脒	0	0.00	1.10	低度风险

续表

序号	农药	超标频次	超标率 P(%)	风险系数 R	风险程度
18	噻虫嗪	0	0.00	1.10	低度风险
19	噻虫啉	0	0.00	1.10	低度风险
20	嘧菌酯	0	0.00	1.10	低度风险
21	唑螨酯	0	0.00	1.10	低度风险
22	吡虫啉	0	0.00	1.10	低度风险
23	吡唑醚菌酯	0	0.00	1.10	低度风险
24	吡丙醚	0	0.00	1.10	低度风险
25	乙螨唑	0	0.00	1.10	低度风险
26	马拉硫磷	0	0.00	1.10	低度风险

6.4　LC-Q-TOF/MS 侦测兰州市市售茶叶农药残留风险评估结论与建议

农药残留是影响茶叶安全和质量的主要因素，也是我国食品安全领域备受关注的敏感话题和亟待解决的重大问题之一[15,16]。各种茶叶均存在不同程度的农药残留现象，本研究主要针对兰州市各类茶叶存在的农药残留问题，基于 2019 年 3 月对兰州市 30 例茶叶样品中农药残留侦测得出的 199 个侦测结果，分别采用食品安全指数模型和风险系数模型，开展茶叶中农药残留的膳食暴露风险和预警风险评估。茶叶样品取自超市和茶叶专营店，符合大众的膳食来源，风险评价时更具有代表性和可信度。

本研究力求通用简单地反映食品安全中的主要问题，且为管理部门和大众容易接受，为政府及相关管理机构建立科学的食品安全信息发布和预警体系提供科学的规律与方法，加强对农药残留的预警和食品安全重大事件的预防，控制食品风险。

6.4.1　兰州市茶叶中农药残留膳食暴露风险评价结论

1) 茶叶样品中农药残留安全状态评价结论

采用食品安全指数模型，对 2019 年 3 月期间兰州市茶叶农药残留膳食暴露风险进行评价，根据 IFS_c 的计算结果发现，茶叶中农药的 $\overline{IFS}$ 为 0.00055，说明兰州市茶叶总体处于良好的安全状态，但部分禁用农药、高残留农药在茶叶中仍有侦测出，导致膳食暴露风险的存在，成为不安全因素。

2) 禁用农药膳食暴露风险评价

本次检测发现部分茶叶样品中有禁用农药侦测出，侦测出禁用农药 2 种，侦测出频次为 14，没有影响的频次为 14，占 100%。

6.4.2 兰州市茶叶中农药残留预警风险评价结论

1）单种茶叶中禁用农药残留的预警风险评价结论

本次检测过程中，在 3 种茶叶中检测出 2 种禁用农药，禁用农药为：三唑磷、灭多威，茶叶为：乌龙茶、绿茶、花茶，茶叶中禁用农药的风险系数分析结果显示，3 种禁用农药在 2 种茶叶中的残留均处于高度风险，说明在单种茶叶中禁用农药的残留会导致较高的预警风险。

2）单种茶叶中非禁用农药残留的预警风险评价结论

以 MRL 中国国家标准为标准，计算茶叶中非禁用农药风险系数情况下，40 个样本中，17 个处于低度风险（42.5%），23 个样本没有 MRL 中国国家标准（57.5%）。以 MRL 欧盟标准为标准，计算茶叶中非禁用农药风险系数情况下，发现有 13 个处于高度风险（32.5%），27 个处于低度风险（67.5%）。基于两种 MRL 标准，评价的结果差异显著，可以看出 MRL 欧盟标准比中国国家标准更加严格和完善，过于宽松的 MRL 中国国家标准值能否有效保障人体的健康有待研究。

6.4.3 加强兰州市茶叶食品安全建议

我国食品安全风险评价体系仍不够健全，相关制度不够完善，多年来，由于农药用药次数多、用药量大或用药间隔时间短，产品残留量大，农药残留所造成的食品安全问题日益严峻，给人体健康带来了直接或间接的危害。据估计，美国与农药有关的癌症患者数约占全国癌症患者总数的 50%，中国更高。同样，农药对其他生物也会形成直接杀伤和慢性危害，植物中的农药可经过食物链逐级传递并不断蓄积，对人和动物构成潜在威胁，并影响生态系统。

基于本次农药残留侦测数据的风险评价结果，提出以下几点建议：

1）加快食品安全标准制定步伐

我国食品标准中对农药每日允许最大摄入量 ADI 的数据严重缺乏，在本次评价所涉及的 28 种农药中，仅有 85.7%的农药具有 ADI 值，而 14.3%的农药中国尚未规定相应的 ADI 值，亟待完善。

我国食品中农药最大残留限量值的规定严重缺乏，对评估涉及的不同茶叶中不同农药 44 个 MRL 限值进行统计来看，我国仅制定出 26 个标准，我国标准完整率仅为 59.1%，欧盟的完整率达到 100%（表 6-10）。因此，中国更应加快 MRL 标准的制定步伐。

表 6-10　我国国家食品标准农药的 ADI、MRL 值与欧盟标准的数量差异

分类		中国 ADI	MRL 中国国家标准	MRL 欧盟标准
标准限值（个）	有	24	26	44
	无	4	18	0
总数（个）		28	44	44
无标准限值比例（%）		14.3	40.9	0

此外，MRL 中国国家标准限值普遍高于欧盟标准限值，这些标准中共有 14 个高于欧盟。过高的 MRL 值难以保障人体健康，建议继续加强对限值基准和标准的科学研究，将农产品中的危险性减少到尽可能低的水平。

2) 加强农药的源头控制和分类监管

在兰州市某些茶叶中仍有禁用农药残留，利用 LC-Q-TOF/MS 技术侦测出 2 种禁用农药，检出频次为 14 次，残留禁用农药均存在较大的膳食暴露风险和预警风险。早已列入黑名单的禁用农药在我国并未真正退出，有些药物由于价格便宜、工艺简单，此类高毒农药一直生产和使用。建议在我国采取严格有效的控制措施，从源头控制禁用农药。

对于非禁用农药，在我国作为“田间地头”最典型单位的县级茶叶产地中，农药残留的检测几乎缺失。建议根据农药的毒性，对高毒、剧毒、中毒农药实现分类管理，减少使用高毒和剧毒高残留农药，进行分类监管。

3) 加强农药生物基准和降解技术研究

市售茶叶中残留农药的品种多、频次高、禁用农药多次检出这一现状，说明了我国的田间土壤和水体因农药长期、频繁、不合理的使用而遭到严重污染。为此，建议中国相关部门出台相关政策，鼓励高校及科研院所积极开展分子生物学、酶学等研究，加强土壤、水体中残留农药的生物修复及降解新技术研究，切实加大农药监管力度，以控制农药的面源污染问题。

综上所述，在本工作基础上，根据茶叶残留危害，可进一步针对其成因提出和采取严格管理、大力推广无公害茶叶种植与生产、健全食品安全控制技术体系、加强茶叶质量检测体系建设和积极推行茶叶质量追溯制度等相应对策。建立和完善食品安全综合评价指数与风险监测预警系统，对食品安全进行实时、全面的监控与分析，为我国的食品安全科学监管与决策提供新的技术支持，可实现各类检验数据的信息化系统管理，降低食品安全事故的发生。

第 7 章　GC-Q-TOF/MS 侦测兰州市 30 例市售茶叶样品农药残留报告

从兰州市所属 3 个区，随机采集了 30 例茶叶样品，使用气相色谱-四极杆飞行时间质谱(GC-Q-TOF/MS)对 684 种农药化学污染物进行示范侦测。

7.1　样品种类、数量与来源

7.1.1　样品采集与检测

为了真实反映百姓日常饮用的茶叶中农药残留污染状况，本次所有检测样品均由检验人员于 2019 年 3 月期间，从兰州市所属 8 个采样点，包括 8 个超市，以随机购买方式采集，总计 8 批 30 例样品，从中检出农药 30 种，210 频次。采样及监测概况见图 7-1 及表 7-1，样品及采样点明细见表 7-2 及表 7-3(侦测原始数据见附表 1)。

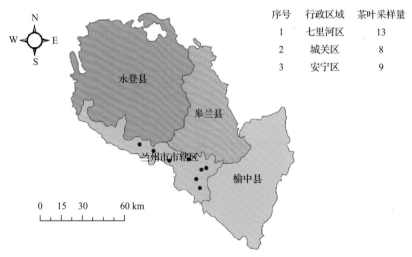

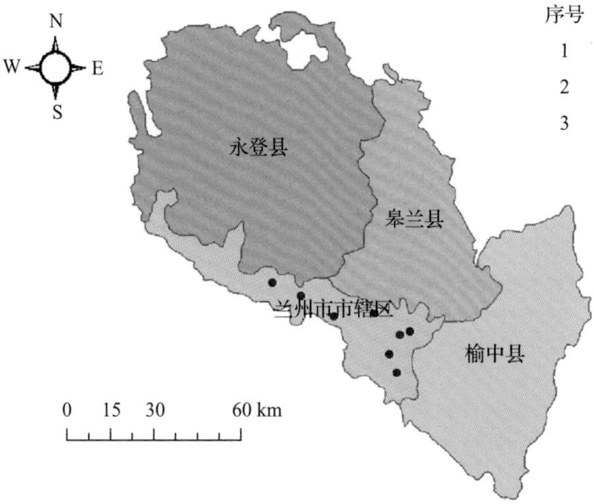

序号	行政区域	茶叶采样量
1	七里河区	13
2	城关区	8
3	安宁区	9

图 7-1　兰州市所属 8 个采样点 30 例样品分布图

表 7-1　农药残留监测总体概况

采样行政区域	兰州市所属 3 个区
采样点(超市)	8
样本总数	30
检出农药品种/频次	30/210
各采样点样本农药残留检出率范围	100.0%

表 7-2　样品分类及数量

样品分类	样品名称(数量)	数量小计
1. 茶叶		30
1)发酵类茶叶	乌龙茶(8)	8
2)未发酵类茶叶	花茶(1),绿茶(21)	22
合计	1. 茶叶 3 种	30

表 7-3　兰州市采样点信息

采样点序号	行政区域	采样点
超市(8)		
1	安宁区	***超市(安宁店)
2	安宁区	***超市(宝迪店)
3	安宁区	***超市(银滩店)
4	城关区	***超市(红星店)
5	城关区	***超市(兰州店)
6	七里河区	***超市(万辉店)
7	七里河区	***超市(海鸿店)
8	七里河区	***超市(解放门店)

7.1.2　检测结果

这次使用的检测方法是庞国芳院士团队最新研发的不需使用标准品对照，而以高分辨精确质量数(0.0001 *m/z*)为基准的 GC-Q-TOF/MS 检测技术，对于 30 例样品，每个样品均侦测了 684 种农药化学污染物的残留现状。通过本次侦测，在 30 例样品中共计检出农药化学污染物 30 种，检出 210 频次。

7.1.2.1　各采样点样品检出情况

统计分析发现 8 个采样点中，被测样品的农药检出率均为 100.0%，见图 7-2。

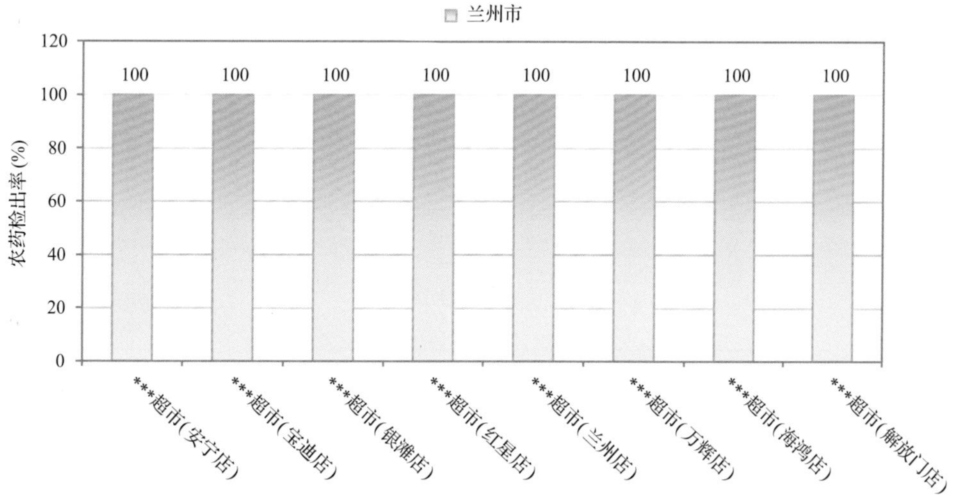

图 7-2　各采样点样品中的农药检出率

7.1.2.2　检出农药的品种总数与频次

统计分析发现，对于 30 例样品中 684 种农药化学污染物的侦测，共检出农药 210 频次，涉及农药 30 种，结果如图 7-3 所示。其中联苯菊酯检出频次最高，共检出 30 次。检出频次排名前 10 的农药如下：①联苯菊酯(30)，②异丁子香酚(30)，③唑虫酰胺(25)，④氯氟氰菊酯(15)，⑤丁香酚(14)，⑥虫螨腈(13)，⑦硫丹(13)，⑧三唑醇(8)，⑨虱螨脲(8)，⑩4,4-二氯二苯甲酮(6)。

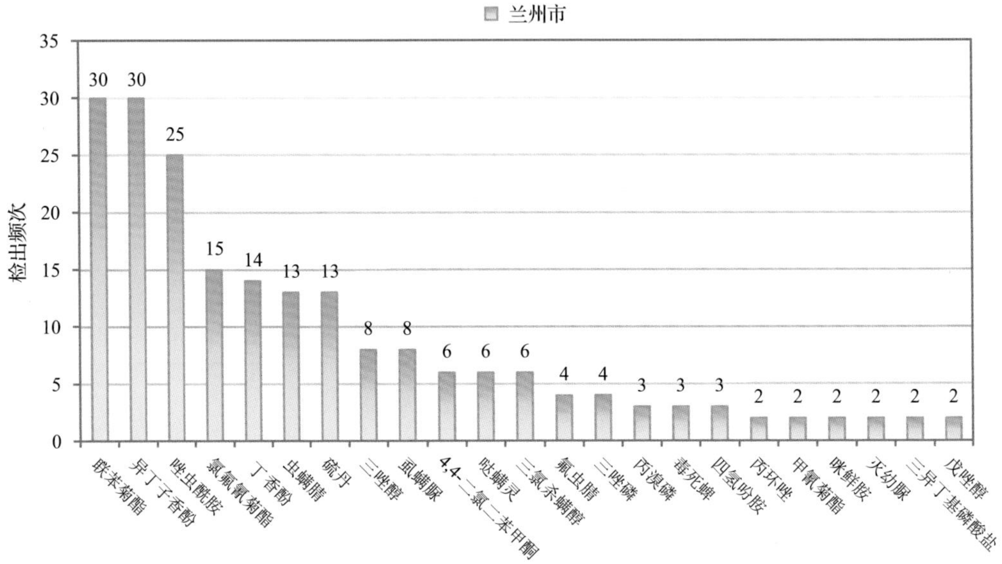

图 7-3　检出农药品种及频次（仅列出检出农药 2 频次及以上的数据）

由图 7-4 可见，绿茶、乌龙茶和花茶这 3 种茶叶样品中检出的农药品种数较高，均超过 5 种，其中，绿茶检出农药品种最多，为 30 种。由图 7-5 可见，绿茶、乌龙茶和花茶这 3 种茶叶样品中的农药检出频次较高，均超过 9 次，其中，绿茶检出农药频次最高，为 155 次。

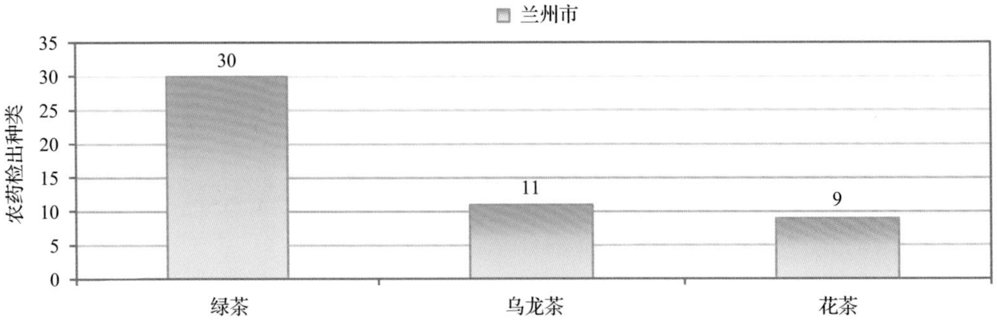

图 7-4　单种茶叶检出农药的种类数

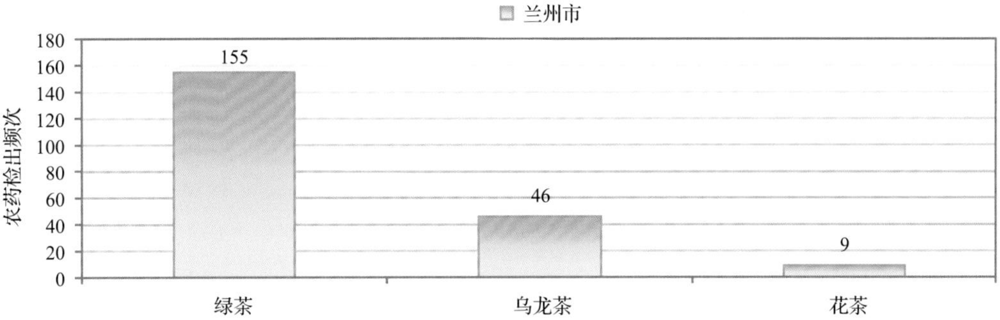

图 7-5 单种茶叶检出农药频次

7.1.2.3 单例样品农药检出种类与占比

对单例样品检出农药种类和频次进行统计发现，检出 2~5 种农药的样品占总样品数的 33.3%，检出 6~10 种农药的样品占总样品数的 60.0%，检出大于 10 种农药的样品占总样品数的 6.7%。每例样品中平均检出农药为 7.0 种，数据见表 7-4 及图 7-6。

表 7-4 单例样品检出农药品种占比

检出农药品种数	样品数量/占比(%)
2~5 种	10/33.3
6~10 种	18/60.0
大于 10 种	2/6.7
单例样品平均检出农药品种	7.0 种

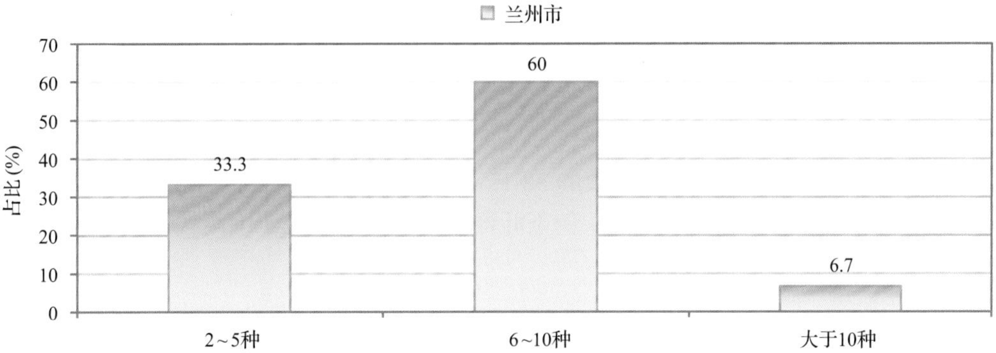

图 7-6 单例样品平均检出农药品种及占比

7.1.2.4 检出农药类别与占比

所有检出农药按功能分类，包括杀虫剂、杀菌剂、杀螨剂、除草剂、植物生长调节剂和其他共 6 类。其中杀虫剂与杀菌剂为主要检出的农药类别，分别占总数的 50.0%和 20.0%，见表 7-5 及图 7-7。

表 7-5　检出农药所属类别/占比

农药类别	数量/占比（%）
杀虫剂	15/50.0
杀菌剂	6/20.0
杀螨剂	4/13.3
除草剂	1/3.3
植物生长调节剂	1/3.3
其他	3/10.0

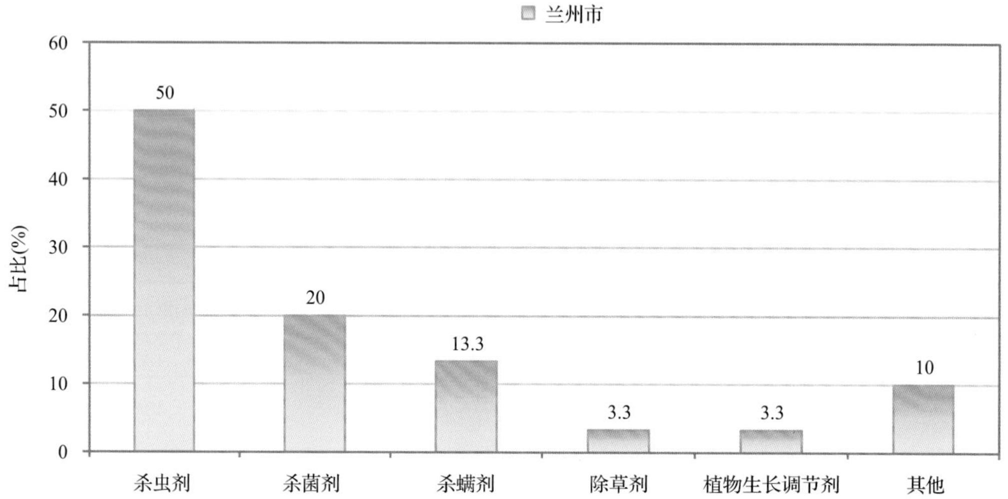

图 7-7　检出农药所属类别和占比

7.1.2.5　检出农药的残留水平

按检出农药残留水平进行统计，残留水平在 1~5 μg/kg（含）的农药占总数的 8.1%，在 5~10 μg/kg（含）的农药占总数的 7.1%，在 10~100 μg/kg（含）的农药占总数的 42.4%，在 100~1000 μg/kg（含）的农药占总数的 38.1%，在>1000 μg/kg 的农药占总数的 4.3%。

由此可见，这次检测的 8 批 30 例茶叶样品中农药多数处于中高残留水平。结果见表 7-6 及图 7-8，数据见附表 2。

表 7-6　农药残留水平/占比

残留水平（μg/kg）	检出频次数/占比（%）
1~5（含）	17/8.1
5~10（含）	15/7.1
10~100（含）	89/42.4
100~1000（含）	80/38.1
>1000	9/4.3

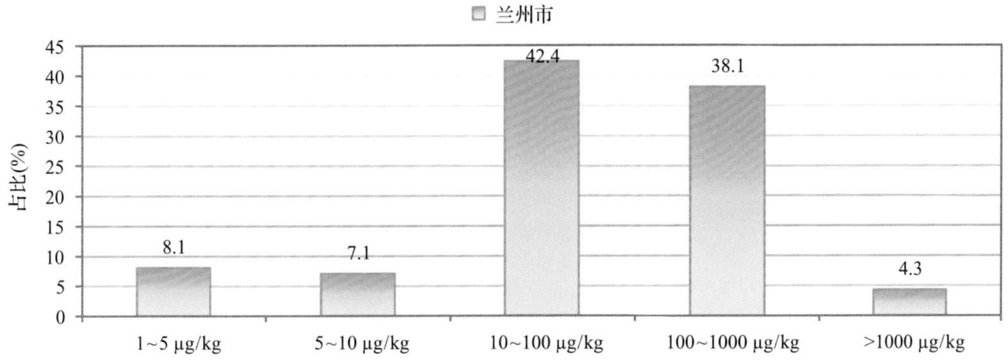

图 7-8　检出农药残留水平及占比(%)

7.1.2.6　检出农药的毒性类别、检出频次和超标频次及占比

对这次检出的 30 种 210 频次的农药，按剧毒、高毒、中毒、低毒和微毒这五个毒性类别进行分类，从中可以看出，兰州市目前普遍使用的农药为中低微毒农药，品种占 96.7%，频次占 98.1%。结果见表 7-7 及图 7-9。

表 7-7　检出农药毒性类别/占比

毒性分类	农药品种/占比(%)	检出频次/占比(%)	超标频次/超标率(%)
剧毒农药	0/0	0/0.0	0/0.0
高毒农药	1/3.3	4/1.9	0/0.0
中毒农药	20/66.7	181/86.2	0/0.0
低毒农药	8/26.7	24/11.4	0/0.0
微毒农药	1/3.3	1/0.5	0/0.0

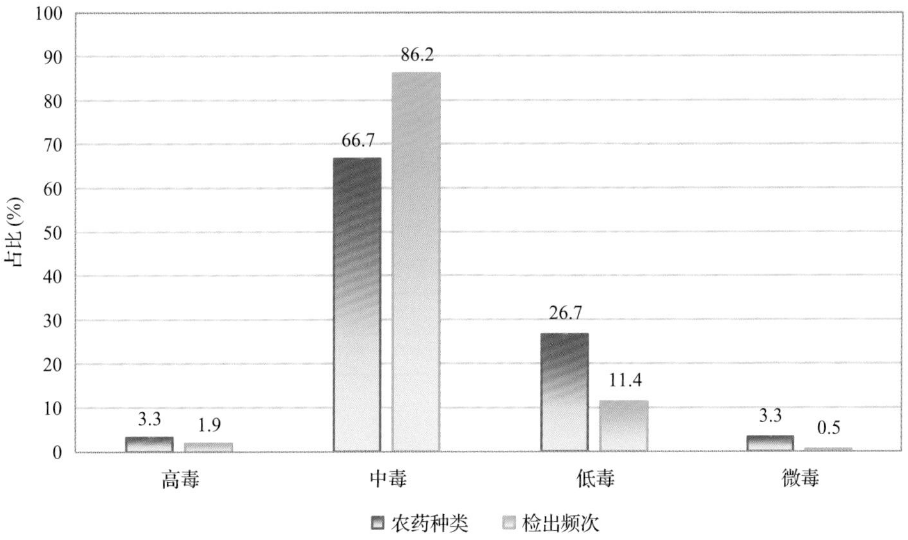

图 7-9　检出农药的毒性分类和占比

7.1.2.7 检出剧毒/高毒类农药的品种和频次

值得特别关注的是，在此次侦测的 30 例样品中有 1 种茶叶的 4 例样品检出了 1 种 4 频次的剧毒和高毒农药，占样品总量的 13.3%，详见图 7-10、表 7-8 及表 7-9。

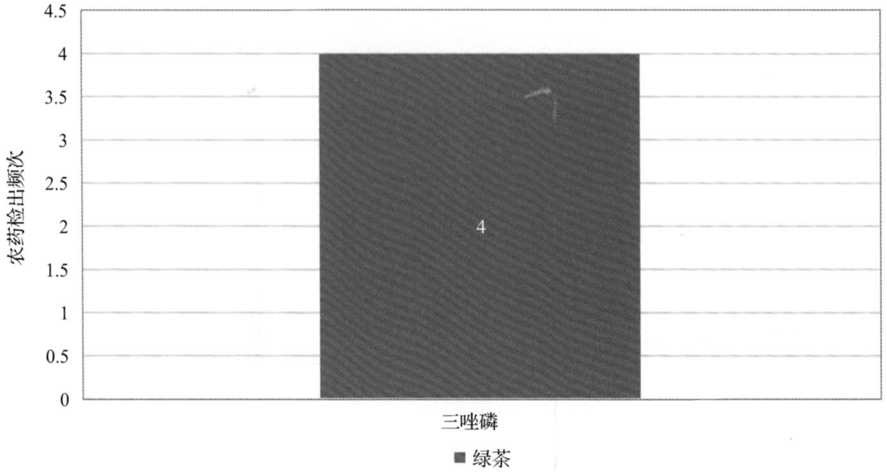

图 7-10 检出剧毒/高毒农药的样品情况

表 7-8 剧毒农药检出情况

序号	农药名称	检出频次	超标频次	超标率
茶叶中未检出剧毒农药				
	合计	0	0	超标率：0.0%

表 7-9 高毒农药检出情况

序号	农药名称	检出频次	超标频次	超标率
从 1 种茶叶中检出 1 种高毒农药，共计检出 4 次				
1	三唑磷	4	0	0.0%
	合计	4	0	超标率：0.0%

在检出的剧毒和高毒农药中，有 1 种是我国早已禁止在茶叶上使用的，为三唑磷。禁用农药的检出情况见表 7-10。

表 7-10 禁用农药检出情况

序号	农药名称	检出频次	超标频次	超标率
从 2 种茶叶中检出 5 种禁用农药，共计检出 30 次				
1	硫丹	13	0	0.0%
2	三氯杀螨醇	6	0	0.0%
3	氟虫腈	4	0	0.0%
4	三唑磷	4	0	0.0%
5	毒死蜱	3	0	0.0%
	合计	30	0	超标率：0.0%

此次抽检的茶叶样品中，没有检出剧毒农药。

样品中检出剧毒和高毒农药残留水平没有超过 MRL 中国国家标准，但本次检出结果仍表明，高毒、剧毒农药的使用现象依旧存在，详见表 7-11。

表 7-11　各样本中检出剧毒/高毒农药情况

样品名称	农药名称	检出频次	超标频次	检出浓度(μg/kg)
		茶叶 1 种		
绿茶	三唑磷▲	4	0	36.8, 18.4, 23.5, 38.6
合计		4	0	超标率：0.0%

7.2　农药残留检出水平与最大残留限量标准对比分析

我国于 2016 年 12 月 18 日正式颁布并于 2017 年 6 月 18 日正式实施食品农药残留限量国家标准《食品中农药最大残留限量》(GB 2763—2016)。该标准包括 417 个农药条目，涉及最大残留限量(MRL)标准 4140 项。将 210 频次检出农药的浓度水平与 4140 项 MRL 中国国家标准进行核对，其中只有 86 频次的结果找到了对应的 MRL 标准，占 41.0%，还有 124 频次的结果则无相关 MRL 标准供参考，占 59.0%。

将此次侦测结果与国际上现行 MRL 标准对比发现，在 210 频次的检出结果中有 210 频次的结果找到了对应的 MRL 欧盟标准，占 100.0%，其中，125 频次的结果有明确对应的 MRL 标准，占 59.5%，其余 85 频次按照欧盟一律标准判定，占 40.5%；有 210 频次的结果找到了对应的 MRL 日本标准，占 100.0%，其中，144 频次的结果有明确对应的 MRL 标准，占 68.6%，其余 66 频次按照日本一律标准判定，占 31.4%；有 61 频次的结果找到了对应的 MRL 中国香港标准，占 29.0%；有 93 频次的结果找到了对应的 MRL 美国标准，占 44.3%；有 77 频次的结果找到了对应的 MRL CAC 标准，占 36.7%(见图 7-11 和图 7-12，数据见附表 3 至附表 8)。

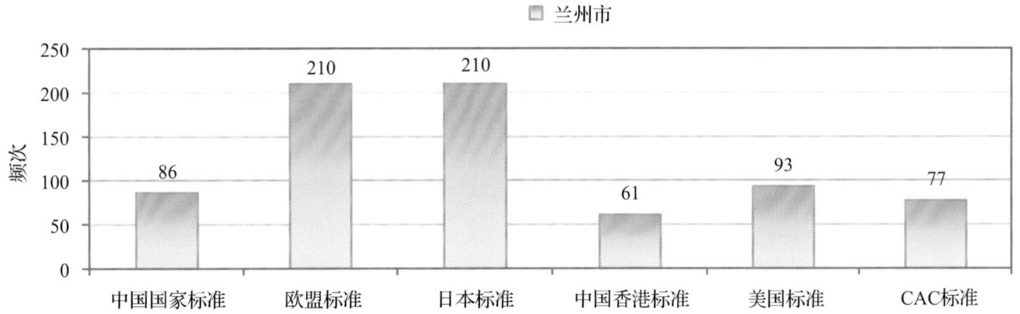

图 7-11　210 频次检出农药可用 MRL 中国国家标准、欧盟标准、日本标准、中国香港标准、美国标准、CAC 标准判定衡量的数量

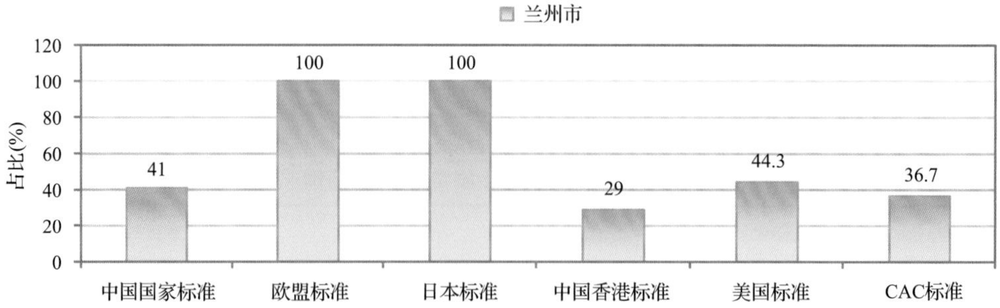

图 7-12　210 频次检出农药可用 MRL 中国国家标准、欧盟标准、日本标准、中国香港标准、美国标准、CAC 标准衡量的占比

7.2.1　超标农药样品分析

本次侦测的 30 例样品中均检出不同水平、不同种类的残留农药，占样品总量的 100.0%。在此，我们将本次侦测的农残检出情况与 MRL 中国国家标准、欧盟标准、日本标准、中国香港标准、美国标准和 CAC 标准这 6 大国际主流标准进行对比分析，样品农残检出与超标情况见表 7-12、图 7-13 和图 7-14，详细数据见附表 9 至附表 14。

表 7-12　各 MRL 标准下样本农残检出与超标数量及占比

	中国国家标准 数量/占比(%)	欧盟标准 数量/占比(%)	日本标准 数量/占比(%)	中国香港标准 数量/占比(%)	美国标准 数量/占比(%)	CAC 标准 数量/占比(%)
未检出	0/0.0	0/0.0	0/0.0	0/0.0	0/0.0	0/0.0
检出未超标	30/100.0	0/0.0	0/0.0	30/100.0	30/100.0	30/100.0
检出超标	0/0.0	30/100.0	30/100.0	0/0.0	0/0.0	0/0.0

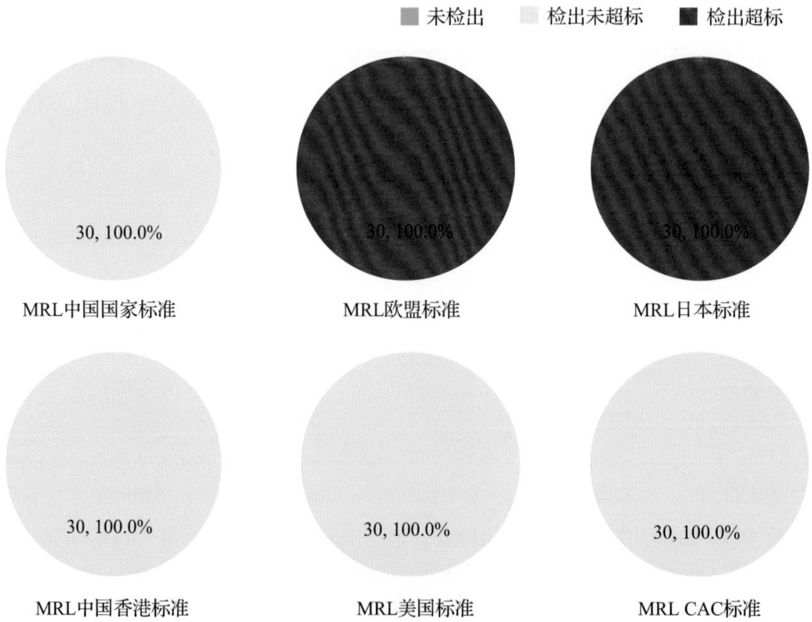

图 7-13　检出和超标样品比例情况

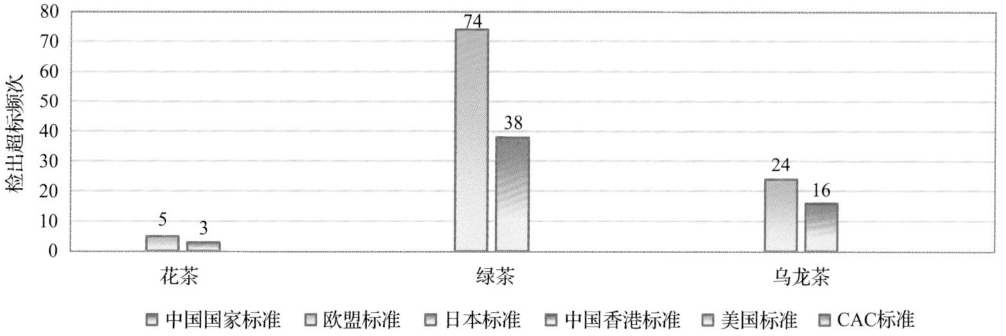

图 7-14　超过 MRL 中国国家标准、欧盟标准、日本标准、中国香港标准、美国标准和 CAC 标准结果在茶叶中的分布

7.2.2　超标农药种类分析

按照 MRL 中国国家标准、欧盟标准、日本标准、中国香港标准、美国标准和 CAC 标准这 6 大国际主流标准衡量，本次侦测检出的农药超标品种及频次情况见表 7-13。

表 7-13　各 MRL 标准下超标农药品种及频次

	中国国家标准	欧盟标准	日本标准	中国香港标准	美国标准	CAC 标准
超标农药品种	0	14	9	0	0	0
超标农药频次	0	103	57	0	0	0

7.2.2.1　按 MRL 中国国家标准衡量

按 MRL 中国国家标准衡量，无样品检出超标农药残留。

7.2.2.2　按 MRL 欧盟标准衡量

按 MRL 欧盟标准衡量，共有 14 种农药超标，检出 103 频次，分别为高毒农药三唑磷，中毒农药稻瘟灵、氯氟氰菊酯、异丁子香酚、氟虫腈、三唑醇、唑虫酰胺、哒螨灵、哌草丹和丁香酚，低毒农药猛杀威、噻嗪酮、四氢吩胺和 4,4-二氯二苯甲酮。

按超标程度比较，绿茶中唑虫酰胺超标 392.1 倍，绿茶中氯氟氰菊酯超标 99.4 倍，花茶中唑虫酰胺超标 97.2 倍，花茶中丁香酚超标 46.8 倍，绿茶中异丁子香酚超标 24.9 倍。检测结果见图 7-15 和附表 16。

7.2.2.3　按 MRL 日本标准衡量

按 MRL 日本标准衡量，共有 9 种农药超标，检出 57 频次，分别为高毒农药三唑磷，中毒农药稻瘟灵、异丁子香酚、氟虫腈、哌草丹和丁香酚，低毒农药猛杀威、四氢吩胺和 4,4-二氯二苯甲酮。

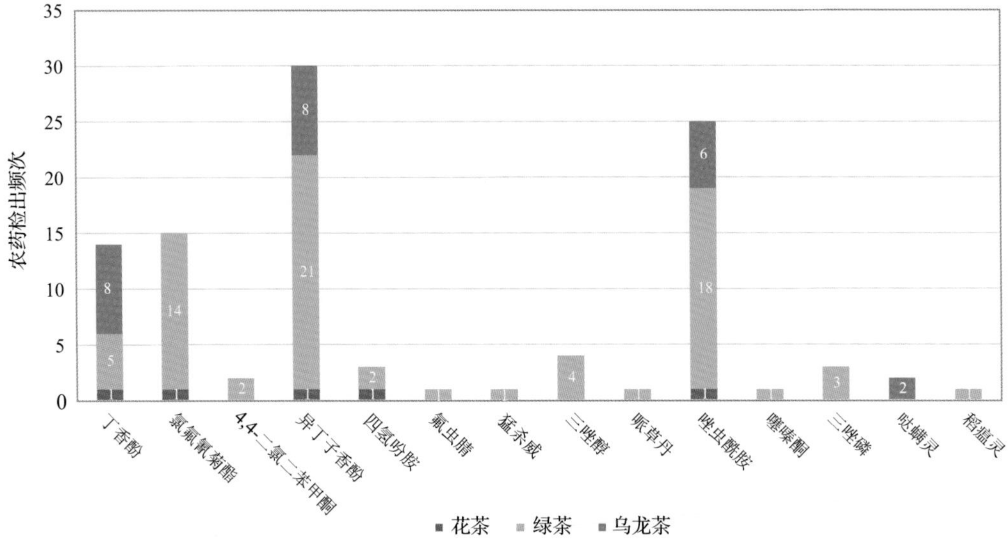

图 7-15　超过 MRL 欧盟标准农药品种及频次

按超标程度比较，花茶中丁香酚超标 46.8 倍，绿茶中异丁子香酚超标 24.9 倍，乌龙茶中异丁子香酚超标 22.3 倍，花茶中四氢吩胺超标 14.8 倍，绿茶中四氢吩胺超标 12.8 倍。检测结果见图 7-16 和附表 17。

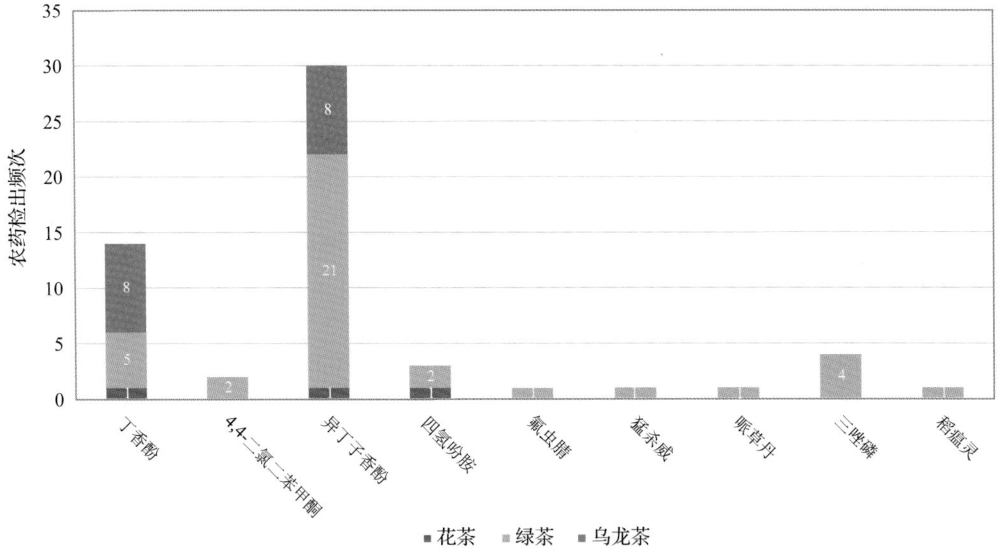

图 7-16　超过 MRL 日本标准农药品种及频次

7.2.2.4　按 MRL 中国香港标准衡量

按 MRL 中国香港标准衡量，无样品检出超标农药残留。

7.2.2.5　按 MRL 美国标准衡量

按 MRL 美国标准衡量，无样品检出超标农药残留。

7.2.2.6　按 MRL CAC 标准衡量

按 MRL CAC 标准衡量，无样品检出超标农药残留。

7.2.3　8 个采样点超标情况分析

7.2.3.1　按 MRL 中国国家标准衡量

按 MRL 中国国家标准衡量，所有采样点的样品均未检出超标农药残留。

7.2.3.2　按 MRL 欧盟标准衡量

按 MRL 欧盟标准衡量，所有采样点的样品均存在不同程度的超标农药检出，超标率均为 100.0%，如图 7-17 和表 7-14 所示。

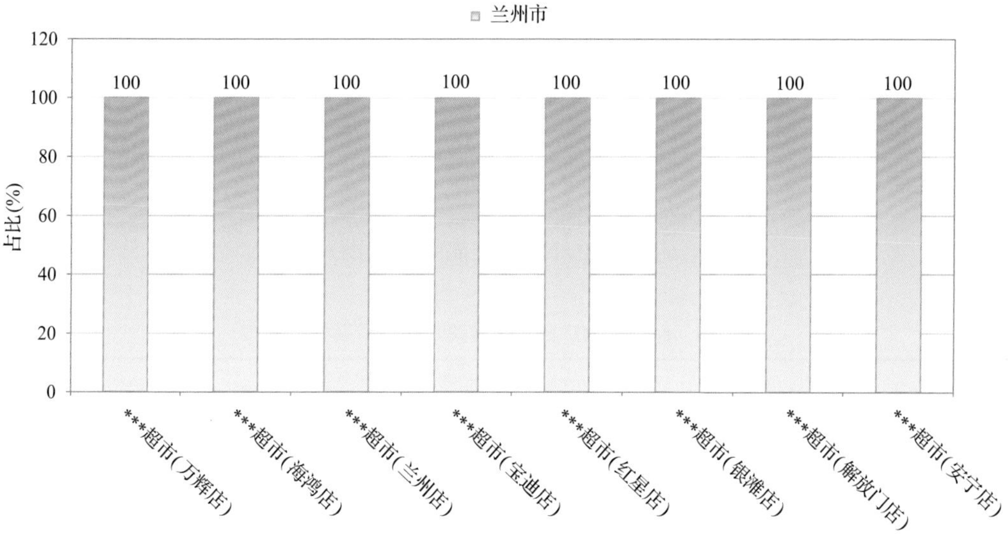

图 7-17　超过 MRL 欧盟标准茶叶在不同采样点分布

表 7-14　超过 MRL 欧盟标准茶叶在不同采样点分布

序号	采样点	样品总数	超标数量	超标率(%)	行政区域
1	***超市(万辉店)	5	5	100.0	七里河区
2	***超市(海鸿店)	5	5	100.0	七里河区
3	***超市(兰州店)	4	4	100.0	城关区
4	***超市(宝迪店)	4	4	100.0	安宁区
5	***超市(红星店)	4	4	100.0	城关区
6	***超市(银滩店)	3	3	100.0	安宁区
7	***超市(解放门店)	3	3	100.0	七里河区
8	***超市(安宁店)	2	2	100.0	安宁区

7.2.3.3 按 MRL 日本标准衡量

按 MRL 日本标准衡量，所有采样点的样品均存在不同程度的超标农药检出，超标率均为 100.0%，如图 7-18 和表 7-15 所示。

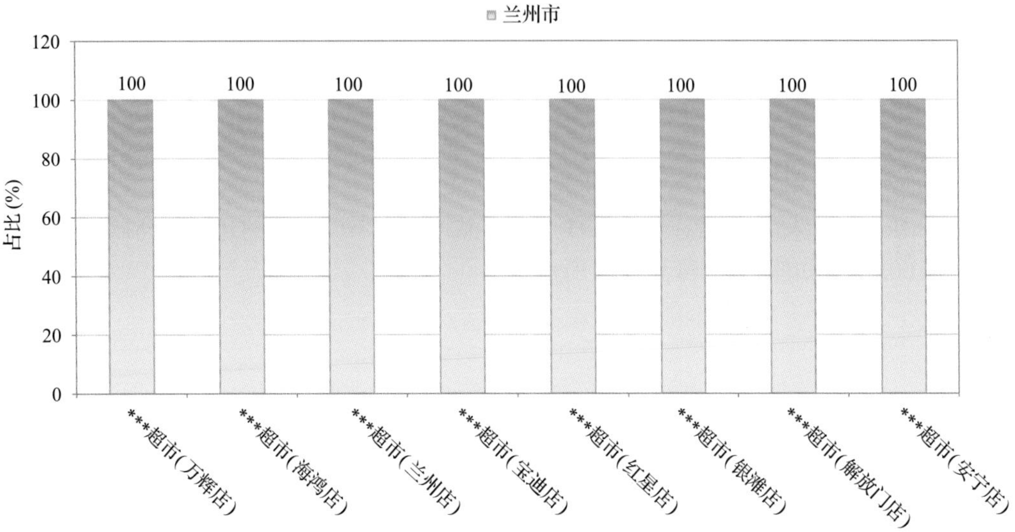

图 7-18 超过 MRL 日本标准茶叶在不同采样点分布

表 7-15 超过 MRL 日本标准茶叶在不同采样点分布

序号	采样点	样品总数	超标数量	超标率(%)	行政区域
1	***超市(万辉店)	5	5	100.0	七里河区
2	***超市(海鸿店)	5	5	100.0	七里河区
3	***超市(兰州店)	4	4	100.0	城关区
4	***超市(宝迪店)	4	4	100.0	安宁区
5	***超市(红星店)	4	4	100.0	城关区
6	***超市(银滩店)	3	3	100.0	安宁区
7	***超市(解放门店)	3	3	100.0	七里河区
8	***超市(安宁店)	2	2	100.0	安宁区

7.2.3.4 按 MRL 中国香港标准衡量

按 MRL 中国香港标准衡量，所有采样点的样品均未检出超标农药残留。

7.2.3.5 按 MRL 美国标准衡量

按 MRL 美国标准衡量，所有采样点的样品均未检出超标农药残留。

7.2.3.6 按 MRL CAC 标准衡量

按 MRL CAC 标准衡量，所有采样点的样品均未检出超标农药残留。

7.3　茶叶中农药残留分布

7.3.1　茶叶按检出农药品种和频次排名

本次残留侦测的茶叶共 3 种，包括乌龙茶、花茶和绿茶。

根据检出农药品种及频次进行排名，将茶叶样品检出情况列表说明，详见表 7-16。

表 7-16　茶叶按检出农药品种和频次排名

按检出农药品种排名(品种)	①绿茶(30),②乌龙茶(11),③花茶(9)
按检出农药频次排名(频次)	①绿茶(155),②乌龙茶(46),③花茶(9)
按检出禁用、高毒及剧毒农药品种排名(品种)	①绿茶(5),②乌龙茶(4)
按检出禁用、高毒及剧毒农药频次排名(频次)	①绿茶(22),②乌龙茶(8)

7.3.2　茶叶按超标农药品种和频次排名

鉴于 MRL 欧盟标准和日本标准制定比较全面且覆盖率较高，我们参照 MRL 中国国家标准、欧盟标准和日本标准衡量茶叶样品中农残检出情况，将茶叶按超标农药品种及频次排名列表说明，详见表 7-17。

表 7-17　茶叶按超标农药品种和频次排名

按超标农药品种排名(农药品种数)	MRL 中国国家标准	
	MRL 欧盟标准	①绿茶(13),②花茶(5),③乌龙茶(4)
	MRL 日本标准	①绿茶(9),②花茶(3),③乌龙茶(2)
按超标农药频次排名(农药频次数)	MRL 中国国家标准	
	MRL 欧盟标准	①绿茶(74),②乌龙茶(24),③花茶(5)
	MRL 日本标准	①绿茶(38),②乌龙茶(16),③花茶(3)

通过对各品种茶叶样本总数及检出率进行综合分析发现，绿茶、乌龙茶的残留污染最为严重，在此，我们参照 MRL 中国国家标准、欧盟标准和日本标准对这 3 种茶叶的农残检出情况进行进一步分析。

7.3.3　农药残留检出率较高的茶叶样品分析

7.3.3.1　绿茶

这次共检测 21 例绿茶样品，全部检出了农药残留，检出率为 100.0%，检出农药共计 30 种。其中联苯菊酯、异丁子香酚、唑虫酰胺、氯氟氰菊酯和虫螨腈检出频次较高，分别检出了 21、21、18、14 和 13 次。绿茶中农药检出品种和频次见图 7-19，超标农药见图 7-20 和表 7-18。

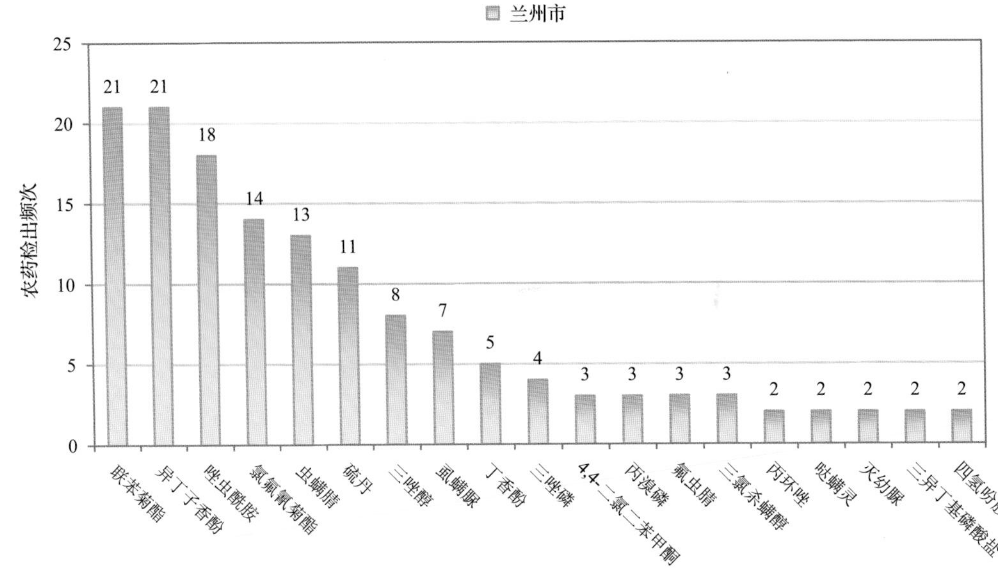

图 7-19　绿茶样品检出农药品种和频次分析（仅列出 2 频次及以上的数据）

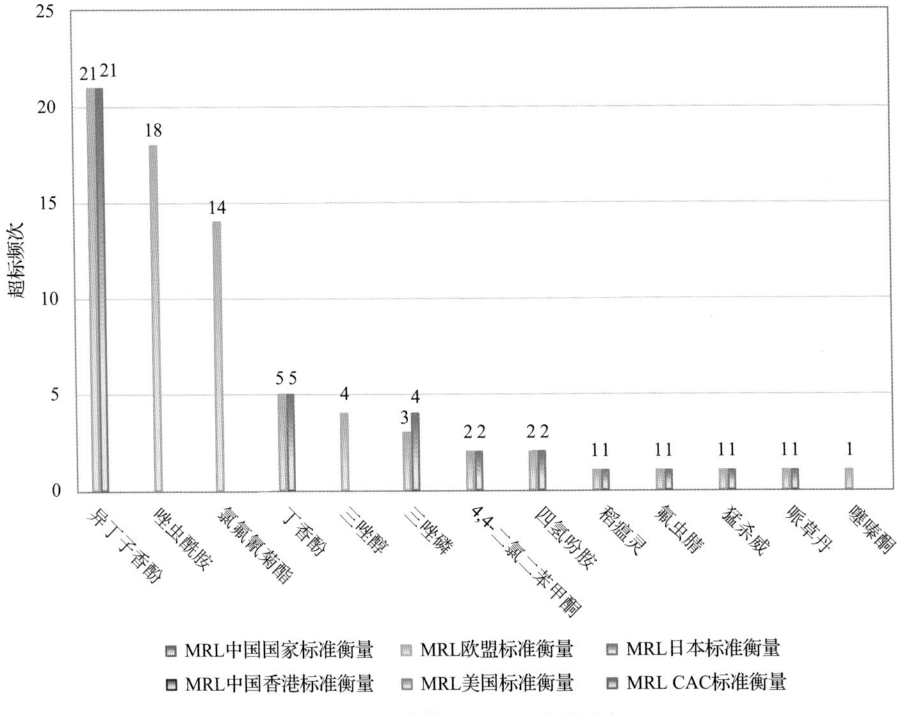

图 7-20　绿茶样品中超标农药分析

7.3.3.2　乌龙茶

这次共检测 8 例乌龙茶样品，全部检出了农药残留，检出率为 100.0%，检出农药共计 11 种。其中丁香酚、联苯菊酯、异丁子香酚、唑虫酰胺和哒螨灵检出频次较高，分别检出了 8、8、8、6 和 4 次。乌龙茶中农药检出品种和频次见图 7-21，超标农药见图 7-22 和表 7-19。

表 7-18　绿茶中农药残留超标情况明细表

样品总数		检出农药样品数	样品检出率(%)	检出农药品种总数
21		21	100	30
	超标农药品种	超标农药频次	按照 MRL 中国国家标准、欧盟标准和日本标准衡量超标农药名称及频次	
中国国家标准	0	0		
欧盟标准	13	74	异丁子香酚(21),唑虫酰胺(18),氯氟氰菊酯(14),丁香酚(5),三唑醇(4),三唑磷(3),4,4-二氯二苯甲酮(2),四氢吩胺(2),稻瘟灵(1),氟虫腈(1),猛杀威(1),哌草丹(1),噻嗪酮(1)	
日本标准	9	38	异丁子香酚(21),丁香酚(5),三唑磷(4),4,4-二氯二苯甲酮(2),四氢吩胺(2),稻瘟灵(1),氟虫腈(1),猛杀威(1),哌草丹(1)	

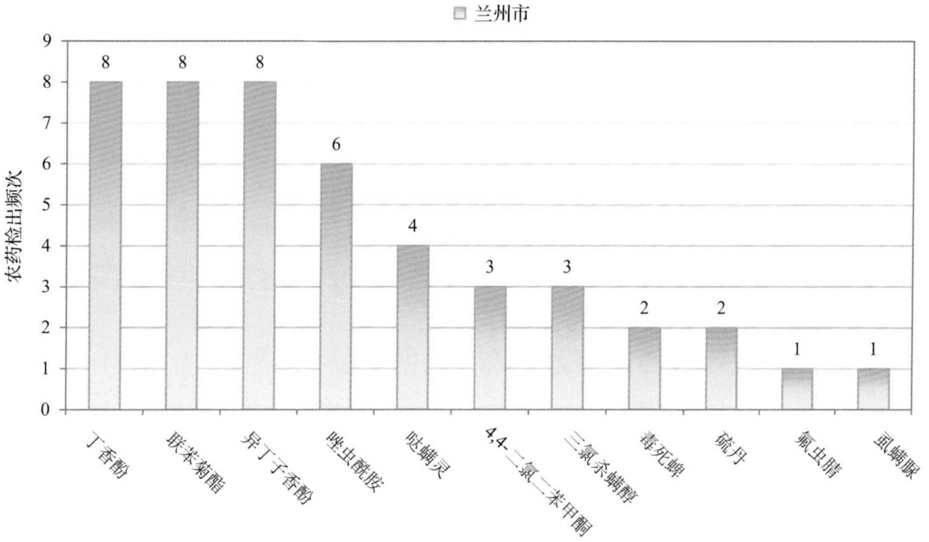

图 7-21　乌龙茶样品检出农药品种和频次分析

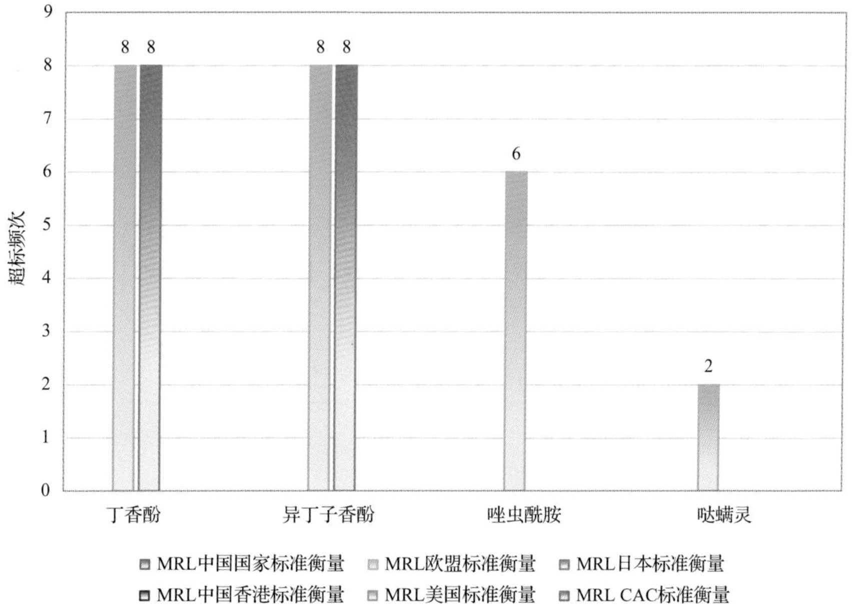

图 7-22　乌龙茶样品中超标农药分析

表 7-19 乌龙茶中农药残留超标情况明细表

样品总数			检出农药样品数	样品检出率(%)	检出农药品种总数
8			8	100	11
	超标农药品种	超标农药频次	按照 MRL 中国国家标准、欧盟标准和日本标准衡量超标农药名称及频次		
中国国家标准	0	0			
欧盟标准	4	24	丁香酚(8),异丁子香酚(8),唑虫酰胺(6),哒螨灵(2)		
日本标准	2	16	丁香酚(8),异丁子香酚(8)		

7.4 初步结论

7.4.1 兰州市市售茶叶按 MRL 中国国家标准和国际主要 MRL 标准衡量的合格率

本次侦测的 30 例样品中，均检出不同水平、不同种类的残留农药，占样品总量的 100.0%。在这 30 例检出农药残留的样品中：

按照 MRL 中国国家标准衡量，有 30 例样品检出残留农药但含量没有超标，占样品总数的 100.0%，无检出残留农药超标的样品。

按照 MRL 欧盟标准衡量，无检出残留农药但未超标的样品，有 30 例样品检出了超标农药，占样品总数的 100.0%。

按照 MRL 日本标准衡量，无检出残留农药但未超标的样品，有 30 例样品检出了超标农药，占样品总数的 100.0%。

按照 MRL 中国香港标准衡量，有 30 例样品检出残留农药但含量没有超标，占样品总数的 100.0%，无检出残留农药超标的样品。

按照 MRL 美国标准衡量，有 30 例样品检出残留农药但含量没有超标，占样品总数的 100.0%，无检出残留农药超标的样品。

按照 MRL CAC 标准衡量，有 30 例样品检出残留农药但含量没有超标，占样品总数的 100.0%，无检出残留农药超标的样品。

7.4.2 兰州市市售茶叶中检出农药以中低微毒农药为主，占市场主体的 96.7%

这次侦测的 30 例茶叶样品共检出了 30 种农药，检出农药的毒性以中低微毒为主，详见表 7-20。

表 7-20 市场主体农药毒性分布

毒性	检出品种	占比	检出频次	占比
高毒农药	1	3.3%	4	1.9%
中毒农药	20	66.7%	181	86.2%
低毒农药	8	26.7%	24	11.4%
微毒农药	1	3.3%	1	0.5%
中低微毒农药，品种占比 96.7%，频次占比 98.1%				

7.4.3　检出剧毒、高毒和禁用农药现象应该警醒

在此次侦测的 30 例样品中有 2 种茶叶的 16 例样品检出了 5 种 30 频次的剧毒和高毒或禁用农药，占样品总量的 53.3%。其中高毒农药三唑磷检出频次较高。

按 MRL 中国国家标准衡量，检出高毒农药按超标程度比较均未超标。

剧毒、高毒或禁用农药的检出情况及按照 MRL 中国国家标准衡量的超标情况见表 7-21。

表 7-21　剧毒、高毒或禁用农药的检出及超标明细

序号	农药名称	样品名称	检出频次	超标频次	最大超标倍数	超标率
1.1	三唑磷◊▲	绿茶	4	0	0	0.0%
2.1	毒死蜱▲	乌龙茶	2	0	0	0.0%
2.2	毒死蜱▲	绿茶	1	0	0	0.0%
3.1	氟虫腈▲	绿茶	3	0	0	0.0%
3.2	氟虫腈▲	乌龙茶	1	0	0	0.0%
4.1	硫丹▲	绿茶	11	0	0	0.0%
4.2	硫丹▲	乌龙茶	2	0	0	0.0%
5.1	三氯杀螨醇▲	绿茶	3	0	0	0.0%
5.2	三氯杀螨醇▲	乌龙茶	3	0	0	0.0%
合计			30	0		0.0%

这些剧毒和高毒农药都是中国政府早有规定禁止在茶叶中使用的，为什么还屡次被检出，应该引起警惕。

7.4.4　残留限量标准与先进国家或地区标准差距较大

210 频次的检出结果与我国公布的《食品中农药最大残留限量》(GB 2763—2016) 对比，有 86 频次能找到对应的 MRL 中国国家标准，占 41.0%；还有 124 频次的侦测数据无相关 MRL 标准供参考，占 59.0%。

与国际上现行 MRL 标准对比发现：

有 210 频次能找到对应的 MRL 欧盟标准，占 100.0%；

有 210 频次能找到对应的 MRL 日本标准，占 100.0%；

有 61 频次能找到对应的 MRL 中国香港标准，占 29.0%；

有 93 频次能找到对应的 MRL 美国标准，占 44.3%；

有 77 频次能找到对应的 MRL CAC 标准，占 36.7%。

由上可见，MRL 中国国家标准与先进国家或地区标准还有很大差距，我们无标准，境外有标准，这就会导致我们在国际贸易中，处于受制于人的被动地位。

7.4.5　茶叶单种样品检出 9~30 种农药残留，拷问农药使用的科学性

通过此次监测发现，绿茶、乌龙茶和花茶是检出农药品种最多的 3 种茶叶，从中检

出农药品种及频次详见表 7-22。

表 7-22　单种样品检出农药品种及频次

样品名称	样品总数	检出农药样品数	检出率	检出农药品种数	检出农药（频次）
绿茶	21	21	100.0%	30	联苯菊酯(21),异丁子香酚(21),唑虫酰胺(18),氯氟氰菊酯(14),虫螨腈(13),硫丹(11),三唑醇(8),虱螨脲(7),丁香酚(5),三唑磷(4),4,4-二氯二苯甲酮(3),丙溴磷(3),氟虫腈(3),三氯杀螨醇(3),丙环唑(2),哒螨灵(2),灭幼脲(2),三异丁基磷酸盐(2),四氢吩胺(2),稻瘟灵(1),毒死蜱(1),多效唑(1),甲氰菊酯(1),邻苯二甲酰亚胺(1),猛杀威(1),咪鲜胺(1),哌草丹(1),噻嗪酮(1),戊唑醇(1),乙螨唑(1)
乌龙茶	8	8	100.0%	11	丁香酚(8),联苯菊酯(8),异丁子香酚(8),唑虫酰胺(6),哒螨灵(4),4,4-二氯二苯甲酮(3),三氯杀螨醇(3),毒死蜱(2),硫丹(2),氟虫腈(1),虱螨脲(1)
花茶	1	1	100.0%	9	丁香酚(1),甲氰菊酯(1),联苯菊酯(1),氯氟氰菊酯(1),咪鲜胺(1),四氢吩胺(1),戊唑醇(1),异丁子香酚(1),唑虫酰胺(1)

上述 3 种茶叶，检出农药 9~30 种，是多种农药综合防治，还是未严格实施农业良好管理规范(GAP)，抑或根本就是乱施药，值得我们思考。

第 8 章　GC-Q-TOF/MS 侦测兰州市市售茶叶农药残留膳食暴露风险与预警风险评估

8.1　农药残留风险评估方法

8.1.1　兰州市农药残留侦测数据分析与统计

庞国芳院士科研团队建立的农药残留高通量侦测技术以高分辨精确质量数（0.0001 *m/z* 为基准）为识别标准，采用 GC-Q-TOF/MS 技术对 684 种农药化学污染物进行侦测。

科研团队于 2019 年 3 月期间在兰州市 8 个采样点，随机采集了 30 例茶叶样品，具体位置如图 8-1 所示。

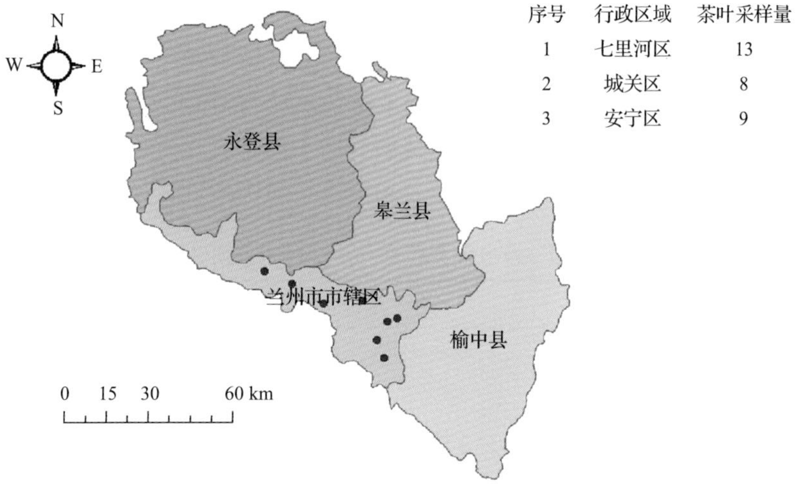

图 8-1　GC-Q-TOF/MS 侦测兰州市 8 个采样点 30 例样品分布示意图

利用 GC-Q-TOF/MS 技术对 30 例样品中的农药进行侦测，侦测出残留农药 30 种，210 频次。侦测出农药残留水平如表 8-1 和图 8-2 所示。检出频次最高的前 10 种农药如

表 8-1　侦测出农药的不同残留水平及其所占比例列表

残留水平（μg/kg）	检出频次	占比（%）
1~5（含）	17	8.1
5~10（含）	15	7.1
10~100（含）	89	42.4
100~1000（含）	80	38.1
>1000	9	4.3
合计	210	100

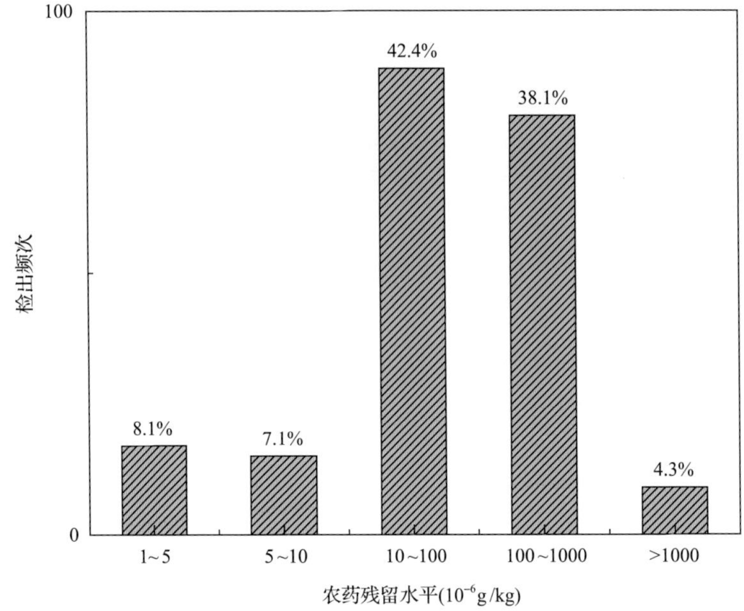

图 8-2　残留农药检出浓度频数分布图

表 8-2 所示。从检测结果中可以看出，在茶叶中农药残留普遍存在，且有些茶叶存在高浓度的农药残留，这些可能存在膳食暴露风险，对人体健康产生危害，因此，为了定量地评价茶叶中农药残留的风险程度，有必要对其进行风险评价。

表 8-2　检出频次最高的前 10 种农药列表

序号	农药	检出频次
1	联苯菊酯	30
2	异丁子香酚	30
3	唑虫酰胺	25
4	氯氟氰菊酯	15
5	丁香酚	14
6	虫螨腈	13
7	硫丹	13
8	三唑醇	8
9	虱螨脲	8
10	4,4-二氯二苯甲酮	6

8.1.2　农药残留风险评价模型

对兰州市茶叶中农药残留分别开展暴露风险评估和预警风险评估。膳食暴露风险评估利用食品安全指数模型对茶叶中的残留农药对人体可能产生的危害程度进行评价，该模型结合残留监测和膳食暴露评估评价化学污染物的危害；预警风险评价模型运用风险系数(risk index，R)，风险系数综合考虑了危害物的超标率、施检频率及其本身敏感性的影响，能直观而全面地反映出危害物在一段时间内的风险程度。

8.1.2.1　食品安全指数模型

为了加强食品安全管理，《中华人民共和国食品安全法》第二章第十七条规定“国家建立食品安全风险评估制度，运用科学方法，根据食品安全风险监测信息、科学数据以及有关信息，对食品、食品添加剂、食品相关产品中生物性、化学性和物理性危害因素进行风险评估”[1]，膳食暴露评估是食品危险度评估的重要组成部分，也是膳食安全性的衡量标准[2]。国际上最早研究膳食暴露风险评估的机构主要是 JMPR(FAO、WHO 农药残留联合会议)，该组织自 1995 年就已制定了急性毒性物质的风险评估急性毒性农药残留摄入量的预测。1960 年美国规定食品中不得加入致癌物质进而提出零阈值理论，渐渐零阈值理论发展成在一定概率条件下可接受风险的概念[3]，后衍变为食品中每日允许最大摄入量(ADI)，而国际食品农药残留法典委员会(CCPR)认为 ADI 不是独立风险评估的唯一标准[4]，1995 年 JMPR 开始研究农药急性膳食暴露风险评估，并对食品国际短期摄入量的计算方法进行了修正，亦对膳食暴露评估准则及评估方法进行了修正[5]，2002 年，在对世界上现行的食品安全评价方法，尤其是国际公认的 CAC 评价方法、全球环境监测系统/食品污染监测和评估规划(WHO GEMS/Food)及 FAO、WHO 食品添加剂联合专家委员会(JECFA)和 JMPR 对食品安全风险评估工作研究的基础之上，检验检疫食品安全管理的研究人员提出了结合残留监控和膳食暴露评估，以食品安全指数 IFS 计算食品中各种化学污染物对消费者的健康危害程度[6]。IFS 是表示食品安全状态的新方法，可有效地评价某种农药的安全性，进而评价食品中各种农药化学污染物对消费者健康的整体危害程度[7, 8]。从理论上分析，IFS_c 可指出食品中的污染物 c 对消费者健康是否存在危害及危害的程度[9]。其优点在于操作简单且结果容易被接受和理解，不需要大量的数据来对结果进行验证，使用默认的标准假设或者模型即可[10, 11]。

1) IFS_c 的计算

IFS_c 计算公式如下：

$$\mathrm{IFS_c} = \frac{\mathrm{EDI_c} \times f}{\mathrm{SI_c} \times \mathrm{bw}} \tag{8-1}$$

式中，c 为所研究的农药；EDI_c 为农药 c 的实际日摄入量估算值，等于 $\sum(R_i \times F_i \times E_i \times P_i)$($i$ 为食品种类；R_i 为食品 i 中农药 c 的残留水平，mg/kg；F_i 为食品 i 的估计日消费量，g/(人·天)；E_i 为食品 i 的可食用部分因子；P_i 为食品 i 的加工处理因子)；SI_c 为安全摄入量，可采用每日允许最大摄入量 ADI；bw 为人平均体重，kg；f 为校正因子，如果安全摄入量采用 ADI，则 f 取 1。

$IFS_c \ll 1$，农药 c 对食品安全没有影响；$IFS_c \leqslant 1$，农药 c 对食品安全的影响可以接受；$IFS_c > 1$，农药 c 对食品安全的影响不可接受。

本次评价中：

$IFS_c \leqslant 0.1$，农药 c 对茶叶安全没有影响；

0.1<IFS_c≤1，农药 c 对茶叶安全的影响可以接受；

IFS_c>1，农药 c 对茶叶安全的影响不可接受。

本次评价中残留水平 R_i 取值为中国检验检疫科学研究院庞国芳院士课题组利用以高分辨精确质量数（0.0001 *m/z*）为基准的 GC-Q-TOF/MS 侦测技术于 2018 年 3 月期间对兰州市茶叶农药残留的侦测结果，估计日消费量 F_i 取值 0.0047 kg/（人·天），E_i=1，P_i=1，f=1，SI_c 采用《食品安全国家标准　食品中农药最大残留限量》（GB 2763—2016）中 ADI 值（具体数值见表 8-3），人平均体重（bw）取值 60 kg。

表 8-3　兰州市茶叶中侦测出农药的 ADI 值

序号	农药	ADI	序号	农药	ADI	序号	农药	ADI
1	多效唑	0.1	11	虱螨脲	0.015	21	哌草丹	0.001
2	丙环唑	0.07	12	联苯菊酯	0.01	22	氟虫腈	0.0002
3	乙螨唑	0.05	13	哒螨灵	0.01	23	4,4-二氯二苯甲酮	—
4	虫螨腈	0.03	14	毒死蜱	0.01	24	丁香酚	—
5	甲氰菊酯	0.03	15	咪鲜胺	0.01	25	三异丁基磷酸盐	—
6	三唑醇	0.03	16	噻嗪酮	0.009	26	四氢吩胺	—
7	戊唑醇	0.03	17	唑虫酰胺	0.006	27	异丁子香酚	—
8	丙溴磷	0.03	18	硫丹	0.006	28	灭幼脲	—
9	氯氟氰菊酯	0.02	19	三氯杀螨醇	0.002	29	猛杀威	—
10	稻瘟灵	0.016	20	三唑磷	0.001	30	邻苯二甲酰亚胺	—

注：“—”表示为国家标准中无 ADI 值规定；ADI 值单位为 mg/kg bw

2）计算 IFS_c 的平均值 $\overline{IFS}$，评价农药对食品安全的影响程度

以 $\overline{IFS}$ 评价各种农药对人体健康危害的总程度，评价模型见公式（8-2）。

$$\overline{IFS}=\frac{\sum_{i=1}^{n}IFS_c}{n} \tag{8-2}$$

$\overline{IFS}\ll1$，所研究消费者人群的食品安全状态很好；$\overline{IFS}\leq1$，所研究消费者人群的食品安全状态可以接受；$\overline{IFS}>1$，所研究消费者人群的食品安全状态不可接受。

本次评价中：

$\overline{IFS}\leq0.1$，所研究消费者人群的茶叶安全状态很好；

$0.1<\overline{IFS}\leq1$，所研究消费者人群的茶叶安全状态可以接受；

$\overline{IFS}>1$，所研究消费者人群的茶叶安全状态不可接受。

8.1.2.2　预警风险评估模型

2003 年，我国检验检疫食品安全管理的研究人员根据 WTO 的有关原则和我国的具体规定，结合危害物本身的敏感性、风险程度及其相应的施检频率，首次提出了食品中

危害物风险系数 R 的概念[12]。R 是衡量一个危害物的风险程度大小最直观的参数，即在一定时期内其超标率或阳性检出率的高低，但受其施检频率的高低及其本身的敏感性（受关注程度）影响。该模型综合考察了农药在茶叶中的超标率、施检频率及其本身敏感性，能直观而全面地反映出农药在一段时间内的风险程度[13]。

1) R 计算方法

危害物的风险系数综合考虑了危害物的超标率或阳性检出率、施检频率和其本身的敏感性影响，并能直观而全面地反映出危害物在一段时间内的风险程度。风险系数 R 的计算公式如式(8-3)：

$$R = aP + \frac{b}{F} + S \tag{8-3}$$

式中，P 为该种危害物的超标率；F 为危害物的施检频率；S 为危害物的敏感因子；a, b 分别为相应的权重系数。

本次评价中 F=1；S=1；a =100；b =0.1，对参数 P 进行计算，计算时首先判断是否为禁用农药，如果为非禁用农药，P=超标的样品数（侦测出的含量高于食品最大残留限量标准值，即 MRL）除以总样品数（包括超标、不超标、未侦测出）；如果为禁用农药，则侦测出即为超标，P=能侦测出的样品数除以总样品数。判断兰州市茶叶农药残留是否超标的标准限值 MRL 分别以 MRL 中国国家标准[14]和 MRL 欧盟标准作为对照，具体值列于本报告附表一中。

2) 评价风险程度

$R \leqslant 1.5$，受检农药处于低度风险；

$1.5 < R \leqslant 2.5$，受检农药处于中度风险；

$R > 2.5$，受检农药处于高度风险。

8.1.2.3　食品膳食暴露风险和预警风险评估应用程序的开发

1) 应用程序开发的步骤

为成功开发膳食暴露风险和预警风险评估应用程序，与软件工程师多次沟通讨论，逐步提出并描述清楚计算需求，开发了初步应用程序。为明确出不同茶叶、不同农药、不同地域和不同季节的风险水平，向软件工程师提出不同的计算需求，软件工程师对计算需求进行逐一地分析，经过反复的细节沟通，需求分析得到明确后，开始进行解决方案的设计，在保证需求的完整性、一致性的前提下，编写出程序代码，最后设计出满足需求的风险评估专用计算软件，并通过一系列的软件测试和改进，完成专用程序的开发。软件开发基本步骤见图 8-3。

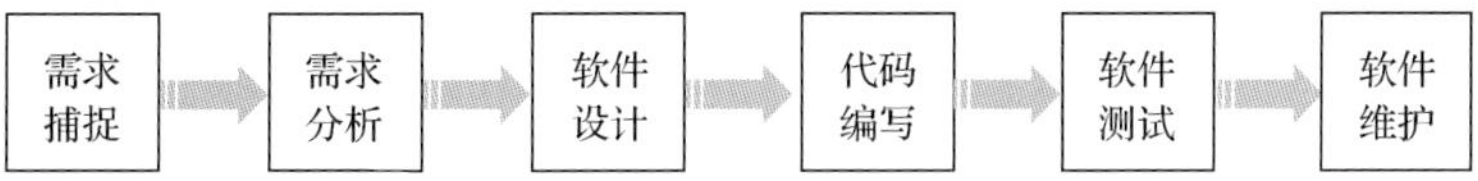

图 8-3　专用程序开发总体步骤

2）膳食暴露风险评估专业程序开发的基本要求

首先直接利用公式（8-1），分别计算 GC-Q-TOF/MS 和 LC-Q-TOF/MS 仪器侦测出的各茶叶样品中每种农药 IFS_c，将结果列出。为考察超标农药和禁用农药的使用安全性，分别以我国《食品安全国家标准　食品中农药最大残留限量》（GB 2763—2016）和欧盟食品中农药最大残留限量（以下简称 MRL 中国国家标准和 MRL 欧盟标准）为标准，对侦测出的禁用农药和超标的非禁用农药 IFS_c 单独进行评价；按 IFS_c 大小列表，并找出 IFS_c 值排名前 20 的样本重点关注。

对不同茶叶 i 中每一种侦测出的农药 c 的安全指数进行计算，多个样品时求平均值。

按农药种类，计算整个监测时间段内每种农药的 IFS_c，不区分茶叶种类。

3）预警风险评估专业程序开发的基本要求

分别以 MRL 中国国家标准和 MRL 欧盟标准，按公式（8-3）逐个计算不同茶叶、不同农药的风险系数，禁用农药和非禁用农药分别列表。

为清楚了解各种农药的预警风险，不分时间，不分茶叶，按禁用农药和非禁用农药分类，分别计算各种侦测出农药全部检测时段内风险系数。由于有 MRL 中国国家标准的农药种类太少，无法计算超标数，非禁用农药的风险系数只以 MRL 欧盟标准为标准，进行计算。若检测数据为多个月的，则按月计算每个月、每个季度内每种禁用农药残留的风险系数和以 MRL 欧盟标准为标准的非禁用农药残留的风险系数。

4）风险程度评价专业应用程序的开发方法

采用 Python 计算机程序设计语言，Python 是一个高层次地结合了解释性、编译性、互动性和面向对象的脚本语言。风险评价专用程序主要功能包括：分别读入每例样品 GC-Q-TOF/MS 和 LC-Q-TOF/MS 农药残留检测数据，根据风险评价工作要求，依次对不同农药、不同食品、不同时间、不同采样点的 IFS_c 值和 R 值分别进行数据计算，筛选出禁用农药、超标农药（分别与 MRL 中国国家标准、MRL 欧盟标准限值进行对比）单独重点分析，再分别对各农药、各茶叶种类分类处理，设计出计算和排序程序，编写计算机代码，最后将生成的膳食暴露风险评估和超标风险评估定量计算结果列入设计好的各个表格中，并定性判断风险对目标的影响程度，直接用文字描述风险发生的高低，如“不可接受”、“可以接受”、“没有影响”、“高度风险”、“中度风险”、“低度风险”。

8.2　GC-Q-TOF/MS 侦测兰州市市售茶叶农药残留膳食暴露风险评估

8.2.1　每例茶叶样品中农药残留安全指数分析

基于 2019 年 3 月的农药残留侦测数据，发现在 30 例样品中侦测出农药 210 频次，计算样品中每种残留农药的安全指数 IFS_c，并分析农药对样品安全的影响程度，结果详见附表二，农药残留对茶叶样品安全的影响程度频次分布情况如图 8-4 所示。

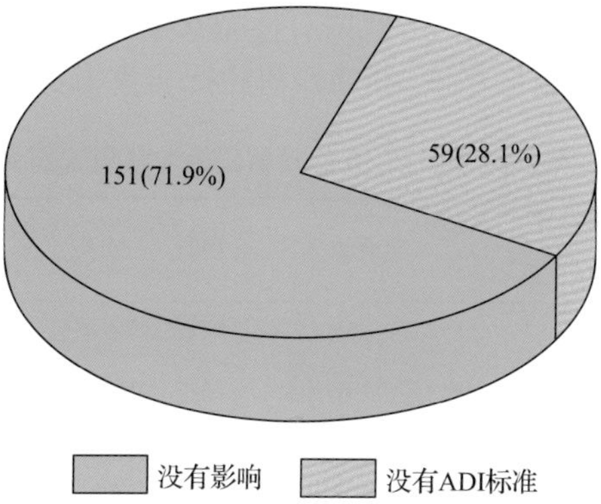

图 8-4　农药残留对茶叶样品安全的影响程度频次分布图

由图 8-4 可以看出，农药残留对样品安全的没有影响的频次为 151，占 71.90%。

部分样品侦测出禁用农药 5 种 30 频次，为了明确残留的禁用农药对样品安全的影响，分析侦测出禁用农药残留的样品安全指数，禁用农药残留对茶叶样品安全的影响程度频次分布情况如图 8-5 所示，农药残留对样品安全没有影响的频次为 30，占 100%。

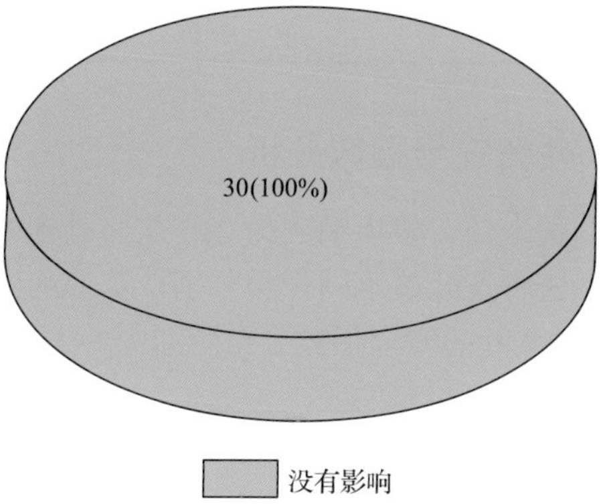

图 8-5　禁用农药对茶叶样品安全影响程度的频次分布图

残留量超过 MRL 欧盟标准的非禁用农药对茶叶样品安全的影响程度频次分布情况如图 8-6 所示。可以看出超过 MRL 欧盟标准的非禁用农药共 102 频次，其中农药没有

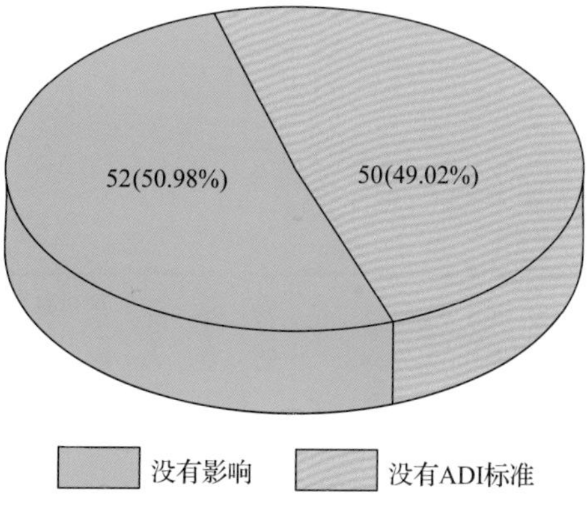

图 8-6　残留超标的非禁用农药对茶叶样品安全的影响程度频次分布图(MRL 欧盟标准)

ADI 标准的频次为 50，占 49.02%；农药残留对样品安全没有影响的频次为 52，占 50.98%。表 8-4 为茶叶样品中安全指数排名前 10 的残留超标非禁用农药列表。

表 8-4 茶叶样品中安全指数排名前 10 的残留超标非禁用农药列表（MRL 欧盟标准）

序号	样品编号	采样点	基质	农药	含量（mg/kg）	欧盟标准	IFS_c	影响程度
1	20190304-620100-USI-GT-08A	***超市（解放门店）	绿茶	唑虫酰胺	3.931	0.01	0.0513	没有影响
2	20190304-620100-USI-GT-05B	***超市（海鸿店）	绿茶	唑虫酰胺	3.529	0.01	0.0460	没有影响
3	20190304-620100-USI-GT-03A	***超市（兰州店）	绿茶	唑虫酰胺	2.3653	0.01	0.0308	没有影响
4	20190304-620100-USI-GT-05A	***超市（海鸿店）	绿茶	唑虫酰胺	2.2325	0.01	0.0291	没有影响
5	20190304-620100-USI-GT-01C	***超市（万辉店）	绿茶	唑虫酰胺	2.2113	0.01	0.0288	没有影响
6	20190304-620100-USI-GT-06B	***超市（宝迪店）	绿茶	唑虫酰胺	2.0199	0.01	0.0263	没有影响
7	20190304-620100-USI-GT-02B	***超市（红星店）	绿茶	唑虫酰胺	1.747	0.01	0.0228	没有影响
8	20190304-620100-USI-GT-01B	***超市（万辉店）	绿茶	唑虫酰胺	1.3019	0.01	0.0169	没有影响
9	20190304-620100-USI-FT-05A	***超市（海鸿店）	花茶	唑虫酰胺	0.9823	0.01	0.0128	没有影响
10	20190304-620100-USI-GT-08B	***超市（解放门店）	绿茶	唑虫酰胺	0.9076	0.01	0.0118	没有影响

8.2.2 单种茶叶中农药残留安全指数分析

本次 3 种茶叶侦测 30 种农药，检出频次为 210 次，其中 8 种农药没有 ADI 标准，22 种农药存在 ADI 标准。3 种茶叶按不同种类分别计算侦测出的具有 ADI 标准的各种农药的 IFS_c 值，农药残留对茶叶的安全指数分布图如图 8-7 所示。

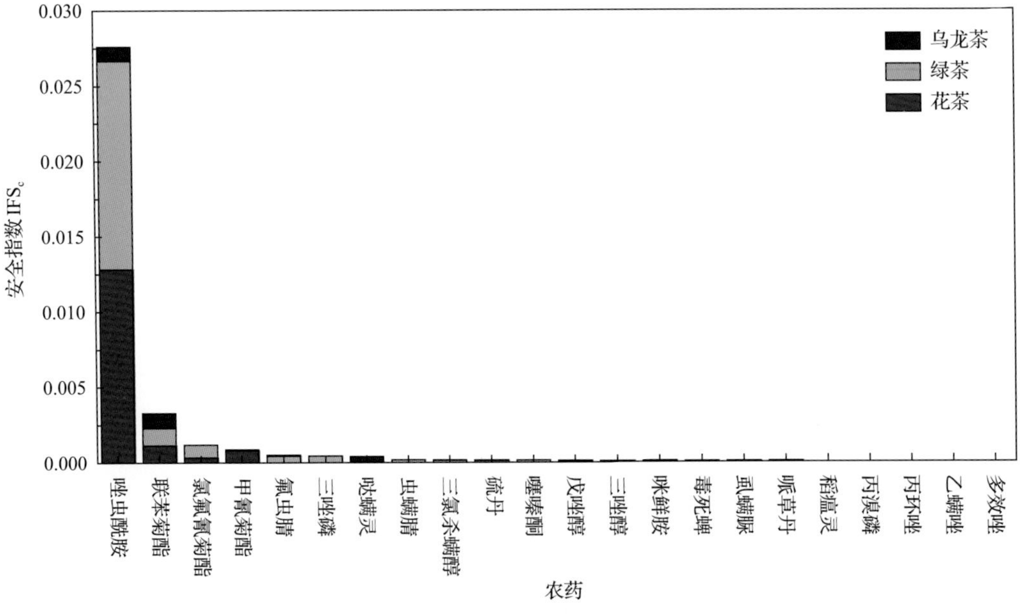

图 8-7 3 种茶叶中 22 种残留农药的安全指数分布图

本次侦测中,3 种茶叶和 30 种残留农药(包括没有 ADI 标准)共涉及 50 个分析样本,农药对单种茶叶安全的影响程度分布情况如图 8-8 所示。可以看出，72%的样本中农药对茶叶安全没有影响。

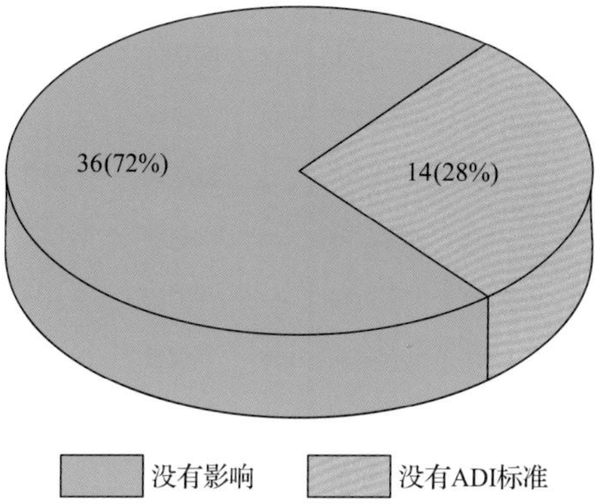

图 8-8　50 个分析样本的影响程度频次分布图

8.2.3　所有茶叶中农药残留安全指数分析

计算所有茶叶中 22 种农药的 IFS_c 值，结果如图 8-9 及表 8-5 所示。

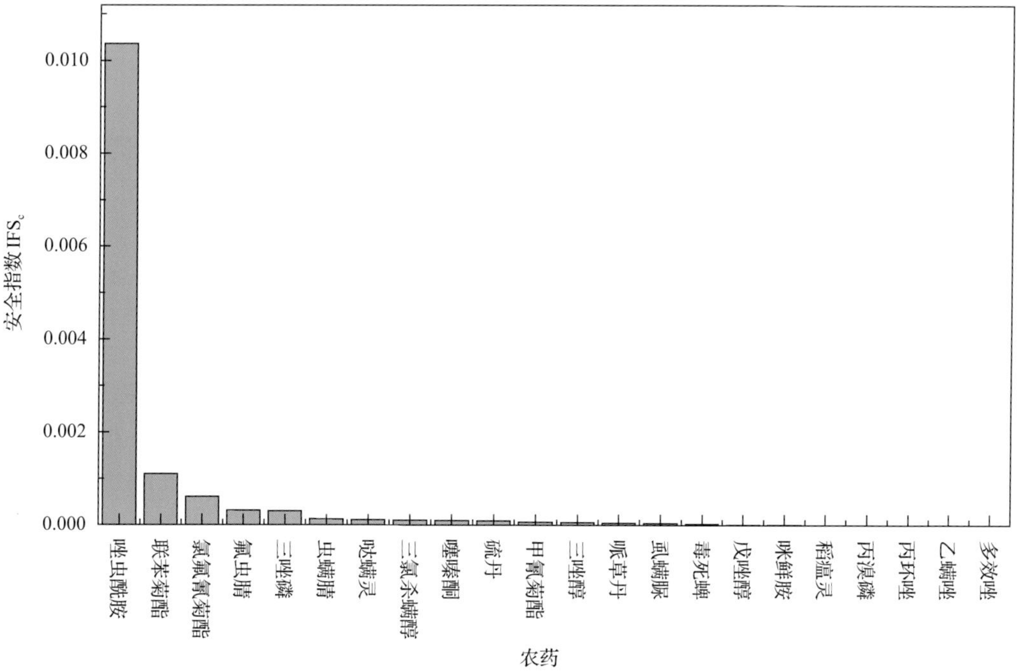

图 8-9　22 种残留农药对茶叶的安全影响程度统计图

分析发现，所有的农药对茶叶安全的影响程度均为没有影响，说明茶叶中残留的农药不会对茶叶安全造成影响。

表 8-5　茶叶中 22 种农药残留的安全指数表

序号	农药	检出频次	检出率(%)	IFS_c	影响程度	序号	农药	检出频次	检出率(%)	IFS_c	影响程度
1	唑虫酰胺	25	83.33	0.0104	没有影响	12	三唑醇	8	26.67	6.10×10^{-05}	没有影响
2	联苯菊酯	30	100.00	0.0011	没有影响	13	哌草丹	1	3.33	4.36×10^{-05}	没有影响
3	氯氟氰菊酯	15	50.00	0.0006	没有影响	14	虱螨脲	8	26.67	4.11×10^{-05}	没有影响
4	氟虫腈	4	13.33	0.0003	没有影响	15	毒死蜱	3	10.00	2.35×10^{-05}	没有影响
5	三唑磷	4	13.33	0.0003	没有影响	16	戊唑醇	2	6.67	6.48×10^{-06}	没有影响
6	虫螨腈	13	43.33	0.0001	没有影响	17	咪鲜胺	2	6.67	4.18×10^{-06}	没有影响
7	哒螨灵	6	20.00	0.0001	没有影响	18	稻瘟灵	1	3.33	1.68×10^{-06}	没有影响
8	三氯杀螨醇	6	20.00	0.0001	没有影响	19	丙溴磷	3	10.00	1.35×10^{-06}	没有影响
9	噻嗪酮	1	3.33	0.0001	没有影响	20	丙环唑	2	6.67	4.25×10^{-07}	没有影响
10	硫丹	13	43.33	0.0001	没有影响	21	乙螨唑	1	3.33	4.23×10^{-07}	没有影响
11	甲氰菊酯	2	6.67	0.0001	没有影响	22	多效唑	1	3.33	1.36×10^{-07}	没有影响

8.3　GC-Q-TOF/MS 侦测兰州市市售茶叶农药残留预警风险评估

基于兰州市茶叶样品中农药残留 GC-Q-TOF/MS 侦测数据，分析禁用农药的检出率，同时参照中华人民共和国国家标准 GB 2763—2016 和欧盟农药最大残留限量（MRL）标准分析非禁用农药残留的超标率，并计算农药残留风险系数。分析单种茶叶中农药残留以及所有茶叶中农药残留的风险程度。

8.3.1　单种茶叶中农药残留风险系数分析

8.3.1.1　单种茶叶中禁用农药残留风险系数分析

侦测出的 30 种残留农药中有 5 种为禁用农药，且它们分布在 2 种茶叶中，计算 2 种茶叶中禁用农药的检出率，根据检出率计算风险系数 *R*，进而分析茶叶中禁用农药的风险程度，结果如图 8-10 与表 8-6 所示。分析发现 5 种禁用农药在 2 种茶叶中的残留均处于高度风险。

8.3.1.2　基于 MRL 中国国家标准的单种茶叶中非禁用农药残留风险系数分析

参照中华人民共和国国家标准 GB 2763—2016 中农药残留限量计算每种茶叶中每种非禁用农药的超标率，进而计算其风险系数，根据风险系数大小判断残留农药的预警风险程度，茶叶中非禁用农药残留风险程度分布情况如图 8-11 所示。

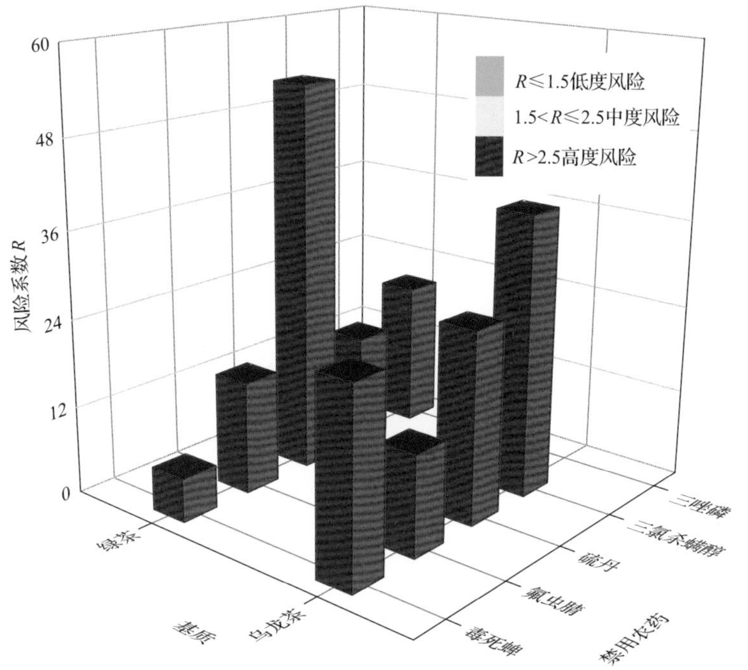

图 8-10　2 种茶叶中 5 种禁用农药的风险系数分布图

表 8-6　2 种茶叶中 5 种禁用农药的风险系数列表

序号	基质	农药	检出频次	检出率(%)	风险系数 R	风险程度
1	乌龙茶	三氯杀螨醇	3	0.375	38.6	高度风险
2	乌龙茶	毒死蜱	2	0.25	26.1	高度风险
3	乌龙茶	氟虫腈	1	0.125	13.6	高度风险
4	乌龙茶	硫丹	2	0.25	26.1	高度风险
5	绿茶	三唑磷	4	0.19	20.1	高度风险
6	绿茶	三氯杀螨醇	3	0.14	15.4	高度风险
7	绿茶	毒死蜱	1	0.05	5.9	高度风险
8	绿茶	氟虫腈	3	0.14	15.4	高度风险
9	绿茶	硫丹	11	0.52	53.5	高度风险

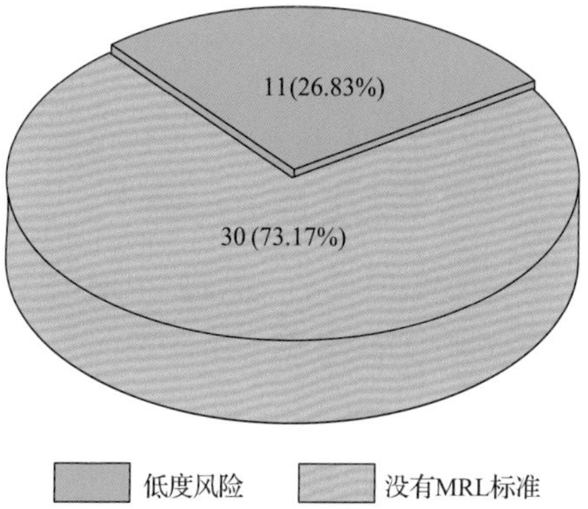

图 8-11　茶叶中非禁用农药风险程度的频次分布图(MRL 中国国家标准)

本次分析中，发现在 3 种茶叶检出 25 种残留非禁用农药，涉及样本 41 个，在 41 个样本中，26.83%处于低度风险，此外发现有 30 个样本没有 MRL 中国国家标准值，无法判断其风险程度，有 MRL 中国国家标准值的 11 个样本涉及 3 种茶叶中的 6 种非禁用农药，其风险系数 *R* 值如图 8-12 所示。

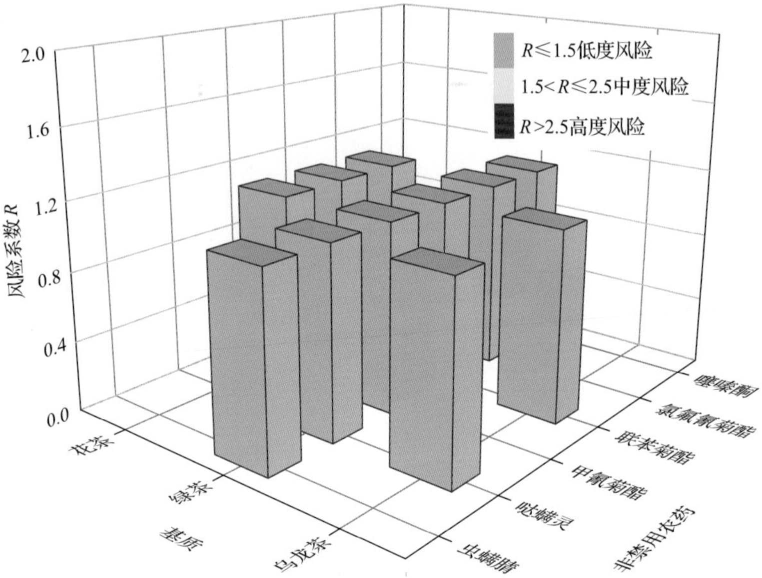

图 8-12　3 种茶叶中 6 种非禁用农药的风险系数分布图（MRL 中国国家标准）

8.3.1.3　基于 MRL 欧盟标准的单种茶叶中非禁用农药残留风险系数分析

参照 MRL 欧盟标准计算每种茶叶中每种非禁用农药的超标率，进而计算其风险系数，根据风险系数大小判断农药残留的预警风险程度，茶叶中非禁用农药残留风险程度分布情况如图 8-13 所示。

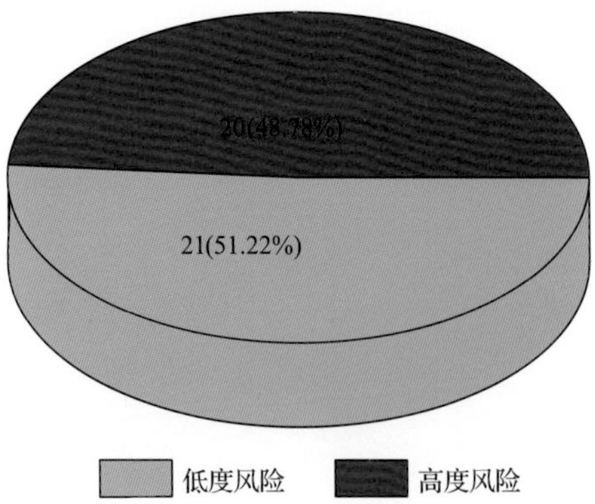

图 8-13　茶叶中非禁用农药的风险程度的频次分布图（MRL 欧盟标准）

本次分析中，发现在 3 种茶叶中共侦测出 25 种非禁用农药，涉及样本 41 个，其中，48.78%处于高度风险，涉及 3 种茶叶和 12 种农药；51.22%处于低度风险，涉及 3 种茶叶和 15 种农药。单种茶叶中的非禁用农药风险系数分布图如图 8-14 所示。单种茶叶中处于高度风险的非禁用农药风险系数如图 8-15 和表 8-7 所示。

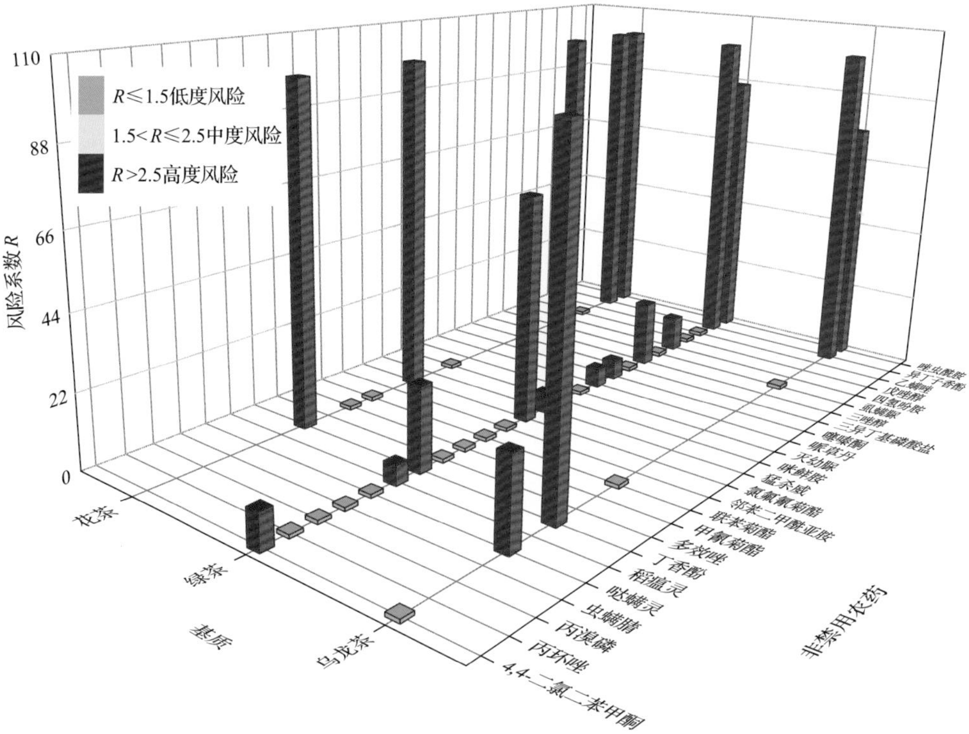

图 8-14　3 种茶叶中 25 种非禁用农药残留的风险系数(MRL 欧盟标准)

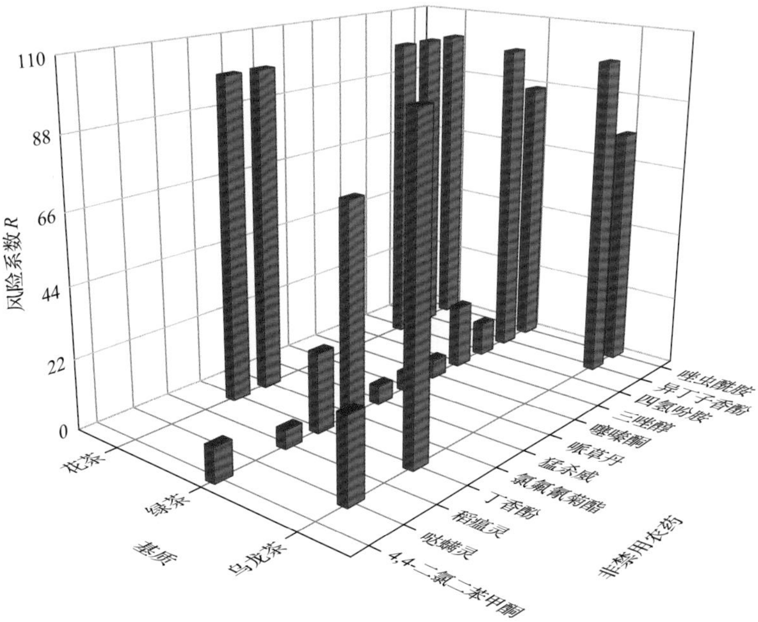

图 8-15　单种茶叶中处于高度风险的非禁用农药的风险系数分布图(MRL 欧盟标准)

表 8-7 单种茶叶中处于高度风险的非禁用农药的风险系数表（MRL 欧盟标准）

序号	基质	农药	超标频次	超标率 *P*(%)	风险系数 *R*
1	乌龙茶	丁香酚	8	1.00	101.10
2	乌龙茶	哒螨灵	2	0.25	26.10
3	乌龙茶	唑虫酰胺	6	0.75	76.10
4	乌龙茶	异丁子香酚	8	1.00	101.10
5	绿茶	4,4-二氯二苯甲酮	2	0.10	10.62
6	绿茶	丁香酚	5	0.24	24.91
7	绿茶	三唑醇	4	0.19	20.15
8	绿茶	哌草丹	1	0.05	5.86
9	绿茶	唑虫酰胺	18	0.86	86.81
10	绿茶	噻嗪酮	1	0.05	5.86
11	绿茶	四氢吩胺	2	0.10	10.62
12	绿茶	异丁子香酚	21	1.00	101.10
13	绿茶	氯氟氰菊酯	14	0.67	67.77
14	绿茶	猛杀威	1	0.05	5.86
15	绿茶	稻瘟灵	1	0.05	5.86
16	花茶	丁香酚	1	1	101.1
17	花茶	唑虫酰胺	1	1	101.1
18	花茶	四氢吩胺	1	1	101.1
19	花茶	异丁子香酚	1	1	101.1
20	花茶	氯氟氰菊酯	1	1	101.1

8.3.2 所有茶叶中农药残留风险系数分析

8.3.2.1 所有茶叶中禁用农药残留风险系数分析

在侦测出的 30 种农药中有 5 种为禁用农药，计算所有茶叶中禁用农药的风险系数，结果如表 8-8 所示。禁用农药硫丹、三氯杀螨醇、三唑磷、氟虫腈和毒死蜱处于高度风险。

表 8-8 茶叶中 5 种禁用农药的风险系数表

序号	农药	检出频次	检出率(%)	风险系数 *R*	风险程度
1	硫丹	13	43.33	44.43	高度风险
2	三氯杀螨醇	6	20.00	21.10	高度风险
3	三唑磷	4	13.33	14.43	高度风险
4	氟虫腈	4	13.33	14.43	高度风险
5	毒死蜱	3	10.00	11.10	高度风险

8.3.2.2 所有茶叶中非禁用农药残留风险系数分析

参照 MRL 欧盟标准计算所有茶叶中每种非禁用农药残留的风险系数，如图 8-16 与表 8-9 所示。在侦测出的 25 种非禁用农药中，12 种农药(48%)残留处于高度风险，13 种农药(52%)残留处于低度风险。

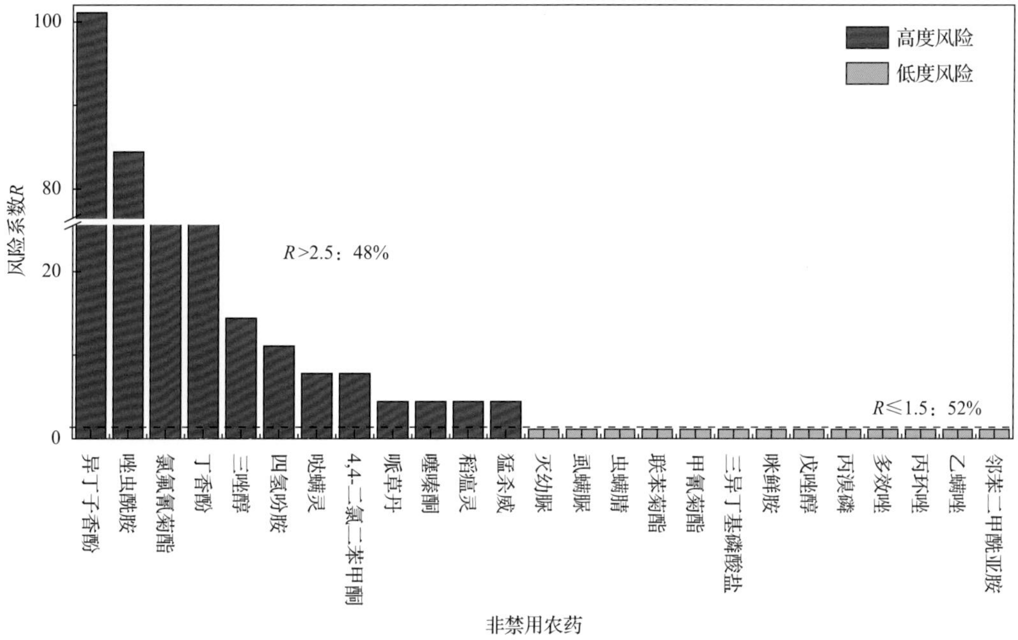

图 8-16 茶叶中 25 种非禁用农药的风险程度统计图

表 8-9 茶叶中 25 种非禁用农药的风险系数表

序号	农药	超标频次	超标率 P(%)	风险系数 R	风险程度
1	异丁子香酚	30	1.00	101.10	高度风险
2	唑虫酰胺	25	0.83	84.43	高度风险
3	氯氟氰菊酯	15	0.50	51.10	高度风险
4	丁香酚	14	0.47	47.77	高度风险
5	三唑醇	4	0.13	14.43	高度风险
6	四氢吩胺	3	0.10	11.10	高度风险
7	哒螨灵	2	0.07	7.77	高度风险
8	4,4-二氯二苯甲酮	2	0.07	7.77	高度风险
9	哌草丹	1	0.03	4.43	高度风险
10	噻嗪酮	1	0.03	4.43	高度风险
11	稻瘟灵	1	0.03	4.43	高度风险

续表

序号	农药	超标频次	超标率 P(%)	风险系数 R	风险程度
12	猛杀威	1	0.03	4.43	高度风险
13	灭幼脲	0	0.00	1.10	低度风险
14	虱螨脲	0	0.00	1.10	低度风险
15	虫螨腈	0	0.00	1.10	低度风险
16	联苯菊酯	0	0.00	1.10	低度风险
17	甲氰菊酯	0	0.00	1.10	低度风险
18	三异丁基磷酸盐	0	0.00	1.10	低度风险
19	咪鲜胺	0	0.00	1.10	低度风险
20	戊唑醇	0	0.00	1.10	低度风险
21	丙溴磷	0	0.00	1.10	低度风险
22	多效唑	0	0.00	1.10	低度风险
23	丙环唑	0	0.00	1.10	低度风险
24	乙螨唑	0	0.00	1.10	低度风险
25	邻苯二甲酰亚胺	0	0.00	1.10	低度风险

8.4　GC-Q-TOF/MS 侦测兰州市市售茶叶农药残留风险评估结论与建议

农药残留是影响茶叶安全和质量的主要因素，也是我国食品安全领域备受关注的敏感话题和亟待解决的重大问题之一[15,16]。各种茶叶均存在不同程度的农药残留现象，本研究主要针对兰州市各类茶叶存在的农药残留问题，基于 2019 年 3 月对兰州市 30 例茶叶样品中农药残留侦测得出的 210 个侦测结果，分别采用食品安全指数模型和风险系数模型，开展茶叶中农药残留的膳食暴露风险和预警风险评估。茶叶样品取自超市和茶叶专营店，符合大众的膳食来源，风险评价时更具有代表性和可信度。

本研究力求通用简单地反映食品安全中的主要问题，且为管理部门和大众容易接受，为政府及相关管理机构建立科学的食品安全信息发布和预警体系提供科学的规律与方法，加强对农药残留的预警和食品安全重大事件的预防，控制食品风险。

8.4.1　兰州市茶叶中农药残留膳食暴露风险评价结论

1）茶叶样品中农药残留安全状态评价结论

采用食品安全指数模型，对 2019 年 3 月期间兰州市茶叶农药残留膳食暴露风险进行评价，根据 IFS_c 的计算结果发现，茶叶中农药的 $\overline{IFS}$ 为 0.0006，说明兰州市茶叶总体处于良好的安全状态，但部分禁用农药、高残留农药在茶叶中仍有侦测出，导致膳食暴露风险的存在，成为不安全因素。

2) 禁用农药膳食暴露风险评价

本次检测发现部分茶叶样品中有禁用农药侦测出，侦测出禁用农药 5 种，侦测出频次为 30，茶叶样品中的禁用农药 IFS_c 计算结果表明，没有影响的频次为 30，占 100%。

8.4.2　兰州市茶叶中农药残留预警风险评价结论

1) 单种茶叶中禁用农药残留的预警风险评价结论

本次检测过程中，在 2 种茶叶中检测出 5 种禁用农药，禁用农药为：三氯杀螨醇、毒死蜱、氟虫腈、硫丹、三唑磷，茶叶为：乌龙茶、绿茶，茶叶中禁用农药的风险系数分析结果显示，2 种禁用农药在 5 种茶叶中的残留均处于高度风险，说明在单种茶叶中禁用农药的残留会导致较高的预警风险。

2) 单种茶叶中非禁用农药残留的预警风险评价结论

以 MRL 中国国家标准为标准，计算茶叶中非禁用农药风险系数情况下，41 个样本中，11 个处于低度风险(26.83%)，30 个样本没有 MRL 中国国家标准(73.17%)。以 MRL 欧盟标准为标准，计算茶叶中非禁用农药风险系数情况下，发现有 20 个处于高度风险(48.78%)，21 个处于低度风险(51.22%)。基于两种 MRL 标准，评价的结果差异显著，可以看出 MRL 欧盟标准比中国国家标准更加严格和完善，过于宽松的 MRL 中国国家标准值能否有效保障人体的健康有待研究。

8.4.3　加强兰州市茶叶食品安全建议

我国食品安全风险评价体系仍不够健全，相关制度不够完善，多年来，由于农药用药次数多、用药量大或用药间隔时间短，产品残留量大，农药残留所造成的食品安全问题日益严峻，给人体健康带来了直接或间接的危害。据估计，美国与农药有关的癌症患者数约占全国癌症患者总数的 50%，中国更高。同样，农药对其他生物也会形成直接杀伤和慢性危害，植物中的农药可经过食物链逐级传递并不断蓄积，对人和动物构成潜在威胁，并影响生态系统。

基于本次农药残留侦测数据的风险评价结果，提出以下几点建议：

1) 加快食品安全标准制定步伐

我国食品标准中对农药每日允许最大摄入量 ADI 的数据严重缺乏，在本次评价所涉及的 30 种农药中，仅有 73.3%的农药具有 ADI 值，而 26.7%的农药中国尚未规定相应的 ADI 值，亟待完善。

我国食品中农药最大残留限量值的规定严重缺乏，对评估涉及的不同茶叶中不同农药 50 个 MRL 限值进行统计来看，我国仅制定出 35 个标准，我国标准完整率仅为 70%，欧盟的完整率达到 100%(表 8-10)。因此，中国更应加快 MRL 标准的制定步伐。

表 8-10 我国国家食品标准农药的 ADI、MRL 值与欧盟标准的数量差异

分类		中国 ADI	MRL 中国国家标准	MRL 欧盟标准
标准限值(个)	有	22	35	50
	无	8	15	0
总数(个)		30	50	50
无标准限值比例(%)		26.7	30	0

此外，MRL 中国国家标准限值普遍高于欧盟标准限值，这些标准中共有 7 个高于欧盟。过高的 MRL 值难以保障人体健康，建议继续加强对限值基准和标准的科学研究，将农产品中的危险性减少到尽可能低的水平。

2) 加强农药的源头控制和分类监管

在兰州市某些茶叶中仍有禁用农药残留，利用 GC-Q-TOF/MS 技术侦测出 5 种禁用农药，检出频次为 30 次，残留禁用农药均存在较大的膳食暴露风险和预警风险。早已列入黑名单的禁用农药在我国并未真正退出，有些药物由于价格便宜、工艺简单，此类高毒农药一直生产和使用。建议在我国采取严格有效的控制措施，从源头控制禁用农药。

对于非禁用农药，在我国作为“田间地头”最典型单位的县级茶叶产地中，农药残留的检测几乎缺失。建议根据农药的毒性，对高毒、剧毒、中毒农药实现分类管理，减少使用高毒和剧毒高残留农药，进行分类监管。

3) 加强农药生物基准和降解技术研究

市售茶叶中残留农药的品种多、频次高、禁用农药多次检出这一现状，说明了我国的田间土壤和水体因农药长期、频繁、不合理的使用而遭到严重污染。为此，建议中国相关部门出台相关政策，鼓励高校及科研院所积极开展分子生物学、酶学等研究，加强土壤、水体中残留农药的生物修复及降解新技术研究，切实加大农药监管力度，以控制农药的面源污染问题。

综上所述，在本工作基础上，根据茶叶残留危害，可进一步针对其成因提出和采取严格管理、大力推广无公害茶叶种植与生产、健全食品安全控制技术体系、加强茶叶质量检测体系建设和积极推行茶叶质量追溯制度等相应对策。建立和完善食品安全综合评价指数与风险监测预警系统，对食品安全进行实时、全面的监控与分析，为我国的食品安全科学监管与决策提供新的技术支持，可实现各类检验数据的信息化系统管理，降低食品安全事故的发生。

西　宁　市

第 9 章　LC-Q-TOF/MS 侦测西宁市 30 例市售茶叶样品农药残留报告

从西宁市所属 2 个区，随机采集了 30 例茶叶样品，使用液相色谱-四极杆飞行时间质谱(LC-Q-TOF/MS)对 825 种农药化学污染物进行示范侦测(7 种负离子模式 ESI⁻未涉及)。

9.1　样品种类、数量与来源

9.1.1　样品采集与检测

为了真实反映百姓日常饮用的茶叶中农药残留污染状况，本次所有检测样品均由检验人员于 2018 年 12 月期间，从西宁市所属 4 个采样点，包括 4 个超市，以随机购买方式采集，总计 4 批 30 例样品，从中检出农药 40 种，249 频次。采样及监测概况见图 9-1 及表 9-1，样品及采样点明细见表 9-2 及表 9-3(侦测原始数据见附表 1)。

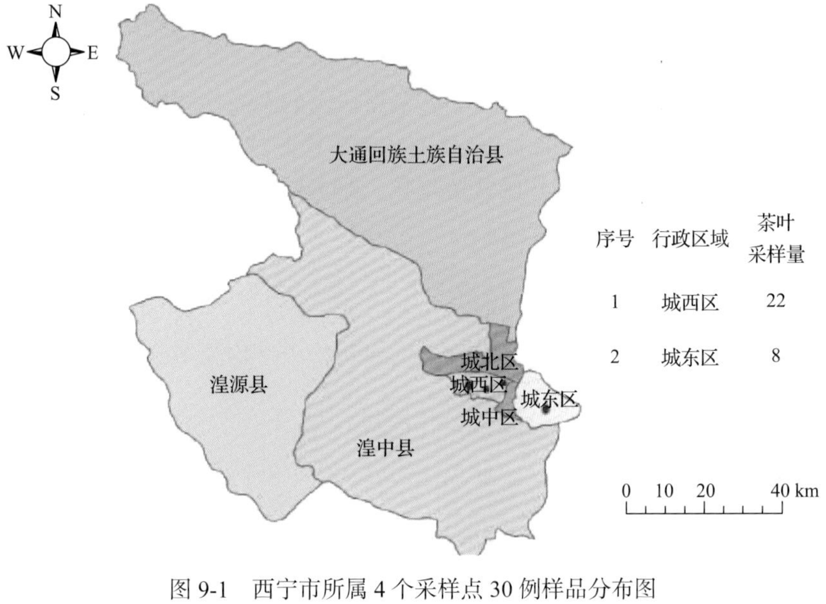

图 9-1　西宁市所属 4 个采样点 30 例样品分布图

表 9-1　农药残留监测总体概况

采样行政区域	西宁市所属 2 个区
采样点(超市)	4
样本总数	30
检出农药品种/频次	40/249
各采样点样本农药残留检出率范围	100.0%

表 9-2 样品分类及数量

样品分类	样品名称（数量）	数量小计
1. 茶叶		30
1）发酵类茶叶	黑茶（2），红茶（3），乌龙茶（11）	16
2）未发酵类茶叶	花茶（5），绿茶（9）	14
合计	1.茶叶 5 种	30

表 9-3 西宁市采样点信息

采样点序号	行政区域	采样点
超市（4）		
1	城东区	***超市（西宁建国南路店）
2	城西区	***超市（万达店）
3	城西区	***超市（海湖店）
4	城西区	***超市（胜利路店）

9.1.2 检测结果

这次使用的检测方法是庞国芳院士团队最新研发的不需使用标准品对照，而以高分辨精确质量数（0.0001 *m/z*）为基准的 LC-Q-TOF/MS 检测技术，对于 30 例样品，每个样品均侦测了 825 种农药化学污染物的残留现状。通过本次侦测，在 30 例样品中共计检出农药化学污染物 40 种，检出 249 频次。

9.1.2.1 各采样点样品检出情况

统计分析发现 4 个采样点中，被测样品的农药检出率均为 100.0%，见图 9-2。

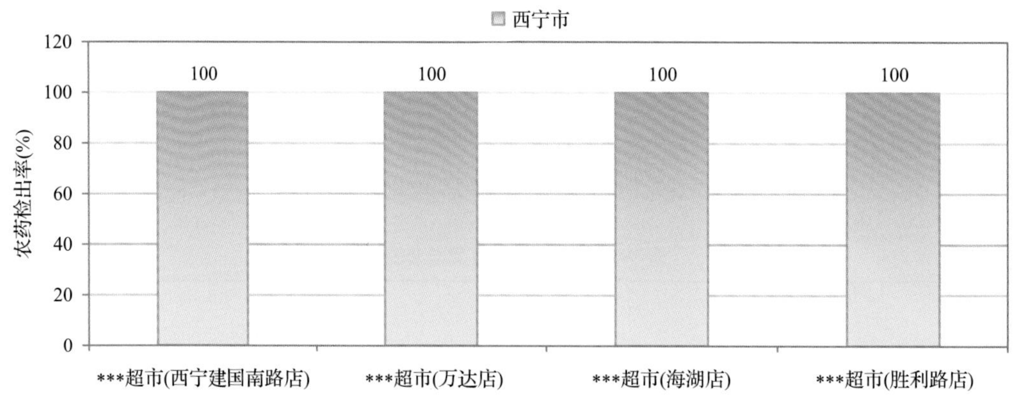

图 9-2 各采样点样品中的农药检出率

9.1.2.2　检出农药的品种总数与频次

统计分析发现，对于 30 例样品中 825 种农药化学污染物的侦测，共检出农药 249 频次，涉及农药 40 种，结果如图 9-3 所示。其中唑虫酰胺检出频次最高，共检出 28 次。检出频次排名前 10 的农药如下：①唑虫酰胺(28)，②噻嗪酮(21)，③啶虫脒(19)，④哒螨灵(16)，⑤*N*-去甲基啶虫脒(14)，⑥苯醚甲环唑(13)，⑦噻虫嗪(13)，⑧茚虫威(12)，⑨三唑磷(11)，⑩吡唑醚菌酯(8)。

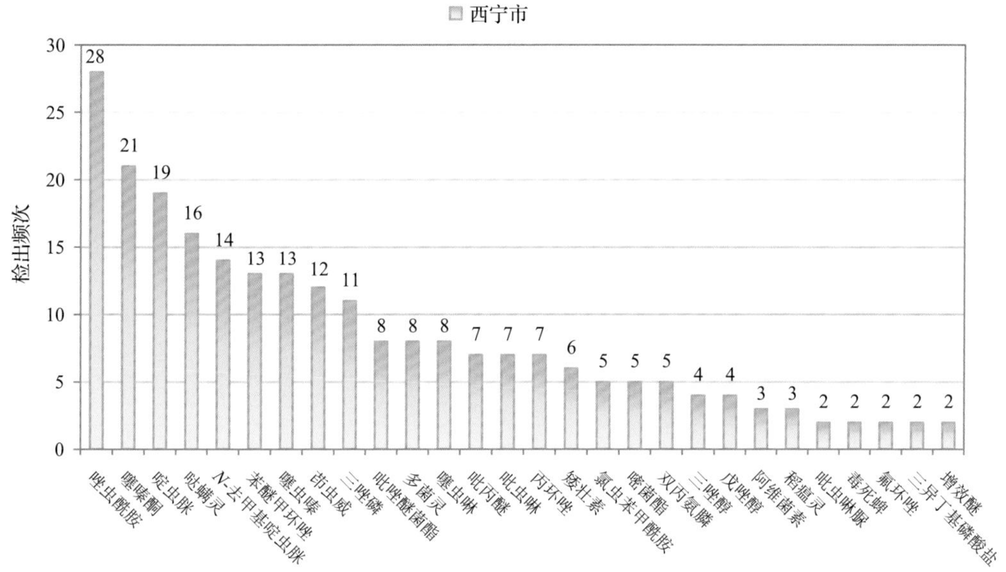

图 9-3　检出农药品种及频次(仅列出 2 频次及以上的数据)

由图 9-4 可见，绿茶、花茶和乌龙茶这 3 种茶叶样品中检出的农药品种数较高，均超过 20 种，其中，绿茶检出农药品种最多，为 30 种。由图 9-5 可见，绿茶、乌龙茶和花茶这 3 种茶叶样品中的农药检出频次较高，均超过 50 次，其中，绿茶和乌龙茶检出农药频次最高，为 84 次。

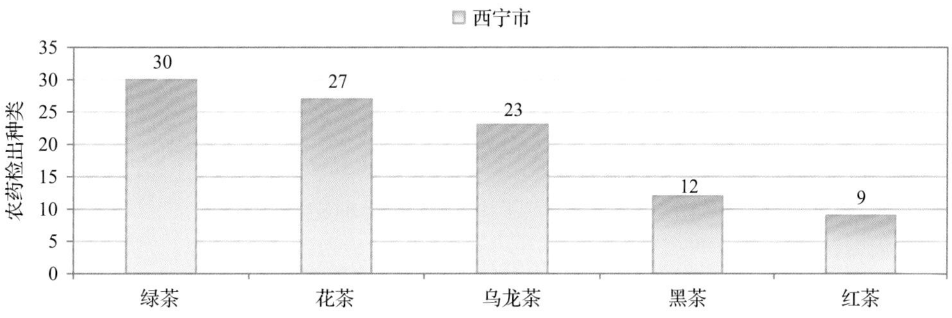

图 9-4　单种茶叶检出农药的种类数

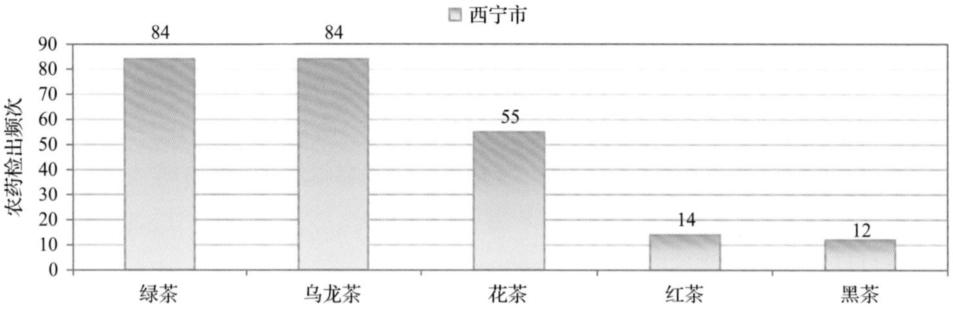

图 9-5　单种茶叶检出农药频次

9.1.2.3　单例样品农药检出种类与占比

对单例样品检出农药种类和频次进行统计发现，检出 1 种农药的样品占总样品数的 3.3%，检出 2~5 种农药的样品占总样品数的 30.0%，检出 6~10 种农药的样品占总样品数的 40.0%，检出大于 10 种农药的样品占总样品数的 26.7%。每例样品中平均检出农药为 8.3 种，数据见表 9-4 及图 9-6。

表 9-4　单例样品检出农药品种占比

检出农药品种数	样品数量/占比（%）
1 种	1/3.3
2~5 种	9/30.0
6~10 种	12/40.0
大于 10 种	8/26.7
单例样品平均检出农药品种	8.3 种

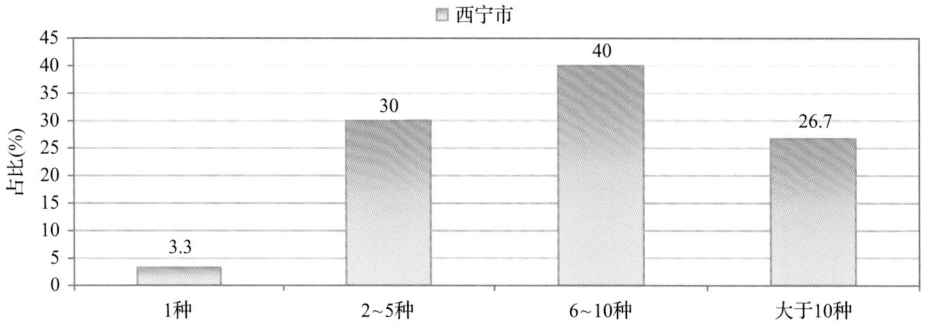

图 9-6　单例样品平均检出农药品种及占比

9.1.2.4　检出农药类别与占比

所有检出农药按功能分类，包括杀虫剂、杀菌剂、除草剂、杀螨剂、植物生长调节剂和增效剂共 6 类。其中杀虫剂与杀菌剂为主要检出的农药类别，分别占总数的 42.5%

和 32.5%，见表 9-5 及图 9-7。

表 9-5　检出农药所属类别/占比

农药类别	数量/占比(%)
杀虫剂	17/42.5
杀菌剂	13/32.5
除草剂	3/7.5
杀螨剂	3/7.5
植物生长调节剂	3/7.5
增效剂	1/2.5

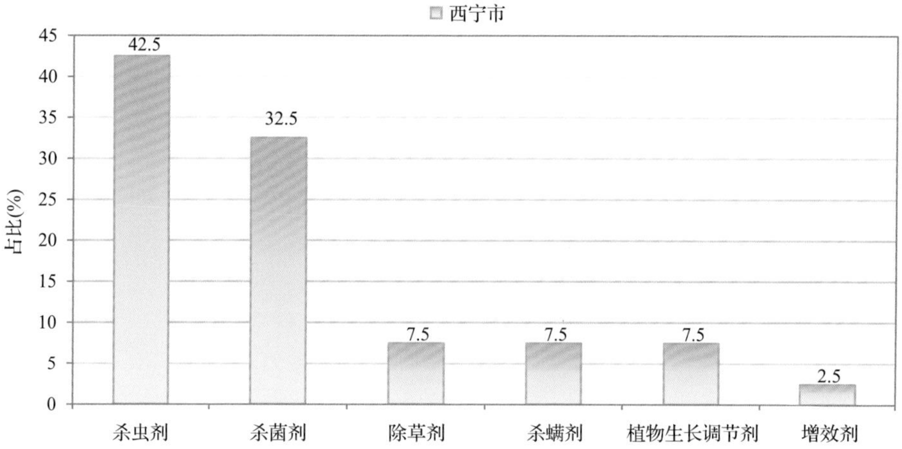

图 9-7　检出农药所属类别和占比

9.1.2.5　检出农药的残留水平

按检出农药残留水平进行统计，残留水平在 1~5 μg/kg(含)的农药占总数的 24.5%，在 5~10 μg/kg(含)的农药占总数的 22.1%，在 10~100 μg/kg(含)的农药占总数的 36.5%，在 100~1000 μg/kg(含)的农药占总数的 15.3%，在>1000 μg/kg 的农药占总数的 1.6%。

由此可见，这次检测的 4 批 30 例茶叶样品中农药多数处于中高残留水平。结果见表 9-6 及图 9-8，数据见附表 2。

表 9-6　农药残留水平/占比

残留水平(μg/kg)	检出频次数/占比(%)
1~5(含)	61/24.5
5~10(含)	55/22.1
10~100(含)	91/36.5
100~1000(含)	38/15.3
>1000	4/1.6

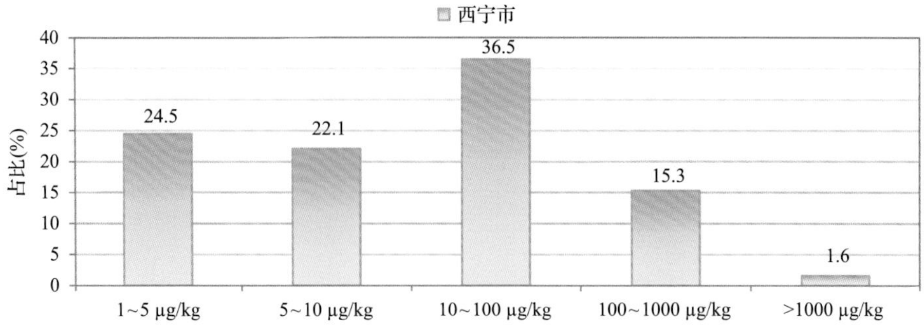

图 9-8　检出农药残留水平及占比

9.1.2.6　检出农药的毒性类别、检出频次和超标频次及占比

对这次检出的 40 种 249 频次的农药，按剧毒、高毒、中毒、低毒和微毒这五个毒性类别进行分类，从中可以看出，西宁市目前普遍使用的农药为中低微毒农药，品种占 95.0%，频次占 94.4%。结果见表 9-7 及图 9-9。

表 9-7　检出农药毒性类别/占比

毒性分类	农药品种/占比(%)	检出频次/占比(%)	超标频次/超标率(%)
剧毒农药	0/0	0/0.0	0/0.0
高毒农药	2/5.0	14/5.6	0/0.0
中毒农药	23/57.5	163/65.5	0/0.0
低毒农药	8/20.0	42/16.9	0/0.0
微毒农药	7/17.5	30/12.0	0/0.0

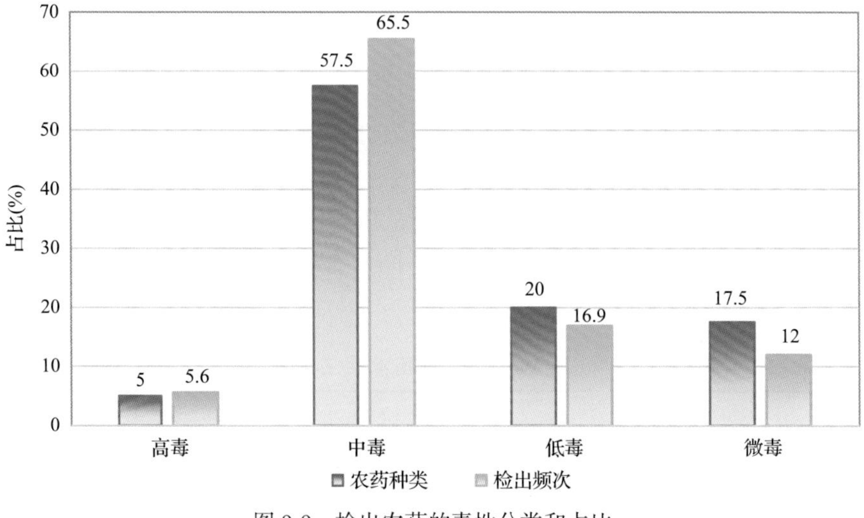

图 9-9　检出农药的毒性分类和占比

9.1.2.7　检出剧毒/高毒类农药的品种和频次

值得特别关注的是，在此次侦测的 30 例样品中有 4 种茶叶的 12 例样品检出了 2 种

14 频次的剧毒和高毒农药，占样品总量的 40.0%，详见图 9-10、表 9-8 及表 9-9。

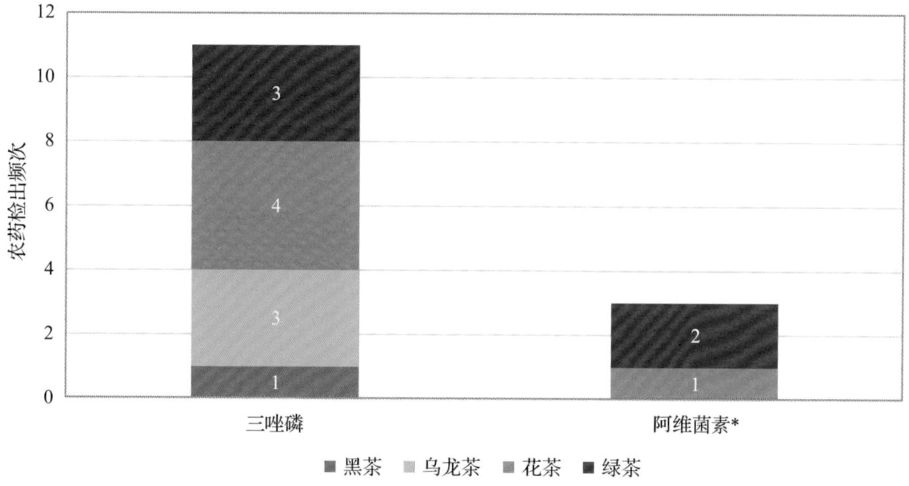

图 9-10　检出剧毒/高毒农药的样品情况

*表示允许在茶叶上使用的农药

表 9-8　剧毒农药检出情况

序号	农药名称	检出频次	超标频次	超标率
		茶叶中未检出剧毒农药		
	合计	0	0	超标率：0.0%

表 9-9　高毒农药检出情况

序号	农药名称	检出频次	超标频次	超标率
		从 4 种茶叶中检出 2 种高毒农药，共计检出 14 次		
1	三唑磷	11	0	0.0%
2	阿维菌素	3	0	0.0%
	合计	14	0	超标率：0.0%

在检出的剧毒和高毒农药中，有 1 种是我国早已禁止在茶叶上使用的：三唑磷。禁用农药的检出情况见表 9-10。

表 9-10　禁用农药检出情况

序号	农药名称	检出频次	超标频次	超标率
		从 5 种茶叶中检出 3 种禁用农药，共计检出 14 次		
1	三唑磷	11	0	0.0%
2	毒死蜱	2	0	0.0%
3	乐果	1	0	0.0%
	合计	14	0	超标率：0.0%

此次抽检的茶叶样品中，没有检出剧毒农药。

样品中检出剧毒和高毒农药残留水平没有超过 MRL 中国国家标准，但本次检出结果仍表明，高毒、剧毒农药的使用现象依旧存在，详见表 9-11。

表 9-11　各样本中检出剧毒/高毒农药情况

样品名称	农药名称	检出频次	超标频次	检出浓度（μg/kg）
		茶叶 4 种		
黑茶	三唑磷▲	1	0	2.7
花茶	三唑磷▲	4	0	22.3, 3.4, 4.2, 4.8
花茶	阿维菌素	1	0	3.7
绿茶	三唑磷▲	3	0	22.8, 8.7, 1.5
绿茶	阿维菌素	2	0	4.6, 1.2
乌龙茶	三唑磷▲	3	0	114.8, 1.3, 237.6
合计		14	0	超标率：0.0%

9.2　农药残留检出水平与最大残留限量标准对比分析

我国于 2016 年 12 月 18 日正式颁布并于 2017 年 6 月 18 日正式实施食品农药残留限量国家标准《食品中农药最大残留限量》（GB 2763—2016）。该标准包括 417 个农药条目，涉及最大残留限量（MRL）标准 4140 项。将 249 频次检出农药的浓度水平与 4140 项 MRL 中国国家标准进行核对，其中只有 110 频次的结果找到了对应的 MRL 标准，占 44.2%，还有 139 频次的结果则无相关 MRL 标准供参考，占 55.8%。

将此次侦测结果与国际上现行 MRL 标准对比发现，在 249 频次的检出结果中有 249 频次的结果找到了对应的 MRL 欧盟标准，占 100.0%，其中，191 频次的结果有明确对应的 MRL 标准，占 76.7%，其余 58 频次按照欧盟一律标准判定，占 23.3%；有 249 频次的结果找到了对应的 MRL 日本标准，占 100.0%，其中，186 频次的结果有明确对应的 MRL 标准，占 74.7%，其余 63 频次按照日本一律标准判定，占 25.3%；有 102 频次的结果找到了对应的 MRL 中国香港标准，占 41.0%；有 108 频次的结果找到了对应的 MRL 美国标准，占 43.4%；有 49 频次的结果找到了对应的 MRL CAC 标准，占 19.7%（见图 9-11 和图 9-12，数据见附表 3 至附表 8）。

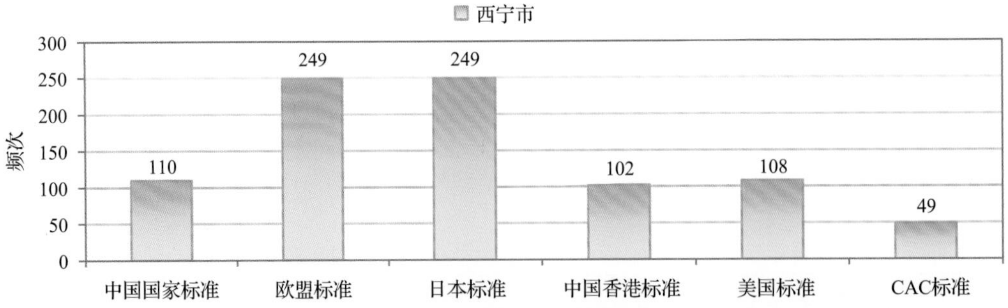

图 9-11　249 频次检出农药可用 MRL 中国国家标准、欧盟标准、日本标准、中国香港标准、美国标准、CAC 标准判定衡量的数量

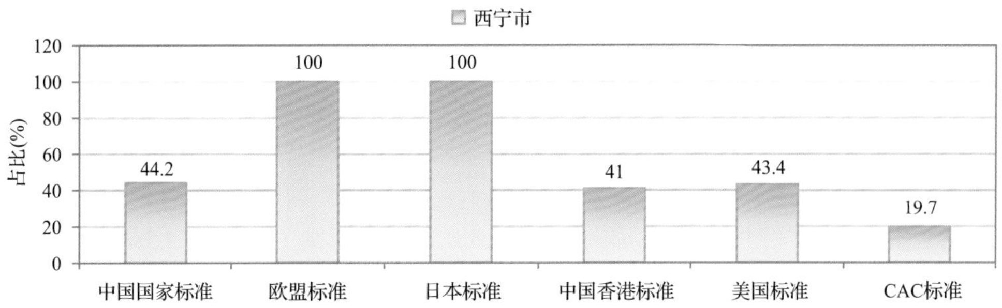

图 9-12　249 频次检出农药可用 MRL 中国国家标准、欧盟标准、日本标准、中国香港标准、美国标准、CAC 标准衡量的占比

9.2.1　超标农药样品分析

本次侦测的 30 例样品中，均检出不同水平、不同种类的残留农药，占样品总量的 100.0%。在此，我们将本次侦测的农残检出情况与 MRL 中国国家标准、欧盟标准、日本标准、中国香港标准、美国标准和 CAC 标准这 6 大国际主流标准进行对比分析，样品农残检出与超标情况见表 9-12、图 9-13 和图 9-14，详细数据见附表 9 至附表 14。

表 9-12　各 MRL 标准下样本农残检出与超标数量及占比

	中国国家标准 数量/占比(%)	欧盟标准 数量/占比(%)	日本标准 数量/占比(%)	中国香港标准 数量/占比(%)	美国标准 数量/占比(%)	CAC 标准 数量/占比(%)
未检出	0/0.0	0/0.0	0/0.0	0/0.0	0/0.0	0/0.0
检出未超标	30/100.0	2/6.7	12/40.0	30/100.0	30/100.0	30/100.0
检出超标	0/0.0	28/93.3	18/60.0	0/0.0	0/0.0	0/0.0

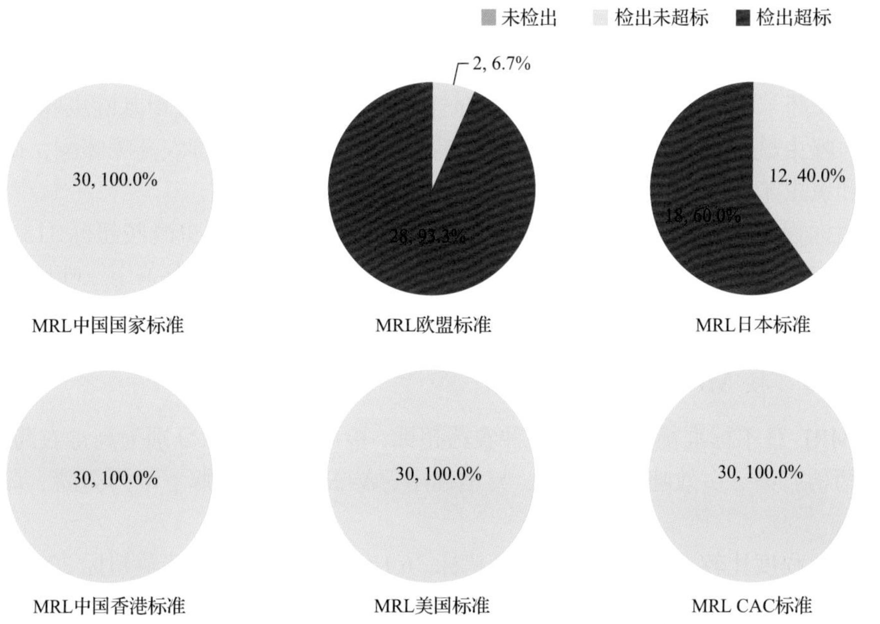

图 9-13　检出和超标样品比例情况

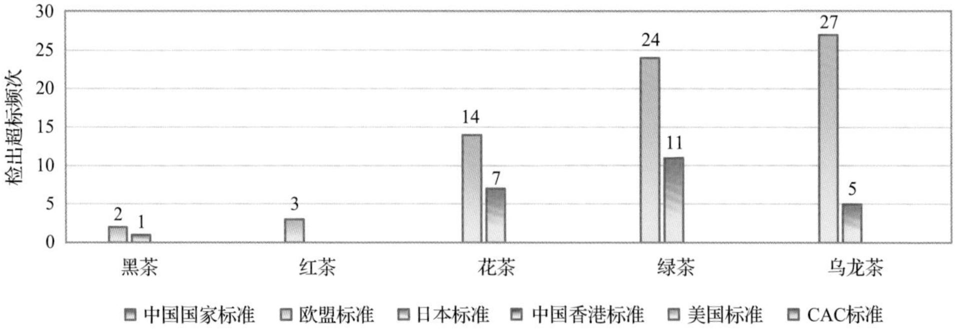

图 9-14　超过 MRL 中国国家标准、欧盟标准、日本标准、中国香港标准、美国标准、CAC 标准结果在茶叶中的分布

9.2.2　超标农药种类分析

按照 MRL 中国国家标准、欧盟标准、日本标准、中国香港标准、美国标准和 CAC 标准这 6 大国际主流标准衡量，本次侦测检出的农药超标品种及频次情况见表 9-13。

表 9-13　各 MRL 标准下超标农药品种及频次

	中国国家标准	欧盟标准	日本标准	中国香港标准	美国标准	CAC 标准
超标农药品种	0	16	9	0	0	0
超标农药频次	0	70	24	0	0	0

9.2.2.1　按 MRL 中国国家标准衡量

按 MRL 中国国家标准衡量，无样品检出超标农药残留。

9.2.2.2　按 MRL 欧盟标准衡量

按 MRL 欧盟标准衡量，共有 16 种农药超标，检出 70 频次，分别为高毒农药三唑磷，中毒农药苯醚甲环唑、稻瘟灵、吡唑醚菌酯、异稻瘟净、*N*-去甲基啶虫脒、啶虫脒、三唑醇、唑虫酰胺、双丙氨膦、戊唑醇、哒螨灵和喹菌酮，低毒农药噻嗪酮，微毒农药多菌灵和氯虫苯甲酰胺。

按超标程度比较，绿茶中唑虫酰胺超标 327.8 倍，花茶中唑虫酰胺超标 313.4 倍，乌龙茶中唑虫酰胺超标 21.2 倍，绿茶中双丙氨膦超标 13.8 倍，乌龙茶中三唑磷超标 10.9 倍。检测结果见图 9-15 和附表 16。

9.2.2.3　按 MRL 日本标准衡量

按 MRL 日本标准衡量，共有 9 种农药超标，检出 24 频次，分别为高毒农药三唑磷，中毒农药稻瘟灵、多效唑、双甲脒、异稻瘟净、*N*-去甲基啶虫脒、双丙氨膦、茚虫威和喹菌酮。

按超标程度比较，绿茶中双丙氨膦超标 36.1 倍，乌龙茶中三唑磷超标 22.8 倍，乌龙茶中茚虫威超标 12.3 倍，绿茶中稻瘟灵超标 8.4 倍，乌龙茶中双丙氨膦超标 5.9 倍。检测结果见图 9-16 和附表 17。

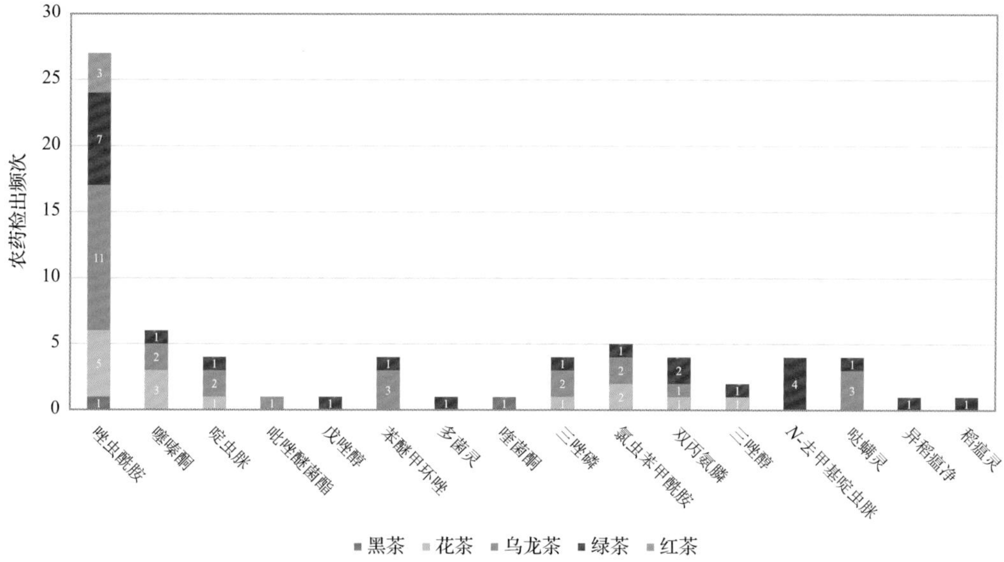

图 9-15　超过 MRL 欧盟标准农药品种及频次

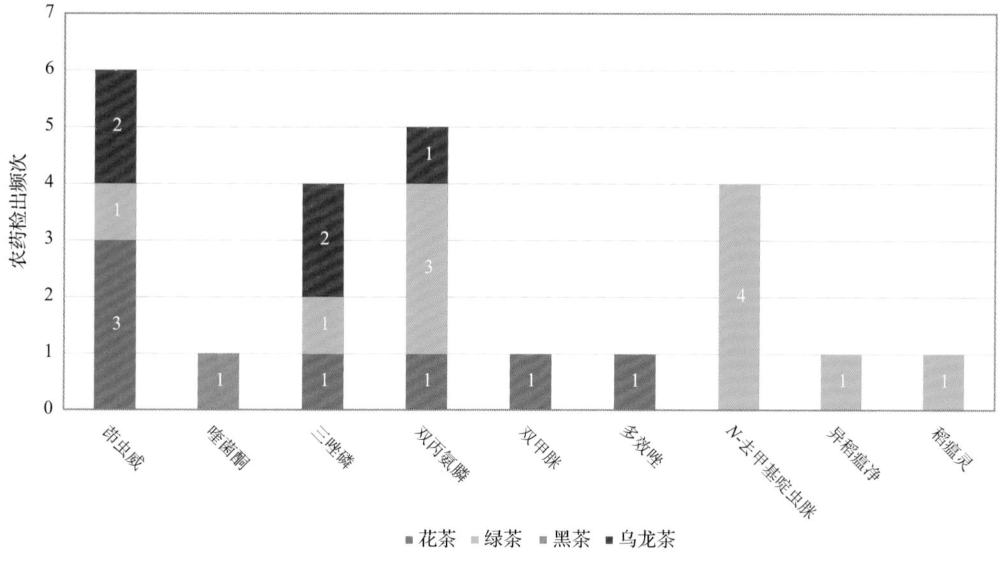

图 9-16　超过 MRL 日本标准农药品种及频次

9.2.2.4　按 MRL 中国香港标准衡量

按 MRL 中国香港标准衡量，无样品检出超标农药残留。

9.2.2.5　按 MRL 美国标准衡量

按 MRL 美国标准衡量，无样品检出超标农药残留。

9.2.2.6　按 MRL CAC 标准衡量

按 MRL CAC 标准衡量，无样品检出超标农药残留。

9.2.3　4 个采样点超标情况分析

9.2.3.1　按 MRL 中国国家标准衡量

按 MRL 中国国家标准衡量，所有采样点的样品均未检出超标农药残留。

9.2.3.2　按 MRL 欧盟标准衡量

按 MRL 欧盟标准衡量，所有采样点的样品均存在不同程度的超标农药检出，其中***超市（西宁建国南路店）和***超市（海湖店）的超标率最高，为 100.0%，如表 9-14 和图 9-17 所示。

表 9-14　超过 MRL 欧盟标准茶叶在不同采样点分布

序号	采样点	样品总数	超标数量	超标率（%）	行政区域
1	***超市（胜利路店）	8	7	87.5	城西区
2	***超市（西宁建国南路店）	8	8	100.0	城东区
3	***超市（万达店）	7	6	85.7	城西区
4	***超市（海湖店）	7	7	100.0	城西区

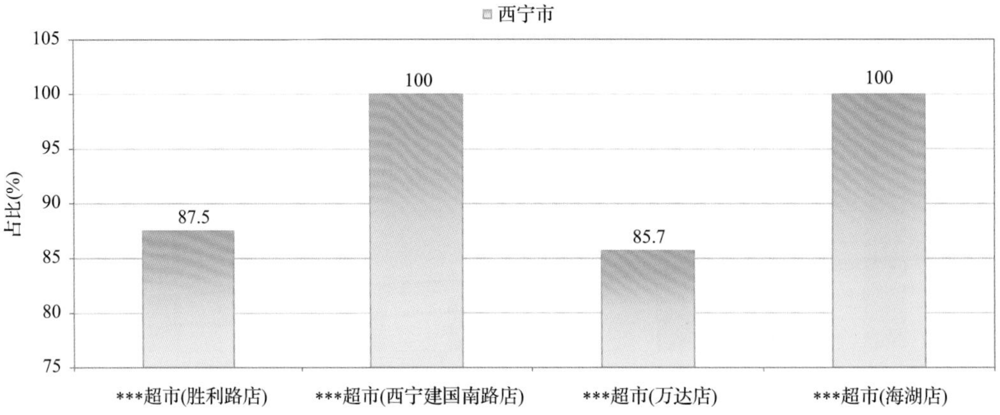

图 9-17　超过 MRL 欧盟标准茶叶在不同采样点分布

9.2.3.3　按 MRL 日本标准衡量

按 MRL 日本标准衡量，所有采样点的样品均存在不同程度的超标农药检出，其中***超市（西宁建国南路店）的超标率最高，为 75.0%，如表 9-15 和图 9-18 所示。

表 9-15　超过 MRL 日本标准茶叶在不同采样点分布

序号	采样点	样品总数	超标数量	超标率（%）	行政区域
1	***超市（胜利路店）	8	4	50.0	城西区
2	***超市（西宁建国南路店）	8	6	75.0	城东区
3	***超市（万达店）	7	5	71.4	城西区
4	***超市（海湖店）	7	3	42.9	城西区

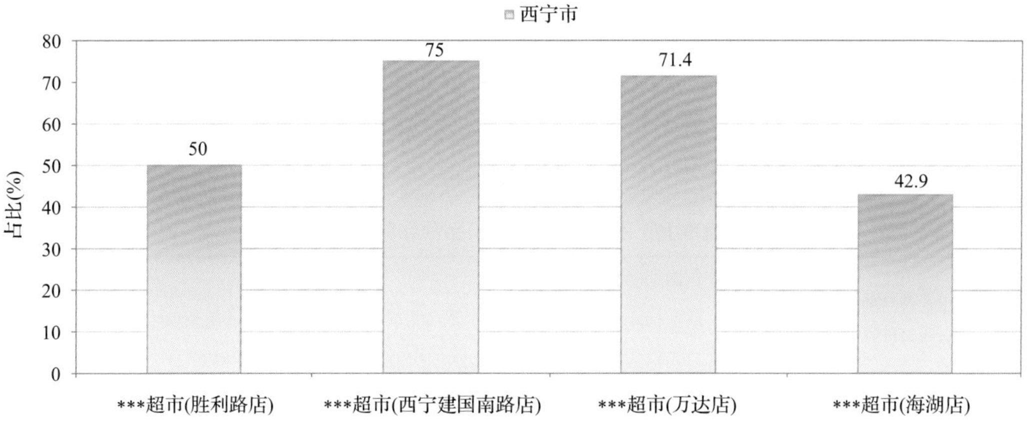

图 9-18　超过 MRL 日本标准茶叶在不同采样点分布

9.2.3.4　按 MRL 中国香港标准衡量

按 MRL 中国香港标准衡量，所有采样点的样品均未检出超标农药残留。

9.2.3.5　按 MRL 美国标准衡量

按 MRL 美国标准衡量，所有采样点的样品均未检出超标农药残留。

9.2.3.6　按 MRL CAC 标准衡量

按 MRL CAC 标准衡量，所有采样点的样品均未检出超标农药残留。

9.3　茶叶中农药残留分布

9.3.1　茶叶按检出农药品种和频次排名

本次残留侦测的茶叶共 5 种，包括黑茶、红茶、乌龙茶、花茶和绿茶。

根据检出农药品种及频次进行排名，将茶叶样品检出情况列表说明，详见表 9-16。

表 9-16　茶叶按检出农药品种和频次排名

按检出农药品种排名(品种)	①绿茶(30)，②花茶(27)，③乌龙茶(23)，④黑茶(12)，⑤红茶(9)
按检出农药频次排名(频次)	①绿茶(84)，②乌龙茶(84)，③花茶(55)，④红茶(14)，⑤黑茶(12)
按检出禁用、高毒及剧毒农药品种排名(品种)	①绿茶(4)，②花茶(2)，③黑茶(1)，④红茶(1)，⑤乌龙茶(1)
按检出禁用、高毒及剧毒农药频次排名(频次)	①绿茶(7)，②花茶(5)，③乌龙茶(3)，④黑茶(1)，⑤红茶(1)

9.3.2　茶叶按超标农药品种和频次排名

鉴于 MRL 欧盟标准和日本标准制定比较全面且覆盖率较高，我们参照 MRL 中国国家标准、欧盟标准和日本标准衡量茶叶样品中农残检出情况，将茶叶按超标农药品种及频次排名列表说明，详见表 9-17。

表 9-17　茶叶按超标农药品种和频次排名

按超标农药品种排名（农药品种数）	MRL 中国国家标准	
	MRL 欧盟标准	①绿茶（14），②乌龙茶（9），③花茶（7），④黑茶（2），⑤红茶（1）
	MRL 日本标准	①绿茶（6），②花茶（5），③乌龙茶（3），④黑茶（1）
按超标农药频次排名（农药频次数）	MRL 中国国家标准	
	MRL 欧盟标准	①乌龙茶（27），②绿茶（24），③花茶（14），④红茶（3），⑤黑茶（2）
	MRL 日本标准	①绿茶（11），②花茶（7），③乌龙茶（5），④黑茶（1）

通过对各品种茶叶样本总数及检出率进行综合分析发现，绿茶、花茶和乌龙茶的残留污染最为严重，在此，我们参照 MRL 中国国家标准、欧盟标准和日本标准对这 3 种茶叶的农残检出情况进行进一步分析。

9.3.3　农药残留检出率较高的茶叶样品分析

9.3.3.1　绿茶

这次共检测 9 例绿茶样品，全部检出了农药残留，检出率为 100.0%，检出农药共计 30 种。其中 *N*-去甲基啶虫脒、唑虫酰胺、噻嗪酮、啶虫脒和苯醚甲环唑检出频次较高，分别检出了 8、8、7、6 和 4 次。绿茶中农药检出品种和频次见图 9-19，超标农药见图 9-20 和表 9-18。

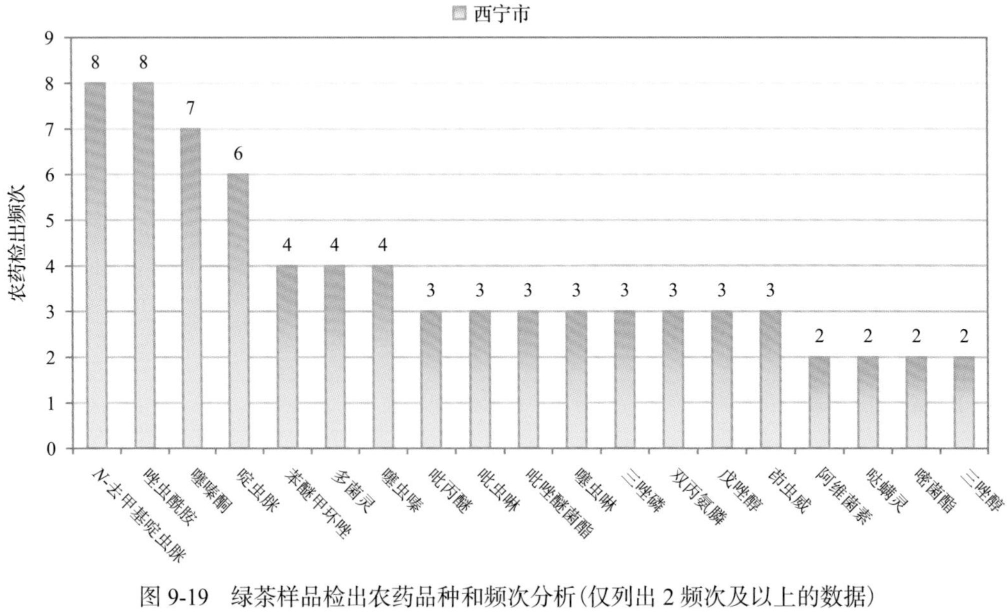

图 9-19　绿茶样品检出农药品种和频次分析（仅列出 2 频次及以上的数据）

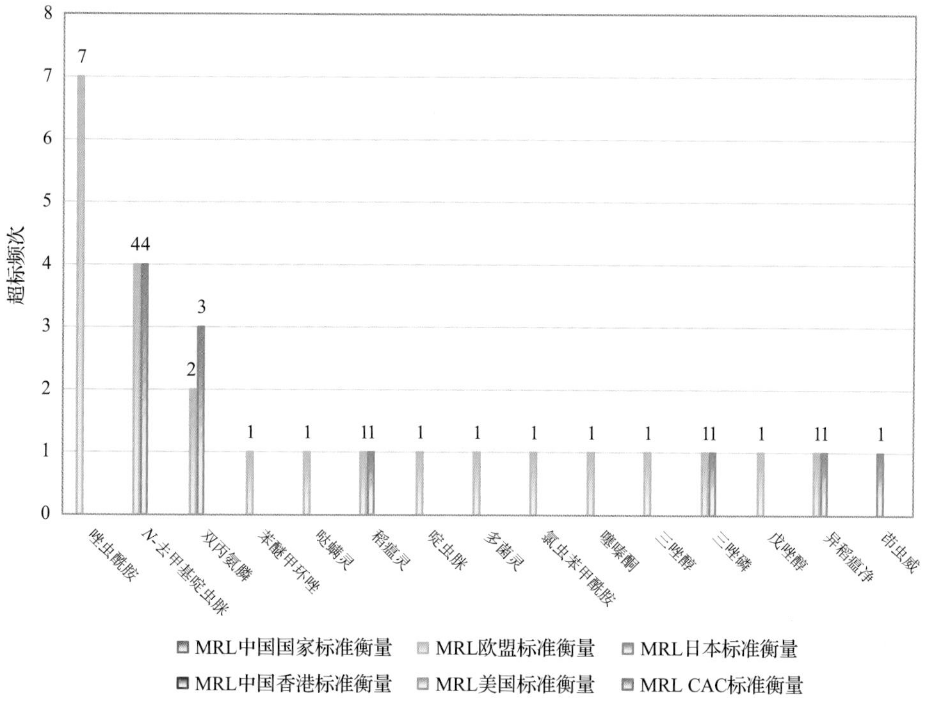

图 9-20　绿茶样品中超标农药分析

表 9-18　绿茶中农药残留超标情况明细表

样品总数			检出农药样品数	样品检出率(%)	检出农药品种总数
9			9	100	30
	超标农药品种	超标农药频次	按照 MRL 中国国家标准、欧盟标准和日本标准衡量超标农药名称及频次		
中国国家标准	0	0			
欧盟标准	14	24	唑虫酰胺(7)，*N*-去甲基啶虫脒(4)，双丙氨膦(2)，苯醚甲环唑(1)，哒螨灵(1)，稻瘟灵(1)，啶虫脒(1)，多菌灵(1)，氯虫苯甲酰胺(1)，噻嗪酮(1)，三唑醇(1)，三唑磷(1)，戊唑醇(1)，异稻瘟净(1)		
日本标准	6	11	*N*-去甲基啶虫脒(4)，双丙氨膦(3)，稻瘟灵(1)，三唑磷(1)，异稻瘟净(1)，茚虫威(1)		

9.3.3.2　花茶

这次共检测 5 例花茶样品，全部检出了农药残留，检出率为 100.0%，检出农药共计 27 种。其中噻嗪酮、唑虫酰胺、啶虫脒、噻虫嗪和三唑磷检出频次较高，分别检出了 5、5、4、4 和 4 次。花茶中农药检出品种和频次见图 9-21，超标农药见图 9-22 和表 9-19。

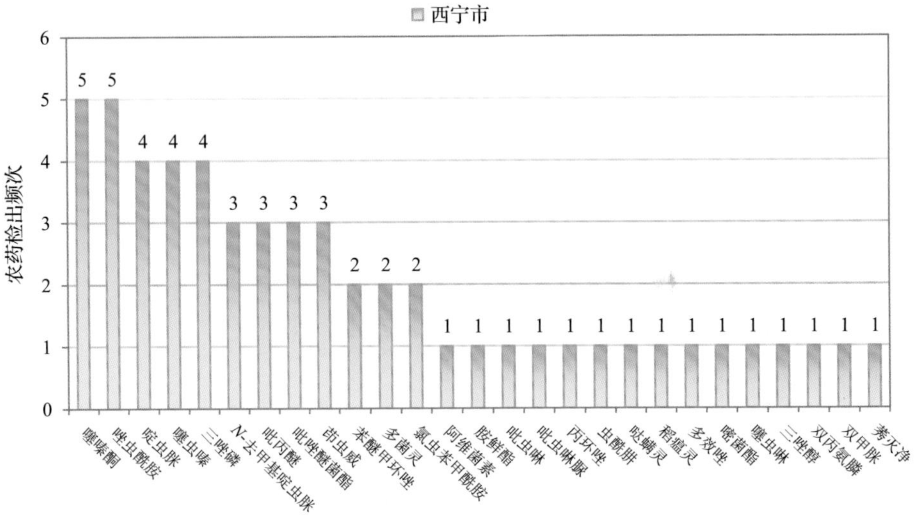

图 9-21　花茶样品检出农药品种和频次分析

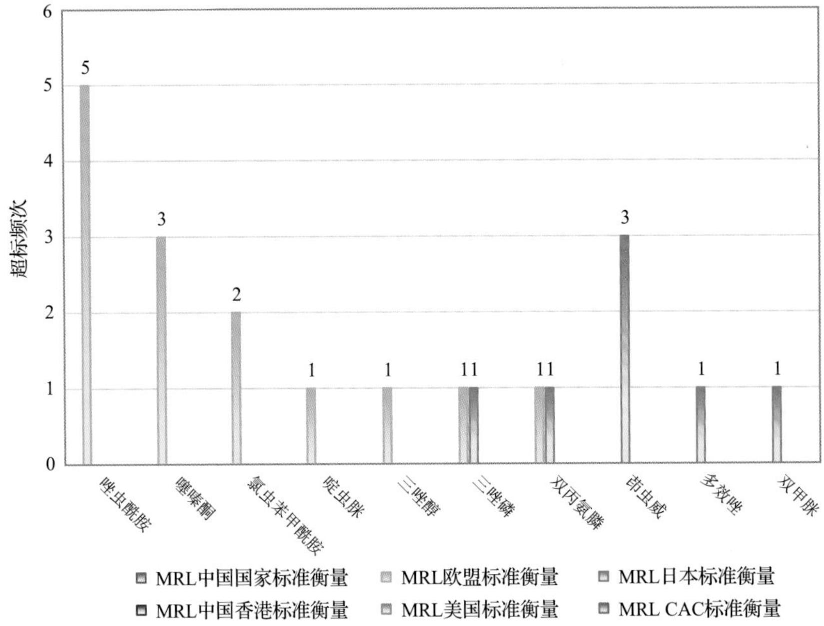

图 9-22　花茶样品中超标农药分析

表 9-19　花茶中农药残留超标情况明细表

样品总数	检出农药样品数	样品检出率(%)	检出农药品种总数
5	5	100	27

	超标农药品种	超标农药频次	按照 MRL 中国国家标准、欧盟标准和日本标准衡量超标农药名称及频次
中国国家标准	0	0	
欧盟标准	7	14	唑虫酰胺(5)，噻嗪酮(3)，氯虫苯甲酰胺(2)，啶虫脒(1)，三唑醇(1)，三唑磷(1)，双丙氨膦(1)
日本标准	5	7	茚虫威(3)，多效唑(1)，三唑磷(1)，双丙氨膦(1)，双甲脒(1)

9.3.3.3　乌龙茶

这次共检测 11 例乌龙茶样品，全部检出了农药残留，检出率为 100.0%，检出农药共计 23 种。其中哒螨灵、唑虫酰胺、苯醚甲环唑、啶虫脒和噻嗪酮检出频次较高，分别检出了 11、11、7、6 和 6 次。乌龙茶中农药检出品种和频次见图 9-23，超标农药见图 9-24 和表 9-20。

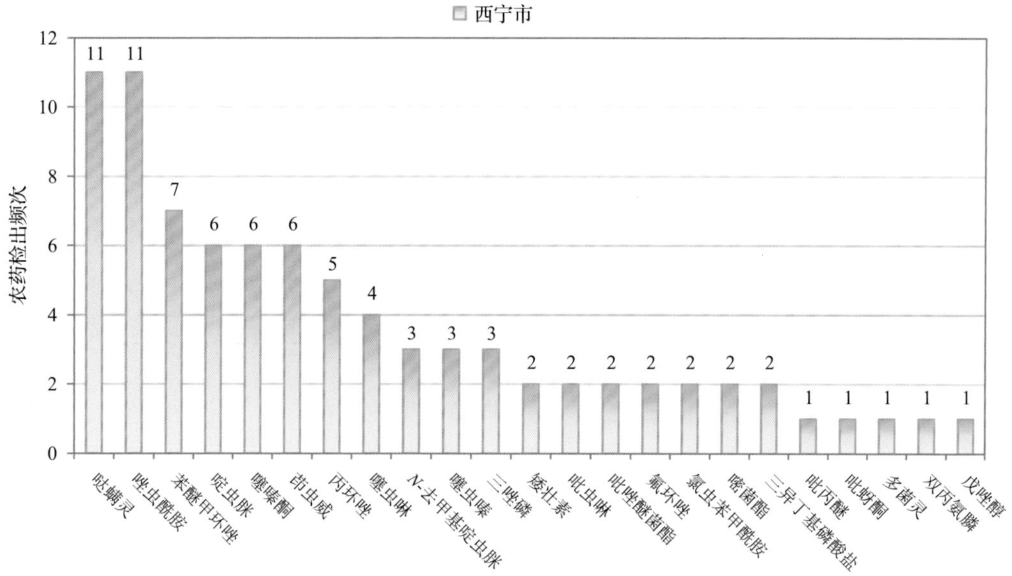

图 9-23　乌龙茶样品检出农药品种和频次分析

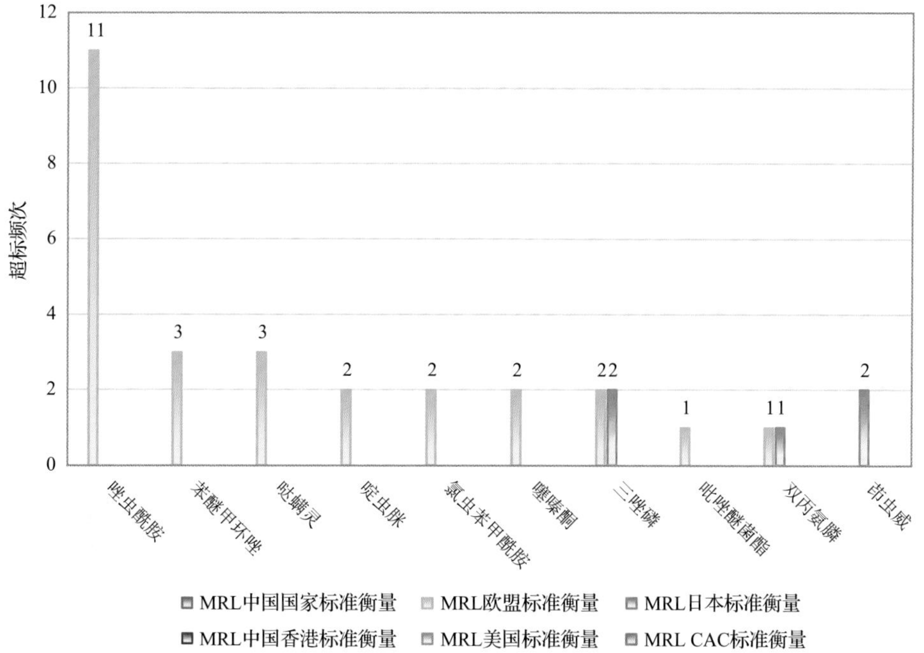

图 9-24　乌龙茶样品中超标农药分析

表 9-20 乌龙茶中农药残留超标情况明细表

样品总数			检出农药样品数	样品检出率(%)	检出农药品种总数
11			11	100	23
	超标农药品种	超标农药频次	按照 MRL 中国国家标准、欧盟标准和日本标准衡量超标农药名称及频次		
中国国家标准	0	0			
欧盟标准	9	27	唑虫酰胺(11)，苯醚甲环唑(3)，哒螨灵(3)，啶虫脒(2)，氯虫苯甲酰胺(2)，噻嗪酮(2)，三唑磷(2)，吡唑醚菌酯(1)，双丙氨膦(1)		
日本标准	3	5	三唑磷(2)，茚虫威(2)，双丙氨膦(1)		

9.4 初步结论

9.4.1 西宁市市售茶叶按 MRL 中国国家标准和国际主要 MRL 标准衡量的合格率

本次侦测的 30 例样品中均检出不同水平、不同种类的残留农药，占样品总量的 100.0%。在这 30 例检出农药残留的样品中：

按照 MRL 中国国家标准衡量，有 30 例样品检出残留农药但含量没有超标，占样品总数的 100.0%，无检出残留农药超标的样品。

按照 MRL 欧盟标准衡量，有 2 例样品检出残留农药但含量没有超标，占样品总数的 6.7%，有 28 例样品检出了超标农药，占样品总数的 93.3%。

按照 MRL 日本标准衡量，有 12 例样品检出残留农药但含量没有超标，占样品总数的 40.0%，有 18 例样品检出了超标农药，占样品总数的 60.0%。

按照 MRL 中国香港标准衡量，有 30 例样品检出残留农药但含量没有超标，占样品总数的 100.0%，无检出残留农药超标的样品。

按照 MRL 美国标准衡量，有 30 例样品检出残留农药但含量没有超标，占样品总数的 100.0%，无检出残留农药超标的样品。

按照 MRL CAC 标准衡量，有 30 例样品检出残留农药但含量没有超标，占样品总数的 100.0%，无检出残留农药超标的样品。

9.4.2 西宁市市售茶叶中检出农药以中低微毒农药为主，占市场主体的 95.0%

这次侦测的 30 例茶叶样品共检出了 40 种农药，检出农药的毒性以中低微毒为主，详见表 9-21。

表 9-21 市场主体农药毒性分布

毒性	检出品种	占比	检出频次	占比
高毒农药	2	5.0%	14	5.6%
中毒农药	23	57.5%	163	65.5%
低毒农药	8	20.0%	42	16.9%
微毒农药	7	17.5%	30	12.0%
中低微毒农药，品种占比 95.0%，频次占比 94.4%				

9.4.3　检出剧毒、高毒和禁用农药现象应该警醒

在此次侦测的 30 例样品中有 5 种茶叶的 13 例样品检出了 4 种 17 频次的剧毒和高毒或禁用农药，占样品总量的 43.3%。其中高毒农药三唑磷和阿维菌素检出频次较高。

按 MRL 中国国家标准衡量，高毒农药按超标程度比较未超标。

剧毒、高毒或禁用农药的检出情况及按照MRL中国国家标准衡量的超标情况见表9-22。

表 9-22　剧毒、高毒或禁用农药的检出及超标明细

序号	农药名称	样品名称	检出频次	超标频次	最大超标倍数	超标率
1.1	阿维菌素◊	绿茶	2	0	0	0.0%
1.2	阿维菌素◊	花茶	1	0	0	0.0%
2.1	三唑磷◊▲	花茶	4	0	0	0.0%
2.2	三唑磷◊▲	绿茶	3	0	0	0.0%
2.3	三唑磷◊▲	乌龙茶	3	0	0	0.0%
2.4	三唑磷◊▲	黑茶	1	0	0	0.0%
3.1	毒死蜱▲	红茶	1	0	0	0.0%
3.2	毒死蜱▲	绿茶	1	0	0	0.0%
4.1	乐果▲	绿茶	1	0	0	0.0%
合计			17	0		0.0%

这些剧毒和高毒农药都是中国政府早有规定禁止在茶叶中使用的，为什么还屡次被检出，应该引起警惕。

9.4.4　残留限量标准与先进国家或地区标准差距较大

249 频次的检出结果与我国公布的《食品中农药最大残留限量》(GB 2763—2016)对比，有 110 频次能找到对应的 MRL 中国国家标准，占 44.2%；还有 139 频次的侦测数据无相关 MRL 标准供参考，占 55.8%。

与国际上现行 MRL 标准对比发现：

有 249 频次能找到对应的 MRL 欧盟标准，占 100.0%；

有 249 频次能找到对应的 MRL 日本标准，占 100.0%；

有 102 频次能找到对应的 MRL 中国香港标准，占 41.0%；

有 108 频次能找到对应的 MRL 美国标准，占 43.4%；

有 49 频次能找到对应的 MRL CAC 标准，占 19.7%。

由上可见，MRL 中国国家标准与先进国家或地区标准还有很大差距，我们无标准，境外有标准，这就会导致我们在国际贸易中，处于受制于人的被动地位。

9.4.5　茶叶单种样品检出 23~30 种农药残留，拷问农药使用的科学性

通过此次监测发现，绿茶、花茶和乌龙茶是检出农药品种最多的 3 种茶叶，从中检

出农药品种及频次详见表 9-23。

表 9-23　单种样品检出农药品种及频次

样品名称	样品总数	检出农药样品数	检出率	检出农药品种数	检出农药（频次）
绿茶	9	9	100.0%	30	*N*-去甲基啶虫脒（8），唑虫酰胺（8），噻嗪酮（7），啶虫脒（6），苯醚甲环唑（4），多菌灵（4），噻虫嗪（4），吡丙醚（3），吡虫啉（3），吡唑醚菌酯（3），噻虫啉（3），三唑磷（3），双丙氨膦（3），戊唑醇（3），茚虫威（3），阿维菌素（2），哒螨灵（2），嘧菌酯（2），三唑醇（2），矮壮素（1），吡虫啉脲（1），丙环唑（1），稻瘟灵（1），毒死蜱（1），己唑醇（1），乐果（1），氯虫苯甲酰胺（1），咪鲜胺（1），西玛通（1），异稻瘟净（1）
花茶	5	5	100.0%	27	噻嗪酮（5），唑虫酰胺（5），啶虫脒（4），噻虫嗪（4），三唑磷（4），*N*-去甲基啶虫脒（3），吡丙醚（3），吡唑醚菌酯（3），茚虫威（3），苯醚甲环唑（2），多菌灵（2），氯虫苯甲酰胺（2），阿维菌素（1），胺鲜酯（1），吡虫啉（1），吡虫啉脲（1），丙环唑（1），虫酰肼（1），哒螨灵（1），稻瘟灵（1），多效唑（1），嘧菌酯（1），噻虫啉（1），三唑醇（1），双丙氨膦（1），双甲脒（1），莠灭净（1）
乌龙茶	11	11	100.0%	23	哒螨灵（11），唑虫酰胺（11），苯醚甲环唑（7），啶虫脒（6），噻嗪酮（6），茚虫威（6），丙环唑（5），噻虫啉（4），*N*-去甲基啶虫脒（3），噻虫嗪（3），三唑磷（3），矮壮素（2），吡虫啉（2），吡唑醚菌酯（2），氟环唑（2），氯虫苯甲酰胺（2），嘧菌酯（2），三异丁基磷酸盐（2），吡丙醚（1），吡蚜酮（1），多菌灵（1），双丙氨膦（1），戊唑醇（1）

上述 3 种茶叶，检出农药 23~30 种，是多种农药综合防治，还是未严格实施农业良好管理规范（GAP），抑或根本就是乱施药，值得我们思考。

第10章　LC-Q-TOF/MS侦测西宁市市售茶叶农药残留膳食暴露风险与预警风险评估

10.1　农药残留风险评估方法

10.1.1　西宁市农药残留侦测数据分析与统计

庞国芳院士科研团队建立的农药残留高通量侦测技术以高分辨精确质量数(0.0001 *m/z* 为基准)为识别标准，采用 LC-Q-TOF/MS 技术对 825 种农药化学污染物进行侦测。

科研团队于 2018 年 12 月期间在西宁 4 个采样点，随机采集了 30 例茶叶样品，具体位置如图 10-1 所示。

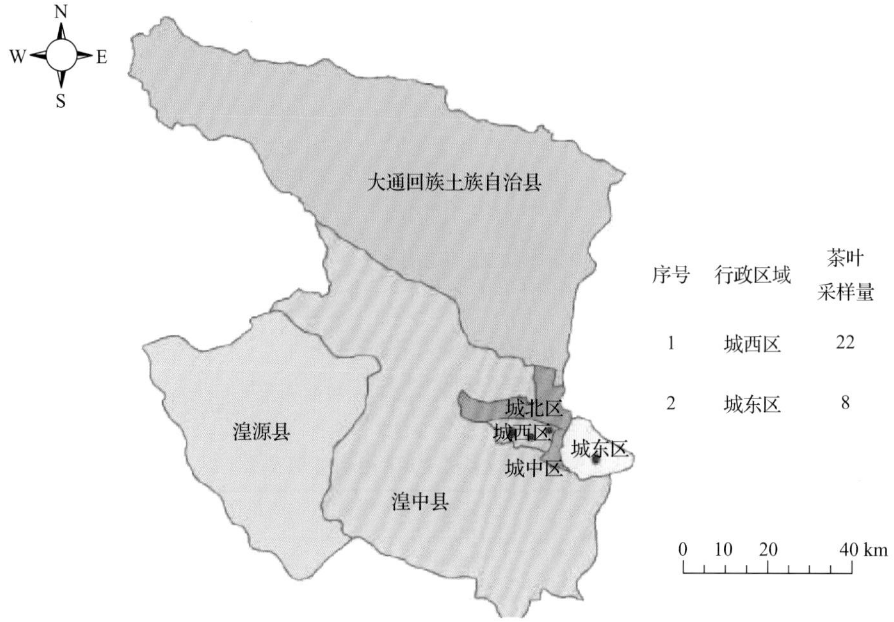

图 10-1　LC-Q-TOF/MS 侦测西宁市 4 个采样点 30 例样品分布示意图

利用 LC-Q-TOF/MS 技术对 30 例样品中的农药进行侦测，侦测出残留农药 40 种，249 频次。侦测出农药残留水平如表 10-1 和图 10-2 所示。检出频次最高的前 10 种农药如表 10-2 所示。从检测结果中可以看出，在茶叶中农药残留普遍存在，且有些茶叶存在高浓度的农药残留，这些可能存在膳食暴露风险，对人体健康产生危害，因此，为了定量地评价茶叶中农药残留的风险程度，有必要对其进行风险评价。

表 10-1　侦测出农药的不同残留水平及其所占比例列表

残留水平（μg/kg）	检出频次	占比（%）
1~5（含）	61	24.5
5~10（含）	55	22.1
10~100（含）	91	36.5
100~1000（含）	38	15.3
＞1000	4	1.6
合计	249	100

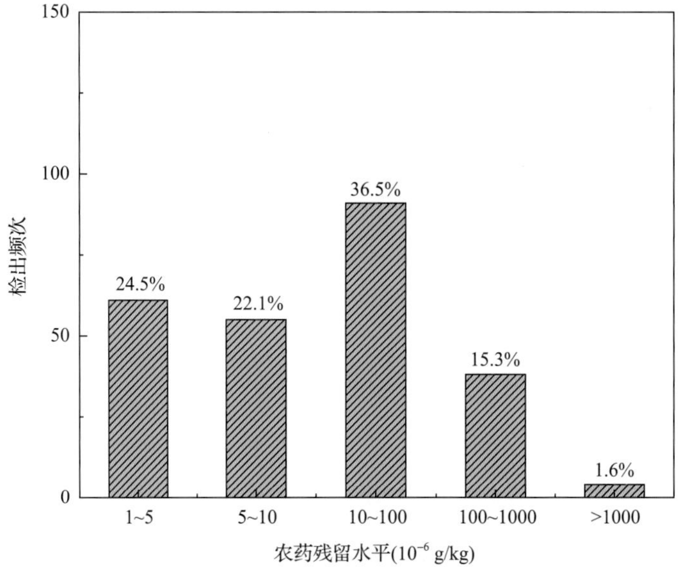

图 10-2　残留农药检出浓度频数分布图

表 10-2　检出频次最高的前 10 种农药列表

序号	农药	检出频次
1	唑虫酰胺	28
2	噻嗪酮	21
3	啶虫脒	19
4	哒螨灵	16
5	*N*-去甲基啶虫脒	14
6	苯醚甲环唑	13
7	噻虫嗪	13
8	茚虫威	12
9	三唑磷	11
10	吡唑醚菌酯	8

10.1.2　农药残留风险评价模型

对西宁市茶叶中农药残留分别开展暴露风险评估和预警风险评估。膳食暴露风险评估利用食品安全指数模型对茶叶中的残留农药对人体可能产生的危害程度进行评价，该模型结合残留监测和膳食暴露评估评价化学污染物的危害；预警风险评价模型运用风险系数(risk index，*R*)，风险系数综合考虑了危害物的超标率、施检频率及其本身敏感性的影响，能直观而全面地反映出危害物在一段时间内的风险程度。

10.1.2.1　食品安全指数模型

为了加强食品安全管理，《中华人民共和国食品安全法》第二章第十七条规定“国家建立食品安全风险评估制度，运用科学方法，根据食品安全风险监测信息、科学数据以及有关信息，对食品、食品添加剂、食品相关产品中生物性、化学性和物理性危害因素进行风险评估”[1]，膳食暴露评估是食品危险度评估的重要组成部分，也是膳食安全性的衡量标准[2]。国际上最早研究膳食暴露风险评估的机构主要是 JMPR(FAO、WHO 农药残留联合会议)，该组织自 1995 年就已制定了急性毒性物质的风险评估急性毒性农药残留摄入量的预测。1960 年美国规定食品中不得加入致癌物质进而提出零阈值理论，渐渐零阈值理论发展成在一定概率条件下可接受风险的概念[3]，后衍变为食品中每日允许最大摄入量(ADI)，而国际食品农药残留法典委员会(CCPR)认为 ADI 不是独立风险评估的唯一标准[4]，1995 年 JMPR 开始研究农药急性膳食暴露风险评估，并对食品国际短期摄入量的计算方法进行了修正，亦对膳食暴露评估准则及评估方法进行了修正[5]，2002 年，在对世界上现行的食品安全评价方法，尤其是国际公认的 CAC 评价方法、全球环境监测系统/食品污染监测和评估规划(WHO GEMS/Food)及 FAO、WHO 食品添加剂联合专家委员会(JECFA)和 JMPR 对食品安全风险评估工作研究的基础之上，检验检疫食品安全管理的研究人员提出了结合残留监控和膳食暴露评估，以食品安全指数 IFS 计算食品中各种化学污染物对消费者的健康危害程度[6]。IFS 是表示食品安全状态的新方法，可有效地评价某种农药的安全性，进而评价食品中各种农药化学污染物对消费者健康的整体危害程度[7, 8]。从理论上分析，IFS_c 可指出食品中的污染物 c 对消费者健康是否存在危害及危害的程度[9]。其优点在于操作简单且结果容易被接受和理解，不需要大量的数据来对结果进行验证，使用默认的标准假设或者模型即可[10, 11]。

1) IFS_c 的计算

IFS_c 计算公式如下：

$$IFS_c = \frac{EDI_c \times f}{SI_c \times bw} \tag{10-1}$$

式中，c 为所研究的农药；EDI_c 为农药 c 的实际日摄入量估算值，等于 $\sum(R_i \times F_i \times E_i \times P_i)$ (i 为食品种类；R_i 为食品 i 中农药 c 的残留水平，mg/kg；F_i 为食品 i 的估计日消费量，

g/（人·天）；E_i 为食品 i 的可食用部分因子；P_i 为食品 i 的加工处理因子）；SI_c 为安全摄入量，可采用每日允许最大摄入量 ADI；bw 为人平均体重，kg；f 为校正因子，如果安全摄入量采用 ADI，则 f 取 1。

$IFS_c \ll 1$，农药 c 对食品安全没有影响；$IFS_c \leq 1$，农药 c 对食品安全的影响可以接受；$IFS_c > 1$，农药 c 对食品安全的影响不可接受。

本次评价中：

$IFS_c \leq 0.1$，农药 c 对茶叶安全没有影响；

$0.1 < IFS_c \leq 1$，农药 c 对茶叶安全的影响可以接受；

$IFS_c > 1$，农药 c 对茶叶安全的影响不可接受。

本次评价中残留水平 R_i 取值为中国检验检疫科学研究院庞国芳院士课题组利用以高分辨精确质量数（0.0001 *m/z*）为基准的 GC-Q-TOF/MS 侦测技术于 2018 年 12 月期间对西宁市茶叶农药残留的侦测结果，估计日消费量 F_i 取值 0.0047 kg/（人·天），E_i=1，P_i=1，f=1，SI_c 采用《食品安全国家标准　食品中农药最大残留限量》（GB 2763—2016）中 ADI 值（具体数值见表 10-3），人平均体重（bw）取值 60 kg。

表 10-3　西宁市茶叶中侦测出农药的 ADI 值

序号	农药	ADI	序号	农药	ADI	序号	农药	ADI
1	唑虫酰胺	0.006	15	阿维菌素	0.002	29	多效唑	0.1
2	三唑磷	0.001	16	乐果	0.002	30	氯虫苯甲酰胺	2
3	噻嗪酮	0.009	17	虫酰肼	0.02	31	嘧菌酯	0.2
4	哒螨灵	0.01	18	吡虫啉	0.06	32	肟鲜酯	0.023
5	苯醚甲环唑	0.01	19	咪鲜胺	0.01	33	莠灭净	0.072
6	茚虫威	0.01	20	双甲脒	0.01	34	增效醚	0.2
7	噻虫啉	0.01	21	丙环唑	0.07	35	*N*-去甲基啶虫脒	—
8	吡唑醚菌酯	0.03	22	噻虫嗪	0.08	36	三异丁基磷酸盐	—
9	毒死蜱	0.01	23	己唑醇	0.005	37	双丙氨膦	—
10	啶虫脒	0.07	24	吡丙醚	0.1	38	吡虫啉脲	—
11	三唑醇	0.03	25	异稻瘟净	0.035	39	喹菌酮	—
12	稻瘟灵	0.016	26	氟环唑	0.02	40	西玛通	—
13	戊唑醇	0.03	27	矮壮素	0.05			
14	多菌灵	0.03	28	吡蚜酮	0.03			

注：“—”表示为国家标准中无 ADI 值规定；ADI 值单位为 mg/kg bw

2）计算 IFS_c 的平均值 $\overline{IFS}$，评价农药对食品安全的影响程度

以 $\overline{IFS}$ 评价各种农药对人体健康危害的总程度，评价模型见公式（10-2）。

$$\overline{\text{IFS}} = \frac{\sum_{i=1}^{n} \text{IFS}_c}{n} \tag{10-2}$$

$\overline{\text{IFS}} \ll 1$，所研究消费者人群的食品安全状态很好；$\overline{\text{IFS}} \leqslant 1$，所研究消费者人群的食品安全状态可以接受；$\overline{\text{IFS}} > 1$，所研究消费者人群的食品安全状态不可接受。

本次评价中：

$\overline{\text{IFS}} \leqslant 0.1$，所研究消费者人群的茶叶安全状态很好；

$0.1 < \overline{\text{IFS}} \leqslant 1$，所研究消费者人群的茶叶安全状态可以接受；

$\overline{\text{IFS}} > 1$，所研究消费者人群的茶叶安全状态不可接受。

10.1.2.2　预警风险评估模型

2003 年，我国检验检疫食品安全管理的研究人员根据 WTO 的有关原则和我国的具体规定，结合危害物本身的敏感性、风险程度及其相应的施检频率，首次提出了食品中危害物风险系数 R 的概念[12]。R 是衡量一个危害物的风险程度大小最直观的参数，即在一定时期内其超标率或阳性检出率的高低，但受其施检频率的高低及其本身的敏感性（受关注程度）影响。该模型综合考察了农药在茶叶中的超标率、施检频率及其本身敏感性，能直观而全面地反映出农药在一段时间内的风险程度[13]。

1）R 计算方法

危害物的风险系数综合考虑了危害物的超标率或阳性检出率、施检频率和其本身的敏感性影响，并能直观而全面地反映出危害物在一段时间内的风险程度。风险系数 R 的计算公式如式（10-3）：

$$R = aP + \frac{b}{F} + S \tag{10-3}$$

式中，P 为该种危害物的超标率；F 为危害物的施检频率；S 为危害物的敏感因子；a, b 分别为相应的权重系数。

本次评价中 $F=1$；$S=1$；$a=100$；$b=0.1$，对参数 P 进行计算，计算时首先判断是否为禁用农药，如果为非禁用农药，P=超标的样品数（侦测出的含量高于食品最大残留限量标准值，即 MRL）除以总样品数（包括超标、不超标、未侦测出）；如果为禁用农药，则侦测出即为超标，P=能侦测出的样品数除以总样品数。判断西宁市茶叶农药残留是否超标的标准限值 MRL 分别以 MRL 中国国家标准[14]和 MRL 欧盟标准作为对照，具体值列于本报告附表一中。

2）评价风险程度

$R \leqslant 1.5$，受检农药处于低度风险；

$1.5 < R \leqslant 2.5$，受检农药处于中度风险；

$R > 2.5$，受检农药处于高度风险。

10.1.2.3　食品膳食暴露风险和预警风险评估应用程序的开发

1）应用程序开发的步骤

为成功开发膳食暴露风险和预警风险评估应用程序，与软件工程师多次沟通讨论，逐步提出并描述清楚计算需求，开发了初步应用程序。为明确出不同茶叶、不同农药、不同地域和不同季节的风险水平，向软件工程师提出不同的计算需求，软件工程师对计算需求进行逐一地分析，经过反复的细节沟通，需求分析得到明确后，开始进行解决方案的设计，在保证需求的完整性、一致性的前提下，编写出程序代码，最后设计出满足需求的风险评估专用计算软件，并通过一系列的软件测试和改进，完成专用程序的开发。软件开发基本步骤见图 10-3。

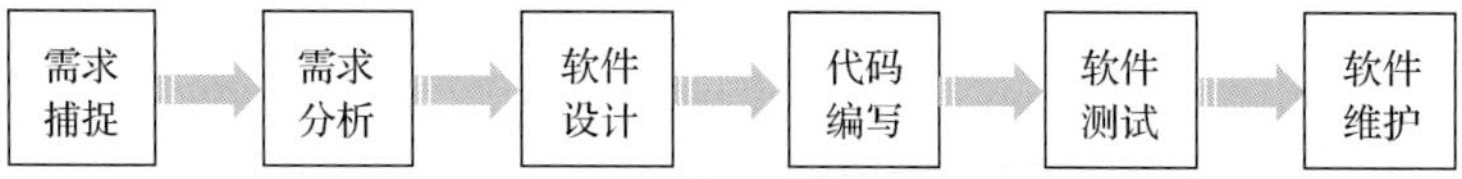

图 10-3　专用程序开发总体步骤

2）膳食暴露风险评估专业程序开发的基本要求

首先直接利用公式（10-1），分别计算 LC-Q-TOF/MS 和 GC-Q-TOF/MS 仪器侦测出的各茶叶样品中每种农药 IFS_c，将结果列出。为考察超标农药和禁用农药的使用安全性，分别以我国《食品安全国家标准　食品中农药最大残留限量》（GB 2763—2016）和欧盟食品中农药最大残留限量（以下简称 MRL 中国国家标准和 MRL 欧盟标准）为标准，对侦测出的禁用农药和超标的非禁用农药 IFS_c 单独进行评价；按 IFS_c 大小列表，并找出 IFS_c 值排名前 20 的样本重点关注。

对不同茶叶 i 中每一种侦测出的农药 c 的安全指数进行计算，多个样品时求平均值。按农药种类，计算整个监测时间段内每种农药的 IFS_c，不区分茶叶种类。

3）预警风险评估专业程序开发的基本要求

分别以 MRL 中国国家标准和 MRL 欧盟标准，按公式（10-3）逐个计算不同茶叶、不同农药的风险系数，禁用农药和非禁用农药分别列表。

为清楚了解各种农药的预警风险，不分时间，不分茶叶，按禁用农药和非禁用农药分类，分别计算各种侦测出农药全部检测时段内风险系数。由于有 MRL 中国国家标准的农药种类太少，无法计算超标数，非禁用农药的风险系数只以 MRL 欧盟标准为标准，进行计算。

4）风险程度评价专业应用程序的开发方法

采用 Python 计算机程序设计语言，Python 是一个高层次地结合了解释性、编译性、互动性和面向对象的脚本语言。风险评价专用程序主要功能包括：分别读入每例样品 LC-Q-TOF/MS 和 GC-Q-TOF/MS 农药残留检测数据，根据风险评价工作要求，依次对不同农药、不同食品、不同时间、不同采样点的 IFS_c 值和 R 值分别进行数据计算，筛选出禁用农药、超标农药（分别与 MRL 中国国家标准、MRL 欧盟标准限值进行对比）单独重点分析，再分别对各农药、各茶叶种类分类处理，设计出计算和排序程序，编写计算机代码，最后将生成的膳食暴露风险评估和超标风险评估定量计算结果列入设计好的各个表格中，并定性判断风险对目标的影响程度，直接用文字描述风险发生的高低，如“不可接受”、“可以接受”、“没有影响”、“高度风险”、“中度风险”、“低度风险”。

10.2　LC-Q-TOF/MS 侦测西宁市市售茶叶农药残留膳食暴露风险评估

10.2.1　每例茶叶样品中农药残留安全指数分析

基于 2018 年 12 月的农药残留侦测数据，发现在 30 例样品中侦测出农药 249 频次，计算样品中每种残留农药的安全指数 IFS_c，并分析农药对样品安全的影响程度，结果详见附表二，农药残留对茶叶样品安全的影响程度频次分布情况如图 10-4 所示。

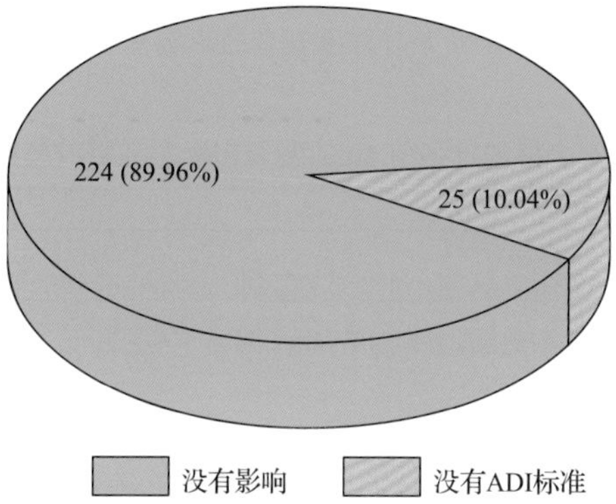

图 10-4　农药残留对茶叶样品安全的影响程度频次分布图

由图 10-4 可以看出，农药残留对样品安全的没有影响的频次为 224，占 89.96%。

部分样品侦测出禁用农药 3 种 14 频次，为了明确残留的禁用农药对样品安全的影响，分析侦测出禁用农药残留的样品安全指数，禁用农药残留对茶叶样品安全的影响程度频次分布情况如图 10-5 所示，农药残留对样品安全没有影响的频次为 14，占 100%。

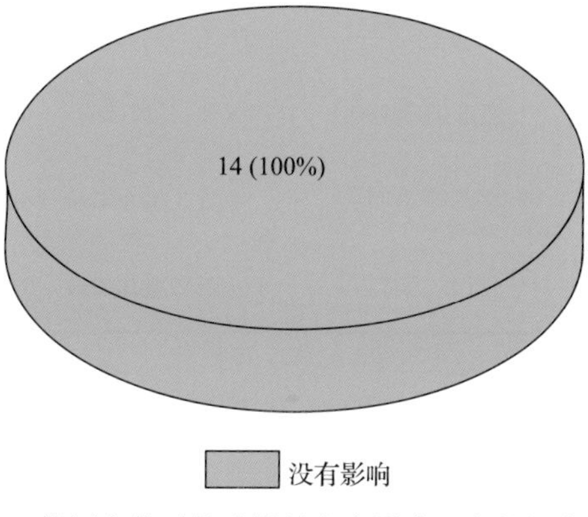

图 10-5　禁用农药对茶叶样品安全影响程度的频次分布图

残留量超过 MRL 欧盟标准的非禁用农药对茶叶样品安全的影响程度频次分布情况如图 10-6 所示。可以看出超过 MRL 欧盟标准的非禁用农药共 66 频次，其中农药没有 ADI 的频次为 9，占 13.64%；农药残留对样品安全没有影响的频次为 57，占 86.36%。表 10-4 为茶叶样品中安全指数排名前 10 的残留超标非禁用农药列表。

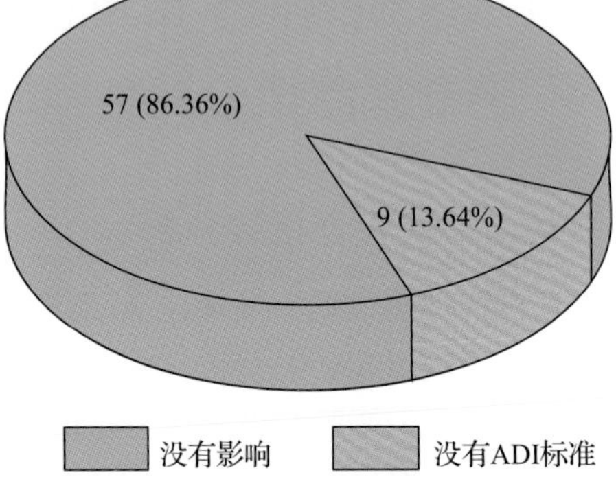

图 10-6　残留超标的非禁用农药对茶叶样品安全的影响程度频次分布图（MRL 欧盟标准）

表 10-4　茶叶样品中安全指数排名前 10 的残留超标非禁用农药列表（MRL 欧盟标准）

序号	样品编号	采样点	基质	农药	含量 (mg/kg)	欧盟标准	IFS_c	影响程度
1	20181230-630100-USI-GT-03A	***超市（西宁建国南路店）	绿茶	唑虫酰胺	3.2875	0.01	0.0345	没有影响
2	20181230-630100-USI-FT-04A	***超市（海湖店）	花茶	唑虫酰胺	3.1445	0.01	0.0333	没有影响
3	20181230-630100-USI-GT-02C	***超市（胜利路店）	绿茶	唑虫酰胺	2.643	0.01	0.0207	没有影响
4	20181230-630100-USI-GT-02B	***超市（胜利路店）	绿茶	唑虫酰胺	1.0131	0.01	0.0149	没有影响
5	20181230-630100-USI-GT-03C	***超市（西宁建国南路店）	绿茶	唑虫酰胺	0.9507	0.01	0.0100	没有影响
6	20181230-630100-USI-FT-03B	***超市（西宁建国南路店）	花茶	唑虫酰胺	0.7101	0.01	0.0098	没有影响
7	20181229-630100-USI-FT-01A	***超市（万达店）	花茶	唑虫酰胺	0.4716	0.01	0.0091	没有影响
8	20181230-630100-USI-GT-02B	***超市（胜利路店）	绿茶	噻嗪酮	0.4207	0.05	0.0074	没有影响
9	20181230-630100-USI-GT-02A	***超市（胜利路店）	绿茶	唑虫酰胺	0.2505	0.01	0.0062	没有影响
10	20181229-630100-USI-FT-01B	***超市（万达店）	花茶	唑虫酰胺	0.2482	0.01	0.0033	没有影响

10.2.2　单种茶叶中农药残留安全指数分析

本次 5 种茶叶侦测 40 种农药，检出频次为 249 次，其中 6 种农药没有 ADI 标准，

34 种农药存在 ADI 标准。5 种茶叶按不同种类分别计算侦测出的具有 ADI 标准的各种农药的 IFS_c 值，农药残留对茶叶的安全指数分布图如图 10-7 所示。

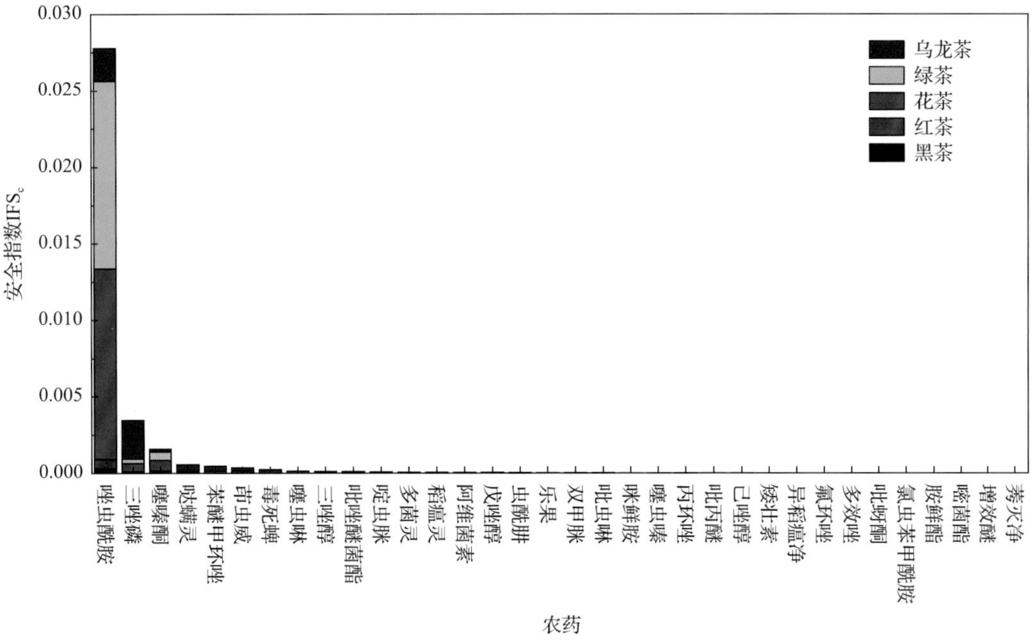

图 10-7　5 种茶叶中 34 种残留农药的安全指数分布图

本次侦测中，5 种茶叶和 40 种残留农药(包括没有 ADI 标准)共涉及 101 个分析样本，农药对单种茶叶安全的影响程度分布情况如图 10-8 所示。可以看出，89.11%的样本中农药对茶叶安全没有影响。

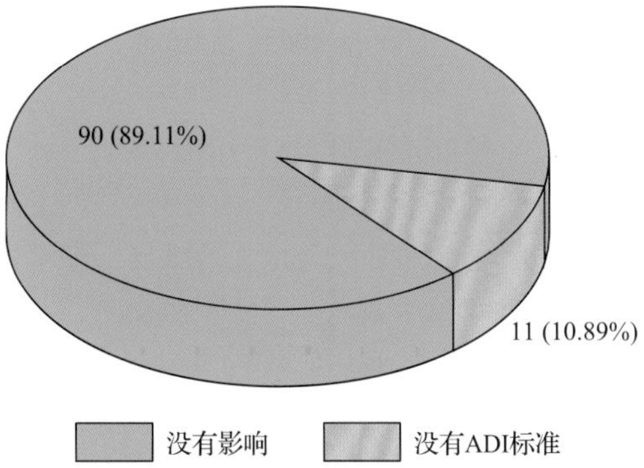

图 10-8　101 个分析样本的影响程度频次分布图

10.2.3　所有茶叶中农药残留安全指数分析

计算所有茶叶中 34 种农药的 IFS_c 值，结果如图 10-9 及表 10-5 所示。

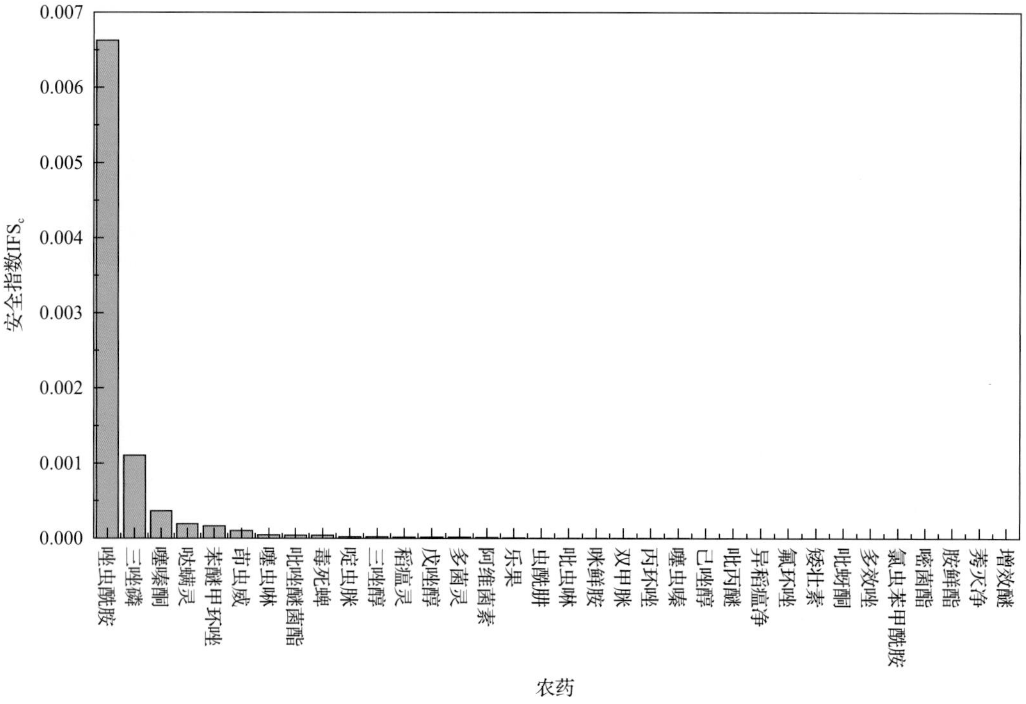

图 10-9　34 种残留农药对茶叶的安全影响程度统计图

表 10-5　茶叶中 34 种农药残留的安全指数表

序号	农药	检出频次	检出率(%)	IFS_c	影响程度	序号	农药	检出频次	检出率(%)	IFS_c	影响程度
1	唑虫酰胺	28	93.33	6.63×10^{-3}	没有影响	18	吡虫啉	7	23.33	5.33×10^{-6}	没有影响
2	三唑磷	11	36.67	1.11×10^{-3}	没有影响	19	咪鲜胺	1	3.33	5.25×10^{-6}	没有影响
3	噻嗪酮	21	70.00	3.63×10^{-4}	没有影响	20	双甲脒	1	3.33	4.28×10^{-6}	没有影响
4	哒螨灵	16	53.33	1.94×10^{-4}	没有影响	21	丙环唑	7	23.33	3.76×10^{-6}	没有影响
5	苯醚甲环唑	13	43.33	1.64×10^{-4}	没有影响	22	噻虫嗪	13	43.33	3.68×10^{-6}	没有影响
6	茚虫威	12	40.00	1.00×10^{-4}	没有影响	23	己唑醇	1	3.33	2.04×10^{-6}	没有影响
7	噻虫啉	8	26.67	4.36×10^{-5}	没有影响	24	吡丙醚	7	23.33	1.86×10^{-6}	没有影响
8	吡唑醚菌酯	8	26.67	4.02×10^{-5}	没有影响	25	异稻瘟净	1	3.33	9.62×10^{-7}	没有影响
9	毒死蜱	2	6.67	3.97×10^{-5}	没有影响	26	氟环唑	2	6.67	9.01×10^{-7}	没有影响
10	啶虫脒	19	63.33	2.23×10^{-5}	没有影响	27	矮壮素	6	20.00	8.88×10^{-7}	没有影响
11	三唑醇	4	13.33	2.12×10^{-5}	没有影响	28	吡蚜酮	1	3.33	3.48×10^{-7}	没有影响
12	稻瘟灵	3	10.00	1.66×10^{-5}	没有影响	29	多效唑	1	3.33	3.19×10^{-7}	没有影响
13	戊唑醇	4	13.33	1.54×10^{-5}	没有影响	30	氯虫苯甲酰胺	5	16.67	2.45×10^{-7}	没有影响
14	多菌灵	8	26.67	1.50×10^{-5}	没有影响	31	嘧菌酯	5	16.67	2.02×10^{-7}	没有影响
15	阿维菌素	3	10.00	1.24×10^{-5}	没有影响	32	胺鲜酯	1	3.33	1.48×10^{-7}	没有影响
16	乐果	1	3.33	7.96×10^{-6}	没有影响	33	莠灭净	1	3.33	4.71×10^{-8}	没有影响
17	虫酰肼	1	3.33	5.55×10^{-6}	没有影响	34	增效醚	2	6.67	4.18×10^{-8}	没有影响

分析发现，所有农药对茶叶安全的影响程度均为没有影响，说明茶叶中残留的农药不会对茶叶安全造成影响。

10.3　LC-Q-TOF/MS 侦测西宁市市售茶叶农药残留预警风险评估

基于西宁市茶叶样品中农药残留 LC-Q-TOF/MS 侦测数据，分析禁用农药的检出率，同时参照中华人民共和国国家标准 GB 2763—2016 和欧盟农药最大残留限量(MRL)标准分析非禁用农药残留的超标率，并计算农药残留风险系数。分析单种茶叶中农药残留以及所有茶叶中农药残留的风险程度。

10.3.1　单种茶叶中农药残留风险系数分析

10.3.1.1　单种茶叶中禁用农药残留风险系数分析

侦测出的 40 种残留农药中有 3 种为禁用农药，且它们分布在 5 种茶叶中，计算 5 种茶叶中禁用农药的检出率，根据检出率计算风险系数 *R*，进而分析茶叶中禁用农药的风险程度，结果如图 10-10 与表 10-6 所示。分析发现 3 种禁用农药在 5 种茶叶中的残留处均于高度风险。

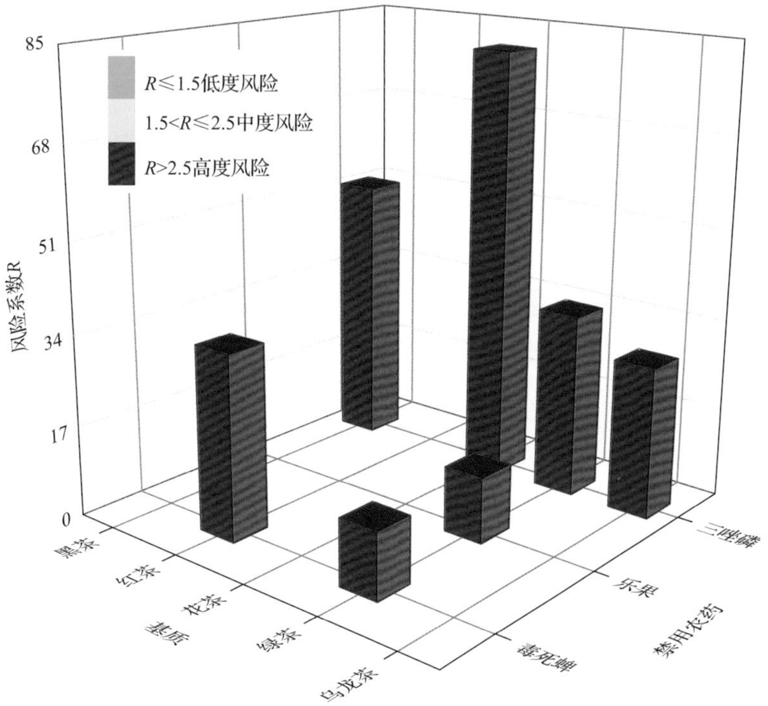

图 10-10　5 种茶叶中 3 种禁用农药的风险系数分布图

表 10-6　5 种茶叶中 3 种禁用农药残留的风险系数表

序号	基质	农药	检出频次	检出率(%)	风险系数 *R*	风险程度
1	花茶	三唑磷	4	80	81.1	高度风险
2	黑茶	三唑磷	1	50	51.1	高度风险
3	红茶	毒死蜱	1	33.33	34.43	高度风险
4	绿茶	三唑磷	3	33.33	34.43	高度风险
5	乌龙茶	三唑磷	3	27.27	28.37	高度风险
6	绿茶	乐果	1	11.11	12.21	高度风险
7	绿茶	毒死蜱	1	11.11	12.21	高度风险

10.3.1.2　基于 MRL 中国国家标准的单种茶叶中非禁用农药残留风险系数分析

参照中华人民共和国国家标准 GB 2763—2016 中农药残留限量计算每种茶叶中每种非禁用农药的超标率，进而计算其风险系数，根据风险系数大小判断残留农药的预警风险程度，茶叶中非禁用农药残留风险程度分布情况如图 10-11 所示。

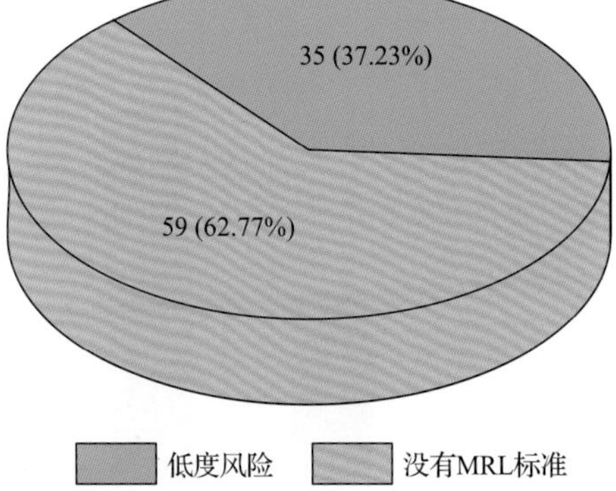

图 10-11　茶叶中非禁用农药残留的风险程度分布图（MRL 中国国家标准）

本次分析中，发现在 5 种茶叶检出 37 种残留非禁用农药，涉及样本 94 个，在 94 个样本中，37.23%处于低度风险，此外发现有 59 个样本没有 MRL 中国国家标准值，无法判断其风险程度，有 MRL 中国国家标准值的 35 个样本涉及 5 种茶叶中的 9 种非禁用农药，其风险系数 *R* 值如图 10-12 所示。

10.3.1.3　基于 MRL 欧盟标准的单种茶叶中非禁用农药残留风险系数分析

参照 MRL 欧盟标准计算每种茶叶中每种非禁用农药的超标率，进而计算其风险系数，根据风险系数大小判断农药残留的预警风险程度，茶叶中非禁用农药残留风险程度分布情况如图 10-13 所示。

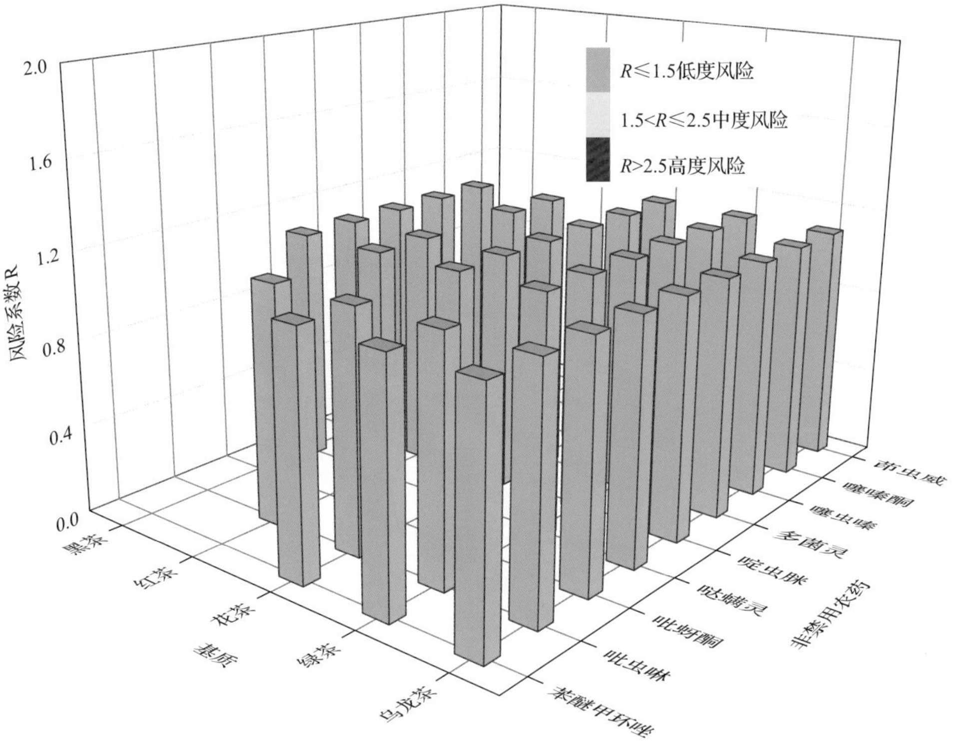

图 10-12　5 种茶叶中 9 种非禁用农药的风险系数分布图(MRL 中国国家标准)

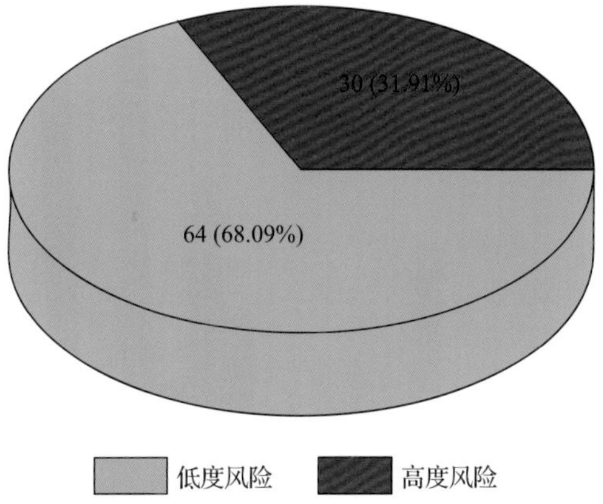

图 10-13　茶叶中非禁用农药残留的风险程度分布图(MRL 欧盟标准)

本次分析中，发现在 5 种茶叶中共侦测出 37 种非禁用农药，涉及样本 94 个，其中，31.91%处于高度风险，涉及 5 种茶叶和 15 种农药；68.09%处于低度风险，涉及 5 种茶叶和 32 种农药。单种茶叶中的非禁用农药风险系数分布图如图 10-14 所示。单种茶叶中处于高度风险的非禁用农药风险系数如图 10-15 和表 10-7 所示。

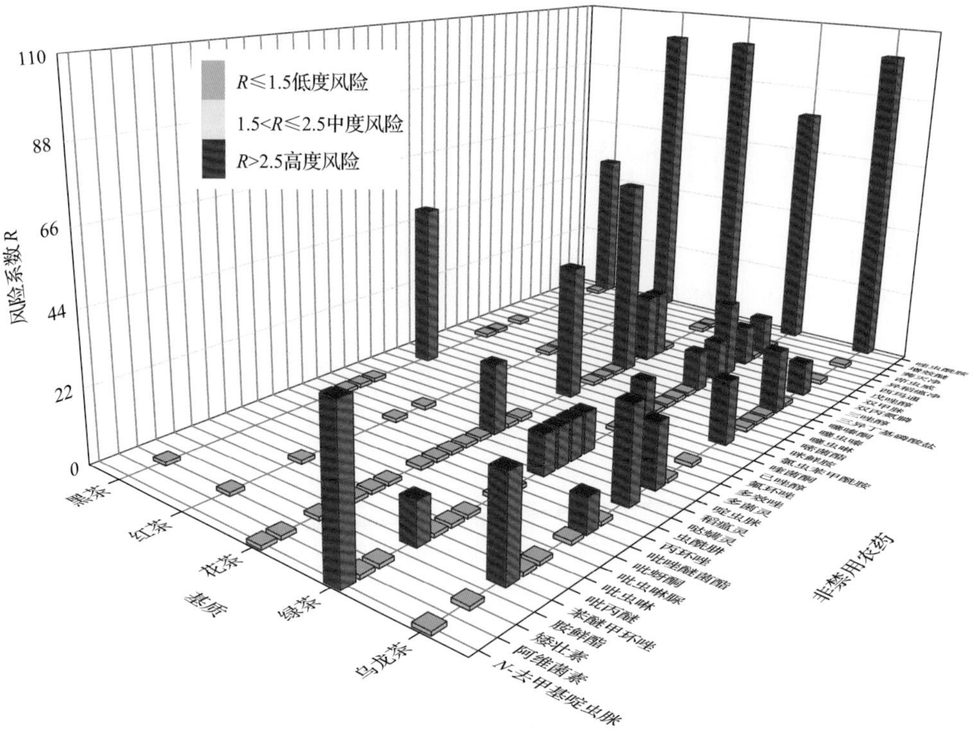

图 10-14　5 种茶叶中 37 种非禁用农药残留的风险系数（MRL 欧盟标准）

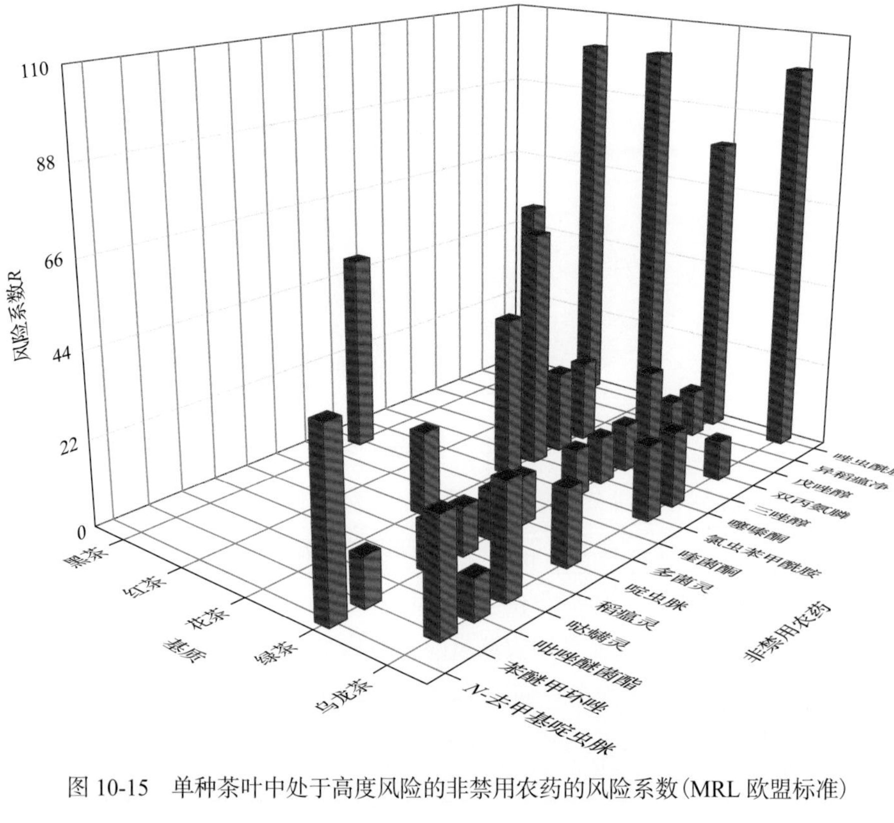

图 10-15　单种茶叶中处于高度风险的非禁用农药的风险系数（MRL 欧盟标准）

表 10-7　单种茶叶中处于高度风险的非禁用农药的风险系数表(MRL 欧盟标准)

序号	基质	农药	超标频次	超标率 *P*(%)	风险系数 *R*
1	乌龙茶	唑虫酰胺	乌龙茶	100	101.1
2	红茶	唑虫酰胺	红茶	100	101.1
3	花茶	唑虫酰胺	花茶	100	101.1
4	绿茶	唑虫酰胺	绿茶	77.78	78.88
5	花茶	噻嗪酮	花茶	60	61.1
6	黑茶	唑虫酰胺	黑茶	50	51.1
7	黑茶	喹菌酮	黑茶	50	51.1
8	绿茶	*N*-去甲基啶虫脒	绿茶	44.44	45.54
9	花茶	氯虫苯甲酰胺	花茶	40	41.1
10	乌龙茶	哒螨灵	乌龙茶	27.27	28.37
11	乌龙茶	苯醚甲环唑	乌龙茶	27.27	28.37
12	绿茶	双丙氨膦	绿茶	22.22	23.32
13	花茶	三唑醇	花茶	20	21.1
14	花茶	双丙氨膦	花茶	20	21.1
15	花茶	啶虫脒	花茶	20	21.1
16	乌龙茶	啶虫脒	乌龙茶	18.18	19.28
17	乌龙茶	噻嗪酮	乌龙茶	18.18	19.28
18	乌龙茶	氯虫苯甲酰胺	乌龙茶	18.18	19.28
19	绿茶	三唑醇	绿茶	11.11	12.21
20	绿茶	哒螨灵	绿茶	11.11	12.21
21	绿茶	啶虫脒	绿茶	11.11	12.21
22	绿茶	噻嗪酮	绿茶	11.11	12.21
23	绿茶	多菌灵	绿茶	11.11	12.21
24	绿茶	异稻瘟净	绿茶	11.11	12.21
25	绿茶	戊唑醇	绿茶	11.11	12.21
26	绿茶	氯虫苯甲酰胺	绿茶	11.11	12.21
27	绿茶	稻瘟灵	绿茶	11.11	12.21
28	绿茶	苯醚甲环唑	绿茶	11.11	12.21
29	乌龙茶	双丙氨膦	乌龙茶	9.09	10.19
30	乌龙茶	吡唑醚菌酯	乌龙茶	9.09	10.19

10.3.2　所有茶叶中农药残留风险系数分析

10.3.2.1　所有茶叶中禁用农药残留风险系数分析

在侦测出的 40 种农药中有 3 种为禁用农药，计算所有茶叶中禁用农药的风险系数，结果如表 10-8 所示。在 3 种禁用农药中，3 种农药残留均处于高度风险。

表 10-8　茶叶中 3 种禁用农药的风险系数表

序号	农药	检出频次	检出率(%)	风险系数 *R*	风险程度
1	三唑磷	11	36.67	37.77	高度风险
2	毒死蜱	2	6.67	7.77	高度风险
3	乐果	1	3.33	4.43	高度风险

10.3.2.2　所有茶叶中非禁用农药残留风险系数分析

参照 MRL 欧盟标准计算所有茶叶中每种非禁用农药残留的风险系数，如图 10-16 与表 10-9 所示。在侦测出的 37 种非禁用农药中，15 种农药(40.54%)残留处于高度风险，22 种农药(59.46%)残留处于低度风险。

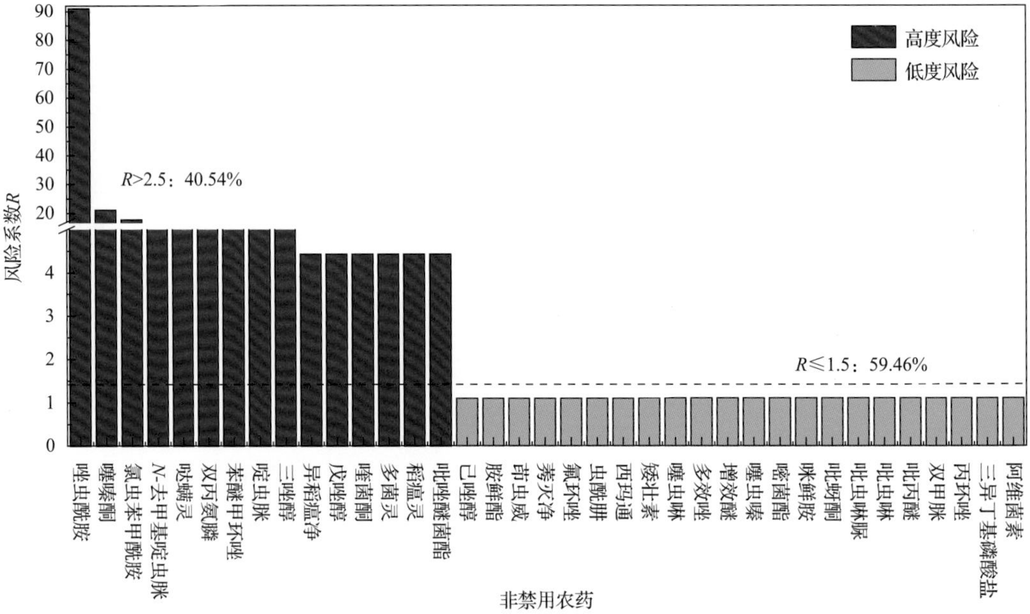

图 10-16　茶叶中 37 种非禁用农药的风险程度统计图

表 10-9　茶叶中 37 种非禁用农药的风险系数表

序号	农药	超标频次	超标率 *P*(%)	风险系数 *R*	风险程度
1	唑虫酰胺	27	90.00	91.10	高度风险
2	噻嗪酮	6	20.00	21.10	高度风险
3	氯虫苯甲酰胺	5	16.67	17.77	高度风险
4	*N*-去甲基啶虫脒	4	13.33	14.43	高度风险
5	哒螨灵	4	13.33	14.43	高度风险
6	双丙氨膦	4	13.33	14.43	高度风险
7	苯醚甲环唑	4	13.33	14.43	高度风险
8	啶虫脒	4	13.33	14.43	高度风险

续表

序号	农药	超标频次	超标率 P(%)	风险系数 R	风险程度
9	三唑醇	2	6.67	7.77	高度风险
10	异稻瘟净	1	3.33	4.43	高度风险
11	戊唑醇	1	3.33	4.43	高度风险
12	喹菌酮	1	3.33	4.43	高度风险
13	多菌灵	1	3.33	4.43	高度风险
14	稻瘟灵	1	3.33	4.43	高度风险
15	吡唑醚菌酯	1	3.33	4.43	高度风险
16	己唑醇	0	0.00	1.10	低度风险
17	胺鲜酯	0	0.00	1.10	低度风险
18	茚虫威	0	0.00	1.10	低度风险
19	莠灭净	0	0.00	1.10	低度风险
20	氟环唑	0	0.00	1.10	低度风险
21	虫酰肼	0	0.00	1.10	低度风险
22	西玛通	0	0.00	1.10	低度风险
23	矮壮素	0	0.00	1.10	低度风险
24	噻虫啉	0	0.00	1.10	低度风险
25	多效唑	0	0.00	1.10	低度风险
26	增效醚	0	0.00	1.10	低度风险
27	噻虫嗪	0	0.00	1.10	低度风险
28	嘧菌酯	0	0.00	1.10	低度风险
29	咪鲜胺	0	0.00	1.10	低度风险
30	吡蚜酮	0	0.00	1.10	低度风险
31	吡虫啉脲	0	0.00	1.10	低度风险
32	吡虫啉	0	0.00	1.10	低度风险
33	吡丙醚	0	0.00	1.10	低度风险
34	双甲脒	0	0.00	1.10	低度风险
35	丙环唑	0	0.00	1.10	低度风险
36	三异丁基磷酸盐	0	0.00	1.10	低度风险
37	阿维菌素	0	0.00	1.10	低度风险

10.4　LC-Q-TOF/MS 侦测西宁市市售茶叶农药残留风险评估结论与建议

农药残留是影响茶叶安全和质量的主要因素，也是我国食品安全领域备受关注的敏感话题和亟待解决的重大问题之一[15,16]。各种茶叶均存在不同程度的农药残留现象，本研究主要针对西宁市各类茶叶存在的农药残留问题,基于 2018 年 12 月对西宁市 30 例茶叶样品中农药残留侦测得出的 249 个侦测结果，分别采用食品安全指数模型和风险系数模型，开展茶叶中农药残留的膳食暴露风险和预警风险评估。茶叶样品取自超市和茶叶专营店，符合大众的膳食来源，风险评价时更具有代表性和可信度。

本研究力求通用简单地反映食品安全中的主要问题，且为管理部门和大众容易接受，为政府及相关管理机构建立科学的食品安全信息发布和预警体系提供科学的规律与方法，加强对农药残留的预警和食品安全重大事件的预防，控制食品风险。

10.4.1 西宁市茶叶中农药残留膳食暴露风险评价结论

1) 茶叶样品中农药残留安全状态评价结论

采用食品安全指数模型，对 2018 年 12 月期间西宁市茶叶农药残留膳食暴露风险进行评价，根据 IFS_c 的计算结果发现，茶叶中农药的 $\overline{IFS}$ 为 0.00026，说明西宁市茶叶总体处于可以接受的安全状态，但部分禁用农药、高残留农药在茶叶中仍有侦测出，导致膳食暴露风险的存在，成为不安全因素。

2) 禁用农药膳食暴露风险评价

本次检测发现部分茶叶样品中有禁用农药侦测出，侦测出禁用农药 3 种，侦测出频次为 14，茶叶样品中的禁用农药 IFS_c 计算结果表明，禁用农药残留膳食暴露风险没有影响的频次为 14，占 100%。

10.4.2 西宁市茶叶中农药残留预警风险评价结论

1) 单种茶叶中禁用农药残留的预警风险评价结论

本次检测过程中，在 5 种茶叶中检测出 3 种禁用农药，禁用农药为：三唑磷、毒死蜱、乐果，茶叶为：乌龙茶、红茶、绿茶、花茶、黑茶，茶叶中禁用农药的风险系数分析结果显示，3 种禁用农药在 5 种茶叶中的残留均处于高度风险，说明在单种茶叶中禁用农药的残留会导致较高的预警风险。

2) 单种茶叶中非禁用农药残留的预警风险评价结论

以 MRL 中国国家标准为标准，计算茶叶中非禁用农药风险系数情况下，94 个样本中，35 个处于低度风险(37.23%)，59 个样本没有 MRL 中国国家标准(62.77%)。以 MRL 欧盟标准为标准，计算茶叶中非禁用农药风险系数情况下，发现有 30 个处于高度风险(31.91%)，64 个处于低度风险(68.09%)。基于两种 MRL 标准，评价的结果差异显著，可以看出 MRL 欧盟标准比中国国家标准更加严格和完善，过于宽松的 MRL 中国国家标准值能否有效保障人体的健康有待研究。

10.4.3 加强西宁市茶叶食品安全建议

我国食品安全风险评价体系仍不够健全，相关制度不够完善，多年来，由于农药用药次数多、用药量大或用药间隔时间短，产品残留量大，农药残留所造成的食品安全问题日益严峻，给人体健康带来了直接或间接的危害。据估计，美国与农药有关的癌症患者数约占全国癌症患者总数的 50%，中国更高。同样，农药对其他生物也会形成直接杀伤和慢性危害，植物中的农药可经过食物链逐级传递并不断蓄积，对人和动物构成潜在威胁，并影响生态系统。

基于本次农药残留侦测数据的风险评价结果，提出以下几点建议：

1) 加快食品安全标准制定步伐

我国食品标准中对农药每日允许最大摄入量 ADI 的数据严重缺乏，在本次评价所涉及的 40 种农药中，仅有 85%的农药具有 ADI 值，而 15%的农药中国尚未规定相应的 ADI 值，亟待完善。

我国食品中农药最大残留限量值的规定严重缺乏，对评估涉及的不同茶叶中不同农药 101 个 MRL 限值进行统计来看，我国仅制定出 35 个标准，我国标准完整率仅为 34.65%，欧盟的完整率达到 100%(表 10-10)。因此，中国更应加快 MRL 标准的制定步伐。

表 10-10　我国国家食品标准农药的 ADI、MRL 值与欧盟标准的数量差异

分类		中国 ADI	MRL 中国国家标准	MRL 欧盟标准
标准限值(个)	有	34	35	101
	无	6	66	0
总数(个)		40	101	101
无标准限值比例(%)		15	65.35	0

此外，MRL 中国国家标准限值普遍高于欧盟标准限值，这些标准中共有 27 个高于欧盟。过高的 MRL 值难以保障人体健康，建议继续加强对限值基准和标准的科学研究，将农产品中的危险性减少到尽可能低的水平。

2) 加强农药的源头控制和分类监管

在西宁市某些茶叶中仍有禁用农药残留，利用 LC-Q-TOF/MS 技术侦测出 3 种禁用农药，检出频次为 14 次，残留禁用农药均存在较大的膳食暴露风险和预警风险。早已列入黑名单的禁用农药在我国并未真正退出，有些药物由于价格便宜、工艺简单，此类高毒农药一直生产和使用。建议在我国采取严格有效的控制措施，从源头控制禁用农药。

对于非禁用农药，在我国作为“田间地头”最典型单位的县级茶叶产地中，农药残留的检测几乎缺失。建议根据农药的毒性，对高毒、剧毒、中毒农药实现分类管理，减少使用高毒和剧毒高残留农药，进行分类监管。

3) 加强农药生物基准和降解技术研究

市售茶叶中残留农药的品种多、频次高、禁用农药多次检出这一现状，说明了我国的田间土壤和水体因农药长期、频繁、不合理的使用而遭到严重污染。为此，建议中国相关部门出台相关政策，鼓励高校及科研院所积极开展分子生物学、酶学等研究，加强土壤、水体中残留农药的生物修复及降解新技术研究，切实加大农药监管力度，以控制农药的面源污染问题。

综上所述，在本工作基础上，根据茶叶残留危害，可进一步针对其成因提出和采取严格管理、大力推广无公害茶叶种植与生产、健全食品安全控制技术体系、加强茶叶质量检测体系建设和积极推行茶叶质量追溯制度等相应对策。建立和完善食品安全综合评价指数与风险监测预警系统，对食品安全进行实时、全面的监控与分析，为我国的食品安全科学监管与决策提供新的技术支持，可实现各类检验数据的信息化系统管理，降低食品安全事故的发生。

第 11 章　GC-Q-TOF/MS 侦测西宁市 30 例市售茶叶样品农药残留报告

从西宁市所属 2 个区，随机采集了 30 例茶叶样品，使用气相色谱-四极杆飞行时间质谱(GC-Q-TOF/MS)对 684 种农药化学污染物进行示范侦测。

11.1　样品种类、数量与来源

11.1.1　样品采集与检测

为了真实反映百姓日常饮用的茶叶中农药残留污染状况，本次所有检测样品均由检验人员于 2018 年 12 月期间，从西宁市所属 4 个采样点，包括 4 个超市，以随机购买方式采集，总计 4 批 30 例样品，从中检出农药 29 种，153 频次。采样及监测概况见图 11-1 及表 11-1，样品及采样点明细见表 11-2 及表 11-3(侦测原始数据见附表 1)。

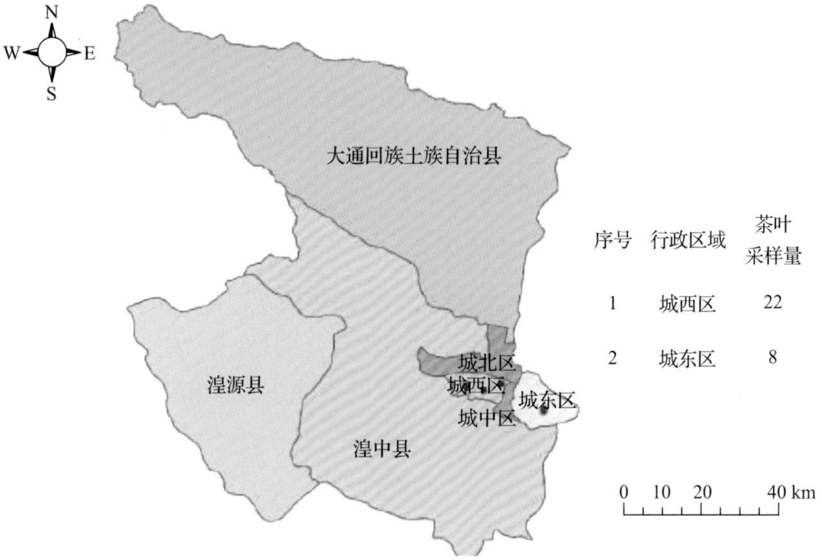

图 11-1　西宁市所属 4 个采样点 30 例样品分布图

表 11-1　农药残留监测总体概况

采样行政区域	西宁市所属 2 个区
采样点(超市)	4
样本总数	30
检出农药品种/频次	29/153
各采样点样本农药残留检出率范围	85.7%~100.0%

表 11-2　样品分类及数量

样品分类	样品名称（数量）	数量小计
1. 茶叶		30
1）发酵类茶叶	黑茶（2），红茶（3），乌龙茶（11）	16
2）未发酵类茶叶	花茶（5），绿茶（9）	14
合计	1.茶叶 5 种	30

表 11-3　西宁市采样点信息

采样点序号	行政区域	采样点
超市（4）		
1	城东区	***超市（西宁建国南路店）
2	城西区	***超市（万达店）
3	城西区	***超市（海湖店）
4	城西区	***超市（胜利路店）

11.1.2　检测结果

这次使用的检测方法是庞国芳院士团队最新研发的不需使用标准品对照，而以高分辨精确质量数（0.0001 *m/z*）为基准的 GC-Q-TOF/MS 检测技术，对于 30 例样品，每个样品均侦测了 684 种农药化学污染物的残留现状。通过本次侦测，在 30 例样品中共计检出农药化学污染物 29 种，检出 153 频次。

11.1.2.1　各采样点样品检出情况

统计分析发现 4 个采样点中，被测样品的农药检出率范围为 85.7%-100.0%。其中，有 3 个采样点样品的检出率最高，达到了 100.0%，分别是：***超市（西宁建国南路店）、***超市（海湖店）和***超市（胜利路店）；***超市（万达店）的检出率最低，为 85.7%，见图 11-2。

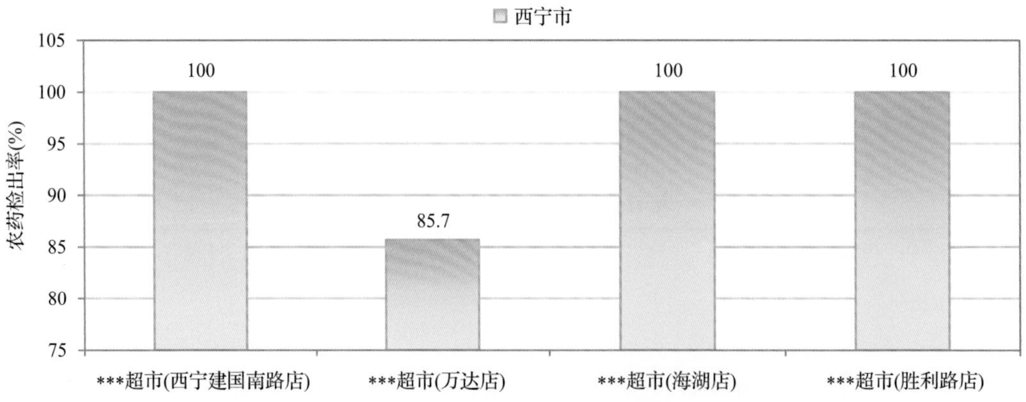

图 11-2　各采样点样品中的农药检出率

11.1.2.2　检出农药的品种总数与频次

统计分析发现，对于 30 例样品中 684 种农药化学污染物的侦测，共检出农药 153 频次，涉及农药 29 种，结果如图 11-3 所示。其中唑虫酰胺检出频次最高，共检出 18 次。检出频次排名前 10 的农药如下：①唑虫酰胺(18)，②联苯菊酯(15)，③猛杀威(15)，④异丁子香酚(13)，⑤虱螨脲(12)，⑥哒螨灵(11)，⑦硫丹(10)，⑧毒死蜱(8)，⑨邻苯二甲酰亚胺(7)，⑩虫螨腈(6)。

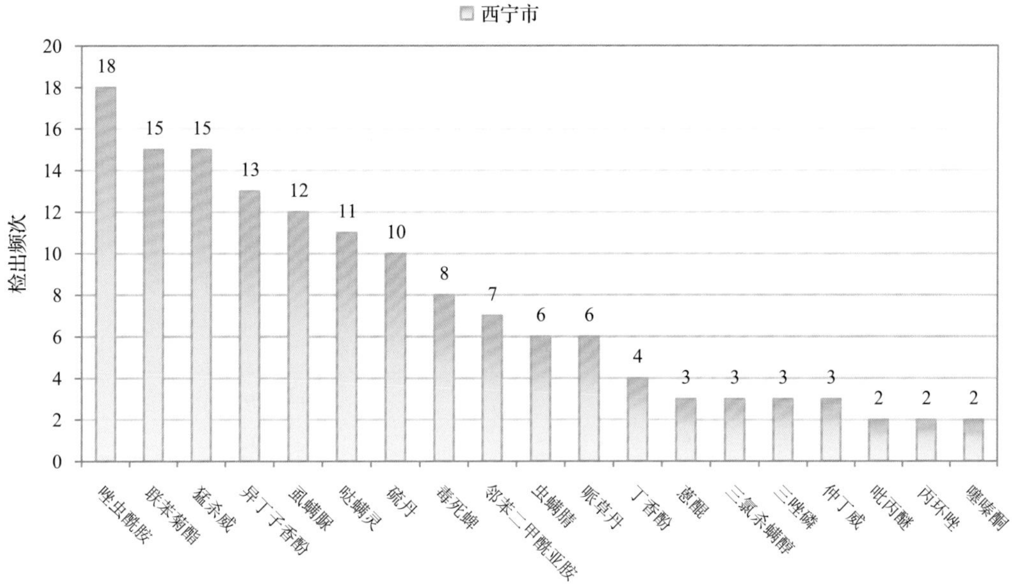

图 11-3　检出农药品种及频次(仅列出 2 频次及以上的数据)

由图 11-4 可见，绿茶、花茶和乌龙茶这 3 种茶叶样品中检出的农药品种数较高，均超过 15 种，其中，绿茶检出农药品种最多，为 19 种。由图 11-5 可见，乌龙茶、绿茶和花茶这 3 种茶叶样品中的农药检出频次较高，均超过 30 次，其中，乌龙茶检出农药频次最高，为 66 次。

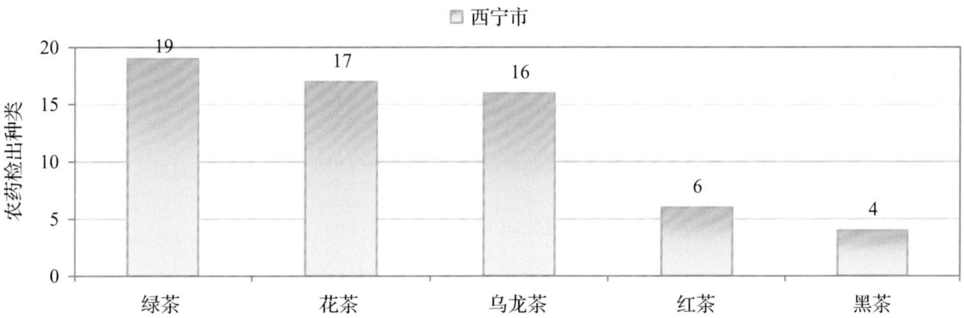

图 11-4　单种茶叶检出农药的种类

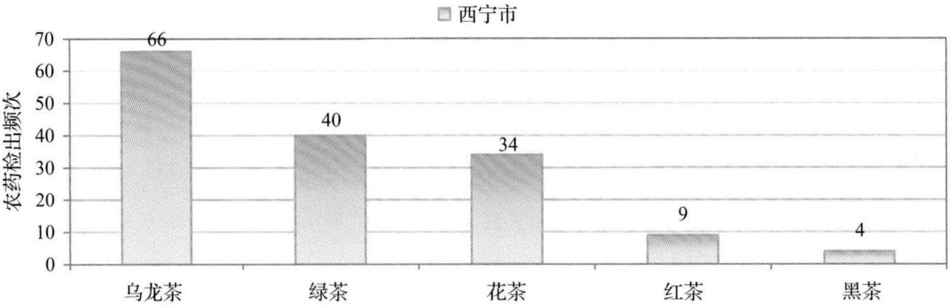

图 11-5　单种茶叶检出农药频次

11.1.2.3　单例样品农药检出种类与占比

对单例样品检出农药种类和频次进行统计发现，未检出农药的样品占总样品数的 3.3%，检出 1 种农药的样品占总样品数的 10.0%，检出 2~5 种农药的样品占总样品数的 46.7%，检出 6~10 种农药的样品占总样品数的 36.7%，检出大于 10 种农药的样品占总样品数的 3.3%。每例样品中平均检出农药为 5.1 种，数据见表 11-4 及图 11-6。

表 11-4　单例样品检出农药品种占比

检出农药品种数	样品数量/占比（%）
未检出	1/3.3
1 种	3/10.0
2~5 种	14/46.7
6~10 种	11/36.7
大于 10 种	1/3.3
单例样品平均检出农药品种	5.1 种

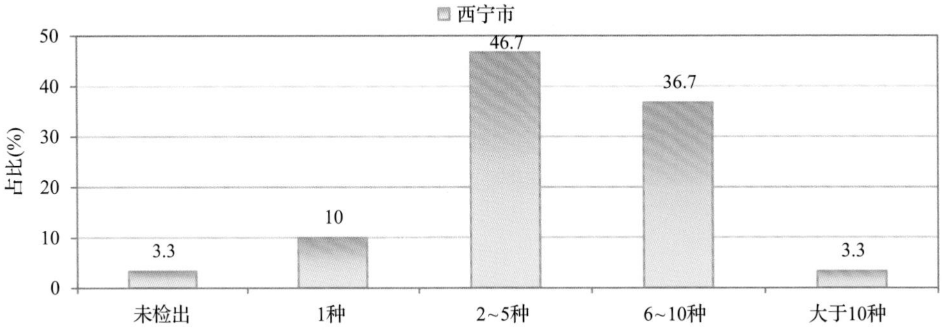

图 11-6　单例样品平均检出农药品种及占比

11.1.2.4　检出农药类别与占比

所有检出农药按功能分类，包括杀虫剂、杀菌剂、杀螨剂、除草剂、驱避剂和其他共 6 类。其中杀虫剂与杀菌剂为主要检出的农药类别，分别占总数的 48.3%和 27.6%，见表 11-5 及图 11-7。

表 11-5　检出农药所属类别/占比

农药类别	数量/占比(%)
杀虫剂	14/48.3
杀菌剂	8/27.6
杀螨剂	2/6.9
除草剂	1/3.4
驱避剂	1/3.4
其他	3/10.3

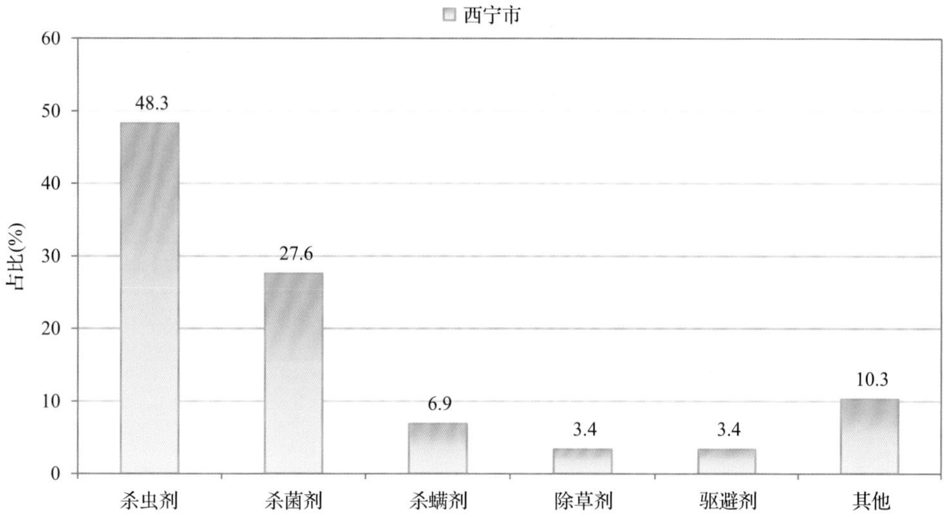

图 11-7　检出农药所属类别和占比

11.1.2.5　检出农药的残留水平

按检出农药残留水平进行统计，残留水平在 1~5 μg/kg(含)的农药占总数的 3.3%，在 5~10 μg/kg(含)的农药占总数的 7.2%，在 10~100 μg/kg(含)的农药占总数的 62.7%，在 100~1000 μg/kg(含)的农药占总数的 26.1%，在＞1000 μg/kg 的农药占总数的 0.7%。

由此可见，这次检测的 4 批 30 例茶叶样品中农药多数处于中高残留水平。结果见表 11-6 及图 11-8，数据见附表 2。

表 11-6　农药残留水平/占比

残留水平(μg/kg)	检出频次数/占比(%)
1~5(含)	5/3.3
5~10(含)	11/7.2
10~100(含)	96/62.7
100~1000(含)	40/26.1
＞1000	1/0.7

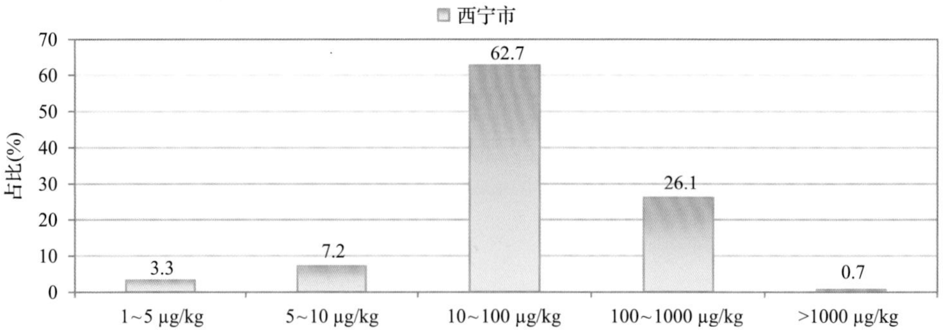

图 11-8　检出农药残留水平及占比

11.1.2.6　检出农药的毒性类别、检出频次和超标频次及占比

对这次检出的 29 种 153 频次的农药，按剧毒、高毒、中毒、低毒和微毒这五个毒性类别进行分类，从中可以看出，西宁市目前普遍使用的农药为中低微毒农药，品种占 96.6%，频次占 98.0%。结果见表 11-7 及图 11-9。

表 11-7　检出农药毒性类别/占比

毒性分类	农药品种/占比(%)	检出频次/占比(%)	超标频次/超标率(%)
剧毒农药	0/0	0/0.0	0/0.0
高毒农药	1/3.4	3/2.0	0/0.0
中毒农药	18/62.1	105/68.6	0/0.0
低毒农药	8/27.6	40/26.1	0/0.0
微毒农药	2/6.9	5/3.3	0/0.0

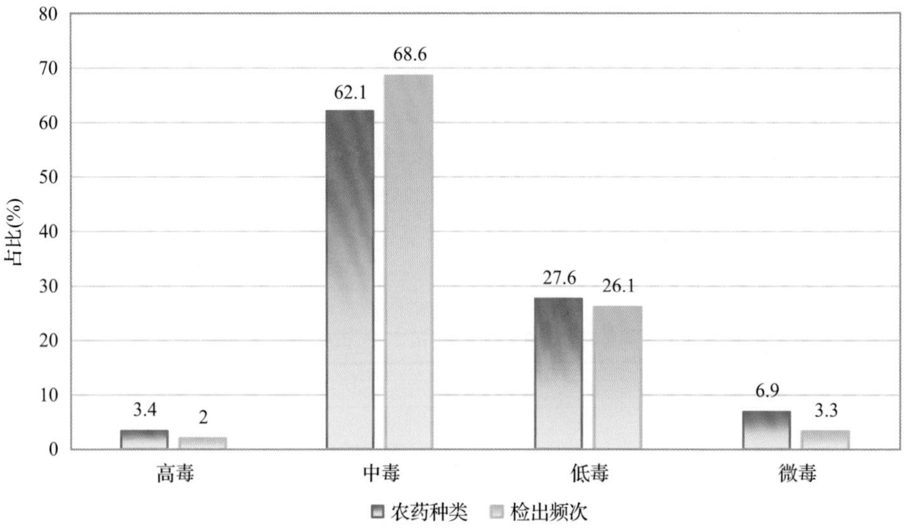

图 11-9　检出农药的毒性分类和占比

11.1.2.7　检出剧毒/高毒类农药的品种和频次

值得特别关注的是，在此次侦测的 30 例样品中有 2 种茶叶的 3 例样品检出了 1 种 3 频次的剧毒和高毒农药，占样品总量的 10.0%，详见图 11-10、表 11-8 及表 11-9。

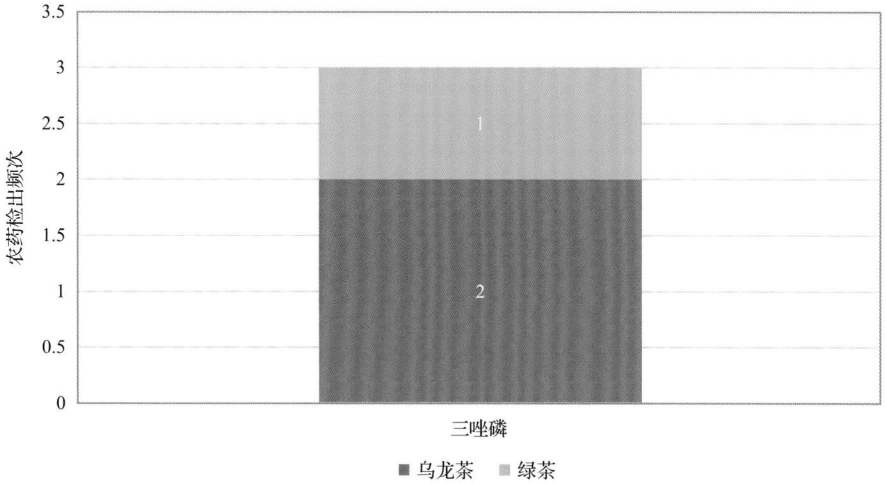

图 11-10　检出剧毒/高毒农药的样品情况

表 11-8　剧毒农药检出情况

序号	农药名称	检出频次	超标频次	超标率
茶叶中未检出剧毒农药				
	合计	0	0	超标率：0.0%

表 11-9　高毒农药检出情况

序号	农药名称	检出频次	超标频次	超标率
从 2 种茶叶中检出 1 种高毒农药，共计检出 3 次				
1	三唑磷	3	0	0.0%
	合计	3	0	超标率：0.0%

在检出的剧毒和高毒农药中，有 1 种是我国早已禁止在茶叶上使用的：三唑磷。禁用农药的检出情况见表 11-10。

表 11-10　禁用农药检出情况

序号	农药名称	检出频次	超标频次	超标率
从 4 种茶叶中检出 4 种禁用农药，共计检出 24 次				
1	硫丹	10	0	0.0%
2	毒死蜱	8	0	0.0%
3	三氯杀螨醇	3	0	0.0%
4	三唑磷	3	0	0.0%
	合计	24	0	超标率：0.0%

此次抽检的茶叶样品中，没有检出剧毒农药。

样品中检出剧毒和高毒农药残留水平没有超过 MRL 中国国家标准，但本次检出结果仍表明，高毒、剧毒农药的使用现象依旧存在。详见表 11-11。

表 11-11　各样本中检出剧毒/高毒农药情况

样品名称	农药名称	检出频次	超标频次	检出浓度（μg/kg）
茶叶 2 种				
绿茶	三唑磷▲	1	0	35.5
乌龙茶	三唑磷▲	2	0	93.3, 370.0
合计		3	0	超标率：0.0%

11.2　农药残留检出水平与最大残留限量标准对比分析

我国于 2016 年 12 月 18 日正式颁布并于 2017 年 6 月 18 日正式实施食品农药残留限量国家标准《食品中农药最大残留限量》（GB 2763—2016）。该标准包括 417 个农药条目，涉及最大残留限量（MRL）标准 4140 项。将 153 频次检出农药的浓度水平与 4140 项 MRL 中国国家标准进行核对，其中只有 47 频次的结果找到了对应的 MRL 标准，占 30.7%，还有 106 频次的结果则无相关 MRL 标准供参考，占 69.3%。

将此次侦测结果与国际上现行 MRL 标准对比发现，在 153 频次的检出结果中有 153 频次的结果找到了对应的 MRL 欧盟标准，占 100.0%，其中，83 频次的结果有明确对应的 MRL 标准，占 54.2%，其余 70 频次按照欧盟一律标准判定，占 45.8%；有 153 频次的结果找到了对应的 MRL 日本标准，占 100.0%，其中，93 频次的结果有明确对应的 MRL 标准，占 60.8%，其余 60 频次按照日本一律标准判定，占 39.2%；有 42 频次的结果找到了对应的 MRL 中国香港标准，占 27.5%；有 58 频次的结果找到了对应的 MRL 美国标准，占 37.9%；有 43 频次的结果找到了对应的 MRL CAC 标准，占 28.1%（见图 11-11 和图 11-12，数据见附表 3 至附表 8）。

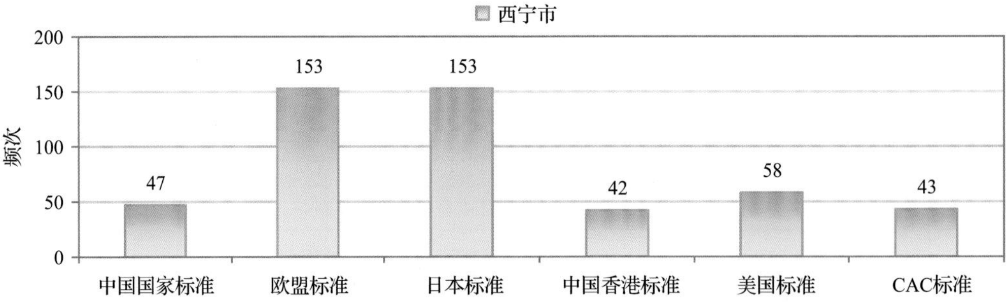

图 11-11　153 频次检出农药可用 MRL 中国国家标准、欧盟标准、日本标准、中国香港标准、美国标准、CAC 标准判定衡量的数量

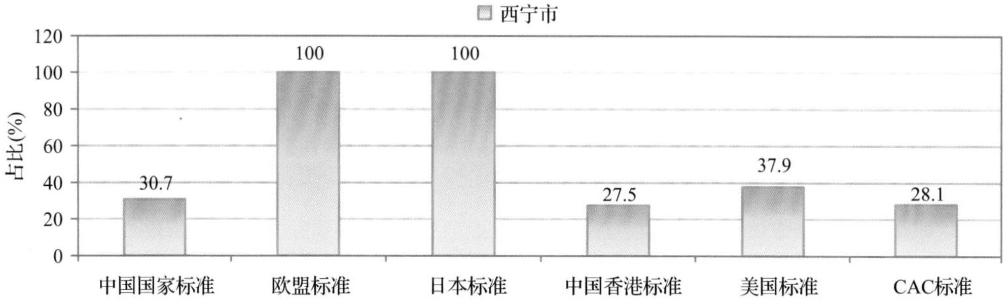

图 11-12　153 频次检出农药可用 MRL 中国国家标准、欧盟标准、日本标准、中国香港标准、美国标准、 CAC 标准衡量的占比

11.2.1　超标农药样品分析

本次侦测的 30 例样品中，1 例样品未检出任何残留农药，占样品总量的 3.3%，29 例样品检出不同水平、不同种类的残留农药，占样品总量的 96.7%。在此，我们将本次侦测的农残检出情况与 MRL 中国国家标准、欧盟标准、日本标准、中国香港标准、美国标准和 CAC 标准这 6 大国际主流标准进行对比分析，样品农残检出与超标情况见表 11-12、图 11-13 和图 11-14，详细数据见附表 9 至附表 14。

表 11-12　各 MRL 标准下样本农残检出与超标数量及占比

	中国国家标准 数量/占比(%)	欧盟标准 数量/占比(%)	日本标准 数量/占比(%)	中国香港标准 数量/占比(%)	美国标准 数量/占比(%)	CAC 标准 数量/占比(%)
未检出	1/3.3	1/3.3	1/3.3	1/3.3	1/3.3	1/3.3
检出未超标	29/96.7	4/13.3	5/16.7	29/96.7	29/96.7	29/96.7
检出超标	0/0.0	25/83.3	24/80.0	0/0.0	0/0.0	0/0.0

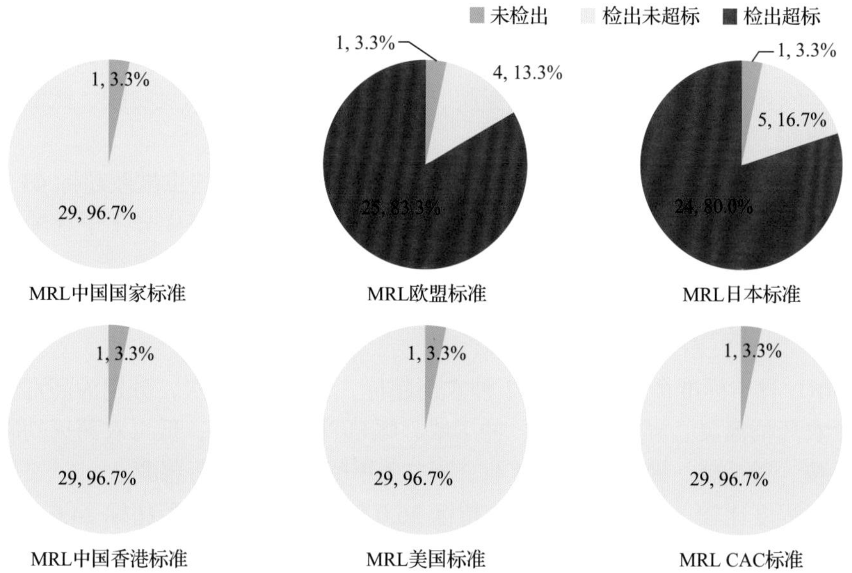

图 11-13　检出和超标样品比例情况

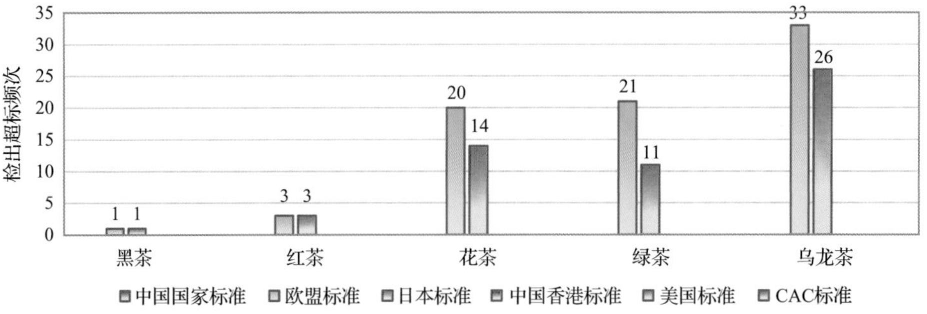

图 11-14　超过 MRL 中国国家标准、欧盟标准、日本标准、中国香港标准、美国标准、CAC 标准结果在茶叶中的分布

11.2.2　超标农药种类分析

按照 MRL 中国国家标准、欧盟标准、日本标准、中国香港标准、美国标准和 CAC 标准这 6 大国际主流标准衡量，本次侦测检出的农药超标品种及频次情况见表 11-13。

表 11-13　各 MRL 标准下超标农药品种及频次

	中国国家标准	欧盟标准	日本标准	中国香港标准	美国标准	CAC 标准
超标农药品种	0	17	12	0	0	0
超标农药频次	0	78	55	0	0	0

11.2.2.1　按 MRL 中国国家标准衡量

按 MRL 中国国家标准衡量，无样品检出超标农药残留。

11.2.2.2　按 MRL 欧盟标准衡量

按 MRL 欧盟标准衡量，共有 17 种农药超标，检出 78 频次，分别为高毒农药三唑磷，中毒农药稻瘟灵、异丁子香酚、仲丁威、唑虫酰胺、戊唑醇、哒螨灵、哌草丹和丁香酚，低毒农药灭幼脲、邻苯二甲酰亚胺、猛杀威、噻嗪酮、四氢吩胺、虱螨脲和 4,4-二氯二苯甲酮，微毒农药蒽醌。

按超标程度比较，花茶中唑虫酰胺超标 153.8 倍，绿茶中唑虫酰胺超标 43.2 倍，花茶中丁香酚超标 24.0 倍，绿茶中异丁子香酚超标 21.0 倍，花茶中异丁子香酚超标 18.4 倍。检测结果见图 11-15 和附表 16。

11.2.2.3　按 MRL 日本标准衡量

按 MRL 日本标准衡量，共有 12 种农药超标，检出 55 频次，分别为高毒农药三唑磷，中毒农药稻瘟灵、异丁子香酚、仲丁威、哌草丹和丁香酚，低毒农药灭幼脲、邻苯二甲酰亚胺、猛杀威、四氢吩胺和 4,4-二氯二苯甲酮，微毒农药蒽醌。

按超标程度比较，乌龙茶中三唑磷超标 36.0 倍，花茶中丁香酚超标 24.0 倍，绿茶中异丁子香酚超标 21.0 倍，花茶中异丁子香酚超标 18.4 倍，花茶中四氢吩胺超标 17.9 倍。检测结果见图 11-16 和附表 17。

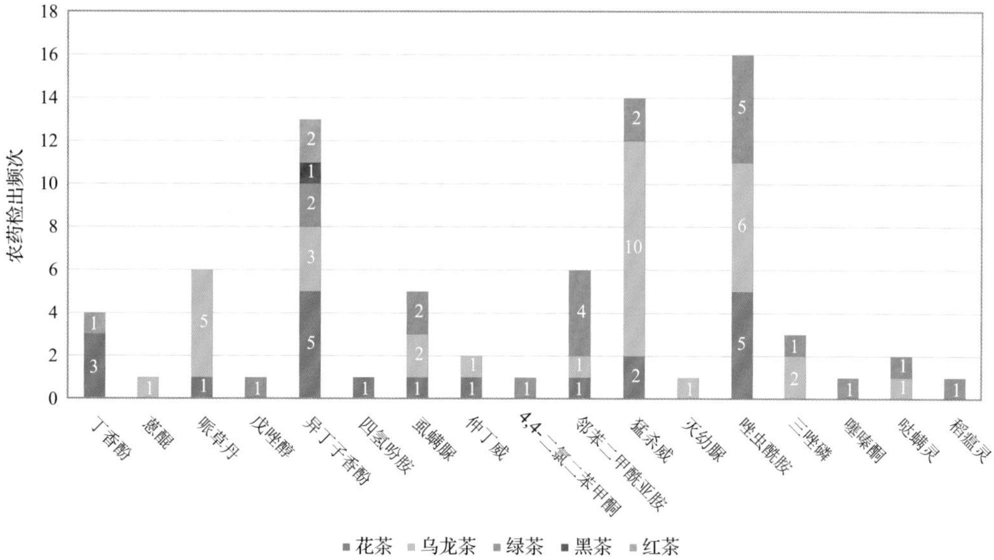

图 11-15　超过 MRL 欧盟标准农药品种及频次

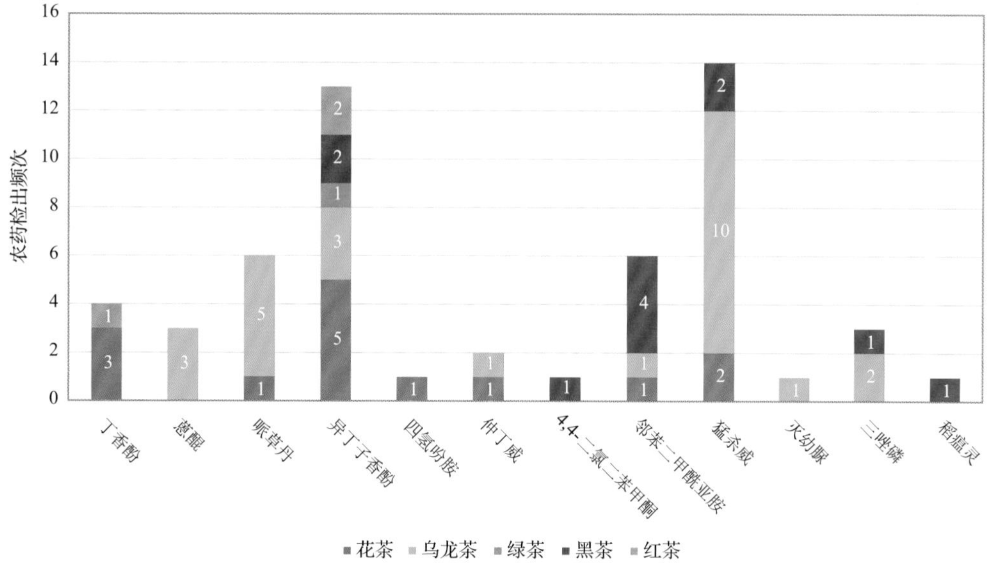

图 11-16　超过 MRL 日本标准农药品种及频次

11.2.2.4　按 MRL 中国香港标准衡量

按 MRL 中国香港标准衡量，无样品检出超标农药残留。

11.2.2.5　按 MRL 美国标准衡量

按 MRL 美国标准衡量，无样品检出超标农药残留。

11.2.2.6　按 MRL CAC 标准衡量

按 MRL CAC 标准衡量，无样品检出超标农药残留。

11.2.3 4 个采样点超标情况分析

11.2.3.1 按 MRL 中国国家标准衡量

按 MRL 中国国家标准衡量，所有采样点的样品均未检出超标农药残留。

11.2.3.2 按 MRL 欧盟标准衡量

按 MRL 欧盟标准衡量，所有采样点的样品均存在不同程度的超标农药检出，其中***超市（胜利路店）和***超市（西宁建国南路店）的超标率最高，为 100.0%，如图 11-17 和表 11-14 所示。

表 11-14　超过 MRL 欧盟标准茶叶在不同采样点分布

序号	采样点	样品总数	超标数量	超标率（%）	行政区域
1	***超市（胜利路店）	8	8	100.0	城西区
2	***超市（西宁建国南路店）	8	8	100.0	城东区
3	***超市（万达店）	7	4	57.1	城西区
4	***超市（海湖店）	7	5	71.4	城西区

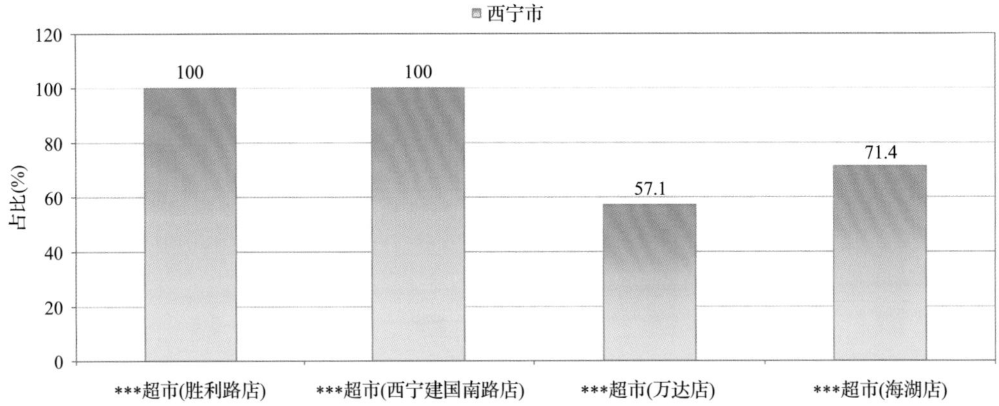

图 11-17　超过 MRL 欧盟标准茶叶在不同采样点分布

11.2.3.3 按 MRL 日本标准衡量

按 MRL 日本标准衡量，所有采样点的样品均存在不同程度的超标农药检出，其中***超市（西宁建国南路店）的超标率最高，为 100.0%，如图 11-18 和表 11-15 所示。

表 11-15　超过 MRL 日本标准茶叶在不同采样点分布

序号	采样点	样品总数	超标数量	超标率（%）	行政区域
1	***超市（胜利路店）	8	7	87.5	城西区
2	***超市（西宁建国南路店）	8	8	100.0	城东区
3	***超市（万达店）	7	4	57.1	城西区
4	***超市（海湖店）	7	5	71.4	城西区

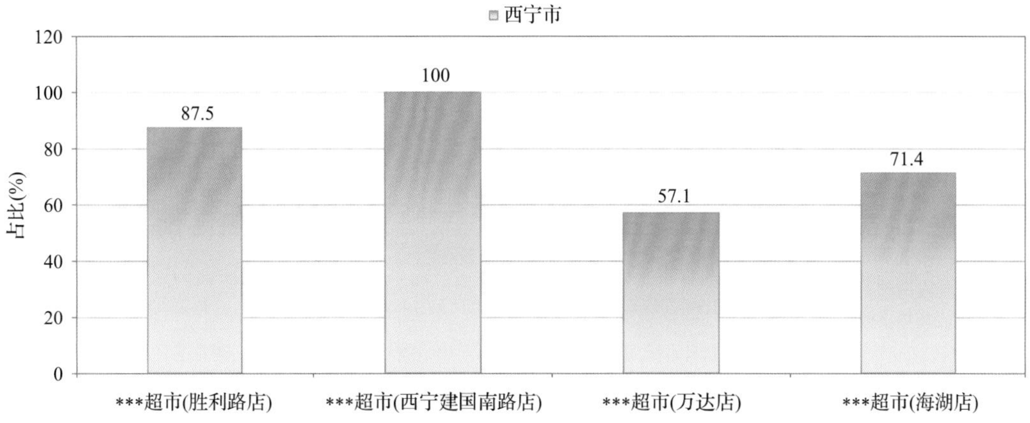

图 11-18　超过 MRL 日本标准茶叶在不同采样点分布

11.2.3.4　按 MRL 中国香港标准衡量

按 MRL 中国香港标准衡量，所有采样点的样品均未检出超标农药残留。

11.2.3.5　按 MRL 美国标准衡量

按 MRL 美国标准衡量，所有采样点的样品均未检出超标农药残留。

11.2.3.6　按 MRL CAC 标准衡量

按 MRL CAC 标准衡量，所有采样点的样品均未检出超标农药残留。

11.3　茶叶中农药残留分布

11.3.1　茶叶按检出农药品种和频次排名

本次残留侦测的茶叶共 5 种，包括黑茶、红茶、乌龙茶、花茶和绿茶。

根据检出农药品种及频次进行排名，将茶叶样品检出情况列表说明，详见表 11-16。

表 11-16　茶叶按检出农药品种和频次排名

按检出农药品种排名(品种)	①绿茶(19)，②花茶(17)，③乌龙茶(16)，④红茶(6)，⑤黑茶(4)
按检出农药频次排名(频次)	①乌龙茶(66)，②绿茶(40)，③花茶(34)，④红茶(9)，⑤黑茶(4)
按检出禁用、高毒及剧毒农药品种排名(品种)	①绿茶(4)，②乌龙茶(4)，③红茶(2)，④花茶(2)
按检出禁用、高毒及剧毒农药频次排名(频次)	①乌龙茶(10)，②绿茶(7)，③花茶(5)，④红茶(2)

11.3.2　茶叶按超标农药品种和频次排名

鉴于 MRL 欧盟标准和日本标准制定比较全面且覆盖率较高，我们参照 MRL 中国国家标准、欧盟标准和日本标准衡量茶叶样品中农残检出情况，将茶叶按超标农药品种及频次排名列表说明，详见表 11-17。

表 11-17　茶叶按超标农药品种和频次排名

按超标农药品种排名（农药品种数）	MRL 中国国家标准	
	MRL 欧盟标准	①绿茶（11），②乌龙茶（11），③花茶（9），④红茶（2），⑤黑茶（1）
	MRL 日本标准	①乌龙茶（8），②花茶（7），③绿茶（6），④红茶（2），⑤黑茶（1）
按超标农药频次排名（农药频次数）	MRL 中国国家标准	①白茶（1），②绿茶（1）
	MRL 欧盟标准	①乌龙茶（56），②白茶（43），③红茶（37），④花茶（18），⑤绿茶（12）
	MRL 日本标准	①乌龙茶（64），②白茶（29），③红茶（23），④花茶（12），⑤绿茶（5）

通过对各品种茶叶样本总数及检出率进行综合分析发现，乌龙茶、绿茶和红茶的残留污染最为严重，在此，我们参照 MRL 中国国家标准、欧盟标准和日本标准对这 3 种茶叶的农残检出情况进行进一步分析。

11.3.3　农药残留检出率较高的茶叶样品分析

11.3.3.1　乌龙茶

这次共检测 60 例乌龙茶样品，59 例样品中检出了农药残留，检出率为 98.3%，检出农药共计 48 种。其中烯丙菊酯、哒螨灵、唑虫酰胺、苯醚甲环唑和啶虫脒检出频次较高，分别检出了 33、18、18、17 和 12 次。乌龙茶中农药检出品种和频次见图 11-19，超标农药见图 11-20 和表 11-18。

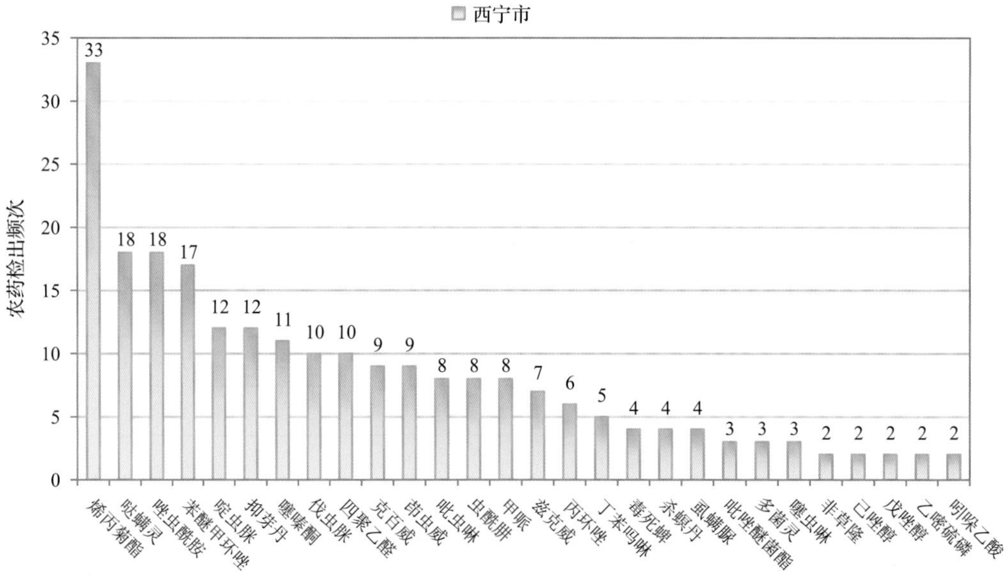

图 11-19　乌龙茶样品检出农药品种和频次分析（仅列出 2 频次及以上的数据）

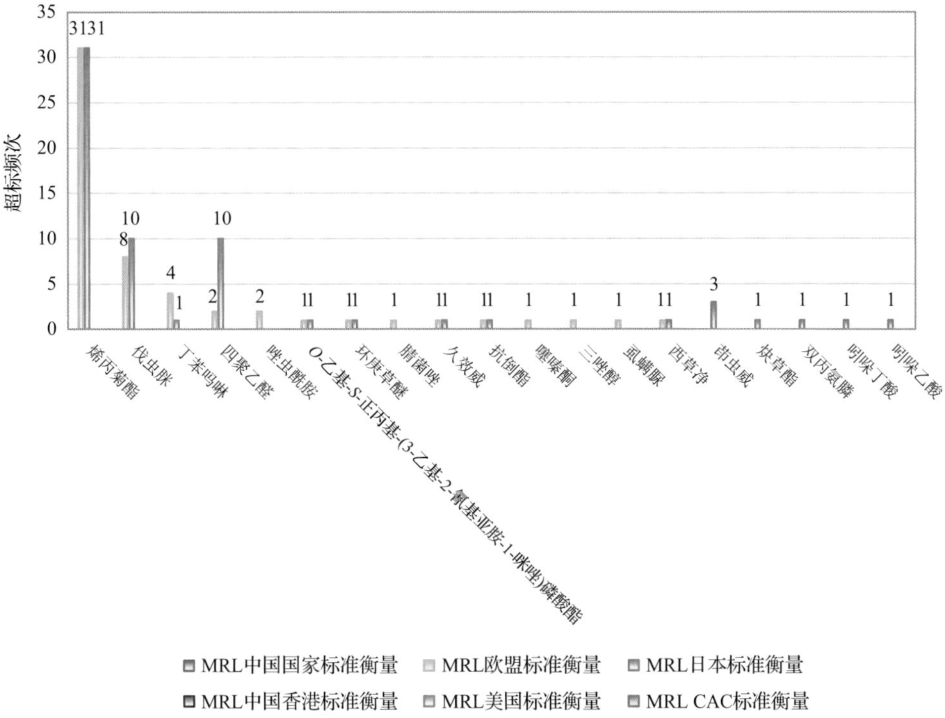

图 11-20　乌龙茶样品中超标农药分析

表 11-18　乌龙茶中农药残留超标情况明细表

样品总数			检出农药样品数	样品检出率(%)	检出农药品种总数
60			59	98.3	48
	超标农药品种	超标农药频次	按照 MRL 中国国家标准、欧盟标准和日本标准衡量超标农药名称及频次		
中国国家标准	0	0			
欧盟标准	14	56	烯丙菊酯(31)，伐虫脒(8)，丁苯吗啉(4)，四聚乙醛(2)，唑虫酰胺(2)，*O*-乙基-*S*-正丙基-(3-乙基-2-氰基亚胺-1-咪唑)磷酸酯(1)，环庚草醚(1)，腈菌唑(1)，久效威(1)，抗倒酯(1)，噻嗪酮(1)，三唑醇(1)，虱螨脲(1)，西草净(1)		
日本标准	14	64	烯丙菊酯(31)，伐虫脒(10)，四聚乙醛(10)，苗虫威(3)，O-乙基-S-正丙基-(3-乙基-2-氰基亚胺-1-咪唑)磷酸酯(1)，丁苯吗啉(1)，环庚草醚(1)，久效威(1)，抗倒酯(1)，炔草酯(1)，双丙氨膦(1)，西草净(1)，吲哚丁酸(1)，吲哚乙酸(1)		

11.3.3.2　绿茶

这次共检测 20 例绿茶样品，19 例样品中检出了农药残留，检出率为 95.0%，检出农药共计 36 种。其中甲氰菊酯、噻嗪酮、唑虫酰胺、哒螨灵和啶虫脒检出频次较高，分别检出了 14、13、12、10 和 10 次。绿茶中农药检出品种和频次见图 11-21，超标农药见图 11-22 和表 11-19。

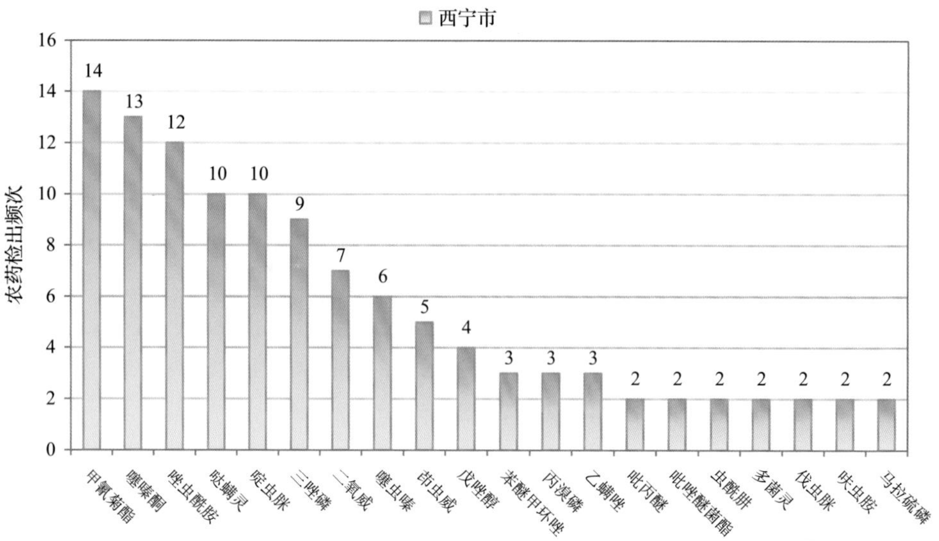

图 11-21　绿茶样品检出农药品种和频次分析（仅列出 2 频次及以上的数据）

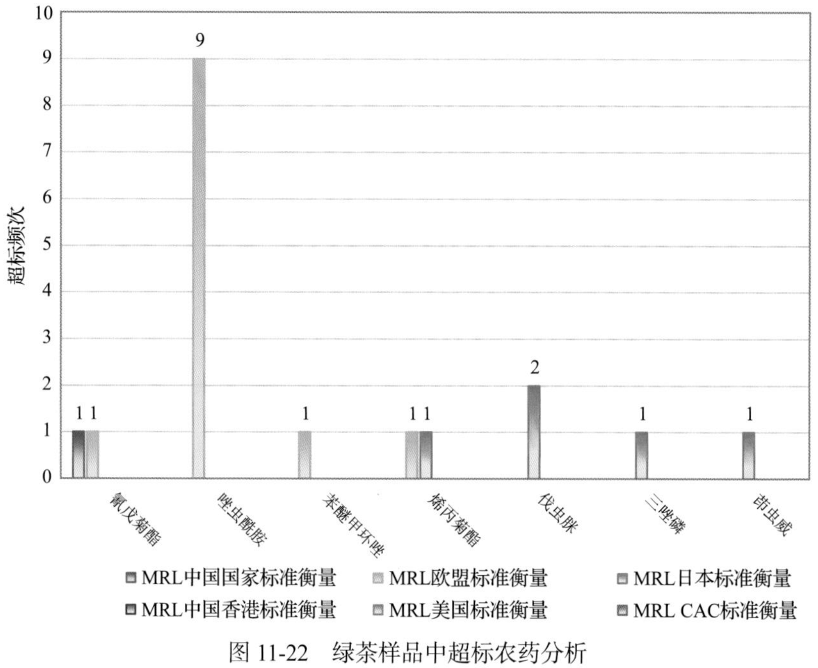

图 11-22　绿茶样品中超标农药分析

表 11-19　绿茶中农药残留超标情况明细表

样品总数			检出农药样品数	样品检出率(%)	检出农药品种总数
20			19	95	36
	超标农药品种	超标农药频次	按照 MRL 中国国家标准、欧盟标准和日本标准衡量超标农药名称及频次		
中国国家标准	1	1	氰戊菊酯(1)		
欧盟标准	4	12	唑虫酰胺(9)，苯醚甲环唑(1)，氰戊菊酯(1)，烯丙菊酯(1)		
日本标准	4	5	伐虫脒(2)，三唑磷(1)，烯丙菊酯(1)，茚虫威(1)		

11.3.3.3　红茶

这次共检测 20 例红茶样品，全部检出了农药残留，检出率为 100.0%，检出农药共计 26 种。其中唑虫酰胺、环庚草醚、噻嗪酮、二氧威和甲氰菊酯检出频次较高，分别检出了 19、17、14、13 和 13 次。红茶中农药检出品种和频次见图 11-23，超标农药见图 11-24 和表 11-20。

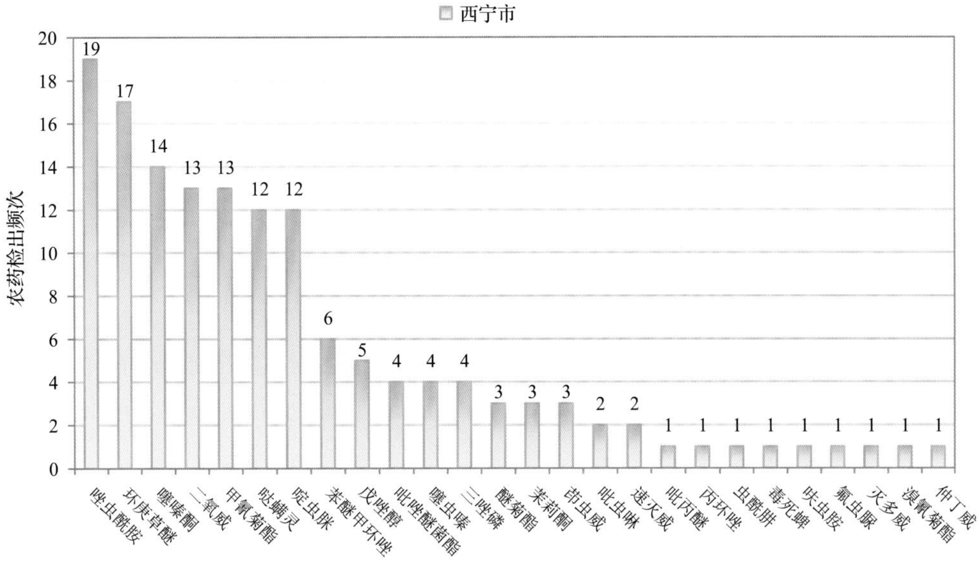

图 11-23　红茶样品检出农药品种和频次分析

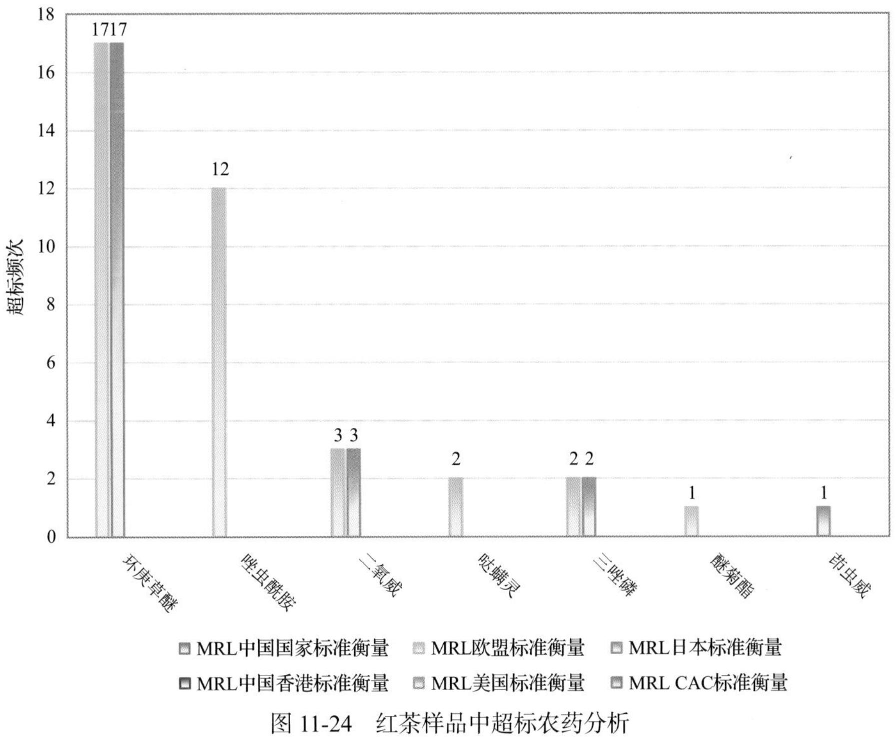

图 11-24　红茶样品中超标农药分析

表 11-20　红茶中农药残留超标情况明细表

样品总数			检出农药样品数	样品检出率(%)	检出农药品种总数
20			20	100	26
	超标农药品种	超标农药频次	按照 MRL 中国国家标准、欧盟标准和日本标准衡量超标农药名称及频次		
中国国家标准	0	0			
欧盟标准	6	37	环庚草醚(17)，唑虫酰胺(12)，二氧威(3)，哒螨灵(2)，三唑磷(2)，醚菊酯(1)		
日本标准	4	23	环庚草醚(17)，二氧威(3)，三唑磷(2)，茚虫威(1)		

11.4　初 步 结 论

11.4.1　西宁市市售茶叶按 MRL 中国国家标准和国际主要 MRL 标准衡量的合格率

本次侦测的 30 例样品中，1 例样品未检出任何残留农药，占样品总量的 3.3%，29 例样品检出不同水平、不同种类的残留农药，占样品总量的 96.7%。在这 29 例检出农药残留的样品中：

按照 MRL 中国国家标准衡量，有 29 例样品检出残留农药但含量没有超标，占样品总数的 96.7%，无检出残留农药超标的样品。

按照 MRL 欧盟标准衡量，有 4 例样品检出残留农药但含量没有超标，占样品总数的 13.3%，有 25 例样品检出了超标农药，占样品总数的 83.3%。

按照 MRL 日本标准衡量，有 5 例样品检出残留农药但含量没有超标，占样品总数的 16.7%，有 24 例样品检出了超标农药，占样品总数的 80.0%。

按照 MRL 中国香港标准衡量，有 29 例样品检出残留农药但含量没有超标，占样品总数的 96.7%，无检出残留农药超标的样品。

按照 MRL 美国标准衡量，有 29 例样品检出残留农药但含量没有超标，占样品总数的 96.7%，无检出残留农药超标的样品。

按照 MRL CAC 标准衡量，有 29 例样品检出残留农药但含量没有超标，占样品总数的 96.7%，无检出残留农药超标的样品。

11.4.2　西宁市市售茶叶中检出农药以中低微毒农药为主，占市场主体的 96.6%

这次侦测的 30 例茶叶样品共检出了 29 种农药，检出农药的毒性以中低微毒为主，详见表 11-21。

表 11-21　市场主体农药毒性分布

毒性	检出品种	占比	检出频次	占比
高毒农药	1	3.4%	3	2.0%
中毒农药	18	62.1%	105	68.6%

续表

毒性	检出品种	占比	检出频次	占比
低毒农药	8	27.6%	40	26.1%
微毒农药	2	6.9%	5	3.3%
中低微毒农药，品种占比 96.6%，频次占比 98.0%				

11.4.3 检出剧毒、高毒和禁用农药现象应该警醒

在此次侦测的 30 例样品中有 4 种茶叶的 15 例样品检出了 4 种 24 频次的剧毒和高毒或禁用农药，占样品总量的 50.0%。其中高毒农药三唑磷检出频次较高。

按 MRL 中国国家标准衡量，高毒农药按超标程度比较未超标。

剧毒、高毒或禁用农药的检出情况及按照 MRL 中国国家标准衡量的超标情况见表 11-22。

表 11-22 剧毒、高毒或禁用农药的检出及超标明细

序号	农药名称	样品名称	检出频次	超标频次	最大超标倍数	超标率
1.1	三唑磷◊▲	乌龙茶	2	0	0	0.0%
1.2	三唑磷◊▲	绿茶	1	0	0	0.0%
2.1	毒死蜱▲	花茶	3	0	0	0.0%
2.2	毒死蜱▲	乌龙茶	3	0	0	0.0%
2.3	毒死蜱▲	红茶	1	0	0	0.0%
2.4	毒死蜱▲	绿茶	1	0	0	0.0%
3.1	硫丹▲	绿茶	4	0	0	0.0%
3.2	硫丹▲	乌龙茶	3	0	0	0.0%
3.3	硫丹▲	花茶	2	0	0	0.0%
3.4	硫丹▲	红茶	1	0	0	0.0%
4.1	三氯杀螨醇▲	乌龙茶	2	0	0	0.0%
4.2	三氯杀螨醇▲	绿茶	1	0	0	0.0%
合计			24	0		0.0%

这些剧毒和高毒农药都是中国政府早有规定禁止在茶叶中使用的，为什么还屡次被检出，应该引起警惕。

11.4.4 残留限量标准与先进国家或地区标准差距较大

153 频次的检出结果与我国公布的《食品中农药最大残留限量》(GB 2763—2016)对比，有 47 频次能找到对应的 MRL 中国国家标准，占 30.7%；还有 106 频次的侦测数据无相关 MRL 标准供参考，占 69.3%。

与国际上现行 MRL 标准对比发现：

有 153 频次能找到对应的 MRL 欧盟标准，占 100.0%；

有 153 频次能找到对应的 MRL 日本标准，占 100.0%；

有 42 频次能找到对应的 MRL 中国香港标准，占 27.5%；

有 58 频次能找到对应的 MRL 美国标准，占 37.9%；

有 43 频次能找到对应的 MRL CAC 标准，占 28.1%。

由上可见，MRL 中国国家标准与先进国家或地区标准还有很大差距，我们无标准，境外有标准，这就会导致我们在国际贸易中，处于受制于人的被动地位。

11.4.5 茶叶单种样品检出 16~19 种农药残留，拷问农药使用的科学性

通过此次监测发现，绿茶、花茶和乌龙茶是检出农药品种最多的 3 种茶叶，从中检出农药品种及频次详见表 11-23。

表 11-23 单种样品检出农药品种及频次

样品名称	样品总数	检出农药样品数	检出率	检出农药品种数	检出农药（频次）
绿茶	9	8	88.9%	19	联苯菊酯（5），唑虫酰胺（5），邻苯二甲酰亚胺（4），硫丹（4），虫螨腈（3），虱螨脲（3），吡丙醚（2），猛杀威（2），异丁子香酚（2），4,4-二氯二苯甲酮（1），哒螨灵（1），稻瘟灵（1），毒死蜱（1），咪鲜胺（1），噻嗪酮（1），三氯杀螨醇（1），三唑磷（1），戊唑醇（1），异稻瘟净（1）
花茶	5	5	100.0%	17	异丁子香酚（5），唑虫酰胺（5），丁香酚（3），毒死蜱（3），虫螨腈（2），硫丹（2），猛杀威（2），虱螨脲（2），仲丁威（2），丙溴磷（1），哒螨灵（1），联苯菊酯（1），邻苯二甲酰亚胺（1），哌草丹（1），噻嗪酮（1），三唑醇（1），四氢吩胺（1）
乌龙茶	11	11	100.0%	16	猛杀威（10），哒螨灵（9），唑虫酰胺（8），虱螨脲（7），联苯菊酯（5），哌草丹（5），毒死蜱（3），蒽醌（3），硫丹（3），异丁子香酚（3），丙环唑（2），邻苯二甲酰亚胺（2），三氯杀螨醇（2），三唑磷（2），灭幼脲（1），仲丁威（1）

上述 3 种茶叶，检出农药 16~19 种，是多种农药综合防治，还是未严格实施农业良好管理规范（GAP），抑或根本就是乱施药，值得我们思考。

第 12 章　GC-Q-TOF/MS 侦测西宁市市售茶叶农药残留膳食暴露风险与预警风险评估

12.1　农药残留风险评估方法

12.1.1　西宁市农药残留侦测数据分析与统计

庞国芳院士科研团队建立的农药残留高通量侦测技术以高分辨精确质量数(0.0001 *m/z* 为基准)为识别标准，采用 GC-Q-TOF/MS 技术对 684 种农药化学污染物进行侦测。

科研团队于 2018 年 12 月期间在西宁市 4 个采样点，随机采集了 30 例茶叶样品，具体位置如图 12-1 所示。

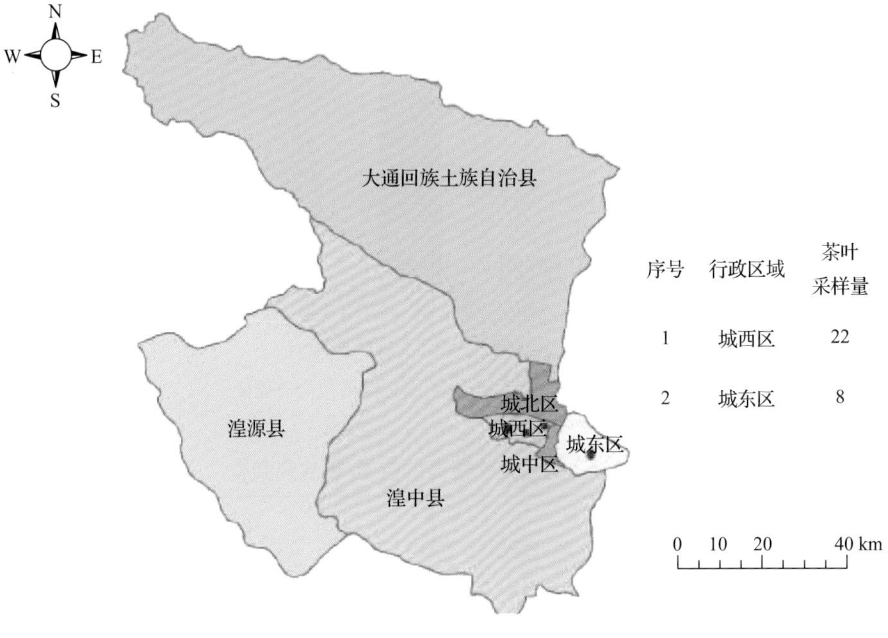

图 12-1　GC-Q-TOF/MS 侦测西宁市 4 个采样点 30 例样品分布示意图

利用 GC-Q-TOF/MS 技术对 30 例样品中的农药进行侦测，侦测出残留农药 29 种，153 频次。侦测出农药残留水平如表 12-1 和图 12-2 所示。检出频次最高的前 10 种农药如表 12-2 所示。从检测结果中可以看出，在茶叶中农药残留普遍存在，且有些茶叶存在高浓度的农药残留，这些可能存在膳食暴露风险，对人体健康产生危害，因此，为了定量地评价茶叶中农药残留的风险程度，有必要对其进行风险评价。

表 12-1 侦测出农药的不同残留水平及其所占比例列表

残留水平（μg/kg）	检出频次	占比（%）
1~5（含）	5	3.3
5~10（含）	11	7.2
10~100（含）	96	62.7
100~1000（含）	40	26.1
＞1000	1	0.7
合计	153	100

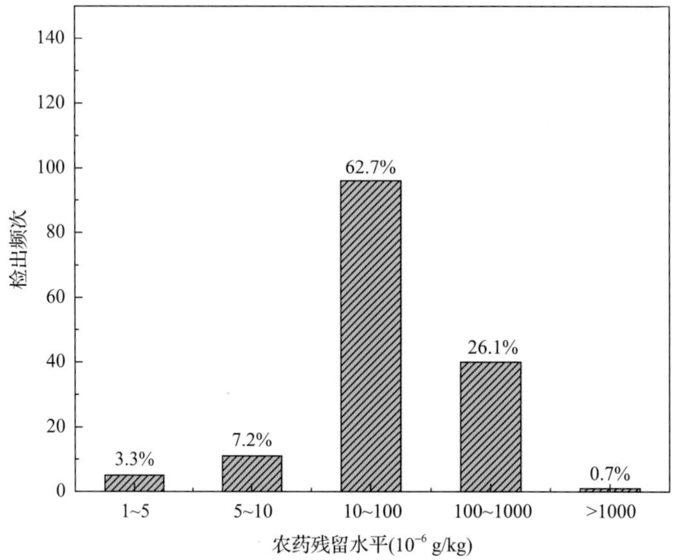

图 12-2 残留农药检出浓度频数分布图

表 12-2 检出频次最高的前 10 种农药列表

序号	农药	检出频次
1	唑虫酰胺	18
2	联苯菊酯	15
3	猛杀威	15
4	异丁子香酚	13
5	虱螨脲	12
6	哒螨灵	11
7	硫丹	10
8	毒死蜱	8
9	邻苯二甲酰亚胺	7
10	虫螨腈	6

12.1.2　农药残留风险评价模型

对西宁市茶叶中农药残留分别开展暴露风险评估和预警风险评估。膳食暴露风险评估利用食品安全指数模型对茶叶中的残留农药对人体可能产生的危害程度进行评价，该模型结合残留监测和膳食暴露评估评价化学污染物的危害；预警风险评价模型运用风险系数(risk index，*R*)，风险系数综合考虑了危害物的超标率、施检频率及其本身敏感性的影响，能直观而全面地反映出危害物在一段时间内的风险程度。

12.1.2.1　食品安全指数模型

为了加强食品安全管理，《中华人民共和国食品安全法》第二章第十七条规定“国家建立食品安全风险评估制度，运用科学方法，根据食品安全风险监测信息、科学数据以及有关信息，对食品、食品添加剂、食品相关产品中生物性、化学性和物理性危害因素进行风险评估”[1]，膳食暴露评估是食品危险度评估的重要组成部分，也是膳食安全性的衡量标准[2]。国际上最早研究膳食暴露风险评估的机构主要是 JMPR(FAO、WHO 农药残留联合会议)，该组织自 1995 年就已制定了急性毒性物质的风险评估急性毒性农药残留摄入量的预测。1960 年美国规定食品中不得加入致癌物质进而提出零阈值理论，渐渐零阈值理论发展成在一定概率条件下可接受风险的概念[3]，后衍变为食品中每日允许最大摄入量(ADI)，而国际食品农药残留法典委员会(CCPR)认为 ADI 不是独立风险评估的唯一标准[4]，1995 年 JMPR 开始研究农药急性膳食暴露风险评估，并对食品国际短期摄入量的计算方法进行了修正，亦对膳食暴露评估准则及评估方法进行了修正[5]，2002 年，在对世界上现行的食品安全评价方法，尤其是国际公认的 CAC 评价方法、全球环境监测系统/食品污染监测和评估规划(WHO GEMS/Food)及 FAO、WHO 食品添加剂联合专家委员会(JECFA)和 JMPR 对食品安全风险评估工作研究的基础之上，检验检疫食品安全管理的研究人员提出了结合残留监控和膳食暴露评估，以食品安全指数 IFS 计算食品中各种化学污染物对消费者的健康危害程度[6]。IFS 是表示食品安全状态的新方法，可有效地评价某种农药的安全性，进而评价食品中各种农药化学污染物对消费者健康的整体危害程度[7, 8]。从理论上分析，IFS_c 可指出食品中的污染物 c 对消费者健康是否存在危害及危害的程度[9]。其优点在于操作简单且结果容易被接受和理解，不需要大量的数据来对结果进行验证，使用默认的标准假设或者模型即可[10, 11]。

1) IFS_c 的计算

IFS_c 计算公式如下：

$$\mathrm{IFS_c} = \frac{\mathrm{EDI_c} \times f}{\mathrm{SI_c} \times \mathrm{bw}} \tag{12-1}$$

式中，c 为所研究的农药；EDI_c 为农药 c 的实际日摄入量估算值，等于 $\sum(R_i \times F_i \times E_i \times P_i)$ (i 为食品种类；R_i 为食品 i 中农药 c 的残留水平，mg/kg；F_i 为食品 i 的估计日消费量，g/(人·天)；E_i 为食品 i 的可食用部分因子；P_i 为食品 i 的加工处理因子)；SI_c 为安全摄入量，可采用每日允许最大摄入量 ADI；bw 为人平均体重，kg；f 为校正因子，如果安全摄入量采用 ADI，则 f 取 1。

$IFS_c \ll 1$，农药 c 对食品安全没有影响；$IFS_c \leqslant 1$，农药 c 对食品安全的影响可以接受；$IFS_c > 1$，农药 c 对食品安全的影响不可接受。

本次评价中：

$IFS_c \leqslant 0.1$，农药 c 对茶叶安全没有影响；

$0.1 < IFS_c \leqslant 1$，农药 c 对茶叶安全的影响可以接受；

$IFS_c > 1$，农药 c 对茶叶安全的影响不可接受。

本次评价中残留水平 R_i 取值为中国检验检疫科学研究院庞国芳院士课题组利用以高分辨精确质量数（0.0001 *m/z*）为基准的 GC-Q-TOF/MS 侦测技术于 2018 年 12 月期间对西宁市茶叶农药残留的侦测结果，估计日消费量 F_i 取值 0.0047 kg/（人·天），E_i=1，P_i=1，f=1，SI_c 采用《食品安全国家标准　食品中农药最大残留限量》（GB 2763—2016）中 ADI 值（具体数值见表 12-3），人平均体重（bw）取值 60 kg。

表 12-3　西宁市茶叶中侦测出农药的 ADI 值

序号	农药	ADI	序号	农药	ADI	序号	农药	ADI
1	唑虫酰胺	0.006	11	噻嗪酮	0.009	21	邻苯基苯酚	0.4
2	三唑磷	0.001	12	稻瘟灵	0.016	22	4,4-二氯二苯甲酮	—
3	哌草丹	0.001	13	戊唑醇	0.03	23	丁香酚	—
4	联苯菊酯	0.01	14	咪鲜胺	0.01	24	四氢吩胺	—
5	硫丹	0.006	15	吡丙醚	0.1	25	异丁子香酚	—
6	哒螨灵	0.01	16	仲丁威	0.06	26	灭幼脲	—
7	毒死蜱	0.01	17	三唑醇	0.03	27	猛杀威	—
8	虱螨脲	0.015	18	丙环唑	0.07	28	蒽醌	—
9	虫螨腈	0.03	19	丙溴磷	0.03	29	邻苯二甲酰亚胺	—
10	三氯杀螨醇	0.002	20	异稻瘟净	0.035			

注：“—”表示为国家标准中无 ADI 值规定；ADI 值单位为 mg/kg bw

2）计算 IFS_c 的平均值 $\overline{IFS}$，评价农药对食品安全的影响程度

以 $\overline{IFS}$ 评价各种农药对人体健康危害的总程度，评价模型见公式（12-2）。

$$\overline{IFS} = \frac{\sum_{i=1}^{n} IFS_c}{n} \tag{12-2}$$

$\overline{IFS} \ll 1$，所研究消费者人群的食品安全状态很好；$\overline{IFS} \leqslant 1$，所研究消费者人群的食品安全状态可以接受；$\overline{IFS} > 1$，所研究消费者人群的食品安全状态不可接受。

本次评价中：

$\overline{IFS} \leqslant 0.1$，所研究消费者人群的茶叶安全状态很好；

$0.1 < \overline{IFS} \leqslant 1$，所研究消费者人群的茶叶安全状态可以接受；

$\overline{IFS} > 1$，所研究消费者人群的茶叶安全状态不可接受。

12.1.2.2　预警风险评估模型

2003 年，我国检验检疫食品安全管理的研究人员根据 WTO 的有关原则和我国的具

体规定，结合危害物本身的敏感性、风险程度及其相应的施检频率，首次提出了食品中危害物风险系数 R 的概念[12]。R 是衡量一个危害物的风险程度大小最直观的参数，即在一定时期内其超标率或阳性检出率的高低，但受其施检频率的高低及其本身的敏感性（受关注程度）影响。该模型综合考察了农药在茶叶中的超标率、施检频率及其本身敏感性，能直观而全面地反映出农药在一段时间内的风险程度[13]。

1) R 计算方法

危害物的风险系数综合考虑了危害物的超标率或阳性检出率、施检频率和其本身的敏感性影响，并能直观而全面地反映出危害物在一段时间内的风险程度。风险系数 R 的计算公式如式（12-3）：

$$R = aP + \frac{b}{F} + S \tag{12-3}$$

式中，P 为该种危害物的超标率；F 为危害物的施检频率；S 为危害物的敏感因子；a, b 分别为相应的权重系数。

本次评价中 F=1；S=1；a=100；b=0.1，对参数 P 进行计算，计算时首先判断是否为禁用农药，如果为非禁用农药，P=超标的样品数（侦测出的含量高于食品最大残留限量标准值，即 MRL）除以总样品数（包括超标、不超标、未侦测出）；如果为禁用农药，则侦测出即为超标，P=能侦测出的样品数除以总样品数。判断西宁市茶叶农药残留是否超标的标准限值 MRL 分别以 MRL 中国国家标准[14]和 MRL 欧盟标准作为对照，具体值列于本报告附表一中。

2) 评价风险程度

$R \leqslant 1.5$，受检农药处于低度风险；

$1.5 < R \leqslant 2.5$，受检农药处于中度风险；

$R > 2.5$，受检农药处于高度风险。

12.1.2.3　食品膳食暴露风险和预警风险评估应用程序的开发

1) 应用程序开发的步骤

为成功开发膳食暴露风险和预警风险评估应用程序，与软件工程师多次沟通讨论，逐步提出并描述清楚计算需求，开发了初步应用程序。为明确出不同茶叶、不同农药、不同地域的风险水平，向软件工程师提出不同的计算需求，软件工程师对计算需求进行逐一地分析，经过反复的细节沟通，需求分析得到明确后，开始进行解决方案的设计，在保证需求的完整性、一致性的前提下，编写出程序代码，最后设计出满足需求的风险评估专用计算软件，并通过一系列的软件测试和改进，完成专用程序的开发。软件开发基本步骤见图 12-3。

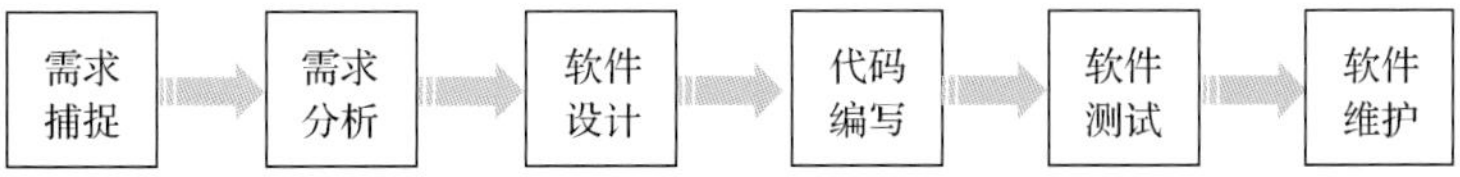

图 12-3　专用程序开发总体步骤

2）膳食暴露风险评估专业程序开发的基本要求

首先直接利用公式（12-1），分别计算 GC-Q-TOF/MS 和 LC-Q-TOF/MS 仪器侦测出的各茶叶样品中每种农药 IFS_c，将结果列出。为考察超标农药和禁用农药的使用安全性，分别以我国《食品安全国家标准　食品中农药最大残留限量》（GB 2763—2016）和欧盟食品中农药最大残留限量（以下简称 MRL 中国国家标准和 MRL 欧盟标准）为标准，对侦测出的禁用农药和超标的非禁用农药 IFS_c 单独进行评价；按 IFS_c 大小列表，并找出 IFS_c 值排名前 20 的样本重点关注。

对不同茶叶 i 中每一种侦测出的农药 c 的安全指数进行计算，多个样品时求平均值。按农药种类，计算整个监测时间段内每种农药的 IFS_c，不区分茶叶种类。

3）预警风险评估专业程序开发的基本要求

分别以 MRL 中国国家标准和 MRL 欧盟标准，按公式（12-3）逐个计算不同茶叶、不同农药的风险系数，禁用农药和非禁用农药分别列表。

为清楚了解各种农药的预警风险，不分时间，不分茶叶，按禁用农药和非禁用农药分类，分别计算各种侦测出农药全部检测时段内风险系数。由于有 MRL 中国国家标准的农药种类太少，无法计算超标数，非禁用农药的风险系数只以 MRL 欧盟标准为标准，进行计算。若检测数据为多个月的，则按月计算每个月、每个季度内每种禁用农药残留的风险系数和以 MRL 欧盟标准为标准的非禁用农药残留的风险系数。

4）风险程度评价专业应用程序的开发方法

采用 Python 计算机程序设计语言，Python 是一个高层次地结合了解释性、编译性、互动性和面向对象的脚本语言。风险评价专用程序主要功能包括：分别读入每例样品 GC-Q-TOF/MS 和 LC-Q-TOF/MS 农药残留检测数据，根据风险评价工作要求，依次对不同农药、不同食品、不同时间、不同采样点的 IFS_c 值和 R 值分别进行数据计算，筛选出禁用农药、超标农药（分别与 MRL 中国国家标准、MRL 欧盟标准限值进行对比）单独重点分析，再分别对各农药、各茶叶种类分类处理，设计出计算和排序程序，编写计算机代码，最后将生成的膳食暴露风险评估和超标风险评估定量计算结果列入设计好的各个表格中，并定性判断风险对目标的影响程度，直接用文字描述风险发生的高低，如“不可接受”、“可以接受”、“没有影响”、“高度风险”、“中度风险”、“低度风险”。

12.2　GC-Q-TOF/MS 侦测西宁市市售茶叶农药残留膳食暴露风险评估

12.2.1　每例茶叶样品中农药残留安全指数分析

基于 2018 年 12 月的农药残留侦测数据，发现在 30 例样品中侦测出农药 153 频次，计算样品中每种残留农药的安全指数 IFS_c，并分析农药对样品安全的影响程度，结果详见附表二，农药残留对茶叶样品安全的影响程度频次分布情况如图 12-4 所示。

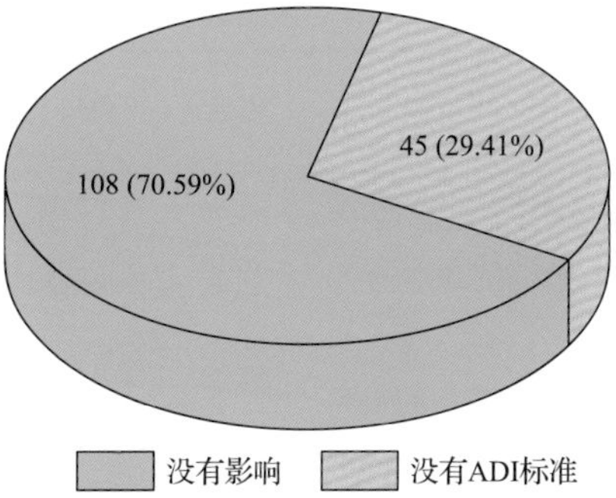

图 12-4　农药残留对茶叶样品安全的影响程度频次分布图

由图 12-4 可以看出，农药残留对样品安全的没有影响的频次为 108，占 70.59%。

部分样品侦测出禁用农药 4 种 24 频次，为了明确残留的禁用农药对样品安全的影响，分析侦测出禁用农药残留的样品安全指数，禁用农药残留对茶叶样品安全的影响程度频次分布情况如图 12-5 所示，农药残留对样品安全没有影响的频次为 24，占 100%。

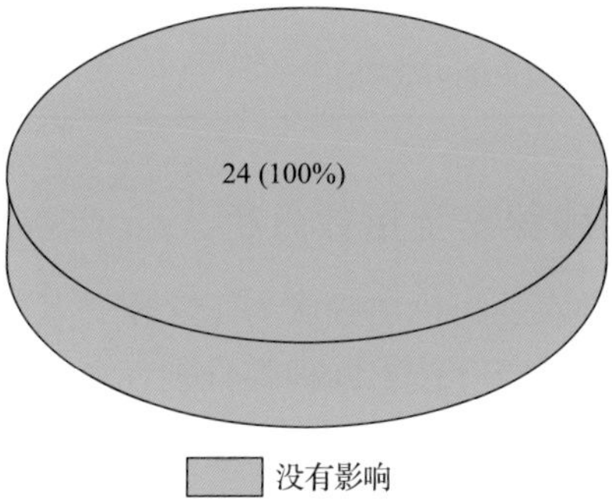

图 12-5　禁用农药对茶叶样品安全影响程度的频次分布图

此外，本次侦测发现部分样品中非禁用农药残留量超过了欧盟标准，为了明确超标的非禁用农药对样品安全的影响，分析了非禁用农药残留超标的样品安全指数。

残留量超过 MRL 欧盟标准的非禁用农药对茶叶样品安全的影响程度频次分布情况如图 12-6 所示。可以看出超过 MRL 欧盟标准的非禁用农药共 75 频次，其中农药没有 ADI 标准的频次为 41，占 54.67%；农药残留对样品安全没有影响的频次为 34，占 45.33%。表 12-4 为茶叶样品中安全指数排名前 10 的残留超标非禁用农药列表。

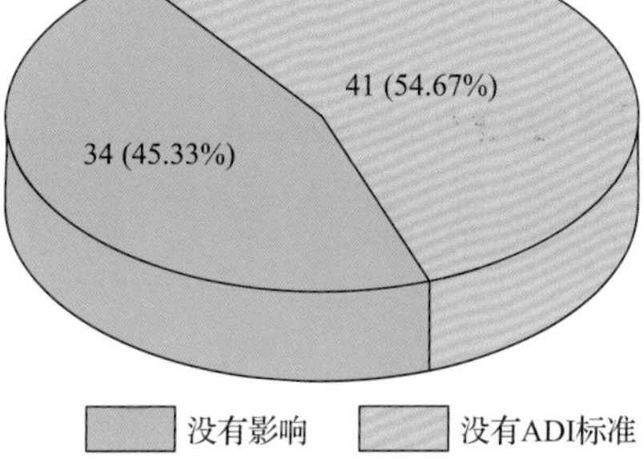

图 12-6　残留超标的非禁用农药对茶叶样品安全的影响程度频次分布图(MRL 欧盟标准)

表 12-4 茶叶样品中安全指数排名前 10 的残留超标非禁用农药列表(MRL 欧盟标准)

序号	样品编号	采样点	基质	农药	含量(mg/kg)	欧盟标准	IFS_c	影响程度
1	20181230-630100-USI-FT-04A	***超市(海湖店)	花茶	唑虫酰胺	1.5485	0.01	0.0202	没有影响
2	20181230-630100-USI-GT-02C	***超市(胜利路店)	绿茶	唑虫酰胺	0.4416	0.01	0.0058	没有影响
3	20181230-630100-USI-FT-03B	***超市(西宁建国南路店)	花茶	唑虫酰胺	0.3827	0.01	0.0050	没有影响
4	20181229-630100-USI-OT-01A	***超市(万达店)	乌龙茶	哌草丹	0.043	0.01	0.0034	没有影响
5	20181229-630100-USI-FT-01A	***超市(万达店)	花茶	唑虫酰胺	0.2563	0.01	0.0033	没有影响
6	20181230-630100-USI-OT-04A	***超市(海湖店)	乌龙茶	哌草丹	0.0361	0.01	0.0028	没有影响
7	20181230-630100-USI-GT-02A	***超市(胜利路店)	绿茶	唑虫酰胺	0.1875	0.01	0.0024	没有影响
8	20181230-630100-USI-GT-02D	***超市(胜利路店)	绿茶	唑虫酰胺	0.1667	0.01	0.0022	没有影响
9	20181230-630100-USI-GT-02B	***超市(胜利路店)	绿茶	唑虫酰胺	0.1586	0.01	0.0021	没有影响
10	20181230-630100-USI-GT-03B	***超市(西宁建国南路店)	绿茶	唑虫酰胺	0.1475	0.01	0.0019	没有影响

12.2.2 单种茶叶中农药残留安全指数分析

本次 5 种茶叶侦测 29 种农药，检出频次为 153 次，其中 8 种农药没有 ADI 标准，21 种农药存在 ADI 标准。5 种茶叶按不同种类分别计算侦测出的具有 ADI 标准的各种农药的 IFS_c 值，农药残留对茶叶的安全指数分布图如图 12-7 所示。

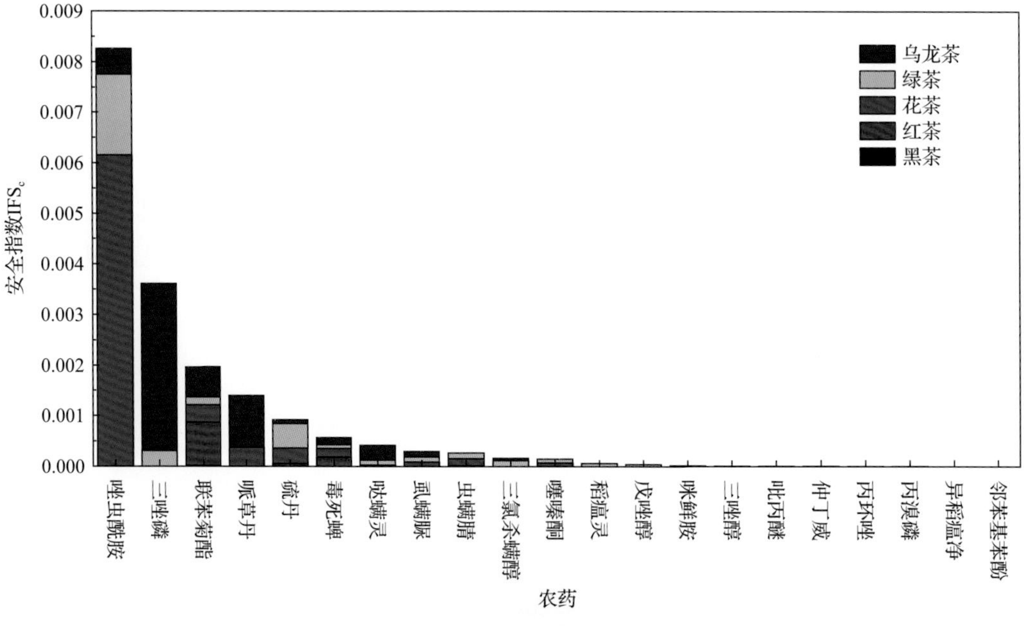

图 12-7 5 种茶叶中 21 种残留农药的安全指数分布图

本次侦测中,5 种茶叶和 29 种残留农药(包括没有 ADI 标准)共涉及 62 个分析样本,农药对单种茶叶安全的影响程度分布情况如图 12-8 所示。可以看出，70.97%的样本中农药对茶叶安全没有影响。

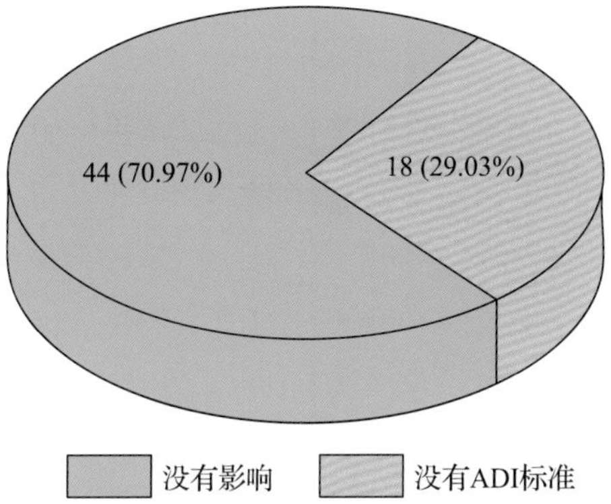

图 12-8　62 个分析样本的影响程度频次分布图

12.2.3　所有茶叶中农药残留安全指数分析

计算所有茶叶中 21 种农药的 IFS_c 值，结果如图 12-9 及表 12-5 所示。

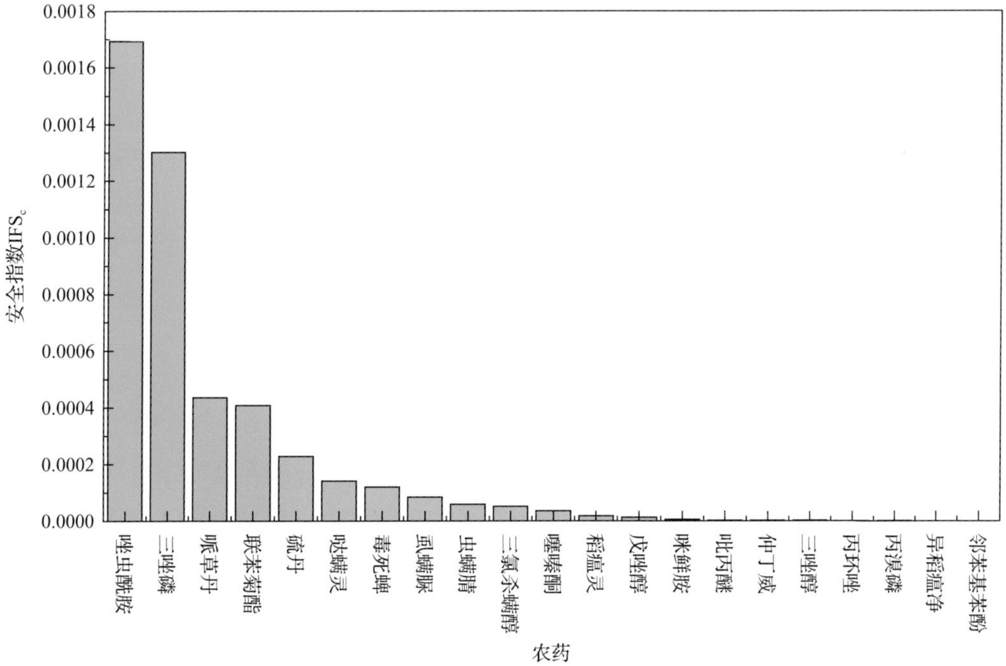

图 12-9　21 种残留农药对茶叶的安全影响程度统计图

分析发现，所有农药对茶叶安全的影响程度均为没有影响，说明茶叶中残留的农药不会对茶叶安全造成影响。

表 12-5　茶叶中 21 种农药残留的安全指数表

序号	农药	检出频次	检出率(%)	IFS_c	影响程度	序号	农药	检出频次	检出率(%)	IFS_c	影响程度
1	唑虫酰胺	18	60.00	1.69×10^{-3}	没有影响	12	稻瘟灵	1	3.33	1.82×10^{-5}	没有影响
2	三唑磷	3	10.00	1.30×10^{-3}	没有影响	13	戊唑醇	1	3.33	1.29×10^{-5}	没有影响
3	哌草丹	6	20.00	4.36×10^{-4}	没有影响	14	咪鲜胺	1	3.33	5.72×10^{-6}	没有影响
4	联苯菊酯	15	50.00	4.09×10^{-4}	没有影响	15	吡丙醚	2	6.67	2.37×10^{-6}	没有影响
5	硫丹	10	33.33	2.29×10^{-4}	没有影响	16	仲丁威	3	10.00	1.90×10^{-6}	没有影响
6	哒螨灵	11	36.67	1.40×10^{-4}	没有影响	17	三唑醇	1	3.33	1.59×10^{-6}	没有影响
7	毒死蜱	8	26.67	1.20×10^{-4}	没有影响	18	丙环唑	2	6.67	1.56×10^{-6}	没有影响
8	虱螨脲	12	40.00	8.39×10^{-5}	没有影响	19	丙溴磷	1	3.33	7.05×10^{-7}	没有影响
9	虫螨腈	6	20.00	5.87×10^{-5}	没有影响	20	异稻瘟净	1	3.33	3.88×10^{-7}	没有影响
10	三氯杀螨醇	3	10.00	5.18×10^{-5}	没有影响	21	邻苯基苯酚	1	3.33	3.07×10^{-8}	没有影响
11	噻嗪酮	2	6.67	3.54×10^{-5}	没有影响						

12.3　GC-Q-TOF/MS 侦测西宁市市售茶叶农药残留预警风险评估

基于西宁市茶叶样品中农药残留 GC-Q-TOF/MS 侦测数据，分析禁用农药的检出率，同时参照中华人民共和国国家标准 GB 2763—2016 和欧盟农药最大残留限量(MRL)标准分析非禁用农药残留的超标率，并计算农药残留风险系数。分析单种茶叶中农药残留以及所有茶叶中农药残留的风险程度。

12.3.1　单种茶叶中农药残留风险系数分析

12.3.1.1　单种茶叶中禁用农药残留风险系数分析

侦测出的 29 种残留农药中有 4 种为禁用农药，且它们分布在 4 种茶叶中，计算 4 种茶叶中禁用农药的检出率，根据检出率计算风险系数 R，进而分析茶叶中禁用农药的风险程度，结果如图 12-10 与表 12-6 所示。分析发现 4 种禁用农药在 4 种茶叶中的残留处均于高度风险。

12.3.1.2　基于 MRL 中国国家标准的单种茶叶中非禁用农药残留风险系数分析

参照中华人民共和国国家标准 GB 2763—2016 中农药残留限量计算每种茶叶中每种非禁用农药的超标率，进而计算其风险系数，根据风险系数大小判断残留农药的预警风险程度，茶叶中非禁用农药残留风险程度分布情况如图 12-11 所示。

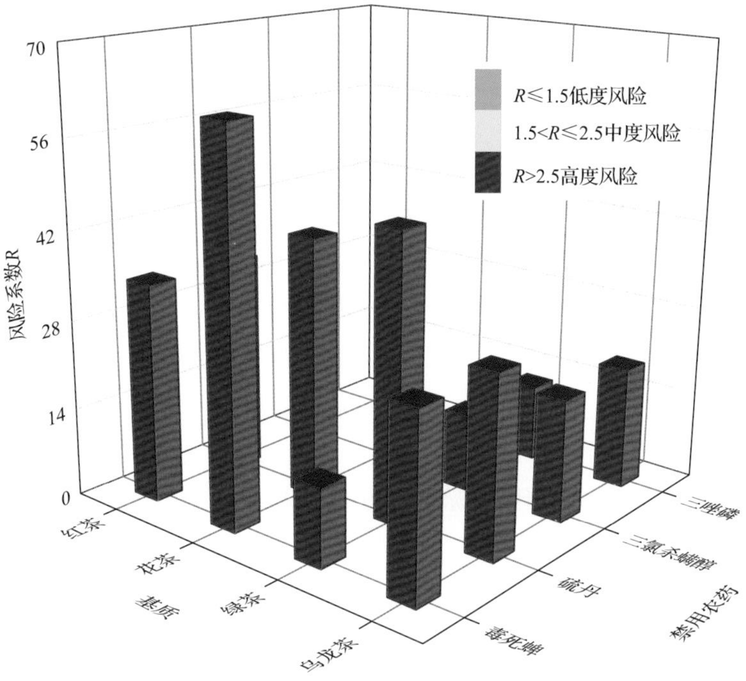

图 12-10　4 种茶叶中 4 种禁用农药残留的风险系数

表 12-6　4 种茶叶中 4 种禁用农药残留的风险系数表

序号	基质	农药	检出频次	检出率(%)	风险系数 R	风险程度
1	花茶	毒死蜱	3	60	61.1	高度风险
2	绿茶	硫丹	4	44.44	45.54	高度风险
3	花茶	硫丹	2	40	41.1	高度风险
4	红茶	毒死蜱	1	33.33	34.43	高度风险
5	红茶	硫丹	1	33.33	34.43	高度风险
6	乌龙茶	毒死蜱	3	27.27	28.37	高度风险
7	乌龙茶	硫丹	3	27.27	28.37	高度风险
8	乌龙茶	三唑磷	2	18.18	19.28	高度风险
9	乌龙茶	三氯杀螨醇	2	18.18	19.28	高度风险
10	绿茶	三唑磷	1	11.11	12.21	高度风险
11	绿茶	三氯杀螨醇	1	11.11	12.21	高度风险
12	绿茶	毒死蜱	1	11.11	12.21	高度风险

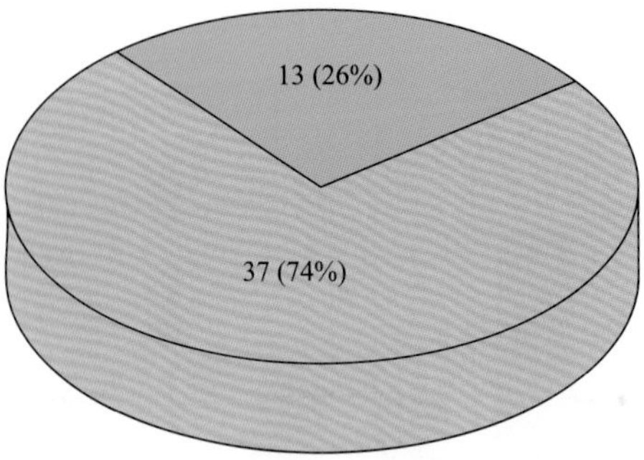

图 12-11　茶叶中非禁用农药残留的风险程度分布图（MRL 中国国家标准）

本次分析中，发现在 5 种茶叶检出 25 种残留非禁用农药，涉及样本 50 个，在 50 个样本中，26%处于低度风险，此外发现有 37 个样本没有 MRL 中国国家标准值，无法判断其风险程度，有 MRL 中国国家标准值的 13 个样本涉及 5 种茶叶中的 4 种非禁用农药，其风险系数 *R* 值如图 12-12 所示。

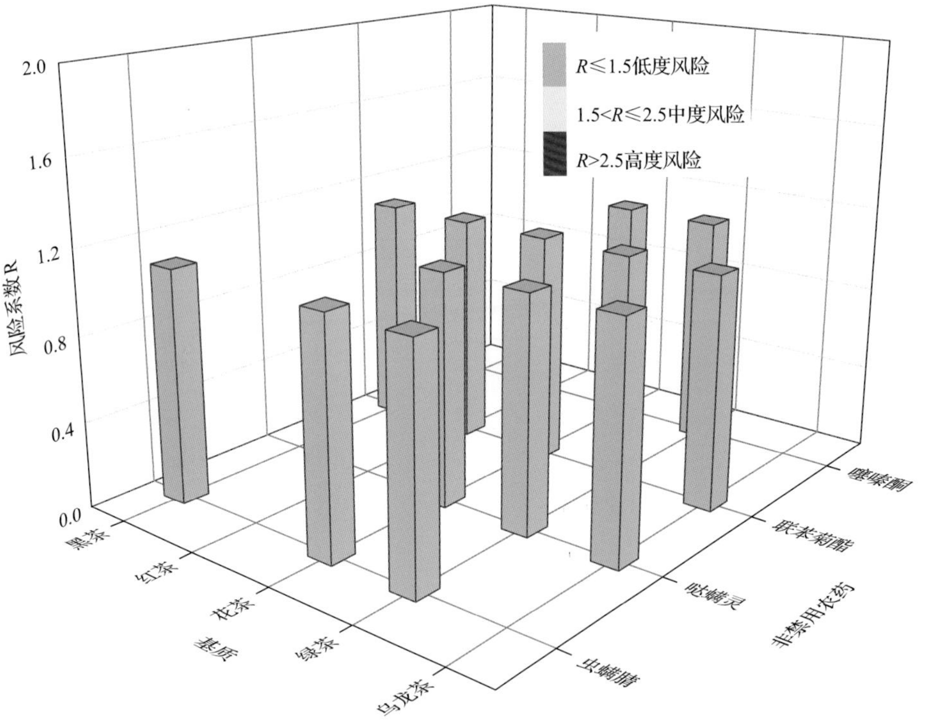

图 12-12　5 种茶叶中 4 种非禁用农药的风险系数分布图（MRL 中国国家标准）

12.3.1.3　基于 MRL 欧盟标准的单种茶叶中非禁用农药残留风险系数分析

参照 MRL 欧盟标准计算每种茶叶中每种非禁用农药的超标率，进而计算其风险系数，根据风险系数大小判断农药残留的预警风险程度，茶叶中非禁用农药残留风险程度分布情况如图 12-13 所示。

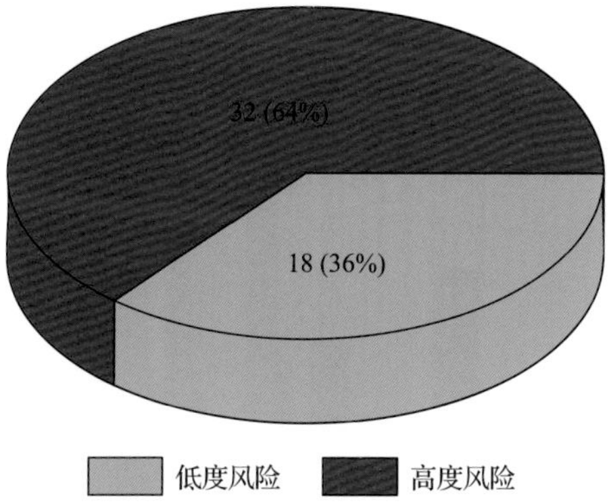

图 12-13　茶叶中非禁用农药残留的风险程度分布图(MRL 欧盟标准)

本次分析中，发现在 5 种茶叶中共侦测出 25 种非禁用农药，涉及样本 50 个，其中，64%处于高度风险，涉及 5 种茶叶和 16 种农药；36%处于低度风险，涉及 5 种茶叶和 12 种农药。单种茶叶中的非禁用农药风险系数分布图如图 12-14 所示。单种茶叶中处于高度风险的非禁用农药风险系数如图 12-15 和表 12-7 所示。

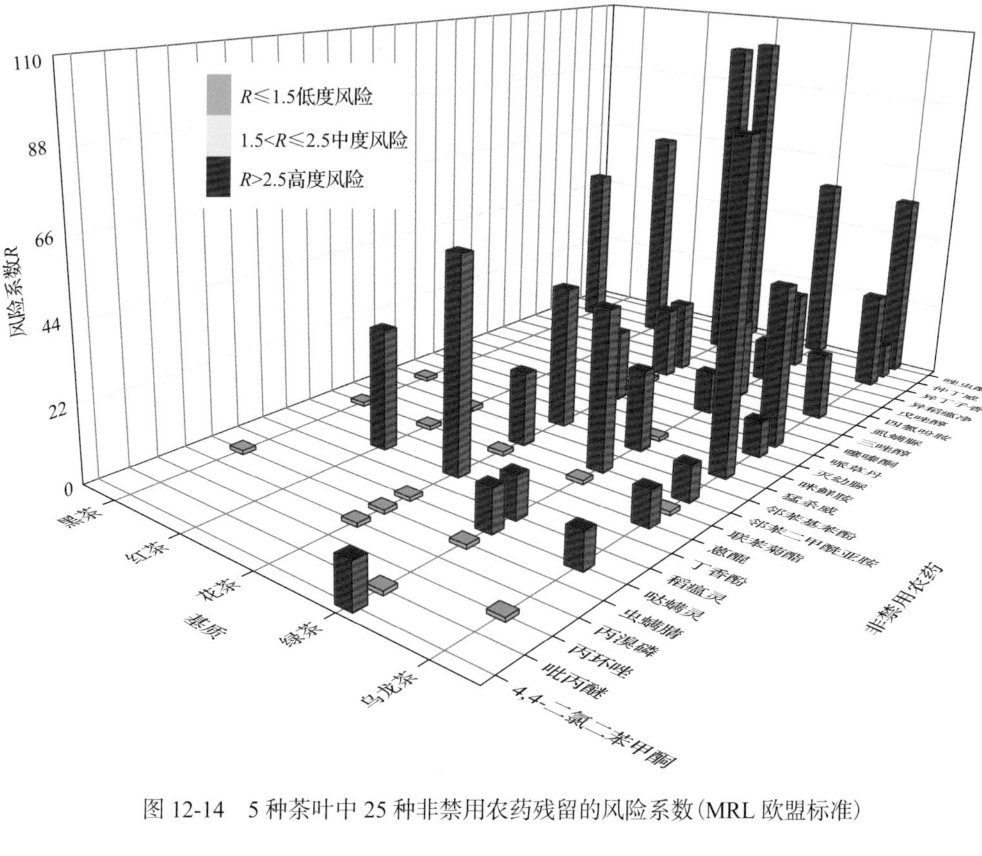

图 12-14　5 种茶叶中 25 种非禁用农药残留的风险系数(MRL 欧盟标准)

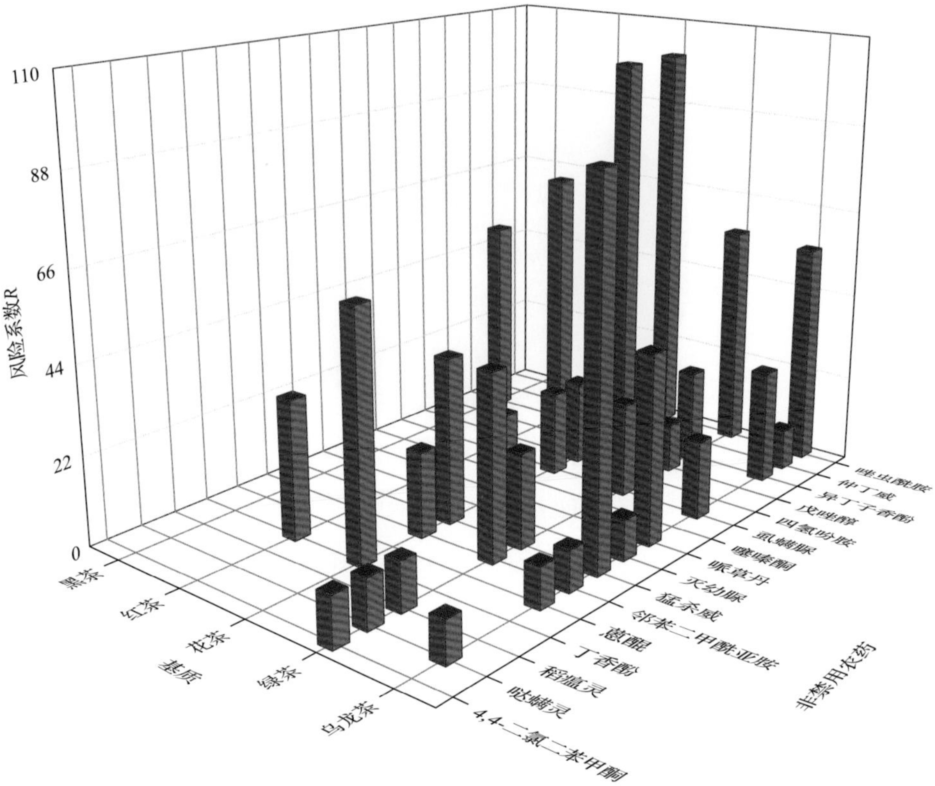

图 12-15 单种茶叶中处于高度风险的非禁用农药的风险系数（MRL 欧盟标准）

表 12-7 单种茶叶中处于高度风险的非禁用农药的风险系数表（MRL 欧盟标准）

序号	基质	农药	超标频次	超标率 *P*(%)	风险系数 *R*
1	花茶	唑虫酰胺	5	100	101.1
2	花茶	异丁子香酚	5	100	101.1
3	乌龙茶	猛杀威	10	90.91	92.01
4	红茶	异丁子香酚	2	66.67	67.77
5	花茶	丁香酚	3	60	61.1
6	绿茶	唑虫酰胺	5	55.56	56.66
7	乌龙茶	唑虫酰胺	6	54.55	55.65
8	黑茶	异丁子香酚	1	50	51.1
9	乌龙茶	哌草丹	5	45.45	46.55
10	绿茶	邻苯二甲酰亚胺	4	44.44	45.54
11	花茶	猛杀威	2	40	41.1
12	红茶	丁香酚	1	33.33	34.43
13	乌龙茶	异丁子香酚	3	27.27	28.37
14	绿茶	异丁子香酚	2	22.22	23.32

续表

序号	基质	农药	超标频次	超标率 P(%)	风险系数 R
15	绿茶	猛杀威	2	22.22	23.32
16	绿茶	虱螨脲	2	22.22	23.32
17	花茶	仲丁威	1	20	21.1
18	花茶	哌草丹	1	20	21.1
19	花茶	四氢吩胺	1	20	21.1
20	花茶	虱螨脲	1	20	21.1
21	花茶	邻苯二甲酰亚胺	1	20	21.1
22	乌龙茶	虱螨脲	2	18.18	19.28
23	绿茶	4,4-二氯二苯甲酮	1	11.11	12.21
24	绿茶	哒螨灵	1	11.11	12.21
25	绿茶	噻嗪酮	1	11.11	12.21
26	绿茶	戊唑醇	1	11.11	12.21
27	绿茶	稻瘟灵	1	11.11	12.21
28	乌龙茶	仲丁威	1	9.09	10.19
29	乌龙茶	哒螨灵	1	9.09	10.19
30	乌龙茶	灭幼脲	1	9.09	10.19
31	乌龙茶	蒽醌	1	9.09	10.19
32	乌龙茶	邻苯二甲酰亚胺	1	9.09	10.19

12.3.2 所有茶叶中农药残留风险系数分析

12.3.2.1 所有茶叶中禁用农药残留风险系数分析

在侦测出的 29 种农药中有 4 种为禁用农药，计算所有茶叶中禁用农药的风险系数，结果如表 12-8 所示。在 4 种禁用农药中，4 种农药残留均处于高度风险。

表 12-8　茶叶中 4 种禁用农药的风险系数表

序号	农药	检出频次	检出率(%)	风险系数 R	风险程度
1	硫丹	10	33.33	34.43	高度风险
2	毒死蜱	8	26.67	27.77	高度风险
3	三唑磷	3	10.00	11.10	高度风险
4	三氯杀螨醇	3	10.00	11.10	高度风险

12.3.2.2 所有茶叶中非禁用农药残留风险系数分析

参照 MRL 欧盟标准计算所有茶叶中每种非禁用农药残留的风险系数，如图 12-16

与表 12-9 所示。在侦测出的 25 种非禁用农药中，16 种农药（64%）残留处于高度风险，9 种农药（36%）残留处于低度风险。

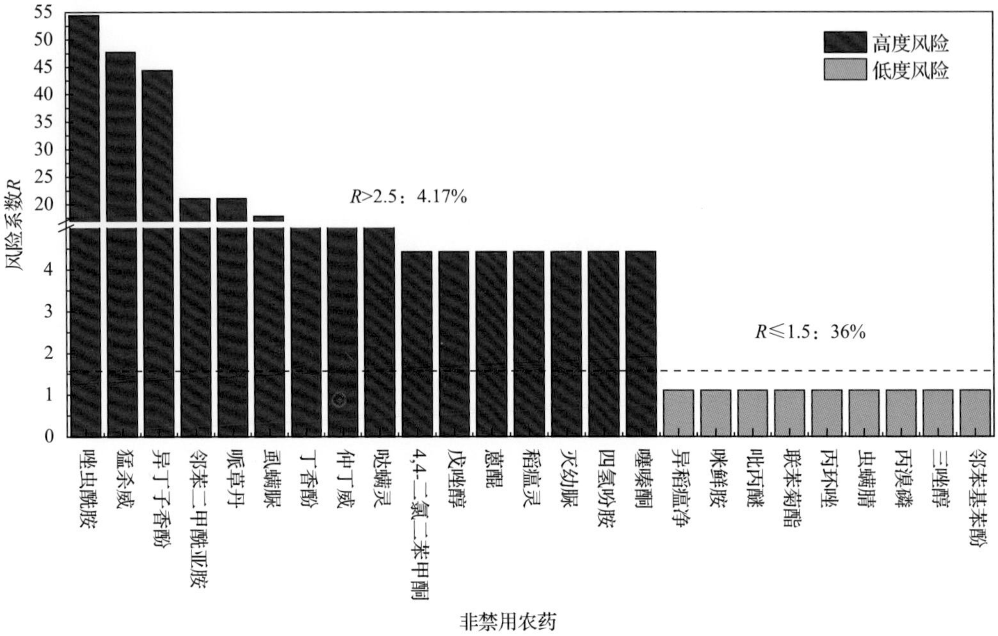

图 12-16　茶叶中 25 种非禁用农药的风险程度统计图

表 12-9　茶叶中 25 种非禁用农药的风险系数表

序号	农药	超标频次	超标率 P(%)	风险系数 R	风险程度
1	唑虫酰胺	16	53.33	54.43	高度风险
2	猛杀威	14	46.67	47.77	高度风险
3	异丁子香酚	13	43.33	44.43	高度风险
4	邻苯二甲酰亚胺	6	20.00	21.10	高度风险
5	哌草丹	6	20.00	21.10	高度风险
6	虱螨脲	5	16.67	17.77	高度风险
7	丁香酚	4	13.33	14.43	高度风险
8	仲丁威	2	6.67	7.77	高度风险
9	哒螨灵	2	6.67	7.77	高度风险
10	4,4-二氯二苯甲酮	1	3.33	4.43	高度风险
11	戊唑醇	1	3.33	4.43	高度风险
12	蒽醌	1	3.33	4.43	高度风险
13	稻瘟灵	1	3.33	4.43	高度风险
14	灭幼脲	1	3.33	4.43	高度风险
15	四氢吩胺	1	3.33	4.43	高度风险
16	噻嗪酮	1	3.33	4.43	高度风险

续表

序号	农药	超标频次	超标率 P(%)	风险系数 R	风险程度
17	异稻瘟净	0	0.00	1.10	低度风险
18	咪鲜胺	0	0.00	1.10	低度风险
19	吡丙醚	0	0.00	1.10	低度风险
20	联苯菊酯	0	0.00	1.10	低度风险
21	丙环唑	0	0.00	1.10	低度风险
22	虫螨腈	0	0.00	1.10	低度风险
23	丙溴磷	0	0.00	1.10	低度风险
24	三唑醇	0	0.00	1.10	低度风险
25	邻苯基苯酚	0	0.00	1.10	低度风险

12.4　GC-Q-TOF/MS 侦测西宁市市售茶叶农药残留风险评估结论与建议

农药残留是影响茶叶安全和质量的主要因素，也是我国食品安全领域备受关注的敏感话题和亟待解决的重大问题之一[15,16]。各种茶叶均存在不同程度的农药残留现象，本研究主要针对西宁市各类茶叶存在的农药残留问题，基于 2018 年 12 月对西宁市 30 例茶叶样品中农药残留侦测得出的 153 个侦测结果，分别采用食品安全指数模型和风险系数模型，开展茶叶中农药残留的膳食暴露风险和预警风险评估。茶叶样品取自超市和茶叶专营店，符合大众的膳食来源，风险评价时更具有代表性和可信度。

本研究力求通用简单地反映食品安全中的主要问题，且为管理部门和大众容易接受，为政府及相关管理机构建立科学的食品安全信息发布和预警体系提供科学的规律与方法，加强对农药残留的预警和食品安全重大事件的预防，控制食品风险。

12.4.1　西宁市茶叶中农药残留膳食暴露风险评价结论

1) 茶叶样品中农药残留安全状态评价结论

采用食品安全指数模型，对 2018 年 12 月期间西宁市茶叶农药残留膳食暴露风险进行评价，根据 IFS_c 的计算结果发现，茶叶中农药的 $\overline{IFS}$ 为 0.000219，说明西宁市茶叶总体处于可以接受的安全状态，但部分禁用农药、高残留农药在茶叶中仍有侦测出，导致膳食暴露风险的存在，成为不安全因素。

2) 禁用农药膳食暴露风险评价

本次检测发现部分茶叶样品中有禁用农药侦测出，侦测出禁用农药 4 种，侦测出频次为 24，茶叶样品中的禁用农药 IFS_c 计算结果表明，禁用农药残留膳食暴露风险没有影响的频次为 24，占 100%。

12.4.2　西宁市茶叶中农药残留预警风险评价结论

1）单种茶叶中禁用农药残留的预警风险评价结论

本次检测过程中，在 4 种茶叶中检测出 4 种禁用农药，禁用农药为：硫丹、毒死蜱、三唑磷、三氯杀螨醇，茶叶为：红茶、绿茶、花茶、乌龙茶，茶叶中禁用农药的风险系数分析结果显示，4 种禁用农药在 4 种茶叶中的残留均处于高度风险，说明在单种茶叶中禁用农药的残留会导致较高的预警风险。

2）单种茶叶中非禁用农药残留的预警风险评价结论

以 MRL 中国国家标准为标准，计算茶叶中非禁用农药风险系数情况下，50 个样本中，13 个处于低度风险（26%），37 个样本没有 MRL 中国国家标准（74%）。以 MRL 欧盟标准为标准，计算茶叶中非禁用农药风险系数情况下，发现有 32 个处于高度风险（64%），18 个处于低度风险（36%）。基于两种 MRL 标准，评价的结果差异显著，可以看出 MRL 欧盟标准比中国国家标准更加严格和完善，过于宽松的 MRL 中国国家标准值能否有效保障人体的健康有待研究。

12.4.3　加强西宁市茶叶食品安全建议

我国食品安全风险评价体系仍不够健全，相关制度不够完善，多年来，由于农药用药次数多、用药量大或用药间隔时间短，产品残留量大，农药残留所造成的食品安全问题日益严峻，给人体健康带来了直接或间接的危害。据估计，美国与农药有关的癌症患者数约占全国癌症患者总数的 50%，中国更高。同样，农药对其他生物也会形成直接杀伤和慢性危害，植物中的农药可经过食物链逐级传递并不断蓄积，对人和动物构成潜在威胁，并影响生态系统。

基于本次农药残留侦测数据的风险评价结果，提出以下几点建议：

1）加快食品安全标准制定步伐

我国食品标准中对农药每日允许最大摄入量 ADI 的数据严重缺乏，在本次评价所涉及的 29 种农药中，仅有 72.41%的农药具有 ADI 值，而 27.59%的农药中国尚未规定相应的 ADI 值，亟待完善。

我国食品中农药最大残留限量值的规定严重缺乏，对评估涉及到的不同茶叶中不同农药 62 个 MRL 限值进行统计来看，我国仅制定出 19 个标准，我国标准完整率仅为 30.64%，欧盟的完整率达到 100%（表 12-10）。因此，中国更应加快 MRL 标准的制定步伐。

表 12-10　我国国家食品标准农药的 ADI、MRL 值与欧盟标准的数量差异

分类		中国 ADI	MRL 中国国家标准	MRL 欧盟标准
标准限值（个）	有	21	19	62
	无	8	43	0
总数（个）		29	62	62
无标准限值比例（%）		27.59	69.36	0

此外，MRL 中国国家标准限值普遍高于欧盟标准限值，这些标准中共有 5 个高于欧盟。过高的 MRL 值难以保障人体健康，建议继续加强对限值基准和标准的科学研究，将农产品中的危险性减少到尽可能低的水平。

2) 加强农药的源头控制和分类监管

在西宁市某些茶叶中仍有禁用农药残留，利用 GC-Q-TOF/MS 技术侦测出 4 种禁用农药，检出频次为 24 次，残留禁用农药均存在较大的膳食暴露风险和预警风险。早已列入黑名单的禁用农药在我国并未真正退出，有些药物由于价格便宜、工艺简单，此类高毒农药一直生产和使用。建议在我国采取严格有效的控制措施，从源头控制禁用农药。

对于非禁用农药，在我国作为“田间地头”最典型单位的县级茶叶产地中，农药残留的检测几乎缺失。建议根据农药的毒性，对高毒、剧毒、中毒农药实现分类管理，减少使用高毒和剧毒高残留农药，进行分类监管。

3) 加强农药生物基准和降解技术研究

从市售茶叶中残留农药的品种多、频次高、禁用农药多次检出这一现状，说明了我国的田间土壤和水体因农药长期、频繁、不合理的使用而遭到严重污染。为此，建议中国相关部门出台相关政策，鼓励高校及科研院所积极开展分子生物学、酶学等研究，加强土壤、水体中残留农药的生物修复及降解新技术研究，切实加大农药监管力度，以控制农药的面源污染问题。

综上所述，在本工作基础上，根据茶叶残留危害，可进一步针对其成因提出和采取严格管理、大力推广无公害茶叶种植与生产、健全食品安全控制技术体系、加强茶叶质量检测体系建设和积极推行茶叶质量追溯制度等相应对策。建立和完善食品安全综合评价指数与风险监测预警系统，对食品安全进行实时、全面的监控与分析，为我国的食品安全科学监管与决策提供新的技术支持，可实现各类检验数据的信息化系统管理，降低食品安全事故的发生。

银 川 市

第 13 章　LC-Q-TOF/MS 侦测银川市 30 例市售茶叶样品农药残留报告

从银川市所属 2 个区，随机采集了 30 例茶叶样品，使用液相色谱-四极杆飞行时间质谱（LC-Q-TOF/MS）对 825 种农药化学污染物进行示范侦测（7 种负离子模式 ESI^{-} 未涉及）。

13.1　样品种类、数量与来源

13.1.1　样品采集与检测

为了真实反映百姓日常饮用的茶叶中农药残留污染状况，本次所有检测样品均由检验人员于 2019 年 1 月期间，从银川市所属 4 个采样点，包括 4 个超市，以随机购买方式采集，总计 4 批 30 例样品，从中检出农药 48 种，248 频次。采样及监测概况见图 13-1 及表 13-1，样品及采样点明细见表 13-2 及表 13-3（侦测原始数据见附表 1）。

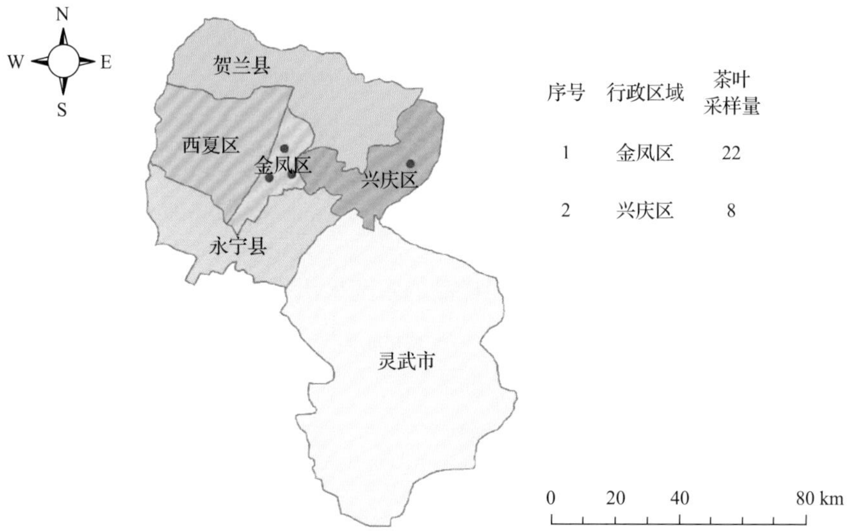

图 13-1　银川市所属 4 个采样点 30 例样品分布图

表 13-1　农药残留监测总体概况

采样行政区域	银川市所属 2 个区
采样点（超市）	4
样本总数	30
检出农药品种/频次	48/248
各采样点样本农药残留检出率范围	100.0%

表 13-2 样品分类及数量

样品分类	样品名称（数量）	数量小计
1. 茶叶		30
1）发酵类茶叶	黑茶（3），红茶（5），乌龙茶（9）	17
2）未发酵类茶叶	花茶（2），绿茶（11）	13
合计	1.茶叶 5 种	30

表 13-3 银川市采样点信息

采样点序号	行政区域	采样点
	超市（4）	
1	金凤区	***超市（悦海新天地店）
2	金凤区	***超市（正源北街店）
3	金凤区	***超市（森林公园店）
4	兴庆区	***超市（宝湖东路店）

13.1.2 检测结果

这次使用的检测方法是庞国芳院士团队最新研发的不需使用标准品对照，而以高分辨精确质量数（0.0001 *m/z*）为基准的 LC-Q-TOF/MS 检测技术，对于 30 例样品，每个样品均侦测了 825 种农药化学污染物的残留现状。通过本次侦测，在 30 例样品中共计检出农药化学污染物 48 种，检出 248 频次。

13.1.2.1 各采样点样品检出情况

统计分析发现 4 个采样点中，被测样品的农药检出率均为 100.0%，见图 13-2。

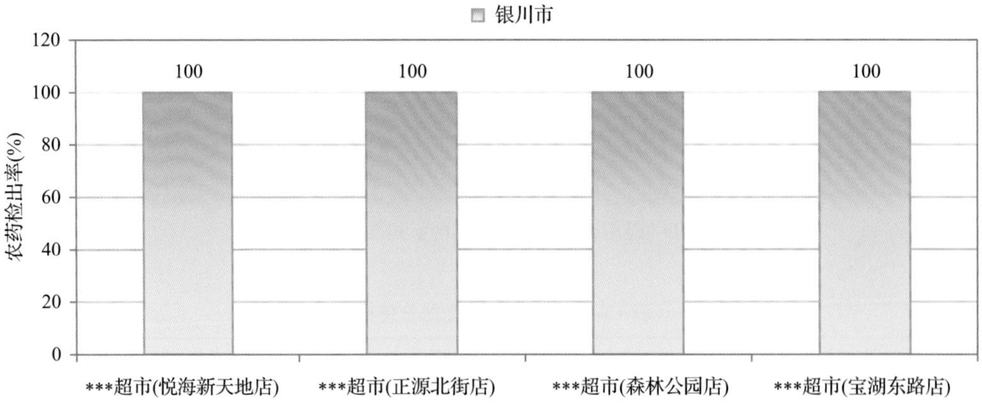

图 13-2 各采样点样品中的农药检出率

13.1.2.2 检出农药的品种总数与频次

统计分析发现，对于 30 例样品中 825 种农药化学污染物的侦测，共检出农药 248

频次，涉及农药 48 种，结果如图 13-3 所示。其中唑虫酰胺检出频次最高，共检出 29 次。检出频次排名前 10 的农药如下：①唑虫酰胺(29)，②噻嗪酮(21)，③啶虫脒(20)，④噻虫嗪(17)，⑤苯醚甲环唑(15)，⑥吡虫啉(13)，⑦吡唑醚菌酯(12)，⑧三唑磷(11)，⑨茚虫威(9)，⑩多菌灵(8)。

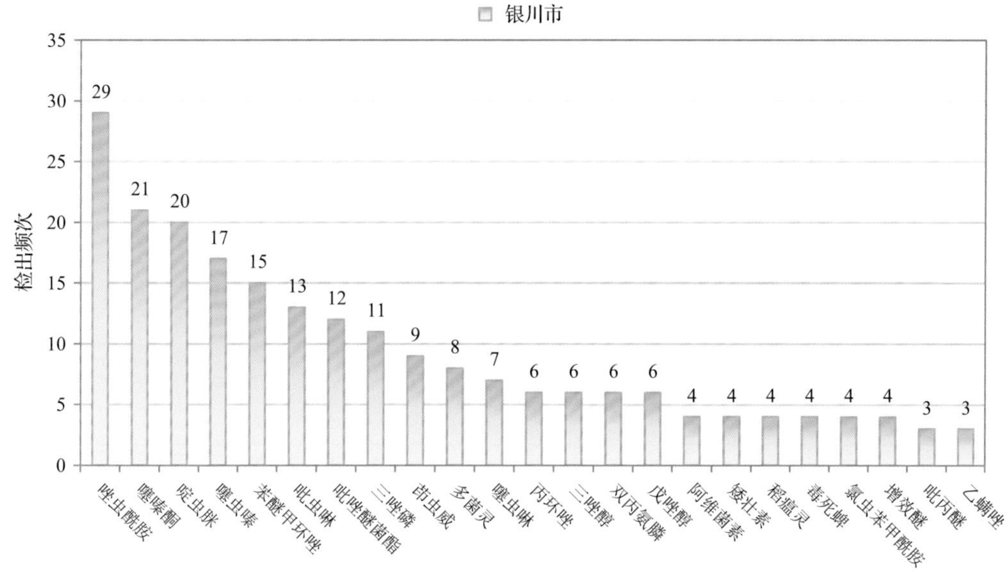

图 13-3　检出农药品种及频次(仅列出检出农药 3 频次及以上的数据)

由图 13-4 可见，绿茶、红茶和花茶这 3 种茶叶样品中检出的农药品种数较高，均超过 20 种，其中，绿茶检出农药品种最多，为 31 种。由图 13-5 可见，绿茶、乌龙茶和红茶这 3 种茶叶样品中的农药检出频次较高，均超过 40 次，其中，绿茶检出农药频次最高，为 105 次。

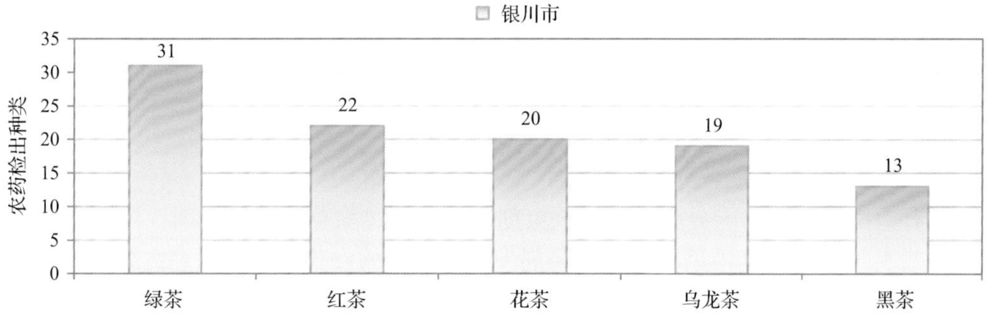

图 13-4　单种茶叶检出农药的种类数

13.1.2.3　单例样品农药检出种类与占比

对单例样品检出农药种类和频次进行统计发现，检出 2～5 种农药的样品占总样品数的 33.3%，检出 6～10 种农药的样品占总样品数的 43.3%，检出大于 10 种农药的样品占总样品数的 23.3%。每例样品中平均检出农药为 8.3 种，数据见表 13-4 及图 13-6。

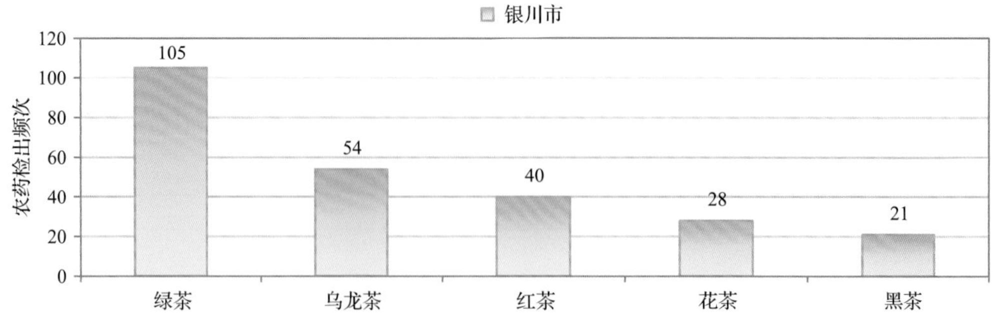

图 13-5　单种茶叶检出农药频次

表 13-4　单例样品检出农药品种占比

检出农药品种数	样品数量/占比（%）
2～5 种	10/33.3
6～10 种	13/43.3
大于 10 种	7/23.3
单例样品平均检出农药品种	8.3 种

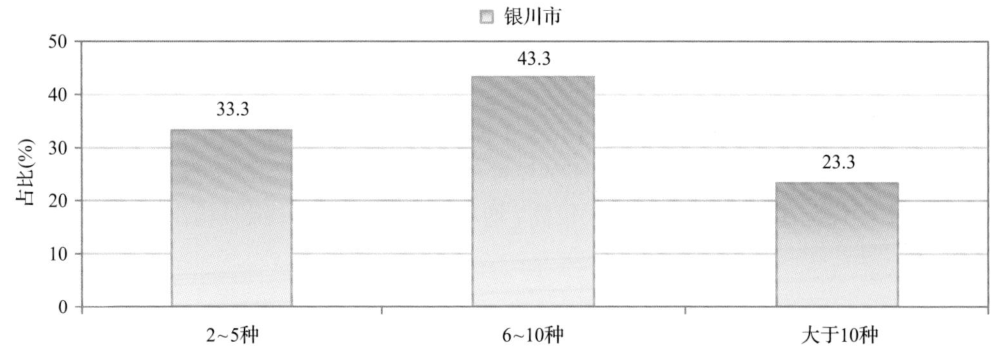

图 13-6　单例样品平均检出农药品种及占比

13.1.2.4　检出农药类别与占比

所有检出农药按功能分类，包括杀虫剂、杀菌剂、除草剂、杀螨剂、植物生长调节剂和增效剂共 6 类。其中杀虫剂与杀菌剂为主要检出的农药类别，分别占总数的 50.0%和 25.0%，见表 13-5 及图 13-7。

13.1.2.5　检出农药的残留水平

按检出农药残留水平进行统计，残留水平在 1～5 μg/kg（含）的农药占总数的 35.1%，在 5～10 μg/kg（含）的农药占总数的 16.1%，在 10～100 μg/kg（含）的农药占总数的 35.5%，在 100～1000 μg/kg（含）的农药占总数的 10.5%，在>1000 μg/kg 的农药占总数的 2.8%。

表 13-5 检出农药所属类别/占比

农药类别	数量/占比(%)
杀虫剂	24/50.0
杀菌剂	12/25.0
除草剂	5/10.4
杀螨剂	3/6.3
植物生长调节剂	3/6.3
增效剂	1/2.1

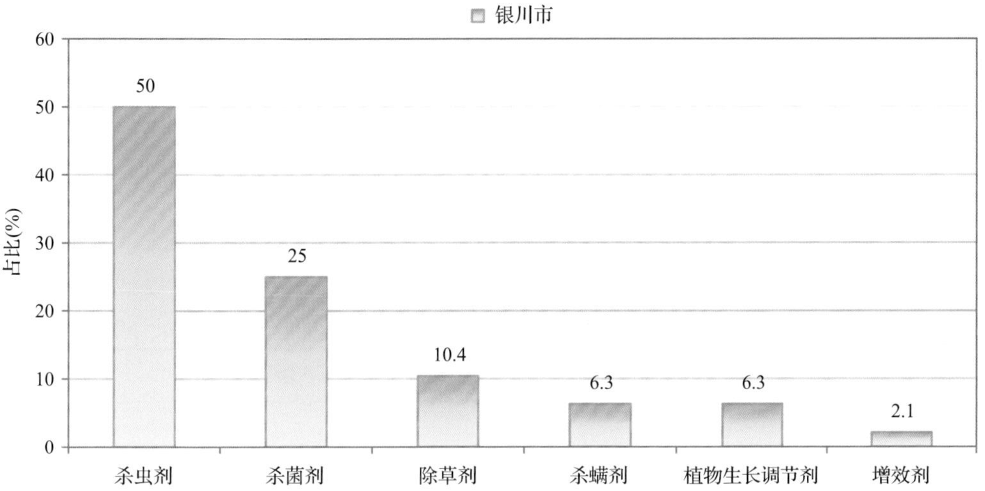

图 13-7 检出农药所属类别和占比

由此可见，这次检测的 4 批 30 例茶叶样品中农药多数处于较低残留水平。结果见表 13-6 及图 13-8，数据见附表 2。

13.1.2.6 检出农药的毒性类别、检出频次和超标频次及占比

对这次检出的 48 种 248 频次的农药，按剧毒、高毒、中毒、低毒和微毒这五个毒性类别进行分类，从中可以看出，银川市目前普遍使用的农药为中低微毒农药，品种占 89.6%，频次占 91.9%。结果见表 13-7 及图 13-9。

表 13-6 农药残留水平/占比

残留水平(μg/kg)	检出频次数/占比(%)
1～5(含)	87/35.1
5～10(含)	40/16.1
10～100(含)	88/35.5
100～1000(含)	26/10.5
>1000	7/2.8

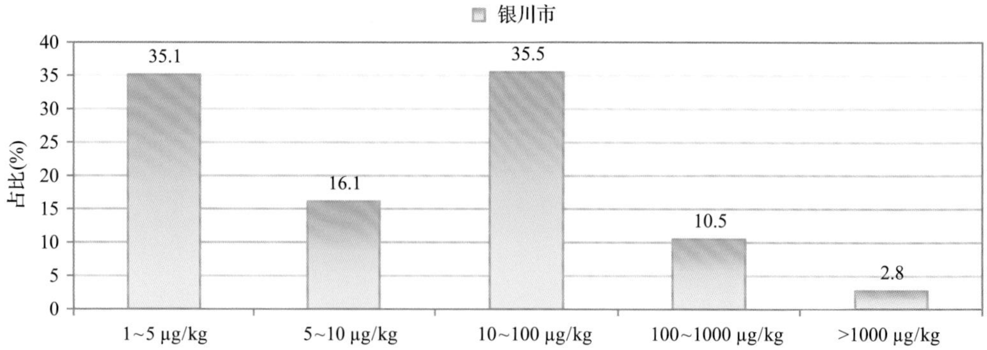

图 13-8　检出农药残留水平及占比

表 13-7　检出农药毒性类别/占比

毒性分类	农药品种/占比(%)	检出频次/占比(%)	超标频次/超标率(%)
剧毒农药	0/0	0/0.0	0/0.0
高毒农药	5/10.4	20/8.1	2/10.0
中毒农药	24/50.0	154/62.1	0/0.0
低毒农药	11/22.9	48/19.4	0/0.0
微毒农药	8/16.7	26/10.5	0/0.0

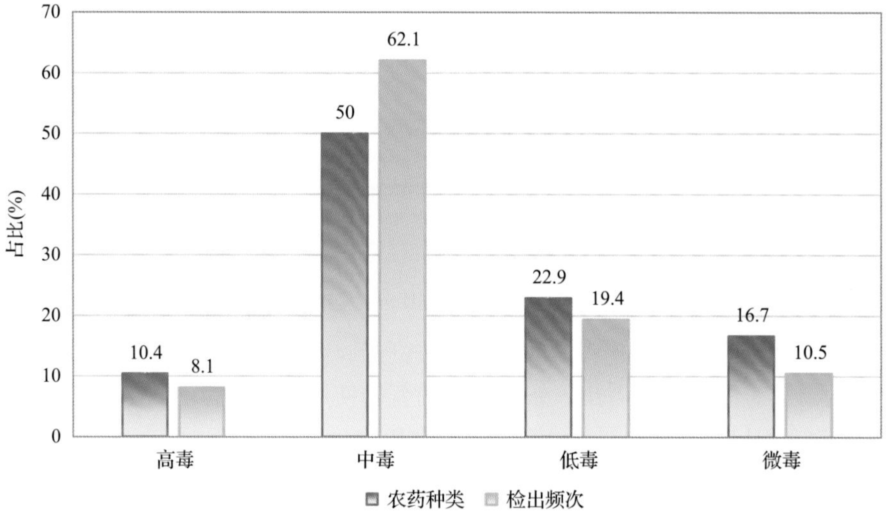

图 13-9　检出农药的毒性分类和占比

13.1.2.7　检出剧毒/高毒类农药的品种和频次

值得特别关注的是，在此次侦测的 30 例样品中有 3 种茶叶的 13 例样品检出了 5 种 20 频次的剧毒和高毒农药，占样品总量的 43.3%，详见图 13-10、表 13-8 及表 13-9。

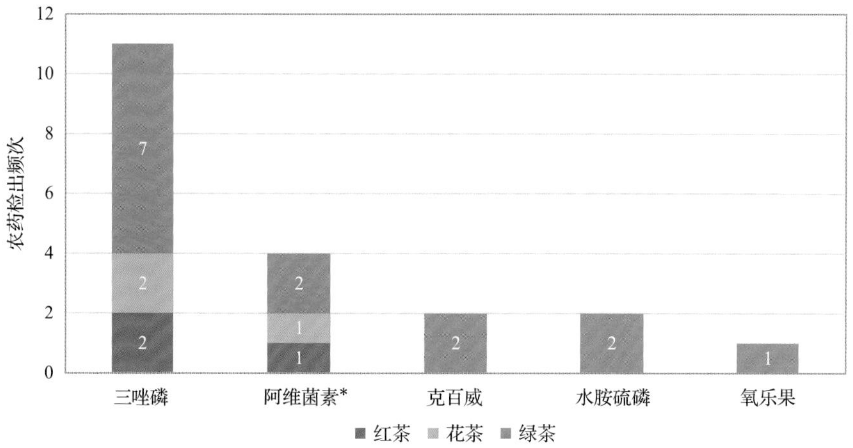

图 13-10　检出剧毒/高毒农药的样品情况

表 13-8　剧毒农药检出情况

序号	农药名称	检出频次	超标频次	超标率
茶叶中未检出剧毒农药				
	合计	0	0	超标率：0.0%

表 13-9　高毒农药检出情况

序号	农药名称	检出频次	超标频次	超标率
从 3 种茶叶中检出 5 种高毒农药，共计检出 20 次				
1	三唑磷	11	0	0.0%
2	阿维菌素	4	0	0.0%
3	克百威	2	0	0.0%
4	水胺硫磷	2	2	100.0%
5	氧乐果	1	0	0.0%
	合计	20	2	超标率：10.0%

在检出的剧毒和高毒农药中，有 4 种是我国早已禁止在茶叶上使用的，分别是：氧乐果、克百威、三唑磷和水胺硫磷。禁用农药的检出情况见表 13-10。

表 13-10　禁用农药检出情况

序号	农药名称	检出频次	超标频次	超标率
从 3 种茶叶中检出 6 种禁用农药，共计检出 22 次				
1	三唑磷	11	0	0.0%
2	毒死蜱	4	0	0.0%
3	克百威	2	0	0.0%
4	乐果	2	0	0.0%
5	水胺硫磷	2	2	100.0%
6	氧乐果	1	0	0.0%
	合计	22	2	超标率：9.1%

注：超标结果参考 MRL 中国国家标准计算

此次抽检的茶叶样品中，没有检出剧毒农药。

样品中检出剧毒和高毒农药残留水平超过 MRL 中国国家标准的频次为 2 次，其中：绿茶检出水胺硫磷超标 2 次。本次检出结果表明，高毒、剧毒农药的使用现象依旧存在。详见表 13-11。

表 13-11　各样本中检出剧毒/高毒农药情况

样品名称	农药名称	检出频次	超标频次	检出浓度（μg/kg）
		茶叶 3 种		
红茶	三唑磷▲	2	0	1.1, 3.7
红茶	阿维菌素	1	0	1.0
花茶	三唑磷▲	2	0	9.8, 5.8
花茶	阿维菌素	1	0	11.6
绿茶	三唑磷▲	7	0	4.1, 77.7, 1.0, 20.5, 3.2, 34.7, 8.4
绿茶	水胺硫磷▲	2	2	173.2[a], 74.2[a]
绿茶	阿维菌素	2	0	15.8, 4.6
绿茶	克百威▲	2	0	4.4, 2.1
绿茶	氧乐果▲	1	0	1.2
合计		20	2	超标率：10.0%

13.2　农药残留检出水平与最大残留限量标准对比分析

我国于 2016 年 12 月 18 日正式颁布并于 2017 年 6 月 18 日正式实施食品农药残留限量国家标准《食品中农药最大残留限量》（GB 2763—2016）。该标准包括 417 个农药条目，涉及最大残留限量（MRL）标准 4140 项。将 248 频次检出农药的浓度水平与 4140 项 MRL 中国国家标准进行核对，其中只有 108 频次的结果找到了对应的 MRL 标准，占 43.5%，还有 140 频次的结果则无相关 MRL 标准供参考，占 56.5%。

将此次侦测结果与国际上现行 MRL 标准对比发现，在 248 频次的检出结果中有 248 频次的结果找到了对应的 MRL 欧盟标准，占 100.0%，其中，197 频次的结果有明确对应的 MRL 标准，占 79.4%，其余 51 频次按照欧盟一律标准判定，占 20.6%；有 248 频次的结果找到了对应的 MRL 日本标准，占 100.0%，其中，200 频次的结果有明确对应的 MRL 标准，占 80.6%，其余 48 频次按照日本一律标准判定，占 19.4%；有 111 频次的结果找到了对应的 MRL 中国香港标准，占 44.8%；有 112 频次的结果找到了对应的 MRL 美国标准，占 45.2%；有 69 频次的结果找到了对应的 MRL CAC 标准，占 27.8%（见图 13-11 和图 13-12，数据见附表 3 至附表 8）。

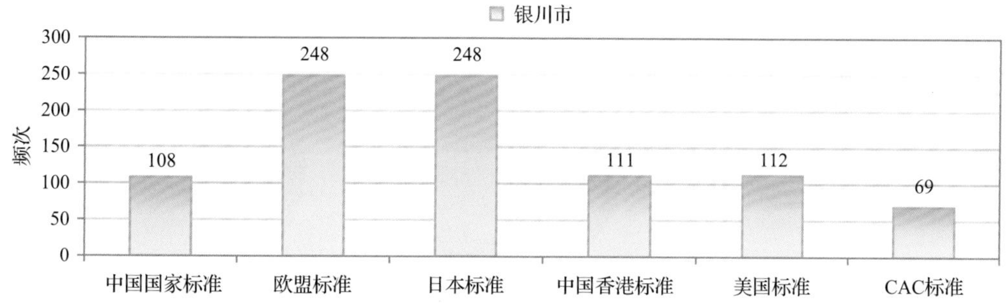

图 13-11 248 频次检出农药可用 MRL 中国国家标准、欧盟标准、日本标准、中国香港标准、美国标准、CAC 标准判定衡量的数量

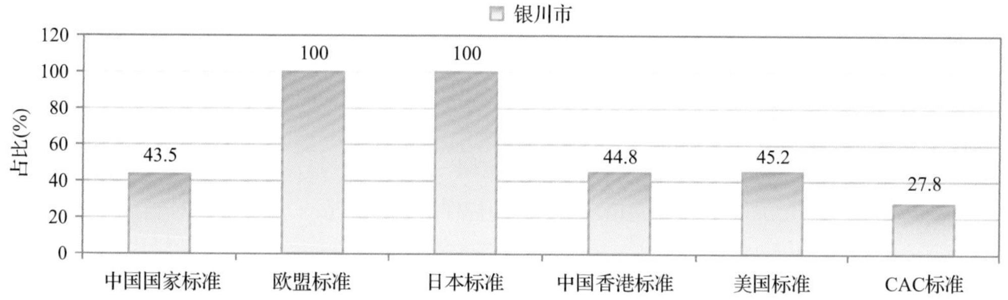

图 13-12 248 频次检出农药可用 MRL 中国国家标准、欧盟标准、日本标准、中国香港标准、美国标准、CAC 标准衡量的占比

13.2.1 超标农药样品分析

本次侦测的 30 例样品中，全部样品检出不同水平、不同种类的残留农药，占样品总量的 100.0%。在此，我们将本次侦测的农残检出情况与 MRL 中国国家标准、欧盟标准、日本标准、中国香港标准、美国标准、CAC 标准这 6 大国际主流标准进行对比分析，样品农残检出与超标情况见表 13-12、图 13-13 和图 13-14，详细数据见附表 9 至附表 14。

表 13-12 各 MRL 标准下样本农残检出与超标数量及占比

	中国国家标准 数量/占比(%)	欧盟标准 数量/占比(%)	日本标准 数量/占比(%)	中国香港标准 数量/占比(%)	美国标准 数量/占比(%)	CAC 标准 数量/占比(%)
未检出	0/0.0	0/0.0	0/0.0	0/0.0	0/0.0	0/0.0
检出未超标	28/93.3	1/3.3	16/53.3	30/100.0	30/100.0	30/100.0
检出超标	2/6.7	29/96.7	14/46.7	0/0.0	0/0.0	0/0.0

13.2.2 超标农药种类分析

按照 MRL 中国国家标准、欧盟标准、日本标准、中国香港标准、美国标准和 CAC 标准这 6 大国际主流标准衡量，本次侦测检出的农药超标品种及频次情况见表 13-13。

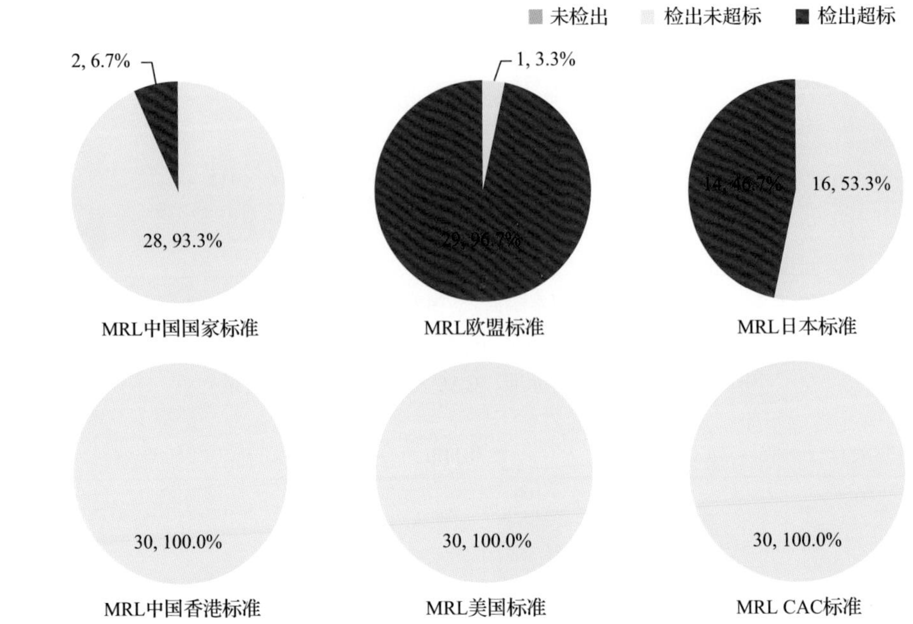

图 13-13　检出和超标样品比例情况

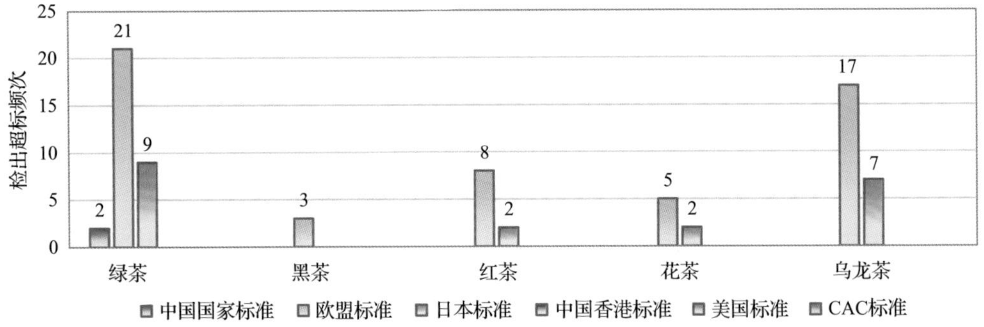

图 13-14　超过 MRL 中国国家标准、欧盟标准、日本标准、中国香港标准、美国标准、CAC 标准结果在茶叶中的分布

表 13-13　各 MRL 标准下超标农药品种及频次

	中国国家标准	欧盟标准	日本标准	中国香港标准	美国标准	CAC 标准
超标农药品种	1	15	10	0	0	0
超标农药频次	2	54	20	0	0	0

13.2.2.1　按 MRL 中国国家标准衡量

按 MRL 中国国家标准衡量，有 1 种农药超标，检出 2 频次，为高毒农药水胺硫磷。按超标程度比较，绿茶中水胺硫磷超标 2.5 倍。检测结果见图 13-15 和附表 15。

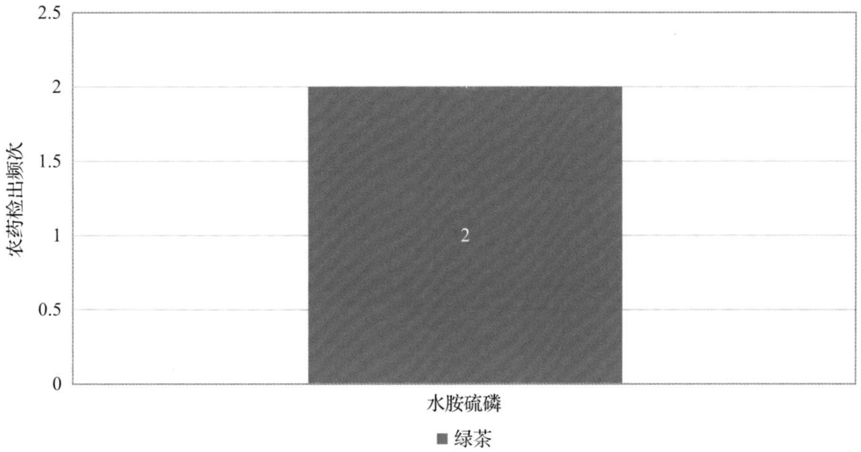

图 13-15　超过 MRL 中国国家标准农药品种及频次

13.2.2.2　按 MRL 欧盟标准衡量

按 MRL 欧盟标准衡量，共有 15 种农药超标，检出 54 频次，分别为高毒农药三唑磷和水胺硫磷，中毒农药苯醚甲环唑、稻瘟灵、丙环唑、啶虫脒、三唑醇、唑虫酰胺和双丙氨膦，低毒农药去乙基阿特拉津、多氧霉素、噻嗪酮和炔草酯，微毒农药虫酰肼和多菌灵。

按超标程度比较，乌龙茶中唑虫酰胺超标 357.9 倍，绿茶中唑虫酰胺超标 261.1 倍，花茶中唑虫酰胺超标 146.8 倍，红茶中唑虫酰胺超标 112.3 倍，花茶中双丙氨膦超标 17.7 倍。检测结果见图 13-16 和附表 16。

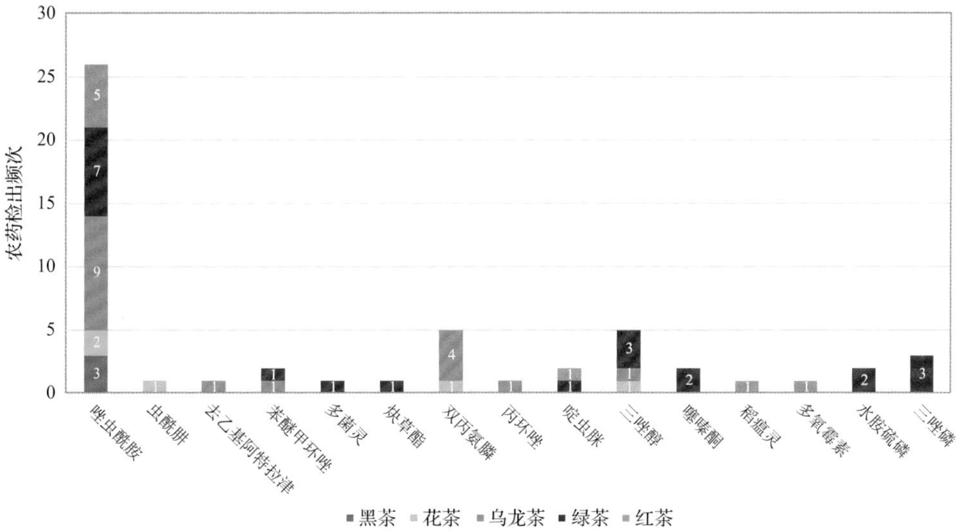

图 13-16　超过 MRL 欧盟标准农药品种及频次

13.2.2.3　按 MRL 日本标准衡量

按 MRL 日本标准衡量，共有 10 种农药超标，检出 20 频次，分别为高毒农药三唑磷和水胺硫磷，中毒农药稻瘟灵、双丙氨膦、矮壮素和茚虫威，低毒农药去乙基阿特拉津、多氧霉素、马拉硫磷和炔草酯。

按超标程度比较，花茶中双丙氨膦超标 45.8 倍，绿茶中水胺硫磷超标 16.3 倍，绿茶中炔草酯超标 11.9 倍，绿茶中三唑磷超标 6.8 倍，乌龙茶中双丙氨膦超标 5.6 倍。检测结果见图 13-17 和附表 17。

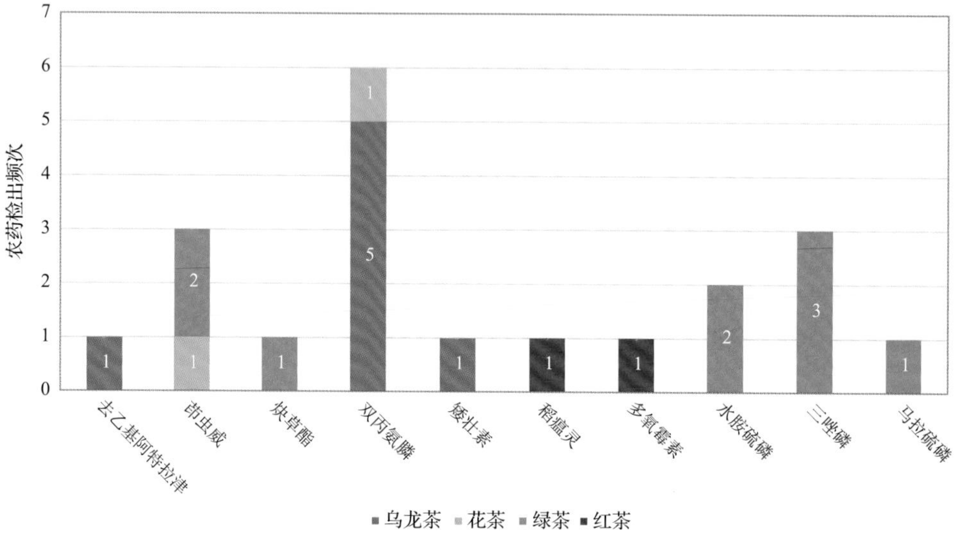

图 13-17　超过 MRL 日本标准农药品种及频次

13.2.2.4　按 MRL 中国香港标准衡量

按 MRL 中国香港标准衡量，无样品检出超标农药残留。

13.2.2.5　按 MRL 美国标准衡量

按 MRL 美国标准衡量，无样品检出超标农药残留。

13.2.2.6　按 MRL CAC 标准衡量

按 MRL CAC 标准衡量，无样品检出超标农药残留。

13.2.3　4 个采样点超标情况分析

13.2.3.1　按 MRL 中国国家标准衡量

按 MRL 中国国家标准衡量，有 2 个采样点的样品存在不同程度的超标农药检出，其中***超市（悦海新天地店）的超标率最高，为 14.3%，如图 13-18 和表 13-14 所示。

13.2.3.2　按 MRL 欧盟标准衡量

按 MRL 欧盟标准衡量，所有采样点的样品均存在不同程度的超标农药检出，其中***超市（正源北街店）、***超市（悦海新天地店）和***超市（森林公园店）的超标率最高，为 100.0%，如图 13-19 和表 13-15 所示。

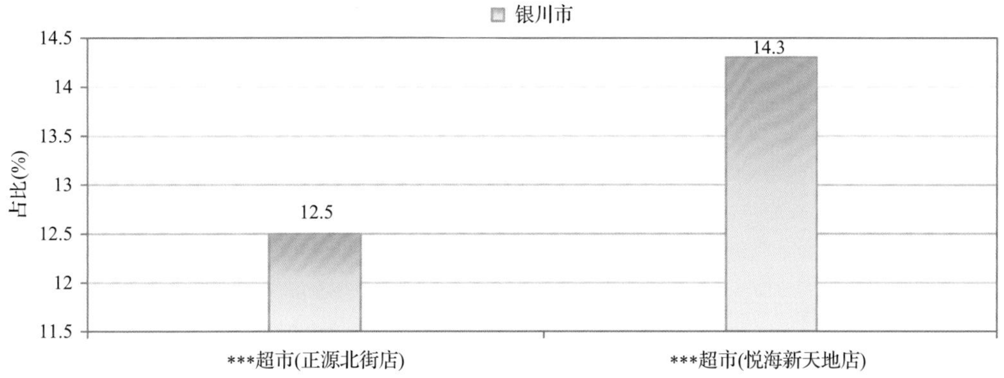

图 13-18　超过 MRL 中国国家标准茶叶在不同采样点分布

表 13-14　超过 MRL 中国国家标准茶叶在不同采样点分布

序号	采样点	样品总数	超标数量	超标率(%)	行政区域
1	***超市(正源北街店)	8	1	12.5	金凤区
2	***超市(悦海新天地店)	7	1	14.3	金凤区

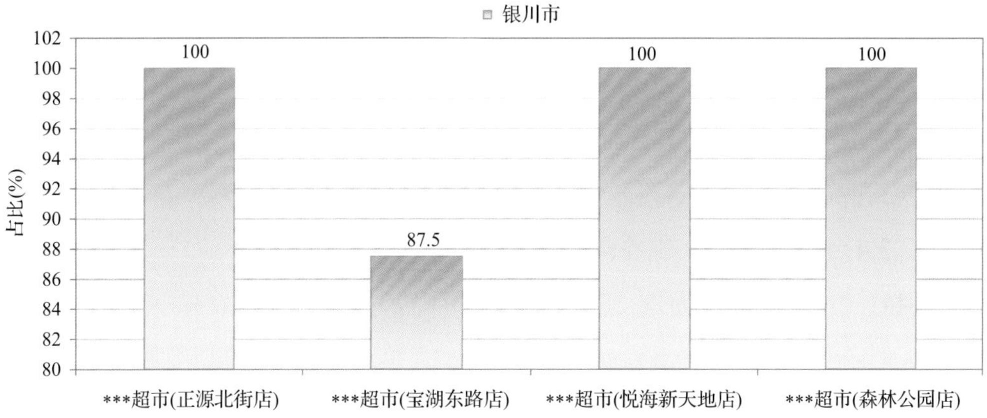

图 13-19　超过 MRL 欧盟标准茶叶在不同采样点分布

表 13-15　超过 MRL 欧盟标准茶叶在不同采样点分布

序号	采样点	样品总数	超标数量	超标率(%)	行政区域
1	***超市(正源北街店)	8	8	100.0	金凤区
2	***超市(宝湖东路店)	8	7	87.5	兴庆区
3	***超市(悦海新天地店)	7	7	100.0	金凤区
4	***超市(森林公园店)	7	7	100.0	金凤区

13.2.3.3　按 MRL 日本标准衡量

按 MRL 日本标准衡量，所有采样点的样品均存在不同程度的超标农药检出，其中

超市（悦海新天地店）和超市（森林公园店）的超标率最高，为 57.1%，如图 13-20 和表 13-16 所示。

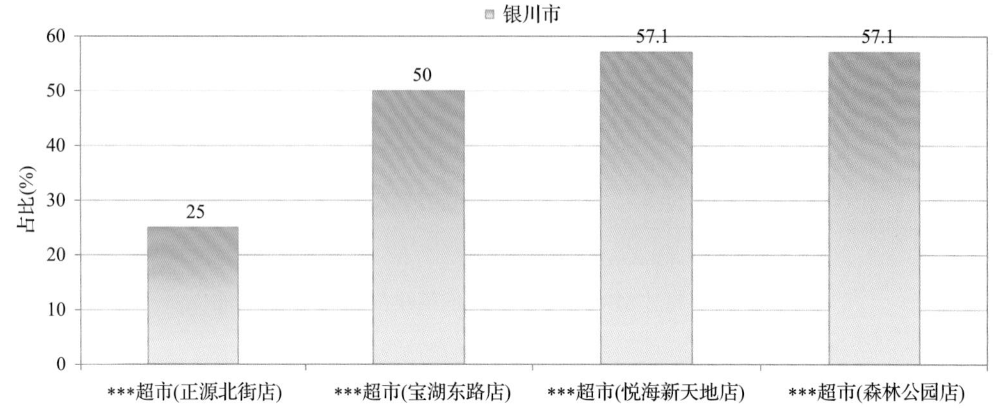

图 13-20　超过 MRL 日本标准茶叶在不同采样点分布

表 13-16　超过 MRL 日本标准茶叶在不同采样点分布

序号	采样点	样品总数	超标数量	超标率(%)	行政区域
1	***超市（正源北街店）	8	2	25.0	金凤区
2	***超市（宝湖东路店）	8	4	50.0	兴庆区
3	***超市（悦海新天地店）	7	4	57.1	金凤区
4	***超市（森林公园店）	7	4	57.1	金凤区

13.2.3.4　按 MRL 中国香港标准衡量

按 MRL 中国香港标准衡量，所有采样点的样品均未检出超标农药残留。

13.2.3.5　按 MRL 美国标准衡量

按 MRL 美国标准衡量，所有采样点的样品均未检出超标农药残留。

13.2.3.6　按 MRL CAC 标准衡量

按 MRL CAC 标准衡量，所有采样点的样品均未检出超标农药残留。

13.3　茶叶中农药残留分布

13.3.1　茶叶按检出农药品种和频次排名

本次残留侦测的茶叶共 5 种，包括黑茶、红茶、乌龙茶、花茶和绿茶。

根据检出农药品种及频次进行排名，将茶叶样品检出情况列表说明，详见表 13-17。

表 13-17　茶叶按检出农药品种和频次排名

按检出农药品种排名(品种)	①绿茶(31),②红茶(22),③花茶(20),④乌龙茶(19),⑤黑茶(13)
按检出农药频次排名(频次)	①绿茶(105),②乌龙茶(54),③红茶(40),④花茶(28),⑤黑茶(21)
按检出禁用、高毒及剧毒农药品种排名(品种)	①绿茶(7),②红茶(3),③花茶(3)
按检出禁用、高毒及剧毒农药频次排名(频次)	①绿茶(18),②红茶(4),③花茶(4)

13.3.2　茶叶按超标农药品种和频次排名

鉴于 MRL 欧盟标准和日本标准制定比较全面且覆盖率较高,我们参照 MRL 中国国家标准、欧盟标准和日本标准衡量茶叶样品中农残检出情况，将茶叶按超标农药品种及频次排名列表说明，详见表 13-18。

表 13-18　茶叶按超标农药品种和频次排名

按超标农药品种排名(农药品种数)	MRL 中国国家标准	①绿茶(1)
	MRL 欧盟标准	①绿茶(9),②乌龙茶(6),③红茶(4),④花茶(4),⑤黑茶(1)
	MRL 日本标准	①绿茶(5),②乌龙茶(3),③红茶(2),④花茶(2)
按超标农药频次排名(农药频次数)	MRL 中国国家标准	①绿茶(2)
	MRL 欧盟标准	①绿茶(21),②乌龙茶(17),③红茶(8),④花茶(5),⑤黑茶(3)
	MRL 日本标准	①绿茶(9),②乌龙茶(7),③红茶(2),④花茶(2)

通过对各品种茶叶样本总数及检出率进行综合分析发现，绿茶、红茶和花茶的残留污染最为严重，在此，我们参照 MRL 中国国家标准、欧盟标准和日本标准对这 3 种茶叶的农残检出情况进行进一步分析。

13.3.3　农药残留检出率较高的茶叶样品分析

13.3.3.1　绿茶

这次共检测 11 例绿茶样品，全部检出了农药残留，检出率为 100.0%，检出农药共计 31 种。其中唑虫酰胺、噻嗪酮、啶虫脒、噻虫嗪和三唑磷检出频次较高，分别检出了 10、9、8、8 和 7 次。绿茶中农药检出品种和频次见图 13-21，超标农药见图 13-22 和表 13-19。

13.3.3.2　红茶

这次共检测 5 例红茶样品，全部检出了农药残留，检出率为 100.0%，检出农药共计 22 种。其中啶虫脒、唑虫酰胺、噻嗪酮、噻虫嗪和苯醚甲环唑检出频次较高，分别检出了 5、5、4、3 和 2 次。红茶中农药检出品种和频次见图 13-23，超标农药见图 13-24 和表 13-20。

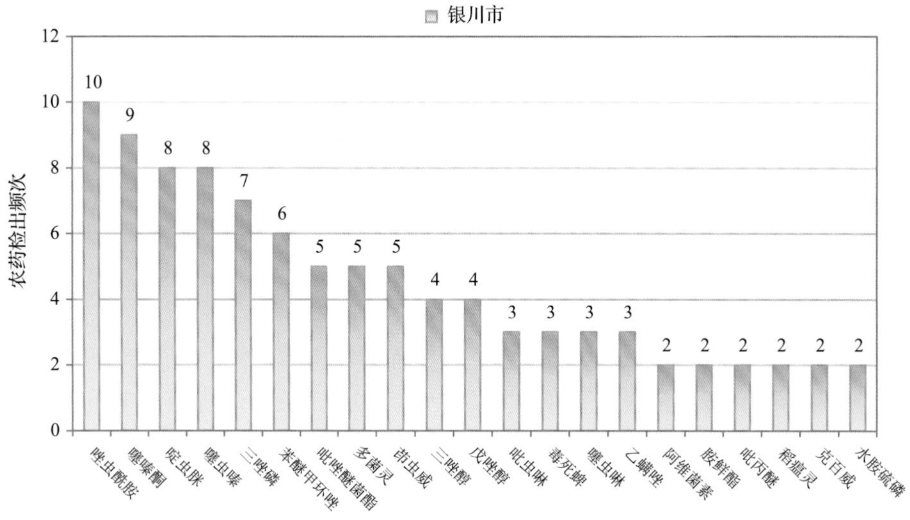

图 13-21　绿茶样品检出农药品种和频次分析（仅列出检出农药 2 频次及以上的数据）

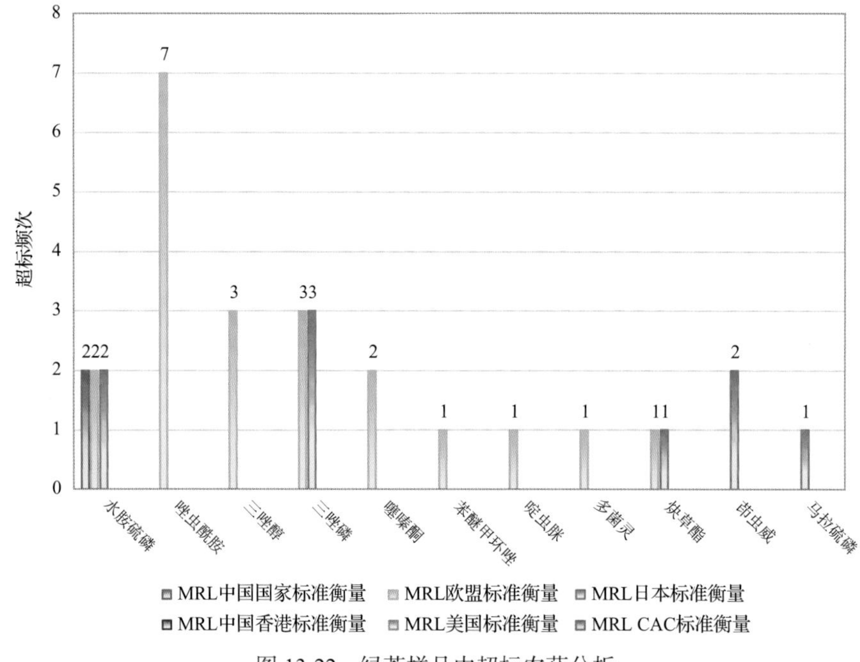

图 13-22　绿茶样品中超标农药分析

表 13-19　绿茶中农药残留超标情况明细表

样品总数			检出农药样品数	样品检出率（%）	检出农药品种总数
11			11	100	31
	超标农药品种	超标农药频次	按照 MRL 中国国家标准、欧盟标准和日本标准衡量超标农药名称及频次		
中国国家标准	1	2	水胺硫磷（2）		
欧盟标准	9	21	唑虫酰胺（7），三唑醇（3），三唑磷（3），噻嗪酮（2），水胺硫磷（2），苯醚甲环唑（1），啶虫脒（1），多菌灵（1），炔草酯（1）		
日本标准	5	9	三唑磷（3），水胺硫磷（2），茚虫威（2），马拉硫磷（1），炔草酯（1）		

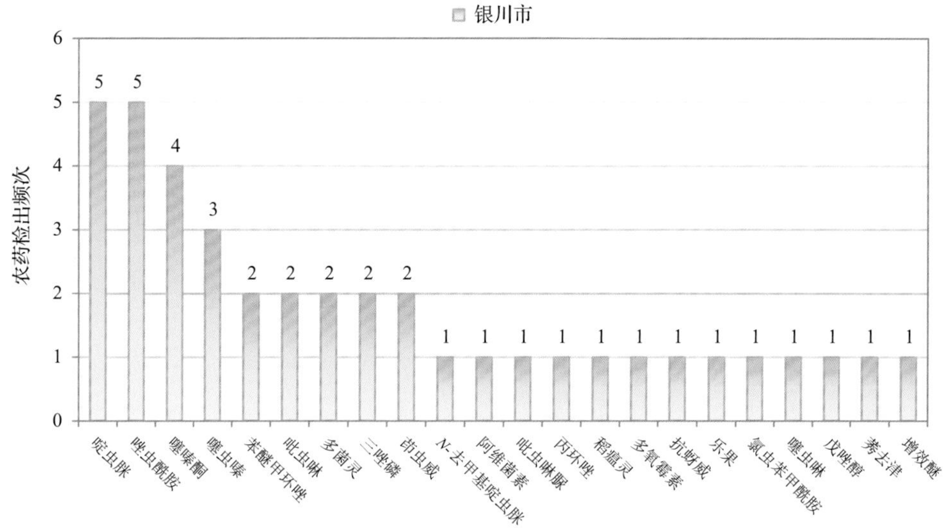

图 13-23　红茶样品检出农药品种和频次分析

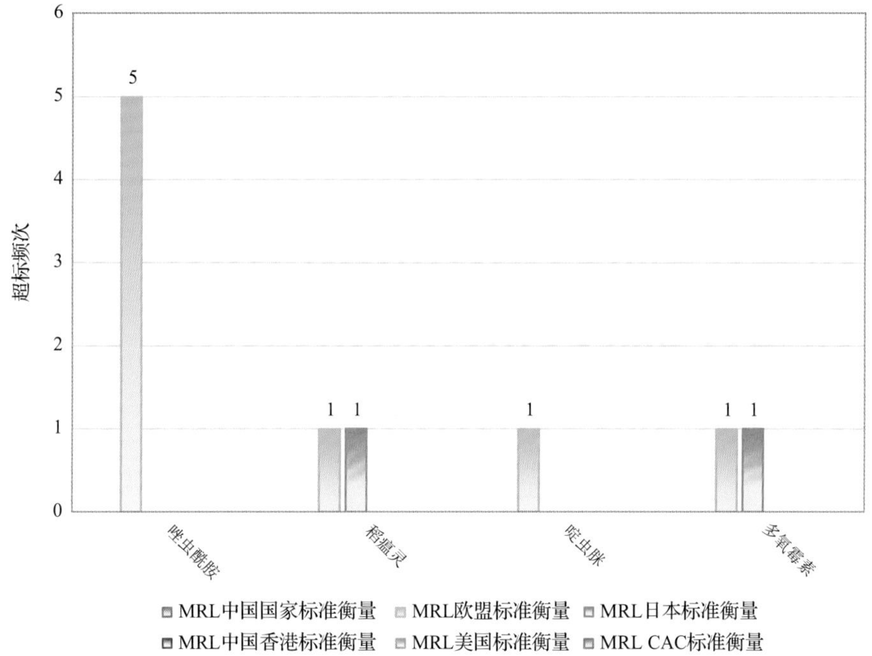

图 13-24　红茶样品中超标农药分析

表 13-20　红茶中农药残留超标情况明细表

样品总数			检出农药样品数	样品检出率(%)	检出农药品种总数
5			5	100	22
	超标农药品种	超标农药频次	按照 MRL 中国国家标准、欧盟标准和日本标准衡量超标农药名称及频次		
中国国家标准	0	0			
欧盟标准	4	8	唑虫酰胺(5)，稻瘟灵(1)，啶虫脒(1)，多氧霉素(1)		
日本标准	2	2	稻瘟灵(1)，多氧霉素(1)		

13.3.3.3 花茶

这次共检测 2 例花茶样品，全部检出了农药残留，检出率为 100.0%，检出农药共计 20 种。其中吡虫啉、吡唑醚菌酯、氯虫苯甲酰胺、噻虫嗪和噻嗪酮检出频次较高，分别检出了 2、2、2、2 和 2 次。花茶中农药检出品种和频次见图 13-25，超标农药见图 13-26 和表 13-21。

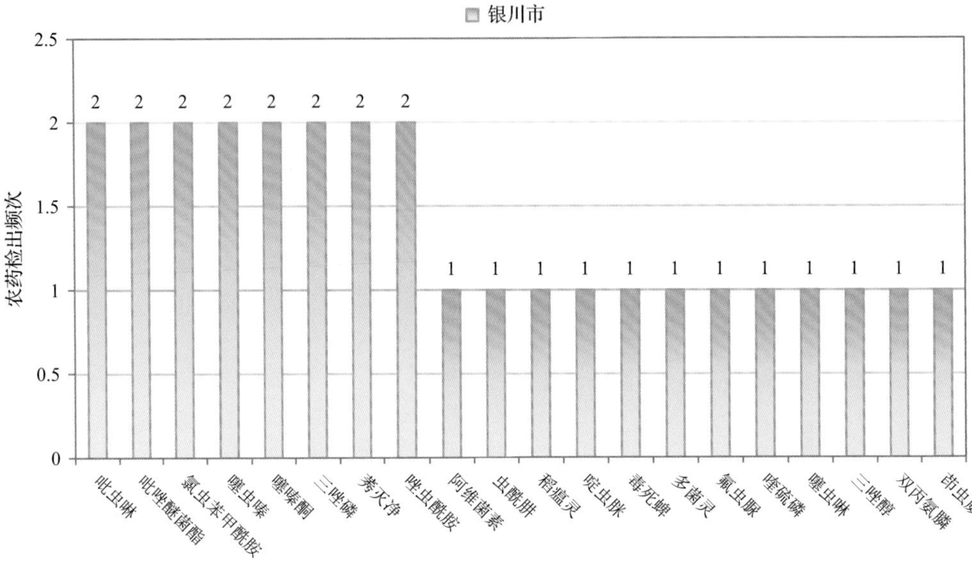

图 13-25 花茶样品检出农药品种和频次分析

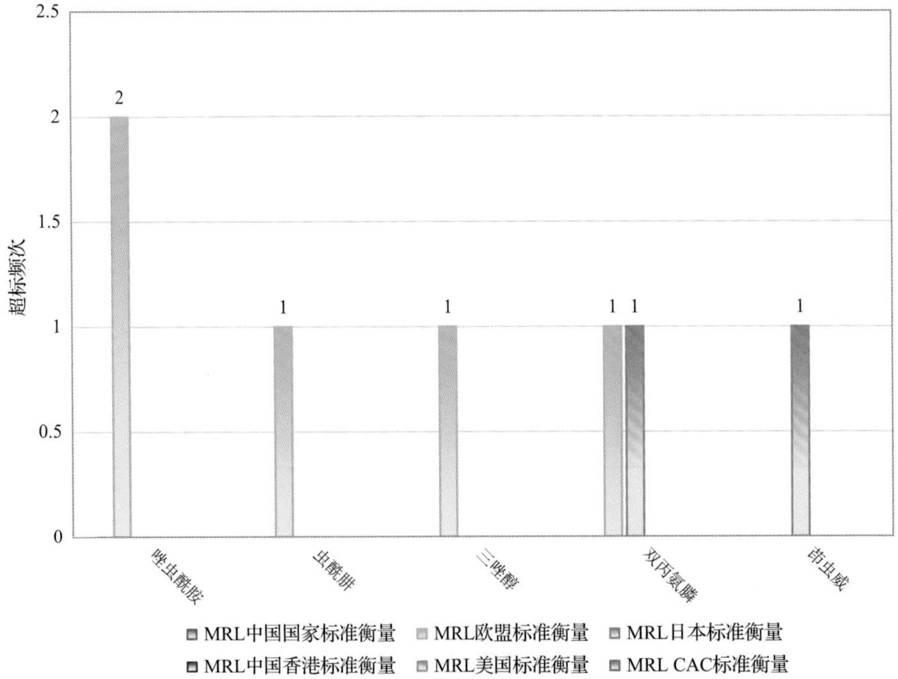

图 13-26 花茶样品中超标农药分析

表 13-21 花茶中农药残留超标情况明细表

样品总数			检出农药样品数	样品检出率(%)	检出农药品种总数
2			2	100	20
	超标农药品种	超标农药频次	按照 MRL 中国国家标准、欧盟标准和日本标准衡量超标农药名称及频次		
中国国家标准	0	0			
欧盟标准	4	5	唑虫酰胺(2)，虫酰肼(1)，三唑醇(1)，双丙氨膦(1)		
日本标准	2	2	双丙氨膦(1)，茚虫威(1)		

13.4 初步结论

13.4.1 银川市市售茶叶按 MRL 中国国家标准和国际主要 MRL 标准衡量的合格率

本次侦测的 30 例样品中，全部样品检出不同水平、不同种类的残留农药，占样品总量的 100.0%。在这 30 例检出农药残留的样品中：

按照 MRL 中国国家标准衡量，有 28 例样品检出残留农药但含量没有超标，占样品总数的 93.3%，有 2 例样品检出了超标农药，占样品总数的 6.7%。

按照 MRL 欧盟标准衡量，有 1 例样品检出残留农药但含量没有超标，占样品总数的 3.3%，有 29 例样品检出了超标农药，占样品总数的 96.7%。

按照 MRL 日本标准衡量，有 16 例样品检出残留农药但含量没有超标，占样品总数的 53.3%，有 14 例样品检出了超标农药，占样品总数的 46.7%。

按照 MRL 中国香港标准衡量，有 30 例样品检出残留农药但含量没有超标，占样品总数的 100.0%，无检出残留农药超标的样品。

按照 MRL 美国标准衡量，有 30 例样品检出残留农药但含量没有超标，占样品总数的 100.0%，无检出残留农药超标的样品。

按照 MRL CAC 标准衡量，有 30 例样品检出残留农药但含量没有超标，占样品总数的 100.0%，无检出残留农药超标的样品。

13.4.2 银川市市售茶叶中检出农药以中低微毒农药为主，占市场主体的 89.6%

这次侦测的 30 例茶叶样品共检出了 48 种农药，检出农药的毒性以中低微毒为主，详见表 13-22。

13.4.3 检出剧毒、高毒和禁用农药现象应该警醒

在此次侦测的 30 例样品中有 3 种茶叶的 14 例样品检出了 7 种 26 频次的剧毒和高毒或禁用农药，占样品总量的 46.7%。其中高毒农药三唑磷、阿维菌素和克百威检出频次较高。

表 13-22　市场主体农药毒性分布

毒性	检出品种	占比	检出频次	占比
高毒农药	5	10.4%	20	8.1%
中毒农药	24	50.0%	154	62.1%
低毒农药	11	22.9%	48	19.4%
微毒农药	8	16.7%	26	10.5%
中低微毒农药，品种占比 89.6%，频次占比 91.9%				

按 MRL 中国国家标准衡量，高毒农药按超标程度比较，绿茶中水胺硫磷超标 2.5 倍。

剧毒、高毒或禁用农药的检出情况及按照 MRL 中国国家标准衡量的超标情况见表 13-23。

表 13-23　剧毒、高毒或禁用农药的检出及超标明细

序号	农药名称	样品名称	检出频次	超标频次	最大超标倍数	超标率
1.1	阿维菌素◊	绿茶	2	0	0	0.0%
1.2	阿维菌素◊	红茶	1	0	0	0.0%
1.3	阿维菌素◊	花茶	1	0	0	0.0%
2.1	克百威◊▲	绿茶	2	0	0	0.0%
3.1	三唑磷◊▲	绿茶	7	0	0	0.0%
3.2	三唑磷◊▲	红茶	2	0	0	0.0%
3.3	三唑磷◊▲	花茶	2	0	0	0.0%
4.1	水胺硫磷◊▲	绿茶	2	2	2.5	100.0%
5.1	氧乐果◊▲	绿茶	1	0	0	0.0%
6.1	毒死蜱▲	绿茶	3	0	0	0.0%
6.2	毒死蜱▲	花茶	1	0	0	0.0%
7.1	乐果▲	红茶	1	0	0	0.0%
7.2	乐果▲	绿茶	1	0	0	0.0%
合计			26	2		7.7%

注：超标倍数参照 MRL 中国国家标准衡量

这些剧毒和高毒农药都是中国政府早有规定禁止在茶叶中使用的，为什么还屡次被检出，应该引起警惕。

13.4.4　残留限量标准与先进国家或地区标准差距较大

248 频次的检出结果与我国公布的《食品中农药最大残留限量》（GB 2763—2016）对比，有 108 频次能找到对应的 MRL 中国国家标准，占 43.5%；还有 140 频次的侦测数据无相关 MRL 标准供参考，占 56.5%。

与国际上现行 MRL 标准对比发现：

有 248 频次能找到对应的 MRL 欧盟标准，占 100.0%；

有 248 频次能找到对应的 MRL 日本标准，占 100.0%；

有 111 频次能找到对应的 MRL 中国香港标准，占 44.8%；

有 112 频次能找到对应的 MRL 美国标准，占 45.2%；

有 69 频次能找到对应的 MRL CAC 标准，占 27.8%。

由上可见，MRL 中国国家标准与先进国家或地区标准还有很大差距，我们无标准，境外有标准，这就会导致我们在国际贸易中，处于受制于人的被动地位。

13.4.5　茶叶单种样品检出 20~31 种农药残留，拷问农药使用的科学性

通过此次监测发现，绿茶、红茶和花茶是检出农药品种最多的 3 种茶叶，从中检出农药品种及频次详见表 13-24。

表 13-24　单种样品检出农药品种及频次

样品名称	样品总数	检出农药样品数	检出率	检出农药品种数	检出农药(频次)
绿茶	11	11	100.0%	31	唑虫酰胺(10)，噻嗪酮(9)，啶虫脒(8)，噻虫嗪(8)，三唑磷(7)，苯醚甲环唑(6)，吡唑醚菌酯(5)，多菌灵(5)，茚虫威(5)，三唑醇(4)，戊唑醇(4)，吡虫啉(3)，毒死蜱(3)，噻虫啉(3)，乙螨唑(3)，阿维菌素(2)，胺鲜酯(2)，吡丙醚(2)，稻瘟灵(2)，克百威(2)，水胺硫磷(2)，矮壮素(1)，丙环唑(1)，丙溴磷(1)，氟硅唑(1)，乐果(1)，氯虫苯甲酰胺(1)，马拉硫磷(1)，炔草酯(1)，三唑酮(1)，氧乐果(1)
红茶	5	5	100.0%	22	啶虫脒(5)，唑虫酰胺(5)，噻嗪酮(4)，噻虫嗪(3)，苯醚甲环唑(2)，吡虫啉(2)，多菌灵(2)，三唑磷(2)，茚虫威(2)，*N*-去甲基啶虫脒(1)，阿维菌素(1)，吡虫啉脲(1)，丙环唑(1)，稻瘟灵(1)，多氧霉素(1)，抗蚜威(1)，乐果(1)，氯虫苯甲酰胺(1)，噻虫啉(1)，戊唑醇(1)，莠去津(1)，增效醚(1)
花茶	2	2	100.0%	20	吡虫啉(2)，吡唑醚菌酯(2)，氯虫苯甲酰胺(2)，噻虫嗪(2)，噻嗪酮(2)，三唑磷(2)，莠灭净(2)，唑虫酰胺(2)，阿维菌素(1)，虫酰肼(1)，稻瘟灵(1)，啶虫脒(1)，毒死蜱(1)，多菌灵(1)，氟虫脲(1)，喹硫磷(1)，噻虫啉(1)，三唑醇(1)，双丙氨膦(1)，茚虫威(1)

上述 3 种茶叶，检出农药 20～31 种，是多种农药综合防治，还是未严格实施农业良好管理规范(GAP)，抑或根本就是乱施药，值得我们思考。

第 14 章　LC-Q-TOF/MS 侦测银川市市售茶叶农药残留膳食暴露风险与预警风险评估

14.1　农药残留风险评估方法

14.1.1　银川市农药残留侦测数据分析与统计

庞国芳院士科研团队建立的农药残留高通量侦测技术以高分辨精确质量数（0.0001 *m/z* 为基准）为识别标准，采用 LC-Q-TOF/MS 技术对 825 种农药化学污染物进行侦测。

科研团队于 2019 年 1 月期间在银川市 4 个采样点，随机采集 30 例茶叶样品，具体位置如图 14-1 所示。

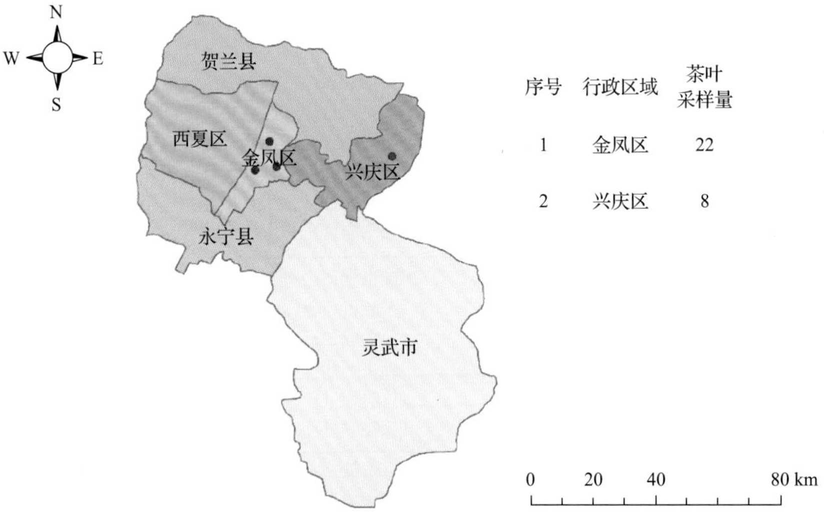

图 14-1　LC-Q-TOF/MS 侦测银川市 4 个采样点 30 例样品分布示意图

利用 LC-Q-TOF/MS 技术对 30 例样品中的农药进行侦测，侦测出残留农药 48 种，248 频次。侦测出农药残留水平如表 14-1 和图 14-2 所示。检出频次最高的前 10 种农药

表 14-1　侦测出农药的不同残留水平及其所占比例列表

残留水平（μg/kg）	检出频次	占比（%）
1～5（含）	87	35.1
5～10（含）	40	16.1
10～100（含）	88	35.5
100～1000（含）	26	10.5
>1000	7	2.8
合计	248	100

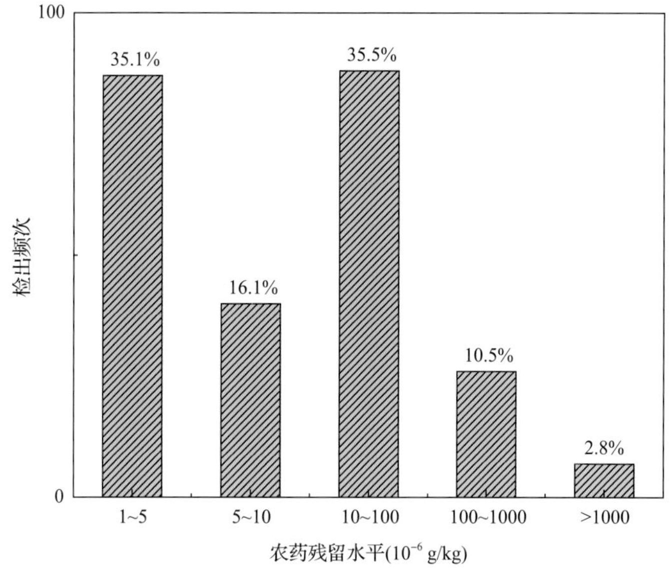

图 14-2　残留农药检出浓度频数分布图

如表 14-2 所示。从检测结果中可以看出，在茶叶中农药残留普遍存在，且有些茶叶存在高浓度的农药残留，这些可能存在膳食暴露风险，对人体健康产生危害，因此，为了定量地评价茶叶中农药残留的风险程度，有必要对其进行风险评价。

表 14-2　检出频次最高的前 10 种农药列表

序号	农药	检出频次
1	唑虫酰胺	29
2	噻嗪酮	21
3	啶虫脒	20
4	噻虫嗪	17
5	苯醚甲环唑	15
6	吡虫啉	13
7	吡唑醚菌酯	12
8	三唑磷	11
9	茚虫威	9
10	多菌灵	8

14.1.2　农药残留风险评价模型

对银川市茶叶中农药残留分别开展暴露风险评估和预警风险评估。膳食暴露风险评估利用食品安全指数模型对茶叶中的残留农药对人体可能产生的危害程度进行评价，该模型结合残留监测和膳食暴露评估评价化学污染物的危害；预警风险评价模型运用风险系数(risk index，*R*)，风险系数综合考虑了危害物的超标率、施检频率及其本身敏感性的影响，能直观而全面地反映出危害物在一段时间内的风险程度。

14.1.2.1　食品安全指数模型

为了加强食品安全管理，《中华人民共和国食品安全法》第二章第十七条规定“国家建立食品安全风险评估制度，运用科学方法，根据食品安全风险监测信息、科学数据以及有关信息，对食品、食品添加剂、食品相关产品中生物性、化学性和物理性危害因素进行风险评估”[1]，膳食暴露评估是食品危险度评估的重要组成部分，也是膳食安全性的衡量标准[2]。国际上最早研究膳食暴露风险评估的机构主要是 JMPR（FAO、WHO 农药残留联合会议），该组织自 1995 年就已制定了急性毒性物质的风险评估急性毒性农药残留摄入量的预测。1960 年美国规定食品中不得加入致癌物质进而提出零阈值理论，渐渐零阈值理论发展成在一定概率条件下可接受风险的概念[3]，后衍变为食品中每日允许最大摄入量（ADI），而国际食品农药残留法典委员会（CCPR）认为 ADI 不是独立风险评估的唯一标准[4]，1995 年 JMPR 开始研究农药急性膳食暴露风险评估，并对食品国际短期摄入量的计算方法进行了修正，亦对膳食暴露评估准则及评估方法进行了修正[5]，2002 年，在对世界上现行的食品安全评价方法，尤其是国际公认的 CAC 评价方法、全球环境监测系统/食品污染监测和评估规划（WHO GEMS/Food）及 FAO、WHO 食品添加剂联合专家委员会（JECFA）和 JMPR 对食品安全风险评估工作研究的基础之上，检验检疫食品安全管理的研究人员提出了结合残留监控和膳食暴露评估，以食品安全指数 IFS 计算食品中各种化学污染物对消费者的健康危害程度[6]。IFS 是表示食品安全状态的新方法，可有效地评价某种农药的安全性，进而评价食品中各种农药化学污染物对消费者健康的整体危害程度[7,8]。从理论上分析，IFS_c 可指出食品中的污染物 c 对消费者健康是否存在危害及危害的程度[9]。其优点在于操作简单且结果容易被接受和理解，不需要大量的数据来对结果进行验证，使用默认的标准假设或者模型即可[10,11]。

1）IFS_c 的计算

IFS_c 计算公式如下：

$$IFS_c=\frac{EDI_c \times f}{SI_c \times bw} \tag{14-1}$$

式中，c 为所研究的农药；EDI_c 为农药 c 的实际日摄入量估算值，等于 $\sum(R_i \times F_i \times E_i \times P_i)$（$i$ 为食品种类；R_i 为食品 i 中农药 c 的残留水平，mg/kg；F_i 为食品 i 的估计日消费量，g/（人·天）；E_i 为食品 i 的可食用部分因子；P_i 为食品 i 的加工处理因子）；SI_c 为安全摄入量，可采用每日允许最大摄入量 ADI；bw 为人平均体重，kg；f 为校正因子，如果安全摄入量采用 ADI，则 f 取 1。

$IFS_c \ll 1$，农药 c 对食品安全没有影响；$IFS_c \leqslant 1$，农药 c 对食品安全的影响可以接受；$IFS_c > 1$，农药 c 对食品安全的影响不可接受。

本次评价中：

$IFS_c \leqslant 0.1$，农药 c 对茶叶安全没有影响；

$0.1<IFS_c\leq 1$，农药 c 对茶叶安全的影响可以接受；

$IFS_c>1$，农药 c 对茶叶安全的影响不可接受。

本次评价中残留水平 R_i 取值为中国检验检疫科学研究院庞国芳院士课题组利用以高分辨精确质量数(0.0001 *m/z*)为基准的 LC-Q-TOF/MS 侦测技术于 2019 年 1 月期间对银川市茶叶农药残留的侦测结果，估计日消费量 F_i 取值 0.0047 kg/(人·天)，E_i=1，P_i=1，*f*=1，SI_c 采用《食品安全国家标准 食品中农药最大残留限量》(GB 2763—2016)中 ADI 值(具体数值见表 14-3)，人平均体重(bw)取值 60 kg。

表 14-3 银川市茶叶中侦测出农药的 ADI 值

序号	农药	ADI	序号	农药	ADI	序号	农药	ADI
1	唑虫酰胺	0.006	17	噻虫啉	0.01	33	胺鲜酯	0.023
2	炔草酯	0.0003	18	氧乐果	0.0003	34	乙螨唑	0.05
3	三唑磷	0.001	19	乐果	0.002	35	抗蚜威	0.02
4	水胺硫磷	0.003	20	噻虫嗪	0.08	36	氟环唑	0.02
5	噻嗪酮	0.009	21	戊唑醇	0.03	37	马拉硫磷	0.3
6	毒死蜱	0.01	22	氟虫脲	0.04	38	增效醚	0.2
7	苯醚甲环唑	0.01	23	吡虫啉	0.06	39	莠灭净	0.072
8	阿维菌素	0.002	24	稻瘟灵	0.016	40	嘧菌酯	0.2
9	喹硫磷	0.0005	25	丙环唑	0.07	41	氯虫苯甲酰胺	2
10	三唑醇	0.03	26	唑螨酯	0.01	42	*N*-去甲基啶虫脒	—
11	多菌灵	0.03	27	丙溴磷	0.03	43	三异丁基磷酸盐	—
12	茚虫威	0.01	28	莠去津	0.02	44	去乙基阿特拉津	—
13	虫酰肼	0.02	29	矮壮素	0.05	45	双丙氨膦	—
14	克百威	0.001	30	三唑酮	0.03	46	双苯基脲	—
15	啶虫脒	0.07	31	吡丙醚	0.1	47	吡虫啉脲	—
16	吡唑醚菌酯	0.03	32	氟硅唑	0.007	48	多氧霉素	—

注：“—”表示为国家标准中无 ADI 值规定；ADI 值单位为 mg/kg bw

2) 计算 IFS_c 的平均值 $\overline{IFS}$，评价农药对食品安全的影响程度

以 $\overline{IFS}$ 评价各种农药对人体健康危害的总程度，评价模型见公式(14-2)。

$$\overline{IFS}=\frac{\sum_{i=1}^{n}IFS_c}{n} \tag{14-2}$$

$\overline{IFS}\ll 1$，所研究消费者人群的食品安全状态很好；$\overline{IFS}\leq 1$，所研究消费者人群的食品安全状态可以接受；$\overline{IFS}>1$，所研究消费者人群的食品安全状态不可接受。

本次评价中：

$\overline{\text{IFS}} \leqslant 0.1$，所研究消费者人群的茶叶安全状态很好；

$0.1 < \overline{\text{IFS}} \leqslant 1$，所研究消费者人群的茶叶安全状态可以接受；

$\overline{\text{IFS}} > 1$，所研究消费者人群的茶叶安全状态不可接受。

14.1.2.2 预警风险评估模型

2003 年，我国检验检疫食品安全管理的研究人员根据 WTO 的有关原则和我国的具体规定，结合危害物本身的敏感性、风险程度及其相应的施检频率，首次提出了食品中危害物风险系数 R 的概念[12]。R 是衡量一个危害物的风险程度大小最直观的参数，即在一定时期内其超标率或阳性检出率的高低，但受其施检频率的高低及其本身的敏感性（受关注程度）影响。该模型综合考察了农药在茶叶中的超标率、施检频率及其本身敏感性，能直观而全面地反映出农药在一段时间内的风险程度[13]。

1）R 计算方法

危害物的风险系数综合考虑了危害物的超标率或阳性检出率、施检频率和其本身的敏感性影响，并能直观而全面地反映出危害物在一段时间内的风险程度。风险系数 R 的计算公式如式（14-3）：

$$R = aP + \frac{b}{F} + S \tag{14-3}$$

式中，P 为该种危害物的超标率；F 为危害物的施检频率；S 为危害物的敏感因子；a, b 分别为相应的权重系数。

本次评价中 $F=1$；$S=1$；$a=100$；$b=0.1$，对参数 P 进行计算，计算时首先判断是否为禁用农药，如果为非禁用农药，P=超标的样品数（侦测出的含量高于食品最大残留限量标准值，即 MRL）除以总样品数（包括超标、不超标、未侦测出）；如果为禁用农药，则侦测出即为超标，P=能侦测出的样品数除以总样品数。判断银川市茶叶农药残留是否超标的标准限值 MRL 分别以 MRL 中国国家标准[14]和 MRL 欧盟标准作为对照，具体值列于本报告附表一中。

2）评价风险程度

$R \leqslant 1.5$，受检农药处于低度风险；

$1.5 < R \leqslant 2.5$，受检农药处于中度风险；

$R > 2.5$，受检农药处于高度风险。

14.1.2.3 食品膳食暴露风险和预警风险评估应用程序的开发

1）应用程序开发的步骤

为成功开发膳食暴露风险和预警风险评估应用程序，与软件工程师多次沟通讨论，逐步提出并描述清楚计算需求，开发了初步应用程序。为明确出不同茶叶、不同农药、不同地域的风险水平，向软件工程师提出不同的计算需求，软件工程师对计算需求进行逐一地分析，经过反复的细节沟通，需求分析得到明确后，开始进行解决方案的设计，在保证需求的完整性、一致性的前提下，编写出程序代码，最后设计出满足需求的风险评估专用计算软件，并通过一系列的软件测试和改进，完成专用程序的开发。软件开发基本步骤见图 14-3。

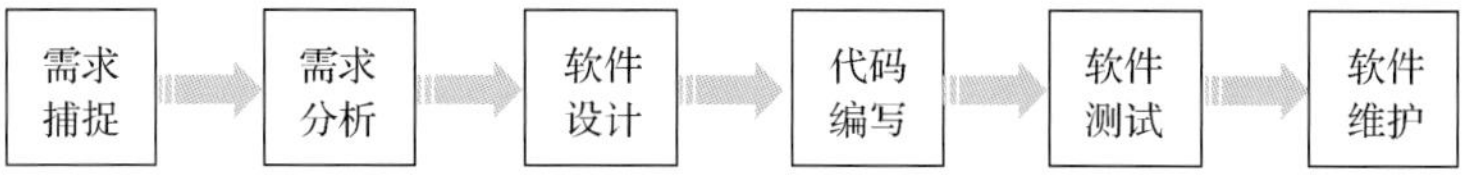

图 14-3　专用程序开发总体步骤

2）膳食暴露风险评估专业程序开发的基本要求

首先直接利用公式（14-1），分别计算 LC-Q-TOF/MS 和 GC-Q-TOF/MS 仪器侦测出的各茶叶样品中每种农药 IFS_c，将结果列出。为考察超标农药和禁用农药的使用安全性，分别以我国《食品安全国家标准　食品中农药最大残留限量》（GB 2763—2016）和欧盟食品中农药最大残留限量（以下简称 MRL 中国国家标准和 MRL 欧盟标准）为标准，对侦测出的禁用农药和超标的非禁用农药 IFS_c 单独进行评价；按 IFS_c 大小列表，并找出 IFS_c 值排名前 20 的样本重点关注。

对不同茶叶 i 中每一种侦测出的农药 c 的安全指数进行计算，多个样品时求平均值。按农药种类，计算整个监测时间段内每种农药的 IFS_c，不区分茶叶种类。

3）预警风险评估专业程序开发的基本要求

分别以 MRL 中国国家标准和 MRL 欧盟标准，按公式（14-3）逐个计算不同茶叶、不同农药的风险系数，禁用农药和非禁用农药分别列表。

为清楚了解各种农药的预警风险，不分时间，不分茶叶，按禁用农药和非禁用农药分类，分别计算各种侦测出农药全部检测时段内风险系数。由于有 MRL 中国国家标准的农药种类太少，无法计算超标数，非禁用农药的风险系数只以 MRL 欧盟标准为标准，进行计算。

4）风险程度评价专业应用程序的开发方法

采用 Python 计算机程序设计语言，Python 是一个高层次地结合了解释性、编译性、互动性和面向对象的脚本语言。风险评价专用程序主要功能包括：分别读入每例样品 LC-Q-TOF/MS 和 GC-Q-TOF/MS 农药残留检测数据，根据风险评价工作要求，依次对不同农药、不同食品、不同时间、不同采样点的 IFS_c 值和 R 值分别进行数据计算，筛选出禁用农药、超标农药（分别与 MRL 中国国家标准、MRL 欧盟标准限值进行对比）单独重点分析，再分别对各农药、各茶叶种类分类处理，设计出计算和排序程序，编写计算机代码，最后将生成的膳食暴露风险评估和超标风险评估定量计算结果列入设计好的各个表格中，并定性判断风险对目标的影响程度，直接用文字描述风险发生的高低，如“不可接受”、“可以接受”、“没有影响”、“高度风险”、“中度风险”、“低度风险”。

14.2 LC-Q-TOF/MS 侦测银川市市售茶叶农药残留膳食暴露风险评估

14.2.1 每例茶叶样品中农药残留安全指数分析

基于 2019 年 1 月的农药残留侦测数据，发现在 30 例样品中侦测出农药 248 频次，计算样品中每种残留农药的安全指数 IFS_c，并分析农药对样品安全的影响程度，结果详见附表二，农药残留对茶叶样品安全的影响程度频次分布情况如图 14-4 所示。

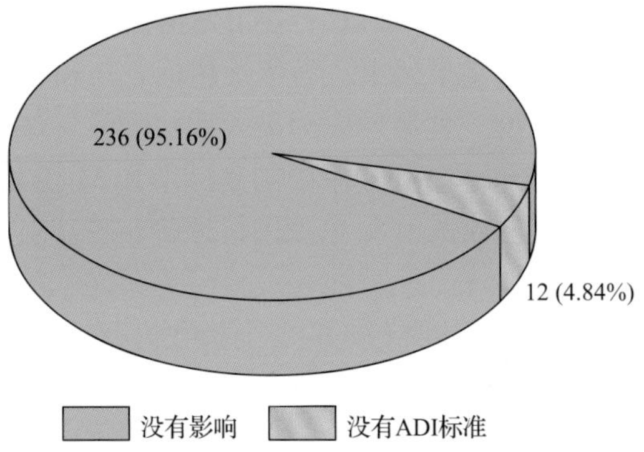

图 14-4 农药残留对茶叶样品安全的影响程度频次分布图

由图 14-4 可以看出，农药残留对样品安全的没有影响的频次为 236，占 95.16%。

部分样品侦测出禁用农药 6 种 22 频次，为了明确残留的禁用农药对样品安全的影响，分析侦测出禁用农药残留的样品安全指数，禁用农药残留对茶叶样品安全的影响程度频次分布情况如图 14-5 所示，农药残留对样品安全没有影响的频次为 22，占 100%。

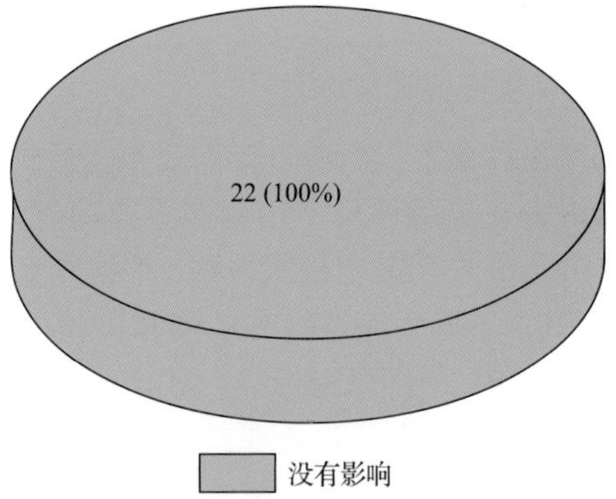

图 14-5 禁用农药对茶叶样品安全影响程度的频次分布图

此外，本次侦测发现部分样品中非禁用农药残留量超过了 MRL 欧盟标准，为了明确超标的非禁用农药对样品安全的影响，分析了非禁用农药残留超标的样品安全指数。

残留量超过 MRL 欧盟标准的非禁用农药对茶叶样品安全的影响程度频次分布情况如图 14-6 所示。可以看出超过 MRL 欧盟标准的非禁用农药共 49 频次，其中农药没有

ADI 标准的频次为 7，占 14.29%；农药残留对样品安全没有影响的频次为 42，占 85.71%。表 14-4 为茶叶样品中安全指数排名前 10 的残留超标非禁用农药列表。

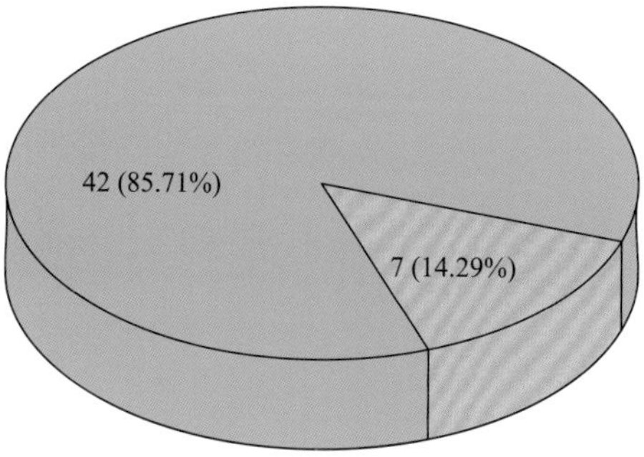

图 14-6　残留超标的非禁用农药对茶叶样品安全的影响程度频次分布图(MRL 欧盟标准)

表 14-4　茶叶样品中安全指数排名前 10 的残留超标非禁用农药列表(MRL 欧盟标准)

序号	样品编号	采样点	基质	农药	含量(mg/kg)	欧盟标准	IFS_c	影响程度
1	20190103-640100-USI-GT-04A	***超市(悦海新天地店)	绿茶	炔草酯	0.2577	0.1	6.73×10^{-2}	没有影响
2	20190103-640100-USI-OT-01A	***超市(正源北街店)	乌龙茶	唑虫酰胺	3.5885	0.01	4.68×10^{-2}	没有影响
3	20190103-640100-USI-OT-02D	***超市(宝湖东路店)	乌龙茶	唑虫酰胺	3.491	0.01	4.56×10^{-2}	没有影响
4	20190103-640100-USI-OT-03A	***超市(森林公园店)	乌龙茶	唑虫酰胺	2.727	0.01	3.56×10^{-2}	没有影响
5	20190103-640100-USI-GT-03C	***超市(森林公园店)	绿茶	唑虫酰胺	2.621	0.01	3.42×10^{-2}	没有影响
6	20190103-640100-USI-FT-03A	***超市(森林公园店)	花茶	唑虫酰胺	1.4783	0.01	1.93×10^{-2}	没有影响
7	20190103-640100-USI-BT-04A	***超市(悦海新天地店)	红茶	唑虫酰胺	1.1335	0.01	1.48×10^{-2}	没有影响
8	20190103-640100-USI-BT-01A	***超市(正源北街店)	红茶	唑虫酰胺	1.0926	0.01	1.43×10^{-2}	没有影响
9	20190103-640100-USI-GT-04C	***超市(悦海新天地店)	绿茶	唑虫酰胺	0.922	0.01	1.20×10^{-2}	没有影响
10	20190103-640100-USI-OT-01B	***超市(正源北街店)	乌龙茶	唑虫酰胺	0.8981	0.01	1.17×10^{-2}	没有影响

14.2.2　单种茶叶中农药残留安全指数分析

本次 5 种茶叶侦测 48 种农药，检出频次为 248 次，其中 7 种农药没有 ADI 标准，41 种农药存在 ADI 标准。5 种茶叶按不同种类分别计算侦测出的具有 ADI 标准的各种农药的 IFS_c 值，农药残留对茶叶的安全指数分布图如图 14-7 所示。

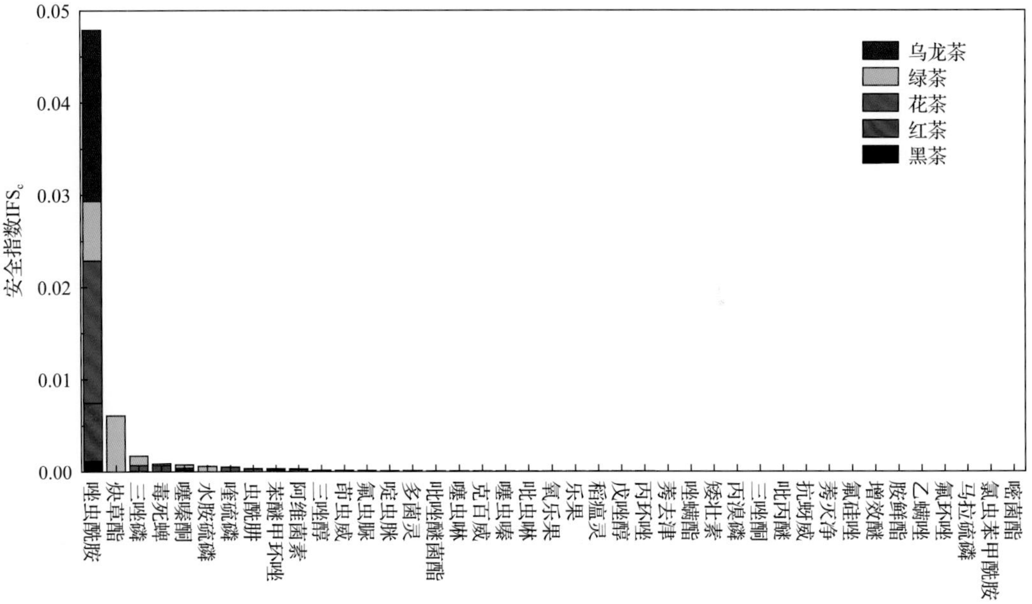

图 14-7　5 种茶叶中 41 种残留农药的安全指数分布图

本次侦测中，5 种茶叶和 48 种残留农药（包括没有 ADI 标准）共涉及 105 个分析样本，农药对单种茶叶安全的影响程度分布情况如图 14-8 所示。可以看出，92.38%的样本中农药对茶叶安全没有影响。

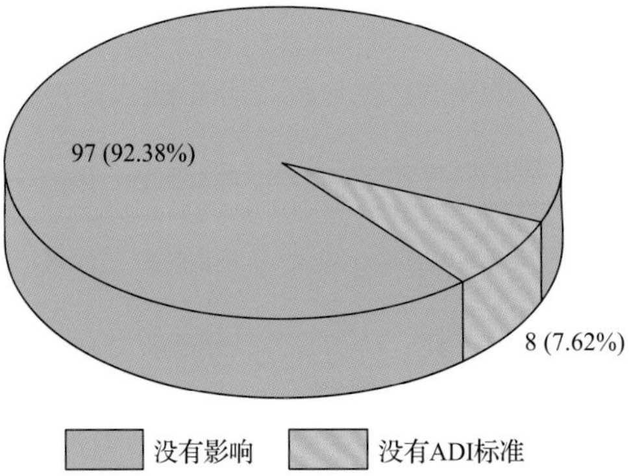

图 14-8　105 个分析样本的影响程度频次分布图

14.2.3　所有茶叶中农药残留安全指数分析

计算所有茶叶中 41 种农药的 IFS_c 值，结果如图 14-9 及表 14-5 所示。

分析发现，所有农药对茶叶安全的影响程度均为没有影响，说明茶叶中残留的农药不会对茶叶安全造成影响。

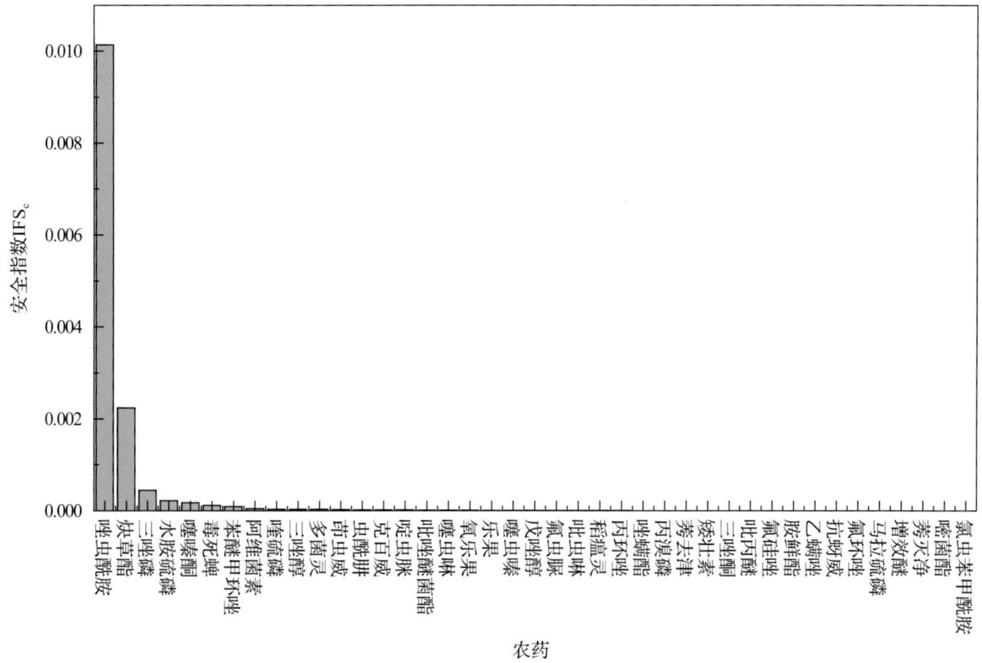

图 14-9　41 种残留农药对茶叶的安全影响程度统计图

表 14-5　茶叶中 41 种农药残留的安全指数表

序号	农药	检出频次	检出率(%)	IFS_c	影响程度	序号	农药	检出频次	检出率(%)	IFS_c	影响程度
1	唑虫酰胺	29	96.67	1.01×10^{-2}	没有影响	22	氟虫脲	1	3.33	6.67×10^{-6}	没有影响
2	炔草酯	1	3.33	2.24×10^{-3}	没有影响	23	吡虫啉	13	43.33	4.70×10^{-6}	没有影响
3	三唑磷	11	36.67	4.44×10^{-4}	没有影响	24	稻瘟灵	4	13.33	3.98×10^{-6}	没有影响
4	水胺硫磷	2	6.67	2.15×10^{-4}	没有影响	25	丙环唑	6	20.00	3.45×10^{-6}	没有影响
5	噻嗪酮	21	70.00	1.74×10^{-4}	没有影响	26	唑螨酯	2	6.67	2.17×10^{-6}	没有影响
6	毒死蜱	4	13.33	1.18×10^{-4}	没有影响	27	丙溴磷	1	3.33	1.98×10^{-6}	没有影响
7	苯醚甲环唑	15	50.00	9.18×10^{-5}	没有影响	28	莠去津	1	3.33	1.38×10^{-6}	没有影响
8	阿维菌素	4	13.33	4.31×10^{-5}	没有影响	29	矮壮素	4	13.33	1.21×10^{-6}	没有影响
9	喹硫磷	1	3.33	3.34×10^{-5}	没有影响	30	三唑酮	1	3.33	1.15×10^{-6}	没有影响
10	三唑醇	6	20.00	3.27×10^{-5}	没有影响	31	吡丙醚	3	10.00	6.74×10^{-7}	没有影响
11	多菌灵	8	26.67	2.90×10^{-5}	没有影响	32	氟硅唑	1	3.33	4.10×10^{-7}	没有影响
12	茚虫威	9	30.00	2.60×10^{-5}	没有影响	33	胺鲜酯	2	6.67	3.18×10^{-7}	没有影响
13	虫酰肼	1	3.33	2.20×10^{-5}	没有影响	34	乙螨唑	3	10.00	2.82×10^{-7}	没有影响
14	克百威	2	6.67	1.70×10^{-5}	没有影响	35	抗蚜威	1	3.33	2.48×10^{-7}	没有影响
15	啶虫脒	20	66.67	1.61×10^{-5}	没有影响	36	氟环唑	1	3.33	2.09×10^{-7}	没有影响
16	吡唑醚菌酯	12	40.00	1.49×10^{-5}	没有影响	37	马拉硫磷	1	3.33	1.71×10^{-7}	没有影响
17	噻虫啉	7	23.33	1.39×10^{-5}	没有影响	38	增效醚	4	13.33	1.07×10^{-7}	没有影响
18	氧乐果	1	3.33	1.04×10^{-5}	没有影响	39	莠灭净	2	6.67	8.34×10^{-8}	没有影响
19	乐果	2	6.67	7.83×10^{-6}	没有影响	40	嘧菌酯	2	6.67	3.26×10^{-8}	没有影响
20	噻虫嗪	17	56.67	7.10×10^{-6}	没有影响	41	氯虫苯甲酰胺	4	13.33	2.57×10^{-8}	没有影响
21	戊唑醇	6	20.00	6.88×10^{-6}	没有影响						

14.3　LC-Q-TOF/MS 侦测银川市市售茶叶农药残留预警风险评估

基于银川市茶叶样品中农药残留 LC-Q-TOF/MS 侦测数据，分析禁用农药的检出率，同时参照中华人民共和国国家标准 GB 2763—2016 和欧盟农药最大残留限量（MRL）标准分析非禁用农药残留的超标率，并计算农药残留风险系数。分析单种茶叶中农药残留以及所有茶叶中农药残留的风险程度。

14.3.1　单种茶叶中农药残留风险系数分析

14.3.1.1　单种茶叶中禁用农药残留风险系数分析

侦测出的 48 种残留农药中有 6 种为禁用农药，且它们分布在 3 种茶叶中，计算 3 种茶叶中禁用农药的检出率，根据检出率计算风险系数 R，进而分析茶叶中禁用农药的风险程度，结果如图 14-10 与表 14-6 所示。分析发现 6 种禁用农药在 3 种茶叶中的残留处均于高度风险。

14.3.1.2　基于 MRL 中国国家标准的单种茶叶中非禁用农药残留风险系数分析

参照中华人民共和国国家标准 GB 2763—2016 中农药残留限量计算每种茶叶中每种非禁用农药的超标率，进而计算其风险系数，根据风险系数大小判断残留农药的预警风险程度，茶叶中非禁用农药残留风险程度分布情况如图 14-10 所示。

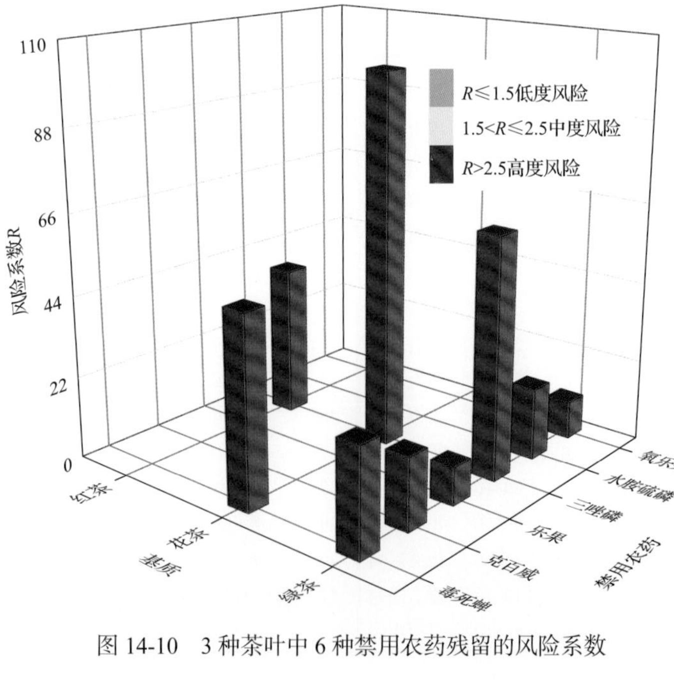

图 14-10　3 种茶叶中 6 种禁用农药残留的风险系数

表 14-6　3 种茶叶中 6 种禁用农药残留的风险系数表

序号	基质	农药	检出频次	检出率(%)	风险系数 R	风险程度
1	花茶	三唑磷	2	100.00	101.10	高度风险
2	绿茶	三唑磷	7	63.64	64.74	高度风险
3	花茶	毒死蜱	1	50.00	51.10	高度风险
4	红茶	三唑磷	2	40.00	41.10	高度风险
5	绿茶	毒死蜱	3	27.27	28.37	高度风险
6	红茶	乐果	1	20.00	21.10	高度风险
7	绿茶	克百威	2	18.18	19.28	高度风险
8	绿茶	水胺硫磷	2	18.18	19.28	高度风险
9	绿茶	乐果	1	9.09	10.19	高度风险
10	绿茶	氧乐果	1	9.09	10.19	高度风险

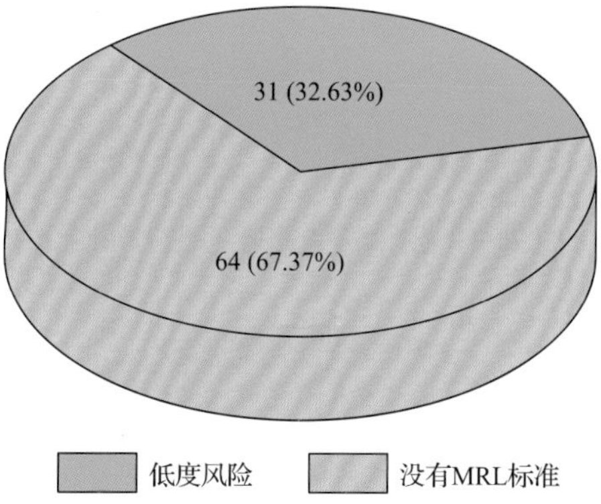

图 14-11　茶叶中非禁用农药残留的风险程度分布图(MRL 中国国家标准)

本次分析中，发现在 5 种茶叶检出 42 种残留非禁用农药，涉及样本 95 个，在 95 个样本中，32.63%处于低度风险，此外发现有 64 个样本没有 MRL 中国国家标准值，无法判断其风险程度，有 MRL 中国国家标准值的 31 个样本涉及 5 种茶叶中的 7 种非禁用农药，其风险系数 R 值如图 14-12 所示。

14.3.1.3　基于 MRL 欧盟标准的单种茶叶中非禁用农药残留风险系数分析

参照 MRL 欧盟标准计算每种茶叶中每种非禁用农药的超标率，进而计算其风险系数，根据风险系数大小判断农药残留的预警风险程度，茶叶中非禁用农药残留风险程度分布情况如图 14-13 所示。

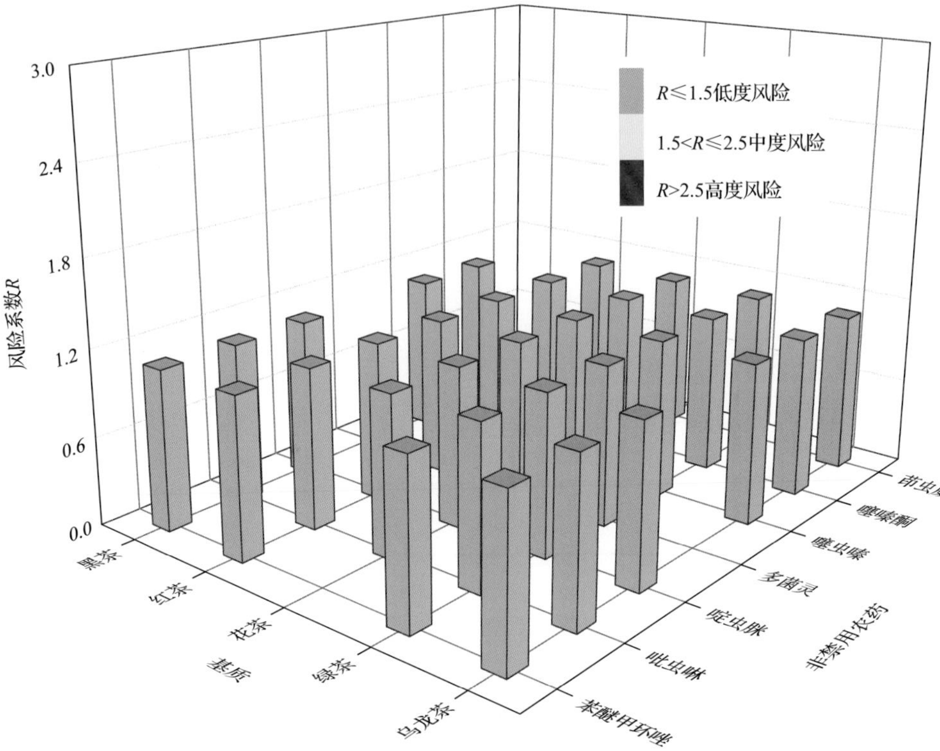

图 14-12　5 种茶叶中 7 种非禁用农药的风险系数分布图（MRL 中国国家标准）

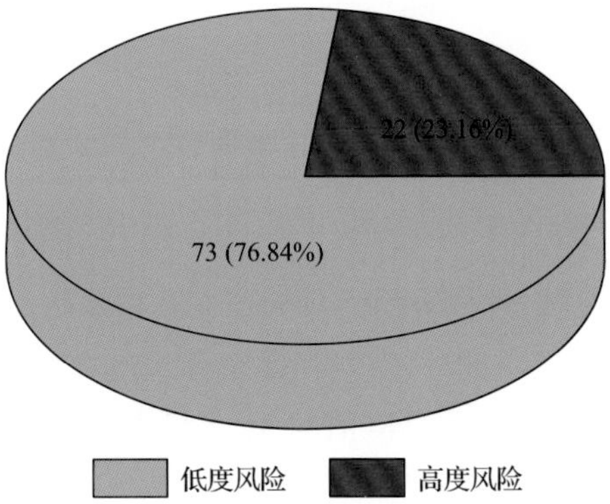

图 14-13　茶叶中非禁用农药残留的风险程度的分布图（MRL 欧盟标准）

本次分析中，发现在 5 种茶叶中共侦测出 42 种非禁用农药，涉及样本 95 个，其中，23.16%处于高度风险，涉及 5 种茶叶和 13 种农药；76.84%处于低度风险，涉及 5 种茶叶和 35 种农药。单种茶叶中的非禁用农药风险系数分布图如图 14-14 所示。单种茶叶中处于高度风险的非禁用农药风险系数如图 14-15 和表 14-7 所示。

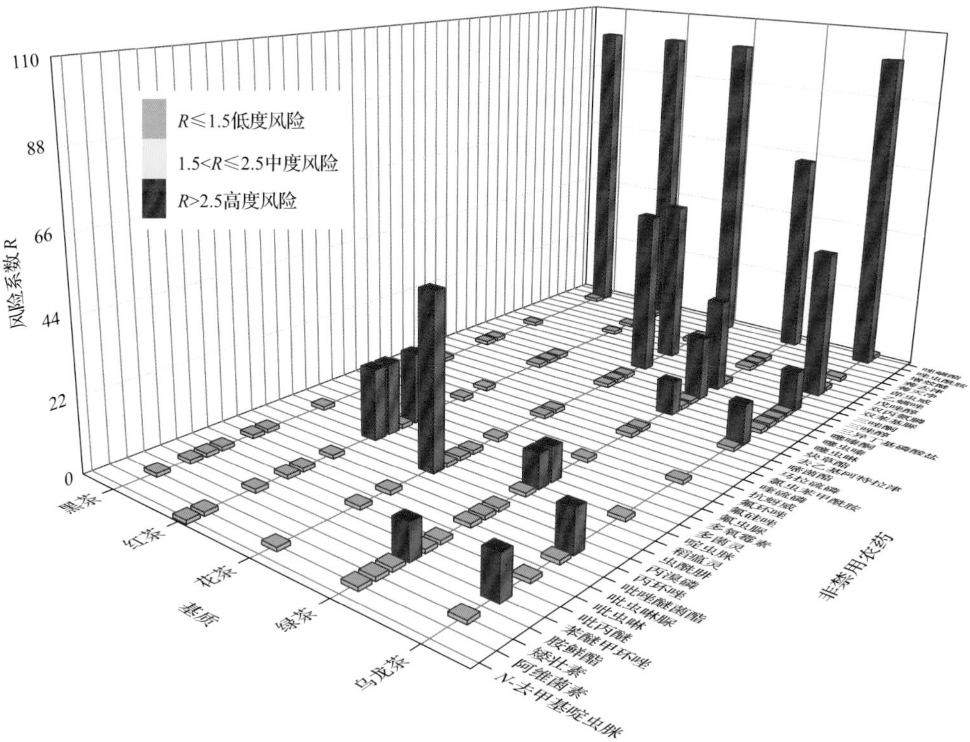

图 14-14 5 种茶叶中 42 种非禁用农药残留的风险系数(MRL 欧盟标准)

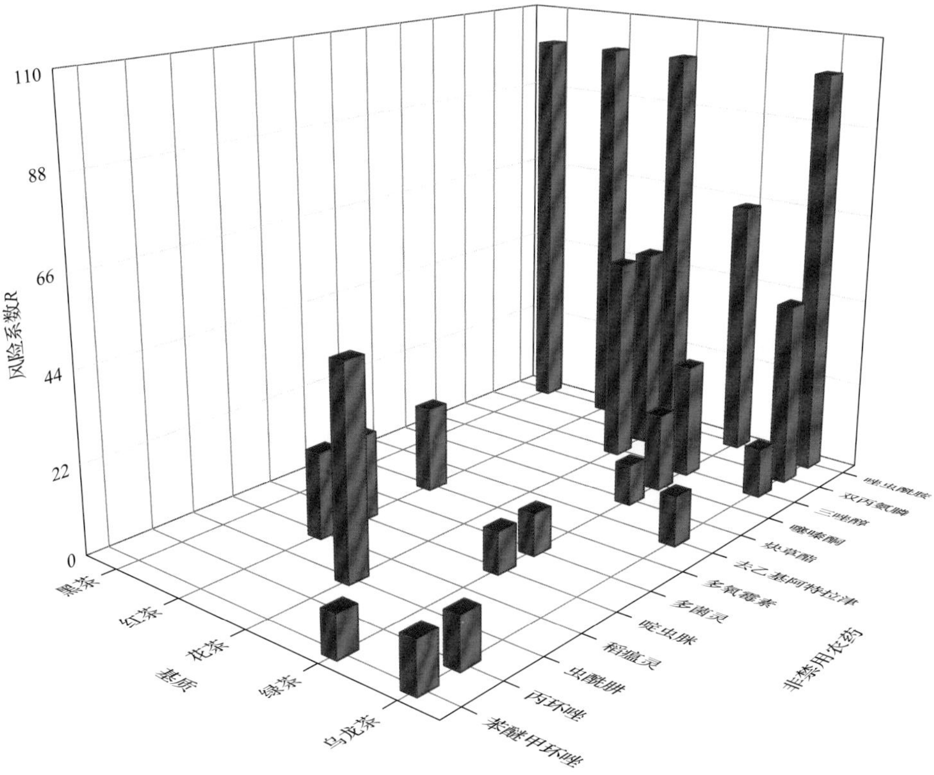

图 14-15 单种茶叶中处于高度风险的非禁用农药的风险系数(MRL 欧盟标准)

表 14-7　单种茶叶中处于高度风险的非禁用农药残留的风险系数表（MRL 欧盟标准）

序号	基质	农药	超标频次	超标率 P(%)	风险系数 R
1	乌龙茶	唑虫酰胺	9	100.00	101.10
2	红茶	唑虫酰胺	5	100.00	101.10
3	花茶	唑虫酰胺	2	100.00	101.10
4	黑茶	唑虫酰胺	3	100.00	101.10
5	绿茶	唑虫酰胺	7	63.64	64.74
6	花茶	三唑醇	1	50.00	51.10
7	花茶	双丙氨膦	1	50.00	51.10
8	花茶	虫酰肼	1	50.00	51.10
9	乌龙茶	双丙氨膦	4	44.44	45.54
10	绿茶	三唑醇	3	27.27	28.37
11	红茶	啶虫脒	1	20.00	21.10
12	红茶	多氧霉素	1	20.00	21.10
13	红茶	稻瘟灵	1	20.00	21.10
14	绿茶	噻嗪酮	2	18.18	19.28
15	乌龙茶	三唑醇	1	11.11	12.21
16	乌龙茶	丙环唑	1	11.11	12.21
17	乌龙茶	去乙基阿特拉津	1	11.11	12.21
18	乌龙茶	苯醚甲环唑	1	11.11	12.21
19	绿茶	啶虫脒	1	9.09	10.19
20	绿茶	多菌灵	1	9.09	10.19
21	绿茶	炔草酯	1	9.09	10.19
22	绿茶	苯醚甲环唑	1	9.09	10.19

14.3.2　所有茶叶中农药残留风险系数分析

14.3.2.1　所有茶叶中禁用农药残留风险系数分析

在侦测出的 48 种农药中有 6 种为禁用农药，计算所有茶叶中禁用农药的风险系数，结果如表 14-8 所示。在 6 种禁用农药中，6 种农药残留处于高度风险。

14.3.2.2　所有茶叶中非禁用农药残留风险系数分析

参照 MRL 欧盟标准计算所有茶叶中每种非禁用农药残留的风险系数，如图 14-16 与表 14-9 所示。在侦测出的 42 种非禁用农药中，13 种农药（30.95%）残留处于高度风险，29 种农药（69.05%）残留处于低度风险。

表 14-8 茶叶中 6 种禁用农药的风险系数表

序号	农药	检出频次	检出率(%)	风险系数 R	风险程度
1	三唑磷	11	36.67	37.77	高度风险
2	毒死蜱	4	13.33	14.43	高度风险
3	乐果	2	6.67	7.77	高度风险
4	克百威	2	6.67	7.77	高度风险
5	水胺硫磷	2	6.67	7.77	高度风险
6	氧乐果	1	3.33	4.43	高度风险

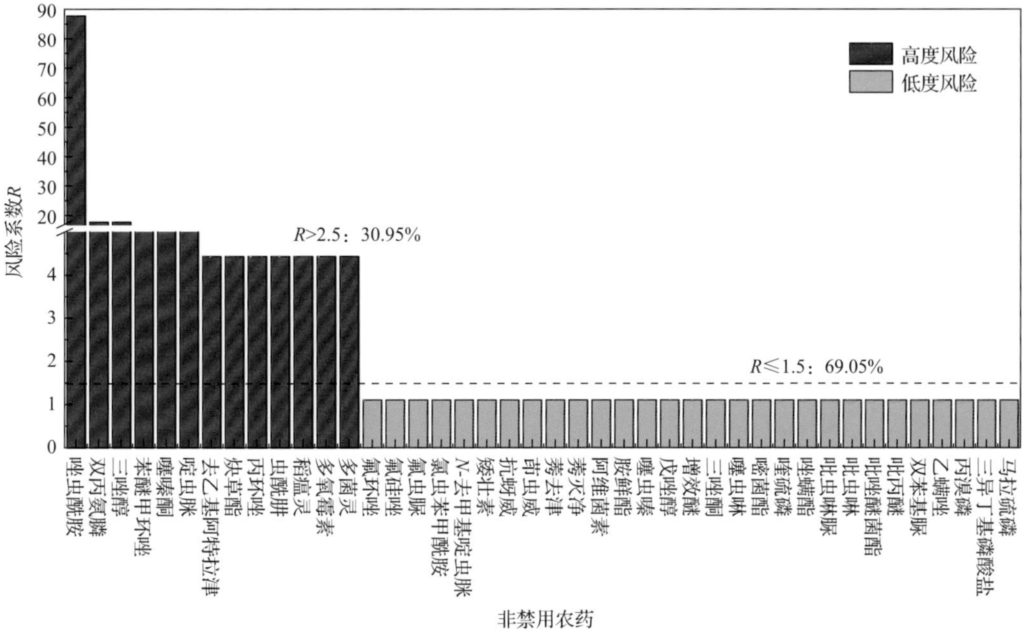

图 14-16 茶叶中 42 种非禁用农药的风险程度统计图

表 14-9 茶叶中 42 种非禁用农药的风险系数表

序号	农药	检出频次	检出率 P(%)	风险系数 R	风险程度
1	唑虫酰胺	26	86.67	87.77	高度风险
2	双丙氨膦	5	16.67	17.77	高度风险
3	三唑醇	5	16.67	17.77	高度风险
4	苯醚甲环唑	2	6.67	7.77	高度风险
5	噻嗪酮	2	6.67	7.77	高度风险
6	啶虫脒	2	6.67	7.77	高度风险
7	去乙基阿特拉津	1	3.33	4.43	高度风险
8	炔草酯	1	3.33	4.43	高度风险
9	丙环唑	1	3.33	4.43	高度风险

续表

序号	农药	检出频次	检出率 P(%)	风险系数 R	风险程度
10	虫酰肼	1	3.33	4.43	高度风险
11	稻瘟灵	1	3.33	4.43	高度风险
12	多氧霉素	1	3.33	4.43	高度风险
13	多菌灵	1	3.33	4.43	高度风险
14	氟环唑	0	0	1.10	低度风险
15	氟硅唑	0	0	1.10	低度风险
16	氟虫脲	0	0	1.10	低度风险
17	氯虫苯甲酰胺	0	0	1.10	低度风险
18	*N*-去甲基啶虫脒	0	0	1.10	低度风险
19	矮壮素	0	0	1.10	低度风险
20	抗蚜威	0	0	1.10	低度风险
21	茚虫威	0	0	1.10	低度风险
22	莠去津	0	0	1.10	低度风险
23	莠灭净	0	0	1.10	低度风险
24	阿维菌素	0	0	1.10	低度风险
25	胺鲜酯	0	0	1.10	低度风险
26	噻虫嗪	0	0	1.10	低度风险
27	戊唑醇	0	0	1.10	低度风险
28	增效醚	0	0	1.10	低度风险
29	三唑酮	0	0	1.10	低度风险
30	噻虫啉	0	0	1.10	低度风险
31	嘧菌酯	0	0	1.10	低度风险
32	喹硫磷	0	0	1.10	低度风险
33	唑螨酯	0	0	1.10	低度风险
34	吡虫啉脲	0	0	1.10	低度风险
35	吡虫啉	0	0	1.10	低度风险
36	吡唑醚菌酯	0	0	1.10	低度风险
37	吡丙醚	0	0	1.10	低度风险
38	双苯基脲	0	0	1.10	低度风险
39	乙螨唑	0	0	1.10	低度风险
40	丙溴磷	0	0	1.10	低度风险
41	三异丁基磷酸盐	0	0	1.10	低度风险
42	马拉硫磷	0	0	1.10	低度风险

14.4　LC-Q-TOF/MS 侦测银川市市售茶叶农药残留风险评估结论与建议

农药残留是影响茶叶安全和质量的主要因素，也是我国食品安全领域备受关注的敏感话题和亟待解决的重大问题之一[15,16]。各种茶叶均存在不同程度的农药残留现象，本研究主要针对银川市各类茶叶存在的农药残留问题，基于 2019 年 1 月对银川市 30 例茶叶样品中农药残留侦测得出的 248 个侦测结果，分别采用食品安全指数模型和风险系数模型，开展茶叶中农药残留的膳食暴露风险和预警风险评估。茶叶样品取自超市和茶叶专营店，符合大众的膳食来源，风险评价时更具有代表性和可信度。

本研究力求通用简单地反映食品安全中的主要问题，且为管理部门和大众容易接受，为政府及相关管理机构建立科学的食品安全信息发布和预警体系提供科学的规律与方法，加强对农药残留的预警和食品安全重大事件的预防，控制食品风险。

14.4.1　银川市茶叶中农药残留膳食暴露风险评价结论

1) 茶叶样品中农药残留安全状态评价结论

采用食品安全指数模型，对 2019 年 1 月期间银川市茶叶农药残留膳食暴露风险进行评价，根据 IFS_c 的计算结果发现，茶叶中农药的 $\overline{IFS}$ 为 3.35×10^{-4}，说明银川市茶叶总体处于可以接受的安全状态，但部分禁用农药、高残留农药在茶叶中仍有侦测出，导致膳食暴露风险的存在，成为不安全因素。

2) 禁用农药膳食暴露风险评价

本次检测发现部分茶叶样品中有禁用农药侦测出，侦测出禁用农药 6 种，侦测出频次为 22，茶叶样品中的禁用农药 IFS_c 计算结果表明，禁用农药残留膳食暴露风险没有影响的频次为 22，占 100%。

14.4.2　银川市茶叶中农药残留预警风险评价结论

1) 单种茶叶中禁用农药残留的预警风险评价结论

本次检测过程中，在 3 种茶叶中检测出 6 种禁用农药，禁用农药为：三唑磷、毒死蜱、乐果、克百威、水胺硫磷、氧乐果，茶叶为：花茶、绿茶、红茶，茶叶中禁用农药的风险系数分析结果显示，6 种禁用农药在 3 种茶叶中的残留均处于高度风险，说明在单种茶叶中禁用农药的残留会导致较高的预警风险。

2) 单种茶叶中非禁用农药残留的预警风险评价结论

以 MRL 中国国家标准为标准，计算茶叶中非禁用农药风险系数情况下，95 个样本中，31 个处于低度风险(32.63%)，64 个样本没有 MRL 中国国家标准(67.37%)。以 MRL 欧盟标准为标准，计算茶叶中非禁用农药风险系数情况下，发现有 22 个处于高度风险(23.16%)，73 个处于低度风险(76.84%)。基于两种 MRL 标准，评价的结果差异显著，可以看出 MRL 欧盟标准比中国国家标准更加严格和完善，过于宽松的 MRL 中国国家标准值能否有效保障人体的健康有待研究。

14.4.3 加强银川市茶叶食品安全建议

我国食品安全风险评价体系仍不够健全，相关制度不够完善，多年来，由于农药用药次数多、用药量大或用药间隔时间短，产品残留量大，农药残留所造成的食品安全问题日益严峻，给人体健康带来了直接或间接的危害。据估计，美国与农药有关的癌症患者数约占全国癌症患者总数的 50%，中国更高。同样，农药对其他生物也会形成直接杀伤和慢性危害，植物中的农药可经过食物链逐级传递并不断蓄积，对人和动物构成潜在威胁，并影响生态系统。

基于本次农药残留侦测数据的风险评价结果，提出以下几点建议：

1) 加快食品安全标准制定步伐

我国食品标准中对农药每日允许最大摄入量 ADI 的数据严重缺乏，在本次评价所涉及的 48 种农药中，仅有 85.42%的农药具有 ADI 值，而 14.58%的农药中国尚未规定相应的 ADI 值，亟待完善。

我国食品中农药最大残留限量值的规定严重缺乏，对评估涉及的不同茶叶中不同农药 105 个 MRL 限值进行统计来看，我国仅制定出 34 个标准，我国标准完整率仅为 32.38%，欧盟的完整率达到 100%（表 14-10）。因此，中国更应加快 MRL 标准的制定步伐。

表 14-10　我国国家食品标准农药的 ADI、MRL 值与欧盟标准的数量差异

分类		中国 ADI	MRL 中国国家标准	MRL 欧盟标准
标准限值（个）	有	41	34	105
	无	7	71	0
总数（个）		48	105	105
无标准限值比例（%）		14.58	67.62	0

此外，MRL 中国国家标准限值普遍高于欧盟标准限值，这些标准中共有 23 个高于欧盟。过高的 MRL 值难以保障人体健康，建议继续加强对限值基准和标准的科学研究，将农产品中的危险性减少到尽可能低的水平。

2) 加强农药的源头控制和分类监管

在银川市某些茶叶中仍有禁用农药残留，利用 LC-Q-TOF/MS 技术侦测出 6 种禁用农药，检出频次为 22 次，残留禁用农药均存在较大的膳食暴露风险和预警风险。早已列入黑名单的禁用农药在我国并未真正退出，有些药物由于价格便宜、工艺简单，此类高毒农药一直生产和使用。建议在我国采取严格有效的控制措施，从源头控制禁用农药。

对于非禁用农药，在我国作为“田间地头”最典型单位的县级茶叶产地中，农药残留的检测几乎缺失。建议根据农药的毒性，对高毒、剧毒、中毒农药实现分类管理，减少使用高毒和剧毒高残留农药，进行分类监管。

3) 加强农药生物基准和降解技术研究

市售茶叶中残留农药的品种多、频次高、禁用农药多次检出这一现状，说明了我国的田间土壤和水体因农药长期、频繁、不合理的使用而遭到严重污染。为此，建议中国相关部门出台相关政策，鼓励高校及科研院所积极开展分子生物学、酶学等研究，加强土壤、水体中残留农药的生物修复及降解新技术研究，切实加大农药监管力度，以控制农药的面源污染问题。

综上所述，在本工作基础上，根据茶叶残留危害，可进一步针对其成因提出和采取严格管理、大力推广无公害茶叶种植与生产、健全食品安全控制技术体系、加强茶叶质量检测体系建设和积极推行茶叶质量追溯制度等相应对策。建立和完善食品安全综合评价指数与风险监测预警系统，对食品安全进行实时、全面的监控与分析，为我国的食品安全科学监管与决策提供新的技术支持，可实现各类检验数据的信息化系统管理，降低食品安全事故的发生。

第 15 章　GC-Q-TOF/MS 侦测银川市 30 例市售茶叶样品农药残留报告

从银川市所属 2 个区，随机采集了 30 例茶叶样品，使用气相色谱-四极杆飞行时间质谱(GC-Q-TOF/MS)对 684 种农药化学污染物进行示范侦测。

15.1　样品种类、数量与来源

15.1.1　样品采集与检测

为了真实反映百姓日常饮用的茶叶中农药残留污染状况，本次所有检测样品均由检验人员于 2019 年 1 月期间，从银川市所属 4 个采样点，包括 4 个超市，以随机购买方式采集，总计 4 批 30 例样品，从中检出农药 32 种，151 频次。采样及监测概况见图 15-1 及表 15-1，样品及采样点明细见表 15-2 及表 15-3(侦测原始数据见附表 1)。

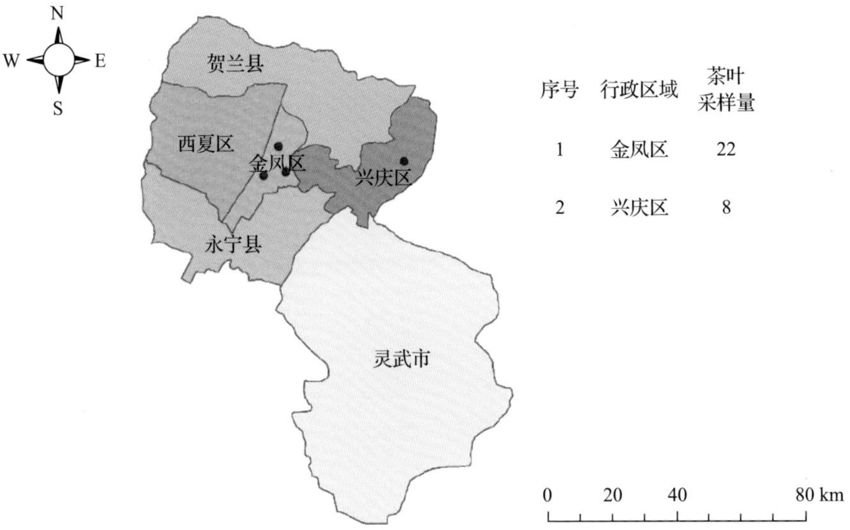

图 15-1　银川市所属 4 个采样点 30 例样品分布图

表 15-1　农药残留监测总体概况

采样行政区域	银川市所属 2 个区
采样点(超市)	4
样本总数	30
检出农药品种/频次	32/151
各采样点样本农药残留检出率范围	100.0%

表 15-2　样品分类及数量

样品分类	样品名称(数量)	数量小计
1. 茶叶		30
1)发酵类茶叶	黑茶(3)，红茶(5)，乌龙茶(9)	17
2)未发酵类茶叶	花茶(2)，绿茶(11)	13
合计	1.茶叶 5 种	30

表 15-3　银川市采样点信息

采样点序号	行政区域	采样点
超市(4)		
1	金凤区	***超市(悦海新天地店)
2	金凤区	***超市(正源北街店)
3	金凤区	***超市(森林公园店)
4	兴庆区	***超市(宝湖东路店)

15.1.2　检测结果

这次使用的检测方法是庞国芳院士团队最新研发的不需使用标准品对照，而以高分辨精确质量数(0.0001 *m/z*)为基准的 GC-Q-TOF/MS 检测技术，对于 30 例样品，每个样品均侦测了 684 种农药化学污染物的残留现状。通过本次侦测，在 30 例样品中共计检出农药化学污染物 32 种，检出 151 频次。

15.1.2.1　各采样点样品检出情况

统计分析发现 4 个采样点中，被测样品的农药检出率均为 100.0%，见图 15-2。

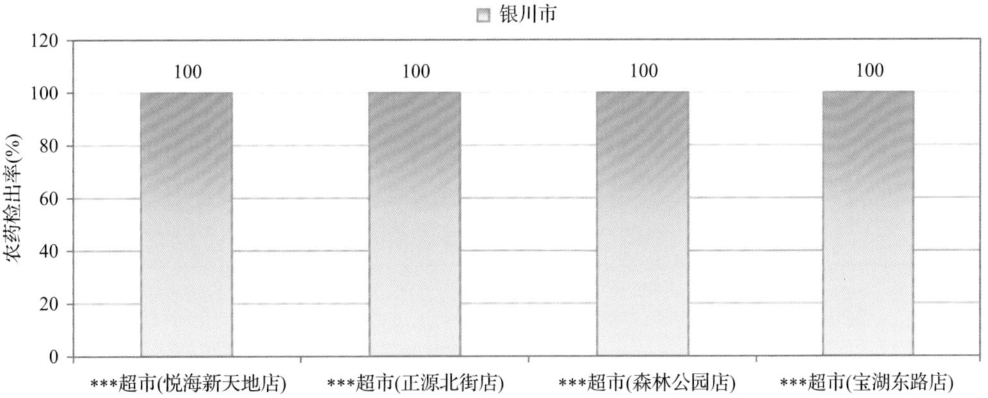

图 15-2　各采样点样品中的农药检出率

15.1.2.2　检出农药的品种总数与频次

统计分析发现，对于 30 例样品中 684 种农药化学污染物的侦测，共检出农药 151

频次，涉及农药 32 种，结果如图 15-3 所示。其中联苯菊酯检出频次最高，共检出 24 次。检出频次排名前 10 的农药如下：①联苯菊酯（24），②唑虫酰胺（19），③异丁子香酚（17），④猛杀威（13），⑤硫丹（11），⑥毒死蜱（8），⑦哒螨灵（7），⑧虫螨腈（5），⑨哌草丹（5），⑩虱螨脲（5）。

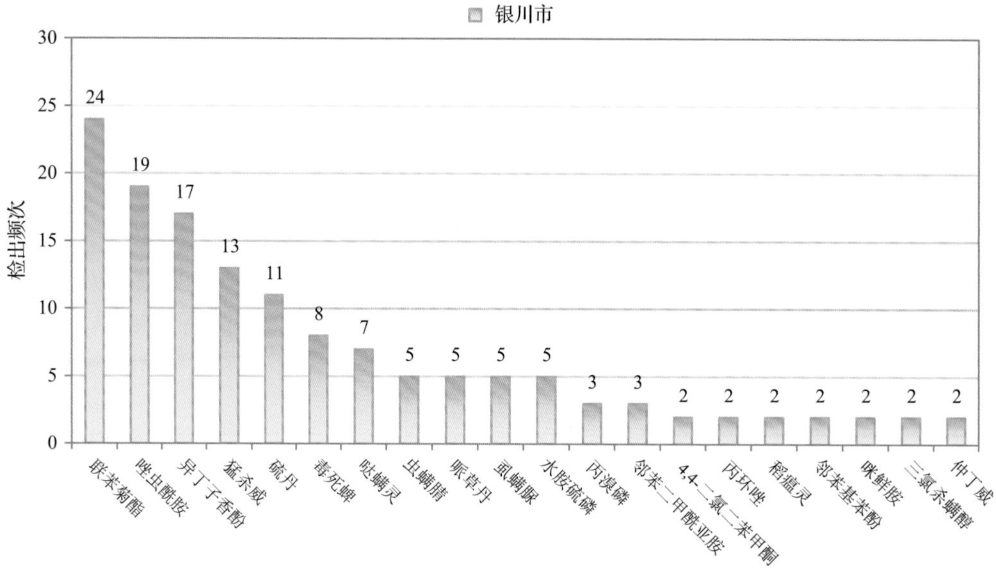

图 15-3　检出农药品种及频次（仅列出检出农药 2 频次及以上的数据）

由图 15-4 可见，绿茶、花茶和乌龙茶这 3 种茶叶样品中检出的农药品种数较高，均超过 10 种，其中，绿茶检出农药品种最多，为 18 种。由图 15-5 可见，绿茶、乌龙茶和花茶这 3 种茶叶样品中的农药检出频次较高，均超过 20 次，其中，绿茶检出农药频次最高，为 54 次。

15.1.2.3　单例样品农药检出种类与占比

对单例样品检出农药种类和频次进行统计发现，检出 1 种农药的样品占总样品数的 10.0%，检出 2～5 种农药的样品占总样品数的 56.7%，检出 6～10 种农药的样品占总样品数的 26.7%，检出大于 10 种农药的样品占总样品数的 6.7%。每例样品中平均检出农药为 5.0 种，数据见表 15-4 及图 15-6。

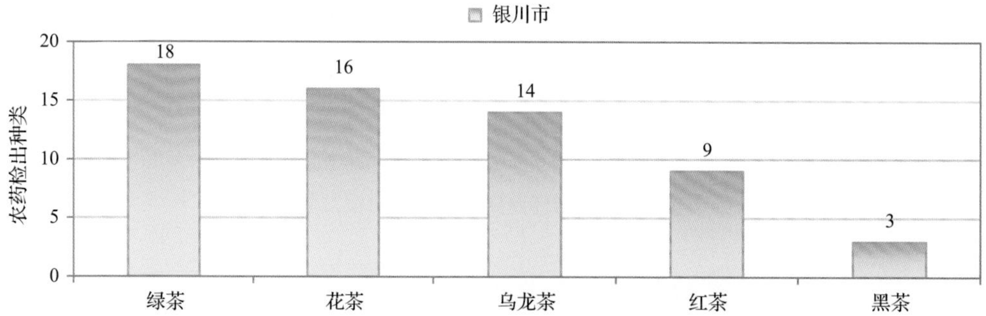

图 15-4　单种茶叶检出农药的种类数

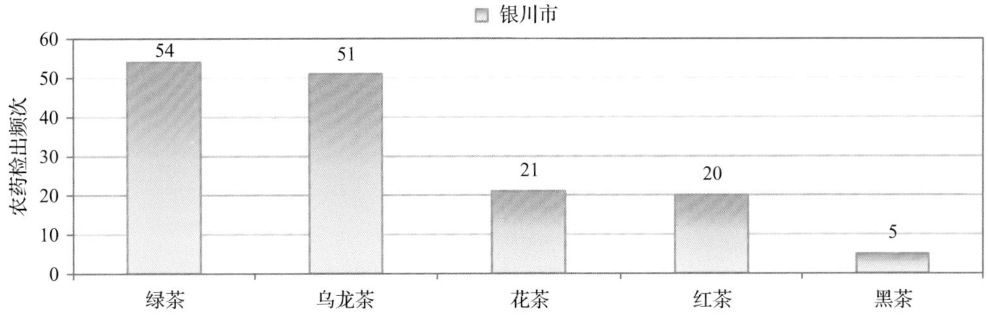

图 15-5　单种茶叶检出农药频次

表 15-4　单例样品检出农药品种占比

检出农药品种数	样品数量/占比(%)
1 种	3/10.0
2～5 种	17/56.7
6～10 种	8/26.7
大于 10 种	2/6.7
单例样品平均检出农药品种	5.0 种

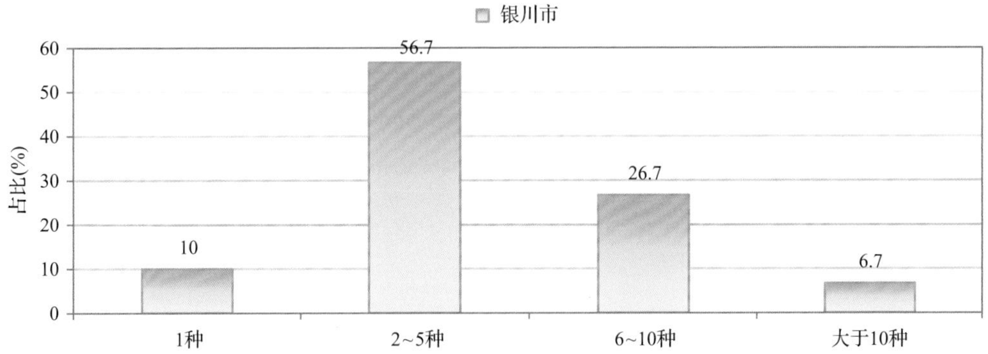

图 15-6　单例样品平均检出农药品种及占比

15.1.2.4　检出农药类别与占比

所有检出农药按功能分类，包括杀虫剂、杀菌剂、除草剂、杀螨剂和其他共 5 类。其中杀虫剂与杀菌剂为主要检出的农药类别，分别占总数的 46.9%和 28.1%，见表 15-5 及图 15-7。

15.1.2.5　检出农药的残留水平

按检出农药残留水平进行统计，残留水平在 1～5 μg/kg(含)的农药占总数的 0.7%，在 5～10 μg/kg(含)的农药占总数的 6.6%，在 10～100 μg/kg(含)的农药占总数的 60.9%，在 100～1000 μg/kg(含)的农药占总数的 31.1%，在>1000 μg/kg 的农药占总数的 0.7%。

表 15-5　检出农药所属类别/占比

农药类别	数量/占比(%)
杀虫剂	15/46.9
杀菌剂	9/28.1
除草剂	3/9.4
杀螨剂	2/6.3
其他	3/9.4

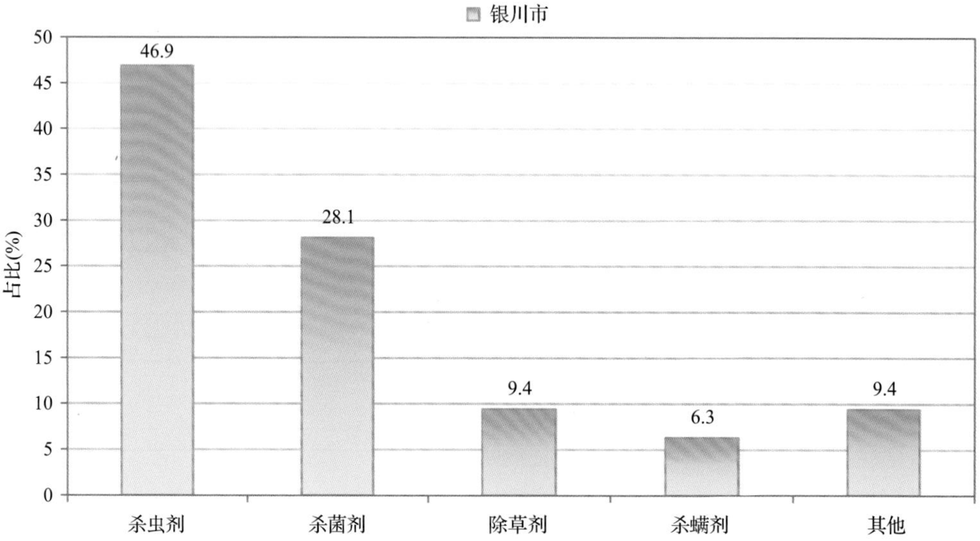

图 15-7　检出农药所属类别和占比

由此可见，这次检测的 4 批 30 例茶叶样品中农药多数处于中高残留水平。结果见表 15-6 及图 15-8，数据见附表 2。

15.1.2.6　检出农药的毒性类别、检出频次和超标频次及占比

对这次检出的 32 种 151 频次的农药，按剧毒、高毒、中毒、低毒和微毒这五个毒性类别进行分类，从中可以看出，银川市目前普遍使用的农药为中低微毒农药，品种占 93.8%，频次占 96.0%。结果见表 15-7 及图 15-9。

表 15-6　农药残留水平/占比

残留水平(μg/kg)	检出频次数/占比(%)
1～5(含)	1/0.7
5～10(含)	10/6.6
10～100(含)	92/60.9
100～1000(含)	47/31.1
>1000	1/0.7

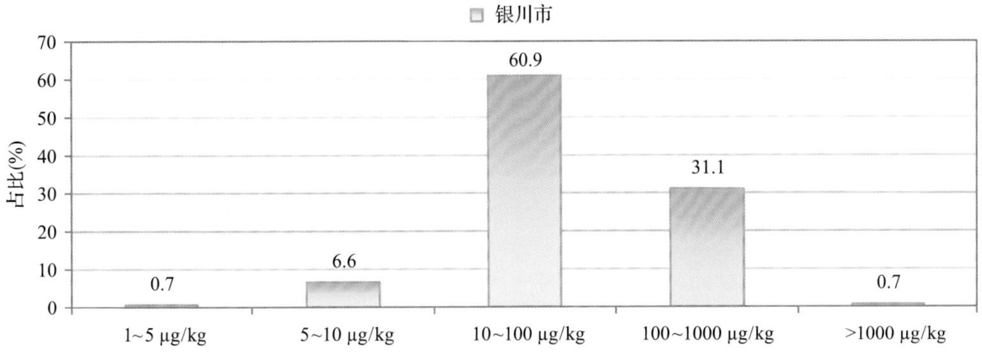

图 15-8　检出农药残留水平及占比

表 15-7　检出农药毒性类别/占比

毒性分类	农药品种/占比(%)	检出频次/占比(%)	超标频次/超标率(%)
剧毒农药	0/0	0/0.0	0/0.0
高毒农药	2/6.3	6/4.0	3/50.0
中毒农药	20/62.5	115/76.2	0/0.0
低毒农药	9/28.1	29/19.2	0/0.0
微毒农药	1/3.1	1/0.7	0/0.0

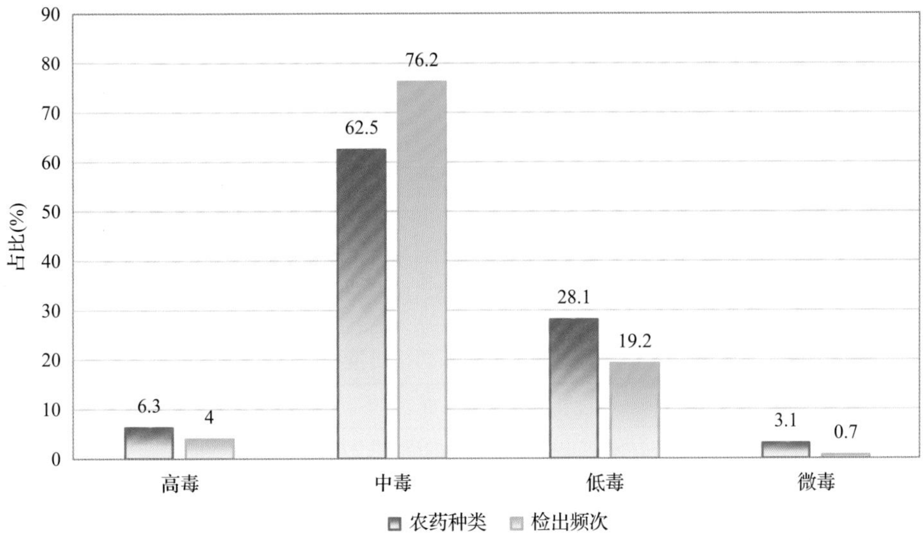

图 15-9　检出农药的毒性分类和占比

15.1.2.7　检出剧毒/高毒类农药的品种和频次

值得特别关注的是，在此次侦测的 30 例样品中有 1 种茶叶的 5 例样品检出了 2 种 6 频次的剧毒和高毒农药，占样品总量的 16.7%，详见图 15-10、表 15-8 及表 15-9。

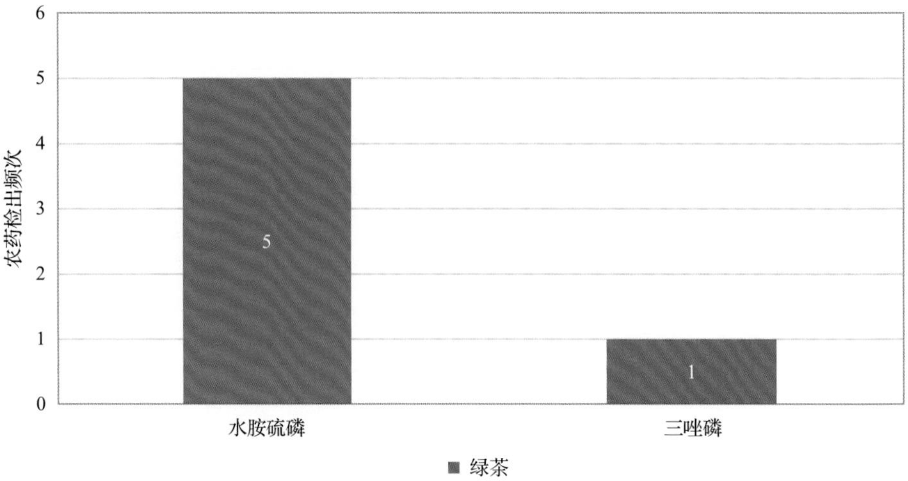

图 15-10 检出剧毒/高毒农药的样品情况

表 15-8 剧毒农药检出情况

序号	农药名称	检出频次	超标频次	超标率
		茶叶中未检出剧毒农药		
	合计	0	0	超标率：0.0%

表 15-9 高毒农药检出情况

序号	农药名称	检出频次	超标频次	超标率
		从 1 种茶叶中检出 2 种高毒农药，共计检出 6 次		
1	水胺硫磷	5	3	60.0%
2	三唑磷	1	0	0.0%
	合计	6	3	超标率：50.0%

在检出的剧毒和高毒农药中，有 2 种是我国早已禁止在茶叶上使用的，分别是：三唑磷和水胺硫磷。禁用农药的检出情况见表 15-10。

表 15-10 禁用农药检出情况

序号	农药名称	检出频次	超标频次	超标率
		从 4 种茶叶中检出 6 种禁用农药，共计检出 28 次		
1	硫丹	11	0	0.0%
2	毒死蜱	8	0	0.0%
3	水胺硫磷	5	3	60.0%
4	三氯杀螨醇	2	0	0.0%
5	三唑磷	1	0	0.0%
6	乙酰甲胺磷	1	0	0.0%
	合计	28	3	超标率：10.7%

注：超标结果参考 MRL 中国国家标准计算

此次抽检的茶叶样品中，没有检出剧毒农药。

样品中检出剧毒和高毒农药残留水平超过 MRL 中国国家标准的频次为 3 次，其中：绿茶检出水胺硫磷超标 3 次。本次检出结果表明，高毒、剧毒农药的使用现象依旧存在。详见表 15-11。

表 15-11　各样本中检出剧毒/高毒农药情况

样品名称	农药名称	检出频次	超标频次	检出浓度(μg/kg)
		茶叶 1 种		
绿茶	水胺硫磷▲	5	3	10.8, 173.4[a], 88.4[a], 68.5[a], 38.6
绿茶	三唑磷▲	1	0	24.6
合计		6	3	超标率：50.0%

15.2　农药残留检出水平与最大残留限量标准对比分析

我国于 2016 年 12 月 18 日正式颁布并于 2017 年 6 月 18 日正式实施食品农药残留限量国家标准《食品中农药最大残留限量》(GB 2763—2016)。该标准包括 417 个农药条目，涉及最大残留限量(MRL)标准 4140 项。将 151 频次检出农药的浓度水平与 4140 项 MRL 中国国家标准进行核对，其中只有 56 频次的结果找到了对应的 MRL 标准，占 37.1%，还有 95 频次的结果则无相关 MRL 标准供参考，占 62.9%。

将此次侦测结果与国际上现行 MRL 标准对比发现，在 151 频次的检出结果中有 151 频次的结果找到了对应的 MRL 欧盟标准，占 100.0%，其中，82 频次的结果有明确对应的 MRL 标准，占 54.3%，其余 69 频次按照欧盟一律标准判定，占 45.7%；有 151 频次的结果找到了对应的 MRL 日本标准，占 100.0%，其中，94 频次的结果有明确对应的 MRL 标准，占 62.3%，其余 57 频次按照日本一律标准判定，占 37.7%；有 52 频次的结果找到了对应的 MRL 中国香港标准，占 34.4%；有 65 频次的结果找到了对应的 MRL 美国标准，占 43.0%；有 55 频次的结果找到了对应的 MRL CAC 标准，占 36.4%(见图 15-11 和图 15-12，数据见附表 3 至附表 8)。

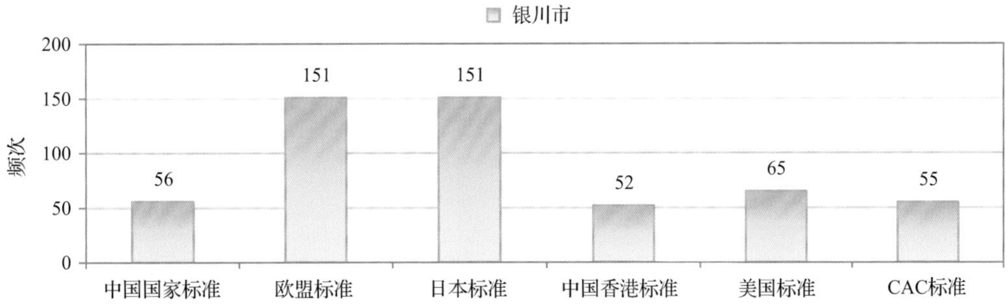

图 15-11　151 频次检出农药可用 MRL 中国国家标准、欧盟标准、日本标准、中国香港标准、美国标准、CAC 标准判定衡量的数量

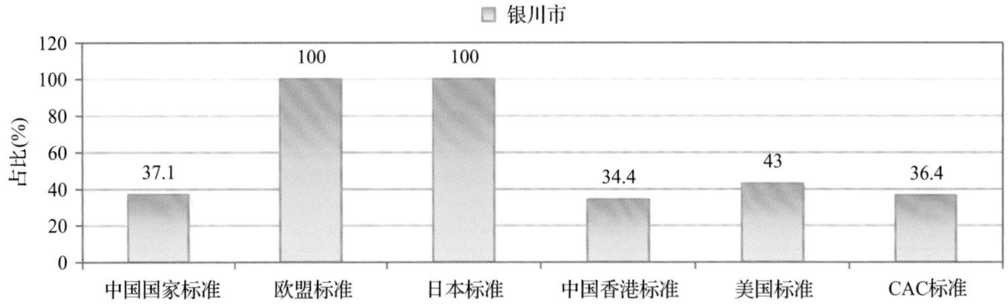

图 15-12　151 频次检出农药可用 MRL 中国国家标准、欧盟标准、日本标准、中国香港标准、美国标准、CAC 标准衡量的占比

15.2.1　超标农药样品分析

本次侦测的 30 例样品中，0 例样品未检出任何残留农药，占样品总量的 0.0%，30 例样品检出不同水平、不同种类的残留农药，占样品总量的 100.0%。在此，我们将本次侦测的农残检出情况与 MRL 中国国家标准、欧盟标准、日本标准、中国香港标准、美国标准、CAC 标准这 6 大国际主流标准进行对比分析，样品农残检出与超标情况见表 15-12、图 15-13 和图 15-14，详细数据见附表 9 至附表 14。

表 15-12　各 MRL 标准下样本农残检出与超标数量及占比

	中国国家标准 数量/占比(%)	欧盟标准 数量/占比(%)	日本标准 数量/占比(%)	中国香港标准 数量/占比(%)	美国标准 数量/占比(%)	CAC 标准 数量/占比(%)
未检出	0/0.0	0/0.0	0/0.0	0/0.0	0/0.0	0/0.0
检出未超标	27/90.0	4/13.3	5/16.7	30/100.0	30/100.0	30/100.0
检出超标	3/10.0	26/86.7	25/83.3	0/0.0	0/0.0	0/0.0

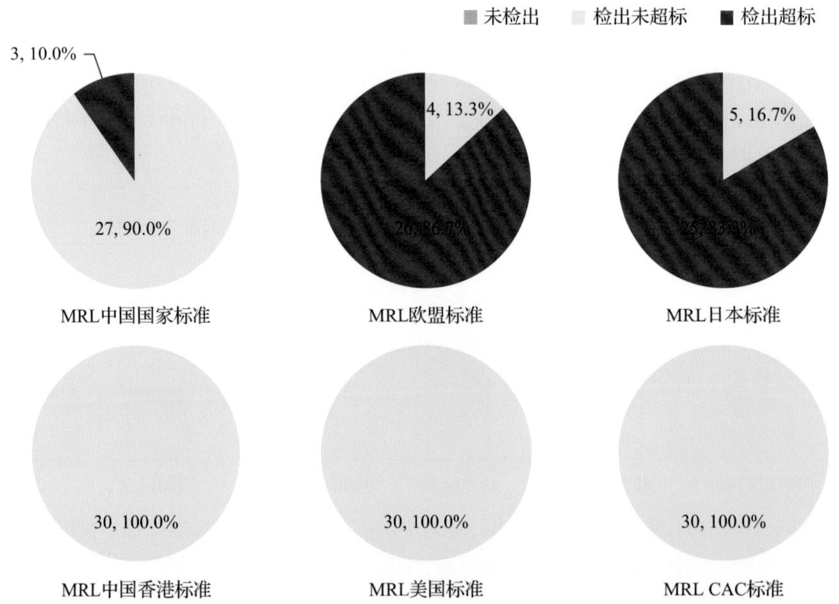

图 15-13　检出和超标样品比例情况

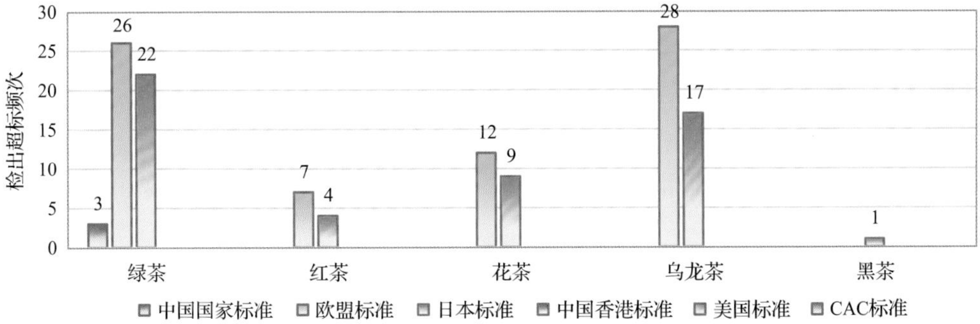

图 15-14　超过 MRL 中国国家标准、欧盟标准、日本标准、中国香港标准、美国标准、CAC 标准结果在茶叶中的分布

15.2.2　超标农药种类分析

按照 MRL 中国国家标准、欧盟标准、日本标准、中国香港标准、美国标准和 CAC 标准这 6 大国际主流标准衡量，本次侦测检出的农药超标品种及频次情况见表 15-13。

表 15-13　各 MRL 标准下超标农药品种及频次

	中国国家标准	欧盟标准	日本标准	中国香港标准	美国标准	CAC 标准
超标农药品种	1	16	14	0	0	0
超标农药频次	3	73	53	0	0	0

15.2.2.1　按 MRL 中国国家标准衡量

按 MRL 中国国家标准衡量，有 1 种农药超标，检出 3 频次，为高毒农药水胺硫磷。按超标程度比较，绿茶中水胺硫磷超标 2.5 倍。检测结果见图 15-15 和附表 15。

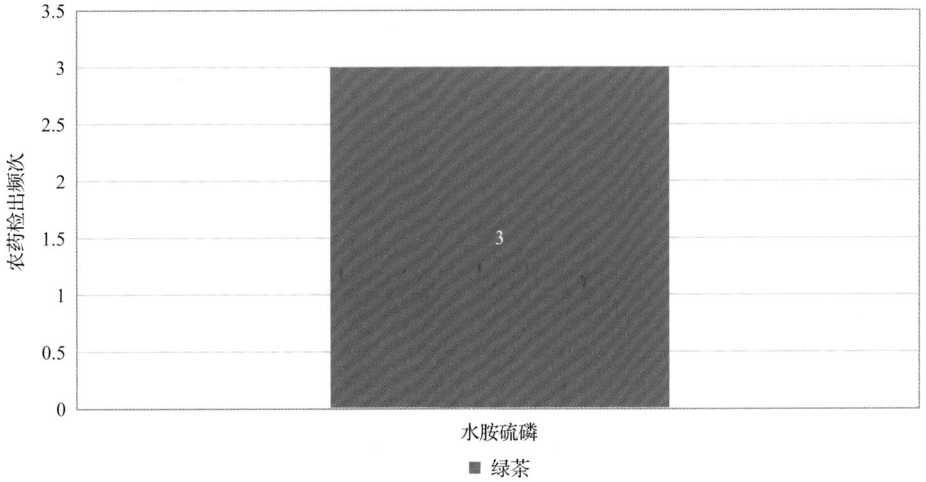

图 15-15　超过 MRL 中国国家标准农药品种及频次

15.2.2.2　按 MRL 欧盟标准衡量

按 MRL 欧盟标准衡量，共有 16 种农药超标，检出 73 频次，分别为高毒农药三唑磷和水胺硫磷，中毒农药稻瘟灵、丙环唑、异丁子香酚、唑虫酰胺、仲丁威、哒螨灵、哌草丹和丁香酚，低毒农药邻苯二甲酰亚胺、猛杀威、四氢吩胺、虱螨脲和 4,4-二氯二苯甲酮，微毒农药解草嗪。

按超标程度比较，乌龙茶中唑虫酰胺超标 129.9 倍，花茶中唑虫酰胺超标 92.0 倍，绿茶中唑虫酰胺超标 45.2 倍，绿茶中异丁子香酚超标 23.9 倍，乌龙茶中异丁子香酚超标 22.1 倍。检测结果见图 15-16 和附表 16。

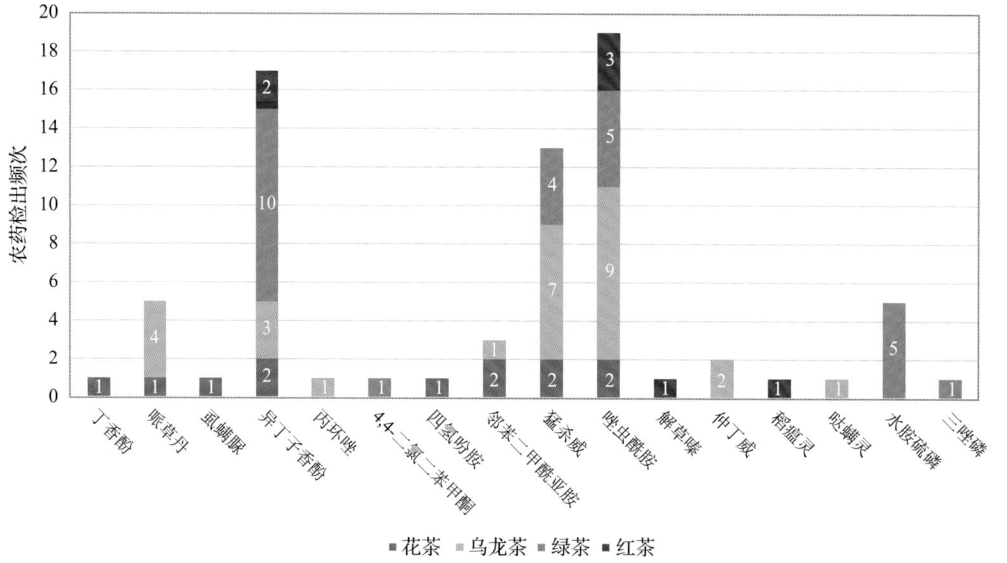

图 15-16　超过 MRL 欧盟标准农药品种及频次

15.2.2.3　按 MRL 日本标准衡量

按 MRL 日本标准衡量，共有 14 种农药超标，检出 53 频次，分别为高毒农药三唑磷和水胺硫磷，中毒农药苄草丹、稻瘟灵、异丁子香酚、仲丁威、哌草丹和丁香酚，低毒农药嘧霉胺、邻苯二甲酰亚胺、猛杀威、四氢吩胺和 4,4-二氯二苯甲酮，微毒农药解草嗪。

按超标程度比较，绿茶中异丁子香酚超标 23.9 倍，乌龙茶中异丁子香酚超标 22.1 倍，绿茶中水胺硫磷超标 16.3 倍，花茶中异丁子香酚超标 16.3 倍，花茶中四氢吩胺超标 15.6 倍。检测结果见图 15-17 和附表 17。

15.2.2.4　按 MRL 中国香港标准衡量

按 MRL 中国香港标准衡量，无样品检出超标农药残留。

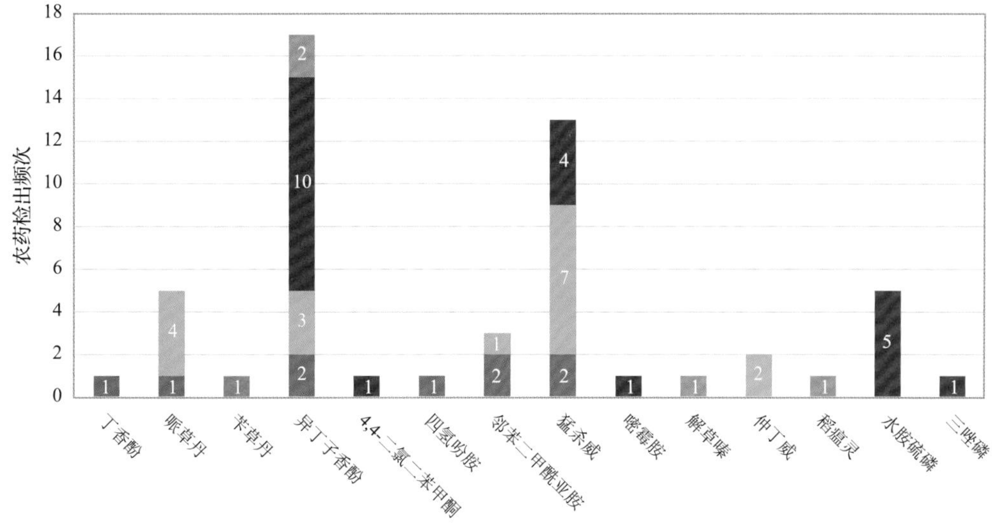

图 15-17 超过 MRL 日本标准农药品种及频次

15.2.2.5 按 MRL 美国标准衡量

按 MRL 美国标准衡量，无样品检出超标农药残留。

15.2.2.6 按 MRL CAC 标准衡量

按 MRL CAC 标准衡量，无样品检出超标农药残留。

15.2.3 4 个采样点超标情况分析

15.2.3.1 按 MRL 中国国家标准衡量

按 MRL 中国国家标准衡量，有 3 个采样点的样品存在不同程度的超标农药检出，其中***超市(悦海新天地店)和***超市(森林公园店)的超标率最高，为 14.3%，如图 15-18 和表 15-14 所示。

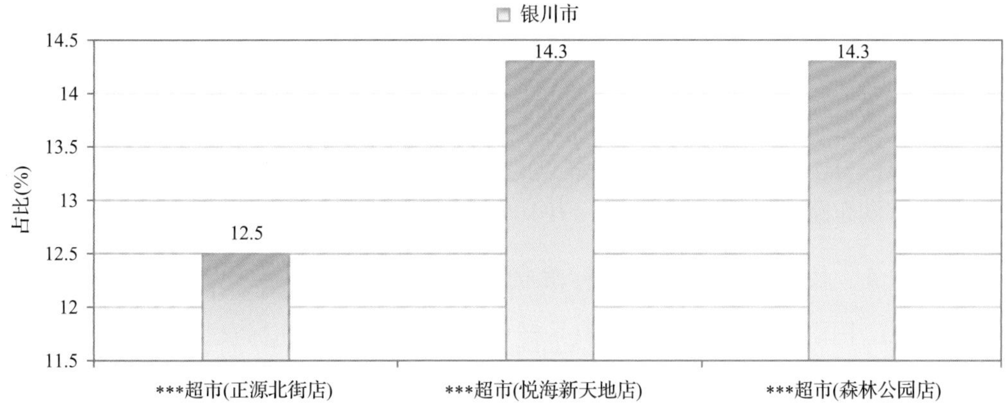

图 15-18 超过 MRL 中国国家标准茶叶在不同采样点分布

表 15-14　超过 MRL 中国国家标准茶叶在不同采样点分布

序号	采样点	样品总数	超标数量	超标率(%)	行政区域
1	***超市（正源北街店）	8	1	12.5	金凤区
2	***超市（悦海新天地店）	7	1	14.3	金凤区
3	***超市（森林公园店）	7	1	14.3	金凤区

15.2.3.2　按 MRL 欧盟标准衡量

按 MRL 欧盟标准衡量，所有采样点的样品均存在不同程度的超标农药检出，其中***超市（悦海新天地店）的超标率最高，为 100.0%，如图 15-19 和表 15-15 所示。

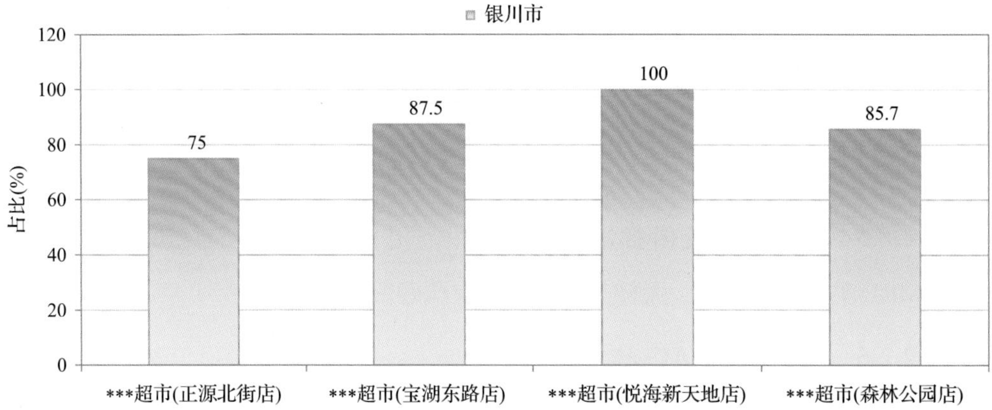

图 15-19　超过 MRL 欧盟标准茶叶在不同采样点分布

表 15-15　超过 MRL 欧盟标准茶叶在不同采样点分布

序号	采样点	样品总数	超标数量	超标率(%)	行政区域
1	***超市（正源北街店）	8	6	75.0	金凤区
2	***超市（宝湖东路店）	8	7	87.5	兴庆区
3	***超市（悦海新天地店）	7	7	100.0	金凤区
4	***超市（森林公园店）	7	6	85.7	金凤区

15.2.3.3　按 MRL 日本标准衡量

按 MRL 日本标准衡量，所有采样点的样品均存在不同程度的超标农药检出，其中***超市（宝湖东路店）的超标率最高，为 100.0%，如图 15-20 和表 15-16 所示。

15.2.3.4　按 MRL 中国香港标准衡量

按 MRL 中国香港标准衡量，所有采样点的样品均未检出超标农药残留。

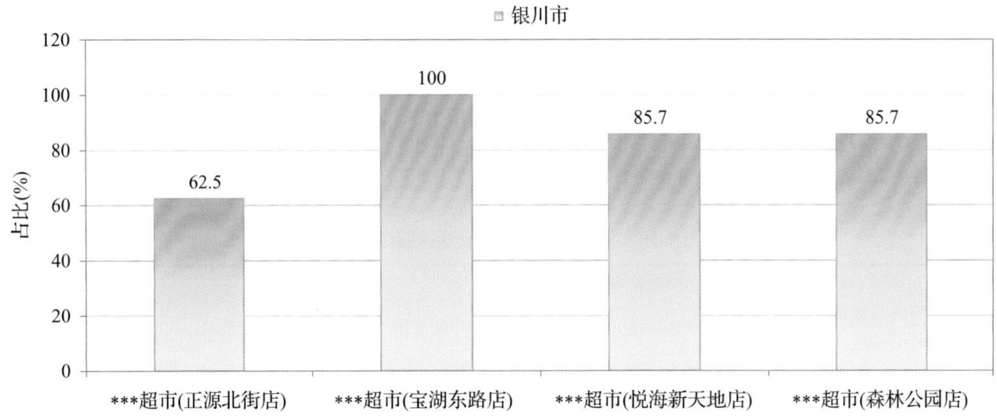

图 15-20　超过 MRL 日本标准茶叶在不同采样点分布

表 15-16　超过 MRL 日本标准茶叶在不同采样点分布

序号	采样点	样品总数	超标数量	超标率(%)	行政区域
1	***超市(正源北街店)	8	5	62.5	金凤区
2	***超市(宝湖东路店)	8	8	100.0	兴庆区
3	***超市(悦海新天地店)	7	6	85.7	金凤区
4	***超市(森林公园店)	7	6	85.7	金凤区

15.2.3.5　按 MRL 美国标准衡量

按 MRL 美国标准衡量，所有采样点的样品均未检出超标农药残留。

15.2.3.6　按 MRL CAC 标准衡量

按 MRL CAC 标准衡量，所有采样点的样品均未检出超标农药残留。

15.3　茶叶中农药残留分布

15.3.1　茶叶按检出农药品种和频次排名

本次残留侦测的茶叶共 5 种，包括黑茶、红茶、乌龙茶、花茶和绿茶。

根据检出农药品种及频次进行排名，将茶叶样品检出情况列表说明，详见表 15-17。

表 15-17　茶叶按检出农药品种和频次排名

按检出农药品种排名(品种)	①绿茶(18)，②花茶(16)，③乌龙茶(14)，④红茶(9)，⑤黑茶(3)
按检出农药频次排名(频次)	①绿茶(54)，②乌龙茶(51)，③花茶(21)，④红茶(20)，⑤黑茶(5)
按检出禁用、高毒及剧毒农药品种排名(品种)	①绿茶(6)，②花茶(3)，③乌龙茶(2)，④红茶(1)
按检出禁用、高毒及剧毒农药频次排名(频次)	①绿茶(16)，②乌龙茶(5)，③花茶(4)，④红茶(3)

15.3.2 茶叶按超标农药品种和频次排名

鉴于 MRL 欧盟标准和日本标准制定比较全面且覆盖率较高，我们参照 MRL 中国国家标准、欧盟标准和日本标准衡量茶叶样品中农残检出情况，将茶叶按超标农药品种及频次排名列表说明，详见表 15-18。

表 15-18 茶叶按超标农药品种和频次排名

按超标农药品种排名（农药品种数）	MRL 中国国家标准	①绿茶（1）
	MRL 欧盟标准	①花茶（8），②乌龙茶（8），③绿茶（6），④红茶（4）
	MRL 日本标准	①花茶（6），②绿茶（6），③乌龙茶（5），④红茶（3），⑤黑茶（1）
按超标农药频次排名（农药频次数）	MRL 中国国家标准	①绿茶（3）
	MRL 欧盟标准	①乌龙茶（28），②绿茶（26），③花茶（12），④红茶（7）
	MRL 日本标准	①绿茶（22），②乌龙茶（17），③花茶（9），④红茶（4），⑤黑茶（1）

通过对各品种茶叶样本总数及检出率进行综合分析发现，绿茶、花茶和乌龙茶的残留污染最为严重，在此，我们参照 MRL 中国国家标准、欧盟标准和日本标准对这 3 种茶叶的农残检出情况进行进一步分析。

15.3.3 农药残留检出率较高的茶叶样品分析

15.3.3.1 绿茶

这次共检测 11 例绿茶样品，全部检出了农药残留，检出率为 100.0%，检出农药共计 18 种。其中异丁子香酚、联苯菊酯、硫丹、水胺硫磷和唑虫酰胺检出频次较高，分别检出了 10、9、5、5 和 5 次。绿茶中农药检出品种和频次见图 15-21，超标农药见图 15-22 和表 15-19。

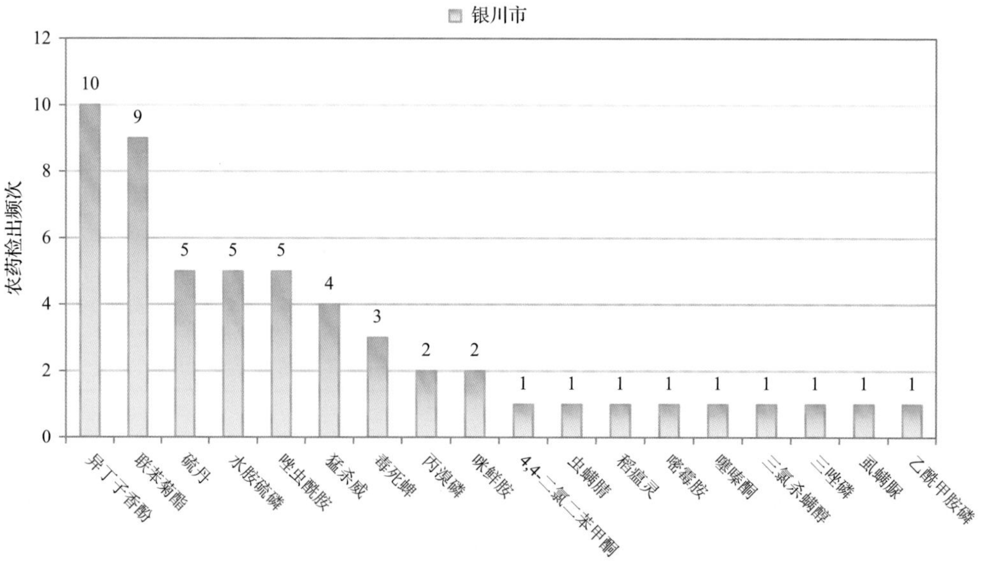

图 15-21 绿茶样品检出农药品种和频次分析

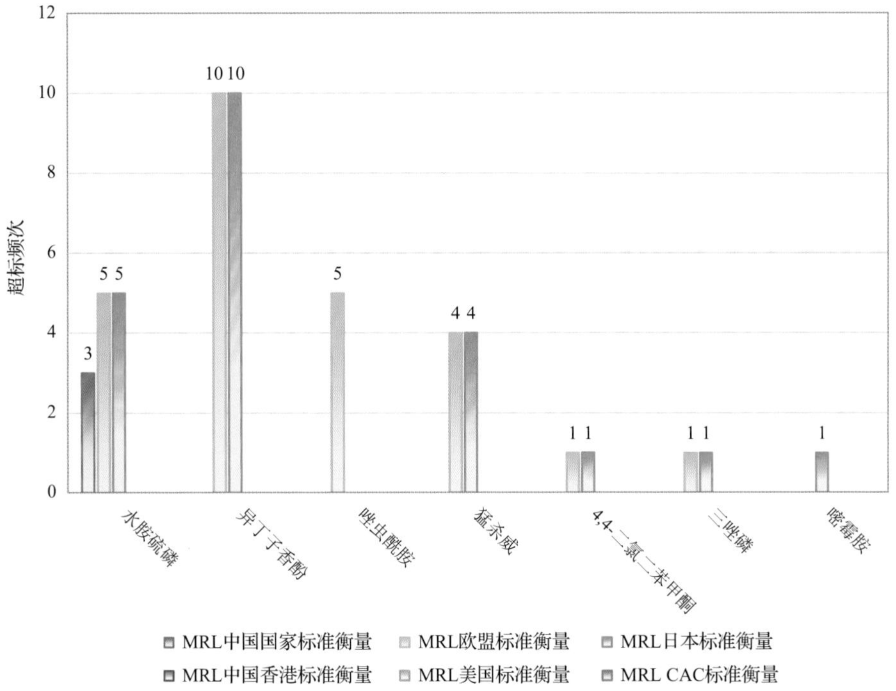

图 15-22 绿茶样品中超标农药分析

表 15-19 绿茶中农药残留超标情况明细表

样品总数	检出农药样品数	样品检出率(%)	检出农药品种总数
11	11	100	18

	超标农药品种	超标农药频次	按照 MRL 中国国家标准、欧盟标准和日本标准衡量超标农药名称及频次
中国国家标准	1	3	水胺硫磷(3)
欧盟标准	6	26	异丁子香酚(10)，水胺硫磷(5)，唑虫酰胺(5)，猛杀威(4)，4,4-二氯二苯甲酮(1)，三唑磷(1)
日本标准	6	22	异丁子香酚(10)，水胺硫磷(5)，猛杀威(4)，4,4-二氯二苯甲酮(1)，嘧霉胺(1)，三唑磷(1)

15.3.3.2 花茶

这次共检测 2 例花茶样品，全部检出了农药残留，检出率为 100.0%，检出农药共计 16 种。其中毒死蜱、邻苯二甲酰亚胺、猛杀威、异丁子香酚和唑虫酰胺检出频次较高，分别检出了 2、2、2、2 和 2 次。花茶中农药检出品种和频次见图 15-23，超标农药见图 15-24 和表 15-20。

15.3.3.3 乌龙茶

这次共检测 9 例乌龙茶样品，全部检出了农药残留，检出率为 100.0%，检出农药共计 14 种。其中唑虫酰胺、哒螨灵、联苯菊酯、猛杀威和哌草丹检出频次较高，分别检出了 9、7、7、7 和 4 次。乌龙茶中农药检出品种和频次见图 15-25，超标农药见图 15-26 和表 15-21。

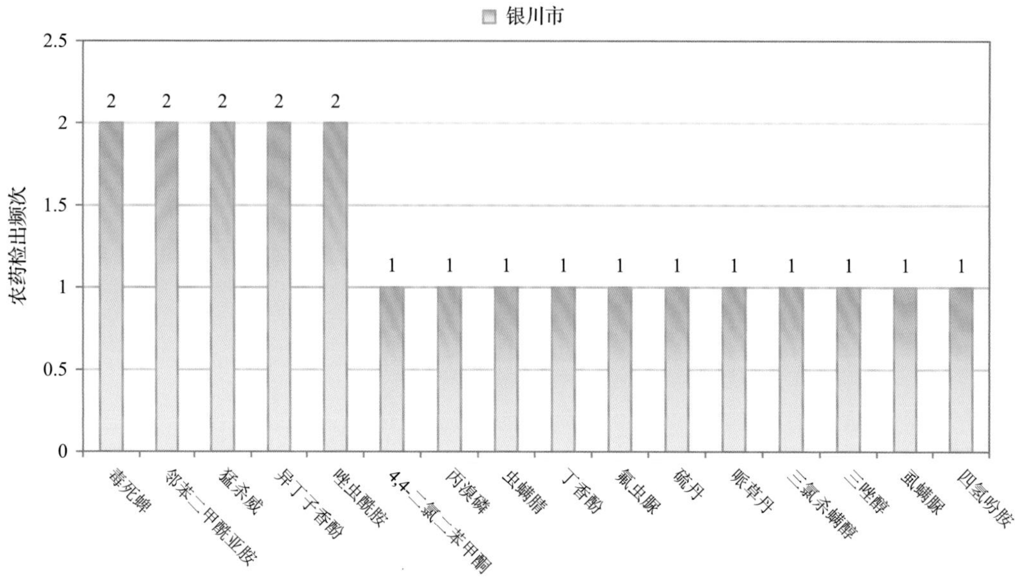

图 15-23　花茶样品检出农药品种和频次分析

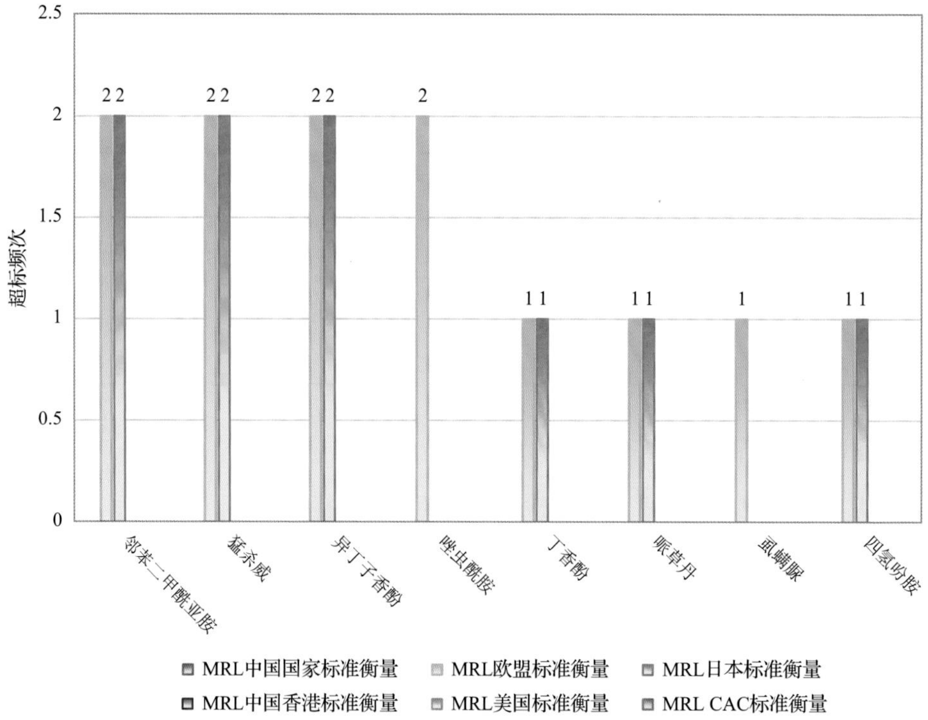

图 15-24　花茶样品中超标农药分析

表 15-20　花茶中农药残留超标情况明细表

样品总数			检出农药样品数	样品检出率(%)	检出农药品种总数
2			2	100	16
	超标农药品种	超标农药频次	按照 MRL 中国国家标准、欧盟标准和日本标准衡量超标农药名称及频次		
中国国家标准	0	0			
欧盟标准	8	12	邻苯二甲酰亚胺(2)，猛杀威(2)，异丁子香酚(2)，唑虫酰胺(2)，丁香酚(1)，哌草丹(1)，虱螨脲(1)，四氢吩胺(1)		
日本标准	6	9	邻苯二甲酰亚胺(2)，猛杀威(2)，异丁子香酚(2)，丁香酚(1)，哌草丹(1)，四氢吩胺(1)		

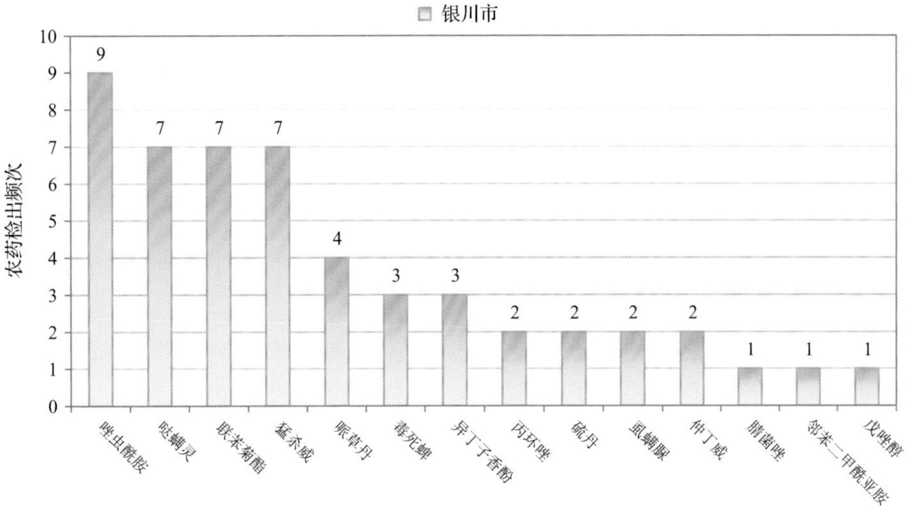

图 15-25　乌龙茶样品检出农药品种和频次分析

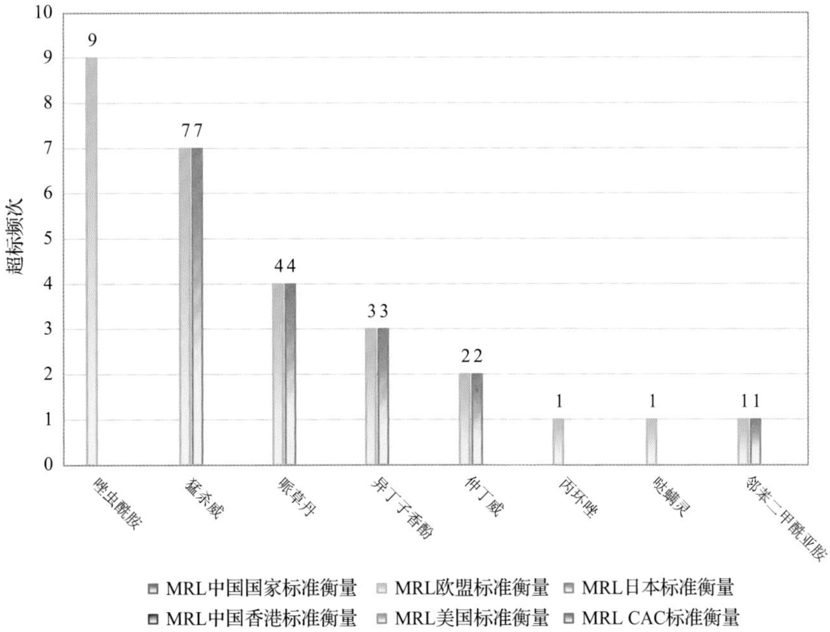

图 15-26　乌龙茶样品中超标农药分析

表 15-21 乌龙茶中农药残留超标情况明细表

样品总数			检出农药样品数	样品检出率(%)	检出农药品种总数
9			9	100	14
	超标农药品种	超标农药频次	按照 MRL 中国国家标准、欧盟标准和日本标准衡量超标农药名称及频次		
中国国家标准	0	0			
欧盟标准	8	28	唑虫酰胺(9)，猛杀威(7)，哌草丹(4)，异丁子香酚(3)，仲丁威(2)，丙环唑(1)，哒螨灵(1)，邻苯二甲酰亚胺(1)		
日本标准	5	17	猛杀威(7)，哌草丹(4)，异丁子香酚(3)，仲丁威(2)，邻苯二甲酰亚胺(1)		

15.4 初步结论

15.4.1 银川市市售茶叶按 MRL 中国国家标准和国际主要 MRL 标准衡量的合格率

本次侦测的 30 例样品中，全部样品检出不同水平、不同种类的残留农药，占样品总量的 100.0%。在这 30 例检出农药残留的样品中：

按照 MRL 中国国家标准衡量，有 27 例样品检出残留农药但含量没有超标，占样品总数的 90.0%，有 3 例样品检出了超标农药，占样品总数的 10.0%。

按照 MRL 欧盟标准衡量，有 4 例样品检出残留农药但含量没有超标，占样品总数的 13.3%，有 26 例样品检出了超标农药，占样品总数的 86.7%。

按照 MRL 日本标准衡量，有 5 例样品检出残留农药但含量没有超标，占样品总数的 16.7%，有 25 例样品检出了超标农药，占样品总数的 83.3%。

按照 MRL 中国香港标准衡量，有 30 例样品检出残留农药但含量没有超标，占样品总数的 100.0%，无检出残留农药超标的样品。

按照 MRL 美国标准衡量，有 30 例样品检出残留农药但含量没有超标，占样品总数的 100.0%，无检出残留农药超标的样品。

按照 MRL CAC 标准衡量，有 30 例样品检出残留农药但含量没有超标，占样品总数的 100.0%，无检出残留农药超标的样品。

15.4.2 银川市市售茶叶中检出农药以中低微毒农药为主，占市场主体的 93.8%

这次侦测的 30 例茶叶样品共检出了 32 种农药，检出农药的毒性以中低微毒为主，详见表 15-22。

15.4.3 检出剧毒、高毒和禁用农药现象应该警醒

在此次侦测的 30 例样品中有 4 种茶叶的 14 例样品检出了 6 种 28 频次的剧毒和高毒或禁用农药，占样品总量的 46.7%。其中高毒农药水胺硫磷和三唑磷检出频次较高。

按 MRL 中国国家标准衡量，高毒农药水胺硫磷，检出 5 次，超标 3 次；按超标程度比较，绿茶中水胺硫磷超标 2.5 倍。

表 15-22　市场主体农药毒性分布

毒性	检出品种	占比	检出频次	占比
高毒农药	2	6.2%	6	4.0%
中毒农药	20	62.5%	115	76.2%
低毒农药	9	28.1%	29	19.2%
微毒农药	1	3.1%	1	0.7%
中低微毒农药，品种占比 93.8%，频次占比 96.0%				

剧毒、高毒或禁用农药的检出情况及按照 MRL 中国国家标准衡量的超标情况见表 15-23。

表 15-23　剧毒、高毒或禁用农药的检出及超标明细

序号	农药名称	样品名称	检出频次	超标频次	最大超标倍数	超标率
1.1	三唑磷◊▲	绿茶	1	0	0	0.0%
2.1	水胺硫磷◊▲	绿茶	5	3	2.5	60.0%
3.1	毒死蜱▲	绿茶	3	0	0	0.0%
3.2	毒死蜱▲	乌龙茶	3	0	0	0.0%
3.3	毒死蜱▲	花茶	2	0	0	0.0%
4.1	硫丹▲	绿茶	5	0	0	0.0%
4.2	硫丹▲	红茶	3	0	0	0.0%
4.3	硫丹▲	乌龙茶	2	0	0	0.0%
4.4	硫丹▲	花茶	1	0	0	0.0%
5.1	三氯杀螨醇▲	花茶	1	0	0	0.0%
5.2	三氯杀螨醇▲	绿茶	1	0	0	0.0%
6.1	乙酰甲胺磷▲	绿茶	1	0	0	0.0%
合计			28	3		10.7%

注：超标倍数参照 MRL 中国国家标准衡量

这些剧毒和高毒农药都是中国政府早有规定禁止在茶叶中使用的，为什么还屡次被检出，应该引起警惕。

15.4.4　残留限量标准与先进国家或地区标准差距较大

151 频次的检出结果与我国公布的《食品中农药最大残留限量》(GB 2763—2016) 对比，有 56 频次能找到对应的 MRL 中国国家标准，占 37.1%；还有 95 频次的侦测数据无相关 MRL 标准供参考，占 62.9%。

与国际上现行 MRL 标准对比发现：

有 151 频次能找到对应的 MRL 欧盟标准，占 100.0%；

有 151 频次能找到对应的 MRL 日本标准，占 100.0%；

有 52 频次能找到对应的 MRL 中国香港标准，占 34.4%；

有 65 频次能找到对应的 MRL 美国标准，占 43.0%；

有 55 频次能找到对应的 MRL CAC 标准，占 36.4%。

由上可见，MRL 中国国家标准与先进国家或地区标准还有很大差距，我们无标准，境外有标准，这就会导致我们在国际贸易中，处于受制于人的被动地位。

15.4.5　茶叶单种样品检出 14~18 种农药残留，拷问农药使用的科学性

通过此次监测发现，绿茶、花茶和乌龙茶是检出农药品种最多的 3 种茶叶，从中检出农药品种及频次详见表 15-24。

表 15-24　单种样品检出农药品种及频次

样品名称	样品总数	检出农药样品数	检出率	检出农药品种数	检出农药（频次）
绿茶	11	11	100.0%	18	异丁子香酚（10），联苯菊酯（9），硫丹（5），水胺硫磷（5），唑虫酰胺（5），猛杀威（4），毒死蜱（3），丙溴磷（2），咪鲜胺（2），4,4-二氯二苯甲酮（1），虫螨腈（1），稻瘟灵（1），嘧霉胺（1），噻嗪酮（1），三氯杀螨醇（1），三唑磷（1），虱螨脲（1），乙酰甲胺磷（1）
花茶	2	2	100.0%	16	毒死蜱（2），邻苯二甲酰亚胺（2），猛杀威（2），异丁子香酚（2），唑虫酰胺（2），4,4-二氯二苯甲酮（1），丙溴磷（1），虫螨腈（1），丁香酚（1），氟虫脲（1），硫丹（1），哌草丹（1），三氯杀螨醇（1），三唑醇（1），虱螨脲（1），四氢吩胺（1）
乌龙茶	9	9	100.0%	14	唑虫酰胺（9），哒螨灵（7），联苯菊酯（7），猛杀威（7），哌草丹（4），毒死蜱（3），异丁子香酚（3），丙环唑（2），硫丹（2），虱螨脲（2），仲丁威（2），腈菌唑（1），邻苯二甲酰亚胺（1），戊唑醇（1）

上述 3 种茶叶，检出农药 14～18 种，是多种农药综合防治，还是未严格实施农业良好管理规范（GAP），抑或根本就是乱施药，值得我们思考。

第 16 章 GC-Q-TOF/MS 侦测银川市市售茶叶农药残留膳食暴露风险与预警风险评估

16.1 农药残留风险评估方法

16.1.1 银川市农药残留侦测数据分析与统计

庞国芳院士科研团队建立的农药残留高通量侦测技术以高分辨精确质量数(0.0001 *m/z* 为基准)为识别标准，采用 GC-Q-TOF/MS 技术对 684 种农药化学污染物进行侦测。

科研团队于 2019 年 1 月期间在银川市 4 个采样点，随机采集了 30 例茶叶样品，具体位置如图 16-1 所示。

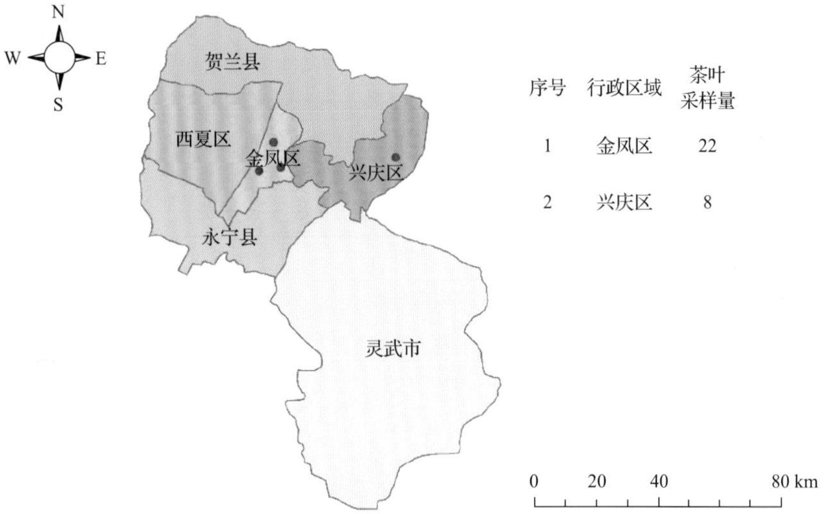

图 16-1 GC-Q-TOF/MS 侦测银川市 4 个采样点 30 例样品分布示意图

利用 GC-Q-TOF/MS 技术对 30 例样品中的农药进行侦测，侦测出残留农药 32 种，151 频次。侦测出农药残留水平如表 16-1 和图 16-2 所示。检出频次最高的前 10 种农药

表 16-1 侦测出农药的不同残留水平及其所占比例列表

残留水平(μg/kg)	检出频次	占比(%)
1 ~ 5(含)	1	0.7
5 ~ 10(含)	10	6.6
10 ~ 100(含)	92	60.9
100 ~ 1000(含)	47	31.1
>1000	1	0.7
合计	151	100

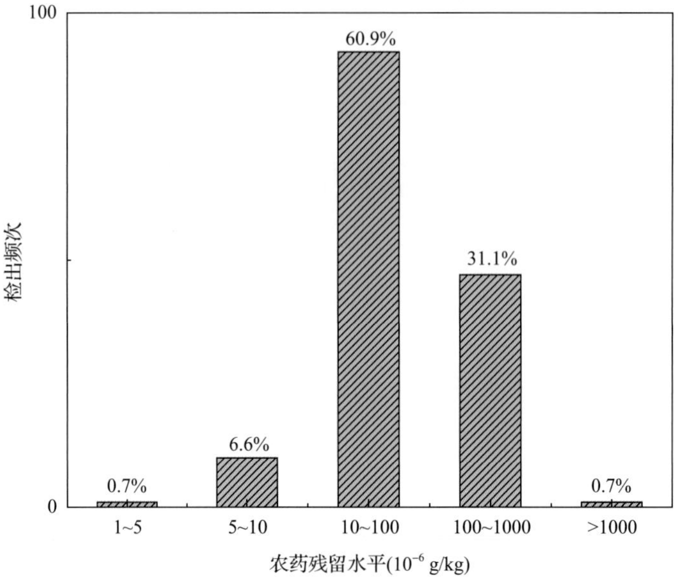

图 16-2　残留农药检出浓度频数分布图

如表 16-2 所示。从检测结果中可以看出，在茶叶中农药残留普遍存在，且有些茶叶存在高浓度的农药残留，这些可能存在膳食暴露风险，对人体健康产生危害，因此，为了定量地评价茶叶中农药残留的风险程度，有必要对其进行风险评价。

表 16-2　检出频次最高的前 10 种农药列表

序号	农药	检出频次
1	联苯菊酯	24
2	唑虫酰胺	19
3	异丁子香酚	17
4	猛杀威	13
5	硫丹	11
6	毒死蜱	8
7	哒螨灵	7
8	虫螨腈	5
9	哌草丹	5
10	虱螨脲	5

16.1.2　农药残留风险评价模型

对银川市茶叶中农药残留分别开展暴露风险评估和预警风险评估。膳食暴露风险评估利用食品安全指数模型对茶叶中的残留农药对人体可能产生的危害程度进行评价，该模型结合残留监测和膳食暴露评估评价化学污染物的危害；预警风险评价模型运用风险系数（risk index，*R*），风险系数综合考虑了危害物的超标率、施检频率及其本身敏感性的影响，能直观而全面地反映出危害物在一段时间内的风险程度。

16.1.2.1　食品安全指数模型

为了加强食品安全管理，《中华人民共和国食品安全法》第二章第十七条规定“国家建立食品安全风险评估制度，运用科学方法，根据食品安全风险监测信息、科学数据以及有关信息，对食品、食品添加剂、食品相关产品中生物性、化学性和物理性危害因素进行风险评估”[1]，膳食暴露评估是食品危险度评估的重要组成部分，也是膳食安全性的衡量标准[2]。国际上最早研究膳食暴露风险评估的机构主要是 JMPR（FAO、WHO农药残留联合会议），该组织自 1995 年就已制定了急性毒性物质的风险评估急性毒性农药残留摄入量的预测。1960 年美国规定食品中不得加入致癌物质进而提出零阈值理论，渐渐零阈值理论发展成在一定概率条件下可接受风险的概念[3]，后衍变为食品中每日允许最大摄入量（ADI），而国际食品农药残留法典委员会（CCPR）认为 ADI 不是独立风险评估的唯一标准[4]，1995 年 JMPR 开始研究农药急性膳食暴露风险评估，并对食品国际短期摄入量的计算方法进行了修正，亦对膳食暴露评估准则及评估方法进行了修正[5]，2002 年，在对世界上现行的食品安全评价方法，尤其是国际公认的 CAC 评价方法、全球环境监测系统/食品污染监测和评估规划（WHO GEMS/Food）及 FAO、WHO 食品添加剂联合专家委员会（JECFA）和 JMPR 对食品安全风险评估工作研究的基础之上，检验检疫食品安全管理的研究人员提出了结合残留监控和膳食暴露评估，以食品安全指数 IFS 计算食品中各种化学污染物对消费者的健康危害程度[6]。IFS 是表示食品安全状态的新方法，可有效地评价某种农药的安全性，进而评价食品中各种农药化学污染物对消费者健康的整体危害程度[7,8]。从理论上分析，IFS_c 可指出食品中的污染物 c 对消费者健康是否存在危害及危害的程度[9]。其优点在于操作简单且结果容易被接受和理解，不需要大量的数据来对结果进行验证，使用默认的标准假设或者模型即可[10,11]。

1）IFS_c 的计算

IFS_c 计算公式如下：

$$IFS_c = \frac{EDI_c \times f}{SI_c \times bw} \tag{16-1}$$

式中，c 为所研究的农药；EDI_c 为农药 c 的实际日摄入量估算值，等于 $\sum(R_i \times F_i \times E_i \times P_i)$（$i$ 为食品种类；R_i 为食品 i 中农药 c 的残留水平，mg/kg；F_i 为食品 i 的估计日消费量，g/(人·天)；E_i 为食品 i 的可食用部分因子；P_i 为食品 i 的加工处理因子）；SI_c 为安全摄入量，可采用每日允许最大摄入量 ADI；bw 为人平均体重，kg；f 为校正因子，如果安全摄入量采用 ADI，则 f 取 1。

$IFS_c \ll 1$，农药 c 对食品安全没有影响；$IFS_c \leqslant 1$，农药 c 对食品安全的影响可以接受；$IFS_c > 1$，农药 c 对食品安全的影响不可接受。

本次评价中：

$IFS_c \leqslant 0.1$，农药 c 对茶叶安全没有影响；

$0.1 < IFS_c \leqslant 1$，农药 c 对茶叶安全的影响可以接受；

$IFS_c > 1$，农药 c 对茶叶安全的影响不可接受。

本次评价中残留水平 R_i 取值为中国检验检疫科学研究院庞国芳院士课题组利用以高分辨精确质量数（0.0001 m/z）为基准的 GC-Q-TOF/MS 侦测技术于 2019 年 1 月期间对银川市茶叶农药残留的侦测结果，估计日消费量 F_i 取值 0.0047 kg/（人·天），E_i=1，P_i=1，f=1，SI_c 采用《食品安全国家标准　食品中农药最大残留限量》（GB 2763—2016）中 ADI 值（具体数值见表 16-3），人平均体重（bw）取值 60 kg。

表 16-3　银川市茶叶中侦测出农药的 ADI 值

序号	农药	ADI	序号	农药	ADI	序号	农药	ADI
1	唑虫酰胺	0.006	12	噻嗪酮	0.009	23	嘧霉胺	0.2
2	联苯菊酯	0.01	13	氟虫脲	0.04	24	邻苯基苯酚	0.4
3	哌草丹	0.001	14	丙溴磷	0.03	25	4,4-二氯二苯甲酮	—
4	水胺硫磷	0.003	15	咪鲜胺	0.01	26	丁香酚	—
5	硫丹	0.006	16	稻瘟灵	0.016	27	四氢吩胺	—
6	毒死蜱	0.01	17	丙环唑	0.07	28	异丁子香酚	—
7	三唑磷	0.001	18	戊唑醇	0.03	29	猛杀威	—
8	哒螨灵	0.01	19	三唑醇	0.03	30	苄草丹	—
9	虱螨脲	0.015	20	仲丁威	0.06	31	解草嗪	—
10	虫螨腈	0.03	21	乙酰甲胺磷	0.03	32	邻苯二甲酰亚胺	—
11	三氯杀螨醇	0.002	22	腈菌唑	0.03			

注："—"表示为国家标准中无 ADI 值规定；ADI 值单位为 mg/kg bw

2）计算 IFS_c 的平均值 $\overline{IFS}$，评价农药对食品安全的影响程度

以 $\overline{IFS}$ 评价各种农药对人体健康危害的总程度，评价模型见公式（16-2）。

$$\overline{IFS}=\frac{\sum_{i=1}^{n} IFS_c}{n} \tag{16-2}$$

$\overline{IFS}\ll 1$，所研究消费者人群的食品安全状态很好；$\overline{IFS}\leqslant 1$，所研究消费者人群的食品安全状态可以接受；$\overline{IFS}>1$，所研究消费者人群的食品安全状态不可接受。

本次评价中：

$\overline{IFS}\leqslant 0.1$，所研究消费者人群的茶叶安全状态很好；

$0.1<\overline{IFS}\leqslant 1$，所研究消费者人群的茶叶安全状态可以接受；

$\overline{IFS}>1$，所研究消费者人群的茶叶安全状态不可接受。

16.1.2.2　预警风险评估模型

2003 年，我国检验检疫食品安全管理的研究人员根据 WTO 的有关原则和我国的具体规定，结合危害物本身的敏感性、风险程度及其相应的施检频率，首次提出了食品中危害物风险系数 R 的概念[12]。R 是衡量一个危害物的风险程度大小最直观的参数，即在一定时期内其超标率或阳性检出率的高低，但受其施检频率的高低及其本身的敏感性（受

关注程度)影响。该模型综合考察了农药在茶叶中的超标率、施检频率及其本身敏感性，能直观而全面地反映出农药在一段时间内的风险程度[13]。

1) R 计算方法

危害物的风险系数综合考虑了危害物的超标率或阳性检出率、施检频率和其本身的敏感性影响，并能直观而全面地反映出危害物在一段时间内的风险程度。风险系数 R 的计算公式如式(16-3)：

$$R = aP + \frac{b}{F} + S \tag{16-3}$$

式中，P 为该种危害物的超标率；F 为危害物的施检频率；S 为危害物的敏感因子；a, b 分别为相应的权重系数。

本次评价中 F=1；S=1；a=100；b=0.1，对参数 P 进行计算，计算时首先判断是否为禁用农药，如果为非禁用农药，P=超标的样品数(侦测出的含量高于食品最大残留限量标准值，即 MRL)除以总样品数(包括超标、不超标、未侦测出)；如果为禁用农药，则侦测出即为超标，P=能侦测出的样品数除以总样品数。判断银川市茶叶农药残留是否超标的标准限值 MRL 分别以 MRL 中国国家标准[14]和 MRL 欧盟标准作为对照，具体值列于本报告附表一中。

2) 评价风险程度

$R \leqslant 1.5$，受检农药处于低度风险；

$1.5 < R \leqslant 2.5$，受检农药处于中度风险；

$R > 2.5$，受检农药处于高度风险。

16.1.2.3　食品膳食暴露风险和预警风险评估应用程序的开发

1) 应用程序开发的步骤

为成功开发膳食暴露风险和预警风险评估应用程序，与软件工程师多次沟通讨论，逐步提出并描述清楚计算需求，开发了初步应用程序。为明确出不同茶叶、不同农药、不同地域的风险水平，向软件工程师提出不同的计算需求，软件工程师对计算需求进行逐一地分析，经过反复的细节沟通，需求分析得到明确后，开始进行解决方案的设计，在保证需求的完整性、一致性的前提下，编写出程序代码，最后设计出满足需求的风险评估专用计算软件，并通过一系列的软件测试和改进，完成专用程序的开发。软件开发基本步骤见图 16-3。

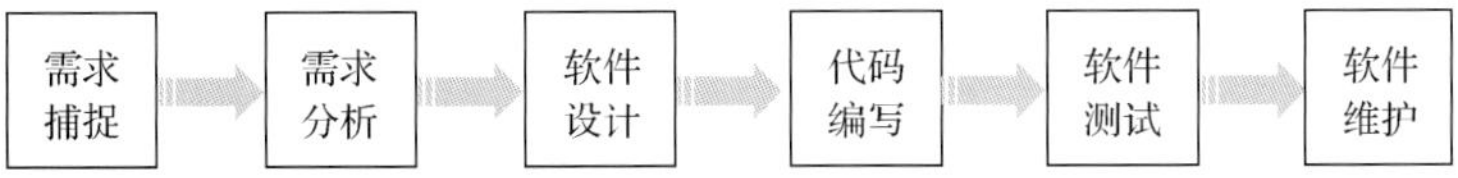

图 16-3　专用程序开发总体步骤

2) 膳食暴露风险评估专业程序开发的基本要求

首先直接利用公式(16-1)，分别计算 LC-Q-TOF/MS 和 GC-Q-TOF/MS 仪器侦测出的各茶叶样品中每种农药 IFS_c，将结果列出。为考察超标农药和禁用农药的使用安全性，分别以我国《食品安全国家标准 食品中农药最大残留限量》(GB 2763—2016)和欧盟食品中农药最大残留限量(以下简称 MRL 中国国家标准和 MRL 欧盟标准)为标准，对侦测出的禁用农药和超标的非禁用农药 IFS_c 单独进行评价；按 IFS_c 大小列表，并找出 IFS_c 值排名前 20 的样本重点关注。

对不同茶叶 i 中每一种侦测出的农药 c 的安全指数进行计算，多个样品时求平均值。按农药种类，计算整个监测时间段内每种农药的 IFS_c，不区分茶叶种类。

3) 预警风险评估专业程序开发的基本要求

分别以 MRL 中国国家标准和 MRL 欧盟标准，按公式(16-3)逐个计算不同茶叶、不同农药的风险系数，禁用农药和非禁用农药分别列表。

为清楚了解各种农药的预警风险，不分时间，不分茶叶，按禁用农药和非禁用农药分类，分别计算各种侦测出农药全部检测时段内风险系数。由于有 MRL 中国国家标准的农药种类太少，无法计算超标数，非禁用农药的风险系数只以 MRL 欧盟标准为标准，进行计算。

4) 风险程度评价专业应用程序的开发方法

采用 Python 计算机程序设计语言，Python 是一个高层次地结合了解释性、编译性、互动性和面向对象的脚本语言。风险评价专用程序主要功能包括：分别读入每例样品 LC-Q-TOF/MS 和 GC-Q-TOF/MS 农药残留检测数据，根据风险评价工作要求，依次对不同农药、不同食品、不同时间、不同采样点的 IFS_c 值和 R 值分别进行数据计算，筛选出禁用农药、超标农药(分别与 MRL 中国国家标准、MRL 欧盟标准限值进行对比)单独重点分析，再分别对各农药、各茶叶种类分类处理，设计出计算和排序程序，编写计算机代码，最后将生成的膳食暴露风险评估和超标风险评估定量计算结果列入设计好的各个表格中，并定性判断风险对目标的影响程度，直接用文字描述风险发生的高低，如“不可接受”、“可以接受”、“没有影响”、“高度风险”、“中度风险”、“低度风险”。

16.2 GC-Q-TOF/MS 侦测银川市市售茶叶农药残留膳食暴露风险评估

16.2.1 每例茶叶样品中农药残留安全指数分析

基于 2019 年 1 月的农药残留侦测数据，发现在 30 例样品中侦测出农药 151 频次，计算样品中每种残留农药的安全指数 IFS_c，并分析农药对样品安全的影响程度，结果详见附表二，农药残留对茶叶样品安全的影响程度频次分布情况如图 16-4 所示。

由图 16-4 可以看出，农药残留对样品安全的没有影响的频次为 112，占 74.17%。

部分样品侦测出禁用农药 6 种 28 频次，为了明确残留的禁用农药对样品安全的影响，分析侦测出禁用农药残留的样品安全指数，禁用农药残留对茶叶样品安全的影响程度频次分布情况如图 16-5 所示，农药残留对样品安全没有影响的频次为 28，占 100%。

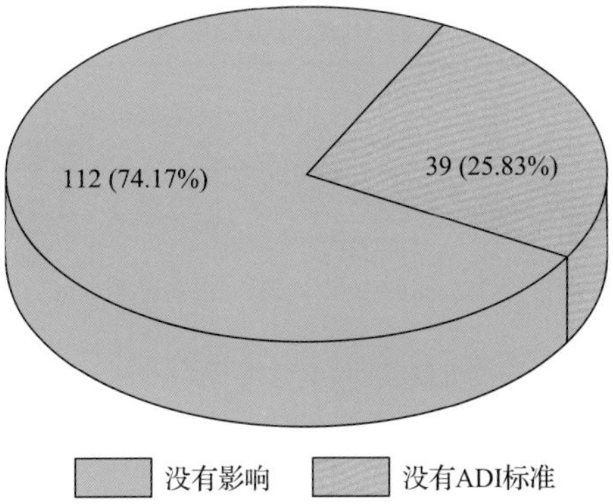

图 16-4 农药残留对茶叶样品安全的影响程度频次分布图

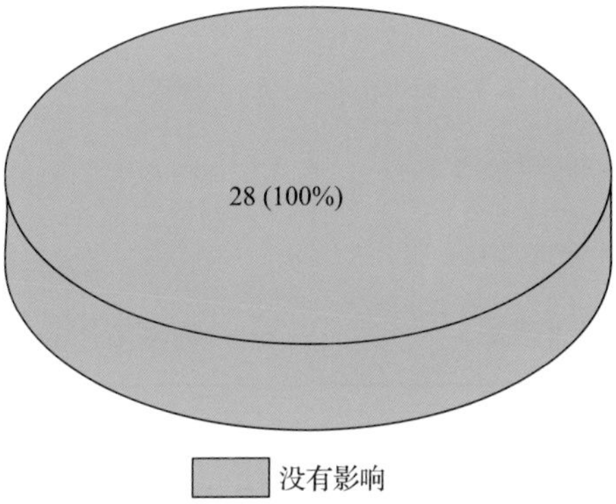

图 16-5 禁用农药对茶叶样品安全影响程度的频次分布图

此外，本次侦测发现部分样品中非禁用农药残留量超过了 MRL 欧盟标准，为了明确超标的非禁用农药对样品安全的影响，分析了非禁用农药残留超标的样品安全指数。

残留量超过 MRL 欧盟标准的非禁用农药对茶叶样品安全的影响程度频次分布情况如图 16-6 所示。可以看出超过 MRL 欧盟标准的非禁用农药共 67 频次，其中农药没有 ADI 标准的频次为 37，占 55.22%；农药残留对样品安全没有影响的频次为 30，占 44.78%。表 16-4 为茶叶样品中安全指数排名前 10 的残留超标非禁用农药列表。

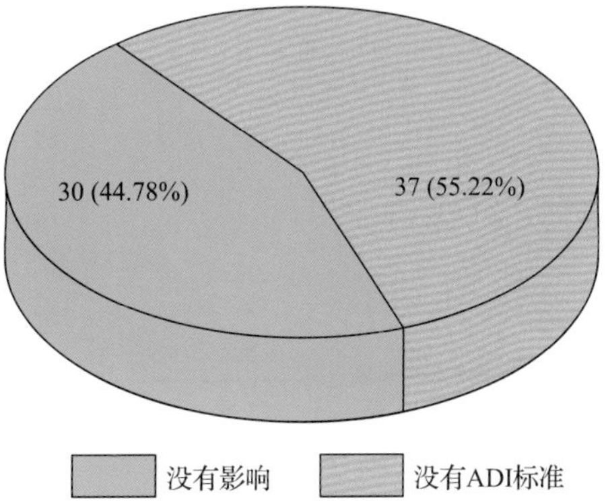

图 16-6 残留超标的非禁用农药对茶叶样品安全的影响程度频次分布图(MRL 欧盟标准)

表 16-4 茶叶样品中安全指数排名前 10 的残留超标非禁用农药列表（MRL 欧盟标准）

序号	样品编号	采样点	基质	农药	含量(mg/kg)	欧盟标准	IFS_c	影响程度
1	20190103-640100-USI-OT-04B	***超市（悦海新天地店）	乌龙茶	唑虫酰胺	1.3091	0.01	1.71×10^{-2}	没有影响
2	20190103-640100-USI-FT-03A	***超市（森林公园店）	花茶	唑虫酰胺	0.9304	0.01	1.21×10^{-2}	没有影响
3	20190103-640100-USI-OT-01A	***超市（正源北街店）	乌龙茶	唑虫酰胺	0.4943	0.01	6.45×10^{-3}	没有影响
4	20190103-640100-USI-OT-02D	***超市（宝湖东路店）	乌龙茶	唑虫酰胺	0.4797	0.01	6.26×10^{-3}	没有影响
5	20190103-640100-USI-GT-04C	***超市（悦海新天地店）	绿茶	唑虫酰胺	0.4625	0.01	6.04×10^{-3}	没有影响
6	20190103-640100-USI-FT-02A	***超市（宝湖东路店）	花茶	唑虫酰胺	0.4173	0.01	5.45×10^{-3}	没有影响
7	20190103-640100-USI-FT-03A	***超市（森林公园店）	花茶	哌草丹	0.0552	0.01	4.32×10^{-3}	没有影响
8	20190103-640100-USI-OT-03A	***超市（森林公园店）	乌龙茶	唑虫酰胺	0.3248	0.01	4.24×10^{-3}	没有影响
9	20190103-640100-USI-GT-03C	***超市（森林公园店）	绿茶	唑虫酰胺	0.3178	0.01	4.15×10^{-3}	没有影响
10	20190103-640100-USI-GT-04A	***超市（悦海新天地店）	绿茶	唑虫酰胺	0.2899	0.01	3.78×10^{-3}	没有影响

16.2.2 单种茶叶中农药残留安全指数分析

本次 5 种茶叶侦测 32 种农药，检出频次为 151 次，其中 8 种农药没有 ADI 标准，24 种农药存在 ADI 标准。5 种茶叶按不同种类分别计算侦测出的具有 ADI 标准的各种农药的 IFS_c 值，农药残留对茶叶的安全指数分布图如图 16-7 所示。

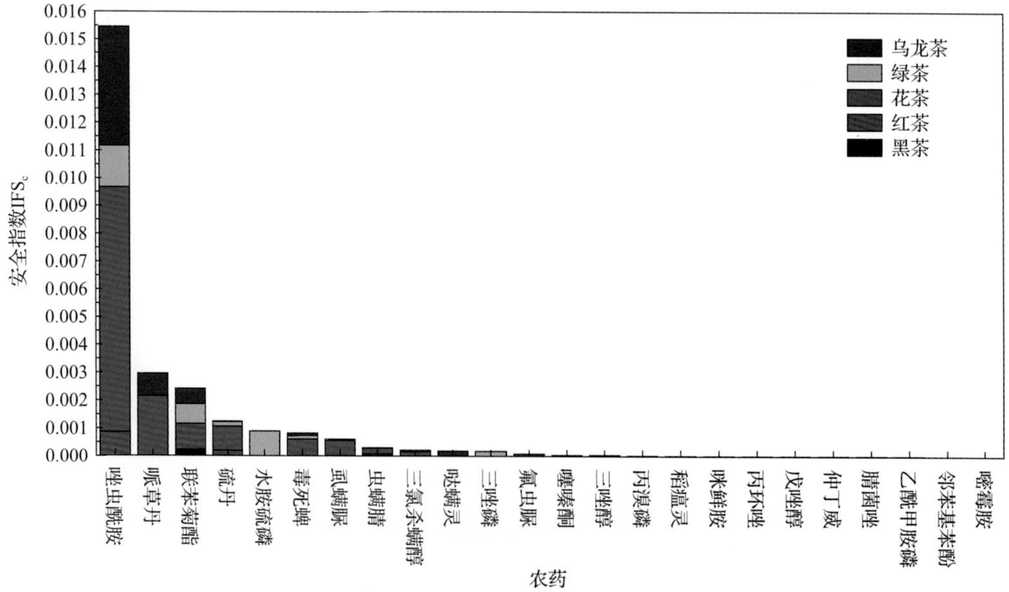

图 16-7 5 种茶叶中 24 种残留农药的安全指数分布图

本次侦测中，5 种茶叶和 32 种残留农药(包括没有 ADI 标准)共涉及 60 个分析样本，农药对单种茶叶安全的影响程度分布情况如图 16-8 所示。可以看出，75%的样本中农药对茶叶安全没有影响。

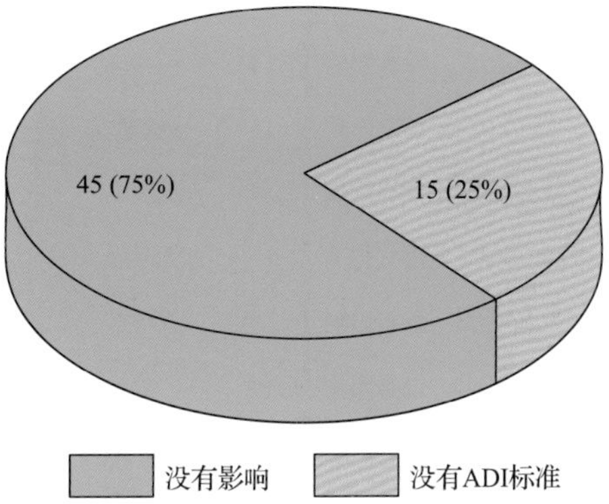

图 16-8　60 个分析样本的影响程度频次分布图

16.2.3　所有茶叶中农药残留安全指数分析

计算所有茶叶中 24 种农药的 IFS_c 值，结果如图 16-9 及表 16-5 所示。

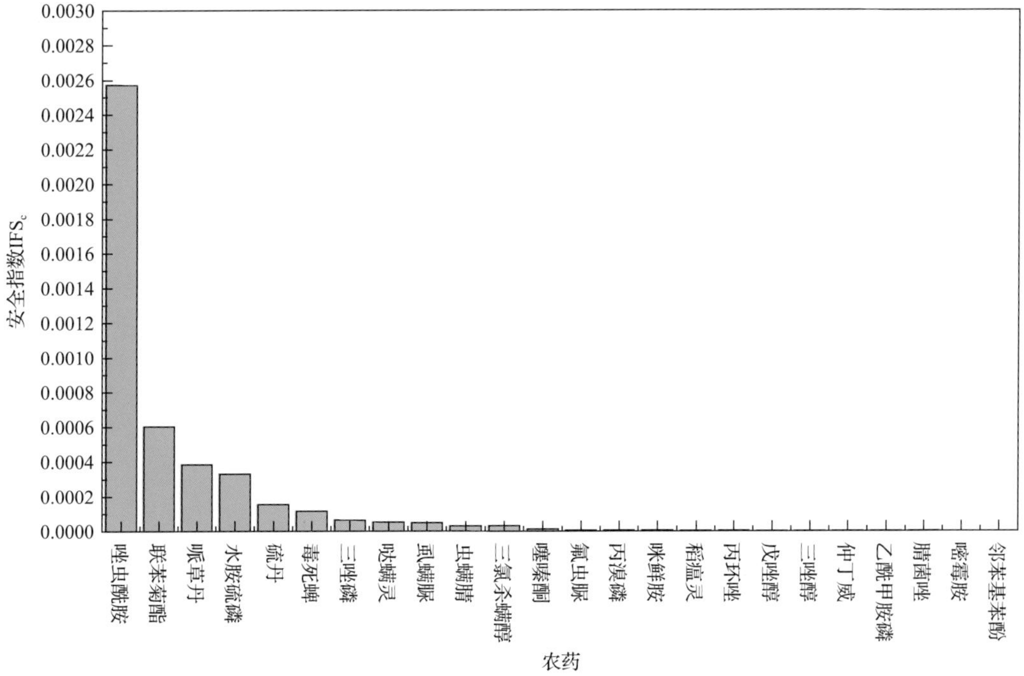

图 16-9　24 种残留农药对茶叶的安全影响程度统计图

表 16-5　茶叶中 24 种农药残留的安全指数表

序号	农药	检出频次	检出率(%)	IFS_c	影响程度	序号	农药	检出频次	检出率(%)	IFS_c	影响程度
1	唑虫酰胺	19	63.33	2.57×10^{-3}	没有影响	13	氟虫脲	1	3.33	5.10×10^{-6}	没有影响
2	联苯菊酯	24	80.00	6.05×10^{-4}	没有影响	14	丙溴磷	3	10.00	4.78×10^{-6}	没有影响
3	哌草丹	5	16.67	3.85×10^{-4}	没有影响	15	咪鲜胺	2	6.67	4.73×10^{-6}	没有影响
4	水胺硫磷	5	16.67	3.30×10^{-4}	没有影响	16	稻瘟灵	2	6.67	3.36×10^{-6}	没有影响
5	硫丹	11	36.67	1.55×10^{-4}	没有影响	17	丙环唑	2	6.67	2.86×10^{-6}	没有影响
6	毒死蜱	8	26.67	1.18×10^{-4}	没有影响	18	戊唑醇	1	3.33	2.34×10^{-6}	没有影响
7	三唑磷	1	3.33	6.42×10^{-5}	没有影响	19	三唑醇	1	3.33	2.08×10^{-6}	没有影响
8	哒螨灵	7	23.33	5.42×10^{-5}	没有影响	20	仲丁威	2	6.67	1.98×10^{-6}	没有影响
9	虱螨脲	5	16.67	5.14×10^{-5}	没有影响	21	乙酰甲胺磷	1	3.33	1.74×10^{-6}	没有影响
10	虫螨腈	5	16.67	3.19×10^{-5}	没有影响	22	腈菌唑	1	3.33	1.70×10^{-6}	没有影响
11	三氯杀螨醇	2	6.67	3.15×10^{-5}	没有影响	23	嘧霉胺	1	3.33	1.36×10^{-7}	没有影响
12	噻嗪酮	1	3.33	1.18×10^{-5}	没有影响	24	邻苯基苯酚	2	6.67	6.72×10^{-8}	没有影响

分析发现，所有农药对茶叶安全的影响程度均在没有影响，说明茶叶中残留的农药不会对茶叶安全造成影响。

16.3　GC-Q-TOF/MS 侦测银川市市售茶叶农药残留预警风险评估

基于银川市茶叶样品中农药残留 GC-Q-TOF/MS 侦测数据，分析禁用农药的检出率，同时参照中华人民共和国国家标准 GB 2763—2016 和欧盟农药最大残留限量(MRL)标准分析非禁用农药残留的超标率，并计算农药残留风险系数。分析单种茶叶中农药残留以及所有茶叶中农药残留的风险程度。

16.3.1　单种茶叶中农药残留风险系数分析

16.3.1.1　单种茶叶中禁用农药残留风险系数分析

侦测出的 32 种残留农药中有 6 种为禁用农药，且它们分布在 4 种茶叶中，计算 4 种茶叶中禁用农药的检出率，根据检出率计算风险系数 R，进而分析茶叶中禁用农药的风险程度，结果如图 16-10 与表 16-6 所示。分析发现 6 种禁用农药在 4 种茶叶中的残留处均于高度风险。

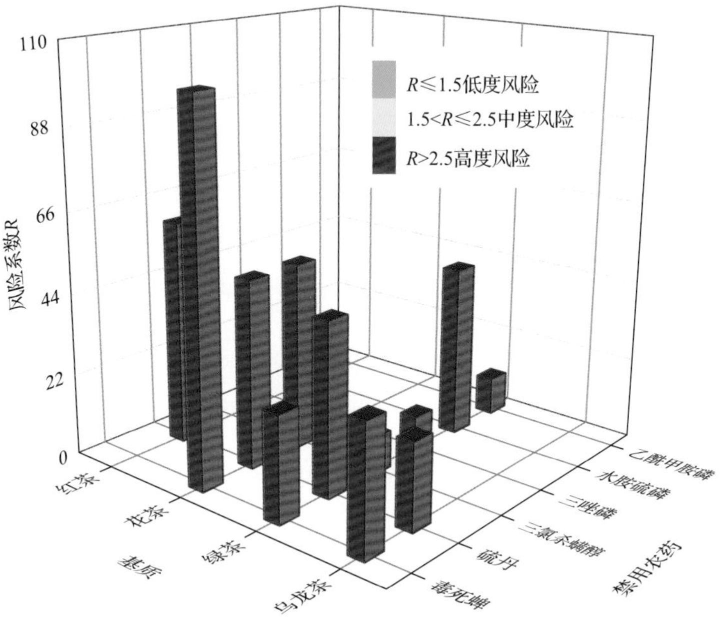

图 16-10 4 种茶叶中 6 种禁用农药残留的风险系数

表 16-6 4 种茶叶中 6 种禁用农药残留的风险系数表

序号	基质	农药	检出频次	检出率(%)	风险系数 R	风险程度
1	花茶	毒死蜱	2	100.00	101.10	高度风险
2	红茶	硫丹	3	60.00	61.10	高度风险
3	花茶	三氯杀螨醇	1	50.00	51.10	高度风险
4	花茶	硫丹	1	50.00	51.10	高度风险
5	绿茶	水胺硫磷	5	45.45	46.55	高度风险
6	绿茶	硫丹	5	45.45	46.55	高度风险
7	乌龙茶	毒死蜱	3	33.33	34.43	高度风险
8	绿茶	毒死蜱	3	27.27	28.37	高度风险
9	乌龙茶	硫丹	2	22.22	23.32	高度风险
10	绿茶	三唑磷	1	9.09	10.19	高度风险
11	绿茶	三氯杀螨醇	1	9.09	10.19	高度风险
12	绿茶	乙酰甲胺磷	1	9.09	10.19	高度风险

16.3.1.2 基于 MRL 中国国家标准的单种茶叶中非禁用农药残留风险系数分析

参照中华人民共和国国家标准 GB 2763—2016 中农药残留限量计算每种茶叶中每种非禁用农药的超标率，进而计算其风险系数，根据风险系数大小判断残留农药的预警风险程度，茶叶中非禁用农药残留风险程度分布情况如图 16-11 所示。

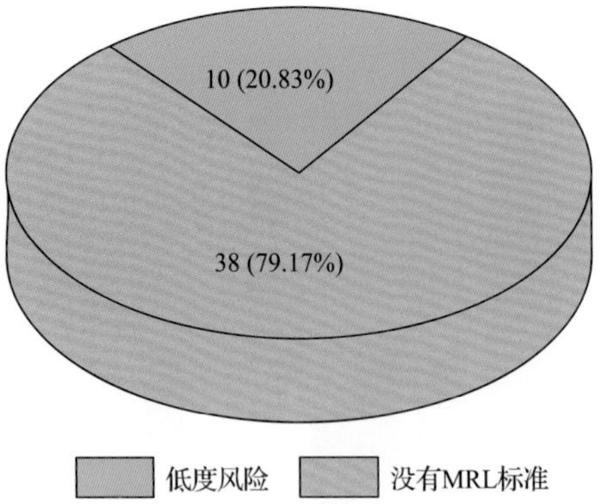

图 16-11　茶叶中非禁用农药残留的风险程度分布图（MRL 中国国家标准）

本次分析中，发现在 5 种茶叶检出 26 种残留非禁用农药，涉及样本 48 个，在 48 个样本中，20.83%处于低度风险，此外发现有 38 个样本没有 MRL 中国国家标准值，无法判断其风险程度，有 MRL 中国国家标准值的 10 个样本涉及 5 种茶叶中的 4 种非禁用农药，其风险系数 *R* 值如图 16-12 所示。

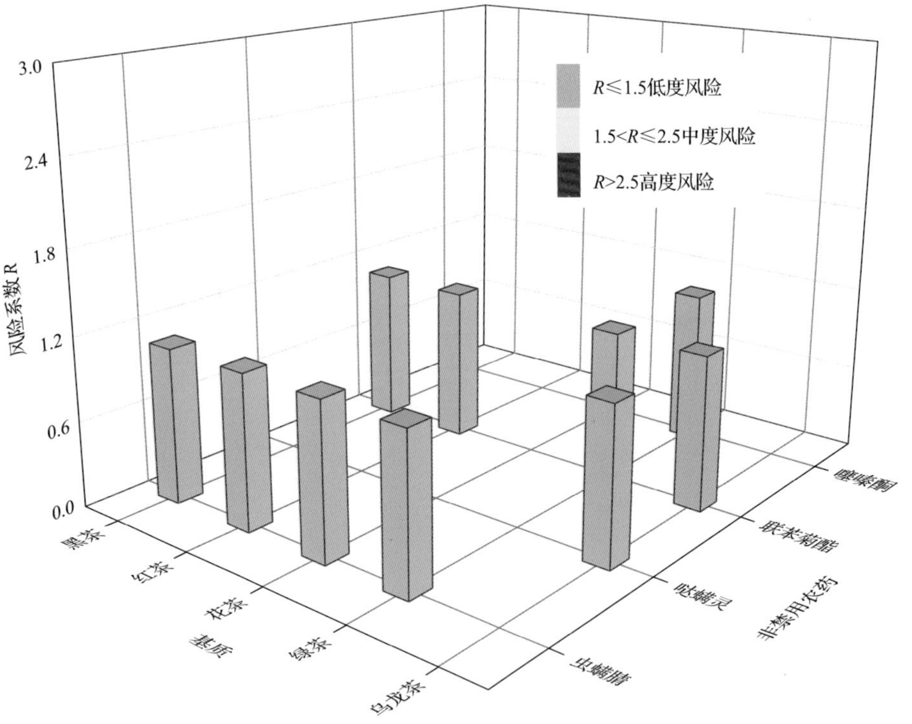

图 16-12　5 种茶叶中 4 种非禁用农药的风险系数分布图（MRL 中国国家标准）

16.3.1.3　基于 MRL 欧盟标准的单种茶叶中非禁用农药残留风险系数分析

参照 MRL 欧盟标准计算每种茶叶中每种非禁用农药的超标率，进而计算其风险系数，根据风险系数大小判断农药残留的预警风险程度，茶叶中非禁用农药残留风险程度分布情况如图 16-13 所示。

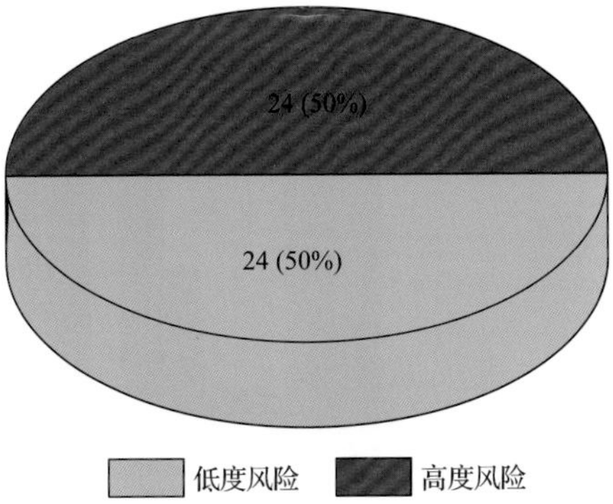

图 16-13　茶叶中非禁用农药残留的风险程度分布图(MRL 欧盟标准)

本次分析中，发现在 5 种茶叶中共侦测出 26 种非禁用农药，涉及样本 48 个，其中，50%处于高度风险，涉及 4 种茶叶和 14 种农药；50%处于低度风险，涉及 5 种茶叶和 15 种农药。单种茶叶中的非禁用农药风险系数分布图如图 16-14 所示。单种茶叶中处于高度风险的非禁用农药风险系数如图 16-15 和表 16-7 所示。

16.3.2　所有茶叶中农药残留风险系数分析

16.3.2.1　所有茶叶中禁用农药残留风险系数分析

在侦测出的 32 种农药中有 6 种为禁用农药，计算所有茶叶中禁用农药的风险系数，结果如表 16-8 所示。在 6 种禁用农药中，6 种农药残留处于高度风险。

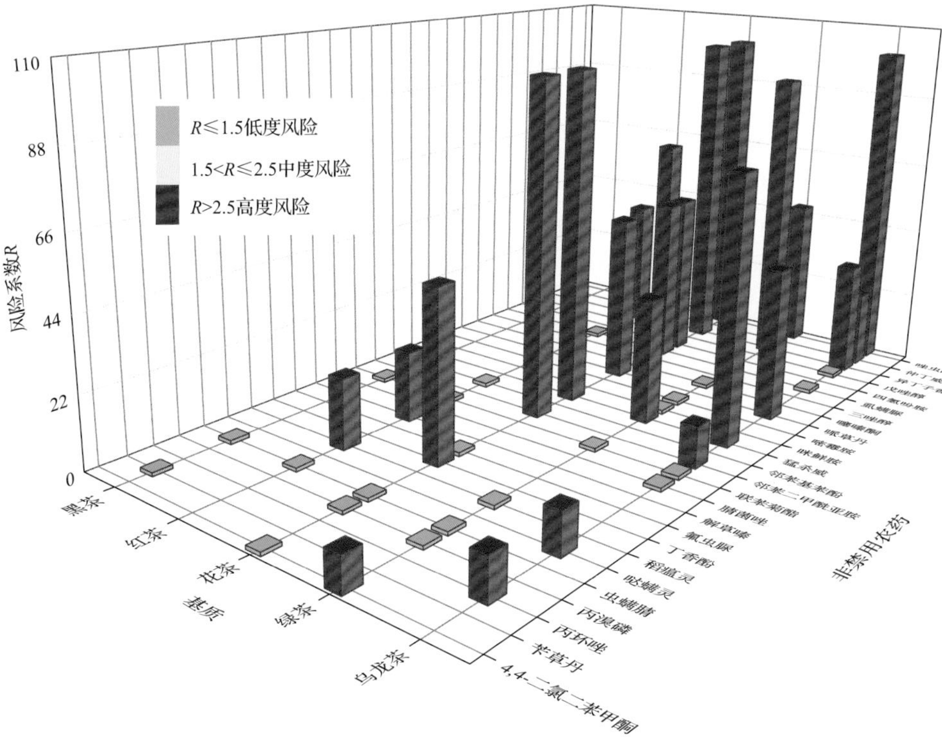

图 16-14　5 种茶叶中 26 种非禁用农药残留的风险系数(MRL 欧盟标准)

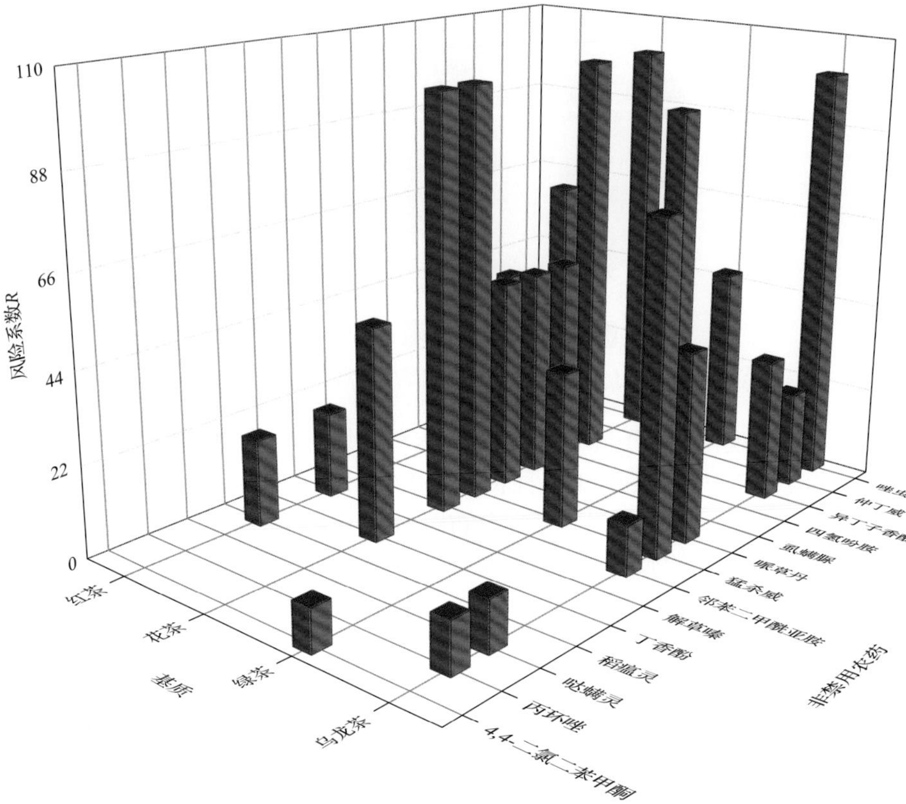

图 16-15　单种茶叶中处于高度风险的非禁用农药的风险系数（MRL 欧盟标准）

表 16-7　单种茶叶中处于高度风险的非禁用农药残留的风险系数表（MRL 欧盟标准）

序号	基质	农药	超标频次	超标率 P(%)	风险系数 R
1	乌龙茶	唑虫酰胺	9	100.00	101.10
2	花茶	唑虫酰胺	2	100.00	101.10
3	花茶	异丁子香酚	2	100.00	101.10
4	花茶	猛杀威	2	100.00	101.10
5	花茶	邻苯二甲酰亚胺	2	100.00	101.10
6	绿茶	异丁子香酚	10	90.91	92.01
7	乌龙茶	猛杀威	7	77.78	78.88
8	红茶	唑虫酰胺	3	60.00	61.10
9	花茶	丁香酚	1	50.00	51.10
10	花茶	哌草丹	1	50.00	51.10
11	花茶	四氢吩胺	1	50.00	51.10
12	花茶	虱螨脲	1	50.00	51.10
13	绿茶	唑虫酰胺	5	45.45	46.55
14	乌龙茶	哌草丹	4	44.44	45.54
15	红茶	异丁子香酚	2	40.00	41.10
16	绿茶	猛杀威	4	36.36	37.46
17	乌龙茶	异丁子香酚	3	33.33	34.43

续表

序号	基质	农药	超标频次	超标率 P(%)	风险系数 R
18	乌龙茶	仲丁威	2	22.22	23.32
19	红茶	稻瘟灵	1	20.00	21.10
20	红茶	解草嗪	1	20.00	21.10
21	乌龙茶	丙环唑	1	11.11	12.21
22	乌龙茶	哒螨灵	1	11.11	12.21
23	乌龙茶	邻苯二甲酰亚胺	1	11.11	12.21
24	绿茶	4,4-二氯二苯甲酮	1	9.09	10.19

表 16-8　茶叶中 6 种禁用农药的风险系数表

序号	农药	检出频次	检出率(%)	风险系数 R	风险程度
1	硫丹	11	36.67	37.77	高度风险
2	毒死蜱	8	26.67	27.77	高度风险
3	水胺硫磷	5	16.67	17.77	高度风险
4	三氯杀螨醇	2	6.67	7.77	高度风险
5	三唑磷	1	3.33	4.43	高度风险
6	乙酰甲胺磷	1	3.33	4.43	高度风险

16.3.2.2　所有茶叶中非禁用农药残留风险系数分析

参照 MRL 欧盟标准计算所有茶叶中每种非禁用农药残留的风险系数，如图 16-16 与表 16-9 所示。在侦测出的 26 种非禁用农药中，14 种农药(53.85%)残留处于高度风险，12 种农药(46.15%)残留处于低度风险。

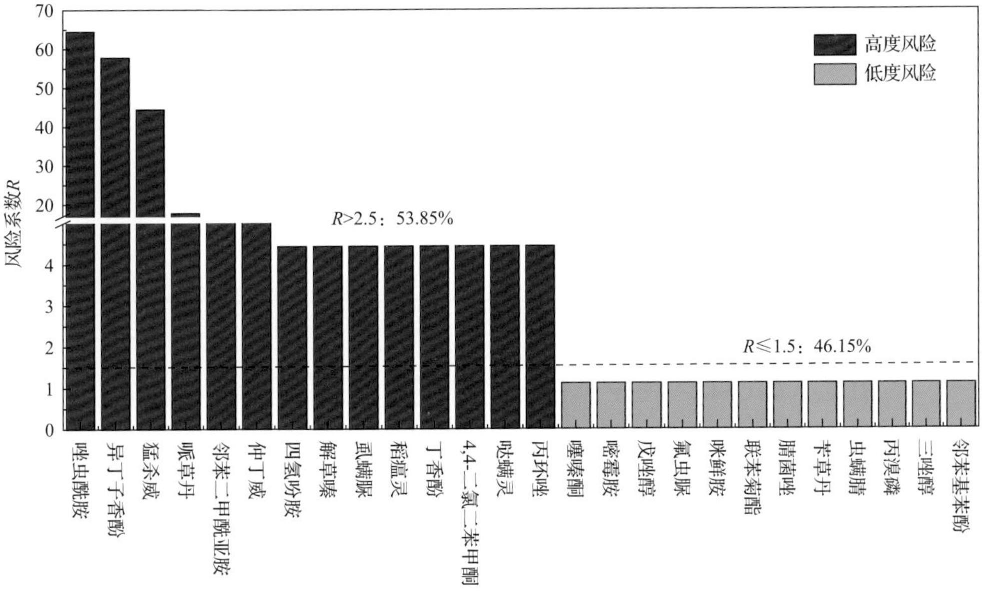

图 16-16　茶叶中 26 种非禁用农药的风险程度统计图

表 16-9 茶叶中 26 种非禁用农药的风险系数表

序号	农药	超标频次	超标率 P(%)	风险系数 R	风险程度
1	唑虫酰胺	19	63.33	64.43	高度风险
2	异丁子香酚	17	56.67	57.77	高度风险
3	猛杀威	13	43.33	44.43	高度风险
4	哌草丹	5	16.67	17.77	高度风险
5	邻苯二甲酰亚胺	3	10.00	11.10	高度风险
6	仲丁威	2	6.67	7.77	高度风险
7	四氢吩胺	1	3.33	4.43	高度风险
8	解草嗪	1	3.33	4.43	高度风险
9	虱螨脲	1	3.33	4.43	高度风险
10	稻瘟灵	1	3.33	4.43	高度风险
11	丁香酚	1	3.33	4.43	高度风险
12	4,4-二氯二苯甲酮	1	3.33	4.43	高度风险
13	哒螨灵	1	3.33	4.43	高度风险
14	丙环唑	1	3.33	4.43	高度风险
15	噻嗪酮	0	0	1.10	低度风险
16	嘧霉胺	0	0	1.10	低度风险
17	戊唑醇	0	0	1.10	低度风险
18	氟虫脲	0	0	1.10	低度风险
19	咪鲜胺	0	0	1.10	低度风险
20	联苯菊酯	0	0	1.10	低度风险
21	腈菌唑	0	0	1.10	低度风险
22	苄草丹	0	0	1.10	低度风险
23	虫螨腈	0	0	1.10	低度风险
24	丙溴磷	0	0	1.10	低度风险
25	三唑醇	0	0	1.10	低度风险
26	邻苯基苯酚	0	0	1.10	低度风险

16.4 GC-Q-TOF/MS 侦测银川市市售茶叶农药残留风险评估结论与建议

农药残留是影响茶叶安全和质量的主要因素，也是我国食品安全领域备受关注的敏感话题和亟待解决的重大问题之一[15,16]。各种茶叶均存在不同程度的农药残留现象，本研究主要针对银川市各类茶叶存在的农药残留问题，基于 2019 年 1 月对银川市 30 例茶叶样品中农药残留侦测得出的 151 个侦测结果，分别采用食品安全指数模型和风险系数模型，开展茶叶中农药残留的膳食暴露风险和预警风险评估。茶叶样品取自超市和茶叶专营店，符合大众的膳食来源，风险评价时更具有代表性和可信度。

本研究力求通用简单地反映食品安全中的主要问题，且为管理部门和大众容易接受，为政府及相关管理机构建立科学的食品安全信息发布和预警体系提供科学的规律与方法，加强对农药残留的预警和食品安全重大事件的预防，控制食品风险。

16.4.1　银川市茶叶中农药残留膳食暴露风险评价结论

1) 茶叶样品中农药残留安全状态评价结论

采用食品安全指数模型，对 2019 年 1 月期间银川市茶叶农药残留膳食暴露风险进行评价，根据 IFS_c 的计算结果发现，茶叶中农药的 $\overline{IFS}$ 为 1.85×10^{-4}，说明银川市茶叶总体处于可以接受的安全状态，但部分禁用农药、高残留农药在茶叶中仍有侦测出，导致膳食暴露风险的存在，成为不安全因素。

2) 禁用农药膳食暴露风险评价

本次检测发现部分茶叶样品中有禁用农药侦测出，侦测出禁用农药 6 种，侦测出频次为 28，茶叶样品中的禁用农药 IFS_c 计算结果表明，禁用农药残留膳食暴露风险没有影响的频次为 28，占 100%。

16.4.2　银川市茶叶中农药残留预警风险评价结论

1) 单种茶叶中禁用农药残留的预警风险评价结论

本次检测过程中，在 4 种茶叶中检测出 6 种禁用农药，禁用农药为：毒死蜱、硫丹、三氯杀螨醇、水胺硫磷、三唑磷、乙酰甲胺磷，茶叶为：花茶、红茶、绿茶、乌龙茶，茶叶中禁用农药的风险系数分析结果显示，6 种禁用农药在 4 种茶叶中的残留均处于高度风险，说明在单种茶叶中禁用农药的残留会导致较高的预警风险。

2) 单种茶叶中非禁用农药残留的预警风险评价结论

以 MRL 中国国家标准为标准，计算茶叶中非禁用农药风险系数情况下，48 个样本中，10 个处于低度风险(20.83%)，38 个样本没有 MRL 中国国家标准(79.17%)。以 MRL 欧盟标准为标准，计算茶叶中非禁用农药风险系数情况下，发现有 24 个处于高度风险(50.00%)，24 个处于低度风险(50.00%)。基于两种 MRL 标准，评价的结果差异显著，可以看出 MRL 欧盟标准比中国国家标准更加严格和完善，过于宽松的 MRL 中国国家标准值能否有效保障人体的健康有待研究。

16.4.3　加强银川市茶叶食品安全建议

我国食品安全风险评价体系仍不够健全，相关制度不够完善，多年来，由于农药用药次数多、用药量大或用药间隔时间短，产品残留量大，农药残留所造成的食品安全问题日益严峻，给人体健康带来了直接或间接的危害。据估计，美国与农药有关的癌症患者数约占全国癌症患者总数的 50%，中国更高。同样，农药对其他生物也会形成直接杀伤和慢性危害，植物中的农药可经过食物链逐级传递并不断蓄积，对人和动物构成潜在威胁，并影响生态系统。

基于本次农药残留侦测数据的风险评价结果，提出以下几点建议：

1）加快食品安全标准制定步伐

我国食品标准中对农药每日允许最大摄入量 ADI 的数据严重缺乏，在本次评价所涉及的 32 种农药中，仅有 75%的农药具有 ADI 值，而 25%的农药中国尚未规定相应的 ADI 值，亟待完善。

我国食品中农药最大残留限量值的规定严重缺乏，对评估涉及到的不同茶叶中不同农药 60 个 MRL 限值进行统计来看，我国仅制定出 18 个标准，我国标准完整率仅为 30%，欧盟的完整率达到 100%（表 16-10）。因此，中国更应加快 MRL 标准的制定步伐。

表 16-10　我国国家食品标准农药的 ADI、MRL 值与欧盟标准的数量差异

分类		中国 ADI	MRL 中国国家标准	MRL 欧盟标准
标准限值（个）	有	24	18	60
	无	8	42	0
总数（个）		32	60	60
无标准限值比例（%）		25	70	0

此外，MRL 中国国家标准限值普遍高于欧盟标准限值，这些标准中共有 4 个高于欧盟。过高的 MRL 值难以保障人体健康，建议继续加强对限值基准和标准的科学研究，将农产品中的危险性减少到尽可能低的水平。

2）加强农药的源头控制和分类监管

在银川市某些茶叶中仍有禁用农药残留，利用 GC-Q-TOF/MS 技术侦测出 6 种禁用农药，检出频次为 28 次，残留禁用农药均存在较大的膳食暴露风险和预警风险。早已列入黑名单的禁用农药在我国并未真正退出，有些药物由于价格便宜、工艺简单，此类高毒农药一直生产和使用。建议在我国采取严格有效的控制措施，从源头控制禁用农药。

对于非禁用农药，在我国作为“田间地头”最典型单位的县级茶叶产地中，农药残留的检测几乎缺失。建议根据农药的毒性，对高毒、剧毒、中毒农药实现分类管理，减少使用高毒和剧毒高残留农药，进行分类监管。

3）加强农药生物基准和降解技术研究

市售茶叶中残留农药的品种多、频次高、禁用农药多次检出这一现状，说明了我国的田间土壤和水体因农药长期、频繁、不合理的使用而遭到严重污染。为此，建议中国相关部门出台相关政策，鼓励高校及科研院所积极开展分子生物学、酶学等研究，加强土壤、水体中残留农药的生物修复及降解新技术研究，切实加大农药监管力度，以控制农药的面源污染问题。

综上所述，在本工作基础上，根据茶叶残留危害，可进一步针对其成因提出和采取严格管理、大力推广无公害茶叶种植与生产、健全食品安全控制技术体系、加强茶叶质量检测体系建设和积极推行茶叶质量追溯制度等相应对策。建立和完善食品安全综合评价指数与风险监测预警系统，对食品安全进行实时、全面的监控与分析，为我国的食品安全科学监管与决策提供新的技术支持，可实现各类检验数据的信息化系统管理，降低食品安全事故的发生。

乌鲁木齐市

第 17 章　LC-Q-TOF/MS 侦测乌鲁木齐市 30 例市售茶叶样品农药残留报告

从乌鲁木齐市所属 1 个区，随机采集了 30 例茶叶样品，使用液相色谱-四极杆飞行时间质谱(LC-Q-TOF/MS)对 825 种农药化学污染物进行示范侦测(7 种负离子模式 ESI^- 未涉及)。

17.1　样品种类、数量与来源

17.1.1　样品采集与检测

为了真实反映百姓日常饮用的茶叶中农药残留污染状况，本次所有检测样品均由检验人员于 2019 年 3 月期间，从乌鲁木齐市所属 1 个采样点，包括 1 个茶叶专营店，以随机购买方式采集，总计 1 批 30 例样品，从中检出农药 25 种，90 频次。采样及监测概况见图 17-1 及表 17-1，样品及采样点明细见表 17-2 及表 17-3(侦测原始数据见附表 1)。

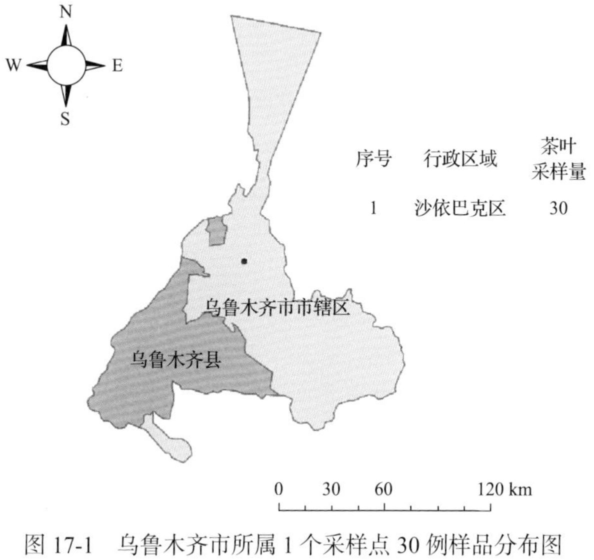

图 17-1　乌鲁木齐市所属 1 个采样点 30 例样品分布图

表 17-1　农药残留监测总体概况

采样行政区域	乌鲁木齐市所属 1 个区
采样点(茶叶专营店)	1
样本总数	30
检出农药品种/频次	25/90
各采样点样本农药残留检出率范围	93.3%

表 17-2　样品分类及数量

样品分类	样品名称（数量）	数量小计
1. 茶叶		30
1）发酵类茶叶	黑茶（20），红茶（10）	30
合计	1. 茶叶 2 种	30

表 17-3　乌鲁木齐市采样点信息

采样点序号	行政区域	采样点
茶叶专营店（1）		
1	沙依巴克区	***茶叶店

17.1.2　检测结果

这次使用的检测方法是庞国芳院士团队最新研发的不需使用标准品对照，而以高分辨精确质量数（0.0001 *m/z*）为基准的 LC-Q-TOF/MS 检测技术，对于 30 例样品，每个样品均侦测了 825 种农药化学污染物的残留现状。通过本次侦测，在 30 例样品中共计检出农药化学污染物 25 种，检出 90 频次。

17.1.2.1　各采样点样品检出情况

统计分析发现 1 个采样点中，被测样品的农药检出率为 93.3%，见图 17-2。

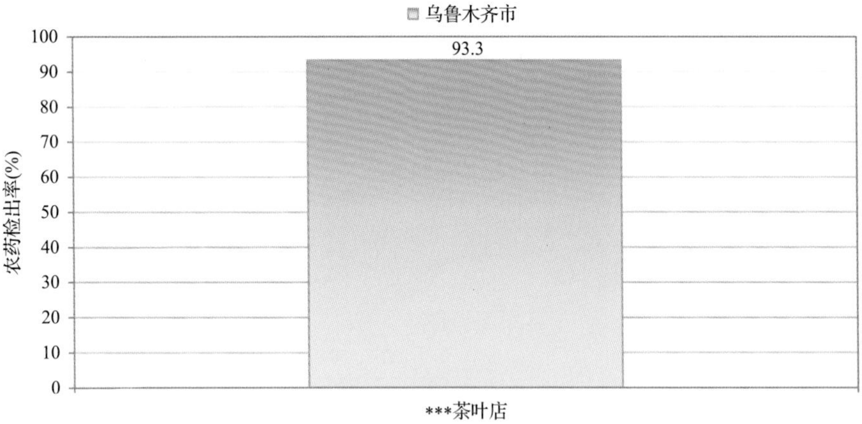

图 17-2　各采样点样品中的农药检出率

17.1.2.2　检出农药的品种总数与频次

统计分析发现，对于 30 例样品中 825 种农药化学污染物的侦测，共检出农药 90 频次，涉及农药 25 种，结果如图 17-3 所示。其中避蚊胺检出频次最高，共检出 21 次。检出频次排名前 10 的农药如下：①避蚊胺（21），②噻嗪酮（14），③扑草净（11），④啶虫脒（9），

⑤哒螨灵(8)，⑥茚虫威(4)，⑦甲哌(3)，⑧毒死蜱(2)，⑨甲氰菊酯(2)，⑩吡螨胺(1)。

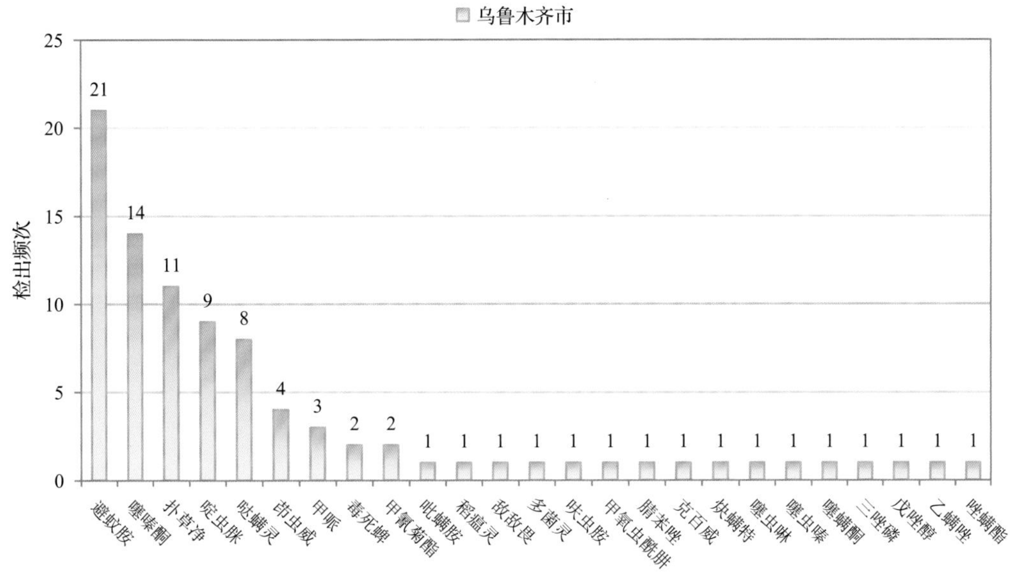

图 17-3　检出农药品种及频次

由图 17-4 可见，黑茶和红茶这 2 种茶叶样品中检出的农药品种数较高，均超过 10 种，其中，黑茶检出农药品种最多，为 21 种。由图 17-5 可见，黑茶和红茶这 2 种茶叶样品中的农药检出频次较高，均超过 40 次，其中，黑茶检出农药频次最高，为 50 次。

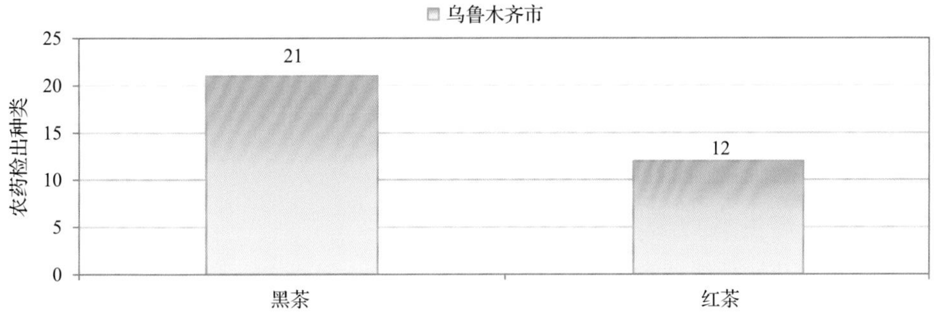

图 17-4　单种茶叶检出农药的种类数

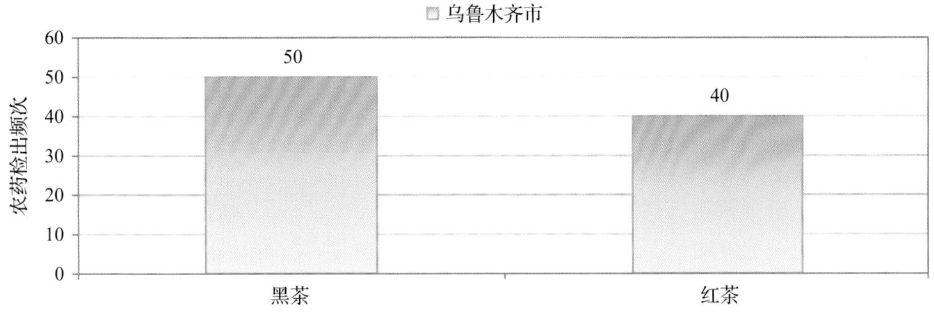

图 17-5　单种茶叶检出农药频次

17.1.2.3　单例样品农药检出种类与占比

对单例样品检出农药种类和频次进行统计发现，未检出农药的样品占总样品数的 6.7%，检出 1 种农药的样品占总样品数的 23.3%，检出 2~5 种农药的样品占总样品数的 56.7%，检出 6~10 种农药的样品占总样品数的 13.3%。每例样品中平均检出农药为 3.0 种，数据见表 17-4 及图 17-6。

表 17-4　单例样品检出农药品种占比

检出农药品种数	样品数量/占比（%）
未检出	2/6.7
1 种	7/23.3
2~5 种	17/56.7
6~10 种	4/13.3
单例样品平均检出农药品种	3.0 种

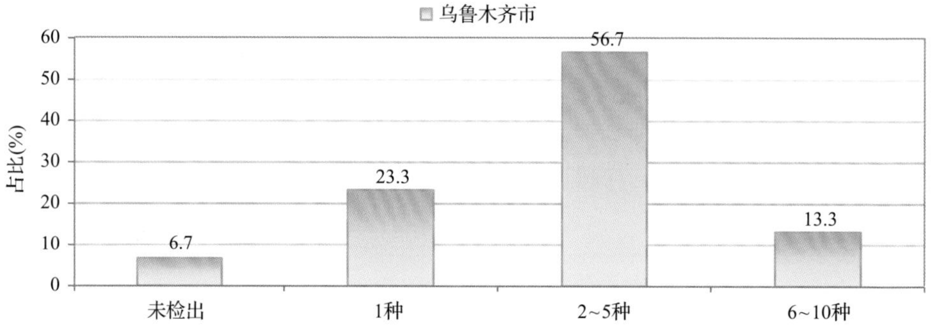

图 17-6　单例样品平均检出农药品种及占比

17.1.2.4　检出农药类别与占比

所有检出农药按功能分类，包括杀虫剂、杀螨剂、杀菌剂、除草剂、驱避剂、植物生长调节剂共 6 类。其中杀虫剂与杀螨剂为主要检出的农药类别，分别占总数的 48.0% 和 24.0%，见表 17-5 及图 17-7。

表 17-5　检出农药所属类别/占比

农药类别	数量/占比（%）
杀虫剂	12/48.0
杀螨剂	6/24.0
杀菌剂	4/16.0
除草剂	1/4.0
驱避剂	1/4.0
植物生长调节剂	1/4.0

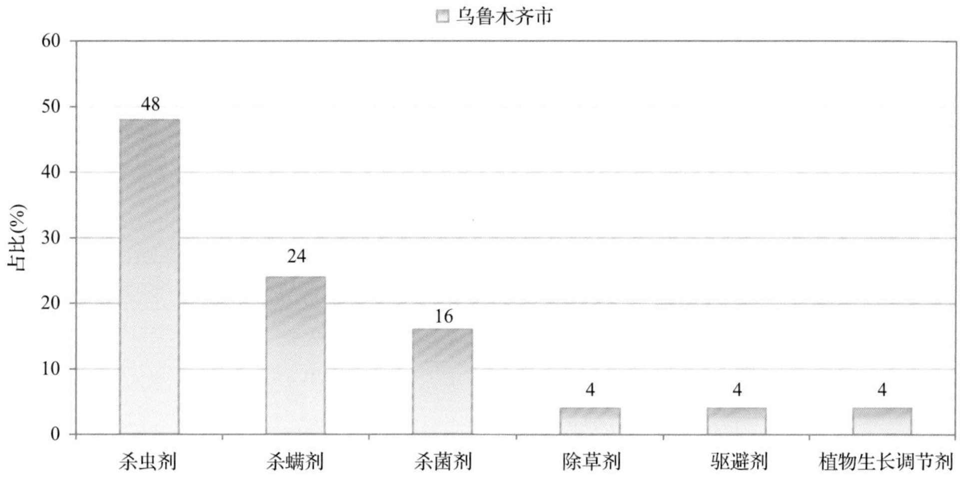

图 17-7　检出农药所属类别和占比

17.1.2.5　检出农药的残留水平

按检出农药残留水平进行统计，残留水平在 1~5 μg/kg(含)的农药占总数的 55.6%，在 5~10 μg/kg(含)的农药占总数的 24.4%，在 10~100 μg/kg(含)的农药占总数的 16.7%，在 100~1000 μg/kg 的农药占总数的 3.3%。

由此可见，这次检测的 1 批 30 例茶叶样品中农药多数处于较低残留水平。结果见表 17-6 及图 17-8，数据见附表 2。

表 17-6　农药残留水平/占比

残留水平(μg/kg)	检出频次数/占比(%)
1~5(含)	50/55.6
5~10(含)	22/24.4
10~100(含)	15/16.7
100~1000	3/3.3

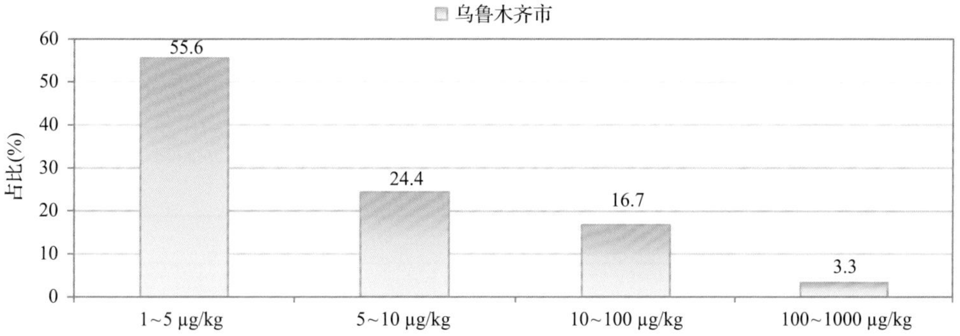

图 17-8　检出农药残留水平及占比

17.1.2.6 检出农药的毒性类别、检出频次和超标频次及占比

对这次检出的 25 种 90 频次的农药，按剧毒、高毒、中毒、低毒和微毒这五个毒性类别进行分类，从中可以看出，乌鲁木齐市目前普遍使用的农药为中低微毒农药，品种占 88.0%，频次占 96.7%。结果见表 17-7 及图 17-9。

表 17-7 检出农药毒性类别/占比

毒性分类	农药品种/占比（%）	检出频次/占比（%）	超标频次/超标率（%）
剧毒农药	0/0	0/0.0	0/0.0
高毒农药	3/12.0	3/3.3	0/0.0
中毒农药	11/44.0	33/36.7	0/0.0
低毒农药	7/28.0	50/55.6	0/0.0
微毒农药	4/16.0	4/4.4	0/0.0

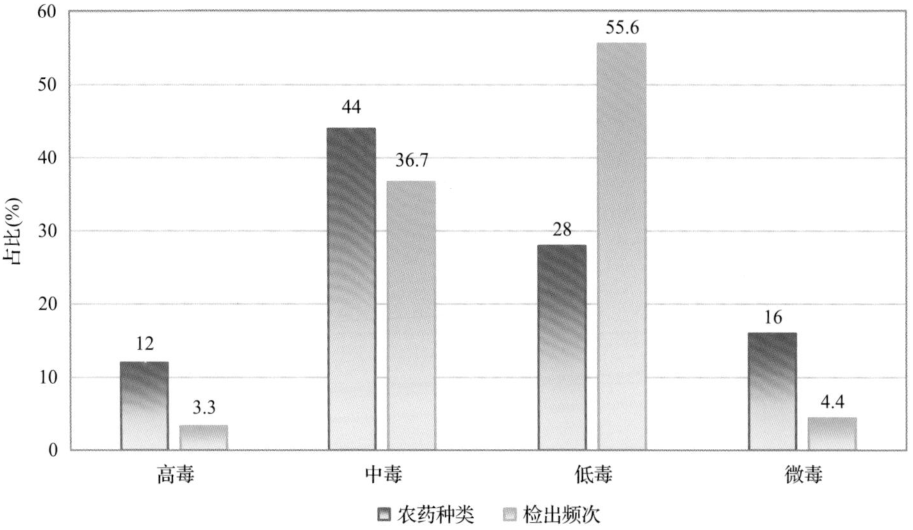

图 17-9 检出农药的毒性分类和占比

17.1.2.7 检出剧毒/高毒类农药的品种和频次

值得特别关注的是，在此次侦测的 30 例样品中有 1 种茶叶的 2 例样品检出了 3 种 3 频次的剧毒和高毒农药，占样品总量的 6.7%，详见表 17-8、图 17-10 及表 17-9。

表 17-8 剧毒农药检出情况

序号	农药名称	检出频次	超标频次	超标率
茶叶中未检出剧毒农药				
合计		0	0	超标率：0.0%

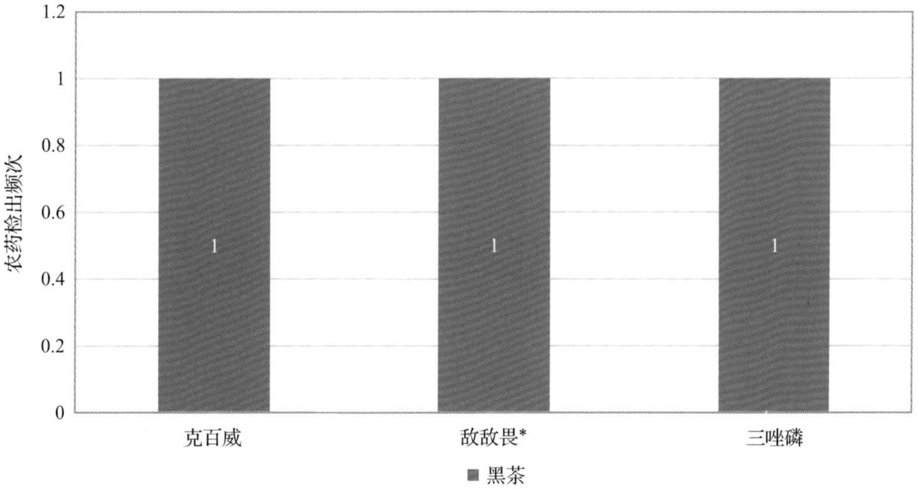

图 17-10　检出剧毒/高毒农药的样品情况

＊表示允许在茶叶上使用的农药

表 17-9　高毒农药检出情况

序号	农药名称	检出频次	超标频次	超标率
从 1 种茶叶中检出 3 种高毒农药，共计检出 3 次				
1	敌敌畏	1	0	0.0%
2	克百威	1	0	0.0%
3	三唑磷	1	0	0.0%
合计		3	0	超标率：0.0%

在检出的剧毒和高毒农药中，有 2 种是我国早已禁止在茶叶上使用的，分别是：克百威和三唑磷。禁用农药的检出情况见表 17-10。

表 17-10　禁用农药检出情况

序号	农药名称	检出频次	超标频次	超标率
从 1 种茶叶中检出 3 种禁用农药，共计检出 4 次				
1	毒死蜱	2	0	0.0%
2	克百威	1	0	0.0%
3	三唑磷	1	0	0.0%
合计		4	0	超标率：0.0%

此次抽检的茶叶样品中，没有检出剧毒农药。

样品中检出剧毒和高毒农药残留水平没有超过 MRL 中国国家标准，但本次检出结果仍表明，高毒、剧毒农药的使用现象依旧存在。详见表 17-11。

表 17-11 各样本中检出剧毒/高毒农药情况

样品名称	农药名称	检出频次	超标频次	检出浓度(μg/kg)
茶叶 1 种				
黑茶	敌敌畏	1	0	28.3
黑茶	克百威▲	1	0	2.5
黑茶	三唑磷▲	1	0	1.1
合计		3	0	超标率：0.0%

17.2 农药残留检出水平与最大残留限量标准对比分析

我国于 2016 年 12 月 18 日正式颁布并于 2017 年 6 月 18 日正式实施食品农药残留限量国家标准《食品中农药最大残留限量》(GB 2763—2016)。该标准包括 417 个农药条目，涉及最大残留限量(MRL)标准 4140 项。将 90 频次检出农药的浓度水平与 4140 项 MRL 中国国家标准进行核对，其中只有 41 频次的结果找到了对应的 MRL 标准，占 45.6%，还有 49 频次的结果则无相关 MRL 标准供参考，占 54.4%。

将此次侦测结果与国际上现行 MRL 标准对比发现，在 90 频次的检出结果中有 90 频次的结果找到了对应的 MRL 欧盟标准，占 100.0%，其中，57 频次的结果有明确对应的 MRL 标准，占 63.3%，其余 33 频次按照欧盟一律标准判定，占 36.7%；有 90 频次的结果找到了对应的 MRL 日本标准，占 100.0%，其中，49 频次的结果有明确对应的 MRL 标准，占 54.4%，其余 41 频次按照日本一律标准判定，占 45.6%；有 36 频次的结果找到了对应的 MRL 中国香港标准，占 40.0%；有 31 频次的结果找到了对应的 MRL 美国标准，占 34.4%；有 13 频次的结果找到了对应的 MRL CAC 标准，占 14.4%(见图 17-11 和图 17-12，数据见附表 3 至附表 8)。

17.2.1 超标农药样品分析

本次侦测的 30 例样品中，2 例样品未检出任何残留农药，占样品总量的 6.7%，28 例样品检出不同水平、不同种类的残留农药，占样品总量的 93.3%。在此，我们将本

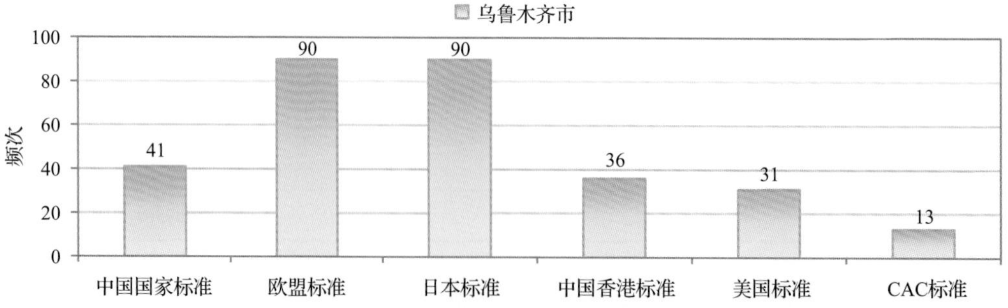

图 17-11 90 频次检出农药可用 MRL 中国国家标准、欧盟标准、日本标准、中国香港标准、美国标准、CAC 标准判定衡量的数量

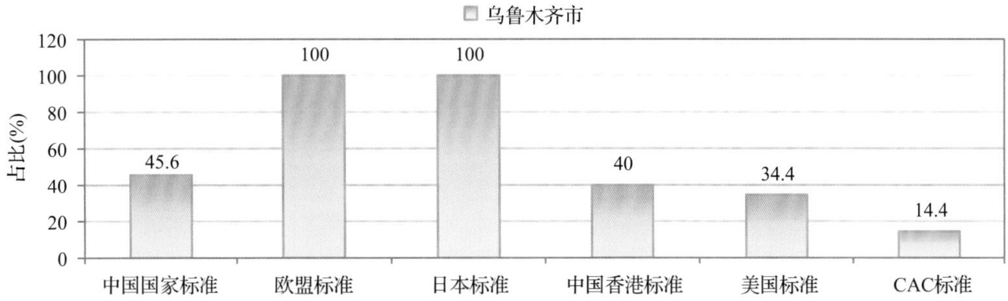

图 17-12　90 频次检出农药可用 MRL 中国国家标准、欧盟标准、日本标准、中国香港标准、美国标准、CAC 标准衡量的占比

次侦测的农残检出情况与 MRL 中国国家标准、欧盟标准、日本标准、中国香港标准、美国标准和 CAC 标准这 6 大国际主流标准进行对比分析，样品农残检出与超标情况见表 17-12、图 17-13 和图 17-14，详细数据见附表 9 至附表 14。

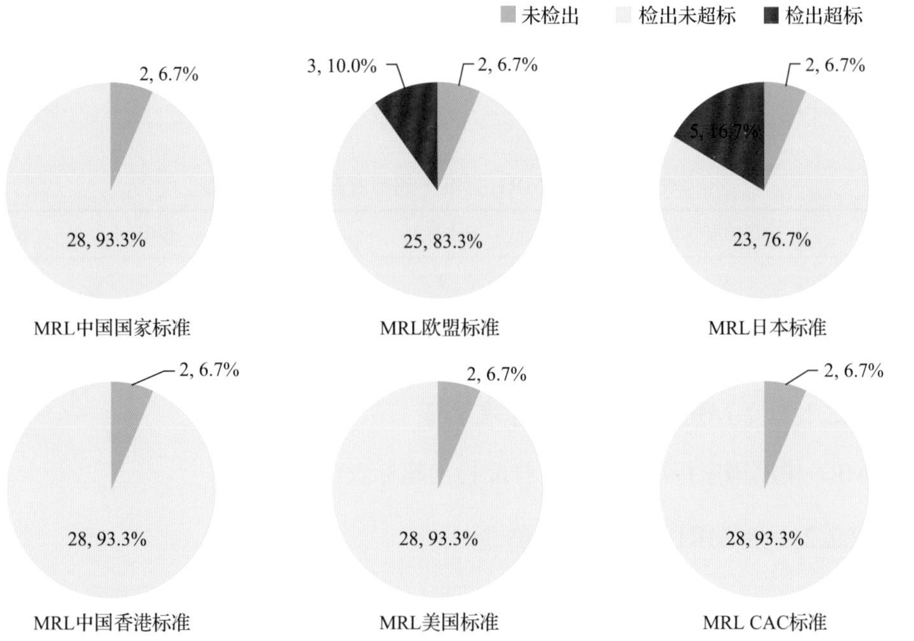

图 17-13　检出和超标样品比例情况

表 17-12　各 MRL 标准下样本农残检出与超标数量及占比

	中国国家标准	欧盟标准	日本标准	中国香港标准	美国标准	CAC 标准
	数量/占比(%)	数量/占比(%)	数量/占比(%)	数量/占比(%)	数量/占比(%)	数量/占比(%)
未检出	2/6.7	2/6.7	2/6.7	2/6.7	2/6.7	2/6.7
检出未超标	28/93.3	25/83.3	23/76.7	28/93.3	28/93.3	28/93.3
检出超标	0/0.0	3/10.0	5/16.7	0/0.0	0/0.0	0/0.0

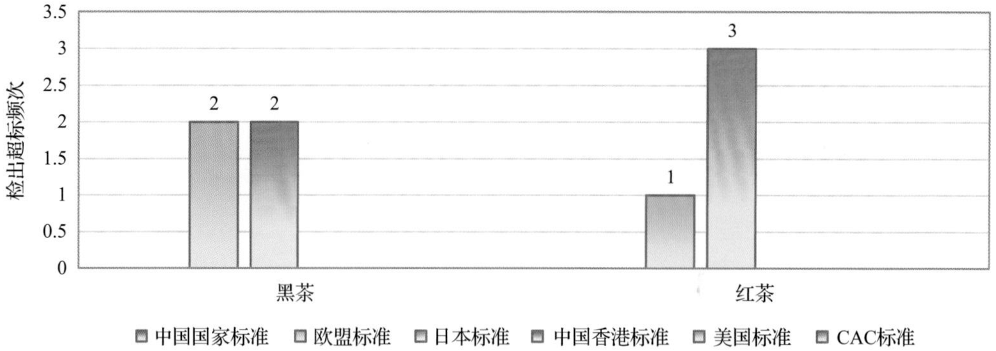

图 17-14　超过 MRL 中国国家标准、欧盟标准、日本标准、中国香港标准、美国标准和 CAC 标准判定结果在茶叶中的分布

17.2.2　超标农药种类分析

按照 MRL 中国国家标准、欧盟标准、日本标准、中国香港标准、美国标准和 CAC 标准这 6 大国际主流标准衡量，本次侦测检出的农药超标品种及频次情况见表 17-13。

表 17-13　各 MRL 标准下超标农药品种及频次

	中国国家标准	欧盟标准	日本标准	中国香港标准	美国标准	CAC 标准
超标农药品种	0	2	2	0	0	0
超标农药频次	0	3	5	0	0	0

17.2.2.1　按 MRL 中国国家标准衡量

按 MRL 中国国家标准衡量，无样品检出超标农药残留。

17.2.2.2　按 MRL 欧盟标准衡量

按 MRL 欧盟标准衡量，共有 2 种农药超标，检出 3 频次，分别为高毒农药敌敌畏，中毒农药甲哌。

按超标程度比较，黑茶中敌敌畏超标 0.4 倍，红茶中甲哌超标 0.3 倍，黑茶中甲哌超标 0.1 倍。检测结果见图 17-15 和附表 15。

17.2.2.3　按 MRL 日本标准衡量

按 MRL 日本标准衡量，共有 2 种农药超标，检出 5 频次，分别为中毒农药甲哌和茚虫威。

按超标程度比较，红茶中甲哌超标 11.7 倍，黑茶中甲哌超标 9.8 倍，红茶中茚虫威超标 0.7 倍。检测结果见图 17-16 和附表 16。

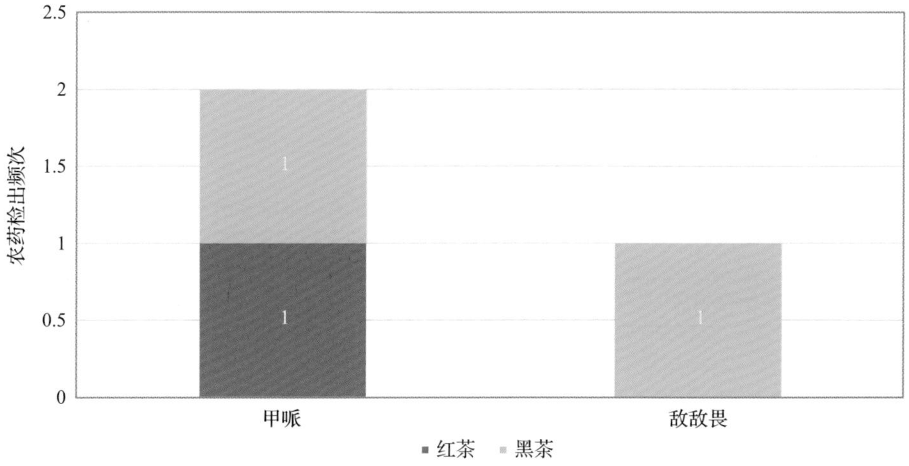

图 17-15　超过 MRL 欧盟标准农药品种及频次

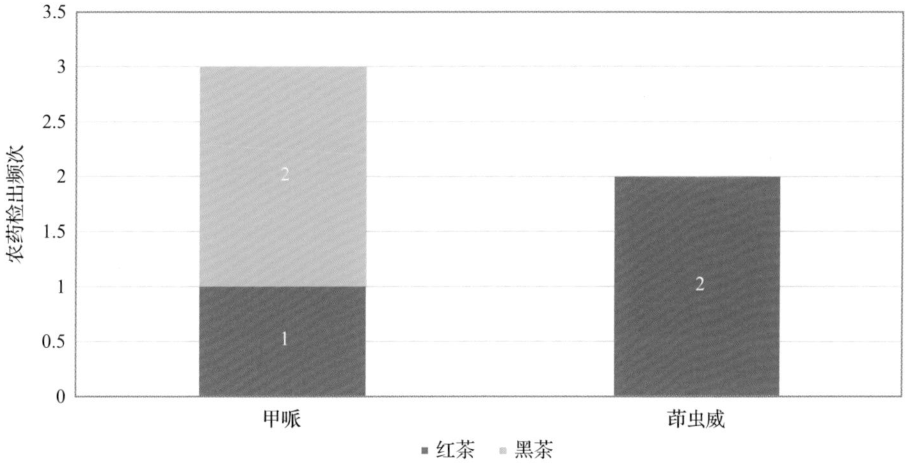

图 17-16　超过 MRL 日本标准农药品种及频次

17.2.2.4　按 MRL 中国香港标准衡量

按 MRL 中国香港标准衡量，无样品检出超标农药残留。

17.2.2.5　按 MRL 美国标准衡量

按 MRL 美国标准衡量，无样品检出超标农药残留。

17.2.2.6　按 MRL CAC 标准衡量

按 MRL CAC 标准衡量，无样品检出超标农药残留。

17.2.3　1 个采样点超标情况分析

17.2.3.1　按 MRL 中国国家标准衡量

按 MRL 中国国家标准衡量，所有采样点的样品均未检出超标农药残留。

17.2.3.2　按 MRL 欧盟标准衡量

按 MRL 欧盟标准衡量，所有采样点的样品均存在不同程度的超标农药检出，超标率均为 10.0%，如图 17-17 和表 17-14 所示。

表 17-14　超过 MRL 欧盟标准茶叶在不同采样点分布

序号	采样点	样品总数	超标数量	超标率(%)	行政区域
1	***茶叶店	30	3	10.0	沙依巴克区

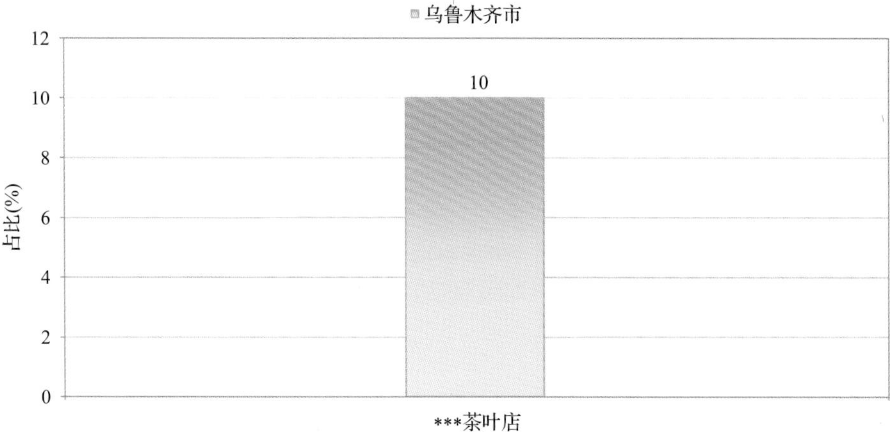

图 17-17　超过 MRL 欧盟标准茶叶在不同采样点分布

17.2.3.3　按 MRL 日本标准衡量

按 MRL 日本标准衡量，所有采样点的样品存在不同程度的超标农药检出，超标率均为 16.7%，如图 17-18 和表 17-15 所示。

17.2.3.4　按 MRL 中国香港标准衡量

按 MRL 中国香港标准衡量，所有采样点的样品均未检出超标农药残留。

17.2.3.5　按 MRL 美国标准衡量

按 MRL 美国标准衡量，所有采样点的样品均未检出超标农药残留。

17.2.3.6　按 MRL CAC 标准衡量

按 MRL CAC 标准衡量，所有采样点的样品均未检出超标农药残留。

表 17-15　超过日本 MRL 茶叶在不同采样点分布

序号	采样点	样品总数	超标数量	超标率(%)	行政区域
1	***茶叶店	30	5	16.7	沙依巴克区

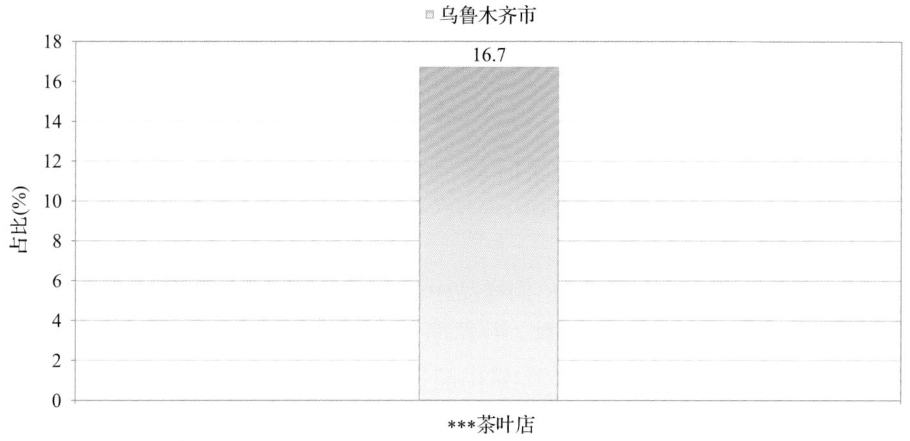

图 17-18　超过 MRL 日本标准茶叶在不同采样点分布

17.3　茶叶中农药残留分布

17.3.1　茶叶按检出农药品种和频次排名

本次残留侦测的茶叶共 2 种，包括黑茶和红茶。

根据检出农药品种及频次进行排名，将茶叶样品检出情况列表说明，详见表 17-16。

表 17-16　茶叶按检出农药品种和频次排名

按检出农药品种排名(品种)	①黑茶(21),②红茶(12)
按检出农药频次排名(频次)	①黑茶(50),②红茶(40)
按检出禁用、高毒及剧毒农药品种排名(品种)	①黑茶(4)
按检出禁用、高毒及剧毒农药频次排名(频次)	①黑茶(5)

17.3.2　茶叶按超标农药品种和频次排名

鉴于 MRL 欧盟标准和日本标准的制定比较全面且覆盖率较高，我们参照 MRL 中国国家标准、欧盟标准和日本标准衡量茶叶样品中农残检出情况，将茶叶按超标农药品种及频次排名列表说明，详见表 17-17。

表 17-17　茶叶按超标农药品种和频次排名

按超标农药品种排名(农药品种数)	MRL 中国国家标准	
	MRL 欧盟标准	①黑茶(2),②红茶(1)
	MRL 日本标准	①红茶(2),②黑茶(1)
按超标农药频次排名(农药频次数)	MRL 中国国家标准	
	MRL 欧盟标准	①黑茶(2),②红茶(1)
	MRL 日本标准	①红茶(3),②黑茶(2)

通过对各品种茶叶样本总数及检出率进行综合分析发现，黑茶、红茶的残留污染最为严重，在此，我们参照 MRL 中国国家标准、欧盟标准和日本标准对这 3 种茶叶的农残检出情况进行进一步分析。

17.3.3　农药残留检出率较高的茶叶样品分析

17.3.3.1　黑茶

这次共检测 20 例黑茶样品，18 例样品中检出了农药残留，检出率为 90.0%，检出农药共计 21 种。其中避蚊胺、啶虫脒、扑草净、噻嗪酮和哒螨灵检出频次较高，分别检出了 14、5、5、5 和 3 次。黑茶中农药检出品种和频次见图 17-19，超标农药见图 17-20 和表 17-18。

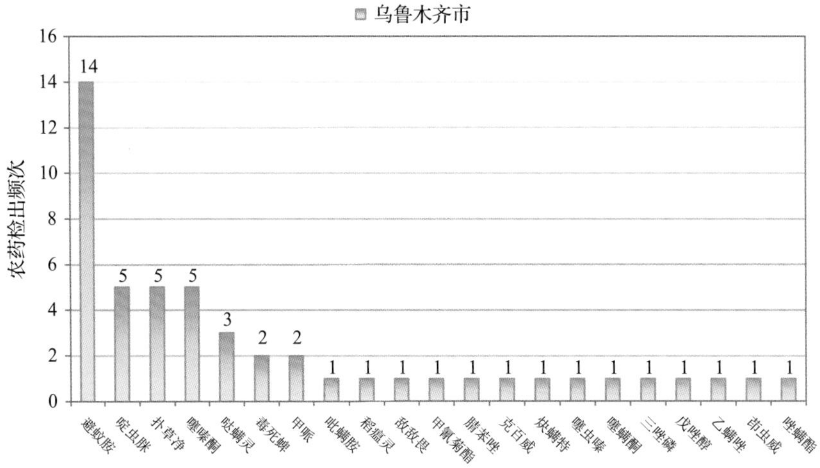

图 17-19　黑茶样品检出农药品种和频次分析

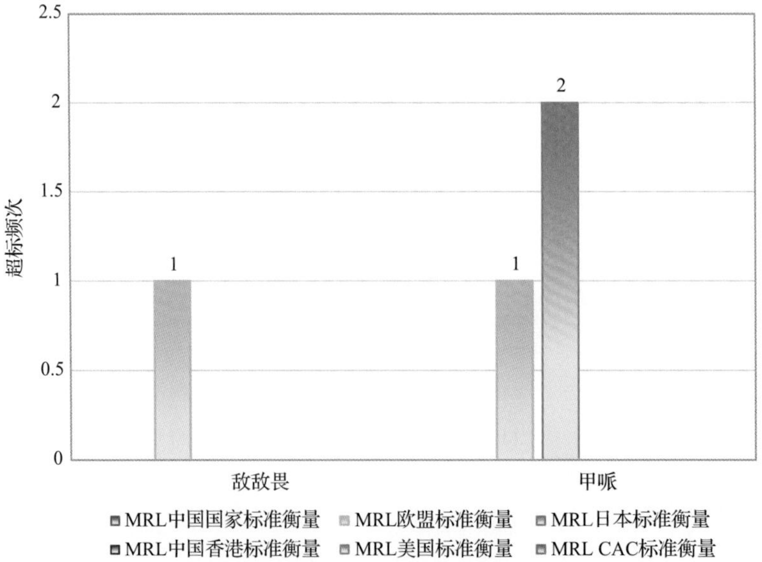

图 17-20　黑茶样品中超标农药分析

表 17-18　黑茶中农药残留超标情况明细表

样品总数			检出农药样品数	样品检出率(%)	检出农药品种总数
20			18	90	21
	超标农药品种	超标农药频次	按照 MRL 中国国家标准、欧盟标准和日本标准衡量超标农药名称及频次		
中国国家标准	0	0			
欧盟标准	2	2	敌敌畏(1)，甲哌(1)		
日本标准	1	2	甲哌(2)		

17.3.3.2　红茶

这次共检测 10 例红茶样品，全部检出了农药残留，检出率为 100.0%，检出农药共计 12 种。其中噻嗪酮、避蚊胺、扑草净、哒螨灵和啶虫脒检出频次较高，分别检出了 9、7、6、5 和 4 次。红茶中农药检出品种和频次见图 17-21，超标农药见图 17-22 和表 17-19。

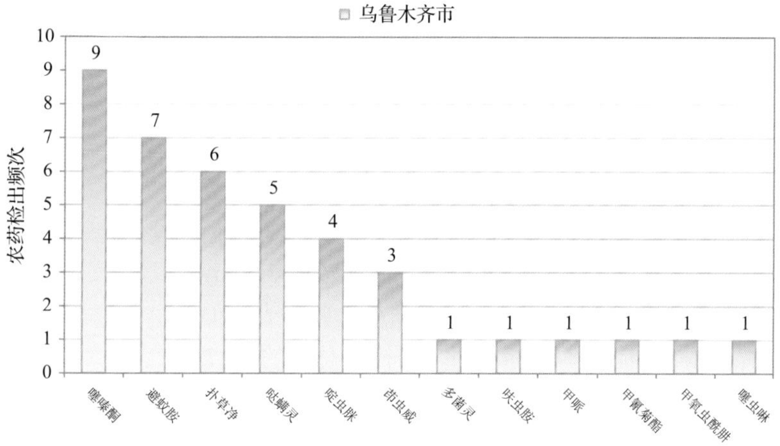

图 17-21　红茶样品检出农药品种和频次分析

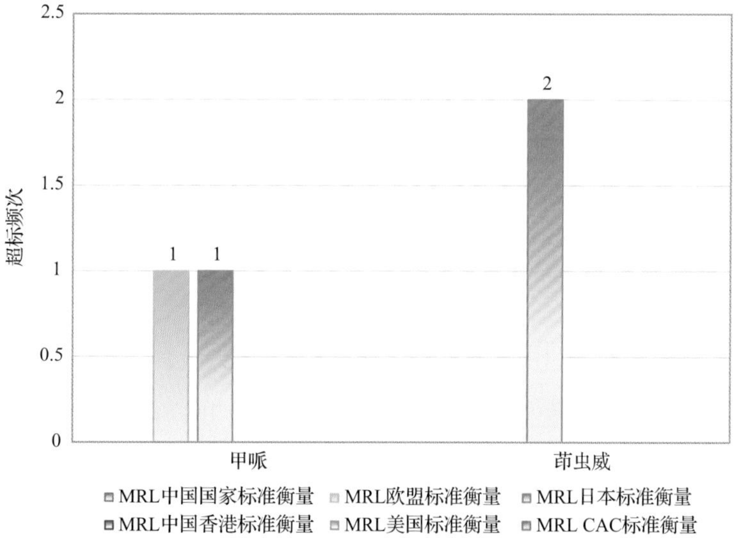

图 17-22　红茶样品中超标农药分析

表 17-19 红茶中农药残留超标情况明细表

样品总数			检出农药样品数	样品检出率(%)	检出农药品种总数
10			10	100	12
	超标农药品种	超标农药频次	按照 MRL 中国国家标准、欧盟标准和日本标准衡量超标农药名称及频次		
中国国家标准	0	0			
欧盟标准	1	1	甲哌(1)		
日本标准	2	3	茚虫威(2), 甲哌(1)		

17.4 初步结论

17.4.1 乌鲁木齐市市售茶叶按 MRL 中国国家标准和国际主要 MRL 标准衡量的合格率

本次侦测的 30 例样品中，2 例样品未检出任何残留农药，占样品总量的 6.7%，28 例样品检出不同水平、不同种类的残留农药，占样品总量的 93.3%。在这 28 例检出农药残留的样品中：

按照 MRL 中国国家标准衡量，有 28 例样品检出残留农药但含量没有超标，占样品总数的 93.3%，无检出残留农药超标的样品。

按照 MRL 欧盟标准衡量，有 25 例样品检出残留农药但含量没有超标，占样品总数的 83.3%，有 3 例样品检出了超标农药，占样品总数的 10.0%。

按照 MRL 日本标准衡量，有 23 例样品检出残留农药但含量没有超标，占样品总数的 76.7%，有 5 例样品检出了超标农药，占样品总数的 16.7%。

按照 MRL 中国香港标准衡量，有 28 例样品检出残留农药但含量没有超标，占样品总数的 93.3%，无检出残留农药超标的样品。

按照 MRL 美国标准衡量，有 28 例样品检出残留农药但含量没有超标，占样品总数的 93.3%，无检出残留农药超标的样品。

按照 MRL CAC 标准衡量，有 28 例样品检出残留农药但含量没有超标，占样品总数的 93.3%，无检出残留农药超标的样品。

17.4.2 乌鲁木齐市市售茶叶中检出农药以中低微毒农药为主，占市场主体的 88.0%

这次侦测的 30 例茶叶样品共检出了 25 种农药，检出农药的毒性以中低微毒为主，详见表 17-20。

17.4.3 检出剧毒、高毒和禁用农药现象应该警醒

在此次侦测的 30 例样品中有 1 种茶叶的 3 例样品检出了 4 种 5 频次的剧毒和高毒或禁用农药，占样品总量的 10.0%。其中高毒农药敌敌畏、克百威和三唑磷检出频次较高。

按 MRL 中国国家标准衡量，检出高毒农药按超标程度比较均未超标。

剧毒、高毒或禁用农药的检出情况及按照 MRL 中国国家标准衡量的超标情况见表 17-21。

表 17-20 市场主体农药毒性分布

毒性	检出品种	占比	检出频次	占比
高毒农药	3	12.0%	3	3.3%
中毒农药	11	44.0%	33	36.7%
低毒农药	7	28.0%	50	55.6%
微毒农药	4	16.0%	4	4.4%
中低微毒农药，品种占比 88.0%，频次占比 96.7%				

表 17-21 剧毒、高毒或禁用农药的检出及超标明细

序号	农药名称	样品名称	检出频次	超标频次	最大超标倍数	超标率
1.1	敌敌畏◇	黑茶	1	0	0	0.0%
2.1	克百威◇▲	黑茶	1	0	0	0.0%
3.1	三唑磷◇▲	黑茶	1	0	0	0.0%
4.1	毒死蜱▲	黑茶	2	0	0	0.0%
合计			5	0		0.0%

这些剧毒和高毒农药都是中国政府早有规定禁止在茶叶中使用的，为什么还屡次被检出，应该引起警惕。

17.4.4 残留限量标准与先进国家或地区标准差距较大

90 频次的检出结果与我国公布的《食品中农药最大残留限量》(GB 2763—2016)对比，有 41 频次能找到对应的 MRL 中国国家标准，占 45.6%；还有 49 频次的侦测数据无相关 MRL 标准供参考，占 54.4%。

与国际上现行 MRL 标准对比发现：

有 90 频次能找到对应的 MRL 欧盟标准，占 100.0%；

有 90 频次能找到对应的 MRL 日本标准，占 100.0%；

有 36 频次能找到对应的 MRL 中国香港标准，占 40.0%；

有 31 频次能找到对应的 MRL 美国标准，占 34.4%；

有 13 频次能找到对应的 MRL CAC 标准，占 14.4%。

由上可见，MRL 中国国家标准与先进国家或地区标准还有很大差距，我们无标准，境外有标准，这就会导致我们在国际贸易中，处于受制于人的被动地位。

17.4.5 茶叶单种样品检出 12~21 种农药残留，拷问农药使用的科学性

通过此次监测发现，黑茶、红茶是检出农药品种最多的 2 种茶叶，从中检出农药品种及频次详见表 17-22。

表 17-22　单种样品检出农药品种及频次

样品名称	样品总数	检出农药样品数	检出率	检出农药品种数	检出农药（频次）
黑茶	20	18	90.0%	21	避蚊胺(14)，啶虫脒(5)，扑草净(5)，噻嗪酮(5)，哒螨灵(3)，毒死蜱(2)，甲哌(2)，吡螨胺(1)，稻瘟灵(1)，敌敌畏(1)，甲氰菊酯(1)，腈苯唑(1)，克百威(1)，炔螨特(1)，噻虫嗪(1)，噻螨酮(1)，三唑磷(1)，戊唑醇(1)，乙螨唑(1)，茚虫威(1)，唑螨酯(1)
红茶	10	10	100.0%	12	噻嗪酮(9)，避蚊胺(7)，扑草净(6)，哒螨灵(5)，啶虫脒(4)，茚虫威(3)，多菌灵(1)，呋虫胺(1)，甲哌(1)，甲氰菊酯(1)，甲氧虫酰肼(1)，噻虫啉(1)

上述 2 种茶叶，检出农药 12~21 种，是多种农药综合防治，还是未严格实施农业良好管理规范(GAP)，抑或根本就是乱施药，值得我们思考。

第 18 章　LC-Q-TOF/MS 侦测乌鲁木齐市市售茶叶农药残留膳食暴露风险与预警风险评估

18.1　农药残留风险评估方法

18.1.1　乌鲁木齐市农药残留侦测数据分析与统计

庞国芳院士科研团队建立的农药残留高通量侦测技术以高分辨精确质量数（0.0001 *m/z* 为基准）为识别标准，采用 LC-Q-TOF/MS 技术对 825 种农药化学污染物进行侦测。

科研团队于 2019 年 3 月期间在乌鲁木齐市 1 个采样点，随机采集了 30 例茶叶样品，具体位置如图 18-1 所示。

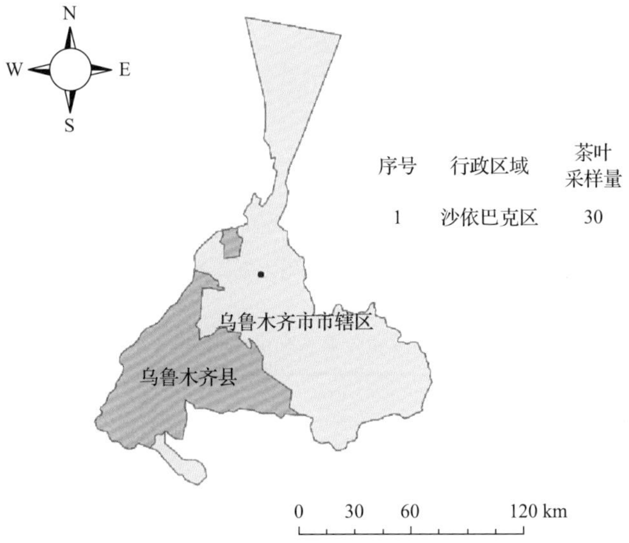

图 18-1　LC-Q-TOF/MS 侦测乌鲁木齐市 1 个采样点 30 例样品分布示意图

利用 LC-Q-TOF/MS 技术对 30 例样品中的农药进行侦测，侦测出残留农药 25 种，90 频次。侦测出农药残留水平如表 18-1 和图 18-2 所示。检出频次最高的前 10 种农药如表 18-2 所示。从检测结果中可以看出，在茶叶中农药残留普遍存在，且有些茶叶存在高浓度的农药残留，这些可能存在膳食暴露风险，对人体健康产生危害，因此，为了定量地评价茶叶中农药残留的风险程度，有必要对其进行风险评价。

表 18-1　侦测出农药的不同残留水平及其所占比例列表

残留水平（μg/kg）	检出频次	占比（%）
1~5（含）	50	55.6
5~10（含）	22	24.4
10~100（含）	15	16.7
100~1000	3	3.3
合计	90	100

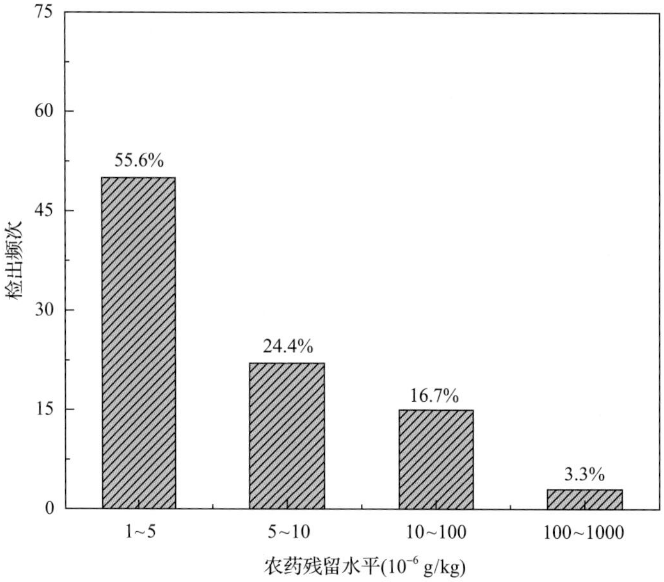

图 18-2　残留农药检出浓度频数分布图

表 18-2　检出频次最高的前 10 种农药列表

序号	农药	检出频次
1	避蚊胺	21
2	噻嗪酮	14
3	扑草净	11
4	啶虫脒	9
5	哒螨灵	8
6	茚虫威	4
7	甲哌	3
8	毒死蜱	2
9	甲氰菊酯	2
10	吡螨胺	1

18.1.2　农药残留风险评价模型

对乌鲁木齐市茶叶中农药残留分别开展暴露风险评估和预警风险评估。膳食暴露风险评估利用食品安全指数模型对茶叶中的残留农药对人体可能产生的危害程度进行评价，该模型结合残留监测和膳食暴露评估评价化学污染物的危害；预警风险评价模型运用风险系数(risk index，*R*)，风险系数综合考虑了危害物的超标率、施检频率及其本身敏感性的影响，能直观而全面地反映出危害物在一段时间内的风险程度。

18.1.2.1　食品安全指数模型

为了加强食品安全管理，《中华人民共和国食品安全法》第二章第十七条规定“国家建立食品安全风险评估制度，运用科学方法，根据食品安全风险监测信息、科学数据以及有关信息，对食品、食品添加剂、食品相关产品中生物性、化学性和物理性危害因素进行风险评估”[1]，膳食暴露评估是食品危险度评估的重要组成部分，也是膳食安全性的衡量标准[2]。国际上最早研究膳食暴露风险评估的机构主要是 JMPR(FAO、WHO 农药残留联合会议)，该组织自 1995 年就已制定了急性毒性物质的风险评估急性毒性农药残留摄入量的预测。1960 年美国规定食品中不得加入致癌物质进而提出零阈值理论，渐渐零阈值理论发展成在一定概率条件下可接受风险的概念[3]，后衍变为食品中每日允许最大摄入量(ADI)，而国际食品农药残留法典委员会(CCPR)认为 ADI 不是独立风险评估的唯一标准[4]，1995 年 JMPR 开始研究农药急性膳食暴露风险评估，并对食品国际短期摄入量的计算方法进行了修正，亦对膳食暴露评估准则及评估方法进行了修正[5]，2002 年，在对世界上现行的食品安全评价方法，尤其是国际公认的 CAC 评价方法、全球环境监测系统/食品污染监测和评估规划(WHO GEMS/Food)及 FAO、WHO 食品添加剂联合专家委员会(JECFA)和 JMPR 对食品安全风险评估工作研究的基础之上，检验检疫食品安全管理的研究人员提出了结合残留监控和膳食暴露评估，以食品安全指数 IFS 计算食品中各种化学污染物对消费者的健康危害程度[6]。IFS 是表示食品安全状态的新方法，可有效地评价某种农药的安全性，进而评价食品中各种农药化学污染物对消费者健康的整体危害程度[7, 8]。从理论上分析，IFS_c 可指出食品中的污染物 c 对消费者健康是否存在危害及危害的程度[9]。其优点在于操作简单且结果容易被接受和理解，不需要大量的数据来对结果进行验证，使用默认的标准假设或者模型即可[10, 11]。

1) IFS_c 的计算

IFS_c 计算公式如下：

$$\mathrm{IFS_c} = \frac{\mathrm{EDI_c} \times f}{\mathrm{SI_c} \times \mathrm{bw}} \tag{18-1}$$

式中，c 为所研究的农药；EDI_c 为农药 c 的实际日摄入量估算值，等于 $\sum(R_i \times F_i \times E_i \times P_i)$ (i 为食品种类；R_i 为食品 i 中农药 c 的残留水平，mg/kg；F_i 为食品 i 的估计日消费量，g/(人·天)；E_i 为食品 i 的可食用部分因子；P_i 为食品 i 的加工处理因子)；SI_c 为安全摄入量，可采用每日允许摄入量 ADI；bw 为人平均体重，kg；f 为校正因子，如果安全摄入量采用 ADI，则 f 取 1。

$IFS_c \ll 1$，农药 c 对食品安全没有影响；$IFS_c \leqslant 1$，农药 c 对食品安全的影响可以接受；$IFS_c > 1$，农药 c 对食品安全的影响不可接受。

本次评价中：

$IFS_c \leqslant 0.1$，农药 c 对茶叶安全没有影响；

$0.1 < IFS_c \leqslant 1$，农药 c 对茶叶安全的影响可以接受；

$IFS_c > 1$，农药 c 对茶叶安全的影响不可接受。

本次评价中残留水平 R_i 取值为中国检验检疫科学研究院庞国芳院士课题组利用以高分辨精确质量数（0.0001 *m/z*）为基准的 GC-Q-TOF/MS 侦测技术于 2019 年 3 月期间对乌鲁木齐市茶叶农药残留的侦测结果，估计日消费量 F_i 取值 0.0047 kg/(人·天)，$E_i=1$，$P_i=1$，$f=1$，SI_c 采用《食品安全国家标准　食品中农药最大残留限量》（GB 2763—2016）中 ADI 值（具体数值见表 18-3），人平均体重（bw）取值 60 kg。

表 18-3　乌鲁木齐市茶叶中侦测出农药的 ADI 值

序号	农药	ADI	序号	农药	ADI	序号	农药	ADI
1	哒螨灵	0.01	10	腈苯唑	0.03	19	戊唑醇	0.03
2	稻瘟灵	0.016	11	克百威	0.001	20	乙螨唑	0.05
3	敌敌畏	0.004	12	扑草净	0.04	21	茚虫威	0.01
4	啶虫脒	0.07	13	炔螨特	0.01	22	唑螨酯	0.01
5	毒死蜱	0.01	14	噻虫啉	0.01	23	吡螨胺	—
6	多菌灵	0.03	15	噻虫嗪	0.08	24	避蚊胺	—
7	呋虫胺	0.2	16	噻螨酮	0.03	25	甲哌	—
8	甲氰菊酯	0.03	17	噻嗪酮	0.009			
9	甲氧虫酰肼	0.1	18	三唑磷	0.001			

注："—"表示为国家标准中无 ADI 值规定；ADI 值单位为 mg/kg bw

2）计算 IFS_c 的平均值 $\overline{IFS}$，评价农药对食品安全的影响程度

以 $\overline{IFS}$ 评价各种农药对人体健康危害的总程度，评价模型见公式（18-2）。

$$\overline{IFS} = \frac{\sum_{i=1}^{n} IFS_c}{n} \tag{18-2}$$

$\overline{IFS} \ll 1$，所研究消费者人群的食品安全状态很好；$\overline{IFS} \leqslant 1$，所研究消费者人群的食品安全状态可以接受；$\overline{IFS} > 1$，所研究消费者人群的食品安全状态不可接受。

本次评价中：

$\overline{IFS} \leqslant 0.1$，所研究消费者人群的茶叶安全状态很好；

$0.1 < \overline{IFS} \leqslant 1$，所研究消费者人群的茶叶安全状态可以接受；

$\overline{IFS} > 1$，所研究消费者人群的茶叶安全状态不可接受。

18.1.2.2　预警风险评估模型

2003 年，我国检验检疫食品安全管理的研究人员根据 WTO 的有关原则和我国的具体规定，结合危害物本身的敏感性、风险程度及其相应的施检频率，首次提出了食品中

危害物风险系数 R 的概念[12]。R 是衡量一个危害物的风险程度大小最直观的参数，即在一定时期内其超标率或阳性检出率的高低，但受其施检频率的高低及其本身的敏感性(受关注程度)影响。该模型综合考察了农药在茶叶中的超标率、施检频率及其本身敏感性，能直观而全面地反映出农药在一段时间内的风险程度[13]。

1) R 计算方法

危害物的风险系数综合考虑了危害物的超标率或阳性检出率、施检频率和其本身的敏感性影响，并能直观而全面地反映出危害物在一段时间内的风险程度。风险系数 R 的计算公式如式(18-3)：

$$R = aP + \frac{b}{F} + S \tag{18-3}$$

式中，P 为该种危害物的超标率；F 为危害物的施检频率；S 为危害物的敏感因子；a, b 分别为相应的权重系数。

本次评价中 F=1；S=1；a=100；b=0.1，对参数 P 进行计算，计算时首先判断是否为禁用农药，如果为非禁用农药，P=超标的样品数(侦测出的含量高于食品最大残留限量标准值，即 MRL)除以总样品数(包括超标、不超标、未侦测出)；如果为禁用农药，则侦测出即为超标，P=能侦测出的样品数除以总样品数。判断乌鲁木齐市茶叶农药残留是否超标的标准限值 MRL 分别以 MRL 中国国家标准[14]和 MRL 欧盟标准作为对照，具体值列于本报告附表一中。

2) 评价风险程度

$R \leqslant 1.5$，受检农药处于低度风险；

$1.5 < R \leqslant 2.5$，受检农药处于中度风险；

$R > 2.5$，受检农药处于高度风险。

18.1.2.3　食品膳食暴露风险和预警风险评估应用程序的开发

1) 应用程序开发的步骤

为成功开发膳食暴露风险和预警风险评估应用程序，与软件工程师多次沟通讨论，逐步提出并描述清楚计算需求，开发了初步应用程序。为明确出不同茶叶、不同农药、不同地域的风险水平，向软件工程师提出不同的计算需求，软件工程师对计算需求进行逐一地分析，经过反复的细节沟通，需求分析得到明确后，开始进行解决方案的设计，在保证需求的完整性、一致性的前提下，编写出程序代码，最后设计出满足需求的风险评估专用计算软件，并通过一系列的软件测试和改进，完成专用程序的开发。软件开发基本步骤见图 18-3。

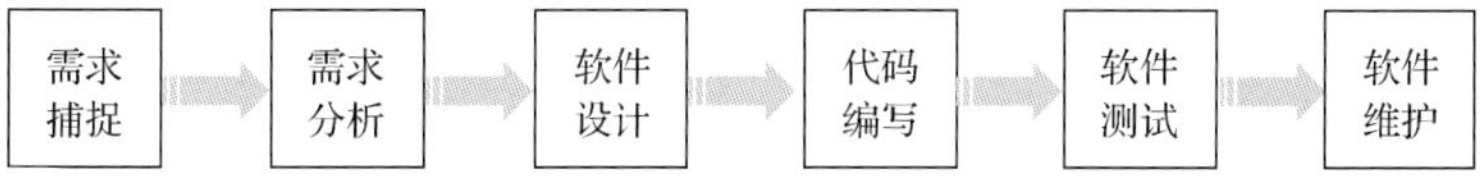

图 18-3　专用程序开发总体步骤

2）膳食暴露风险评估专业程序开发的基本要求

首先直接利用公式（18-1），分别计算 LC-Q-TOF/MS 和 GC-Q-TOF/MS 仪器侦测出的各茶叶样品中每种农药 IFS_c，将结果列出。为考察超标农药和禁用农药的使用安全性，分别以我国《食品安全国家标准　食品中农药最大残留限量》（GB 2763—2016）和欧盟食品中农药最大残留限量（以下简称 MRL 中国国家标准和 MRL 欧盟标准）为标准，对侦测出的禁用农药和超标的非禁用农药 IFS_c 单独进行评价；按 IFS_c 大小列表，并找出 IFS_c 值排名前 20 的样本重点关注。

对不同茶叶 i 中每一种侦测出的农药 c 的安全指数进行计算，多个样品时求平均值。按农药种类，计算整个监测时间段内每种农药的 IFS_c，不区分茶叶种类。

3）预警风险评估专业程序开发的基本要求

分别以 MRL 中国国家标准和 MRL 欧盟标准，按公式（18-3）逐个计算不同茶叶、不同农药的风险系数，禁用农药和非禁用农药分别列表。

为清楚了解各种农药的预警风险，不分时间，不分茶叶，按禁用农药和非禁用农药分类，分别计算各种侦测出农药全部检测时段内风险系数。由于有 MRL 中国国家标准的农药种类太少，无法计算超标数，非禁用农药的风险系数只以 MRL 欧盟标准为标准，进行计算。

4）风险程度评价专业应用程序的开发方法

采用 Python 计算机程序设计语言，Python 是一个高层次地结合了解释性、编译性、互动性和面向对象的脚本语言。风险评价专用程序主要功能包括：分别读入每例样品 LC-Q-TOF/MS 和 GC-Q-TOF/MS 农药残留检测数据，根据风险评价工作要求，依次对不同农药、不同食品、不同时间、不同采样点的 IFS_c 值和 R 值分别进行数据计算，筛选出禁用农药、超标农药（分别与 MRL 中国国家标准、MRL 欧盟标准限值进行对比）单独重点分析，再分别对各农药、各茶叶种类分类处理，设计出计算和排序程序，编写计算机代码，最后将生成的膳食暴露风险评估和超标风险评估定量计算结果列入设计好的各个表格中，并定性判断风险对目标的影响程度，直接用文字描述风险发生的高低，如“不可接受”、“可以接受”、“没有影响”、“高度风险”、“中度风险”、“低度风险”。

18.2　LC-Q-TOF/MS 侦测乌鲁木齐市市售茶叶农药残留膳食暴露风险评估

18.2.1　每例茶叶样品中农药残留安全指数分析

基于 2019 年 3 月的农药残留侦测数据，发现在 30 例样品中侦测出农药 90 频次，计算样品中每种残留农药的安全指数 IFS_c，并分析农药对样品安全的影响程度，结果详见附表二，农药残留对茶叶样品安全的影响程度频次分布情况如图 18-4 所示。

由图 18-4 可以看出，农药残留对样品安全的没有影响的频次为 65，占 72.22%。

部分样品侦测出禁用农药 3 种 4 频次，为了明确残留的禁用农药对样品安全的影响，

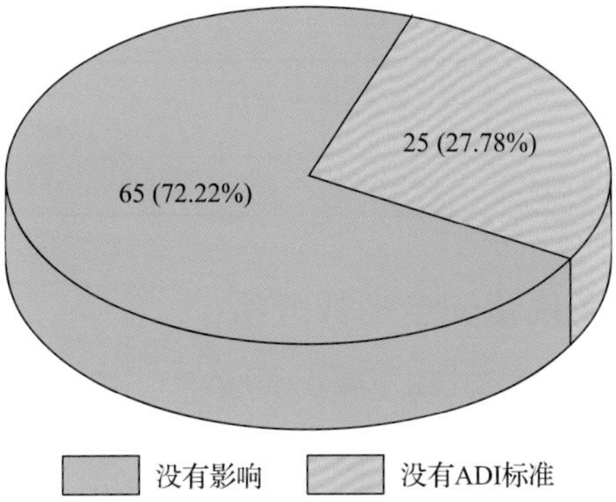

图 18-4　农药残留对茶叶样品安全的影响程度频次分布图

分析侦测出禁用农药残留的样品安全指数，禁用农药残留对茶叶样品安全的影响程度频次分布情况如图 18-5 所示，农药残留对样品安全没有影响的频次为 4，占 100.00%。

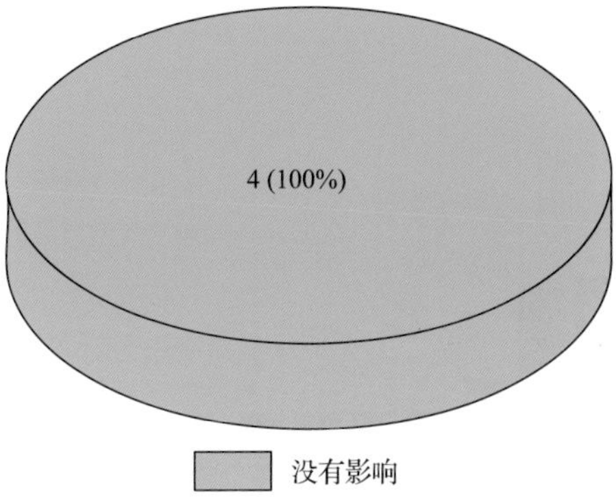

图 18-5　禁用农药对茶叶样品安全影响程度的频次分布图

残留量超过 MRL 欧盟标准的非禁用农药对茶叶样品安全的影响程度频次分布情况如图 18-6 所示。可以看出超过 MRL 欧盟标准的非禁用农药共 3 频次，其中农药没有 ADI 标准的频次为 2，占 66.67%；农药残留对样品安全没有影响的频次为 1，占 33.33%。表 18-4 为茶叶样品中残留超标非禁用农药列表。

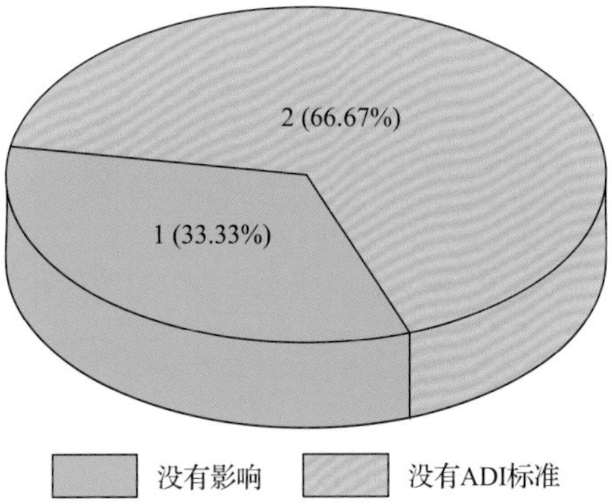

图 18-6　残留超标的非禁用农药对茶叶样品安全的影响程度频次分布图（MRL 欧盟标准）

表 18-4　茶叶样品中残留超标非禁用农药列表（MRL 欧盟标准）

序号	样品编号	采样点	基质	农药	含量 (mg/kg)	欧盟标准	IFS_c	影响程度
1	20190323-650100-QHDCIQ-DT-01R	***茶叶店	黑茶	敌敌畏	0.0283	0.02	5.54×10^{-4}	没有影响

18.2.2　单种茶叶中农药残留安全指数分析

本次 2 种茶叶侦测 25 种农药，检出频次为 90 次，其中 3 种农药没有 ADI 标准，22 种农药存在 ADI 标准。2 种茶叶按不同种类分别计算侦测出的具有 ADI 标准的各种农药的 IFS_c 值，农药残留对茶叶的安全指数分布图如图 18-7 所示。

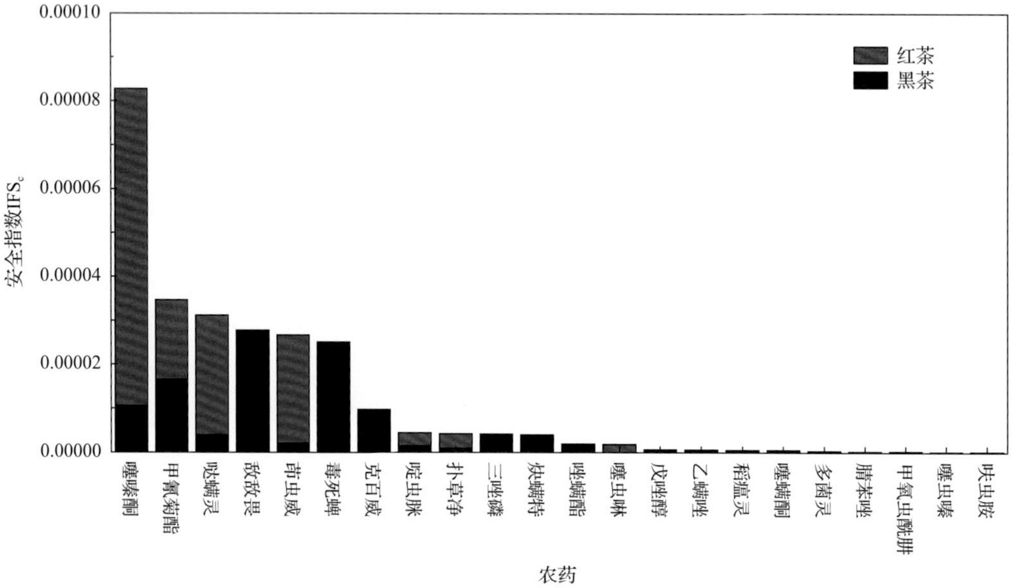

图 18-7　2 种茶叶中 22 种残留农药的安全指数分布图

本次侦测中，2 种茶叶和 25 种残留农药（包括没有 ADI 标准）共涉及 33 个分析样本，农药对单种茶叶安全的影响程度分布情况如图 18-8 所示。可以看出，84.85%的样本中农药对茶叶安全没有影响。

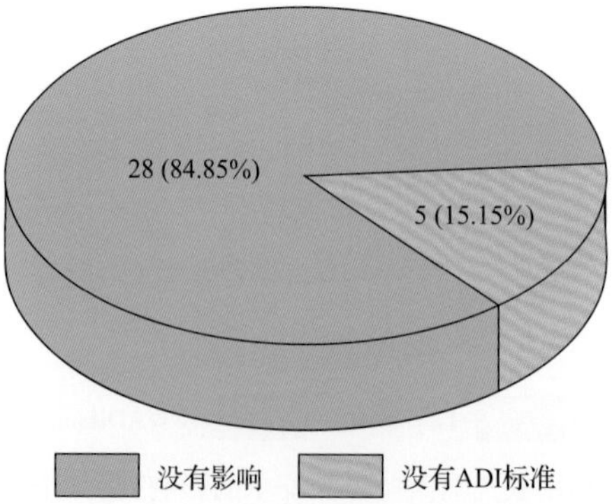

图 18-8　33 个分析样本的影响程度频次分布图

18.2.3 所有茶叶中农药残留安全指数分析

计算所有茶叶中 22 种农药的 IFS_c 值，结果如图 18-9 及表 18-5 所示。

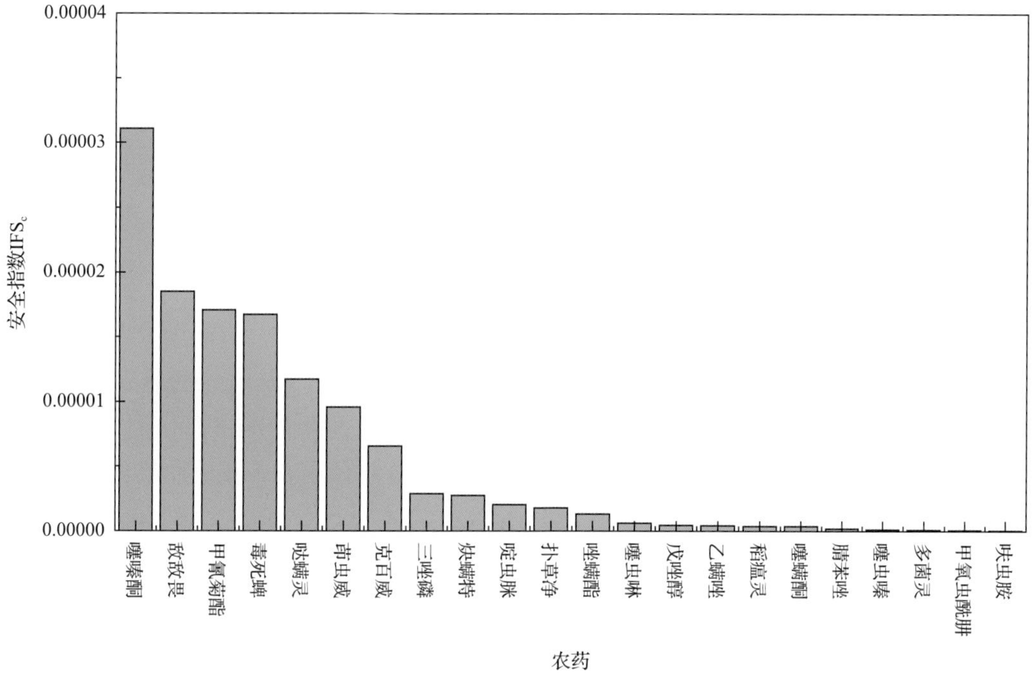

图 18-9 22 种残留农药对茶叶的安全影响程度统计图

分析发现，所有的农药对茶叶安全的影响程度均为没有影响，说明茶叶中残留的农药不会对茶叶安全造成影响。

表 18-5 茶叶中 22 种农药残留的安全指数表

序号	农药	检出频次	检出率(%)	IFS_c	影响程度	序号	农药	检出频次	检出率(%)	IFS_c	影响程度
1	噻嗪酮	14	46.67	3.11×10^{-5}	没有影响	12	唑螨酯	1	3.33	1.31×10^{-6}	没有影响
2	敌敌畏	1	3.33	1.85×10^{-5}	没有影响	13	噻虫啉	1	3.33	6.01×10^{-7}	没有影响
3	甲氰菊酯	2	6.67	1.71×10^{-5}	没有影响	14	戊唑醇	1	3.33	4.53×10^{-7}	没有影响
4	毒死蜱	2	6.67	1.67×10^{-5}	没有影响	15	乙螨唑	1	3.33	4.23×10^{-7}	没有影响
5	哒螨灵	8	26.67	1.17×10^{-5}	没有影响	16	稻瘟灵	1	3.33	3.75×10^{-7}	没有影响
6	茚虫威	4	13.33	9.56×10^{-6}	没有影响	17	噻螨酮	1	3.33	3.66×10^{-7}	没有影响
7	克百威	1	3.33	6.53×10^{-6}	没有影响	18	腈苯唑	1	3.33	1.83×10^{-7}	没有影响
8	三唑磷	1	3.33	2.87×10^{-6}	没有影响	19	噻虫嗪	1	3.33	1.11×10^{-7}	没有影响
9	炔螨特	1	3.33	2.74×10^{-6}	没有影响	20	多菌灵	1	3.33	9.57×10^{-8}	没有影响
10	啶虫脒	9	30.00	2.03×10^{-6}	没有影响	21	甲氧虫酰肼	1	3.33	6.53×10^{-8}	没有影响
11	扑草净	11	36.67	1.77×10^{-6}	没有影响	22	呋虫胺	1	3.33	3.79×10^{-8}	没有影响

18.3 LC-Q-TOF/MS 侦测乌鲁木齐市市售茶叶农药残留预警风险评估

基于乌鲁木齐市茶叶样品中农药残留 LC-Q-TOF/MS 侦测数据，分析禁用农药的检出率，同时参照中华人民共和国国家标准 GB 2763—2016 和欧盟农药最大残留限量（MRL）标准分析非禁用农药残留的超标率，并计算农药残留风险系数。分析单种茶叶中农药残留以及所有茶叶中农药残留的风险程度。

18.3.1 单种茶叶中农药残留风险系数分析

18.3.1.1 单种茶叶中禁用农药残留风险系数分析

侦测出的 25 种残留农药中有 3 种为禁用农药，且它们分布在 1 种茶叶中，计算 1 种茶叶中禁用农药的检出率，根据检出率计算风险系数 R，进而分析茶叶中禁用农药的风险程度，结果如图 18-10 与表 18-6 所示。分析发现 3 种禁用农药在 1 种茶叶中的残留处均于高度风险。

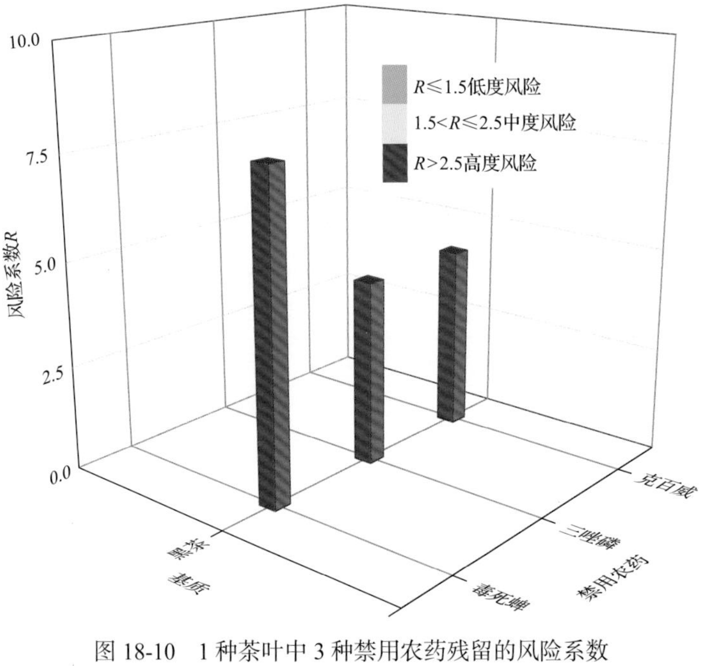

图 18-10　1 种茶叶中 3 种禁用农药残留的风险系数

表 18-6　1 种茶叶中 3 种禁用农药残留的风险系数表

序号	基质	农药	检出频次	检出率(%)	风险系数 R	风险程度
1	黑茶	三唑磷	1	5.00	6.10	高度风险
2	黑茶	克百威	1	5.00	6.10	高度风险
3	黑茶	毒死蜱	2	10.00	11.10	高度风险

18.3.1.2 基于 MRL 中国国家标准的单种茶叶中非禁用农药残留风险系数分析

参照中华人民共和国国家标准 GB 2763—2016 中农药残留限量计算每种茶叶中每种非禁用农药的超标率，进而计算其风险系数，根据风险系数大小判断残留农药的预警风险程度，茶叶中非禁用农药残留风险程度分布情况如图 18-11 所示。

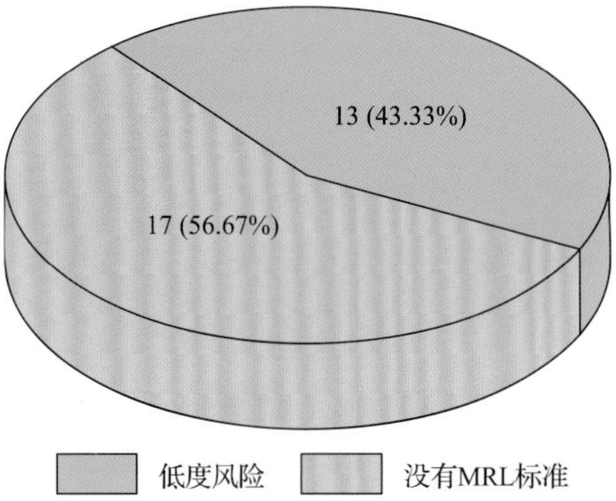

图 18-11 茶叶中非禁用农药残留的风险程度分布图(MRL 中国国家标准)

本次分析中，发现在 2 种茶叶检出 22 种残留非禁用农药，涉及样本 30 个，在 30 个样本中，43.33%处于低度风险，此外发现有 17 个样本没有 MRL 中国国家标准值，无法判断其风险程度，有 MRL 中国国家标准值的 13 个样本涉及 2 种茶叶中的 8 种非禁用农药，其风险系数 R 值如图 18-12 所示。

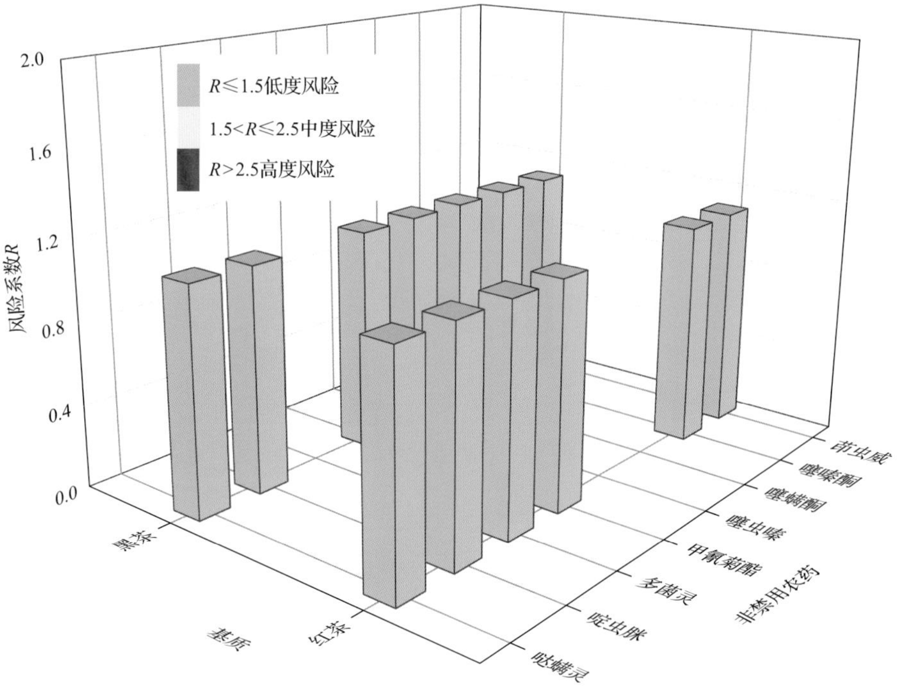

图 18-12 2 种茶叶中 8 种非禁用农药的风险系数分布图(MRL 中国国家标准)

18.3.1.3　基于 MRL 欧盟标准的单种茶叶中非禁用农药残留风险系数分析

参照 MRL 欧盟标准计算每种茶叶中每种非禁用农药的超标率，进而计算其风险系数，根据风险系数大小判断农药残留的预警风险程度，茶叶中非禁用农药残留风险程度分布情况如图 18-13 所示。

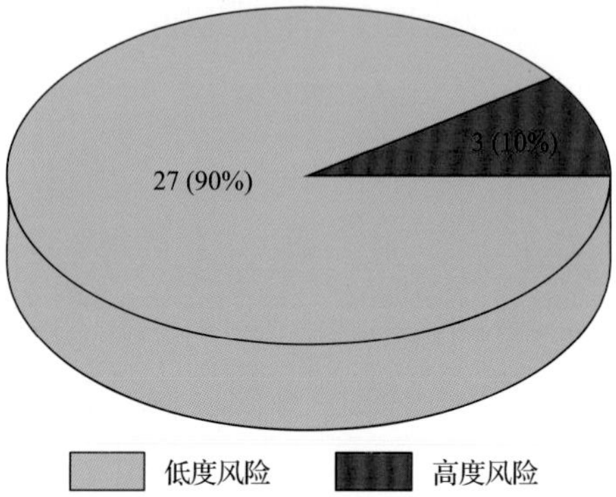

图 18-13　茶叶中非禁用农药残留的风险程度分布图（MRL 欧盟标准）

本次分析中，发现在 2 种茶叶中共侦测出 22 种非禁用农药，涉及样本 30 个，其中，10.00%处于高度风险，涉及 2 种茶叶和 2 种农药；90.00%处于低度风险，涉及 2 种茶叶和 20 种农药。单种茶叶中的非禁用农药风险系数分布图如图 18-14 所示。单种茶叶中处于高度风险的非禁用农药风险系数如图 18-15 和表 18-7 所示。

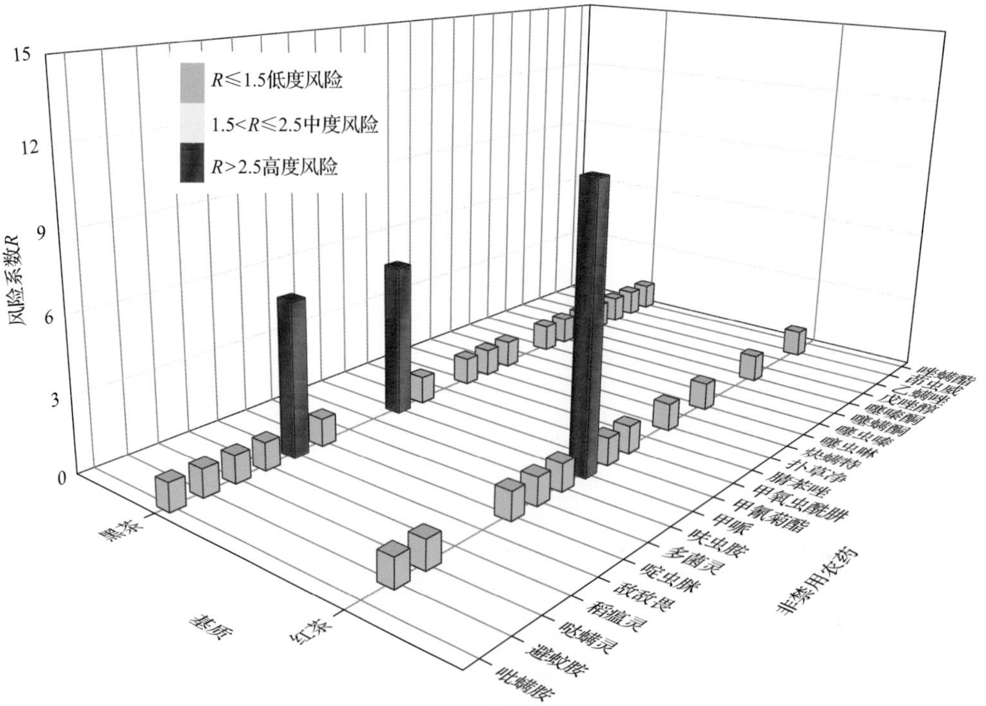

图 18-14　2 种茶叶中 22 种非禁用农药残留的风险系数（MRL 欧盟标准）

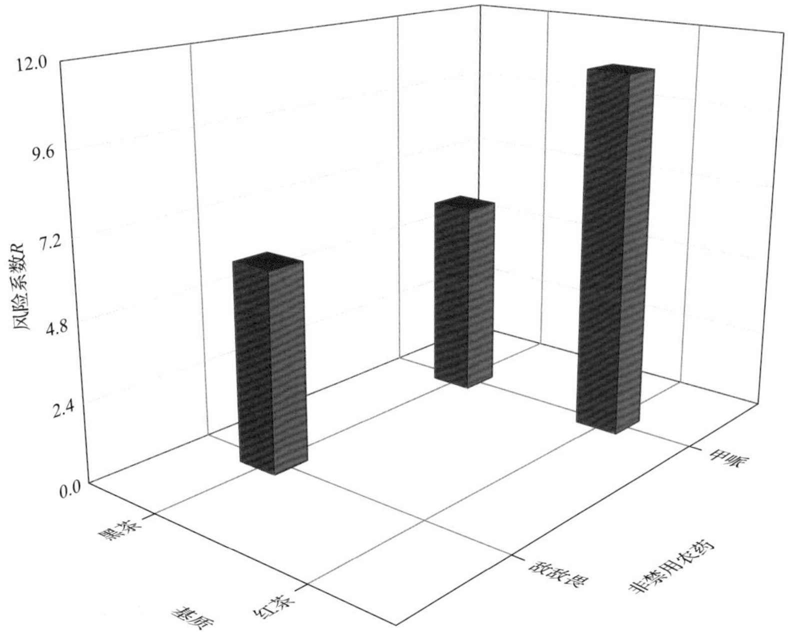

图 18-15 单种茶叶中处于高度风险的非禁用农药的风险系数(MRL 欧盟标准)

表 18-7 单种茶叶中处于高度风险的非禁用农药残留的风险系数表(MRL 欧盟标准)

序号	基质	农药	检出频次	检出率 P(%)	风险系数 R
1	红茶	甲哌	1	10.00	11.1
2	黑茶	敌敌畏	1	5.00	6.1
3	黑茶	甲哌	1	5.00	6.1

18.3.2 所有茶叶中农药残留风险系数分析

18.3.2.1 所有茶叶中禁用农药残留风险系数分析

在侦测出的 25 种农药中有 3 种为禁用农药，计算所有茶叶中禁用农药的风险系数，结果如表 18-8 所示。在 3 种禁用农药中，3 种农药残留处于高度风险。

表 18-8 茶叶中 3 种禁用农药的风险系数表

序号	农药	检出频次	检出率(%)	风险系数 R	风险程度
1	毒死蜱	2	6.67	7.77	高度风险
2	三唑磷	1	3.33	4.43	高度风险
3	克百威	1	3.33	4.43	高度风险

18.3.2.2 所有茶叶中非禁用农药残留风险系数分析

参照 MRL 欧盟标准计算所有茶叶中每种非禁用农药残留的风险系数，如图 18-16 与表 18-9 所示。在侦测出的 22 种非禁用农药中，2 种农药(9.10%)残留处于高度风险，20 种农药(90.91%)残留处于低度风险。

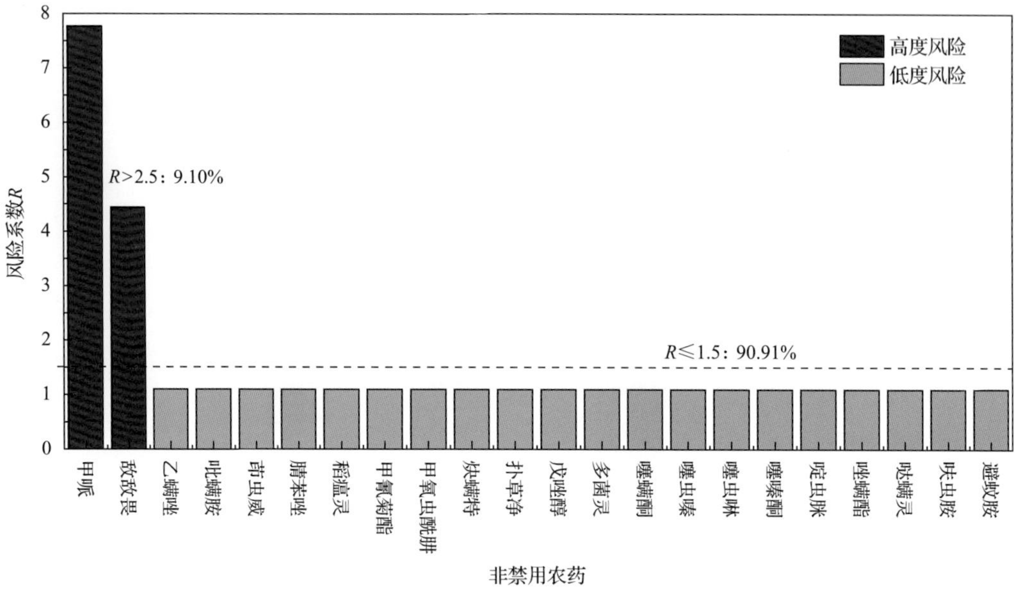

图 18-16　茶叶中 22 种非禁用农药的风险程度统计图

表 18-9　茶叶中 22 种非禁用农药的风险系数表

序号	农药	检出频次	检出率 P(%)	风险系数 R	风险程度
1	甲哌	2	6.67	7.77	高度风险
2	敌敌畏	1	3.33	4.43	高度风险
3	乙螨唑	0	0.00	1.10	低度风险
4	吡螨胺	0	0.00	1.10	低度风险
5	茚虫威	0	0.00	1.10	低度风险
6	腈苯唑	0	0.00	1.10	低度风险
7	稻瘟灵	0	0.00	1.10	低度风险
8	甲氰菊酯	0	0.00	1.10	低度风险
9	甲氧虫酰肼	0	0.00	1.10	低度风险
10	炔螨特	0	0.00	1.10	低度风险
11	扑草净	0	0.00	1.10	低度风险
12	戊唑醇	0	0.00	1.10	低度风险
13	多菌灵	0	0.00	1.10	低度风险
14	噻螨酮	0	0.00	1.10	低度风险
15	噻虫嗪	0	0.00	1.10	低度风险
16	噻虫啉	0	0.00	1.10	低度风险
17	噻嗪酮	0	0.00	1.10	低度风险
18	啶虫脒	0	0.00	1.10	低度风险
19	唑螨酯	0	0.00	1.10	低度风险
20	哒螨灵	0	0.00	1.10	低度风险
21	呋虫胺	0	0.00	1.10	低度风险
22	避蚊胺	0	0.00	1.10	低度风险

18.4 LC-Q-TOF/MS 侦测乌鲁木齐市市售茶叶农药残留风险评估结论与建议

农药残留是影响茶叶安全和质量的主要因素，也是我国食品安全领域倍受关注的敏感话题和亟待解决的重大问题之一[15,16]。各种茶叶均存在不同程度的农药残留现象，本研究主要针对乌鲁木齐市各类茶叶存在的农药残留问题，基于 2019 年 3 月对乌鲁木齐市 30 例茶叶样品中农药残留侦测得出的 90 个侦测结果，分别采用食品安全指数模型和风险系数模型，开展茶叶中农药残留的膳食暴露风险和预警风险评估。茶叶样品取自茶叶专营店，符合大众的膳食来源，风险评价时更具有代表性和可信度。

本研究力求通用简单地反映食品安全中的主要问题，且为管理部门和大众容易接受，为政府及相关管理机构建立科学的食品安全信息发布和预警体系提供科学的规律与方法，加强对农药残留的预警和食品安全重大事件的预防，控制食品风险。

18.4.1 乌鲁木齐市茶叶中农药残留膳食暴露风险评价结论

1) 茶叶样品中农药残留安全状态评价结论

采用食品安全指数模型，对 2019 年 3 月期间乌鲁木齐市茶叶农药残留膳食暴露风险进行评价，根据 IFS_c 的计算结果发现，茶叶中农药的 $\overline{IFS}$ 为 5.66×10^{-6}，说明乌鲁木齐市茶叶总体处于可以接受的安全状态，但部分禁用农药、高残留农药在茶叶中仍有侦测出，导致膳食暴露风险的存在，成为不安全因素。

2) 禁用农药膳食暴露风险评价

本次检测发现部分茶叶样品中有禁用农药侦测出，侦测出禁用农药 3 种，侦测出频次为 4，茶叶样品中的禁用农药 IFS_c 计算结果表明，禁用农药残留膳食暴露风险没有影响的频次为 4，占 100%。

18.4.2 乌鲁木齐市茶叶中农药残留预警风险评价结论

1) 单种茶叶中禁用农药残留的预警风险评价结论

本次检测过程中，在 1 种茶叶中检测出 3 种禁用农药，禁用农药为：三唑磷、克百威、毒死蜱，茶叶为：黑茶，茶叶中禁用农药的风险系数分析结果显示，3 种禁用农药在 1 种茶叶中的残留均处于高度风险，说明在单种茶叶中禁用农药的残留会导致较高的预警风险。

2) 单种茶叶中非禁用农药残留的预警风险评价结论

以 MRL 中国国家标准为标准，计算茶叶中非禁用农药风险系数情况下，30 个样本中，13 个处于低度风险(43.33%)，17 个样本没有 MRL 中国国家标准(56.67%)。以 MRL 欧盟标准为标准，计算茶叶中非禁用农药风险系数情况下，发现有 3 个处于高度风险(10%)，27 个处于低度风险(90%)。基于两种 MRL 标准，评价的结果差异显著，可以看出 MRL 欧盟标准比中国国家标准更加严格和完善，过于宽松的 MRL 中国国家标准值能否有效保障人体的健康有待研究。

18.4.3　加强乌鲁木齐市茶叶食品安全建议

我国食品安全风险评价体系仍不够健全，相关制度不够完善，多年来，由于农药用药次数多、用药量大或用药间隔时间短，产品残留量大，农药残留所造成的食品安全问题日益严峻，给人体健康带来了直接或间接的危害。据估计，美国与农药有关的癌症患者数约占全国癌症患者总数的 50%，中国更高。同样，农药对其他生物也会形成直接杀伤和慢性危害，植物中的农药可经过食物链逐级传递并不断蓄积，对人和动物构成潜在威胁，并影响生态系统。

基于本次农药残留侦测数据的风险评价结果，提出以下几点建议：

1）加快食品安全标准制定步伐

我国食品标准中对农药每日允许最大摄入量 ADI 的数据严重缺乏，在本次评价所涉及的 25 种农药中，仅有 88%的农药具有 ADI 值，而 12%的农药中国尚未规定相应的 ADI 值，亟待完善。

我国食品中农药最大残留限量值的规定严重缺乏，对评估涉及的不同茶叶中不同农药 33 个 MRL 限值进行统计来看，我国仅制定出 14 个标准，我国标准完整率仅为 42.42%，欧盟的完整率达到 100%（表 18-10）。因此，中国更应加快 MRL 标准的制定步伐。

表 18-10　我国国家食品标准农药的 ADI、MRL 值与欧盟标准的数量差异

分类		中国 ADI	MRL 中国国家标准	MRL 欧盟标准
标准限值（个）	有	22	14	33
	无	3	19	0
总数（个）		25	33	33
无标准限值比例（%）		12	57.58	0

此外，MRL 中国国家标准限值普遍高于欧盟标准限值，这些标准中共有 10 个高于欧盟。过高的 MRL 值难以保障人体健康，建议继续加强对限值基准和标准的科学研究，将农产品中的危险性减少到尽可能低的水平。

2）加强农药的源头控制和分类监管

在乌鲁木齐市某些茶叶中仍有禁用农药残留，利用 LC-Q-TOF/MS 技术侦测出 3 种禁用农药，检出频次为 4 次，残留禁用农药均存在较大的膳食暴露风险和预警风险。早已列入黑名单的禁用农药在我国并未真正退出，有些药物由于价格便宜、工艺简单，此类高毒农药一直生产和使用。建议在我国采取严格有效的控制措施，从源头控制禁用农药。

对于非禁用农药，在我国作为“田间地头”最典型单位的县级茶叶产地中，农药残留的检测几乎缺失。建议根据农药的毒性，对高毒、剧毒、中毒农药实现分类管理，减少使用高毒和剧毒高残留农药，进行分类监管。

3) 加强农药生物基准和降解技术研究

市售茶叶中残留农药的品种多、频次高、禁用农药多次检出这一现状，说明了我国的田间土壤和水体因农药长期、频繁、不合理的使用而遭到严重污染。为此，建议中国相关部门出台相关政策，鼓励高校及科研院所积极开展分子生物学、酶学等研究，加强土壤、水体中残留农药的生物修复及降解新技术研究，切实加大农药监管力度，以控制农药的面源污染问题。

综上所述，在本工作基础上，根据茶叶残留危害，可进一步针对其成因提出和采取严格管理、大力推广无公害茶叶种植与生产、健全食品安全控制技术体系、加强茶叶质量检测体系建设和积极推行茶叶质量追溯制度等相应对策。建立和完善食品安全综合评价指数与风险监测预警系统，对食品安全进行实时、全面的监控与分析，为我国的食品安全科学监管与决策提供新的技术支持，可实现各类检验数据的信息化系统管理，降低食品安全事故的发生。

第19章　GC-Q-TOF/MS 侦测乌鲁木齐市30例市售茶叶样品农药残留报告

从乌鲁木齐市所属1个区，随机采集了30例茶叶样品，使用气相色谱-四极杆飞行时间质谱(GC-Q-TOF/MS)对684种农药化学污染物进行示范侦测。

19.1　样品种类、数量与来源

19.1.1　样品采集与检测

为了真实反映百姓日常饮用的茶叶中农药残留污染状况，本次所有检测样品均由检验人员于2019年3月期间，从乌鲁木齐市所属1个采样点，包括1个茶叶专营店，以随机购买方式采集，总计1批30例样品，从中检出农药32种，115频次。采样及监测概况见图19-1及表19-1，样品及采样点明细见表19-2及表19-3(侦测原始数据见附表1)。

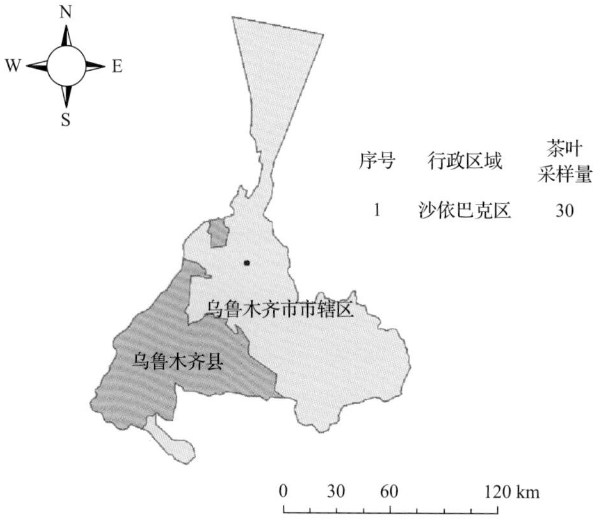

图19-1　乌鲁木齐市所属1个采样点30例样品分布图

表19-1　农药残留监测总体概况

采样行政区域	乌鲁木齐市所属1个区
采样点(茶叶专营店)	1
样本总数	30
检出农药品种/频次	32/115
各采样点样本农药残留检出率范围	93.3%

表 19-2　样品分类及数量

样品分类	样品名称(数量)	数量小计
1. 茶叶		30
1) 发酵类茶叶	黑茶(20)，红茶(10)	30
合计	1.茶叶 2 种	30

表 19-3　乌鲁木齐市采样点信息

采样点序号	行政区域	采样点
茶叶专营店(1)		
1	沙依巴克区	***茶叶店

19.1.2　检测结果

这次使用的检测方法是庞国芳院士团队最新研发的不需使用标准品对照，而以高分辨精确质量数(0.0001 *m/z*)为基准的 GC-Q-TOF/MS 检测技术，对于 30 例样品，每个样品均侦测了 684 种农药化学污染物的残留现状。通过本次侦测，在 30 例样品中共计检出农药化学污染物 32 种，检出 115 频次。

19.1.2.1　各采样点样品检出情况

统计分析发现 1 个采样点中，被测样品的农药检出率为 93.3%，见图 19-2。

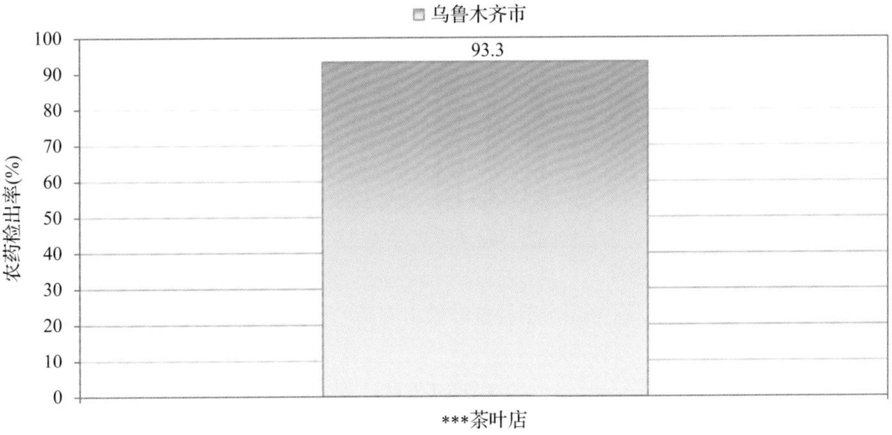

图 19-2　各采样点样品中的农药检出率

19.1.2.2　检出农药的品种总数与频次

统计分析发现，对于 30 例样品中 684 种农药化学污染物的侦测，共检出农药 115 频次，涉及农药 32 种，结果如图 19-3 所示。其中联苯菊酯检出频次最高，共检出 26 次。检出频次排名前 10 的农药如下：①联苯菊酯(26)，②唑虫酰胺(10)，③2,6-二硝基-3-甲氧基-4-叔丁基甲苯(8)，④甲醚菊酯(8)，⑤毒死蜱(7)，⑥氯氟氰菊酯(7)，⑦虫螨腈

（6），⑧炔丙菊酯（6），⑨二苯胺（5），⑩硫丹（5）。

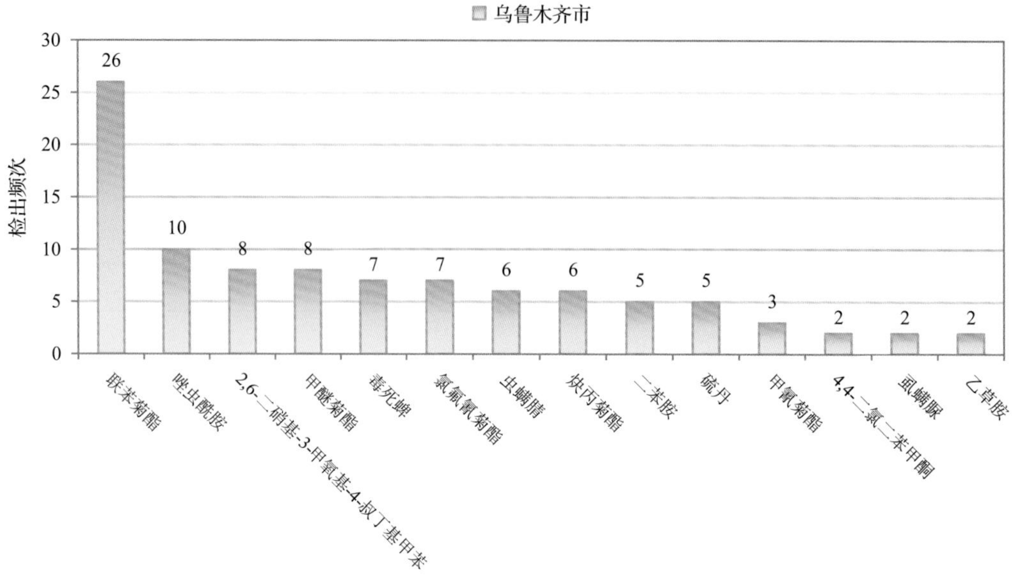

图 19-3　检出农药品种及频次

由图 19-4 可见，黑茶和红茶这 2 种茶叶样品中检出的农药品种数较高，均超过 15 种，其中，黑茶检出农药品种最多，为 27 种。由图 19-5 可见，黑茶和红茶这 2 种茶叶样品中的农药检出频次较高，均超过 40 次，其中，黑茶检出农药频次最高，为 74 次。

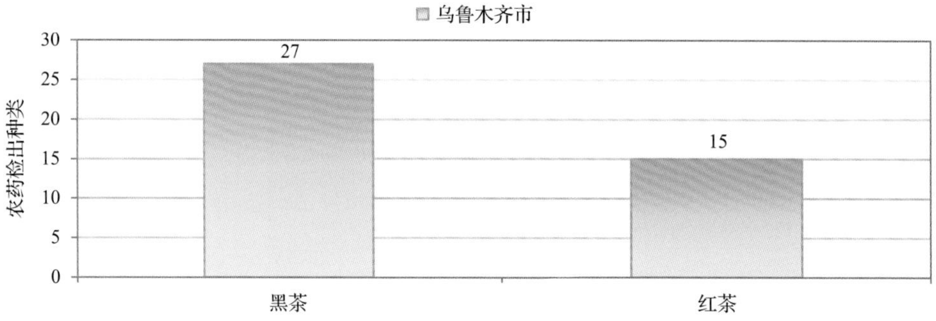

图 19-4　单种茶叶检出农药的种类数

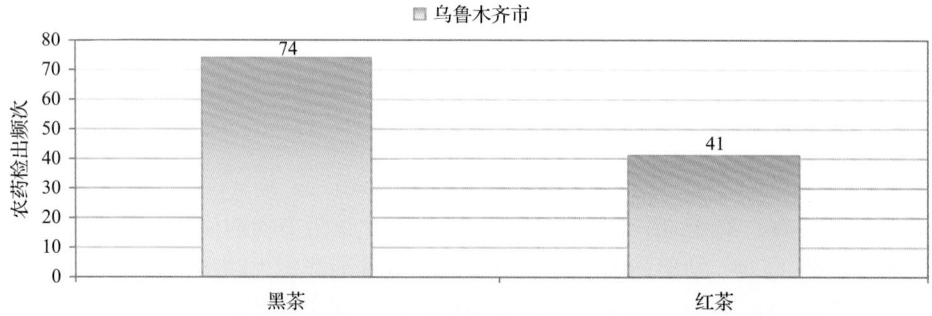

图 19-5　单种茶叶检出农药频次

19.1.2.3　单例样品农药检出种类与占比

对单例样品检出农药种类和频次进行统计发现，未检出农药的样品占总样品数的 6.7%，检出 1 种农药的样品占总样品数的 10.0%，检出 2~5 种农药的样品占总样品数的 60.0%，检出 6~10 种农药的样品占总样品数的 23.3%。每例样品中平均检出农药为 3.8 种，数据见表 19-4 及图 19-6。

表 19-4　单例样品检出农药品种占比

检出农药品种数	样品数量/占比(%)
未检出	2/6.7
1 种	3/10.0
2~5 种	18/60.0
6~10 种	7/23.3
单例样品平均检出农药品种	3.8 种

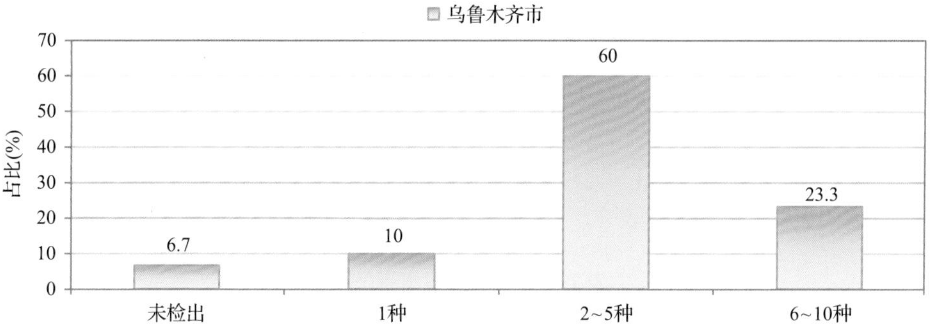

图 19-6　单例样品平均检出农药品种及占比

19.1.2.4　检出农药类别与占比

所有检出农药按功能分类，包括杀虫剂、杀菌剂、杀螨剂、除草剂和其他共 5 类。其中杀虫剂与杀菌剂为主要检出的农药类别，分别占总数的 53.1%和 21.9%，见表 19-5 及图 19-7。

表 19-5　检出农药所属类别/占比

农药类别	数量/占比(%)
杀虫剂	17/53.1
杀菌剂	7/21.9
杀螨剂	4/12.5
除草剂	3/9.4
其他	1/3.1

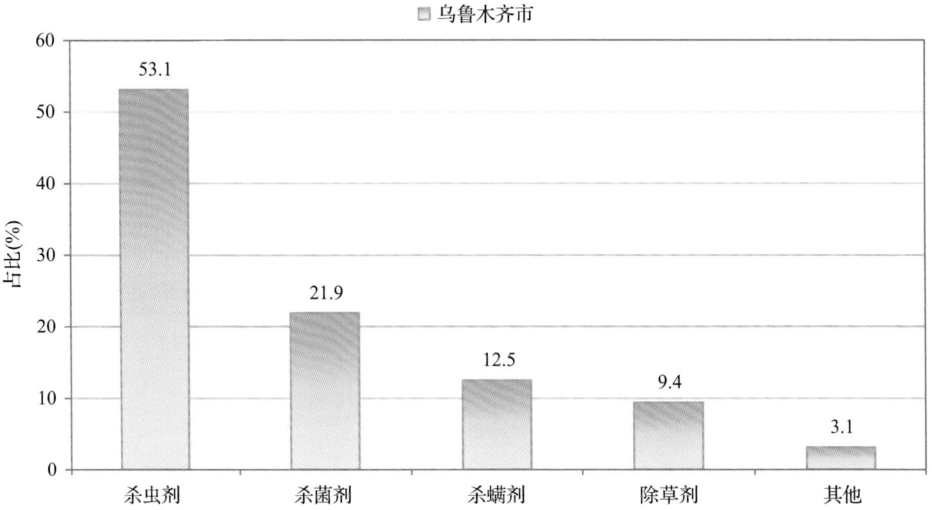

图 19-7　检出农药所属类别和占比

19.1.2.5　检出农药的残留水平

按检出农药残留水平进行统计，残留水平在 1~5 μg/kg（含）的农药占总数的 5.2%，在 5~10 μg/kg（含）的农药占总数的 7.8%，在 10~100 μg/kg（含）的农药占总数的 54.8%，在 100~1000 μg/kg（含）的农药占总数的 31.3%，在>1000 μg/kg 的农药占总数的 0.9%。

由此可见，这次检测的 1 批 30 例茶叶样品中农药多数处于中高残留水平。结果见表 19-6 及图 19-8，数据见附表 2。

表 19-6　农药残留水平/占比

残留水平（μg/kg）	检出频次数/占比（%）
1~5（含）	6/5.2
5~10（含）	9/7.8
10~100（含）	63/54.8
100~1000（含）	36/31.3
>1000	1/0.9

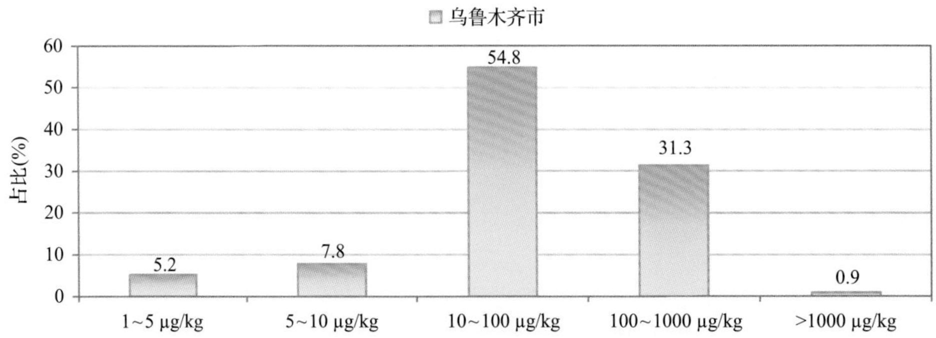

图 19-8　检出农药残留水平及占比

19.1.2.6　检出农药的毒性类别、检出频次和超标频次及占比

对这次检出的 32 种 115 频次的农药，按剧毒、高毒、中毒、低毒和微毒这五个毒性类别进行分类，从中可以看出，乌鲁木齐市目前普遍使用的农药为中低微毒农药，品种占 93.8%，频次占 98.3%。结果见表 19-7 及图 19-9。

表 19-7　检出农药毒性类别/占比

毒性分类	农药品种/占比(%)	检出频次/占比(%)	超标频次/超标率(%)
剧毒农药	0/0	0/0.0	0/0.0
高毒农药	2/6.3	2/1.7	1/50.0
中毒农药	19/59.4	81/70.4	0/0.0
低毒农药	10/31.3	31/27.0	0/0.0
微毒农药	1/3.1	1/0.9	0/0.0

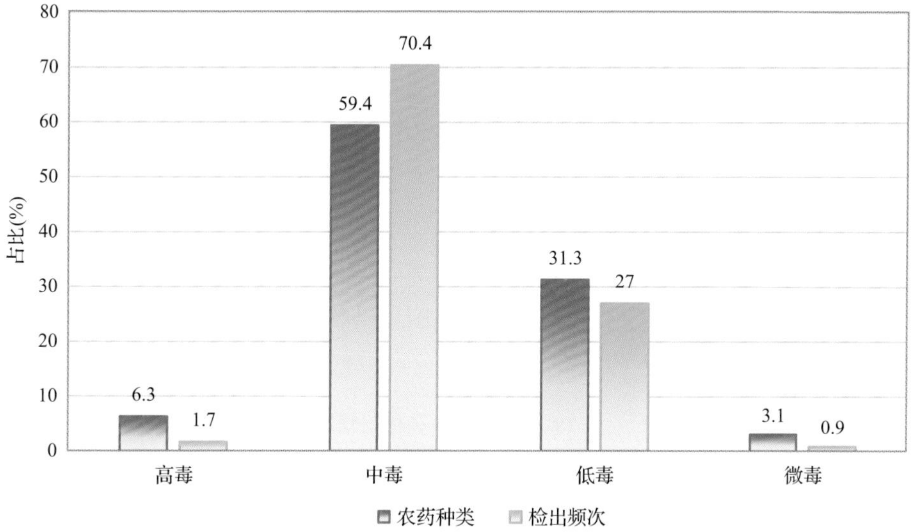

图 19-9　检出农药的毒性分类和占比

19.1.2.7　检出剧毒/高毒类农药的品种和频次

值得特别关注的是，在此次侦测的 30 例样品中有 1 种茶叶的 2 例样品检出了 2 种 2 频次的剧毒和高毒农药，占样品总量的 6.7%，详见表 19-8、图 19-10 及表 19-9。

表 19-8　剧毒农药检出情况

序号	农药名称	检出频次	超标频次	超标率
茶叶中未检出剧毒农药				
合计		0	0	超标率：0.0%

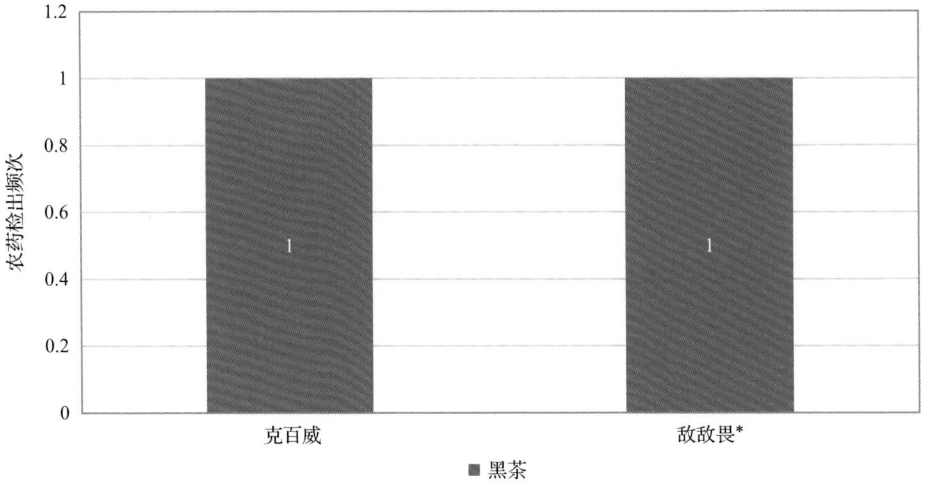

图 19-10　检出剧毒/高毒农药的样品情况

＊表示允许在茶叶上使用的农药

表 19-9　高毒农药检出情况

序号	农药名称	检出频次	超标频次	超标率
从 1 种茶叶中检出 2 种高毒农药，共计检出 2 次				
1	敌敌畏	1	0	0.0%
2	克百威	1	1	100.0%
合计		2	1	超标率：50.0%

在检出的剧毒和高毒农药中，有 1 种是我国早已禁止在茶叶上使用的：为克百威。禁用农药的检出情况见表 19-10。

表 19-10　禁用农药检出情况

序号	农药名称	检出频次	超标频次	超标率
从 2 种茶叶中检出 5 种禁用农药，共计检出 15 次				
1	毒死蜱	7	0	0.0%
2	硫丹	5	0	0.0%
3	氟虫腈	1	0	0.0%
4	克百威	1	1	100.0%
5	三氯杀螨醇	1	0	0.0%
合计		15	1	超标率：6.7%

注：超标结果参考 MRL 中国国家标准计算

此次抽检的茶叶样品中，没有检出剧毒农药。

样品中检出剧毒和高毒农药残留水平超过 MRL 中国国家标准的频次为 1 次，其中：黑茶检出克百威超标 1 次。本次检出结果表明，高毒、剧毒农药的使用现象依旧存在。详见表 19-11。

表 19-11　各样本中检出剧毒/高毒农药情况

样品名称	农药名称	检出频次	超标频次	检出浓度(μg/kg)
		茶叶 1 种		
黑茶	克百威▲	1	1	56.7[a]
黑茶	敌敌畏	1	0	40.0
合计		2	1	超标率：50.0%

注：超标结果参考 MRL 中国国家标准计算

19.2　农药残留检出水平与最大残留限量标准对比分析

我国于 2016 年 12 月 18 日正式颁布并于 2017 年 6 月 18 日正式实施食品农药残留限量国家标准《食品中农药最大残留限量》(GB 2763—2016)。该标准包括 417 个农药条目，涉及最大残留限量(MRL)标准 4140 项。将 115 频次检出农药的浓度水平与 4140 项 MRL 中国国家标准进行核对，其中只有 50 频次的结果找到了对应的 MRL 标准，占 43.5%，还有 65 频次的结果则无相关 MRL 标准供参考，占 56.5%。

将此次侦测结果与国际上现行 MRL 标准对比发现，在 115 频次的检出结果中有 115 频次的结果找到了对应的 MRL 欧盟标准，占 100.0%，其中，76 频次的结果有明确对应的 MRL，占 66.1%，其余 39 频次按照欧盟一律标准判定，占 33.9%；有 115 频次的结果找到了对应的 MRL 日本标准，占 100.0%，其中，82 频次的结果有明确对应的 MRL，占 71.3%，其余 33 频次按照日本一律标准判定，占 28.7%；有 46 频次的结果找到了对应的 MRL 中国香港标准，占 40.0%；有 52 频次的结果找到了对应的 MRL 美国标准，占 45.2%；有 44 频次的结果找到了对应的 MRL CAC 标准，占 38.3%(见图 19-11 和图 19-12，数据见附表 3 至附表 8)。

19.2.1　超标农药样品分析

本次侦测的 30 例样品中，2 例样品未检出任何残留农药，占样品总量的 6.7%，28 例样品检出不同水平、不同种类的残留农药，占样品总量的 93.3%。在此，我们将本次

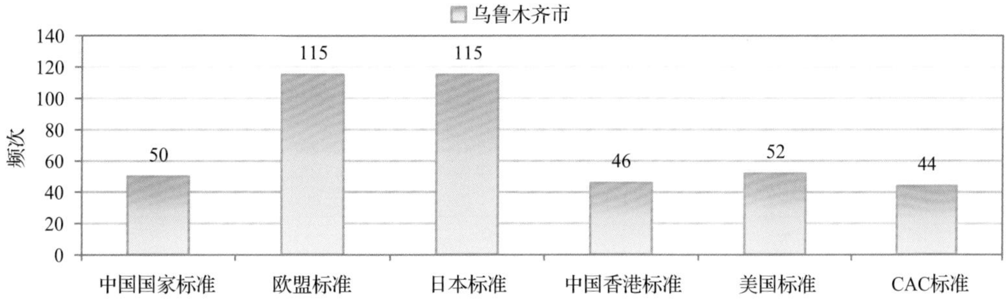

图 19-11　115 频次检出农药可用 MRL 中国国家标准、欧盟标准、日本标准、中国香港标准、美国标准、CAC 标准判定衡量的数量

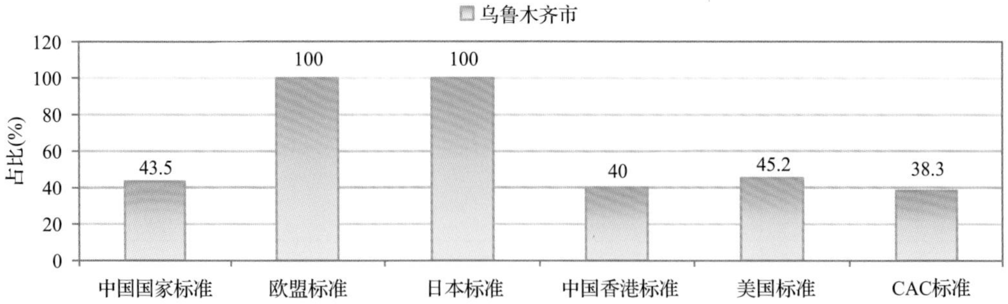

图 19-12 115 频次检出农药可用 MRL 中国国家标准、欧盟标准、日本标准、中国香港标准、美国标准、CAC 标准衡量的占比

侦测的农残检出情况与 MRL 中国国家标准、欧盟标准、日本标准、中国香港标准、美国标准和 CAC 标准这 6 大国际主流标准进行对比分析，样品农残检出与超标情况见表 19-12、图 19-13 和图 19-14，详细数据见附表 9 至附表 14。

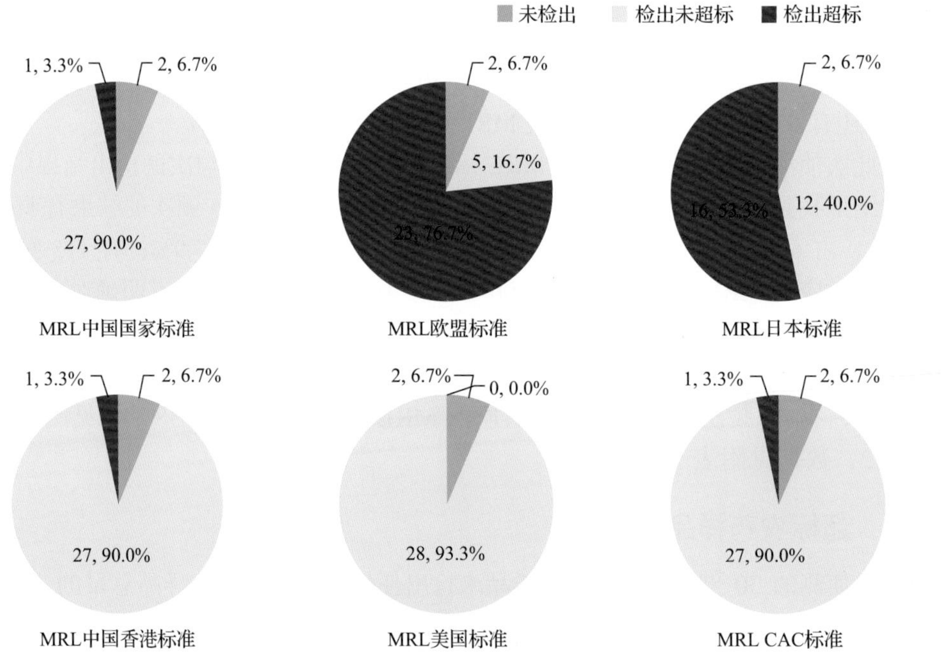

图 19-13 检出和超标样品比例情况

表 19-12 各 MRL 标准下样本农残检出与超标数量及占比

	中国国家标准	欧盟标准	日本标准	中国香港标准	美国标准	CAC 标准
	数量/占比(%)	数量/占比(%)	数量/占比(%)	数量/占比(%)	数量/占比(%)	数量/占比(%)
未检出	2/6.7	2/6.7	2/6.7	2/6.7	2/6.7	2/6.7
检出未超标	27/90.0	5/16.7	12/40.0	27/90.0	28/93.3	27/90.0
检出超标	1/3.3	23/76.7	16/53.3	1/3.3	0/0.0	1/3.3

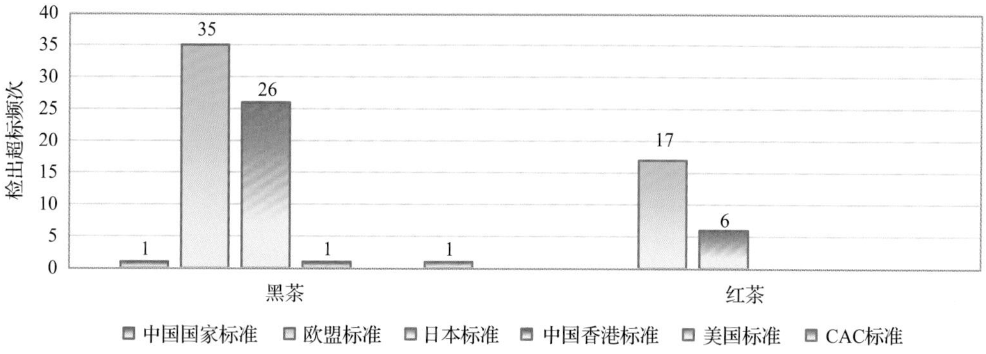

图 19-14　超过 MRL 中国国家标准、欧盟标准、日本标准、中国香港标准、美国标准和 CAC 标准判定结果在茶叶中的分布

19.2.2　超标农药种类分析

按照 MRL 中国国家标准、欧盟标准、日本标准、中国香港标准、美国标准和 CAC 标准这 6 大国际主流标准衡量，本次侦测检出的农药超标品种及频次情况见表 19-13。

表 19-13　各 MRL 标准下超标农药品种及频次

	中国国家标准	欧盟标准	日本标准	中国香港标准	美国标准	CAC 标准
超标农药品种	1	18	13	1	0	1
超标农药频次	1	52	32	1	0	1

19.2.2.1　按 MRL 中国国家标准衡量

按 MRL 中国国家标准衡量，有 1 种农药超标，检出 1 频次，为高毒农药克百威。按超标程度比较，黑茶中克百威超标 0.1 倍。检测结果见图 19-15 和附表 15。

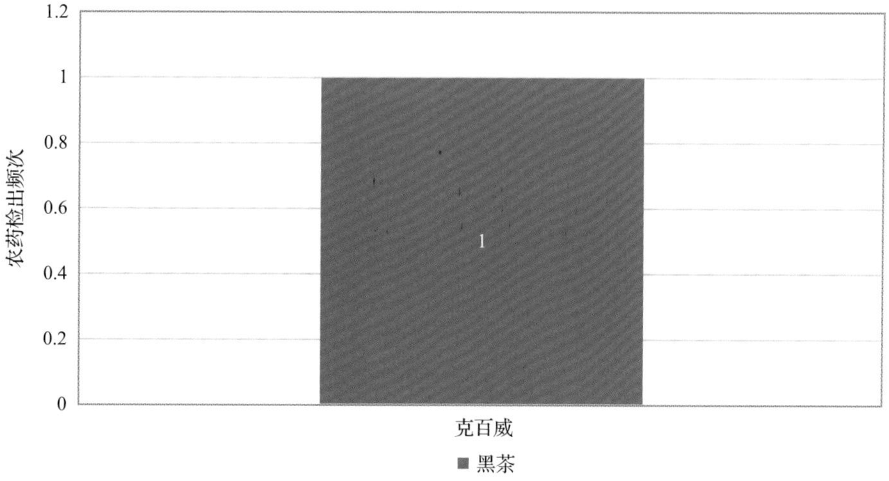

图 19-15　超过 MRL 中国国家标准农药品种及频次

19.2.2.2　按 MRL 欧盟标准衡量

按 MRL 欧盟标准衡量，共有 18 种农药超标，检出 52 频次，分别为高毒农药敌敌畏和克百威，中毒农药苯醚甲环唑、咪鲜胺、氟硅唑、氯氟氰菊酯、氟虫腈、丙溴磷、三唑醇、唑虫酰胺、戊唑醇、苯醚氰菊酯、炔丙菊酯和哌草丹，低毒农药 2,6-二硝基-3-甲氧基-4-叔丁基甲苯、猛杀威和甲醚菊酯，微毒农药环莠隆。

按超标程度比较，黑茶中甲醚菊酯超标 88.4 倍，黑茶中炔丙菊酯超标 88.0 倍，黑茶中 2,6-二硝基-3-甲氧基-4-叔丁基甲苯超标 30.6 倍，红茶中氯氟氰菊酯超标 18.7 倍，红茶中唑虫酰胺超标 16.1 倍。检测结果见图 19-16 和附表 16。

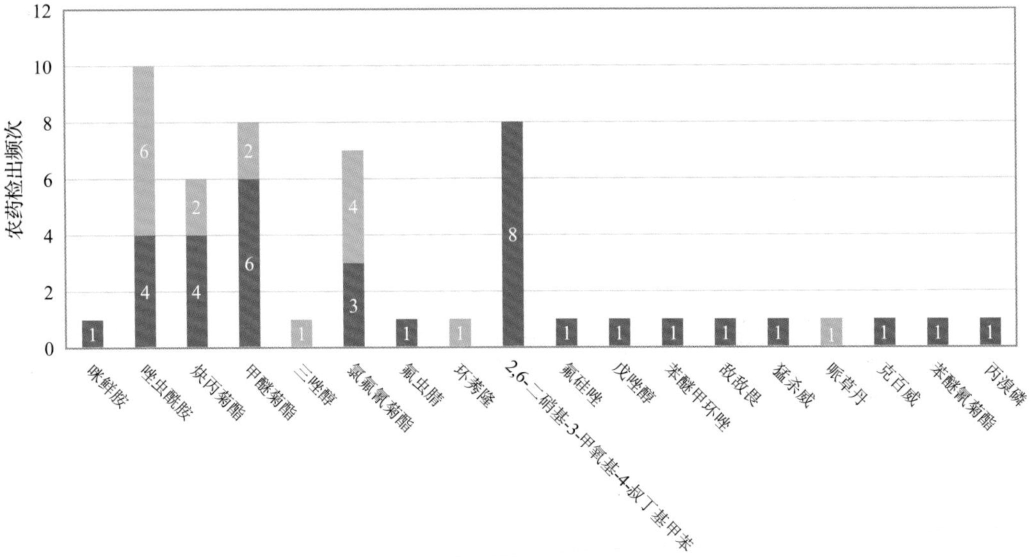

图 19-16　超过 MRL 欧盟标准农药品种及频次

19.2.2.3　按 MRL 日本标准衡量

按 MRL 日本标准衡量，共有 13 种农药超标，检出 32 频次，分别为中毒农药咪鲜胺、氟硅唑、氟虫腈、丙溴磷、苯醚氰菊酯、炔丙菊酯和哌草丹，低毒农药 2,6-二硝基-3-甲氧基-4-叔丁基甲苯、嘧霉胺、乙草胺、猛杀威和甲醚菊酯，微毒农药环莠隆。

按超标程度比较，黑茶中甲醚菊酯超标 88.4 倍，黑茶中炔丙菊酯超标 88.0 倍，黑茶中 2,6-二硝基-3-甲氧基-4-叔丁基甲苯超标 30.6 倍，黑茶中猛杀威超标 13.7 倍，红茶中哌草丹超标 8.2 倍。检测结果见图 19-17 和附表 17。

19.2.2.4　按 MRL 中国香港标准衡量

按 MRL 中国香港标准衡量，有 1 种农药超标，检出 1 频次，为中毒农药丙溴磷。

按超标程度比较，黑茶中丙溴磷超标 0.5 倍。检测结果见图 19-18 和附表 18。

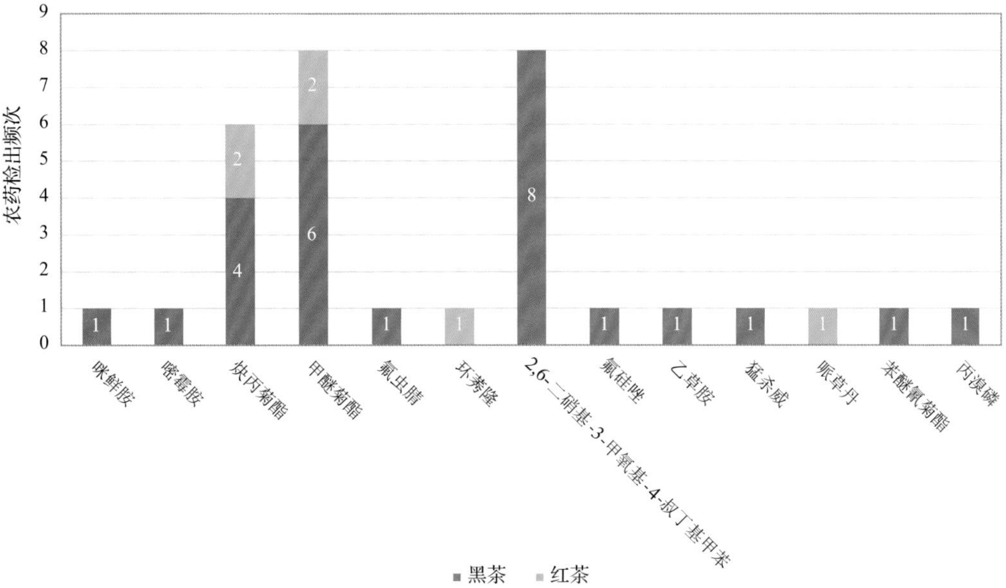

图 19-17 超过 MRL 日本标准农药品种及频次

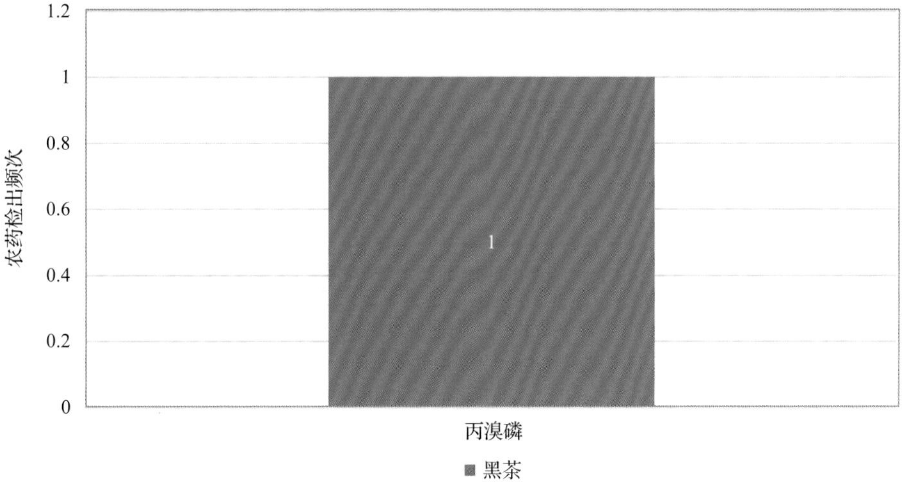

图 19-18 超过 MRL 中国香港标准农药品种及频次

19.2.2.5 按 MRL 美国标准衡量

按 MRL 美国标准衡量，无样品检出超标农药残留。

19.2.2.6 按 MRL CAC 标准衡量

按 MRL CAC 标准衡量，有 1 种农药超标，检出 1 频次，为中毒农药丙溴磷。按超标程度比较，黑茶中丙溴磷超标 0.5 倍。检测结果见图 19-19 和附表 19。

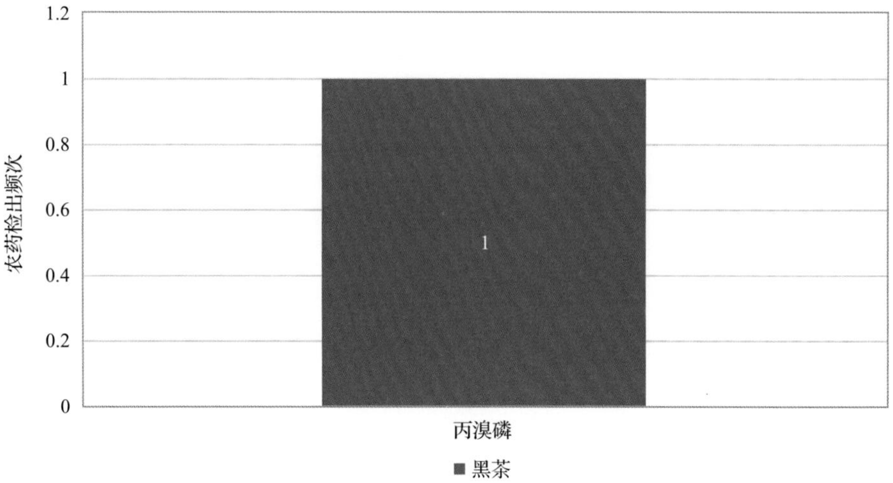

图 19-19　超过 MRL CAC 标准农药品种及频次

19.2.3　1 个采样点超标情况分析

19.2.3.1　按 MRL 中国国家标准衡量

按 MRL 中国国家标准衡量，所有采样点的样品均存在不同程度的超标农药检出，超标率均为 3.3%，如图 19-20 和表 19-14 所示。

表 19-14　超过 MRL 中国国家标准茶叶在不同采样点分布

序号	采样点	样品总数	超标数量	超标率(%)	行政区域
1	***茶叶店	30	1	3.3	沙依巴克区

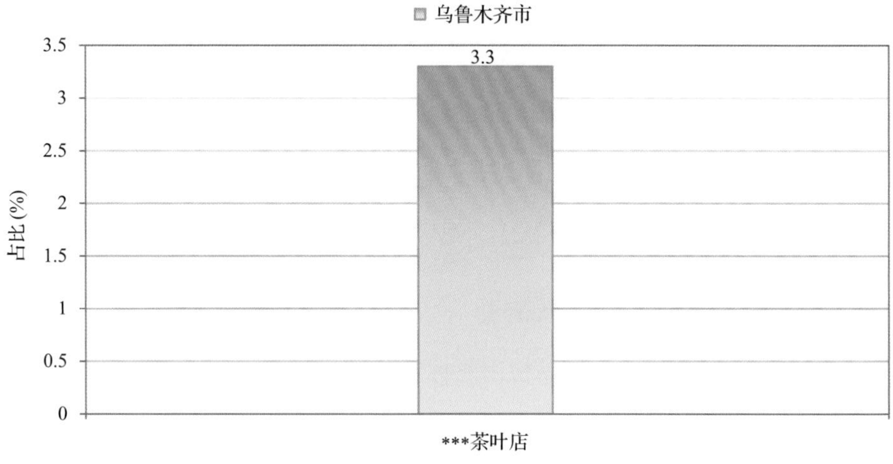

图 19-20　超过 MRL 中国国家标准茶叶在不同采样点分布

19.2.3.2　按 MRL 欧盟标准衡量

按 MRL 欧盟标准衡量，所有采样点的样品均存在不同程度的超标农药检出，超标率均为 76.7%，如图 19-21 和表 19-15 所示。

表 19-15　超过 MRL 欧盟标准茶叶在不同采样点分布

序号	采样点	样品总数	超标数量	超标率(%)	行政区域
1	***茶叶店	30	23	76.7	沙依巴克区

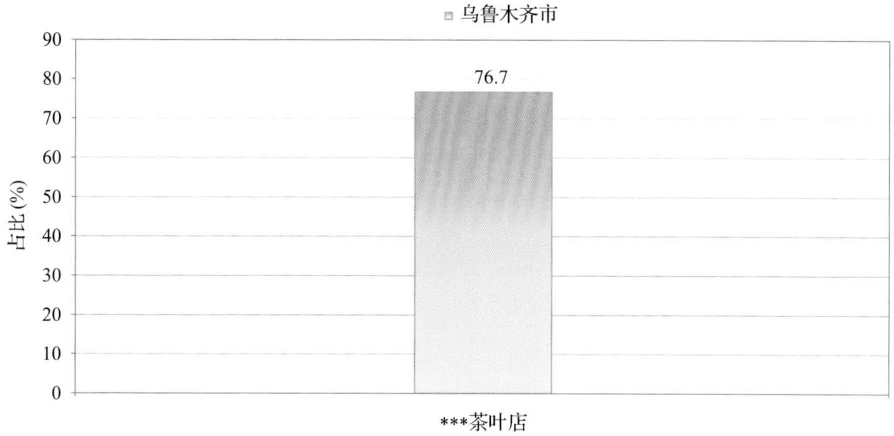

图 19-21　超过 MRL 欧盟标准茶叶在不同采样点分布

19.2.3.3　按 MRL 日本标准衡量

按 MRL 日本标准衡量，所有采样点的样品均存在不同程度的超标农药检出，超标率均为 53.3%，如图 19-22 和表 19-16 所示。

表 19-16　超过 MRL 日本标准茶叶在不同采样点分布

序号	采样点	样品总数	超标数量	超标率(%)	行政区域
1	***茶叶店	30	16	53.3	沙依巴克区

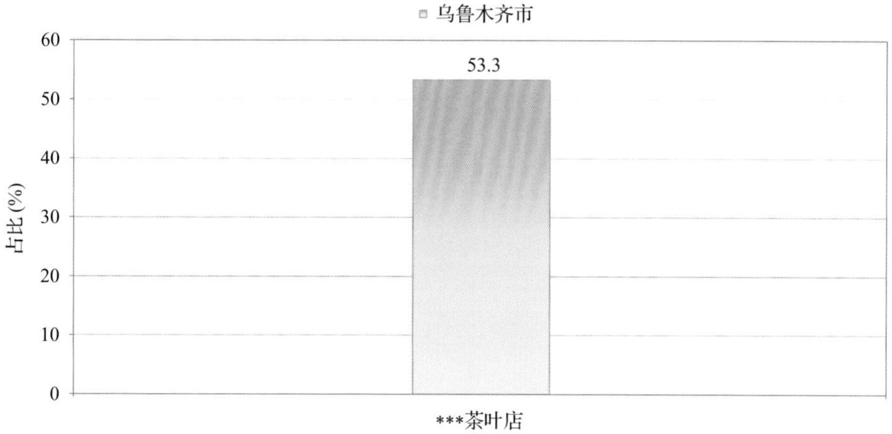

图 19-22　超过 MRL 日本标准茶叶在不同采样点分布

19.2.3.4　按 MRL 中国香港标准衡量

按 MRL 中国香港标准衡量，所有采样点的样品均存在不同程度的超标农药检出，超标率均为 3.3%，如图 19-23 和表 19-17 所示。

表 19-17　超过 MRL 中国香港标准茶叶在不同采样点分布

序号	采样点	样品总数	超标数量	超标率(%)	行政区域
1	***茶叶店	30	1	3.3	沙依巴克区

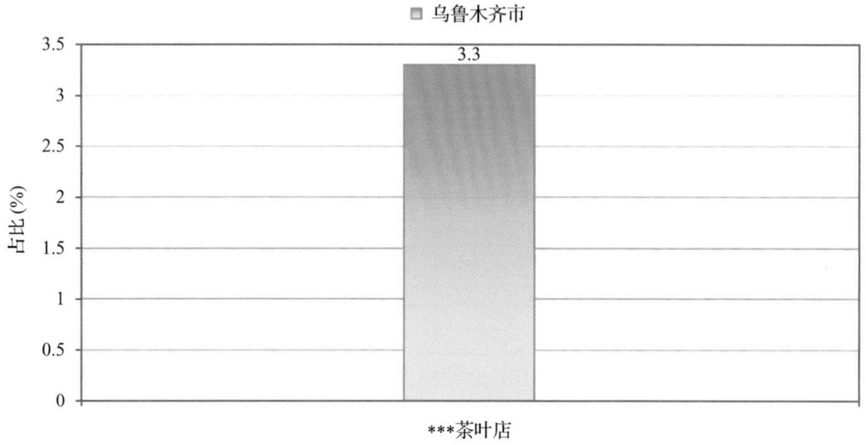

图 19-23　超过 MRL 中国香港标准茶叶在不同采样点分布

19.2.3.5　按 MRL 美国标准衡量

按 MRL 美国标准衡量，所有采样点的样品均未检出超标农药残留。

19.2.3.6　按 MRL CAC 标准衡量

按 MRL CAC 标准衡量，所有采样点的样品均存在不同程度的超标农药检出，超标率均为 3.3%，如图 19-24 和表 19-18 所示。

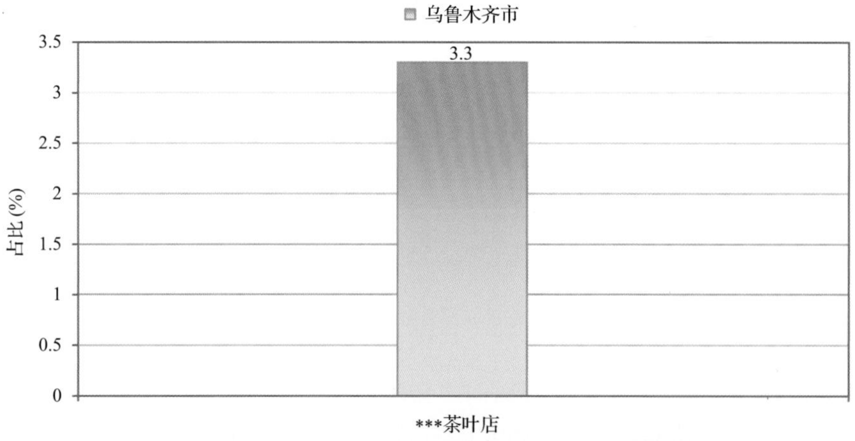

图 19-24　超过 MRL CAC 标准茶叶在不同采样点分布

表 19-18 超过 MRL CAC 标准茶叶在不同采样点分布

序号	采样点	样品总数	超标数量	超标率(%)	行政区域
1	***茶叶店	30	1	3.3	沙依巴克区

19.3 茶叶中农药残留分布

19.3.1 茶叶按检出农药品种和频次排名

本次残留侦测的茶叶共 2 种，包括黑茶和红茶。

根据检出农药品种及频次进行排名，将茶叶样品检出情况列表说明，详见表 19-19。

表 19-19 茶叶按检出农药品种和频次排名

按检出农药品种排名(品种)	①黑茶(27), ②红茶(15)
按检出农药频次排名(频次)	①黑茶(74), ②红茶(41)
按检出禁用、高毒及剧毒农药品种排名(品种)	①黑茶(6), ②红茶(2)
按检出禁用、高毒及剧毒农药频次排名(频次)	①黑茶(11), ②红茶(5)

19.3.2 茶叶按超标农药品种和频次排名

鉴于 MRL 欧盟标准和日本标准的制定比较全面且覆盖率较高，我们参照 MRL 中国国家标准、欧盟标准和日本标准衡量茶叶样品中农残检出情况，将茶叶按超标农药品种及频次排名列表说明，详见表 19-20。

表 19-20 茶叶按超标农药品种和频次排名

按超标农药品种排名(农药品种数)	MRL 中国国家标准	①黑茶(1)
	MRL 欧盟标准	①黑茶(15), ②红茶(7)
	MRL 日本标准	①黑茶(11), ②红茶(4)
按超标农药频次排名(农药频次数)	MRL 中国国家标准	①黑茶(1)
	MRL 欧盟标准	①黑茶(35), ②红茶(17)
	MRL 日本标准	①黑茶(26), ②红茶(6)

通过对各品种茶叶样本总数及检出率进行综合分析发现，黑茶、红茶的残留污染最为严重，在此，我们参照 MRL 中国国家标准、欧盟标准和日本标准对这 3 种茶叶的农残检出情况进行进一步分析。

19.3.3 农药残留检出率较高的茶叶样品分析

19.3.3.1 黑茶

这次共检测 20 例黑茶样品，18 例样品中检出了农药残留，检出率为 90.0%，检出农药共计 27 种。其中联苯菊酯、2,6-二硝基-3-甲氧基-4-叔丁基甲苯、甲醚菊酯、二苯胺和毒死蜱检出频次较高，分别检出了 16、8、6、5 和 4 次。黑茶中农药检出品种和频次见图 19-25，超标农药见图 19-26 和表 19-21。

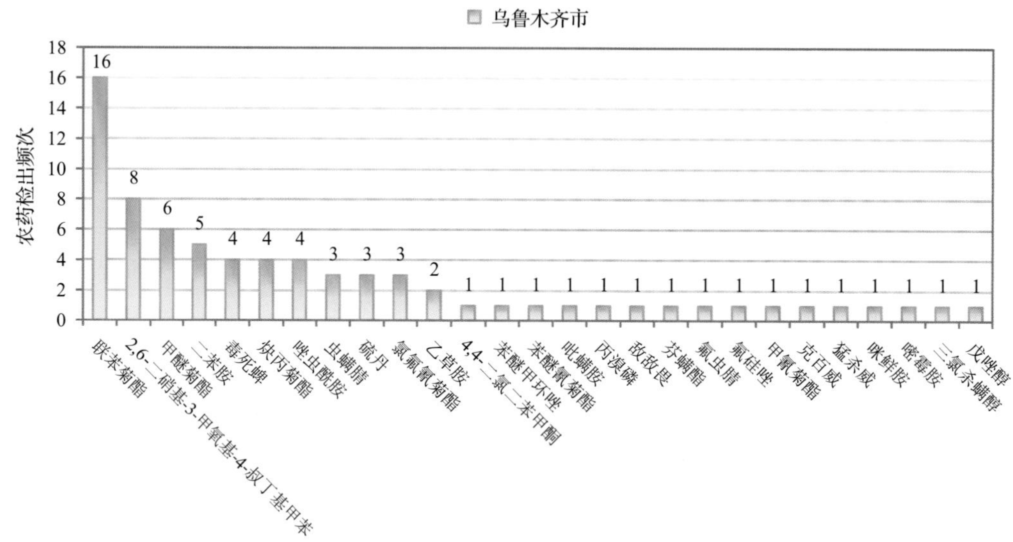

图 19-25　黑茶样品检出农药品种和频次分析

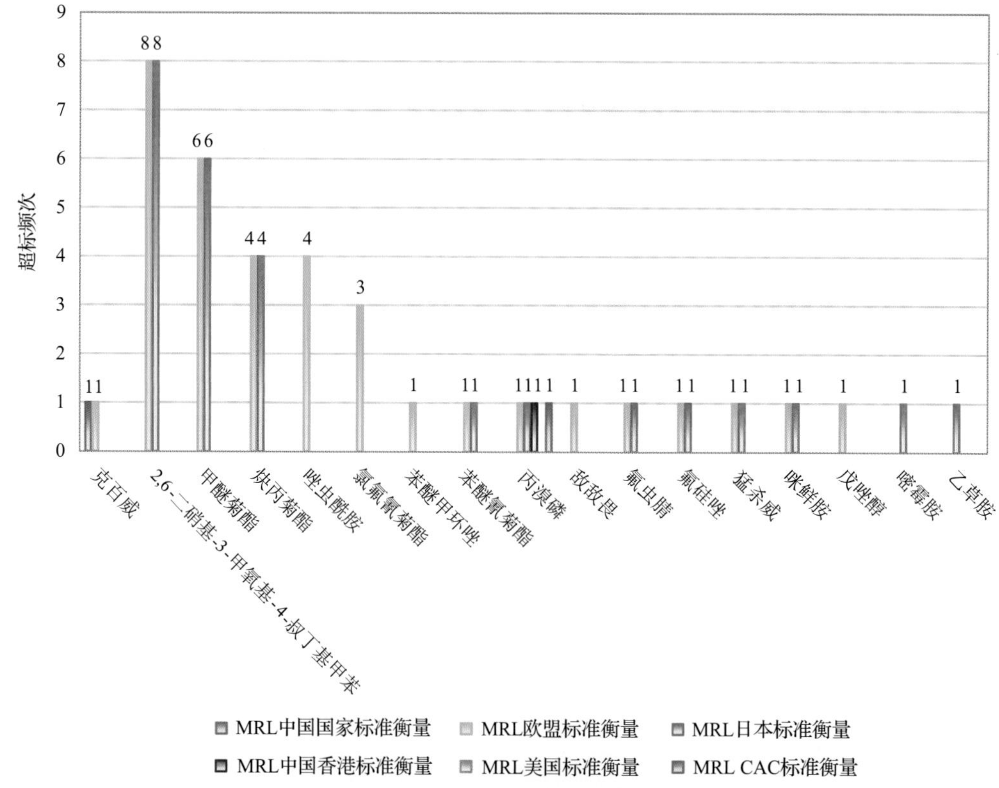

图 19-26　黑茶样品中超标农药分析

表 19-21　黑茶中农药残留超标情况明细表

样品总数	检出农药样品数	样品检出率(%)	检出农药品种总数
20	18	90	27

	超标农药品种	超标农药频次	按照 MRL 中国国家标准、欧盟标准和日本标准衡量超标农药名称及频次
中国国家标准	1	1	克百威(1)
欧盟标准	15	35	2,6-二硝基-3-甲氧基-4-叔丁基甲苯(8), 甲醚菊酯(6), 炔丙菊酯(4), 唑虫酰胺(4), 氯氟氰菊酯(3), 苯醚甲环唑(1), 苯醚氰菊酯(1), 丙溴磷(1), 敌敌畏(1), 氟虫腈(1), 氟硅唑(1), 克百威(1), 猛杀威(1), 咪鲜胺(1), 戊唑醇(1)
日本标准	11	26	2,6-二硝基-3-甲氧基-4-叔丁基甲苯(8), 甲醚菊酯(6), 炔丙菊酯(4), 苯醚氰菊酯(1), 丙溴磷(1), 氟虫腈(1), 氟硅唑(1), 猛杀威(1), 咪鲜胺(1), 嘧霉胺(1), 乙草胺(1)

19.3.3.2　红茶

这次共检测 10 例红茶样品，全部检出了农药残留，检出率为 100.0%，检出农药共计 15 种。其中联苯菊酯、唑虫酰胺、氯氟氰菊酯、虫螨腈和毒死蜱检出频次较高，分别检出了 10、6、4、3 和 3 次。红茶中农药检出品种和频次见图 19-27，超标农药见表 19-22 和图 19-28。

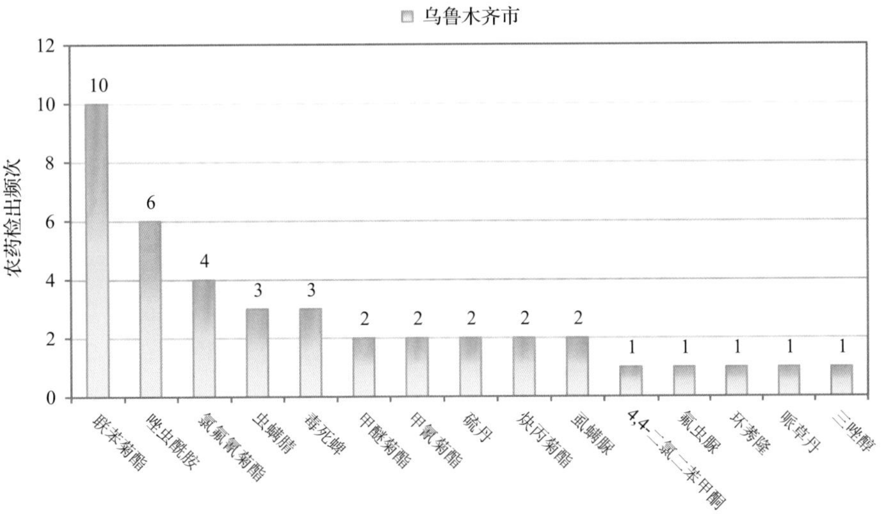

图 19-27　红茶样品检出农药品种和频次分析

表 19-22　红茶中农药残留超标情况明细表

样品总数	检出农药样品数	样品检出率(%)	检出农药品种总数
10	10	100	15

	超标农药品种	超标农药频次	按照 MRL 中国国家标准、欧盟标准和日本标准衡量超标农药名称及频次
中国国家标准	0	0	
欧盟标准	7	17	唑虫酰胺(6), 氯氟氰菊酯(4), 甲醚菊酯(2), 炔丙菊酯(2), 环莠隆(1), 哌草丹(1), 三唑醇(1)
日本标准	4	6	甲醚菊酯(2), 炔丙菊酯(2), 环莠隆(1), 哌草丹(1)

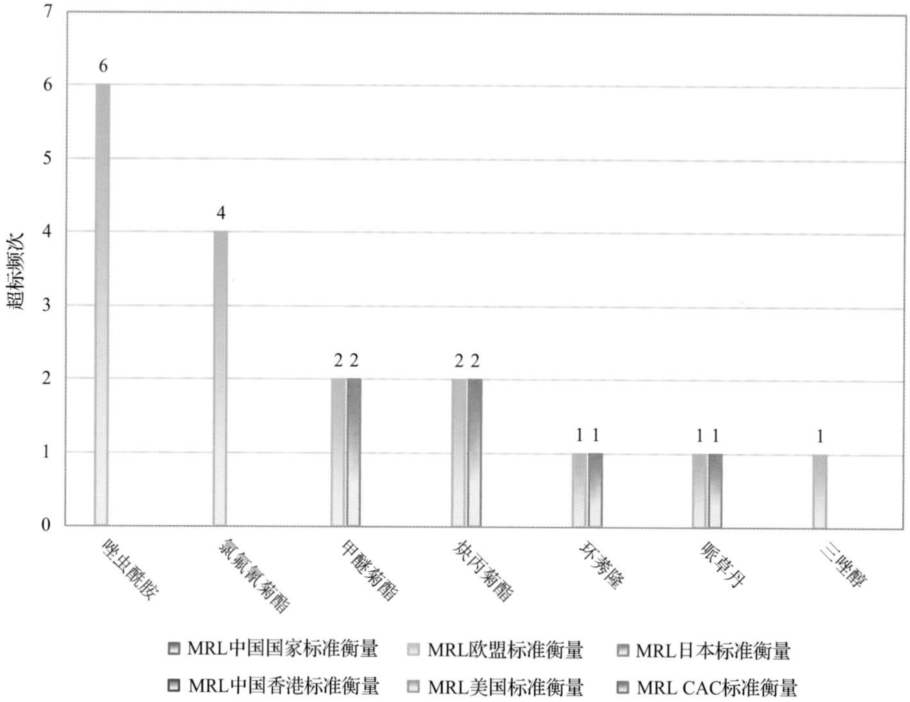

图 19-28　红茶样品中超标农药分析

19.4　初 步 结 论

19.4.1　乌鲁木齐市市售茶叶按 MRL 中国国家标准和国际主要 MRL 标准衡量的合格率

本次侦测的 30 例样品中，2 例样品未检出任何残留农药，占样品总量的 6.7%，28 例样品检出不同水平、不同种类的残留农药，占样品总量的 93.3%。在这 28 例检出农药残留的样品中：

按照 MRL 中国国家标准衡量，有 27 例样品检出残留农药但含量没有超标，占样品总数的 90.0%，有 1 例样品检出了超标农药，占样品总数的 3.3%。

按照 MRL 欧盟标准衡量，有 5 例样品检出残留农药但含量没有超标，占样品总数的 16.7%，有 23 例样品检出了超标农药，占样品总数的 76.7%。

按照 MRL 日本标准衡量，有 12 例样品检出残留农药但含量没有超标，占样品总数的 40.0%，有 16 例样品检出了超标农药，占样品总数的 53.3%。

按照 MRL 中国香港标准衡量，有 27 例样品检出残留农药但含量没有超标，占样品总数的 90.0%，有 1 例样品检出了超标农药，占样品总数的 3.3%。

按照 MRL 美国标准衡量，有 28 例样品检出残留农药但含量没有超标，占样品总数的 93.3%，无检出残留农药超标的样品。

按照 MRL CAC 标准衡量，有 27 例样品检出残留农药但含量没有超标，占样品总数的 90.0%，有 1 例样品检出了超标农药，占样品总数的 3.3%。

19.4.2　乌鲁木齐市市售茶叶中检出农药以中低微毒农药为主，占市场主体的 93.8%

这次侦测的 30 例茶叶样品共检出了 32 种农药，检出农药的毒性以中低微毒为主，详见表 19-23。

表 19-23　市场主体农药毒性分布

毒性	检出品种	占比	检出频次	占比
高毒农药	2	6.2%	2	1.7%
中毒农药	19	59.4%	81	70.4%
低毒农药	10	31.2%	31	27.0%
微毒农药	1	3.1%	1	0.9%
中低微毒农药，品种占比 93.8%，频次占比 98.3%				

19.4.3　检出剧毒、高毒和禁用农药现象应该警醒

在此次侦测的 30 例样品中有 2 种茶叶的 11 例样品检出了 6 种 16 频次的剧毒和高毒或禁用农药，占样品总量的 36.7%。其中高毒农药敌敌畏和克百威检出频次较高。

按 MRL 中国国家标准衡量，高毒农药克百威，检出 1 次，超标 1 次；按超标程度比较，黑茶中克百威超标 0.1 倍。

剧毒、高毒或禁用农药的检出情况及按照 MRL 中国国家标准衡量的超标情况见表 19-24。

表 19-24　剧毒、高毒或禁用农药的检出及超标明细

序号	农药名称	样品名称	检出频次	超标频次	最大超标倍数	超标率
1.1	敌敌畏◊	黑茶	1	0	0	0.0%
2.1	克百威◊▲	黑茶	1	1	0.1	100.0%
3.1	毒死蜱▲	黑茶	4	0	0	0.0%
3.2	毒死蜱▲	红茶	3	0	0	0.0%
4.1	氟虫腈▲	黑茶	1	0	0	0.0%
5.1	硫丹▲	黑茶	3	0	0	0.0%
5.2	硫丹▲	红茶	2	0	0	0.0%
6.1	三氯杀螨醇▲	黑茶	1	0	0	0.0%
合计			16	1		6.2%

注：超标倍数参照 MRL 中国国家标准衡量

这些剧毒和高毒农药都是中国政府早有规定禁止在茶叶中使用的，为什么还屡次被检出，应该引起警惕。

19.4.4　残留限量标准与先进国家或地区标准差距较大

115 频次的检出结果与我国公布的《食品中农药最大残留限量》（GB 2763—2016）对比，有 50 频次能找到对应的 MRL 中国国家标准，占 43.5%；还有 65 频次的侦测数据无相关 MRL 标准供参考，占 56.5%。

与国际上现行 MRL 标准对比发现：

有 115 频次能找到对应的 MRL 欧盟标准，占 100.0%；

有 115 频次能找到对应的 MRL 日本标准，占 100.0%；

有 46 频次能找到对应的 MRL 中国香港标准，占 40.0%；

有 52 频次能找到对应的 MRL 美国标准，占 45.2%；

有 44 频次能找到对应的 MRL CAC 标准，占 38.3%。

由上可见，MRL 中国国家标准与先进国家或地区标准还有很大差距，我们无标准，境外有标准，这就会导致我们在国际贸易中，处于受制于人的被动地位。

19.4.5　茶叶单种样品检出 15~27 种农药残留，拷问农药使用的科学性

通过此次监测发现，黑茶、红茶是检出农药品种最多的 2 种茶叶，从中检出农药品种及频次详见表 19-25。

表 19-25　单种样品检出农药品种及频次

样品名称	样品总数	检出农药样品数	检出率	检出农药品种数	检出农药（频次）
黑茶	20	18	90.0%	27	联苯菊酯（16），2,6-二硝基-3-甲氧基-4-叔丁基甲苯（8），甲醚菊酯（6），二苯胺（5），毒死蜱（4），炔丙菊酯（4），唑虫酰胺（4），虫螨腈（3），硫丹（3），氯氟氰菊酯（3），乙草胺（2），4,4-二氯二苯甲酮（1），苯醚甲环唑（1），苯醚氰菊酯（1），吡螨胺（1），丙溴磷（1），敌敌畏（1），芬螨酯（1），氟虫腈（1），氟硅唑（1），甲氰菊酯（1），克百威（1），猛杀威（1），咪鲜胺（1），嘧霉胺（1），三氯杀螨醇（1），戊唑醇（1）
红茶	10	10	100.0%	15	联苯菊酯（10），唑虫酰胺（6），氯氟氰菊酯（4），虫螨腈（3），毒死蜱（3），甲醚菊酯（2），甲氰菊酯（2），硫丹（2），炔丙菊酯（2），虱螨脲（2），4,4-二氯二苯甲酮（1），氟虫脲（1），环莠隆（1），哌草丹（1），三唑醇（1）

上述 2 种茶叶，检出农药 15~27 种，是多种农药综合防治，还是未严格实施农业良好管理规范（GAP），抑或根本就是乱施药，值得我们思考。

第 20 章　GC-Q-TOF/MS 侦测乌鲁木齐市市售茶叶农药残留膳食暴露风险与预警风险评估

20.1　农药残留风险评估方法

20.1.1　乌鲁木齐市农药残留侦测数据分析与统计

庞国芳院士科研团队建立的农药残留高通量侦测技术以高分辨精确质量数（0.0001 *m/z* 为基准）为识别标准，采用 GC-Q-TOF/MS 技术对 684 种农药化学污染物进行侦测。

科研团队于 2019 年 3 月期间在乌鲁木齐市 1 个采样点，随机采集了 30 例茶叶样品，具体位置如图 20-1 所示。

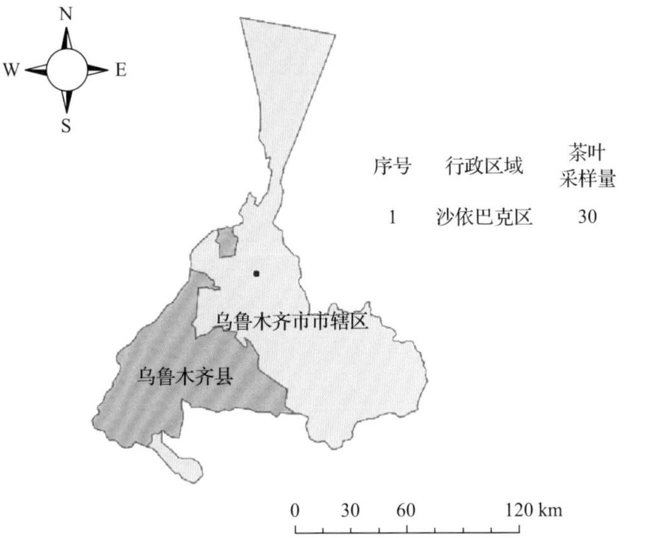

图 20-1　GC-Q-TOF/MS 侦测乌鲁木齐市 1 个采样点 30 例样品分布示意图

利用 GC-Q-TOF/MS 技术对 30 例样品中的农药进行侦测，侦测出残留农药 32 种，115 频次。侦测出农药残留水平如表 20-1 和图 20-2 所示。检出频次最高的前 10 种农药如表 20-2 所示。从检测结果中可以看出，在茶叶中农药残留普遍存在，且有些茶叶存在高浓度的农药残留，这些可能存在膳食暴露风险，对人体健康产生危害，因此，为了定量地评价茶叶中农药残留的风险程度，有必要对其进行风险评价。

表 20-1　侦测出农药的不同残留水平及其所占比例列表

残留水平（μg/kg）	检出频次	占比（%）
1~5（含）	6	5.2
5~10（含）	9	7.8
10~100（含）	63	54.8
100~1000（含）	36	31.3
>1000	1	0.9
合计	115	100

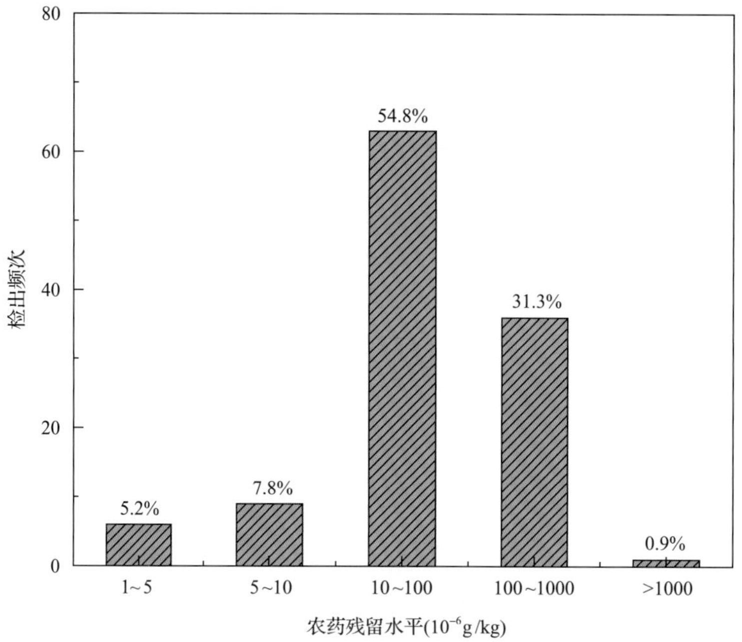

图 20-2　残留农药检出浓度频数分布图

表 20-2　检出频次最高的前 10 种农药列表

序号	农药	检出频次
1	联苯菊酯	26
2	唑虫酰胺	10
3	2,6-二硝基-3-甲氧基-4-叔丁基甲苯	8
4	甲醚菊酯	8
5	毒死蜱	7
6	氯氟氰菊酯	7
7	虫螨腈	6
8	炔丙菊酯	6
9	二苯胺	5
10	硫丹	5

20.1.2　农药残留风险评价模型

对乌鲁木齐市茶叶中农药残留分别开展暴露风险评估和预警风险评估。膳食暴露风险评估利用食品安全指数模型对茶叶中的残留农药对人体可能产生的危害程度进行评价，该模型结合残留监测和膳食暴露评估评价化学污染物的危害；预警风险评价模型运用风险系数(risk index，*R*)，风险系数综合考虑了危害物的超标率、施检频率及其本身敏感性的影响，能直观而全面地反映出危害物在一段时间内的风险程度。

20.1.2.1　食品安全指数模型

为了加强食品安全管理，《中华人民共和国食品安全法》第二章第十七条规定“国家建立食品安全风险评估制度，运用科学方法，根据食品安全风险监测信息、科学数据以及有关信息，对食品、食品添加剂、食品相关产品中生物性、化学性和物理性危害因素进行风险评估”[1]，膳食暴露评估是食品危险度评估的重要组成部分，也是膳食安全性的衡量标准[2]。国际上最早研究膳食暴露风险评估的机构主要是 JMPR(FAO、WHO 农药残留联合会议)，该组织自 1995 年就已制定了急性毒性物质的风险评估急性毒性农药残留摄入量的预测。1960 年美国规定食品中不得加入致癌物质进而提出零阈值理论，渐渐零阈值理论发展成在一定概率条件下可接受风险的概念[3]，后衍变为食品中每日允许最大摄入量(ADI)，而国际食品农药残留法典委员会(CCPR)认为 ADI 不是独立风险评估的唯一标准[4]，1995 年 JMPR 开始研究农药急性膳食暴露风险评估，并对食品国际短期摄入量的计算方法进行了修正，亦对膳食暴露评估准则及评估方法进行了修正[5]，2002 年，在对世界上现行的食品安全评价方法，尤其是国际公认的 CAC 评价方法、全球环境监测系统/食品污染监测和评估规划(WHO GEMS/Food)及 FAO、WHO 食品添加剂联合专家委员会(JECFA)和 JMPR 对食品安全风险评估工作研究的基础之上，检验检疫食品安全管理的研究人员提出了结合残留监控和膳食暴露评估，以食品安全指数 IFS 计算食品中各种化学污染物对消费者的健康危害程度[6]。IFS 是表示食品安全状态的新方法，可有效地评价某种农药的安全性，进而评价食品中各种农药化学污染物对消费者健康的整体危害程度[7, 8]。从理论上分析，IFS_c 可指出食品中的污染物 c 对消费者健康是否存在危害及危害的程度[9]。其优点在于操作简单且结果容易被接受和理解，不需要大量的数据来对结果进行验证，使用默认的标准假设或者模型即可[10, 11]。

1) IFS_c 的计算

IFS_c 计算公式如下：

$$IFS_c = \frac{EDI_c \times f}{SI_c \times bw} \tag{20-1}$$

式中，c 为所研究的农药；EDI_c 为农药 c 的实际日摄入量估算值，等于 $\sum(R_i \times F_i \times E_i \times P_i)$ (i 为食品种类；R_i 为食品 i 中农药 c 的残留水平，mg/kg；F_i 为食品 i 的估计日消费量，g/(人·天)；E_i 为食品 i 的可食用部分因子；P_i 为食品 i 的加工处理因子)；SI_c 为安全摄入量，可采用每日允许最大摄入量 ADI；bw 为人平均体重，kg；f 为校正因子，如果安全摄入量采用 ADI，则 f 取 1。

$IFS_c \ll 1$，农药 c 对食品安全没有影响；$IFS_c \leqslant 1$，农药 c 对食品安全的影响可以接受；$IFS_c > 1$，农药 c 对食品安全的影响不可接受。

本次评价中：

$IFS_c \leqslant 0.1$，农药 c 对茶叶安全没有影响；

$0.1 < IFS_c \leqslant 1$，农药 c 对茶叶安全的影响可以接受；

$IFS_c > 1$，农药 c 对茶叶安全的影响不可接受。

本次评价中残留水平 R_i 取值为中国检验检疫科学研究院庞国芳院士课题组利用以高分辨精确质量数（0.0001 *m/z*）为基准的 GC-Q-TOF/MS 侦测技术于 2019 年 3 月期间对乌鲁木齐市茶叶农药残留的侦测结果，估计日消费量 F_i 取值 0.0047 kg/(人·天)，E_i=1，P_i=1，f=1，SI_c 采用《食品安全国家标准　食品中农药最大残留限量》（GB 2763—2016）中 ADI 值（具体数值见表 20-3），人平均体重（bw）取值 60 kg。

表 20-3　乌鲁木齐市茶叶中侦测出农药的 ADI 值

序号	农药	ADI	序号	农药	ADI	序号	农药	ADI
1	毒死蜱	0.01	12	咪鲜胺	0.01	23	嘧霉胺	0.2
2	唑虫酰胺	0.006	13	甲氰菊酯	0.03	24	2,6-二硝基-3-甲氧基-4-叔丁基甲苯	—
3	哌草丹	0.001	14	氟硅唑	0.007	25	4,4-二氯二苯甲酮	—
4	联苯菊酯	0.01	15	敌敌畏	0.004	26	吡螨胺	—
5	氟虫腈	0.0002	16	戊唑醇	0.03	27	炔丙菊酯	—
6	克百威	0.001	17	硫丹	0.006	28	猛杀威	—
7	氯氟氰菊酯	0.02	18	三氯杀螨醇	0.002	29	环莠隆	—
8	丙溴磷	0.03	19	三唑醇	0.03	30	甲醚菊酯	—
9	苯醚甲环唑	0.01	20	虱螨脲	0.015	31	芬螨酯	—
10	氟虫脲	0.04	21	乙草胺	0.02	32	苯醚氰菊酯	—
11	虫螨腈	0.03	22	二苯胺	0.08			

注："—"表示为国家标准中无 ADI 值规定；ADI 值单位为 mg/kg bw

2）计算 IFS_c 的平均值 $\overline{IFS}$，评价农药对食品安全的影响程度

以 $\overline{IFS}$ 评价各种农药对人体健康危害的总程度，评价模型见公式（20-2）。

$$\overline{IFS} = \frac{\sum_{i=1}^{n} IFS_c}{n} \tag{20-2}$$

$\overline{IFS} \ll 1$，所研究消费者人群的食品安全状态很好；$\overline{IFS} \leqslant 1$，所研究消费者人群的食品安全状态可以接受；$\overline{IFS} > 1$，所研究消费者人群的食品安全状态不可接受。

本次评价中：

$\overline{IFS} \leqslant 0.1$，所研究消费者人群的茶叶安全状态很好；

$0.1 < \overline{IFS} \leqslant 1$，所研究消费者人群的茶叶安全状态可以接受；

$\overline{IFS} > 1$，所研究消费者人群的茶叶安全状态不可接受。

20.1.2.2　预警风险评估模型

2003 年，我国检验检疫食品安全管理的研究人员根据 WTO 的有关原则和我国的具

体规定，结合危害物本身的敏感性、风险程度及其相应的施检频率，首次提出了食品中危害物风险系数 *R* 的概念[12]。*R* 是衡量一个危害物的风险程度大小最直观的参数，即在一定时期内其超标率或阳性检出率的高低，但受其施检频率的高低及其本身的敏感性(受关注程度)影响。该模型综合考察了农药在茶叶中的超标率、施检频率及其本身敏感性，能直观而全面地反映出农药在一段时间内的风险程度[13]。

1) *R* 计算方法

危害物的风险系数综合考虑了危害物的超标率或阳性检出率、施检频率和其本身的敏感性影响，并能直观而全面地反映出危害物在一段时间内的风险程度。风险系数 *R* 的计算公式如式(20-3)：

$$R = aP + \frac{b}{F} + S \tag{20-3}$$

式中，P 为该种危害物的超标率；F 为危害物的施检频率；S 为危害物的敏感因子；a, b 分别为相应的权重系数。

本次评价中 $F=1$；$S=1$；$a=100$；$b=0.1$，对参数 P 进行计算，计算时首先判断是否为禁用农药，如果为非禁用农药，P=超标的样品数(侦测出的含量高于食品最大残留限量标准值，即 MRL)除以总样品数(包括超标、不超标、未侦测出)；如果为禁用农药，则侦测出即为超标，P=能侦测出的样品数除以总样品数。判断乌鲁木齐市茶叶农药残留是否超标的标准限值 MRL 分别以 MRL 中国国家标准[14]和 MRL 欧盟标准作为对照，具体值列于本报告附表一中。

2) 评价风险程度

$R \leqslant 1.5$，受检农药处于低度风险；

$1.5 < R \leqslant 2.5$，受检农药处于中度风险；

$R > 2.5$，受检农药处于高度风险。

20.1.2.3　食品膳食暴露风险和预警风险评估应用程序的开发

1) 应用程序开发的步骤

为成功开发膳食暴露风险和预警风险评估应用程序，与软件工程师多次沟通讨论，逐步提出并描述清楚计算需求，开发了初步应用程序。为明确出不同茶叶、不同农药、不同地域和不同季节的风险水平，向软件工程师提出不同的计算需求，软件工程师对计算需求进行逐一地分析，经过反复的细节沟通，需求分析得到明确后，开始进行解决方案的设计，在保证需求的完整性、一致性的前提下，编写出程序代码，最后设计出满足需求的风险评估专用计算软件，并通过一系列的软件测试和改进，完成专用程序的开发。软件开发基本步骤见图 20-3。

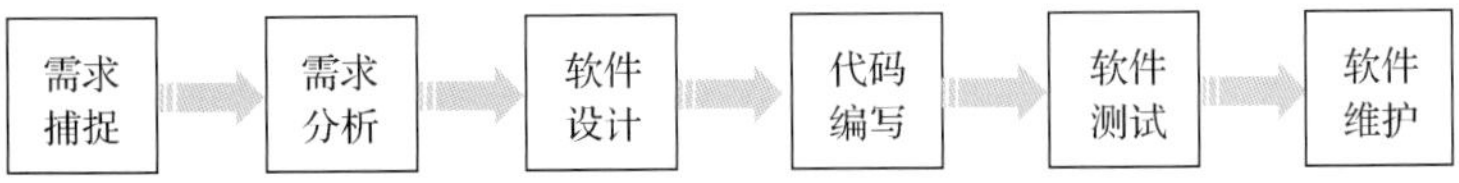

图 20-3　专用程序开发总体步骤

2）膳食暴露风险评估专业程序开发的基本要求

首先直接利用公式（20-1），分别计算 LC-Q-TOF/MS 和 GC-Q-TOF/MS 仪器侦测出的各茶叶样品中每种农药 IFS_c，将结果列出。为考察超标农药和禁用农药的使用安全性，分别以我国《食品安全国家标准　食品中农药最大残留限量》（GB 2763—2016）和欧盟食品中农药最大残留限量（以下简称 MRL 中国国家标准和 MRL 欧盟标准）为标准，对侦测出的禁用农药和超标的非禁用农药 IFS_c 单独进行评价；按 IFS_c 大小列表，并找出 IFS_c 值排名前 20 的样本重点关注。

对不同茶叶 i 中每一种侦测出的农药 c 的安全指数进行计算，多个样品时求平均值。按农药种类，计算整个监测时间段内每种农药的 IFS_c，不区分茶叶种类。

3）预警风险评估专业程序开发的基本要求

分别以 MRL 中国国家标准和 MRL 欧盟标准，按公式（20-3）逐个计算不同茶叶、不同农药的风险系数，禁用农药和非禁用农药分别列表。

为清楚了解各种农药的预警风险，不分时间，不分茶叶，按禁用农药和非禁用农药分类，分别计算各种侦测出农药全部检测时段内风险系数。由于有 MRL 中国国家标准的农药种类太少，无法计算超标数，非禁用农药的风险系数只以 MRL 欧盟标准为标准，进行计算。

4）风险程度评价专业应用程序的开发方法

采用 Python 计算机程序设计语言，Python 是一个高层次地结合了解释性、编译性、互动性和面向对象的脚本语言。风险评价专用程序主要功能包括：分别读入每例样品 LC-Q-TOF/MS 和 GC-Q-TOF/MS 农药残留检测数据，根据风险评价工作要求，依次对不同农药、不同食品、不同时间、不同采样点的 IFS_c 值和 R 值分别进行数据计算，筛选出禁用农药、超标农药（分别与 MRL 中国国家标准、MRL 欧盟标准限值进行对比）单独重点分析，再分别对各农药、各茶叶种类分类处理，设计出计算和排序程序，编写计算机代码，最后将生成的膳食暴露风险评估和超标风险评估定量计算结果列入设计好的各个表格中，并定性判断风险对目标的影响程度，直接用文字描述风险发生的高低，如“不可接受”、“可以接受”、“没有影响”、“高度风险”、“中度风险”、“低度风险”。

20.2　GC-Q-TOF/MS 侦测乌鲁木齐市市售茶叶农药残留膳食暴露风险评估

20.2.1　每例茶叶样品中农药残留安全指数分析

基于 2019 年 3 月的农药残留侦测数据，发现在 30 例样品中侦测出农药 115 频次，计算样品中每种残留农药的安全指数 IFS_c，并分析农药对样品安全的影响程度，结果详见附表二，农药残留对茶叶样品安全的影响程度频次分布情况如图 20-4 所示。

由图 20-4 可以看出，农药残留对样品安全的没有影响的频次为 86，占 74.78%。

部分样品侦测出禁用农药 5 种 15 频次，为了明确残留的禁用农药对样品安全的影

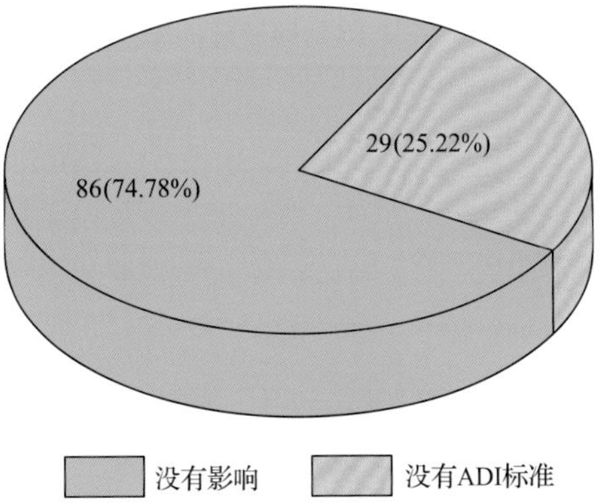

图 20-4　农药残留对茶叶样品安全的影响程度频次分布图

响，分析侦测出禁用农药残留的样品安全指数，禁用农药残留对茶叶样品安全的影响程度频次分布情况如图 20-5 所示，农药残留对样品安全没有影响的频次为 15，占 100%。

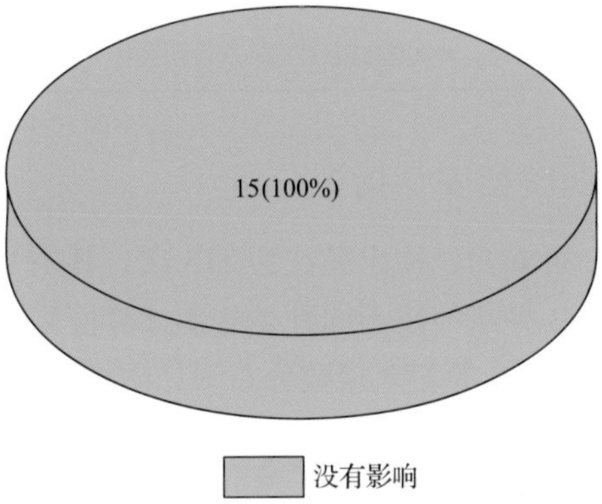

图 20-5　禁用农药对茶叶样品安全影响程度的频次分布图

残留量超过 MRL 欧盟标准的非禁用农药对茶叶样品安全的影响程度频次分布情况如图 20-6 所示。可以看出超过 MRL 欧盟标准的非禁用农药共 50 频次，其中农药没有 ADI 标准的频次为 25，占 50%；农药残留对样品安全没有影响的频次为 25，占 50%。表 20-4 为茶叶样品中安全指数排名前 10 的残留超标非禁用农药列表。

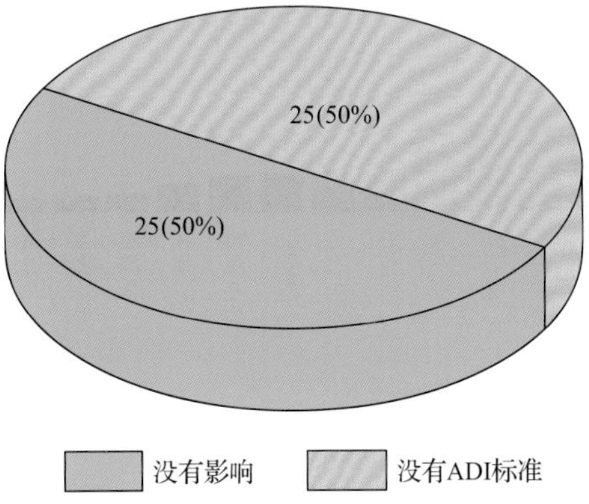

图 20-6　残留超标的非禁用农药对茶叶样品安全的影响程度频次分布图(MRL 欧盟标准)

表 20-4 茶叶样品中安全指数排名前 10 的残留超标非禁用农药列表(MRL 欧盟标准)

序号	样品编号	采样点	基质	农药	含量(mg/kg)	欧盟标准	IFS_c	影响程度
1	20190323-650100-QHDCIQ-BT-01A	***茶叶店	红茶	哌草丹	0.0923	0.01	7.23×10^{-3}	没有影响
2	20190323-650100-QHDCIQ-BT-01J	***茶叶店	红茶	唑虫酰胺	0.1711	0.01	2.23×10^{-3}	没有影响
3	20190323-650100-QHDCIQ-DT-01E	***茶叶店	黑茶	丙溴磷	0.7344	0.05	1.92×10^{-3}	没有影响
4	20190323-650100-QHDCIQ-DT-01E	***茶叶店	黑茶	苯醚甲环唑	0.2256	0.05	1.77×10^{-3}	没有影响
5	20190323-650100-QHDCIQ-BT-01D	***茶叶店	红茶	唑虫酰胺	0.1151	0.01	1.50×10^{-3}	没有影响
6	20190323-650100-QHDCIQ-DT-01E	***茶叶店	黑茶	咪鲜胺	0.1847	0.1	1.45×10^{-3}	没有影响
7	20190323-650100-QHDCIQ-DT-01H	***茶叶店	黑茶	唑虫酰胺	0.1002	0.01	1.3×10^{-3}	没有影响
8	20190323-650100-QHDCIQ-BT-01I	***茶叶店	红茶	唑虫酰胺	0.0891	0.01	1.16×10^{-3}	没有影响
9	20190323-650100-QHDCIQ-DT-01P	***茶叶店	黑茶	唑虫酰胺	0.0832	0.01	1.09×10^{-3}	没有影响
10	20190323-650100-QHDCIQ-BT-01G	***茶叶店	红茶	唑虫酰胺	0.0795	0.01	1.04×10^{-3}	没有影响

20.2.2 单种茶叶中农药残留安全指数分析

本次 2 种茶叶侦测 32 种农药，检出频次为 115 次，其中 9 种农药没有 ADI 标准，23 种农药存在 ADI 标准。2 种茶叶按不同种类分别计算侦测出的具有 ADI 标准的各种农药的 IFS_c 值，农药残留对茶叶的安全指数分布图如图 20-7 所示。

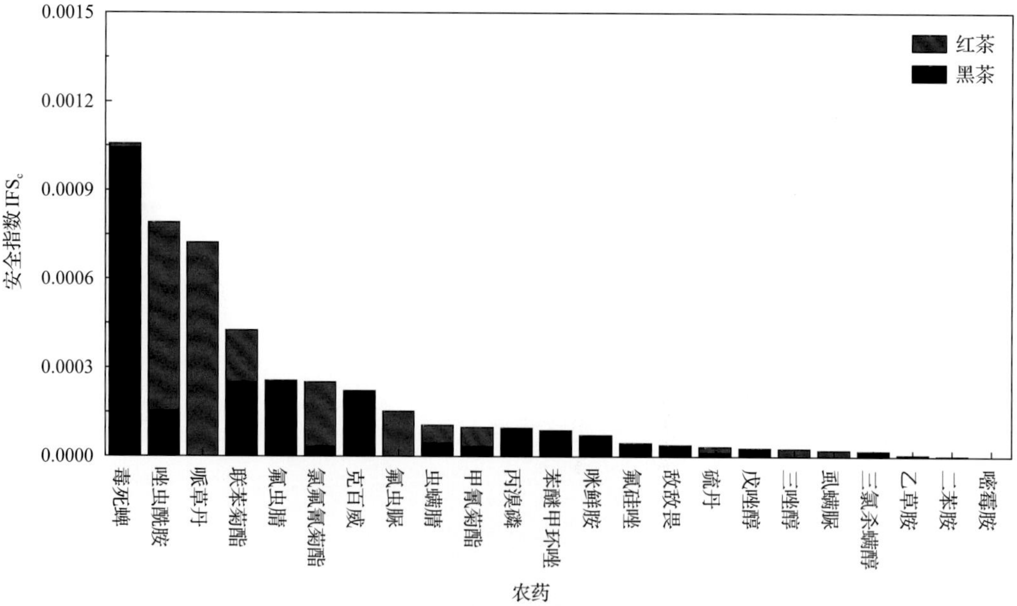

图 20-7 2 种茶叶中 23 种残留农药的安全指数分布图

本次侦测中,2 种茶叶和 32 种残留农药(包括没有 ADI 标准)共涉及 42 个分析样本，农药对单种茶叶安全的影响程度分布情况如图 20-8 所示。可以看出，71.43%的样本中农药对茶叶安全没有影响。

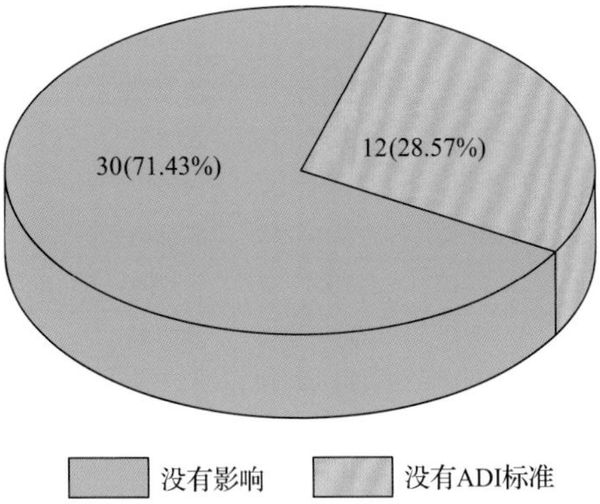

图 20-8 42 个分析样本的影响程度频次分布图

20.2.3 所有茶叶中农药残留安全指数分析

计算所有茶叶中 23 种农药的 IFS_c 值，结果如图 20-9 及表 20-5 所示。

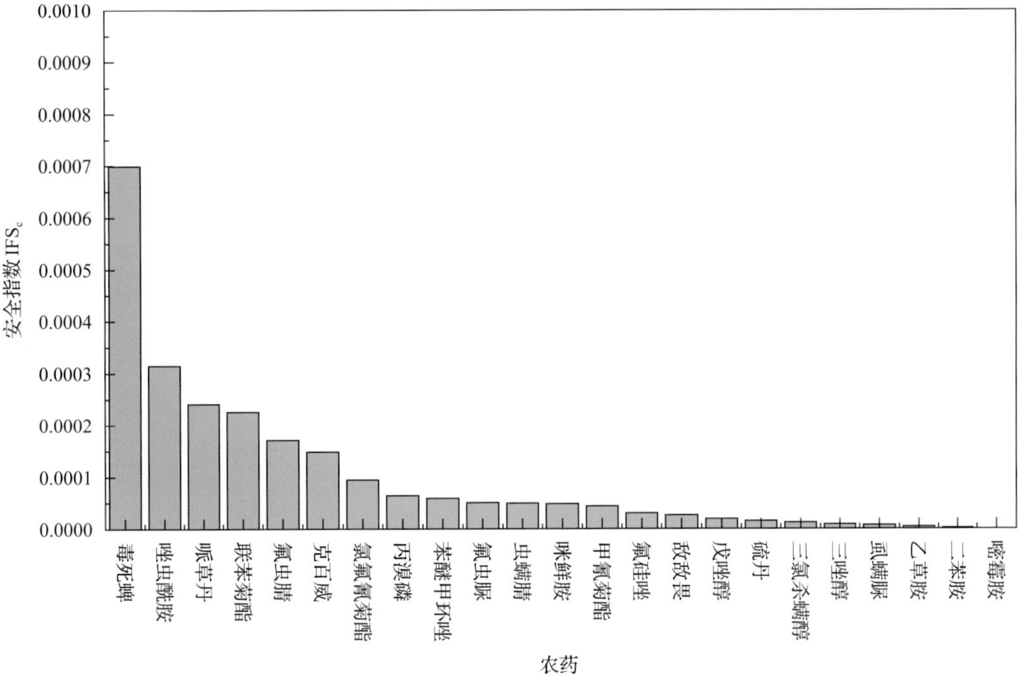

图 20-9 23 种残留农药对茶叶的安全影响程度统计图

分析发现，所有农药对茶叶安全的影响程度均为没有影响。说明茶叶中残留的农药不会对茶叶安全造成影响。

表 20-5　茶叶中 23 种农药残留的安全指数表

序号	农药	检出频次	检出率(%)	IFS_c	影响程度	序号	农药	检出频次	检出率(%)	IFS_c	影响程度
1	毒死蜱	7	0.23	6.99×10^{-4}	没有影响	13	甲氰菊酯	3	0.10	4.38×10^{-5}	没有影响
2	唑虫酰胺	10	0.33	3.15×10^{-4}	没有影响	14	氟硅唑	1	0.03	3.03×10^{-5}	没有影响
3	哌草丹	1	0.03	2.41×10^{-4}	没有影响	15	敌敌畏	1	0.03	2.61×10^{-5}	没有影响
4	联苯菊酯	26	0.87	2.26×10^{-4}	没有影响	16	戊唑醇	1	0.03	1.92×10^{-5}	没有影响
5	氟虫腈	1	0.03	1.71×10^{-4}	没有影响	17	硫丹	5	0.17	1.52×10^{-5}	没有影响
6	克百威	1	0.03	1.48×10^{-4}	没有影响	18	三氯杀螨醇	1	0.03	1.24×10^{-5}	没有影响
7	氯氟氰菊酯	7	0.23	9.49×10^{-5}	没有影响	19	三唑醇	1	0.03	8.79×10^{-6}	没有影响
8	丙溴磷	1	0.03	6.39×10^{-5}	没有影响	20	虱螨脲	2	0.07	7.08×10^{-6}	没有影响
9	苯醚甲环唑	1	0.03	5.89×10^{-5}	没有影响	21	乙草胺	2	0.07	4.05×10^{-6}	没有影响
10	氟虫脲	1	0.03	5.06×10^{-5}	没有影响	22	二苯胺	5	0.17	1.85×10^{-6}	没有影响
11	虫螨腈	6	0.20	4.97×10^{-5}	没有影响	23	嘧霉胺	1	0.03	1.34×10^{-7}	没有影响
12	咪鲜胺	1	0.03	4.82×10^{-5}	没有影响						

20.3　GC-Q-TOF/MS 侦测乌鲁木齐市市售茶叶农药残留预警风险评估

基于乌鲁木齐市茶叶样品中农药残留 GC-Q-TOF/MS 侦测数据，分析禁用农药的检出率，同时参照中华人民共和国国家标准 GB 2763—2016 和欧盟农药最大残留限量(MRL)标准分析非禁用农药残留的超标率，并计算农药残留风险系数。分析单种茶叶中农药残留以及所有茶叶中农药残留的风险程度。

20.3.1　单种茶叶中农药残留风险系数分析

20.3.1.1　单种茶叶中禁用农药残留风险系数分析

侦测出的 32 种残留农药中有 5 种为禁用农药，且它们分布在 2 种茶叶中，计算 2 种茶叶中禁用农药的检出率，根据检出率计算风险系数 R，进而分析茶叶中禁用农药的风险程度，结果如图 20-10 与表 20-6 所示。分析发现 5 种禁用农药在 2 种茶叶中的残留处均于高度风险。

表 20-6　2 种茶叶中 5 种禁用农药残留的风险系数表

序号	基质	农药	检出频次	检出率(%)	风险系数 R	风险程度
1	红茶	毒死蜱	3	30.00	31.10	高度风险
2	红茶	硫丹	2	20.00	21.10	高度风险
3	黑茶	三氯杀螨醇	1	5.00	6.10	高度风险
4	黑茶	克百威	1	5.00	6.10	高度风险
5	黑茶	毒死蜱	4	20.00	21.10	高度风险
6	黑茶	氟虫腈	1	5.00	6.10	高度风险
7	黑茶	硫丹	3	15.00	16.10	高度风险

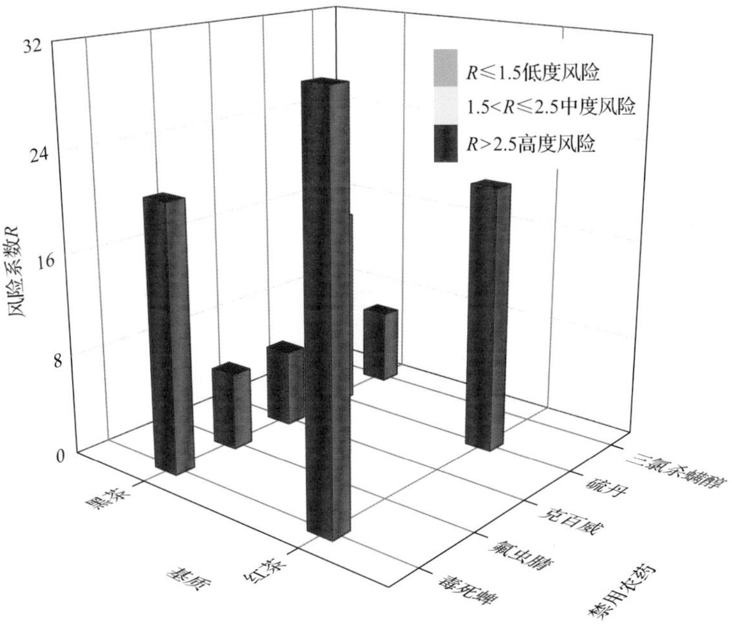

图 20-10　2 种茶叶中 5 种禁用农药残留的风险系数

20.3.1.2　基于 MRL 中国国家标准的单种茶叶中非禁用农药残留风险系数分析

参照中华人民共和国国家标准 GB 2763—2016 中农药残留限量计算每种茶叶中每种非禁用农药的超标率，进而计算其风险系数，根据风险系数大小判断残留农药的预警风险程度，茶叶中非禁用农药残留风险程度分布情况如图 20-11 所示。

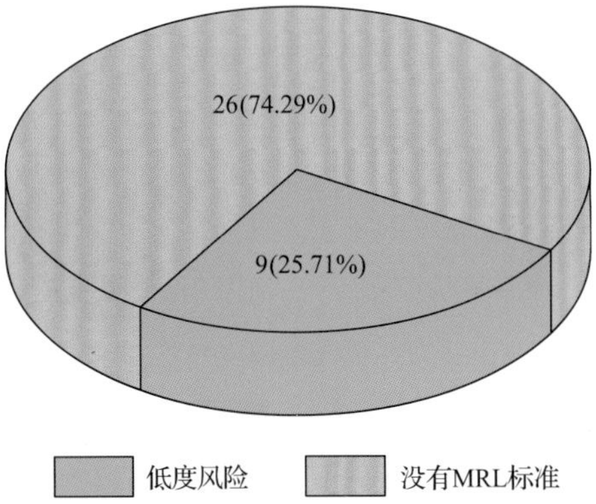

图 20-11　茶叶中非禁用农药残留的风险程度分布图(MRL 中国国家标准)

本次分析中，发现在 2 种茶叶检出 27 种残留非禁用农药，涉及样本 35 个，在 35 个样本中，25.71%处于低度风险，此外发现有 26 个样本没有 MRL 中国国家标准值，无法判断其风险程度，有 MRL 中国国家标准值的 9 个样本涉及 2 种茶叶中的 5 种非禁用农药，其风险系数 R 值如图 20-12 所示。

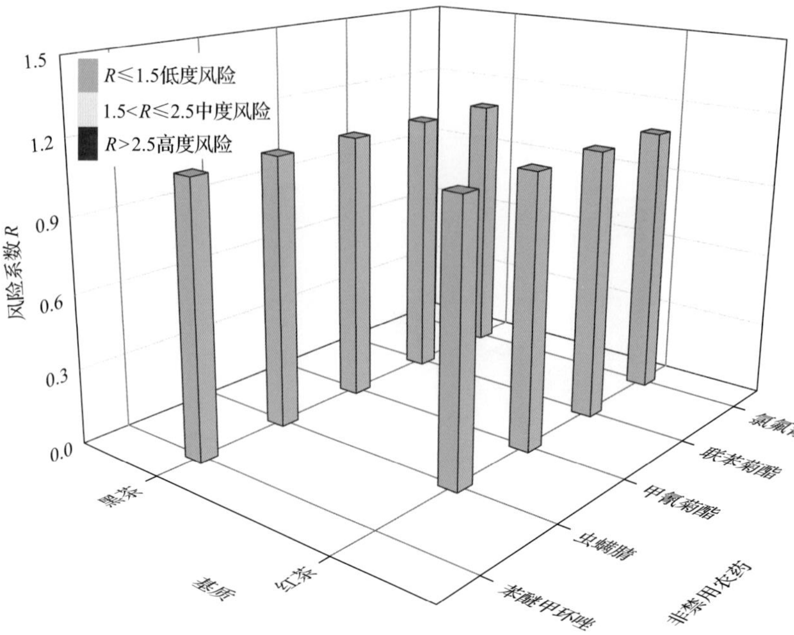

图 20-12　2 种茶叶中 5 种非禁用农药的风险系数分布图(MRL 中国国家标准)

20.3.1.3　基于 MRL 欧盟标准的单种茶叶中非禁用农药残留风险系数分析

参照 MRL 欧盟标准计算每种茶叶中每种非禁用农药的超标率，进而计算其风险系数，根据风险系数大小判断农药残留的预警风险程度，茶叶中非禁用农药残留风险程度分布情况如图 20-13 所示。

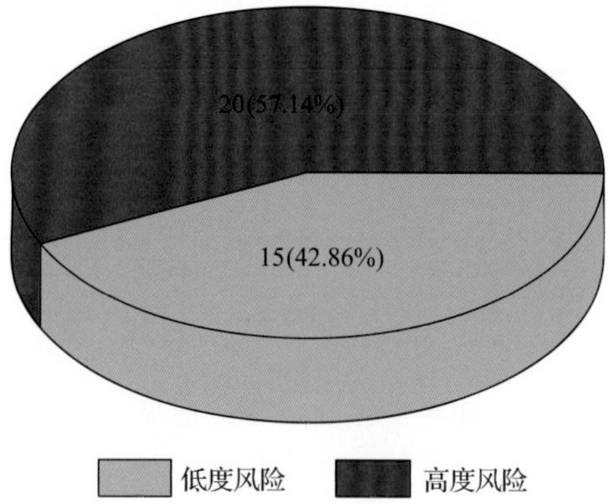

图 20-13　茶叶中非禁用农药残留的风险程度分布图(MRL 欧盟标准)

本次分析中，发现在 2 种茶叶中共侦测出 27 种非禁用农药，涉及样本 35 个，其中，57.14%处于高度风险，涉及 2 种茶叶和 16 种农药；42.86%处于低度风险，涉及 2 种茶叶和 11 种农药。单种茶叶中的非禁用农药风险系数分布图如图 20-14 所示。单种茶叶中处于高度风险的非禁用农药风险系数如图 20-15 和表 20-7 所示。

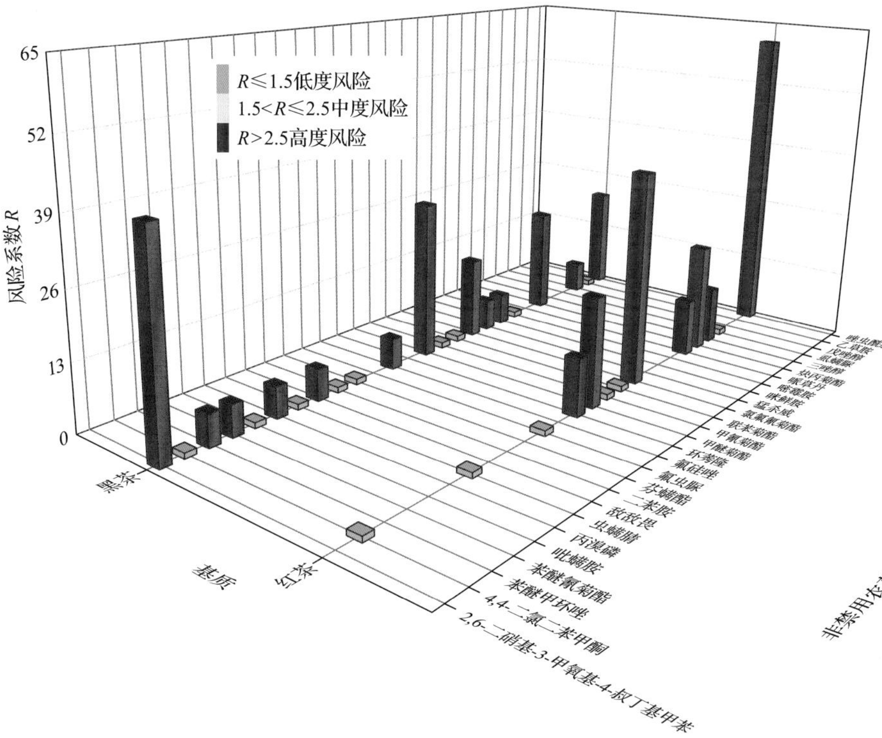

图 20-14　2 种茶叶中 27 种非禁用农药残留的风险系数(MRL 欧盟标准)

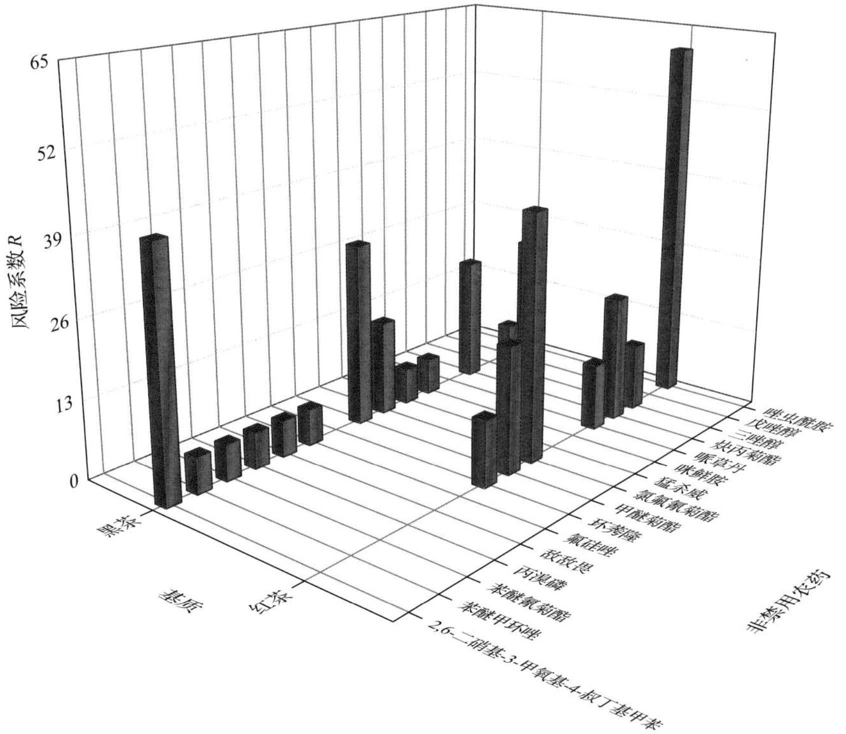

图 20-15　单种茶叶中处于高度风险的非禁用农药的风险系数(MRL 欧盟标准)

表 20-7　单种茶叶中处于高度风险的非禁用农药残留的风险系数表（MRL 欧盟标准）

序号	基质	农药	超标频次	超标率 P(%)	风险系数 R
1	红茶	三唑醇	1	10.00	11.10
2	红茶	哌草丹	1	10.00	11.10
3	红茶	唑虫酰胺	6	60.00	61.10
4	红茶	氯氟氰菊酯	4	40.00	41.10
5	红茶	炔丙菊酯	2	20.00	21.10
6	红茶	环莠隆	1	10.00	11.10
7	红茶	甲醚菊酯	2	20.00	21.10
8	黑茶	2,6-二硝基-3-甲氧基-4-叔丁基甲苯	8	40.00	41.10
9	黑茶	丙溴磷	1	5.00	6.10
10	黑茶	咪鲜胺	1	5.00	6.10
11	黑茶	唑虫酰胺	4	20.00	21.10
12	黑茶	戊唑醇	1	5.00	6.10
13	黑茶	敌敌畏	1	5.00	6.10
14	黑茶	氟硅唑	1	5.00	6.10
15	黑茶	氯氟氰菊酯	3	15.00	16.10
16	黑茶	炔丙菊酯	4	20.00	21.10
17	黑茶	猛杀威	1	5.00	6.10
18	黑茶	甲醚菊酯	6	30.00	31.10
19	黑茶	苯醚氰菊酯	1	5.00	6.10
20	黑茶	苯醚甲环唑	1	5.00	6.10

20.3.2　所有茶叶中农药残留风险系数分析

20.3.2.1　所有茶叶中禁用农药残留风险系数分析

在侦测出的 32 种农药中有 5 种为禁用农药，计算所有茶叶中禁用农药的风险系数，结果如表 20-8 所示。在 5 种禁用农药中，5 种农药残留处于高度风险。

表 20-8　茶叶中 5 种禁用农药的风险系数表

序号	农药	检出频次	检出率(%)	风险系数 R	风险程度
1	毒死蜱	7	23.33	24.43	高度风险
2	硫丹	5	16.67	17.77	高度风险
3	三氯杀螨醇	1	3.33	4.43	高度风险
4	克百威	1	3.33	4.43	高度风险
5	氟虫腈	1	3.33	4.43	高度风险

20.3.2.2　所有茶叶中非禁用农药残留风险系数分析

参照 MRL 欧盟标准计算所有茶叶中每种非禁用农药残留的风险系数，如图 20-16 与表 20-9 所示。在侦测出的 27 种非禁用农药中，16 种农药(59.26%)残留处于高度风险，11 种农药(40.74%)残留处于低度风险。

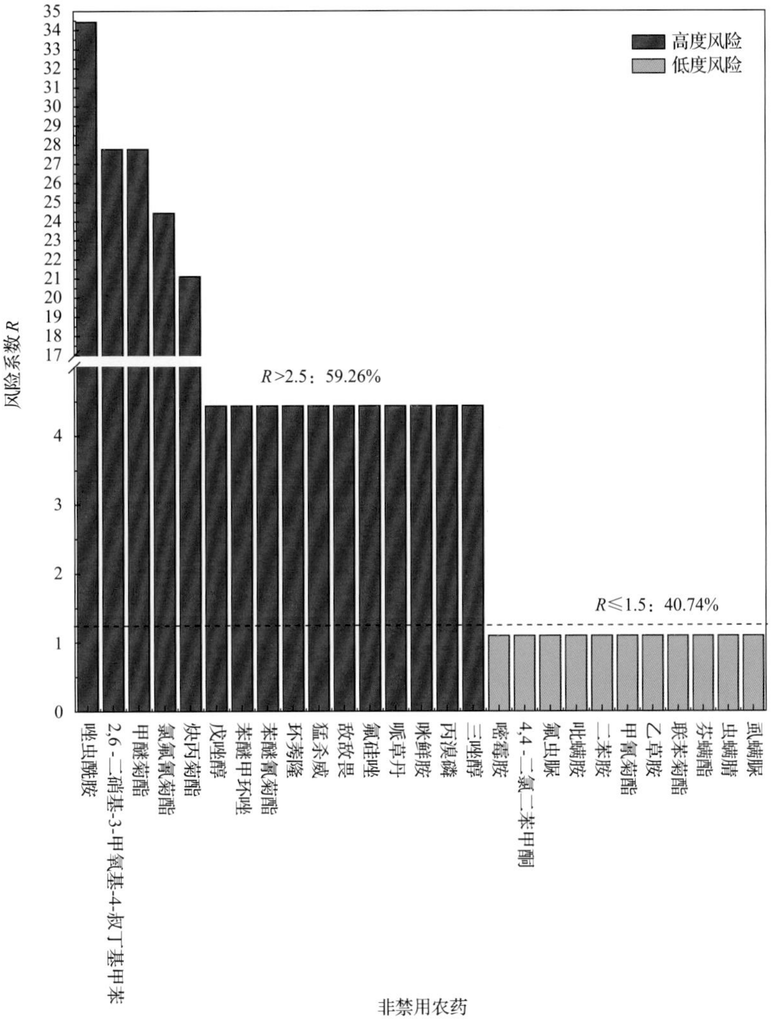

图 20-16　茶叶中 27 种非禁用农药的风险程度统计图

表 20-9　茶叶中 27 种非禁用农药的风险系数表

序号	农药	超标频次	超标率 P(%)	风险系数 R	风险程度
1	唑虫酰胺	10	33.33	34.43	高度风险
2	2,6-二硝基-3-甲氧基-4-叔丁基甲苯	8	26.67	27.77	高度风险
3	甲醚菊酯	8	26.67	27.77	高度风险
4	氯氟氰菊酯	7	23.33	24.43	高度风险

续表

序号	农药	超标频次	超标率 P(%)	风险系数 R	风险程度
5	炔丙菊酯	6	20.00	21.10	高度风险
6	戊唑醇	1	3.33	4.43	高度风险
7	苯醚甲环唑	1	3.33	4.43	高度风险
8	苯醚氰菊酯	1	3.33	4.43	高度风险
9	环莠隆	1	3.33	4.43	高度风险
10	猛杀威	1	3.33	4.43	高度风险
11	敌敌畏	1	3.33	4.43	高度风险
12	氟硅唑	1	3.33	4.43	高度风险
13	哌草丹	1	3.33	4.43	高度风险
14	咪鲜胺	1	3.33	4.43	高度风险
15	丙溴磷	1	3.33	4.43	高度风险
16	三唑醇	1	3.33	4.43	高度风险
17	嘧霉胺	0	0.00	1.10	低度风险
18	4,4-二氯二苯甲酮	0	0.00	1.10	低度风险
19	氟虫脲	0	0.00	1.10	低度风险
20	吡螨胺	0	0.00	1.10	低度风险
21	二苯胺	0	0.00	1.10	低度风险
22	甲氰菊酯	0	0.00	1.10	低度风险
23	乙草胺	0	0.00	1.10	低度风险
24	联苯菊酯	0	0.00	1.10	低度风险
25	芬螨酯	0	0.00	1.10	低度风险
26	虫螨腈	0	0.00	1.10	低度风险
27	虱螨脲	0	0.00	1.10	低度风险

20.4　GC-Q-TOF/MS 侦测乌鲁木齐市市售茶叶农药残留风险评估结论与建议

农药残留是影响茶叶安全和质量的主要因素，也是我国食品安全领域备受关注的敏感话题和亟待解决的重大问题之一[15,16]。各种茶叶均存在不同程度的农药残留现象，本研究主要针对乌鲁木齐市各类茶叶存在的农药残留问题，基于 2019 年 3 月对乌鲁木齐市 30 例茶叶样品中农药残留侦测得出的 115 个侦测结果，分别采用食品安全指数模型和风险系数模型，开展茶叶中农药残留的膳食暴露风险和预警风险评估。茶叶样品取自茶叶专营店，符合大众的膳食来源，风险评价时更具有代表性和可信度。

本研究力求通用简单地反映食品安全中的主要问题，且为管理部门和大众容易接受，为政府及相关管理机构建立科学的食品安全信息发布和预警体系提供科学的规律与方法，加强对农药残留的预警和食品安全重大事件的预防，控制食品风险。

20.4.1　乌鲁木齐市茶叶中农药残留膳食暴露风险评价结论

1) 茶叶样品中农药残留安全状态评价结论

采用食品安全指数模型，对 2019 年 3 月期间乌鲁木齐市茶叶农药残留膳食暴露风险进行评价，根据 IFS_c 的计算结果发现，茶叶中农药的 $\overline{IFS}$ 为 1.02×10^{-4}，说明乌鲁木齐市茶叶总体处于可以接受的安全状态，但部分禁用农药、高残留农药在茶叶中仍有侦测出，导致膳食暴露风险的存在，成为不安全因素。

2) 禁用农药膳食暴露风险评价

本次检测发现部分茶叶样品中有禁用农药侦测出，侦测出禁用农药 5 种，侦测出频次为 15，茶叶样品中的禁用农药 IFS_c 计算结果表明，禁用农药残留膳食暴露风险没有影响的频次为 15，占 100%。

20.4.2　乌鲁木齐市茶叶中农药残留预警风险评价结论

1) 单种茶叶中禁用农药残留的预警风险评价结论

本次检测过程中，在 2 种茶叶中检测出 5 种禁用农药，禁用农药为：克百威、毒死蜱、氟虫腈、硫丹、三氯杀螨醇，茶叶为：红茶、黑茶，茶叶中禁用农药的风险系数分析结果显示，5 种禁用农药在 2 种茶叶中的残留均处于高度风险，说明在单种茶叶中禁用农药的残留会导致较高的预警风险。

2) 单种茶叶中非禁用农药残留的预警风险评价结论

以 MRL 中国国家标准为标准，计算茶叶中非禁用农药风险系数情况下，35 个样本中，9 个处于低度风险(25.71%)，26 个样本没有 MRL 中国国家标准(74.29%)。以 MRL 欧盟标准为标准，计算茶叶中非禁用农药风险系数情况下，发现有 20 个处于高度风险(57.14%)，15 个处于低度风险(42.86%)。基于两种 MRL 标准，评价的结果差异显著，可以看出 MRL 欧盟标准比中国国家标准更加严格和完善，过于宽松的 MRL 中国国家标准值能否有效保障人体的健康有待研究。

20.4.3　加强乌鲁木齐市茶叶食品安全建议

我国食品安全风险评价体系仍不够健全，相关制度不够完善，多年来，由于农药用药次数多、用药量大或用药间隔时间短，产品残留量大，农药残留所造成的食品安全问题日益严峻，给人体健康带来了直接或间接的危害。据估计，美国与农药有关的癌症患者数约占全国癌症患者总数的 50%，中国更高。同样，农药对其他生物也会形成直接杀伤和慢性危害，植物中的农药可经过食物链逐级传递并不断蓄积，对人和动物构成潜在威胁，并影响生态系统。

基于本次农药残留侦测数据的风险评价结果，提出以下几点建议：

1) 加快食品安全标准制定步伐

我国食品标准中对农药每日允许最大摄入量 ADI 的数据严重缺乏，在本次评价所涉及的 32 种农药中，仅有 71.88%的农药具有 ADI 值，而 28.12%的农药中国尚未规定相应的 ADI 值，亟待完善。

我国食品中农药最大残留限量值的规定严重缺乏，对评估涉及到的不同茶叶中不同农药 42 个 MRL 限值进行统计来看，我国仅制定出 13 个标准，我国标准完整率仅为 31.0%，欧盟的完整率达到 100%（表 20-10）。因此，中国更应加快 MRL 标准的制定步伐。

表 20-10　我国国家食品标准农药的 ADI、MRL 值与欧盟标准的数量差异

分类		中国 ADI	MRL 中国国家标准	MRL 欧盟标准
标准限值（个）	有	23	13	42
	无	9	29	0
总数（个）		32	42	42
无标准限值比例（%）		28.1	69.0	0

此外，MRL 中国国家标准限值普遍高于欧盟标准限值，这些标准中共有 5 个高于欧盟。过高的 MRL 值难以保障人体健康，建议继续加强对限值基准和标准的科学研究，将农产品中的危险性减少到尽可能低的水平。

2）加强农药的源头控制和分类监管

在乌鲁木齐市某些茶叶中仍有禁用农药残留，利用 GC-Q-TOF/MS 技术侦测出 5 种禁用农药，检出频次为 15 次，残留禁用农药均存在较大的膳食暴露风险和预警风险。早已列入黑名单的禁用农药在我国并未真正退出，有些药物由于价格便宜、工艺简单，此类高毒农药一直生产和使用。建议在我国采取严格有效的控制措施，从源头控制禁用农药。

对于非禁用农药，在我国作为“田间地头”最典型单位的县级茶叶产地中，农药残留的检测几乎缺失。建议根据农药的毒性，对高毒、剧毒、中毒农药实现分类管理，减少使用高毒和剧毒高残留农药，进行分类监管。

3）加强农药生物基准和降解技术研究

市售茶叶中残留农药的品种多、频次高、禁用农药多次检出这一现状，说明了我国的田间土壤和水体因农药长期、频繁、不合理的使用而遭到严重污染。为此，建议中国相关部门出台相关政策，鼓励高校及科研院所积极开展分子生物学、酶学等研究，加强土壤、水体中残留农药的生物修复及降解新技术研究，切实加大农药监管力度，以控制农药的面源污染问题。

综上所述，在本工作基础上，根据茶叶残留危害，可进一步针对其成因提出和采取严格管理、大力推广无公害茶叶种植与生产、健全食品安全控制技术体系、加强茶叶质量检测体系建设和积极推行茶叶质量追溯制度等相应对策。建立和完善食品安全综合评价指数与风险监测预警系统，对食品安全进行实时、全面的监控与分析，为我国的食品安全科学监管与决策提供新的技术支持，可实现各类检验数据的信息化系统管理，降低食品安全事故的发生。

参 考 文 献

[1] 全国人民代表大会常务委员会. 中华人民共和国食品安全法[Z]. 2015-04-24.

[2] 钱永忠, 李耘. 农产品质量安全风险评估: 原理、方法和应用[M]. 北京: 中国标准出版社, 2007.

[3] 高仁君, 陈隆智, 郑明奇, 等. 农药对人体健康影响的风险评估[J]. 农药学学报, 2004, 6(3): 8-14.

[4] 高仁君, 王蔚, 陈隆智, 等. JMPR 农药残留急性膳食摄入量计算方法[J]. 中国农学通报, 2006, 22(4): 101-104.

[5] FAO/WHO Recommendation for the revision of the guidelines for predicting dietary intake of pesticide residues, Report of a FAO/WHO Consultation, 2-6 May 1995, York, United Kingdom.

[6] 李聪, 张艺兵, 李朝伟, 等. 暴露评估在食品安全状态评价中的应用[J]. 检验检疫学刊, 2002, 12(1): 11-12.

[7] Liu Y, Li S, Ni Z, et al. Pesticides in persimmons, jujubes and soil from China: Residue levels, risk assessment and relationship between fruits and soils[J]. Science of the Total Environment, 2016, 542(Pt A): 620-628.

[8] Claeys W L, Schmit J F O, Bragard C, et al. Exposure of several Belgian consumer groups to pesticide residues through fresh fruit and vegetable consumption[J]. Food Control, 2011, 22(3): 508-516.

[9] Quijano L, Yusà V, Font G, et al. Chronic cumulative risk assessment of the exposure to organophosphorus, carbamate and pyrethroid and pyrethrin pesticides through fruit and vegetables consumption in the region of Valencia (Spain)[J]. Food & Chemical Toxicology, 2016, 89: 39-46.

[10] Fang L, Zhang S, Chen Z, et al. Risk assessment of pesticide residues in dietary intake of celery in China[J]. Regulatory Toxicology & Pharmacology, 2015, 73(2): 578-586.

[11] Nuapia Y, Chimuka L, Cukrowska E. Assessment of organochlorine pesticide residues in raw food samples from open markets in two African cities[J]. Chemosphere, 2016, 164: 480-487.

[12] 秦燕, 李辉, 李聪. 危害物的风险系数及其在食品检测中的应用[J]. 检验检疫学刊, 2003, 13(5): 13-14.

[13] 金征宇. 食品安全导论[M]. 北京: 化学工业出版社, 2005.

[14] 中华人民共和国国家卫生和计划生育委员会, 中华人民共和国农业部, 中华人民共和国国家食品药品监督管理总局. GB 2763—2016 食品安全国家标准 食品中农药最大残留限量[S]. 2016.

[15] Chen C, Qian Y Z, Chen Q, et al. Evaluation of pesticide residues in fruits and vegetables from Xiamen, China[J]. Food Control, 2011, 22: 1114-1120.

[16] Lehmann E, Turrero N, Kolia M, et al. Dietary risk assessment of pesticides from vegetables and drinking water in gardening areas in Burkina Faso[J]. Science of the Total Environment, 2017, 601-602: 1208-1216.